JavaScript

从入门到项目实践（超值版）

聚慕课教育研发中心　编著

清華大学出版社
北　京

内容简介

本书采取"基础知识→核心应用→核心技术→高级应用→行业应用→项目实践"的结构和"由浅入深，由深到精"的学习模式进行讲解。全书共 35 章，不仅介绍了 HTML、CSS、对象、函数、事件等 JavaScript 语言的基础知识，而且深入介绍了 jQuery、客户端、服务器端、数据存储等核心技术。在实践环节不仅讲述了 JavaScript 语言在游戏开发、金融理财、移动互联网、电子商务等行业开发的应用，还介绍了其在 3D 文字球、炫酷动画、炫酷菜单、企业门户网站以及游戏大厅网站等大型项目中的应用，全面展现了项目开发实践的过程。

本书的目的是多角度、全方位地帮助读者快速掌握软件开发技能，构建从高校到社会与企业的就职桥梁，让有志从事软件开发的读者轻松步入职场。同时本书还赠送王牌资源库，由于赠送的资源比较多，我们在本书前言部分对资源包的具体内容、获取方式以及使用方法等做了详细说明。

本书适合希望学习 Web 开发前端编程语言的初、中级程序员和希望精通 JavaScript 语言的程序员阅读，同时也可作为没有项目实践经验，有一定 JavaScript 编程基础的人员阅读，还可作为大中专院校及培训学校的老师、学生以及正在进行软件专业相关毕业设计的学生阅读。

图书在版编目（CIP）数据

JavaScript 从入门到项目实践：超值版 / 聚慕课教育研发中心编著 . —北京：清华大学出版社，2018
（软件开发魔典）
ISBN 978-7-302-50152-7

Ⅰ. ①J… Ⅱ. ①聚… Ⅲ. ① JAVA 语言－程序设计－职业教育－教材　Ⅳ. ① TP312.8

中国版本图书馆 CIP 数据核字（2018）第 112371 号

责任编辑： 张　敏　张爱华
封面设计： 杨玉兰
责任校对： 胡伟民
责任印制： 李红英

出版发行： 清华大学出版社
　　　　网　　　址：http：//www.tup.com.cn，http：//www.wqbook.com
　　　　地　　　址：北京清华大学学研大厦A座　　　　　邮　　编：100084
　　　　社 总 机：010-62770175　　　　　　　　　　　邮　　购：010-62786544
　　　　投稿与读者服务：010-62776969，c-service@tup.tsinghua.edu.cn
　　　　质量反馈：010-62772015，zhiliang@tup.tsinghua.edu.cn
印 装 者： 清华大学印刷厂
经　　销： 全国新华书店
开　　本： 203mm×260mm　　　**印　张：** 42　　　**字　数：** 1280千字
版　　次： 2018年8月第1版　　　**印　次：** 2018年8月第1次印刷
印　　数： 1～5000
定　　价： 89.90元

产品编号：075014-01

丛书说明

本套"软件开发魔典"系列图书，是专门为编程初学者量身打造的编程基础学习与项目实践用书，由聚慕课教育研发中心组织编写。

本丛书针对"零基础"和"入门"级读者，通过案例引导读者深入技能学习和项目实践。为满足初学者在基础入门、扩展学习、编程技能、行业应用、项目实践等五个方面的职业技能需求，特意采取"基础知识→核心应用→核心技术→高级应用→行业应用→项目实践"的结构和"由浅入深，由深到精"的学习模式进行讲解，如下图所示。

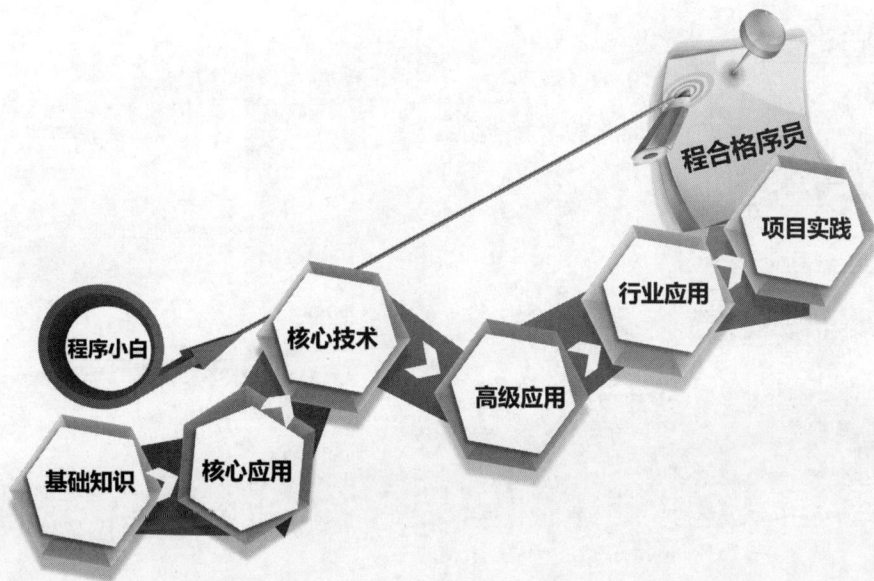

本丛书目前计划包含以下品种。

《Java 从入门到项目实践（超值版）》	《HTML 5 从入门到项目实践（超值版）》
《C 语言从入门到项目实践（超值版）》	《MySQL 从入门到项目实践（超值版）》

《JavaScript 从入门到项目实践（超值版）》	《SQL Server 从入门到项目实践（超值版）》
《C++ 从入门到项目实践（超值版）》	《HTML 5+CSS+JavaScript 从入门到项目实践（超值版）》

古人云：读万卷书，不如行万里路；行万里路，不如阅人无数；阅人无数，不如名师指路……引导与实践对于学习知识的重要性由此可见一斑。本书始于基础，结合理论知识的讲解，从项目开发基础入手，逐步引导读者进行项目开发实践，深入浅出地讲解 JavaScript 语言在 Web 前端编程中的各项技术和项目实践技能。我们的目的是多角度、全方位地帮助读者快速掌握软件开发技能，构建从高校到社会与企业的就职桥梁，让有志从事软件开发的读者轻松步入职场。

JavaScript 最佳学习线路

本书以 JavaScript 最佳的学习模式来分配内容结构，第 1 ～ 4 篇可使您掌握 JavaScript 语言 Web 前端编程基础知识、应用技能，第 5、6 篇可使您拥有多个行业项目开发经验。遇到问题可以学习本书同步微视频，也可以通过在线技术支持，让老程序员为您答疑解惑。

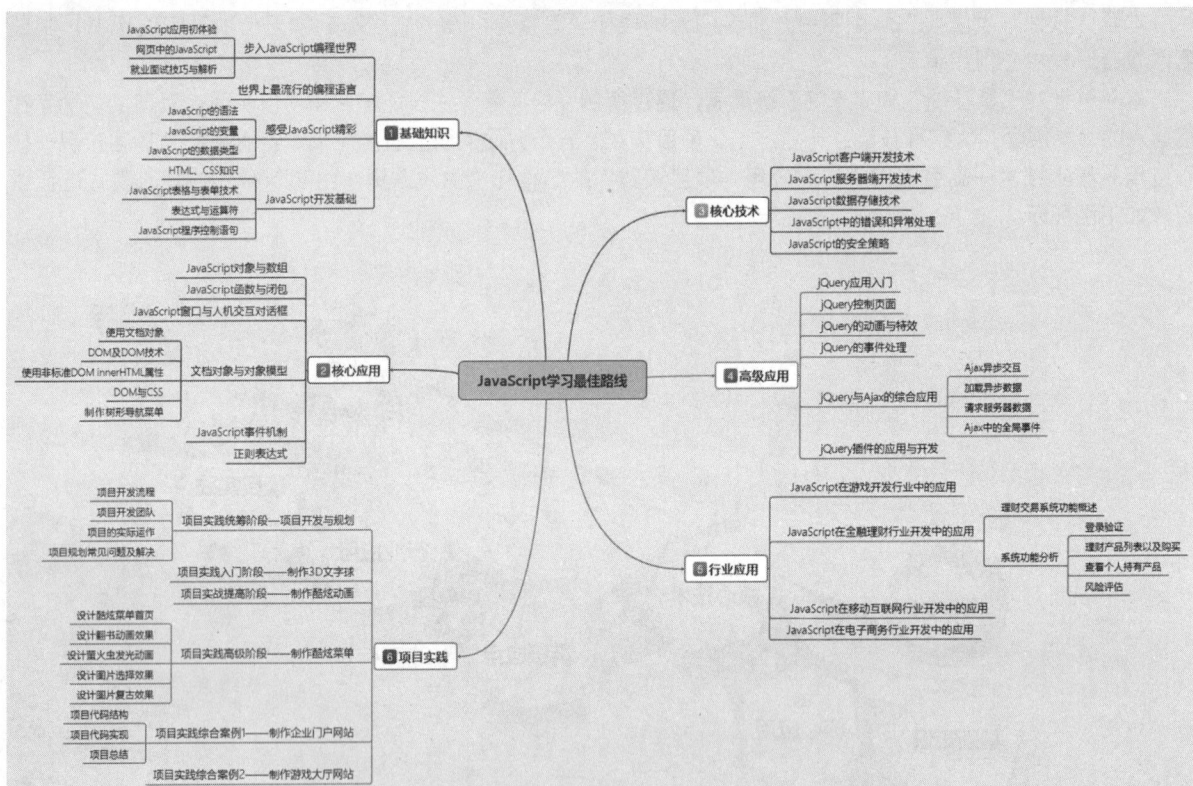

本书内容

全书分为 6 篇 35 章。

第 1 篇为基础知识，主要讲解 JavaScript 的基础入门、HTML 知识、CSS 知识、表格与表单技术、表达式与运算符、程序控制语句等。学完本篇，读者能快速掌握 JavaScript 语言，为后面更好地学习 JavaScript 编程打下坚实基础。

第 2 篇为核心应用，主要讲解 JavaScript 的对象与数组、函数与闭包、窗口与人机交互对话框、文档对象与对象模型、事件机制以及正则表达式等。学完本篇，读者将对使用 JavaScript 进行前端开发有更高的水平。

第 3 篇为核心技术，主要讲解 JavaScript 客户端开发技术、服务器端开发技术、数据库存储技术、错误和异常处理以及安全策略等。学完本篇，读者将对 Web 客户端、数据库运用以及程序异常与安全处理等方面有较高的水平。

第 4 篇为高级应用，主要讲解 jQuery 应用入门、jQuery 控制页面、jQuery 的动画与特效、jQuery 的事件处理、jQuery 与 Ajax 的综合应用以及 jQuery 插件的应用与开发等。学完本篇，读者将对 jQuery 在 Web 编程中对页面控制、动画、特效以及事件等方面有一个全面的掌握。

第 5 篇为行业应用，主要讲解 JavaScript 语言在游戏开发、金融理财、移动互联网、电子商务等行业开发中的应用。学完本篇，读者将对 JavaScript 在不同行业中的开发和应用有一个完整的开发体验。

第 6 篇为项目实践，首先介绍了项目开发与规划，然后通过 3D 文字球、酷炫动画、酷炫菜单、企业门户网站以及游戏大厅网站等实践特效案例，使读者对项目开发中的实际应用有切身体会。学完本篇，读者将对 JavaScript 在 Web 前端开发中有一个详尽的开发实践体验，能在自己的职业生涯中面对各类 JavaScript 开发需求运用自如。

全书不仅融入了作者丰富的工作经验和多年的使用心得，还提供了大量来自企业的实践案例，具有较强的实践性和可操作性。学习本书后可以系统掌握 JavaScript 语言的基础知识、全面的前端程序开发能力、优良的团队协同技能和丰富的项目实践经验。我们的目标就是让初学者、应届毕业生快速成长为一名合格的初级程序员，通过演练积累项目开发经验和团队合作技能，在未来的职场中获取一个高的起点，并能迅速融入软件开发团队中。

本书特色

1. 结构科学，自学更易

本书在内容组织和范例设计中都充分考虑到初学者的要求，由浅入深、循序渐进地进行讲解，无论您是否接触过 JavaScript 语言，都能从本书中找到最佳的起点。

2. 视频讲解，细致透彻

为降低学习难度，提高学习效率，本书录制了同步微视频（模拟培训班模式）。通过视频学习除了能轻松学会专业知识外，还能获取到老师们的软件开发经验，使学习变得更轻松有效。

3. 超多、实用、专业的范例和实战项目

本书结合实际工作中的应用范例逐一讲解 JavaScript 语言的各种知识和技术，在行业应用篇和项目实践篇中更以 10 个项目的实践来贯通本书所学，使您在实践中掌握知识，轻松拥有项目开发经验。

4. 随时检测自己的学习成果

每章首页中，均提供了学习指引和重点导读，以指导读者重点学习及学后检查；章后的就业面试技巧与解析，均根据当前最新求职面试（笔试）精选而成，读者可以随时检测自己的学习成果，做到融会贯通。

5. 专业创作团队和技术支持

本书由聚慕课教育研发中心编著并提供在线服务。您在学习过程中遇到任何问题，均可登录 http://www.jumooc.com 网站或加入图书读者（技术支持）QQ 群：529669132 进行提问，由作者和资深程序员为您在线答疑。

本书附赠超值王牌资源库

本书附赠了极为丰富、超值的王牌资源库，具体内容如下图所示。

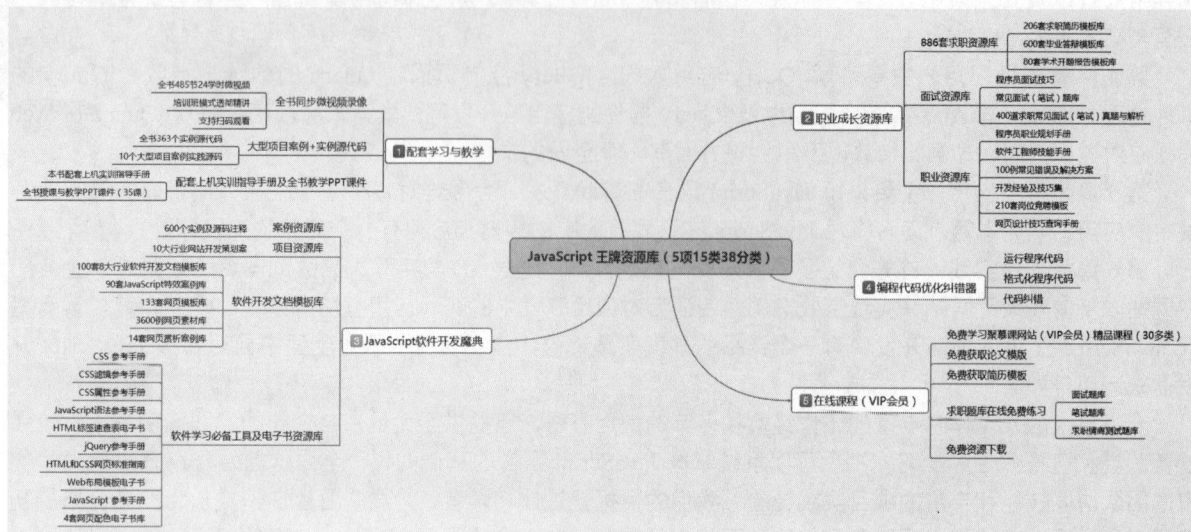

（1）王牌资源 1：随赠本书"配套学习与教学"资源库，提高读者学会用好 JavaScript 语言的学习效率。

- 全书同步教学微视频录像，有 485 节 24 学时视频，以培训班模式透彻精讲，支持扫描二维码观看）。
- 本书中 10 个大型项目案例以及 363 个示例源代码。
- 本书配套上机实训指导手册及全书教学 PPT 课件。

（2）王牌资源 2：随赠"职业成长"资源库，突破读者职业规划与发展弊端与瓶颈。

- 求职资源库：206 套求职简历模板库，600 套毕业答辩模板库与学术开题报告 PPT 模板库。
- 面试资源库：程序员面试技巧、常见面试（笔试）题库、400 道求职常见面试（笔试）真题与解析。
- 职业资源库：程序员职业规划手册、软件工程师技能手册、100 例常见错误及解决方案、开发经验及技巧集、210 套岗位竞聘模板。

（3）王牌资源 3：随赠"JavaScript 软件开发魔典"资源库，拓展读者学习本书的深度和广度。

- 案例资源库：600 个实例及源代码注释。
- 项目资源库：10 大行业网站开发策划案。
- 软件开发文档模板库：100 套 8 大行业软件开发文档模板库、90 套 JavaScript 特效案例库、133 套网页模板库、3600 例网页素材、14 套网页赏析案例库等。
- 软件学习必备工具及电子书资源库：CSS 参考手册、CSS 滤镜参考手册、CSS 属性参考手册、JavaScript 语法参考手册、HTML 标签速查表电子书、jQuery 参考手册、HTML 和 CSS 网页标准指南、Web 布局模板电子书、JavaScript 参考手册、4 套网页配色电子书库。

（4）王牌资源 4：编程代码优化纠错器。

- 本助手能让软件开发更加便捷和轻松，无须配置复杂的软件运行环境即可轻松运行程序代码。
- 本助手能一键格式化，让凌乱的程序代码更加规整美观。
- 本助手能对代码精准纠错，让程序查错不再难。

（5）王牌资源 5：随赠在线课程（VIP 会员）：可免费学习包含 Python、Java、Java Web、C、JavaScript、MySQL、IOS、C#、PHP、HTML 5、C++、Linux、Linux C、ASP.NET、Android、SQL Server、Oracle 等 30 多类 500 余学时项目开发在线课程及大量免费模板。

上述资源获取及使用

注意：由于本书不配送光盘，书中所用及上述资源均需借助网络下载才能使用。

1. 资源获取

采用以下任意途径，均可获取本书所附赠的超值王牌资源库。

（1）加入本书微信公众号，下载资源或者咨询关于本书的任何问题。

群名称：图书读者（技术支持）
群　号：529669132

（2）登录网站 www.jumooc.com，搜索本书并下载对应资源。

（3）加入本书图书读者（技术支持）QQ 群：529669132，获取网络下载地址和密码。

（4）通过电子邮件 elesite@163.com、408710011@qq.com 与我们联系，获取本书对应资源。

（5）通过扫描封底刮刮卡二维码，获取本书对应资源。

2. 使用资源

本书可通过以下途径学习和使用本书微视频和资源。

（1）通过 PC 端（在线）、APP 端（在 / 离线）和微信端（在线）以及平板端（在 / 离线）学习本书微视频和练习考试题库。

（2）将本书资源下载到本地硬盘，根据学习需要选择性使用。

（3）通过"JavaScript 软件开发魔典"运行系统使用。

打开下载资源包中的"JavaScript 软件开发魔典 .exe"系统，进入如下图所示的系统界面。

在该系统中可以获取所有附赠的超值王牌资源。

读者对象

本书非常适合以下人员阅读。

- 没有任何 JavaScript 语言基础的初学者。
- 有一定的 JavaScript 语言基础，想精通 JavaScript 语言编程的人员。
- 有一定的 JavaScript 编程基础，没有项目实践经验的人员。
- 正在进行软件专业相关毕业设计的学生。
- 大中专院校及培训学校的老师和学生。

创作团队

本书由聚慕课教育研发中心组织编写，参与本书编写的主要人员有：王湖芳、张开保、贾文学、张翼、白晓阳、李新伟、李坚明、白彦飞、卜良、常鲁、陈诗谦、崔怀奇、邓伟奇、凡旭、高增、郭永、何旭、姜晓东、焦宏恩、李春亮、李团辉、刘二有、王朝阳、王春玉、王发运、王桂军、王平、王千、王小中、王玉超、王振、徐利军、姚玉中、于建斌、张俊锋、张晓杰、张在有等。

在编写过程中，我们尽可能地将最好的讲解呈现给读者，但也难免有疏漏和不妥之处，敬请不吝指正。若您在学习中遇到困难或疑问，或有任何建议，可写信至信箱 elesite@163.com。另外，您也可以登录我们的网站 http://www.jumooc.com 进行交流以及免费下载学习资源。

作　者

CONTENTS 目录

VII

第 1 篇

基础知识

本篇从 JavaScript 前端开发技术的基础入门，包括 HTML 知识、CSS 知识、表格与表单技术、表达式与运算符以及程序控制语句等，引领读者步入 JavaScript 的编程世界。

读者在学完本篇后将会了解到 JavaScript 的基本概念，掌握 JavaScript 的基本操作及应用方法，为后面更好地学习 JavaScript 编程打好基础。

第1章
步入 JavaScript 编程世界——JavaScript 初探

◎ 本章教学微视频：13 个　34 分钟

学习指引

　　JavaScript 是互联网上最流行的脚本语言，这门语言可用于 HTML 和 Web，更可广泛用于服务器、PC、笔记本电脑、平板电脑和智能手机等设备。本章将详细介绍 JavaScript 的相关基础知识，主要内容包括 JavaScript 概述、JavaScript 应用初体验、网页中的 JavaScript 等。

重点导读

- 了解 JavaScript。
- 掌握 JavaScript 应用初体验。
- 掌握网页中执行 JavaScript 的方法。
- 掌握 JavaScript 清新体验的实例。

1.1　JavaScript 概述

　　JavaScript 是一种由 Netscape 公司的 LiveScript 发展而来的面向过程的客户端脚本语言，为客户提供更流畅的浏览效果。另外，由于 Windows 操作系统对其拥有较为完善的支持，并提供二次开发的接口来访问操作系统中各个组件，从而可实现相应的管理功能。

1.1.1　JavaScript 能做什么

　　JavaScript 是一种解释性的、基于对象的脚本语言（Object-based Scripting Language），其主要是基于客户端运行的，用户单击带有 JavaScript 脚本的网页，网页里的 JavaScript 就会被传到浏览器，由浏览器对此做处理。如下拉菜单、验证表单有效性等大量互动性功能，都是在客户端完成的，不需要和 Web 服务器进行任何数据交换。因此，不会增加 Web 服务器的负担。几乎所有浏览器都支持 JavaScript，如 Internet Explorer（IE）、Firefox、Netscape、Mozilla、Opera 等。

　　在互联网上可看到很多应用了 JavaScript 的实例，下面介绍一些 JavaScript 的典型应用。

- 改善导航功能。JavaScript 最常见的应用就是网站导航系统，可以使用 JavaScript 创建一个导航工具。如用于选择下一个页面的下拉菜单，或者当鼠标移动到某导航链接上时所弹出的子菜单。只要正确应用，此类 JavaScript 交互功能就能使浏览网站更方便，而且该功能在不支持 JavaScript 的浏览器上也是可以使用的。

- 验证表单。验证表单是 JavaScript 一个比较常用的功能。使用一个简单脚本就可以读取用户在表单中输入的信息，并确保输入格式的正确性，如要保证输入的是电话号码或者是电子邮箱。该项功能可提醒用户注意一些常见的错误并加以改正，而不必等待服务器的响应。
- 特殊效果。JavaScript 一个最早的应用就是创建引人注目的特殊效果，如在浏览器状态行显示滚动的信息，或者让网页背景颜色闪烁。
- 远程脚本技术（Ajax）。长期以来，JavaScript 最大的限制是不能和 Wcb 服务器进行通信，如可以用 JavaScript 确保电话号码的位数正确，但不能利用电话号码来查找用户在数据库中的位置。

综上所述，JavaScript 是一种新的描述语言，它可以被嵌入到 HTML 文件中。JavaScript 可以做到回应使用者的需求事件（如 form 的输入），而不用任何网络来回传输资料，所以当一位使用者输入一项资料时，它不用经过传给服务器端处理再传回来的过程，而直接可以被客户端的应用程序所处理。

1.1.2 JavaScript 与 Java 的关系

Java 是 SUN 公司推出的新一代面向对象的程序设计语言，特别适合于 Internet 应用程序开发；而 JavaScript 则是 Netscape 公司的产品，是为了扩展 Netscape Navigator 功能而开发的一种可以嵌入 Web 页面中的基于对象和事件驱动的解释性语言。Java 的前身是 Oak，而 JavaScript 的前身则是 LiveScript。

下面对两种语言间的异同做如下比较。

- 基于对象和面向对象。Java 是一种真正的面向对象的语言，即使是开发简单的程序，也必须设计对象。而 JavaScript 是一种脚本语言，它可以用来制作与网络无关的、与用户交互作用的复杂软件。它是一种基于对象（Object Based）和事件驱动（Event Driver）的编程语言，因而本身提供了非常丰富的内部对象供设计人员使用。
- 解释和编译。两种语言在其浏览器中所执行的方式不一样。Java 的源代码在传递到客户端执行之前，必须经过编译，因而客户端上必须具有相应平台上的仿真器或解释器，它可以通过编译器或解释器实现独立于某个特定的平台编译代码的束缚。JavaScript 是一种解释性编程语言，其源代码在发往客户端执行之前不需要经过编译，而是将文本格式的字符代码发送给客户端由浏览器解释执行。
- 强变量和弱变量。两种语言所采取的变量是不一样的。Java 采用强类型变量，即所有变量在编译之前必须声明。JavaScript 中的变量声明采用弱类型，即变量在使用前不需要事先声明，而是解释器在运行时检查其数据类型。
- 代码格式。Java 的代码是一种与 HTML 无关的格式，必须通过像 HTML 中引用外媒体那样进行装载，其代码以字节代码的形式保存在独立的文档中。JavaScript 的代码是一种文本字符格式，可直接嵌入 HTML 文档并可动态装载，编写 HTML 文档就像编辑文本文件一样方便。
- 嵌入方式不一样。在 HTML 文档中，两种编程语言的标识不同。JavaScript 使用 <script> 和 </script> 标签对来标识，而 Java 使用 <applet> 和 </applet> 标签对来标识。
- 静态联编和动态联编。Java 采用静态联编，即 Java 的对象引用必须在编译时进行，以使编译器能够实现强类型检查。而 JavaScript 采用动态联编，即 JavaScript 的对象引用在运行时进行检查，如不经编译则无法实现对象引用的检查。

1.1.3 JavaScript 的基本特点

JavaScript 的主要作用是与 HTML、Java 脚本语言（Java 小程序）一起实现在一个 Web 页面中连接多个对象、与 Web 客户端交互作用，从而可以开发客户端的应用程序等。它是通过嵌入或调入到标准的 HTML 中实现的。它弥补了 HTML 的缺陷，是 Java 与 HTML 折中的选择，具有如下基本特点。

- 脚本编写语言。JavaScript 是一种采用小程序段方式来实现编程的脚本语言。同其他脚本语言一样，JavaScript 是一种解释性语言，在程序运行过程中被逐行地解释。此外，它还可与 HTML 标识结合在一起，从而方便用户的使用。
- 基于对象的语言。JavaScript 是一种基于对象的语言，同时可以看作一种面向对象的语言。这意味着它能运用自己已经创建的对象。因此，许多功能可以来自于脚本环境中对象的方法与脚本的相互作用。
- 简单性。JavaScript 的简单性主要体现在：首先，它是一种基于 Java 基本语句和控制流之上的简单而紧凑的设计，从而对于学习 Java 是一种非常好的过渡；其次，它的变量类型是采用弱类型，并未使用严格的数据类型。
- 安全性。JavaScript 是一种安全性语言。它不允许访问本地硬盘，并不能将数据存入到服务器上，不允许对网络文档进行修改和删除，只能通过浏览器实现信息浏览或动态交互，从而有效地防止数据丢失。
- 动态性。JavaScript 是动态的，它可以直接对用户或客户输入做出响应，无须经过 Web 服务程序。它采用以事件驱动的方式对用户的反映做出响应。
- 跨平台性。JavaScript 依赖于浏览器本身，与操作环境无关。只要能运行浏览器的计算机，并支持 JavaScript 的浏览器就可正确执行。

1.2　JavaScript 应用初体验

JavaScript 是一种脚本语言，需要浏览器进行解释和执行。下面通过一个简单的例子来体验一下 JavaScript 脚本程序语言。创建一个 HTML 文件，示例如下。

【例 1-1】实例文件：ch01\Chap1.1.html）Hello World 的显示。

```html
<!DOCTYPE html>
<html>
<head>
    <title>JavaScript Scripting</title>
    <script language="JavaScript">
<!--
    alert("Hello World")
    //-->
    </script>
</head>
<body>
</body>
</html>
```

将此文件保存为 Chap1.1.html 文件。使用 Microsoft 公司的 Internet Explorer（IE）浏览器打开这个文件之后，会显示如图 1-1 所示的显示效果。

图 1-1　Hello World 的显示效果

1.2.1　浏览器之争

在 1995 年 JavaScript 1.0 发布时，Netscape 公司的 Navigator 统治着浏览器市场。随着 Microsoft 公司的加入，浏览器市场的竞争变得激烈起来。1996 年二者的第三个版本的浏览器都不同程度地支持 JavaScript 1.1 版本。在 1997 年，两家公司都发布了各自浏览器的第四个版本，扩展了 DOM（文档对象模型），使得 JavaScript 的功能大大增强。但是各自的 DOM 却不兼容，带来了后续的发展问题。而随着 Windows 操作系统的普及，

Microsoft 公司的 Internet Explorer 逐渐取得了压倒性的优势，乃至今天 Netscape 公司的 Navigator 已经逐渐消失在人们的视线中。

　　除了 Microsoft 公司的 Internet Explorer，后来逐渐发展起来了更多的浏览器客户端，如 Mozilla 公司的 Firefox、Google 公司的 Chrome、Apple 公司的 Safari 以及 Opera 等。伴随着 Google 公司的强劲发展，Chrome 也得到了快速的发展。Microsoft 公司的 Internet Explorer 浏览器也渐渐地被后起之秀 Chrome 超越。而成就 Chrome 大业的就是它对 JavaScript 的良好支持以及快速执行能力。

　　其实对于上述例子，如果使用 Chrome 打开的话，会出现如图 1-2 所示的显示效果。而在 Firefox 浏览器中，显示的是另一番效果，如图 1-3 所示。

图 1-2　Chrome 浏览器的显示效果 　　　　　图 1-3　Firefox 浏览器的显示效果

　　除了在桌面终端的竞争之外，各个浏览器在智能终端领域也是你争我抢，竞争日趋激烈。众多的浏览器给了客户更多的选择余地，同时，各个浏览器对 JavaScript 以及 DOM 的标准支持的不一致，也使得开发者在创建应用程序的时候，需要根据不同的浏览器做出不同的反应，增加了开发、测试和维护成本，也使得浏览器对标准的严格遵从成了一种发展趋势。

1.2.2　DHTML

　　DHTML 的全称是 Dynamic HTML，就是动态的 HTML。DHTML 是相对传统的静态的 HTML 而言的一种制作网页的概念。严格地说，其实它并不是新的语言，而是由 HTML、CSS 和 JavaScript 这三种技术集成的产物。

　　DHTML 不是一种技术、标准或规范，只是将目前已有的网页技术、语言标准的整合运用。它利用 HTML 把网页标签为各种元素；利用 CSS 设计各有关元素的排版样式；利用 JavaScript 实时地操控和改变各有关样式。

1.2.3　探讨浏览器之间的冲突

　　由于各个浏览器对 DOM 支持的不一致性，导致了相同的代码在不同浏览器下不能执行的局面。程序员在编写 DOM 代码时，为了对应多个浏览器，需要判断它们的运行环境，根据环境的差别编写代码。虽然 DOM 带来了便利，但是浏览器之间的冲突也给开发者带来了磨难。

1.2.4　标准的制定

　　为了解决各个浏览器对 DOM 实现的不一致性，W3C 推出了标准化的 DOM，而相竞争的浏览器厂商如 Microsoft、Netscape 公司以及其他浏览器制造商也携手参与制定，于 1998 年推出了 DOM 1。

　　DOM 1 由两部分组成，分别是 DOM 核心与 DOM HTML。其中，DOM 核心负责映射以 XML 为基础的文档结构，允许获取和操作文档；DOM HTML 通过 HTML 专用的对象与函数对 DOM 核心进行了扩展。标准的制定，一定程度上改善了浏览器之间的竞争，同时也催生了更多浏览器的产生。

1.3　网页中的 JavaScript

在网页中添加 JavaScript 代码，需要使用标签来标识脚本代码的开始和结束。该标签就是 <script>，它告诉浏览器，在 <script> 标签和 </script> 标签之间的文本块并不是要显示的网页内容，而是需要处理的脚本代码。

1.3.1　执行代码

在网页中执行 JavaScript 代码可以分为以下几种情况，分别是在网页头中执行、在网页中执行、在网页的元素事件中执行 JavaScript 代码，在网页中调用已经存在的 JavaScript 文件，以及通过 JavaScript 伪 URL 引入 JavaScript 脚本代码。

1. 在网页头中执行 JavaScript 代码

如果不是通过 JavaScript 脚本生成 HTML 网页的内容，JavaScript 脚本一般放在 HTML 网页的头部的 <head> 与 </head> 标签对之间。这样，不会因为 JavaScript 影响整个网页的显示结果。执行 JavaScript 的格式如下：

```
<head>
<title> 在网页头中嵌入 JavaScript 代码 <title>
<script language="JavaScript" >
JavaScript 脚本内容
</script>
</head>
```

在 <script> 与 </script> 标签对中添加相应的 JavaScript 脚本，这样就可以直接在 HTML 文件中调用 JavaScript 代码，以实现相应的效果。

2. 在网页中执行 JavaScript 代码

当需要使用 JavaScript 脚本生成 HTML 网页内容时，如某些 JavaScript 实现的动态树，就需要把 JavaScript 放在 HTML 网页主题部分的 <body> 与 </body> 标签对中。执行 JavaScript 的格式如下：

```
<body>
<script language="JavaScript" >
JavaScript 脚本内容
</script>
</body>
```

另外，JavaScript 代码可以在同一个 HTML 网页的头部与主题部分同时嵌入，并且在同一个网页中可以多次嵌入 JavaScript 代码。

3. 在网页的元素事件中执行 JavaScript 代码

在开发 Web 应用程序的过程中，开发者可以给 HTML 文档设置不同的事件处理器，一般是设置某 HTML 元素的属性来引用一个脚本，如可以是一个简单的动作，该属性一般以 on 开头，如按下鼠标事件 OnClick() 等。这样，当需要对 HTML 网页中的该元素进行事件处理（验证用户输入的值是否有效）时，如果事件处理的 JavaScript 代码量较少，就可以直接在对应的 HTML 网页的元素事件中嵌入 JavaScript 代码。

4. 在网页中调用已经存在的 JavaScript 文件

如果 JavaScript 的内容较长，或者多个 HTML 网页中都调用相同的 JavaScript 程序，可以将较长的 JavaScript 或者通用的 JavaScript 写成独立的 JavaScript 文件，直接在 HTML 网页中调用。执行 JavaScript 代码的格式如下：

```
<script src = "hello.js"></script>
```

5. 通过 JavaScript 伪 URL 引入 JavaScript 脚本代码

在多数支持 JavaScript 脚本的浏览器中，可以通过 JavaScript 伪 URL 地址调用语句来引入 JavaScript 脚本代码。伪 URL 地址的一般格式为：

```
JavaScript:alert(" 已单击文本框 !")
```

由上可知，伪 URL 地址语句一般以 JavaScript 开始，后面就是要执行的操作。

1.3.2　函数

函数是由事件驱动的或者当它被调用时执行的可重复使用的代码块。在代码中，函数就是包含在花括号中的代码块，前面使用了关键词 function。格式如下：

```
function functionname()
{
执行代码
}
```

当调用该函数时，会执行函数内的代码，可以在某事件发生时直接调用函数（如当用户单击按钮时），并且可由 JavaScript 在任何位置进行调用。

注意：JavaScript 对大小写敏感，关键词 function 必须是小写的，并且必须以与函数名称相同的大小写来调用函数。

1.3.3　对象

JavaScript 对象是拥有属性和方法的数据。在 JavaScript 中，对象是非常重要的，当你理解了对象，就可以了解 JavaScript。对象也是一个变量，但对象可以包含多个值或多个变量。

例如下面一段代码：

```
var car = {type:"Fiat", model:500, color:"white"};
```

其中，3 个值（"Fiat"、500、"white"）赋予变量 car。3 个变量（type、model、color）也赋予变量 car。

另外，JavaScript 对象可以使用字符来定义和创建，例如下面一段代码，就是创建了一个人对象，包括姓名、年龄等属性。

```
var person = {firstName:"John", lastName:"Doe", age:50, eyeColor:"blue"};
```

1.3.4　JavaScript 编码规范

JavaScript 编码规范包括以下几个方面，分别是文件组织规范、格式化规范、命名规范、注释规范和其他编码规范。

1. 文件组织规范

- 所有的 JavaScript 文件都要放在项目公共的 script 文件夹下。
- 使用的第三方库文件放置在 script/lib 文件夹下。
- 可以复用的自定义模块放置在 script/commons 文件夹下，复用模块如果涉及多个子文件，需要单独建立模块文件夹。
- 单独页面模块使用的 JavaScript 文件放置在 script/{module_name} 文件夹下。
- 项目模拟的 JSON 数据放置在 script/json 文件夹下，按照页面单独建立子文件夹。

- JavaScript 应用 MVC 框架时，使用的模板文件放置在 script/templates 文件夹下，按照页面单独建立子文件夹。

2. 格式化规范

- 始终使用 var 定义变量，例如：

```
var global ='';
function method() {
    var local ='';
}
```

- 始终使用分号结束一行声明语句。
- 对于数组和对象不要使用多余的 "," （兼容 IE），例如：

```
// 错误
var arr = [1,2,];
var person = {
    name: 'name',
    age: 20,
};
// 正确
var arr = [1,2];
var person = {
    name: 'name',
    age: 20
};
```

- 定义顶级命名空间，如 inBike，在顶级命名空间下自定义私有命名空间，根据模块分级。
- 所有的模块代码放在匿名自调用函数中，通过给 window 对象下的自定义命名空间赋值暴露出来，例如：

```
if (!window.inBike) {
    window.inBike = {};
}
window.inBike.rideway = rideway;
```

- 绑定事件代码需要放置在准备好的文档对象模型函数中执行，例如：

```
$(function() {
    // 绑定函数在 int 函数中
    window.inBike.rideway.init();
})
```

- 将自定义模块方法放置在对象中，方法名紧挨 ":"，":" 与 function 之间空一格，function() 与后面的 "{" 之间空一格，例如：

```
var module = function() {
    method: function() {
    }
};
```

- 字符串使用单引号，例如：

```
var str = 'some text';
```

- 所用的变量使用之前需要定义，定义之后立即初始化，例如：

```
var obj = null;
var num = 0;
var arr = [];
var isEmpty = true;
```

- 使用浏览器 Console 工具之前先要判断是否支持，例如：

```
if (console) {
    console.log('this is my log');
}
```

3. 命名规范

- 使用驼峰法命名变量和方法名，首字母使用小写；对于类名，首字母大写，例如：

```
var numberList = [1,2];
var util = {
    removeNode: function(){
    }
};
function Person(name, age) {
    this.name = name;
    this.age = age;
}
```

- 使用 $name 命名 jQuery 对象，原生 dom 元素使用 dom 开头，对象中私有变量以下画线开头，例如：

```
var $image = $('#cover');
var domImage = document.getElementById('cover');
var obj = {
    _privateVar: null,
    method: function() {
    }
};
```

4. 注释规范

- 多使用单行注释表明逻辑块的意义，例如：

```
// 这里可以放置第一行注释
// 这里可以放置第二行注释
if ( elem.id !== match[2] ) {
    return rootjQuery.find( selector );
}

// 这里可以放置下方模块的注释信息
this.length = 1;
this[0] = elem;
```

- 指明类的构造方法，例如：

```
/**
 * @constructor
 */
some.long.namespace.MyClass = function() {
};
```

- 标注枚举常量的类型和意义，例如：

```
/** @enum {string} */
some.long.namespace.Fruit = {
  APPLE: 'a',
  BANANA: 'b'
};
```

- 使用注释标识方法或者变量的可见性，方便静态检查，例如：

```
/** @protected */
AA_PublicClass.staticProtectedProp = 31;
/** @private */
AA_PublicClass.prototype.privateMethod_ = function() {};
```

5. 其他编码规范

- 避免使用 eval。
- 对于对象避免使用 with，对于数组避免使用 for…in。
- 谨慎使用闭包，避免循环引用。
- 警惕 this 所处的上下文，例如：

```javascript
var $button = $('#my-button');
$button.click(function(){
    var self = this;
    var util = {
        getVal: function() {
            return self.val();
        }
    }
});
```

- 尽量使用短码，如三目运算符、逻辑开关、自增运算等，例如：

```javascript
var name = ('undefined' == typeof(name)) ?'': name;
(age < 0) && (age = 0);
count++;
```

- 不要在块级作用域中使用 function，例如：

```javascript
// 错误
if (x) {
  function foo() {}
}
// 正确
if (x) {
  var foo = function() {}
}
```

- 在父节点上绑定事件监听，根据事件源分别响应。
- 对于复杂的页面模块使用依赖管理库，如 SeaJS、RequireJS、MVC 框架 Backbone、Knockout、Stapes 等。

1.4 JavaScript 清新体验

通过上面的介绍，相信大家对 JavaScript 有了大概的认识，下面通过两个实际的例子来体验一下 JavaScript 在网页中的整体效果。

1.4.1 案例 1——定时打开窗口

定时打开新窗口，通过 JavaScript 操作 BOM 对象，打开一个新窗口。有关详细的 JavaScript 以及 BOM、DOM 对象的介绍请参考后面的章节，这里不做过于详细的解释，目的是给大家一个初步的印象，看看 JavaScript 是怎么和 HTML、BOM、DOM 交互操作的。相关的示例请参考 Chap1.2.html 文件。

【例 1-2】（实例文件：ch01\Chap1.2.html）定时打开窗口。

```html
<!DOCTYPE html>
<html>
<head>
<meta http="Content-Equiv" content="text/html";charset="gb2312">
<script language="JavaScript">
    function openWindow() {
        window.open("", "窗口", "toolbars=0,scrollbars=0,location=0,statusbars=0,menubars=0,
resizable=0,width=640,heigth=480");
```

```
        }
    </script>
    </head>
    <body onLoad="setInterval('openWindow()',1000);">
    <h2> </h2>
    </body>
    </html>
```

主要功能实现是通过网页在装载的时候，调用 openWindow() 来实现打开新窗口，如图 1-4 所示。

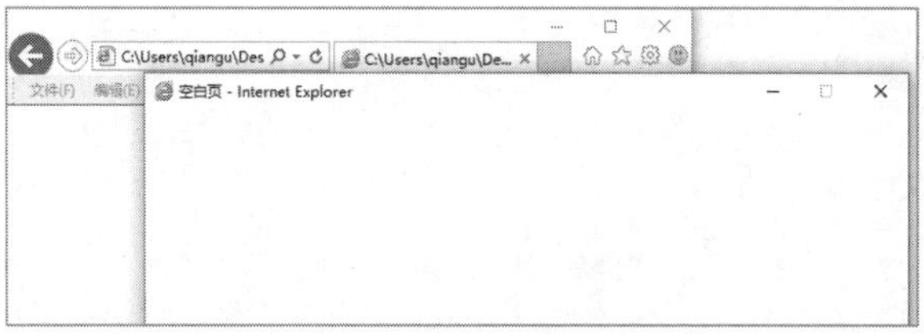

图 1-4　打开新窗口

1.4.2　案例 2——日期选择器

日期选择器在网页中经常出现，主要用于日期的方便选择，取代手工输入。实现的代码稍微有些长，功能虽然单一，但是却用到了很多 JavaScript 技术。日期选择器一般包括年份选择、月份选择；要能够根据相应的月份显示对应月份的日期和星期几；对于相应的日期，要能够通过相应的单击操作，以便最后的选择日期能显示在想要的位置，如文本框中。

【例 1-3】（实例文件：ch01\Chap1.3.html）日期选择器。

```
<!DOCTYPE html>
<html>
<head>
    <meta http-equiv="Content-Type" content="text/html; charset=gb2312">
    <meta http-equiv="Content-Language" content="zh-cn">
    <style>
        <!--
        td, input {
            font-size: 10pt;
            color: #3399FF;
        }
        -->
    </style>
</head>
<body>
    <div align="center">
        <center>
            <table width="248" border="0">
                <tr>
                    <td nowrap width="600">时间选择 :<input onclick="PopCalendar(regdate, regdate);
return false" type="text" name="regdate" size="10">
                    </td>
                </tr>
            </table>
        </center>
    </div>
    <script>
        // 定义一些变量
        var gdCtrl = new Object();
        var goSelectTag = new Array();
        var gcGray = "#808080";//"#808080";
```

```javascript
        var gcToggle = "FB8664";//"#FB8664";
        var gcBG = "FAEBD7";//"#e5e6ec";
        var previousObject = null;
        var gdCurDate = new Date();
        var giYear = gdCurDate.getFullYear();
        var giMonth = gdCurDate.getMonth() + 1;
        var giDay = gdCurDate.getDate();
        var gMonths = new Array("1月", "2月", "3月", "4月", "5月", "6月", "7月", "8月"
        , "9月", "10月", "11月", "12月");
        // 显示一个隐藏的层，放置日期的选择框
        with (document) {
            write("<Div id=VicPopCal style=POSITION:absolute;VISIBILITY:hidden;border:1px
ridge;z-index:100;>");
            write("<table border=0 bgcolor=#E6E6FA>");
            write("<TR>");
            write("<td valign=middle align=center><input type=button name=PrevMonth value='<'
style=height:20;width:20;FONT:bold onClick=PrevMonth()>");
            write("<Select name=tbSelYear onChange=UpdateCal(tbSelYear.value, tbSelMonth.value)
Victor=Won>");
            for (i = 1975; i < 2015; i++)
            write("<OPTION value=" + i + ">" + i + "年</OPTION>");
            write("</Select>");
            write(" <select name=tbSelMonth onChange=UpdateCal(tbSelYear.value, tbSelMonth.
value) Victor=Won>");
            for (i = 0; i < 12; i++)
            write("<option value=" + (i + 1) + ">" + gMonths[i] + "</option>");
            write("</Select>");
            write("<input type=button name=PrevMonth value='>' style=height:20;width:20;FONT
:bold onclick=NextMonth()>");
            write("</td>");
            write("</TR><TR>");
            write("<td align=center>");
            write("<DIV style=background-color:#778899><table width=100% border=0>");
            //drawCal() 函数完成日期的显示
            drawCal(giYear, giMonth, 18, 12);
            function drawCal(iYear, iMonth, iCellHeight, sDateTextSize) {
                // 建立 WeekDay 数组
                var WeekDay = new Array("日", "一", "二", "三", "四", "五", "六");
                // 建立 styleTD，就是每一个 TD 的 style
                var styleTD = " bgcolor=" + gcBG + " bordercolor=" + gcBG + " valign=middle
align=center height=" + iCellHeight + " style=font: arial " + sDateTextSize + ";";
                with (document) {
                    write("<tr>");
                    // 这个 for 完成星期的显示
                    for (i = 0; i < 7; i++) {
                        write("<td " + styleTD + "color:maroon >" + WeekDay[i] + "</td>");
                    }
                    write("</tr>");
                    // 在这里，每个格子（6行7列）的显示内容暂时都是空的，要由后面的 UpdateCal() 函数完成
                    for (w = 1; w < 7; w++) {
                        write("<tr>");
                        for (d = 0; d < 7; d++) {
                            write("<td id=calCell " + styleTD + "cursor:hand;
onMouseOver=this.bgColor=gcToggle onMouseOut=this.bgColor=gcBG onclick=SetSelected(this)>");
                            write("<font id=cellText Victor=Hcy_Flag> </font>");
                            write("</td>")
                        }
                        write("</tr>");
                    }
                }
                write("</table></DIV>");
                write("</td>");
```

```
            write("</TR><TR><TD align=center>");
            write("<TABLE width=100%><TR><TD align=center>");
            write("<B style=cursor:hand onclick=SetDate(0,0,0) onMouseOver=this.style.
color=gcToggle onMouseOut=this.style.color=0> 清空 </B>");
            write("</td><td algin=center>");
            write("<B style=cursor:hand onclick=SetDate(giYear,giMonth,giDay)
onMouseOver=this.style.color=gcToggle onMouseOut=this.style.color=0>今天：" + giYear + "-" + giMonth +
"-" + giDay + "</B>");
            write("</td></tr></table>");
            write("</TD></TR>");
            write("</TABLE></Div>");
    }
    // 第 2 部分的内容是 4 个辅助日期显示的函数
    //PopCalendar() 函数完成日期 div 的显示和隐藏操作
    function PopCalendar(popCtrl, dateCtrl) {
        // 因为有后面的 previousObject = popCtrl 附值操作，所以这里可以理解成是再次单击文本框时修改
        // 调用 HiddenDiv() 函数取消显示
        if (popCtrl == previousObject) {
            if (VicPopCal.style.visibility == "visible") {
                HiddenDiv();
                return true;
            }
        }
        previousObject = popCtrl;
        gdCtrl = dateCtrl;
        SetYearMon(giYear, giMonth);
        // 调用 GetXY() 函数获取控件的坐标
        var point = GetXY(popCtrl);
        with (VicPopCal.style) {
            // 给定显示层的绝对位置
            left = point.x;
            top = point.y + popCtrl.offsetHeight;
            width = VicPopCal.offsetWidth;
            height = VicPopCal.offsetHeight;
            //fToggleTags(point);
            visibility = "visible";
        }
    }
    //HiddenDiv() 函数取消日期显示框 div 层的显示
    function HiddenDiv() {
        var i;
        VicPopCal.style.visibility = "hidden";
    }
    //UpdateCal() 函数完成日期文字在页面 div 中的显示
    function UpdateCal(iYear, iMonth) {
        //BuildCal() 函数获取给定日期所有需要显示的日期内容
        myMonth = BuildCal(iYear, iMonth);
        var i = 0;
        for (w = 0; w < 6; w++)
            for (d = 0; d < 7; d++)
                with (cellText[(7 * w) + d]) {
                    //Victor 作为一个参数，用作判断同为负值的一些日期月份的变化
                    Victor = i++;
                    // 这个 if 完成对日期的所有显示，同时完成所有的对日期颜色的操作
                    if (myMonth[w + 1][d] < 0) {
                        color = gcGray;
                        innerText = -myMonth[w + 1][d];
                    } else {
                        color = ((d == 0) || (d == 6)) ? "red" : "black";
                        innerText = myMonth[w + 1][d];
                    }
                }
    }
```

```
//BuildCal() 函数获取给定日期所有需要显示的日期内容
function BuildCal(iYear, iMonth) {
    // 建立 aMonth[1] 到 aMonth[6]6 个空数组
    var aMonth = new Array();
    for (i = 1; i < 7; i++)
        aMonth[i] = new Array(i);
    //Date 对象的 3 个参数是必选的，表示给定的时间坐标，其中月份值比较特殊，6 月份是用数字 5 表示
    //1 月份是用数字 0 表示的，所以要减去 1.iDayOfFirst 表示给定时间轴日期的星期值，iDaysInMonth
    //表示所给年月的总的日期数.iOffsetLast 表示在页面第一个格子中需要显示的上个月的日期值 (在这里
    //iYear, iMonth 都是值的现在的时间)
    var dCalDate = new Date(iYear, iMonth - 1, 1);
    var iDayOfFirst = dCalDate.getDay();
    var iDaysInMonth = new Date(iYear, iMonth, 0).getDate();
    var iOffsetLast = new Date(iYear, iMonth - 1, 0).getDate() - iDayOfFirst + 1;
    var iDate = 1;
    var iNext = 1;
    // 这个 for 完成第一行的显示，作者让刚开始的几天用负数表示，便于以后的页面显示，很好的方法
    for (d = 0; d < 7; d++)
        aMonth[1][d] = (d < iDayOfFirst) ? -(iOffsetLast + d) : iDate++;
    // 这个 for 完成第 2 ~ 6 行的显示，依旧用负数表示下个月的日期
    for (w = 2; w < 7; w++)
        for (d = 0; d < 7; d++)
            aMonth[w][d] = (iDate <= iDaysInMonth) ? iDate++ : -(iNext++);
    return aMonth;
}
// 事件函数
//PrevMonth() 函数显示上个月的日期
function PrevMonth() {
    //tbSelMonth.value 表示 select 中选中的月份值，tbSelYear.value 表示 select 中选中的年份值
    var iMon = tbSelMonth.value;
    var iYear = tbSelYear.value;
    if (--iMon < 1) {
        iMon = 12;
        iYear--;
    }
    // 调用 SetYearMon 函数显示最新的月份内容
    SetYearMon(iYear, iMon);
}
//PrevMonth() 函数显示下个月的日期
function NextMonth() {
    //tbSelMonth.value 表示 select 中选中的月份值，tbSelYear.value 表示 select 中选中的年份值
    var iMon = tbSelMonth.value;
    var iYear = tbSelYear.value;
    if (++iMon > 12) {
        iMon = 1;
        iYear++;
    }
    // 调用 SetYearMon 函数显示最新的月份内容
    SetYearMon(iYear, iMon);
}
//SetYearMon() 函数可以按照给定的时间，在页面中进行日期的显示
function SetYearMon(iYear, iMon) {
    // 因为 6 月份是用数字 5 表示，所以减 1，选中
    tbSelMonth.options[iMon - 1].selected = true;
    // 年份的选择有点复杂，但这似乎也是唯一的办法
    for (i = 0; i < tbSelYear.length; i++)
        if (tbSelYear.options[i].value == iYear)
            tbSelYear.options[i].selected = true;
    // 完成了上面两个 select 的显示之后调用 UpdateCal() 函数完成页面日期的显示
    UpdateCal(iYear, iMon);
}
//SetDate() 函数实现 div 层中的 " 清空 " 和 " 今天 " 的操作
function SetDate(iYear, iMonth, iDay) {
```

```
                VicPopCal.style.visibility = "hidden";
                //SetDate(0,0,0) 实现清空文本框
                if ((iYear == 0) && (iMonth == 0) && (iDay == 0)) {
                    gdCtrl.value = "";
                } else {
                    iMonth = iMonth + 100 + "";
                    iMonth = iMonth.substring(1);
                    iDay = iDay + 100 + "";
                    iDay = iDay.substring(1);
                    if (gdCtrl.tagName == "INPUT") {
                        gdCtrl.value = iYear + "-" + iMonth + "-" + iDay;
                    } else {
                        gdCtrl.innerText = iYear + "-" + iMonth + "-" + iDay;
                    }
                }
            }
            //SetSelected() 函数实现单击日期时的 JavaScript 操作
            function SetSelected(aCell) {
                var iOffset = 0;
                // 获取 select 中选中的年份和月份
                var iYear = parseInt(tbSelYear.value);
                var iMonth = parseInt(tbSelMonth.value);
                // 每一个显示日期的格子都有同一个 ID"cellText", 这里用 children 方法可以获取操作的对象, srcElement
                // 也许会更清晰明了一些
                with (aCell.children["cellText"]) {
                    var iDay = parseInt(innerText);
                    //Victor 参数的作用就在这里, 如果是上个月的日期, 则月份减 1, 如果是下个月的日期, 则月份加 1
                    if (color == gcGray)
                        iOffset = (Victor < 10) ? -1 : 1;
                    iMonth += iOffset;
                    // 这个 if 完成隔年情况下的操作
                    if (iMonth < 1) {
                        iYear--;
                        iMonth = 12;
                    } else if (iMonth > 12) {
                        iYear++;
                        iMonth = 1;
                    }
                }
                // 调用 SetDate() 完成日期的最后显示
                SetDate(iYear, iMonth, iDay);
            }
            // 两个小的工具函数, 获取坐标
            //Point() 函数重新定位坐标
            function Point(iX, iY) {
                this.x = iX;
                this.y = iY;
            }
            //GetXY() 函数获取某一给定对象的大小坐标
            function GetXY(aTag) {
                var oTmp = aTag;
                var pt = new Point(0, 0);
                do {
                    pt.x += oTmp.offsetLeft;
                    pt.y += oTmp.offsetTop;
                    //offsetParent 表示在 HTML 中的上一个标签的对象集合
                    oTmp = oTmp.offsetParent;
                } while (oTmp.tagName != "BODY");
                return pt;
            }
    </script>
</body>
</html>
```

相关的示例请参考 Chap1.3.html 文件。在 IE 浏览器里面运行的结果如图 1-5 所示。

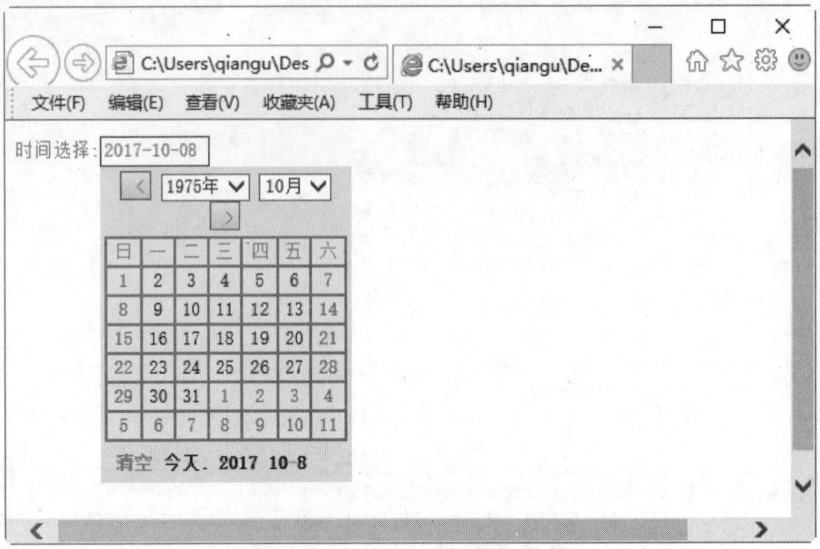

图 1-5　日期选择器的显示效果

对于上述两个例子，大家看了之后会对 JavaScript 有个初步的印象。

1.5　就业面试技巧与解析

1.5.1　面试技巧与解析（一）

面试官：有些程序员认为 JavaScript 是 Java 的变种。你如何看待这个问题？

应聘者：就我个人理解来说，JavaScript 不是 Java 的变种。虽然，JavaScript 最初的确是受 Java 启发而开始设计的，而且设计的目的之一就是"看上去像 Java"，因此语法上有很多类似之处，许多名称和命名规范也借自 Java。但实际上，JavaScript 的主要设计原则源自 Self 和 Scheme，它与 Java 本质上是不同的。它与 Java 名称上的近似，是当时开发公司为了营销考虑与 SUN 公司达成协议的结果。其实，从本质上讲，JavaScript 更像是一门函数式编程语言，而非面向对象的语言，它使用一些智能的语法和语义来仿真高度复杂的行为，对象模型极为灵活、开放和强大。

1.5.2　面试技巧与解析（二）

面试官：你认为什么是脚本语言？

应聘者：就我个人理解来说，脚本语言是由传统编程语言简化而来的语言，它与传统编程语言有很多相似之处，也有不同之处。脚本语言的最显著特点是：①它不需要编译成二进制，以文本的形式存在。②脚本语言一般都需要其他语言的调用执行，不能独立运行。

第2章
世界上最流行的编程语言——JavaScript

◎ 本章教学微视频：12 个　18 分钟

学习指引

　　在程序开发过程中，总是需要对代码程序不断地调试以及优化才能达到理想的效果，JavaScript 也同样需要一套有力的开发工具。本章将详细介绍与 JavaScript 相关工具的应用，主要内容包括 JavaScript 常用的编写工具、开发工具与调试工具。

重点导读

- 掌握 JavaScript 编写工具的使用。
- 掌握 JavaScript 开发工具的使用。
- 掌握 JavaScript 调试工具的使用。

2.1　JavaScript 的编写工具

　　JavaScript 是一种脚本语言，代码不需要编译成二进制，而是以文本的形式存在，因此任何文本编辑器都可以作为其开发环境。通常使用的 JavaScript 编辑器有记事本、UltraEdit 和 Dreamweaver。

2.1.1　系统自带编辑器记事本

　　记事本是 Windows 系统自带的文本编辑器，也是最简洁方便的文本编辑器。由于记事本的功能过于单一，所以要求开发者必须熟练掌握 JavaScript 语言的语法、对象、方法和属性等。这对于初学者是极大的挑战，因此，不建议使用记事本。但是由于记事本简单方便、打开速度快，所以常用来进行局部修改，如图 2-1 所示。

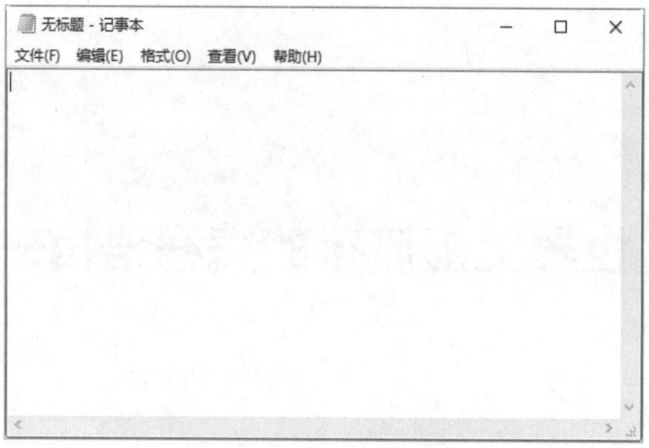

图 2-1　记事本编辑窗口

2.1.2　UltraEdit 文本编辑器

　　UltraEdit 是能够满足一切编辑需要的编辑器。UltraEdit 是一套功能强大的文本编辑器，可以编辑文本、十六进制数据、ASCII 码，可以取代记事本，内建英文单词检查，C++ 及 VB 指令突显，可同时编辑多个文件，而且即使开启很大的文件速度也不会慢。软件附有 HTML 标签颜色显示、搜寻替换以及无限制地还原功能，一般大家喜欢用其来代替记事本的文本编辑器，如图 2-2 所示。

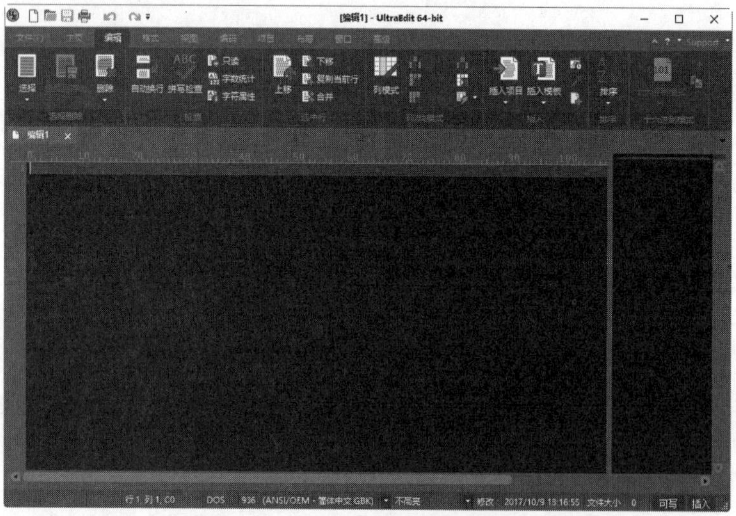

图 2-2　UltraEdit 文本编辑器窗口

2.1.3　Dreamweaver 开发工具

　　Adobe 公司的 Dreamweaver 是一个非常优秀的网页开发工具，其用户界面也非常友好，深受广大用户的喜爱。Dreamweaver 编辑窗口如图 2-3 所示。

　　提示：除了上述编辑器外，还有很多种编辑器可以用来编写 JavaScript 程序，如 Aptana、1st JavaScript Editor、JavaScript Menu Master、Platypus JavaScript Editor、SurfMap JavaScript、JavaScript Editor 等。"工欲善其事，必先利其器。"选择一款适合自己的 JavaScript 编辑器，可以让编辑工程事半功倍。

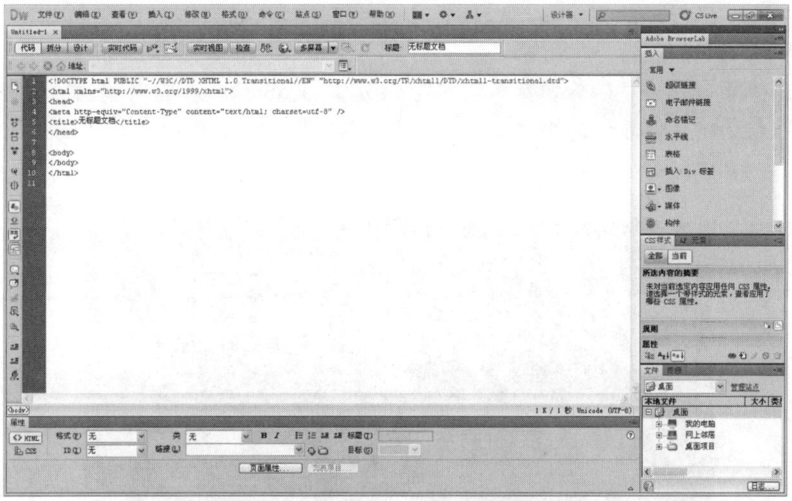

图 2-3 Dreamweaver 编辑窗口

2.2 JavaScript 常用的开发工具

由于 JavaScript 缺少合适的开发工具的支持，编写 JavaScript 程序，特别是超过 500 行以上的 JavaScript 程序，就会变得非常复杂，若在代码中不小心多输入了一个"("或"{"，则整段代码就有可能无法运行。本节就来介绍几款常用的 JavaScript 开发工具。

2.2.1 附带测试的开发工具——TestSwarm

TestSwarm 是 Mozilla 实验室推出的一个开源项目，旨在为开发者提供在多个浏览器版本上快速、轻松测试自己 JavaScript 代码的方法。

目前，TestSwarm 正在测试许多开发人员都依靠的诸多流行的开源 JavaScript 库，其中包括 jQuery、YUI、Dojo、MooTools 和 Prototype 等。如果用户想在自己的项目中使用 TestSwarm，可以下载并在自己的服务器上安装 TestSwarm。图 2-4 所示为 TestSwarm 的工作界面。

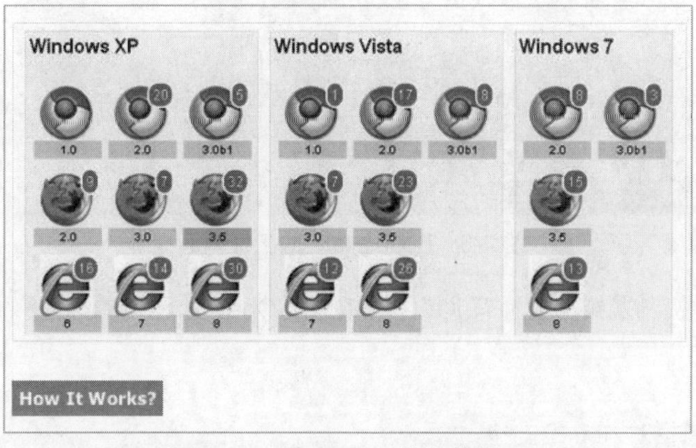

图 2-4 TestSwarm 的工作界面

2.2.2　半自动化开发工具——Minimee

在互联网领域，速度就是一切。这意味着当面对 CSS 和 JavaScript 文件的时候，文件大小是一个重要的要素。Minimee 可以自动将文件最小化并对其进行组合，帮助用户化繁为简。图 2-5 所示为 Minimee 的工作界面。

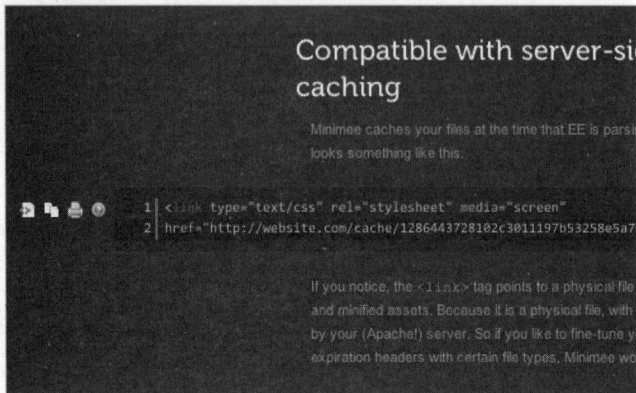

图 2-5　Minimee 的工作界面

2.2.3　轻松建立 JavaScript 库的开发工具——Boilerplate

Boilerplate 是基于 HTML/CSS/JavaScript 的一个快速、健壮和面向未来的网站模板。经过多年的迭代开发，功能更加完善，包括跨浏览器的正常化显示、性能优化、Ajax 跨域通信和 Flash 处理等。这个模板包含一个 .htaccess 配置文件，通过该配置文件可以设置 Apache 缓存、网站播放 HTML5 视频、使用 @font-face 和允许使用 gzip 等。图 2-6 所示为 Boilerplate 的工作界面。

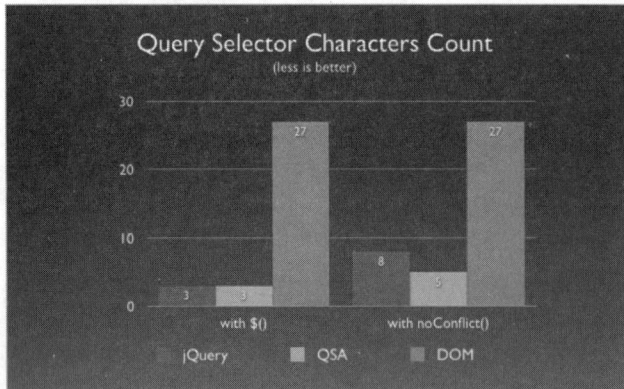

图 2-6　Boilerplate 的工作界面

它同样可以工作在手机浏览器，它拥有 iOS、Android、Opera 所支持的标签和 CSS 骨架。Boilerplate 有以下特性。

- 支持 HTML5。
- 跨浏览器兼容，包括对 IE 6 的支持。
- 高速缓存和压缩规则，最佳实践配置。

- 移动浏览器优化。
- 单元测试套件 JavaScript 分析。
- 移动与特定 CSS 规则的 iOS 和 Android 的浏览器支持。

2.3　JavaScript 常用的调试工具

JavaScript 调试器能帮忙找出 JavaScript 代码中的错误。要想成为一名高级 JavaScript 调试员，你需要知道你可用到的一些调试器、典型的 JavaScript 调试工作流程和高效调试的核心条件。

当调查一个特定问题时，通常将遵循以下过程。

（1）在调试器的代码查看窗口找出相关代码。

（2）在觉得可能发生问题的地方设置断点。

（3）若是行内脚本，则在浏览器中重载页面；若是一个事件处理器则单击按钮，以再次运行脚本。

（4）一直等到调试器暂停执行并通过代码。

（5）查看变量值。例如，查看那些本该包含一个值却显示未定义的变量，或者希望返回 true 却返回 false 时。

（6）如果需要，使用命令行对代码进行求值，或者为测试改变变量。

（7）通过学习导致错误情况发生的那段代码来找出问题所在。

这里介绍 5 个最常用的 JavaScript 调试工具。

2.3.1　调试工具——Drosera

Drosera 可以调试任何基于 WebKit 的应用程序，Drosera 的调试界面如图 2-7 所示。

图 2-7　Drosera 的调试界面

2.3.2　规则的调试工具——Dragonfly

Dragonfly 可以高亮显示语法和断点，搜索功能强大，可以搜索当前选择的脚本，可以用文本、正则表达式来加载所有的 JavaScript 文件。Dragonfly 的调试界面如图 2-8 所示。

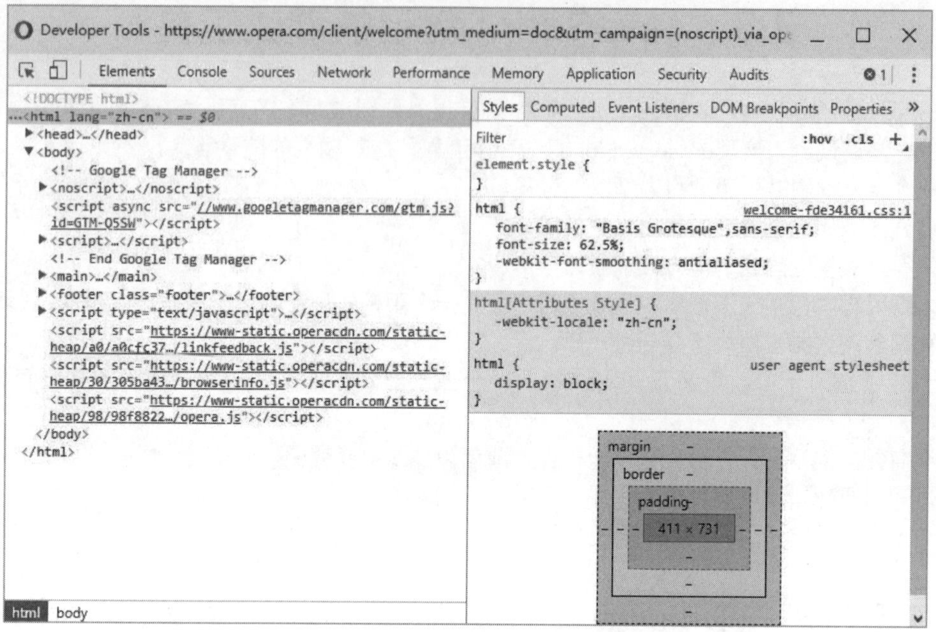

图 2-8　Dragonfly 的调试界面

2.3.3　Firefox 的集成工具——Firebug

Firefox 集成了 Firebug，它提供了一个丰富的 Web 开发工具，可以在任何网页编辑、调试和监控 CSS、HTML 与 JavaScript。Firebug 的调试界面如图 2-9 所示。

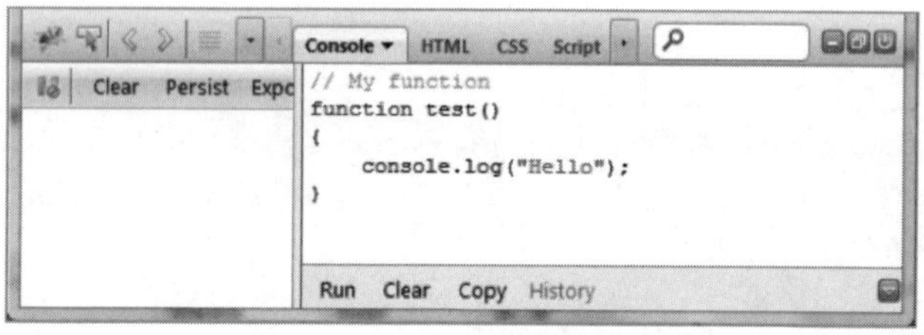

图 2-9　Firebug 的调试界面

2.3.4　前端调试利器——DebugBar

在 IE 8 之前，在 IE 中的调试只有 alert 命令，虽然可以在 Visual Studio 中进行调试，但过程比较麻烦。一个比较好的工具就是 DebugBar，不过该工具与 Firebug 比起来，还是有很大差距的。

DebugBar 虽然可以与 Firebug 一样获取页面元素、做源代码调试和 CSS 调试，但是，其功能实在有限。DebugBar 工作界面如图 2-10 所示。

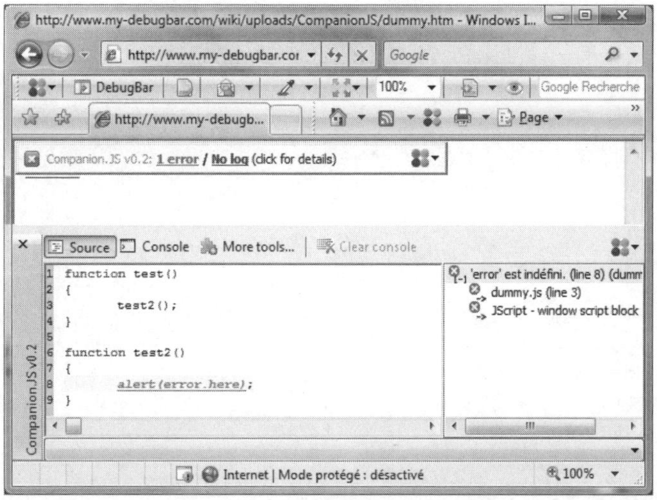

图 2-10　DebugBar 的工作界面

2.3.5　支持浏览器多的工具——Venkman

Venkman 是 Mozilla 的 JavaScript Debugger 代码名称，可以在用户界面上和控制台命令中使用断点管理、调用栈检查、检查变量/对象等功能，可以让用户以最习惯的方式调试。

Venkman 可以从 http://www.hacksrus.com/~ginda/venkman/ 下载，然后用 Firefox 打开得到的 xpi 文件，它就会自动安装，重启 Firefox，选择"工具"→ JavaScript Debugger 命令启动 Venkman，其工作界面如图 2-11 所示。

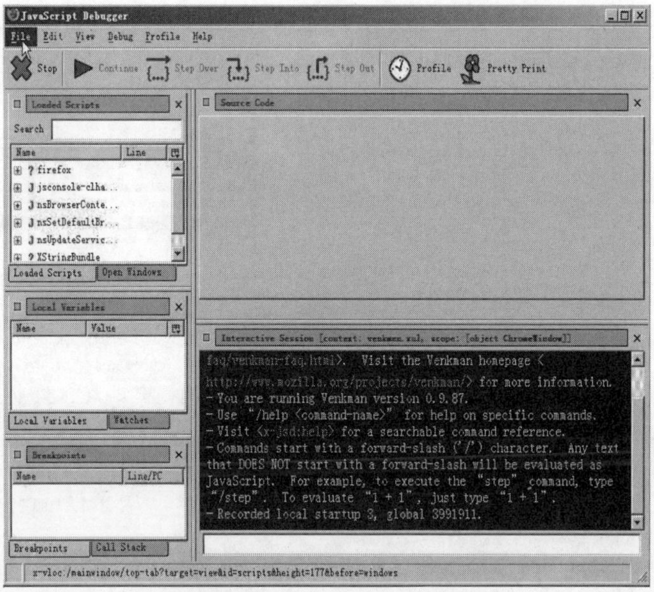

图 2-11　Venkman 的工作界面

从工作界面中可以看出其窗口布局很清晰，Loaded Scripts 中显示当前可用的 JavaScript 文件，单击文件旁边的加号，就会打开一个详细列表，列出该文件中的所有函数。

代码中的断点跟踪是调试工作中的重点，Venkman 支持两种断点模式，分别是硬（Hard）断点和将来

（Future）断点。将来断点设置在函数体之外的代码行上，一旦这些代码行加载到浏览器上就会立即执行。

下面给出一个实例，其中有一个 JavaScript 文件 DebugSample.js 和一个调用页面 CallPage.html。

```
// DebugSample.js
var dateString = new Date().toString();
function doFoo(){
       var x = 2 + 2;
       var y = "hello";
       alert("test");
}
// CallPage.html
<html>
       <title>test page</title>
       <script language="JavaScript" src="DebugSample.js"></script>
       <body>
               <form id="test">
                       <input type="button" value="test" onclick="doFoo()"/>
               </form>
       </body>
</html>
```

用 Firefox 打开 CallPage.html，启动 Venkman，在所需的代码行上设置一个断点，单击代码行左侧的边栏即可。每次单击这一行时，这行就会在以下 3 种间轮流切换：无断点、硬断点、将来断点。硬断点由一个红色的 B 指示，将来断点由橙色的 F 指示（注：此处界面在实际操作过程中会显示为相应的彩色，因本书是黑白印刷，无法正常显示出颜色，读者可在实际界面或者相关视频中看到。余同）。函数体外的代码行只能切换为无断点和将来断点。可以在"var y = "hello";"这一行设个断点，如图 2-12 所示。

然后单击页面中的 test 按钮，可以看到在断点处停止了，接下来的操作想必都知道了，它和其他的 Debugger 用法相同。

下面看一下 Venkman 的另一个强大特性。右击一个断点，在弹出的快捷菜单中选择 Breakpoint Properties（断点属性）命令，如图 2-13 所示。

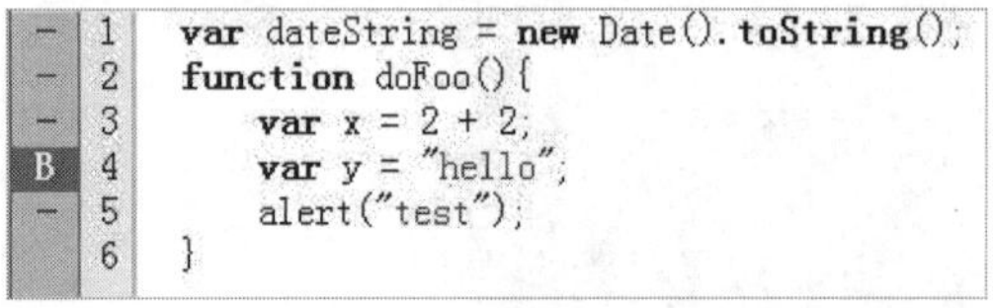

图 2-12　设置断点

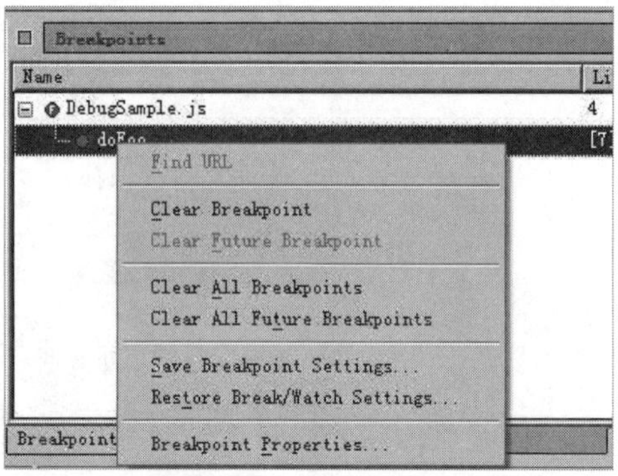

图 2-13　右键快捷菜单

这样会打开 Breakpoint Properties 对话框，允许用户修改断点的行为，如图 2-14 所示。

这个窗口的强大之处在于"When triggered, execute…"（当触发时，执行…），选中这个复选框，会置一个文本框有效，可以编写 JavaScript 代码，每次遇到断点时都会执行此代码，向这个定制脚本传递的参数名为 _count_，它表示遇到断点的次数。下面的 4 个行为中也以 Stop if result is true 的功能最强大，它意味着只有当定制代码的返回值为 true 时，断点才会暂停执行。

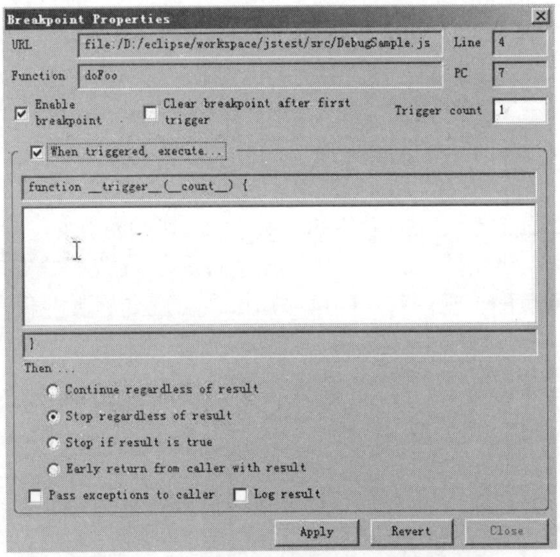

图 2-14　Breakpoint Properties 对话框

2.4　编写第一个 JavaScript 程序——Hello，JavaScript!

在记事本中编写 JavaScript 程序的方法很简单，只需打开记事本文件，在打开的窗口中输入相关 JavaScript 代码即可。

【例 2-1】（实例文件：ch02\Chap2.1.html）在记事本中编写 JavaScript 的脚本，打开记事本文件，在窗口中输入如下代码：

```html
<!DOCTYPE html>
<html>
<body>
<script type="text/JavaScript">
    document.write("Hello JavaScript!")
</script>
</body>
</html>
```

将记事本文件保存为 Chap2.1.html 格式的文件，然后再使用 IE 浏览器打开即可浏览最后的效果，如图 2-15 所示。

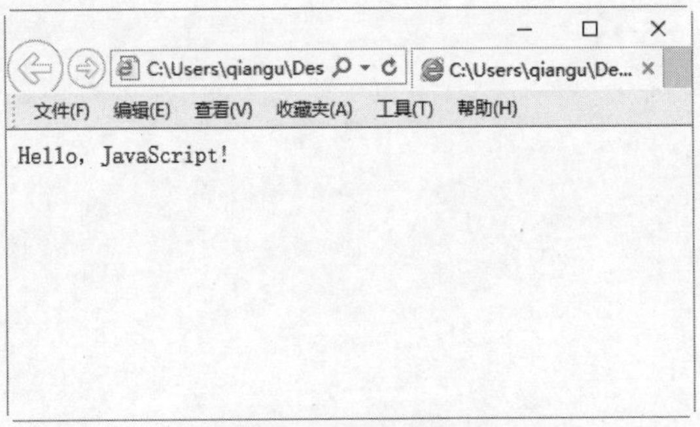

图 2-15　最后的效果

2.5　就业面试技巧与解析

2.5.1　面试技巧与解析（一）

面试官： 如果当前浏览器不支持 JavaScript，如何做才能不影响网页的美观？

应聘者： 现在浏览器种类、版本繁多，不同浏览器对 JavaScript 代码的支持度不一样。为了保证浏览器不支持的这部分代码不影响网页的美观，可以使用 HTML 注释语句将其注释，这样便不会在网页中输出这些代码。

2.5.2　面试技巧与解析（二）

面试官： 使用 JavaScript 编写好应用程序后，你认为还需要对 JavaScript 代码进行优化处理吗？

应聘者： 对于我个人米说，优化处理是必要的，而且主要优化的是脚本程序代码的下载时间和执行效率，因为 JavaScript 运行前不需要进行编译而直接在客户端运行，所以代码的下载时间和执行效率直接决定了网页的打开速度，从而影响客户端的用户体验效果。

第 3 章
感受 JavaScript 精彩——基础入门

◎ 本章教学微视频：17 个　32 分钟

学习指引

　　无论是传统编程语言，还是脚本语言，都有数据类型、常量和变量、注释语句等基本元素，这些基本元素构成了编程基础。本章将详细介绍 JavaScript 的基础入门知识，主要内容包括 JavaScript 的语法、变量、数据类型、关键字与保留字。

重点导读

- 掌握 JavaScript 的语法知识。
- 掌握 JavaScript 的变量知识。
- 掌握 JavaScript 的数据类型。
- 掌握 JavaScript 的关键字。
- 掌握 JavaScript 的保留字。

3.1　JavaScript 的语法

　　与 C、Java 及其他语言一样，JavaScript 也有自己的语法，但只要熟悉其他语言就会发现 JavaScript 的语法也是非常简单的。

3.1.1　代码执行顺序

　　JavaScript 程序按照在 HTML 文件中出现的顺序逐行执行。如果需要在整个 HTML 文件中执行。最好将其放在 HTML 文件的 <head>…</head> 标签当中。某些代码，如函数体内的代码，不会被立即执行，只有当所在的函数被其他程序调用时，该代码才被执行。

3.1.2　区分大小写

　　JavaScript 对字母大小写敏感，也就是说在输入语言的关键字、函数、变量以及其他标识符时，一定要严格区分字母的大小写。例如，变量 username 与变量 userName 是两个不同的变量。

提示：HTML 不区分大小写。由于 JavaScript 与 HTML 紧密相关，这一点很容易混淆，许多 JavaScript 对象和属性都与其代表的 HTML 标签或属性同名，在 HTML 中，这些名称可以以任意的大小写方式输入而不会引起混乱，但在 JavaScript 中，这些名称通常都是小写的。例如，在 HTML 中的事件处理器属性 ONCLICK 通常被声明为 onClick 或 Onclick，而在 JavaScript 中只能使用 onclick。

3.1.3　分号与空格

在 JavaScript 语句当中，分号是可有可无的，这一点与 Java 语言不同，JavaScript 并不要求每行必须以分号作为语句的结束标志。如果语句的结束处没有分号，JavaScript 会自动将该代码的结尾作为语句的结尾。

例如，下面的两行代码书写方式都是正确的：

```
Alert ("hello,JavaScript")
Alert ("hello,JavaScript");
```

提示：作为程序开发人员应养成良好的编程习惯，每条语句以分号作为结束标志以增强程序的可读性，也可避免一些非主流浏览器的不兼容。

另外，JavaScript 会忽略多余的空格，用户可以向脚本添加空格来提高其可读性。下面的两行代码是等效的：

```
var name="Hello";
var name = "Hello";
```

3.1.4　代码折行标准

当一段代码比较长时，用户可以在文本字符串中使用反斜杠对代码行进行换行。下面的例子会正确地显示：

```
document.write("Hello \
World!");
```

不过，用户不能像这样折行：

```
document.write \
("Hello World!");
```

3.1.5　注释语句

与 C、C++、Java、PHP 相同，JavaScript 的注释分为两种，其中一种是单行注释，例如：

```
// 输出标题
document.getElementById("myH1").innerHTML=" 欢迎来到我的主页 ";
// 输出段落
document.getElementById（"myP"）.innerHTML=" 这是我的第一个段落。";
```

另一种是多行注释，例如：

```
/*
下面的这些代码会输出
一个标题和一个段落
并将代表主页的开始
*/
document.getElementById("myH1").innerHTML=" 欢迎来到我的主页 ";
document.getElementById("myP").innerHTML=" 这是我的第一个段落。";
```

3.2　JavaScript 的变量

变量是用来临时存储数值的容器。在程序中，变量存储的数值是可以变化的，变量占据一段内存，通过变量的名字可以调用内存中的信息。

3.2.1　变量的声明

尽管 JavaScript 是一种弱类型的脚本语言，变量可以在不声明的情况下直接使用，但在实际使用过程中，最好还是先使用 var 关键字对变量进行声明。声明变量具有如下几种规则。

- 可以使用一个关键字 var 同时声明多个变量，如语句"var x,y;"就同时声明了 x 和 y 两个变量。
- 可以在声明变量的同时对其赋值（称为初始化），例如"var president = "henan";var x=5,y=12;"声明了 president、x 和 y 3 个变量，并分别对其进行了初始化。如果出现重复声明的变量，且该变量已有一个初始值，则此时的声明相当于对变量重新赋值。
- 如果只是声明了变量，并未对其赋值，其值默认为 undefined。
- var 语句可以用作 for 循环和 for…in 循环的一部分，这样可以使得循环变量的声明成为循环语法自身的一部分，使用起来较为方便。

当给一个尚未声明的变量赋值时，JavaScript 会自动用该变量名创建一个全局变量。在一个函数内部，通常创建的只是一个仅在函数内部起作用的局部变量，而不是一个全局变量。要确保创建的是一个局部变量，而不仅仅是赋值给一个已经存在的局部变量，就必须使用 var 语句进行变量声明。

注意：声明 JavaScript 的变量时，不指定变量的数据类型。一个变量一旦声明，可以存放任何数据类型的信息，JavaScript 会根据存放信息的类型，自动为变量分配合适的数据类型。

3.2.2　变量的作用域

变量的作用范围又称为作用域，是指某变量在程序中的有效范围。根据作用域的不同，变量可划分为全局变量和局部变量。

- 全局变量：全局变量的作用域是全局性的。在整个 JavaScript 程序中，全局变量处处都存在。
- 局部变量：局部变量是函数内部声明的，只作用于函数内部，其作用域是局部性的；函数的参数也是局部性的，只在函数内部起作用。

【例 3-1】（实例文件：ch03\Chap3.1.html）变量定义示例。

```
<!DOCTYPE>
<html>
<head>
<title> New Document </title>
</head>
<body>
<script>
var myName = "zhangsan";
alert(myName);
myName = "lisi";
alert(myName);
</script>
</body>
</html>
```

相关的代码示例请参考 Chap3.1.html 文件。在 IE 浏览器里面运行的结果如图 3-1 所示，从结果中可以看到同一变量名具有不同的运行结果。

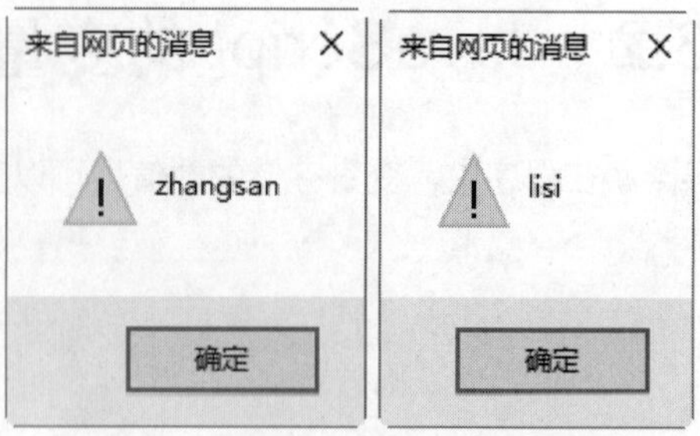

图 3-1　定义变量后的运行结果

3.2.3　变量的优先级

在函数内部，局部变量的优先级高于同名的全局变量。也就是说，如果存在与全局变量名称相同的局部变量，或者在函数内部声明了与全局变量同名的参数，则该全局变量将不再起作用。

【例 3-2】（实例文件：ch03\Chap3.2.html）变量的优先级。

```
<!DOCTYPE html>
<html>
<head>
<title>变量的优先级</title>
<body>
<script language="JavaScript">
var scope="全局变量";              // 声明一个全局变量
function checkscope()
{
var scope="局部变量";             // 声明一个同名的局部变量
document.write(scope);            // 使用的是局部变量，而不是全局变量
}
checkscope();                     // 调用函数，输出结果
</script>
</body>
</head>
</html>
```

相关的代码示例请参考 Chap3.2.html 文件，在 IE 浏览器里面运行的结果如图 3-2 所示，从结果中可以看出输入的是"局部变量"。

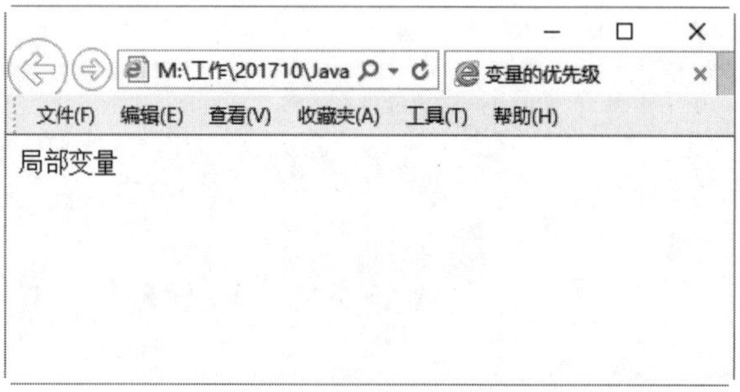

图 3-2　变量的优先级

注意：虽然在全局作用域中可以不使用 var 声明变量，但声明局部变量时，一定要使用 var 语句。

JavaScript 没有块级作用域，函数中的所有变量无论是在哪里声明的，在整个函数中都有意义。

【例 3-3】（实例文件：ch03\Chap3.3.html）JavaScript 无块级作用域。

```
<!DOCTYPE html>
<html>
<head>
<title>变量的优先级</title>
<body>
<script language="JavaScript">
var scope="全局变量";                  // 声明一个全局变量
function checkscope()
{
alert(scope);                       // 调用局部变量，将显示 "undefined" 而不是 "局部变量"
var scope="局部变量";                  // 声明一个同名的局部变量
alert(scope);                       // 使用的是局部变量，将显示 "局部变量"
}
checkscope();                       // 调用函数，输出结果
</script>
</body>
</head>
</html>
```

相关的代码示例请参考 Chap3.3.html 文件，在 IE 浏览器里面运行的结果如图 3-3 所示。

单击"确定"按钮，结果如图 3-4 所示。

图 3-3　运行结果 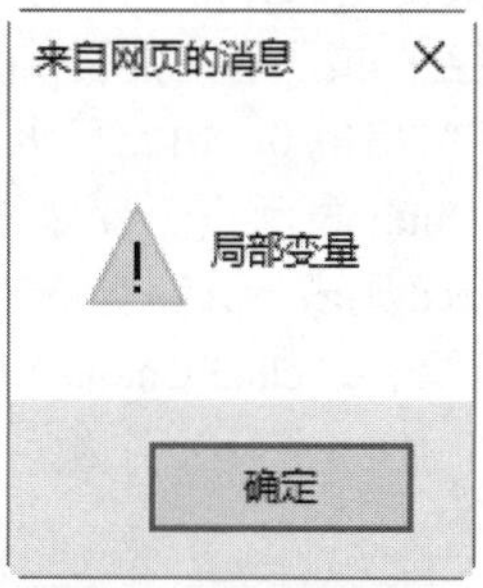　　　　　　　图 3-4　局部变量

在本例中，用户可能认为因为声明局部变量的 var 语句还没有执行而调用全局变量 scope，但由于无块级作用域的限制，局部变量在整个函数体内是有定义的。这就意味着在整个函数体中都隐藏了同名的全局变量，因此，输出的并不是"全局变量"。虽然局部变量在整个函数体是都是有定义的，但在执行 var 语句之前不会被初始化。

3.3　JavaScript 的数据类型

JavaScript 中共有 9 种数据类型，分别是未定义（Undefined）、空（Null）、布尔型（Boolean）、字符串（String）、数值（Number）、对象（Object）、引用（Reference）、列表（List）和完成（Completion）。其中，后 3 种类型仅仅作为 JavaScript 运行时中间结果的数据类型，因此不能在代码中使用，下面讲解常用的数据类型。

3.3.1　未定义类型

Undefined 是未定义类型的变量，表示变量还没有赋值，如"var a;"，或者赋予一个不存在的属性值，如 var a=String.notProperty。

此外，JavaScript 中有一种特殊类型的数字常量 NaN，表示"非数字"，当在程序中由于某种原因发生

计算错误后，将产生一个没有意义的数字，此时 JavaScript 返回的数字值就是 NaN。

【例 3-4】（实例文件：ch03\Chap3.4.html）使用未定义类型。

```
<!DOCTYPE html>
<html>
<body>
<script type="text/JavaScript">
var person;
document.write(person + "<br />");
</script>
</body>
</html>
```

相关的代码示例请参考 Chap3.4.html 文件，在 IE 浏览器里面运行的结果如图 3-5 所示。

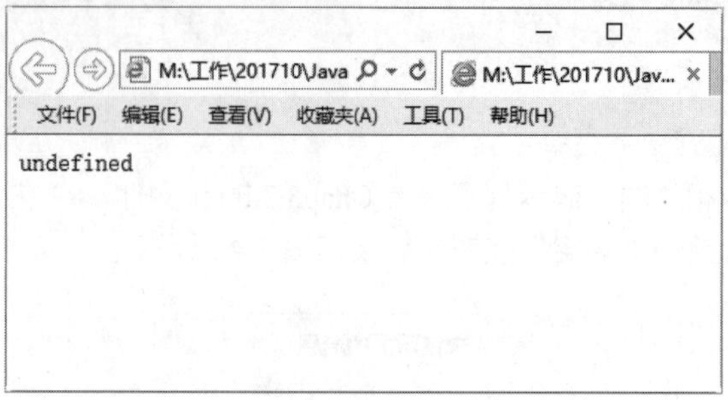

3.3.2　空类型

JavaScript 中的关键字 null 是一个特殊的值，表示空值，用于定义空的或不存在的引用。不过，null 不等同于空的字符串或 0。由此可见，null 与 undefined 的区别是：null 表示一个变量被赋予了一个空值，而 undefined 则表示该变量还未被赋值。

图 3-5　使用 Undefined 运行结果

【例 3-5】（实例文件：ch03\Chap3.5.html）使用 null。

```
<!DOCTYPE html>
<html>
<body>
<script type="text/JavaScript">
    var person;
    document.write(person + "<br />");
    var car=null
    document.write(car + "<br />");
</script>
</body>
</html>
```

相关的代码示例请参考 Chap3.5.html 文件，在 IE 浏览器里面运行的结果如图 3-6 所示。

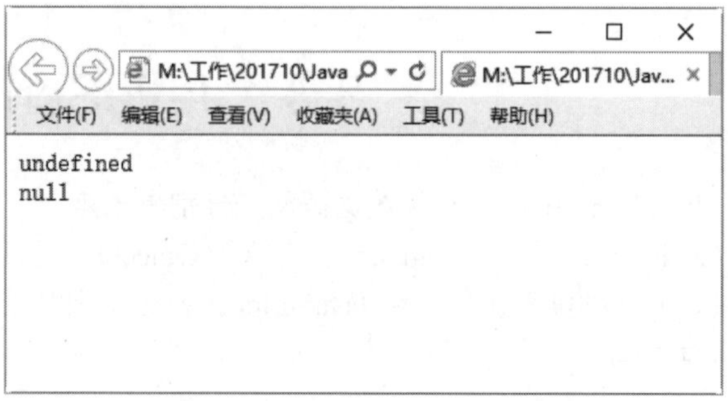

3.3.3　布尔型

数值数据类型和字符串数据类型可能的值都无穷多，但布尔型数据类型只有两个值，这两个合法的值分别由 true 和 false 表示。一个布尔值代表的是一个"真值"，它说明了某个事物是真还是假。通常，我们使用 1 表示真，0 表示假。布尔值通常是在 JavaScript 程序中比较所得的结果。

图 3-6　使用空类型运行结果

布尔类型的 toString() 方法只是输出 true 或 false，结果由变量的值决定，例如：

【例 3-6】（实例文件：ch03\Chap3.6.html）使用布尔类型。

```
<!DOCTYPE html>
<html>
<body>
<script type="text/JavaScript">
        var b1 = Boolean("");// 返回 false, 空字符串
        var b2 = Boolean("s");// 返回 true, 非空字符串
        var b3 = Boolean(0);// 返回 false, 数字 0
        var b4 = Boolean(1);// 返回 true, 非 0 数字
        var b5 = Boolean(-1);// 返回 true, 非 0 数字
        var b6 = Boolean(null);// 返回 false
        var b7 = Boolean(undefined);// 返回 false
        var b8 = Boolean(new Object());// 返回 true, 对象
        document.write(b1 + "<br>")
        document.write(b2 + "<br>")
        document.write(b3 + "<br>")
        document.write(b4 + "<br>")
        document.write(b5 + "<br>")
        document.write(b6 + "<br>")
        document.write(b7 + "<br>")
        document.write(b8 + "<br>")
</script>
</body>
</html>
```

相关的代码示例请参考 Chap3.6.html 文件，在 IE 浏览器里面运行的结果如图 3-7 所示。

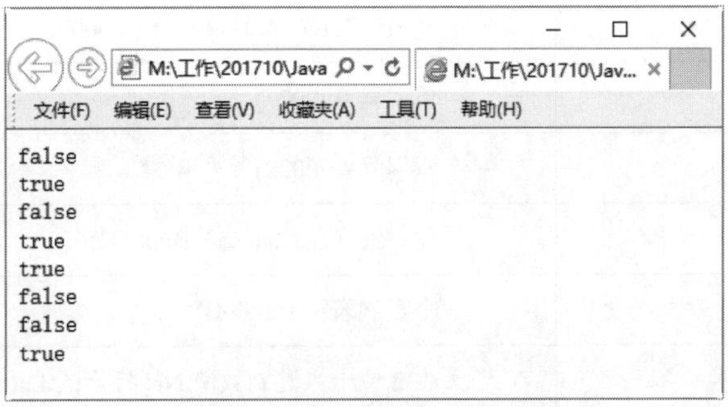

图 3-7　使用布尔型运行结果

3.3.4　字符串

字符串由零个或者多个字符构成，字符可以包括字母、数字、标点符号和空格、字符串必须放在单引号或者双引号里。JavaScript 字符串定义方法如下。

方法一：

```
var str = " 字符串 ";
```

方法二：

```
var str = new String(" 字符串 ");
```

JavaScript 字符串使用的注意事项如下。

- 字符串类型可以表示一串字符，如 "www.haut.edu.cn"、' 中国 '。
- 字符串类型应使用双引号 (") 或单引号 (') 引起来。

在写 JavaScript 脚本时，可能会要在 HTML 文档中显示或使用某些特殊字符（如引号或斜线），例如 <img src="image5.jpg">，但是前面提过，声明一个字符串时，前后必须以引号括起来。如此一来，字符串当中引号可能会和标示字符串的引号搞混了，此时就要使用转义字符（Escape Character）。

JavaScript 使用 8 种转义字符，这些字符都是以一个反斜线（\）开始。当 JavaScript 的解释器（Interpreter）看到反斜线时，就会特别注意表现出程序员所要表达的意思。

表 3-1 列出了 JavaScript 的转义序列以及它们所代表的字符。其中有两个转义序列是通用的，通过把 Latin-1 或 Unicode 字符编码表示为十六进制数，它们可以表示任意字符。例如，转义序列 \xA9 表示的是版权符号，它采用十六进制数 A9 表示 Latin-1 编码。同样地，\u 表示的是由 4 位十六进制数指定的任意 Unicode 字符，如 \u03c0 表示的是字符 π（圆周率）。

表 3-1　JavaScript 的转义序列以及它们所代表的字符

转 义 序 列	转 义 字 符	使 用 说 明
0	\0	NUL 字符 (\u0000)
1	\b	后退一格（Backspace）退格符 (\u0008)
2	\f	换页（Form Feed）(\u000C)
3	\n	换行（New Line）(\u000A)
4	\r	回车（Carriage Return）(\u000D)
5	\t	制表（Tab）水平制表符 (\u0009)
6	\'	单引号 (\u0027)
7	\"	双引号 (\u0022)
8	\\	反斜线（Backslash）(\u005C)
9	\v	垂直制表符 (\u000B)
10	\xNN	由 2 位十六进制数值 NN 指定的 Latin-1 字符
11	\uNNNNN	由 4 位十六进制数 NNNN 指定的 Unicode 字符
12	\NNN	由 1～3 位八进制数（1～377）指定的 Latin-1 字符。ECMAScript v3 不支持，不使用这种转义序列

注意，虽然 ECMAScript v1 标准要求使用 Unicode 字符转义，但是 JavaScript 1.3 之前的版本通常不支持转义符。有些 JavaScript 版本还允许用反斜线符号后加 3 位八进制数字来表示 Latin-1 字符，但是 ECMAScript v3 标准不支持这种转义序列，所以不应该再使用它们。

1. 字符串的使用

JavaScript 的内部特性之一就是能够连接字符串。如果将加号（+）运算符用于数字，那就是把两个数字相加。但是，如果将它作用于字符串，它就会把这两个字符串连接起来，将第二个字符串连接在第一个字符串之后，例如：

【例 3-7】（实例文件：ch03\Chap3.7.html）连接字符串示例。

```
<!DOCTYPE>
```

```
<html>
<head>
<title> New Document </title>
</head>
<body>
<script>
    var msg = "hello";
    msg = msg + " world";
    alert(msg);
</script>
</body>
</html>
```

相关的代码示例请参考 Chap3.7.html 文件。在 IE 浏览器里面运行的结果如图 3-8 所示，从结果中可以看到字符串连接运行的结果。

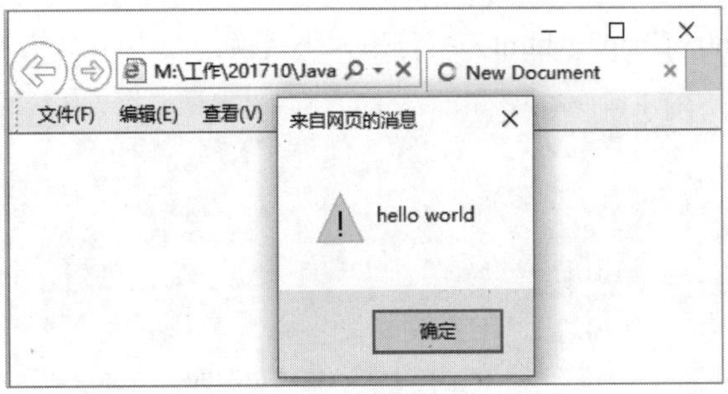

图 3-8 字符串连接运行结果

如果想要确定一个字符串的长度（它包含字符的个数），用户就可以使用字符串的 length 属性，如果变量 s 包含一个字符串，可以使用如下方法访问它的长度：s.length。

【例 3-8】（实例文件：ch03\Chap3.8.html）获取字符串长度。

```
<!DOCTYPE>
<html>
<head>
<title> New Document </title>
</head>
<body>
<script>
var str = "I love JavaScript！";
alert("I love JavaScript！的字符个数：" + str.length);
</script>
</body>
</html>
```

相关的示例请参考 Chap3.8.html 文件。在 IE 浏览器里面运行的结果如图 3-9 所示，从结果中可以看到字符串的长度已经被计算出来。

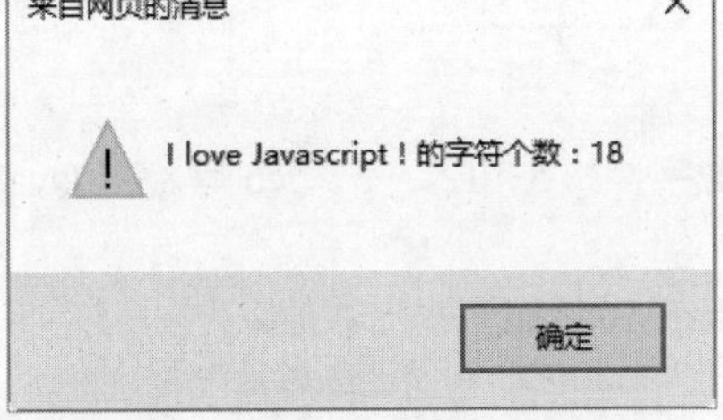

图 3-9 计算字符串的长度

根据字符串的 length 属性，可以对其进行许多操作，例如，可以获取字符串 s 的最后一个字符：

```
last_char = s.charAt(s.length - 1);
```

因为 length 是一个字符串的长度，即字符串的个数，而字符串中的首字符是从 0 开始的，所以最后一个字符在字符串中的位置为 length-1。

2. 字符串的大小写转换

使用字符串对象中的 toLocaleLowerCase()、toLocaleUpperCase()、toLowerCase()、toUpperCase() 方法可以转换字符串的大小写。这 4 种方法的语法格式如下：

```
stringObject.toLocaleLowerCase()
stringObject.toLowerCase()
stringObject.toLocaleUpperCase()
stringObject.toUpperCase()
```

【例 3-9】（实例文件：ch03\Chap3.9.html）字符串大小转换。

```
<!DOCTYPE>
<html>
<head>
<title> New Document </title>
</head>
    <script type="text/JavaScript">
    var txt="Hello World!"
    document.write(" 正常显示为: " + txt + "</p>")
    document.write(" 以小写方式显示为: " + txt.toLowerCase() + "</p>")
    document.write(" 以大写方式显示为: " + txt.toUpperCase() + "</p>")
    document.write(" 按照本地方式把字符串转化为小写: " + txt.toLocaleLowerCase() + "</p>")
    document.write(" 按照本地方式把字符串转化为大写: " + txt.toLocaleUpperCase() + "</p>")
    </script>
</body>
</html>
```

相关的代码示例请参考 Chap3.9.html 文件，在 IE 浏览器里面运行的结果如图 3-10 所示。

图 3-10　字符串大小转换

3.3.5　数值类型

JavaScript 的数值类型表示一个数字，如 5、12、-5、2e5 等。在 JavaScript 中，数值类型有正数、负数、指数等。

【例 3-10】（实例文件：ch03\Chap310.html）输出数值。

```
<!DOCTYPE html>
```

```
<html>
<body>
<script type="text/JavaScript">
var x1=36.00;
var x2=36;
var y=123e5;
var z=123e-5;
document.write(x1 + "<br />")
document.write(x2 + "<br />")
document.write(y + "<br />")
document.write(z + "<br />")
</script>
</body>
</html>
```

相关的代码示例请参考 Chap3.10.html 文件，在 IE 浏览器里面运行的结果如图 3-11 所示。

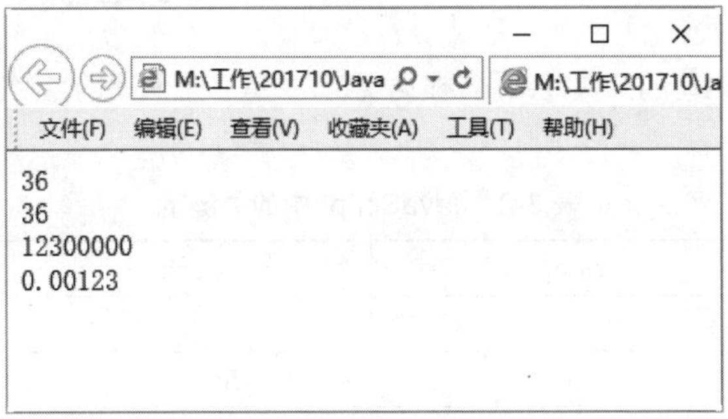

图 3-11 输出数值

提示：JavaScript 中只有一种数字类型，而且内部使用的是 64 位浮点型，等同于 C# 或 Java 中的 double 类型。

3.3.6 对象类型

Object 是对象类型，该数据类型中包括 Object、Function、String、Number、Boolean、Array、RegExp、Date、 Global、Math、Error，以及宿主环境提供的 Object 类型。

【例 3-11】（实例文件：ch03\Chap3.11.html）Object 数据类型的使用。

```
<!DOCTYPE html>
<html>
<body>
<script type="text/JavaScript">
    person=new Object();
    person.firstname="Bill";
    person.lastname="Gates";
    person.age=56;
    person.eyecolor="blue";
    document.write(person.firstname + " is " + person.age + " years old.");
</script>
</body>
</html>
```

相关的代码示例请参考 Chap3.11.html 文件，在 IE 浏览器里面运行的结果如图 3-12 所示。

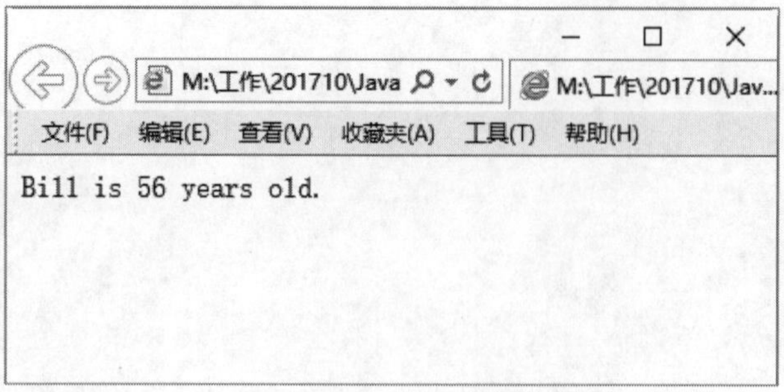

图 3-12　Object 数据类型的使用

3.4　JavaScript 的关键字

关键字标识了 JavaScript 语句的开头或结尾。根据规定，关键字是保留的，不能用作变量名或函数名。表 3-2 所示为 JavaScript 中的关键字。

表 3-2　JavaScript 中的关键字

break	case	catch	continue
default	delete	do	else
finally	for	function	if
in	instanceof	new	return
switch	this	throw	try
typeof	var	void	while
with			

提示：JavaScript 中的关键字是不能作为变量名和函数名使用的。

3.5　JavaScript 的保留字

保留字在某种意义上是为将来的关键字而保留的单词。因此，保留字不能被用作变量名或函数名。表 3-3 所示为 JavaScript 中的保留字。

表 3-3　JavaScript 中的保留字

abstract	boolean	byte	char
class	const	debugger	double
enum	export	extends	final
float	goto	implements	import
int	interface	long	native
package	private	protected	public
short	static	super	synchronized
throws	transient	volatile	

提示：如果将保留字用作变量名或函数名，那么除非将来的浏览器实现了该保留字，否则很可能收不到任何错误消息。当浏览器将其实现后，该单词将被看作关键字，如此将出现关键字错误。

3.6　典型案例——九九乘法表

下面是一个 JavaScript 综合实例——九九乘法表。

【例 3-12】（实例文件：ch03\Chap3.12.html）九九乘法表。

```
<!DOCTYPE>
<html>
<head>
<title> New Document </title>
<meta name="Generator" content="EditPlus">
<meta name="Author" content="">
<meta name="Keywords" content="">
<meta name="Description" content="">
</head>
<body>
<script language="JavaScript" type="text/JavaScript">
<!--
// 这里是注释
var a=1;      // 注释可以跟在语句后面
/*
程序功能：打印九九乘法表
建立日期：2017 年 1 月 30 日
*/
label1:for(var i=1;i<=9;i++){
    document.write("<br>");
    for(var j=1;j<=9;j++){
        if(j>i){
            continue label1;
        }
        document.write(i+"×"+j+"="+i*j+"  ");
    }
}
//-->
</script>
</body>
</html>
```

相关的示例请参考 Chap3.12.html 文件，在 IE 浏览器里面运行的结果如图 3-13 所示。

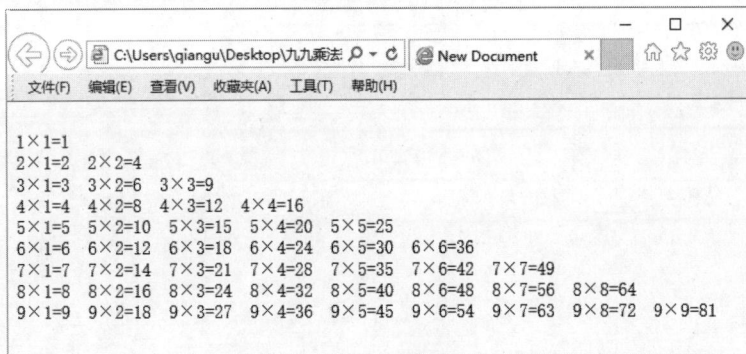

图 3-13　九九乘法表

3.7　就业面试技巧与解析

3.7.1　面试技巧与解析（一）

面试官：你知道变量名有哪些命名规则吗？

应聘者：就我个人理解，变量命名规则有以下几种规则。

（1）变量名以字母、下画线或美元符号（$）开头。例如，txtName 与 _txtName 都是合法的变量名，而 1txtName 和 &txtName 都是非法的变量名。

（2）变量名只能由字母、数字、下画线和美元符号（$）组成，其中不能包含标点与运算符，不能用汉字做变量名。例如，txt%Name、名称文本、txt-Name 都是非法变量名。

（3）不能用 JavaScript 保留字做变量名。例如，var、enum、const 都是非法变量名。

（4）JavaScript 对大小写敏感。例如，变量 txtName 与 txtname 是两个不同的变量，两个变量不能混用。

3.7.2　面试技巧与解析（二）

面试官：你知道声明变量具有哪几种规则吗？

应聘者：就我个人理解，声明变量有以下几种规则。

（1）可以使用一个关键字 var 同时声明多个变量，如语句"var x,y;"就同时声明了 x 和 y 两个变量。

（2）可以在声明变量的同时对其赋值（称为初始化），例如"var president = "henan";var x=5,y=12;"声明了 president、x 和 y 3 个变量，并分别对其进行了初始化。

（3）如果出现重复声明的变量，且该变量已有一个初始值，则此时的声明相当于对变量重新赋值。

（4）如果只是声明了变量，并未对其赋值，其值默认为 undefined。

（5）var 语句可以用作 for 循环和 for…in 循环的一部分，这样可使得循环变量的声明成为循环语法自身的一部分，使用起来较为方便。

第 4 章
JavaScript 开发基础——HTML 知识

◎ 本章教学微视频：15 个　45 分钟

学习指引

HTML 即超文本标记语言，是一种用来制作超文本文档的简单标记语言，是一种应用非常广泛的网页格式，也是被用来显示 Web 页面的语言之一。本章将详细介绍 HTML 的基础知识，主要内容包括 HTML 的文档结构、HTML 的常用标签、HTML5 的新增标签。

重点导读

- 掌握 HTML 的文档结构。
- 掌握 HTML 的常用标签。
- 掌握 HTML5 的新增标签。

4.1　基本的 HTML 文档

在一个 HTML 文档中，必须包含 <html></html> 标签（也称标记）对，并且该标签对需放在一个 HTML 文档的开始和结束位置。即每个文档以 <html> 开始，以 </html> 结束。<html> 与 </html> 之间通常包含两个部分，分别是 <head></head> 标签对和 <body></body> 标签对。<head></head> 标签对内包含 HTML 文件头部信息，例如文档标题、样式定义等。<body></body> 标签对内包含文档主体部分，即网页内容。需要注意的是，<html> 标签不区分大小写。

注：如果标签是以成对的方式显示，就说是标签对，在介绍一个标签对的属性或方式时，习惯上是以开始标签来说明，而不是以标签对方式来说明。

为了便于读者从整体把握 HTML 文档的结构，下面通过一个 HTML 页面来介绍 HTML 页面的整体结构，示例代码如下：

```
<!DOCTYPE html>
<html>
<head>
    <title>网页标题</title>
</head>
<body>
    网页内容
</body>
</html>
```

从上述代码可以看出，一个基本的 HTML 页面由以下几个部分构成。

（1）<!DOCTYPE> 声明必须位于 HTML5 文档中的第一行，也就是位于 <html> 标签之前。该标签用于告知浏览器文档所使用的 HTML 规范。它是一条指令，告诉浏览器编写页面所用的标签的版本。由于 HTML5 版本还没有得到浏览器的完全认可，后面介绍时还采用以前通用的标准。

（2）<html></html> 对说明本页面是使用 HTML 语言编写的，可使浏览器软件能够准确无误地解释、显示。

（3）<head></head> 对用于定义 HTML 的头部信息，头部信息不显示在网页中。在该标签内可以嵌套其他标签，用于说明文件标题和整个文件的一些公用属性，如通过 <style> 标签定义 CSS 样式表，通过 <script> 标签定义 JavaScript 脚本文件。

（4）<title></title> 标签对内的内容是 HTML 文件头部信息中的重要组成部分，它包含的内容显示在浏览器的窗口标题栏中。如果一个 HTML 文件没有设置 <title></title> 标签对内的内容，浏览器标题栏就只显示本页的文件名。

（5）<body></body> 标签对用来定义 HTML 页面显示在浏览器窗口的实际内容。例如，页面中的文字、图像、动画、超链接以及其他 HTML 相关的内容都是在该标签对中定义的。

4.1.1　文档标签

一般 HTML 的页面以 <html> 标签开始，以 </html> 标签结束。HTML 文档中的所有内容都应位于这两个标签之间。如果这两个标签之间没有内容，则该 HTML 文档在 IE 浏览器中的显示将是空白的。

<html> 标签的语法格式如下：

```
<html>
...
</html>
```

4.1.2　头部标签

头部（<head></head>）标签对内包含的是文档的标题信息，如标题、关键字、说明以及样式等。除了标题内容外，一般位于头部标签中的内容不会直接显示在浏览器中，而是通过其他的方式显示。

（1）内容。

头部标签中可以嵌套多个标签，如 <title>、<base>、<isindex> 和 <script> 等，也可以添加任意数量的属性，如 <script>、<style>、<meta> 或 <object> 等。除了 <title> 标签外，嵌入的其他标签可以使用多个。

（2）位置。

在所有的 HTML 文档中，头部标签不可或缺，但是其起始和结尾标签却可以省去。在各个 HTML 的版本文档中，头部标签一直紧跟 <body> 标签，但在框架设置文档中，其后跟的是 <frameset> 标签。

（3）属性。

<head> 标签的属性 profile 给出了元数据描写的位置，从中可以看到其中的 meta 和 lind 元素的特性。该属性的形式没有严格的格式规定。

4.1.3　主体标签

主体标签（<body>…</body>）包含了文档的内容，用若干个属性来规定文档中显示的背景和颜色。

主体标签可能用到的属性如下。

（1）background=url（文档的背景图像，url 指图像文件的路径）。

（2）bgcolor=color（文档的背景色）。

（3）text=color（文本颜色）。
（4）link=color（链接颜色）。
（5）vlink=color（已访问的链接颜色）。
（6）alink=color（被选中的链接颜色）。
（7）onload=script（文档已被加载）。
（8）onunload=script（文档已推出）。
为该标签添加属性的代码格式如下：

```
<body background="url"bgcolor="color">
...
</body>
```

4.2　HTML 的常用标签

HTML 文档是由标签组成的文档，要熟练掌握 HTML 文档的编写，就要先了解 HTML 的常用标签。

4.2.1　标题标签 \<h1> 到 \<h6>

在 HTML 文档中，文本的结构除了以行和段的形式出现之外，还可以标题的形式存在。通常一篇文档最基本的结构，就是由若干不同级别的标题和正文组成的。

HTML 文档中包含有各种级别的标题，各种级别的标题由元素 \<h1> 到 \<h6> 来定义，其中 \<h1> 代表 1 级标题，级别最高，字号也最大，其他标题元素依次递减，\<h6> 级别最低。

下面具体介绍一下标题的使用方法。

【例 4-1】（实例文件：ch04\Chap4.1.html）标题标签的使用。

```
<!DOCTYPE html>
<html>
<head>
<title> 文本段换行 </title>
</head>
<body>
<h1> 这里是 1 级标题 </h1>
<h2> 这里是 2 级标题 </h2>
<h3> 这里是 3 级标题 </h3>
<h4> 这里是 4 级标题 </h4>
<h5> 这里是 5 级标题 </h5>
<h6> 这里是 6 级标题 </h6>
</body>
</html>
```

相关的代码示例请参考 **Chap4.1.html** 文件，在 IE 浏览器里面运行的结果如图 4-1 所示。

图 4-1　标题标签的应用

4.2.2 段落标签 <p>

段落标签 <p> 用来定义网页中的一段文本，文本在一个段落中会自动换行。段落标签是双标签，即 <p> 和 </p>，在开始标签 <p> 和结束标签 </p> 之间的内容形成一个段落。如果省略掉结束标签，从 <p> 标签开始，那么直到在下一个段落标签出现之前的文本，都将被默认为同一段段落内。

【例 4-2】（实例文件：ch04\Chap4.2.html）段落标签的使用。

```
<!DOCTYPE html>
<html>
<head>
<title>段落标签的使用</title>
</head>
<body>
<p>白雪公主与七个小矮人！</p>
<p>很久以前，白雪公主的后母——王后美貌盖世，但魔镜却告诉她世上唯有白雪公主最漂亮。王后怒火中烧派武士把她押送
到森林准备谋害，武士很同情白雪公主让她逃往森林深处。
</p>
小动物们用善良的心抚慰她，鸟兽们还把她领到一间小屋中，收拾完房间后她进入了梦乡。房子的主人是在外边开矿的七个小
矮人，他们听了白雪公主的诉说后把她留在家中。
</p>
</body>
</html>
```

相关的代码示例请参考 Chap4.2.html 文件，在 IE 浏览器里面运行的结果如图 4-2 所示。可以看出，<p> 标签将文本分成了 3 个段落。

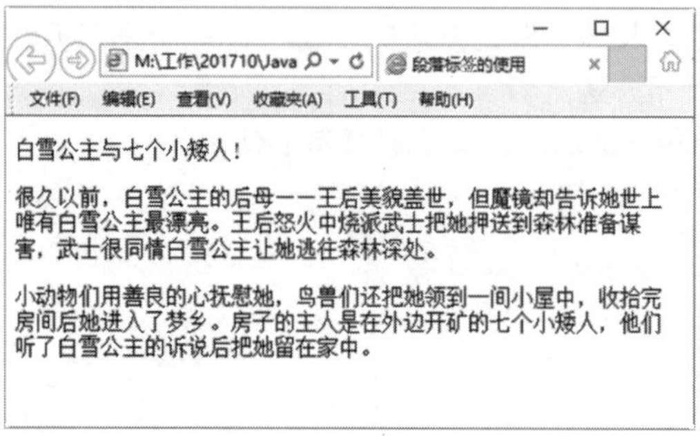

图 4-2　段落标签的应用

4.2.3 换行标签

使用换行标签
 可以给一段文字换行。该标签是一个单标签，没有结束标签，作用是将文字在一段内强制换行。一个
 标签代表一次换行，连续的多个标签可以实现多次换行。使用换行标签时，在需要换行的位置添加
 标签即可。

【例 4-3】（实例文件：ch04\Chap4.3.html）换行标签的使用。

```
<!DOCTYPE html>
<html>
<head>
<title>文本段换行</title>
</head>
<body>
清明 <br/>
清明时节雨纷纷 <br/>
```

```
路上行人欲断魂 <br/>
借问酒家何处有 <br/>
牧童遥指杏花村
</body>
</html>
```

相关的代码示例请参考 Chap4.3.html 文件，在 IE 浏览器里面运行的结果如图 4-3 所示。

图 4-3　换行标签的应用

4.2.4　链接标签 <a>

链接标签 <a> 是网页中最为常用的标签，主要用于把页面中的文本或图片链接到其他的页面、文本或图片。建立链接的要素有两个，即可被设置为链接的网页元素和链接指向的目标地址。链接的基本结构如下：

```
<a href=URL> 网页元素 </a>
```

1. 设置文本和图片的链接

可被设置为链接的网页元素是指网页中通常使用的文本和图片。文本链接和图片链接通过 <a> 和 </a> 标签来实现，将文本或图片放在 <a> 开始标签和 </a> 结束标签之间即可建立文本和图片链接。

【例 4-4】（实例文件：ch04\Chap4.4.html）设置文本和图片的链接。

```
<!DOCTYPE html>
<html>
<head>
<title> 文本和图片链接 </title>
</head>
<body>
<a href="a.html"><img src="images/logo.jpg"></a>
<a href="b.html"> 公司简介 </a>
</body>
</html>
```

相关的代码示例请参考 Chap4.4.html 文件，在 IE 浏览器里面运行的结果如图 4-4 所示，在其中可以查看到使用链接标签设置文本和图片的效果。

图 4-4　链接标签的应用

2. 设置电子邮件路径

电子邮件路径用来链接一个电子邮件的地址。其写法如下：

```
mailto: 邮件地址
```

【例 4-5】（实例文件：ch04\Chap4.5.html）设置电子邮件路径。

```
<!DOCTYPE html>
<html>
<head>
<title> 电子邮件路径 </title>
</head>
<body>
使用电子邮件路径：<a href="mailto:liuyou2012@163.com"> 链接 </a>
</body>
</html>
```

相关的代码示例请参考 Chap4.5.html 文件，然后双击该文件，就可以在 IE 浏览器中查看到使用链接标签设置电子邮件路径的效果。当单击含有链接的文本时，会弹出一个发送邮件的对话框，显示效果如图 4-5 所示。

图 4-5　设置电子邮件的路径

4.2.5　列表标签 <ul>

文字列表可以有序地编排一些信息资源，使其结构化和条理化，并以列表的样式显示出来，以便浏览者能更加快捷地获得相应信息。HTML 中的文字列表如同文字编辑软件 Word 中的项目符号和自动编号。

1. 建立无序列表

无序列表相当于 Word 中的项目符号，无序列表的项目排列没有顺序，只以符号作为分项标识。无序列表的建立使用的是一对标签 <ul> 和 </ul>，其中每一个列表项的建立还要一对标签 <li> 和 </li>。其结构如下：

```
<ul>
  <li> 无序列表项 </li>
  <li> 无序列表项 </li>
  <li> 无序列表项 </li>
  <li> 无序列表项 </li>
</ul>
```

在无序列表结构中，使用 <ul> 和 </ul> 标签表示该无序列表的开始和结束，<li> 则表示该列表项的开始。在一个无序列表中可以包含多个列表项，并且 <li> 的结束标签可以省略。

下面实例介绍了使用无序列表实现文本的排列显示。

【例 4-6】（实例文件：ch04\Chap4.6.html）建立无序列表。

```html
<!DOCTYPE html>
<html>
<head>
<title>嵌套无序列表的使用</title>
</head>
<body>
<h1>网站建设流程</h1>
<ul>
    <li>项目需求</li>
    <li>系统分析
      <ul>
        <li>网站的定位</li>
        <li>内容收集</li>
        <li>栏目规划</li>
        <li>网站目录结构设计</li>
        <li>网站标志设计</li>
        <li>网站风格设计</li>
        <li>网站导航系统设计</li>
      </ul>
    </li>
    <li>伪网页草图
      <ul>
        <li>制作网页草图</li>
        <li>将草图转换为网页</li>
      </ul>
    </li>
    <li>站点建设</li>
    <li>网页布局</li>
    <li>网站测试</li>
    <li>站点的发布与站点管理</li>
</ul>
</body>
</html>
```

相关的代码示例请参考 Chap4.6.html 文件，然后双击该文件，就可以在 IE 浏览器中查看到使用列表标签建立无序列表的效果，如图 4-6 所示。

图 4-6　无序列表标签的应用

通过观察发现，无序列表项中，可以嵌套一个列表。如代码中的"系统分析"列表项和"伪网页草图"列表项中都有下级列表，因此在这对 <li> 和 </li> 标签间又增加了一对 <ul> 和 </ul> 标签。

2. 建立有序列表

有序列表类似于 Word 中的自动编号功能。有序列表的使用方法和无序列表的使用方法基本相同。它使

用的标签是 <ol> 和 </ol>，每个列表项前使用的标签是 <li> 和 </li>，且每个项目都有前后顺序之分，多数情况下，该顺序使用数字表示。其结构如下：

```
<ol>
    <li> 第 1 项 </li>
    <li> 第 2 项 </li>
    <li> 第 3 项 </li>
</ol>
```

【例 4-7】（实例文件：ch04\Chap4.7.html）建立有序列表。

```
<!DOCTYPE html>
<html>
<head>
<title> 有序列表的使用 </title>
</head>
<body>
<h1> 本讲目标 </h1>
<ol>
    <li> 网页的相关概念 </li>
    <li> 网页与 HTML</li>
    <li> web 标准（结构、表现、行为）</li>
    <li> 网页设计与开发的过程 </li>
    <li> 与设计相关的技术因素 </li>
    <li> HTML 简介 </li>
</ol>
</body>
</html>
```

相关的代码示例请参考 Chap4.7.html 文件，然后双击该文件，就可以在 IE 浏览器中查看到使用列表标签建立有序列表后的效果了，如图 4-7 所示。

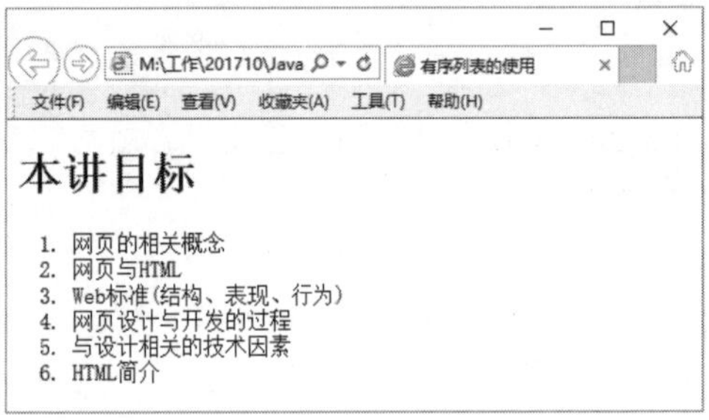

图 4-7　有序列表标签的应用

4.2.6　图像标签 <img>

图像可以美化网页，插入图像时可使用图像标签 <img>。<img> 标签的属性及描述如表 4-1 所示。

表 4-1　<img> 标签的属性及描述

属　　性	值	描　　述
alt	text	定义有关图形的简单描述信息
src	URL	要显示的图像的 URL
height	pixels %	定义图像的高度
ismap	URL	把图像定义为服务器端的图像映射

续表

属　　性	值	描　　述
usemap	URL	定义作为客户端图像映射的一幅图像。请参阅 <map> 和 <area> 标签，了解其工作原理
vspace	pixels	定义图像顶部和底部的空白。HTML5 不支持该属性，请用 CSS 代替
width	pixels %	设置图像的宽度

1. 插入图片

src 属性用于指定图片源文件的路径，它是 <img> 标签必不可少的属性。其语法格式如下：

```
<img src=" 图片路径 ">
```

图片的路径既可以是绝对路径，也可以是相对路径。

【例 4-8】（实例文件：ch04\Chap4.8.html）在网页中插入图片。

```
<!DOCTYPE html>
<html>
<head>
<title>插入图片 </title>
</head>
<body>
<img src="images/meitu.jpg">
</body>
</html>
```

相关的代码示例请参考 Chap4.8.html 文件，然后双击该文件，就可以在 IE 浏览器中查看到使用 <img> 标签插入图片后的效果，如图 4-8 所示。

图 4-8　图像标签的应用

2. 从不同位置插入图片

在插入图片时，用户可以将其他文件夹或服务器中的图片显示到网页中。

【例 4-9】（实例文件：ch04\Chap4.9.html）从不同位置插入图片。

```
<!DOCTYPE html>
<html>
<body>
<p>
来自一个文件夹的图像：
<img src="images/meitu.jpg" />
</p>
```

```
<p>
来自 baidu 的图像：
<img src="http://www.baidu.com/img/shouye_b5486898c692066bd2cbaeda86d74448.gif" />
</p>
</body>
</html>
```

相关的代码示例请参考 Chap4.9.html 文件，然后双击该文件，就可以在 IE 浏览器中查看到使用 <img> 标签插入图像后的效果，如图 4-9 所示。

图 4-9　从不同位置插入图片

3. 设置图片的宽度和高度

在 HTML 文档中，还可以设置插入图片的显示尺寸。设置图片尺寸可通过图片的属性 width（宽度）和 height（高度）来实现。

【例 4-10】（实例文件：ch04\Chap4.10.html）设置图片在网页中的宽度和高度。

```
<!DOCTYPE html>
<html>
<head>
<title>插入图片</title>
</head>
<body>
<img src="images/01.jpg">
<img src="images/01.jpg" width="200">
<img src="images/01.jpg" width="200" height="300">
</body>
</html>
```

相关的代码示例请参考 Chap4.10.html 文件，然后双击该文件，就可以在 IE 浏览器中查看到使用 <img> 标签设置的图片的宽度和高度效果，如图 4-10 所示。

图 4-10　设置图片宽度与高度

从运行结果中可以看到，图片的显示尺寸是由 width 和 height 控制的。当只为图片设置一个尺寸属性时，另外一个尺寸就以图片原始的长宽比例来显示。图片的尺寸单位可以选择百分比或数值。百分比为相对尺寸，数值为绝对尺寸。

4.2.7 表格标签 \<table\>

HTML 中的表格标签有以下 3 个，下面详细进行介绍。

（1）\<table\>…\</table\> 标签。

\<table\> 标签用于标识一个表格对象的开始；\</table\> 标签标识一个表格对象的结束。一个表格中，只允许出现一对 \<table\> 和 \</table\> 标签。

（2）\<tr\>…\</tr\> 标签。

\</tr\> 用于标识表格一行的开始；\</tr\> 标签用于标识表格一行的结束。表格内有多少对 \<tr\> 和 \</tr\> 标签，就表示表格中有多少行。

（3）\<td\>…\</td\> 标签。

\<td\> 标签用于标识表格某行中的一个单元格的开始；\</td\> 标签用于标识表格某行中的一个单元格的结束。\<td\> 和 \</td\> 标签书写在 \<tr\> 和 \</tr\> 标签内。一对 \<tr\> 和 \</tr\> 标签内有多少对 \<td\> 和 \</td\> 标签，就表示该行有多少个单元格。

在 HTML 中，最基本的表格必须包含一对 \<table\> 和 \</table\> 标签、一对或几对 \<tr\> 和 \</tr\> 标签以及一对或几对 \<td\> 和 \</td\> 标签。一对 \<table\> 和 \</table\> 标签定义一个表格，一对 \<tr\> 和 \</tr\> 标签定义一行，一对 \<td\> 和 \</td\> 标签定义一个单元格。

【例 4-11】（实例文件：ch04\Chap4.11.html）定义一个 4 行 3 列的表格。

```html
<!DOCTYPE html>
<html>
<head>
<title>表格基本结构</title>
</head>
<body>
<table border="1">
  <tr>
    <td>A1</td>
    <td>B1</td>
    <td>C1</td>
  </tr>
  <tr>
    <td>A2</td>
    <td>B2</td>
    <td>C2</td>
  </tr>
  <tr>
    <td>A3</td>
    <td>B3</td>
    <td>C3</td>
  </tr>
  <tr>
    <td>A4</td>
    <td>B4</td>
    <td>C4</td>
  </tr>
</table>
</body>
</html>
```

相关的代码示例请参考 Chap4.11.html 文件，然后双击该文件，就可以在 IE 浏览器中查看到使用表格标签插入表格后的效果，如图 4-11 所示。

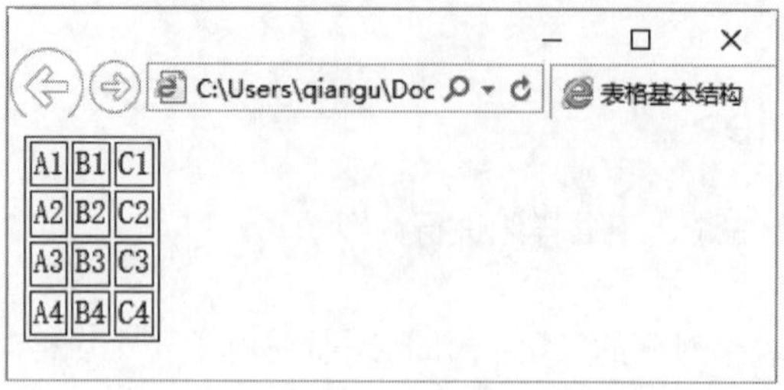

图 4-11　定义表格

4.2.8　表单标签 <form>

表单主要用于收集网页上浏览者的相关信息，其标签为 <form> 和 </form>。表单的基本语法格式如下：

```
<form action="url" method="get|post" enctype="mime">
</form >
```

其中，action="url" 用于指定处理提交表单的格式，它可以是一个 URL 地址或一个电子邮件地址。method="get|post" 用于指明提交表单的 HTTP 方法。enctype="mime" 用于指明把表单提交给服务器时的互联网媒体形式。表单是一个能够包含表单元素的区域。通过添加不同的表单元素，将显示不同的效果。

下面介绍如何使用表单标签开发一个简单网站的用户意见反馈页面。

【例 4-12】（实例文件：ch04\Chap4.12.html）开发用户意见反馈页面。

```
<!DOCTYPE html>
<html>
<head>
<title>用户意见页面</title>
</head>
<body>
<h1 align=center>用户意见页面</h1>
<form method="post" >
<p> 姓         名:
<input type="text" class=txt size="12" maxlength="20" name="username" />
</p><p> 性         别:
<input type="radio" value="male" />男
<input type="radio" value="female" />女
</p><p> 年         龄:
<input type="text" class=txt name="age"  />
</p>
<p> 联系电话:
<input type="text" class=txt name="tel" />
</p><p> 电子邮件:
<input type="text" class=txt name="email" />
</p><p> 联系地址:
<input type="text"  class=txt name="address" />
</p>
<p>
请输入您对网站的建议 <br>
<textarea name="yourworks" cols ="50" rows = "5"></textarea>
<br>
<input type="submit" name="submit" value=" 提交 "/>
<input type="reset" name="reset" value=" 清除 " />
</p>
</form>
</body>
</html>
```

相关的代码示例请参考 Chap4.12.html 文件，然后双击该文件，就可以在 IE 浏览器中查看到使用表单标签插入表单后的效果，如图 4-12 所示。可以看到，创建的用户反馈表单包括一个标题"用户意见反馈页面"，还包括"姓名""性别""年龄""联系电话""电子邮件""联系地址"等内容。

图 4-12　表单标签的应用

4.3　HTML5 的新增标签

为了更好地处理今天的互联网应用，HTML5 添加了很多新标签及功能，如多媒体标签 \<audio\> 和 \<video\>、绘制图形标签 \<canvas\> 等。

4.3.1　\<audio\> 标签

\<audio\> 标签主要是定义播放声音文件或者音频流的标准。它支持 3 种音频格式，分别为 Ogg、MP3 和 WAV。

如果需要在 HTML5 网页中播放音频，输入的基本格式如下：

```
<audio src="song.mp3" controls="controls"></audio>
```

其中，src 属性规定要播放的音频的地址，controls 属性是供添加播放、暂停和音量控件的属性。

另外，在 \<audio\> 和 \</audio\> 之间插入的内容是供不支持 audio 元素的浏览器显示的。

【例 4-13】（实例文件：ch04\Chap4.13.html）在网页中插入音频。

```
<!DOCTYPE html>
<html>
<head>
<title>audio</title>
<head>
<body>
<audio src="song.mp3" controls="controls">
您的浏览器不支持 <audio> 标签!
</audio>
</body>
</html>
```

相关的代码示例请参考 Chap4.13.html 文件，然后双击该文件，如果用户的浏览器是 IE 11.0 以前的版本，浏览效果如图 4-13 所示。可见，IE 11.0 以前的浏览器版本不支持 \<audio\> 标签。

在 IE 11.0 中浏览，效果如图 4-14 所示。可以看到加载的音频控制条并听到声音，此时用户还可以控制音量的大小。

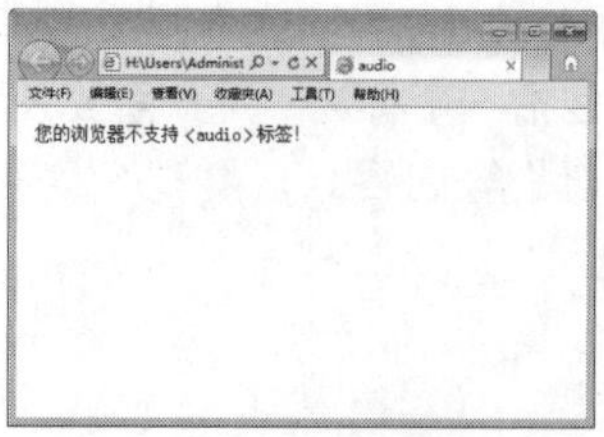

图 4-13　插入音频文件

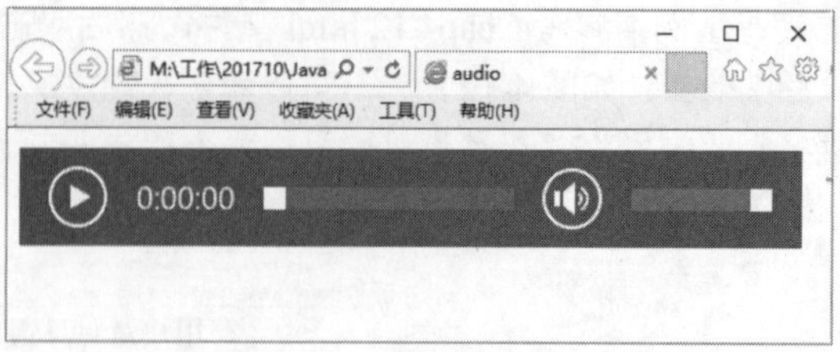

图 4-14　播放音频文件

4.3.2　\<video\> 标签

\<video\> 标签主要是定义播放视频文件或者视频流的标准。它支持 3 种视频格式，分别为 Ogg、WebM 和 MPEG 4。

如果需要在 HTML5 网页中播放视频，输入的基本格式如下：

```
<video src="123.mp4" controls="controls">...</video>
```

其中，在 \<video\> 与 \</video\> 之间插入的内容是供不支持 video 元素的浏览器显示的。

【例 4-14】（实例文件：ch04\Chap4.14.html）在网页中插入视频。

```
<!DOCTYPE html>
<html>
<head>
<title>video</title>
<head>
<body>
<video src="movie.mp4" controls="controls">
您的浏览器不支持 <video> 标签!
</video>
</body>
</html>
```

相关的代码示例请参考 Chap4.14.html 文件，然后双击该文件，如果用户的浏览器是 IE 11.0 以前的版本，浏览效果如图 4-15 所示。可见，IE 11.0 以前版本的浏览器不支持 \<video\> 标签。

在 IE 11.0 中浏览，效果如图 4-16 所示，可以看到加载的视频控制条界面。单击"播放"按钮，即可查看视频的内容，同时用户还可以调整音量的大小。

图 4-15　不支持 \<video\> 标签

图 4-16　预览视频效果

4.3.3　<canvas> 标签

<canvas> 标签是一个矩形区域，它包含 width 和 height 两个属性，分别表示矩形区域的宽度和高度，这两个属性都是可选的，并且都可以通过 CSS 来定义，其默认值是 300px 和 150px。

<canvas> 标签在网页中的常用格式如下：

```
<canvas id="myCanvas" width="300" height="200"
style="border:1px solid #c3c3c3;">
Your browser does not support the canvas element.
</canvas>
```

上面的示例代码中，id 表示画布对象名称，width 和 height 分别表示宽度和高度。最初的画布是不可见的，此处为了观察这个矩形区域，使用 CSS 样式，即 <style> 标签。style 表示画布的样式。如果浏览器不支持 <canvas> 标签，会显示画布中间的提示信息。

1. 添加 canvas 的步骤

画布 canvas 本身不具有绘制图形的功能，它只是一个容器，如果读者对 Java 语言非常了解，就会发现 HTML5 的画布和 Java 中的 Panel 面板非常相似，都可以在容器中绘制图形。既然画布元素放好了，那么就可以使用脚本语言 JavaScript 在网页上绘制图形了。

使用 canvas 结合 JavaScript 绘制图形，一般情况下需要下面几个步骤。

第一步：JavaScript 使用 id 来寻找 canvas 元素，即获取当前画布对象。

```
var c = document.getElementById("myCanvas");
```

第二步：创建 context 对象。

```
var cxt = c.getContext("2d");
```

getContext() 方法返回一个指定 contextId 的上下文对象，如果指定的 id 不被支持，则返回 null，当前唯一被强制必须支持的是 2d，也许在将来会有 3d。注意，指定的 id 是大小写敏感的。对象 cxt 建立之后，就可以拥有多种绘制路径、矩形、圆形、字符以及添加图像的方法。

第三步：绘制图形。

```
cxt.fillStyle = "#FF0000";
cxt.fillRect(0,0,150,75);
```

fillStyle() 方法将其染成红色，fillRect() 方法规定了形状、位置和尺寸。这两行代码绘制一个红色的矩形。

2. 绘制基本形状

画布 canvas 结合 JavaScript 可以绘制简单的矩形，还可以绘制一些其他的常见图形，例如直线、圆等。下面以绘制矩形和圆形为例，来介绍使用 canvas 绘制基本形状的方法。

用 canvas 和 JavaScript 绘制矩形时，涉及一个或多个方法，这些方法如表 4-2 所示。

表 4-2　绘制矩形的方法

方　法	功　能
fillRect()	绘制一个矩形，这个矩形区域没有边框，只有填充色。这个方法有 4 个参数，前 2 个参数表示左上角的坐标位置，第 3 个参数为长度，第 4 个参数为高度
strokeRect()	绘制一个带边框的矩形。该方法的 4 个参数的解释同上
clearRect()	清除一个矩形区域，被清除的区域将没有任何线条。该方法的 4 个参数的解释同上

【例 4-15】（实例文件：ch04\Chap4.15.html）绘制矩形。

```
<!DOCTYPE html>
<html>
<body>
<canvas id="myCanvas" width="300" height="200"
style="border:1px solid blue">
Your browser does not support the canvas element.
</canvas>
<script type="text/JavaScript">
var c = document.getElementById("myCanvas");
var cxt = c.getContext("2d");
cxt.fillStyle = "rgb(0,0,200)";
cxt.fillRect(10,20,100,100);
</script>
</body>
</html>
```

相关的代码示例请参考 Chap4.15.html 文件，然后双击该文件，就可以在 IE 浏览器中查看到绘制的矩形，效果如图 4-17 所示。可以看到，网页中，在一个蓝色边框内显示了一个蓝色矩形。

提示：上面的代码中，定义了一个画布对象，其 id 名称为 myCanvas，高度和宽度都为 500 像素，并定义了画布边框的显示样式。代码中首先获取画布对象，然后使用 getContext() 方法获取当前 2d 的上下文对象，并使用 fillRect() 方法绘制一个矩形。其中涉及一个 fillStyle 属性，fillStyle 用于设定填充的颜色、透明度等，如果设置为 rgb(200,0,0)，则表示一个不透明颜色；如果设置为 rgba(0,0,200,0.5)，则表示为一个透明度 50% 的颜色。

图 4-17　绘制矩形

用 canvas 和 JavaScript 绘制圆形时，涉及一个或多个方法，这些方法如表 4-3 所示。

表 4-3　绘制圆形的方法

方　　法	功　　能
beginPath()	开始绘制路径
arc(x,y,radius,startAngle, endAngle,anticlockwise)	x 和 y 定义的是圆的原点；radius 是圆的半径；startAngle 和 endAngle 是弧度，不是度数；anticlockwise 用来定义画圆的方向，值是 true 或 false
closePath()	结束路径的绘制
fill()	进行填充
stroke()	设置边框

　　路径是绘制自定义图形的好方法，在 canvas 中，通过 beginPath() 方法开始绘制路径，这个时候就可以绘制直线、曲线等，绘制完成后，调用 fill() 和 stroke() 方法完成填充和边框设置，通过 closePath() 方法结束路径的绘制。

　　【例 4-16】（实例文件：ch04\Chap4.16.html）绘制圆形。

```
<!DOCTYPE html>
<html><body>
<canvas id="myCanvas" width="200" height="200"
style="border:1px solid blue">
Your browser does not support the canvas element.
</canvas>
<script type="text/JavaScript">
var c = document.getElementById("myCanvas");
var cxt = c.getContext("2d");
cxt.fillStyle = "#FFaa00";
cxt.beginPath();
cxt.arc(70,18,15,0,Math.PI*2,true);
cxt.closePath();
cxt.fill();
</script>
</body>
</html>
```

　　相关的代码示例请参考 Chap4.16.html 文件，然后双击该文件，就可以在 IE 浏览器中查看到绘制的圆形，效果如图 4-18 所示。可以看到，在网页中，一个蓝色边框内显示了绘制的圆形。

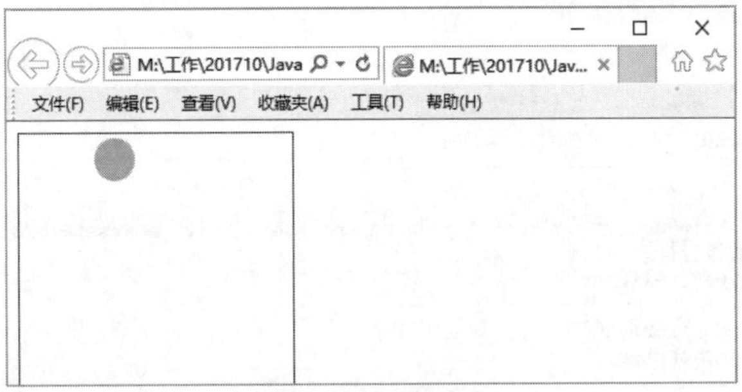

图 4-18　绘制圆形

4.4　典型案例——制作日程表

　　通过在记事本中输入 HTML 语句，可以制作出多种多样的页面效果。本节将以制作日程表为例，介绍 HTML 的综合应用方法，其具体的操作步骤如下。

　　第一步：打开记事本，在其中输入以下代码。

```
<html>
 <head>
   <META http-equiv="Content-Type" content="text/html; charset=gb2312" />
<title>制作日程表</title>
</head>
<body>
</body>
</html>
```

　　输入代码后的记事本页面，如图 4-19 所示。

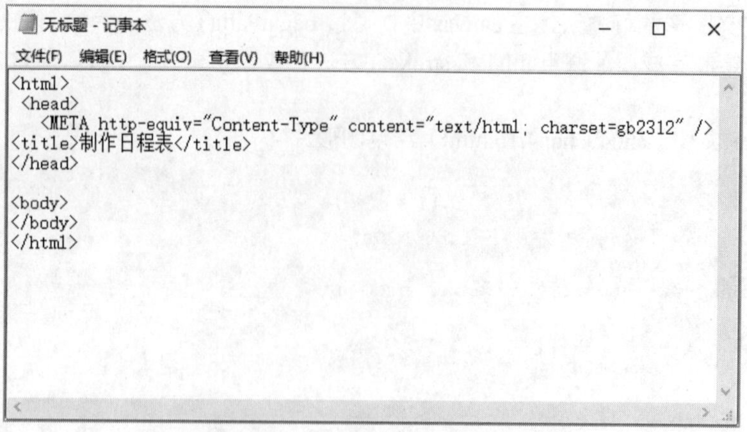

图 4-19　在记事本中输入的代码

第二步：在 </head> 标签之前输入以下代码。

```
<style type="text/css">
body {
background-color: #FFD9D9;
text-align: center;
}
</style>
```

输入代码后的记事本页面，如图 4-20 所示。

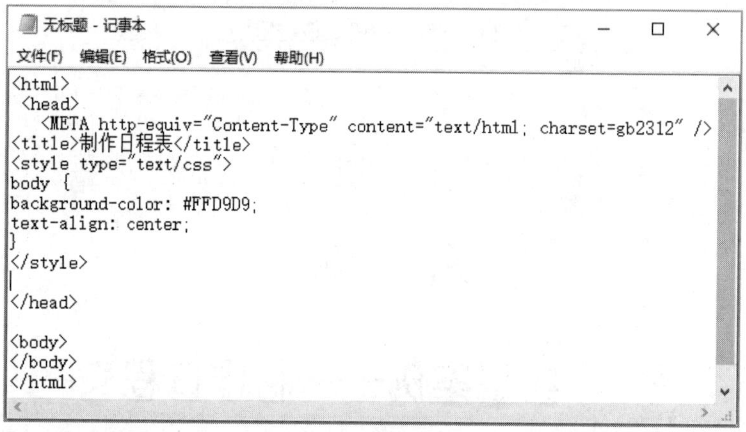

图 4-20　输入 CSS 代码

第三步：在 </style> 标签之前输入以下代码。

```
.ziti {
    font-family: "方正粗活意简体", "方正大黑简体";
    font-size: 36px;
}
```

输入代码后的记事本页面，如图 4-21 所示。

第四步：在 <body> 和 </body> 标签之间输入以下代码。

```
<span class="ziti"> 一周日程表 </span>
```

输入代码后的记事本页面，如图 4-22 所示。

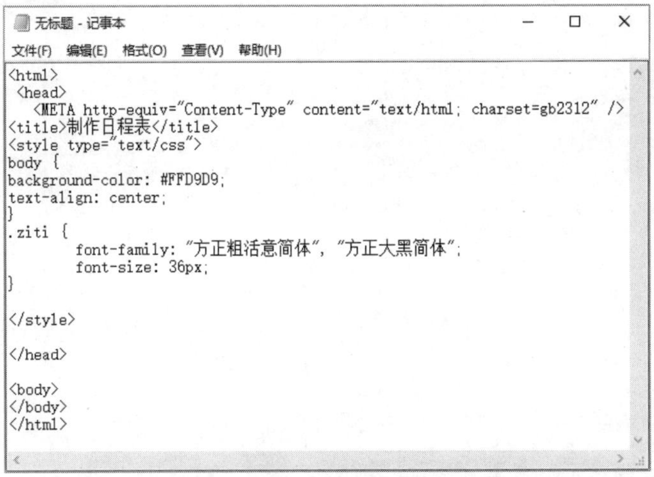

图 4-21 输入控制字体样式的代码

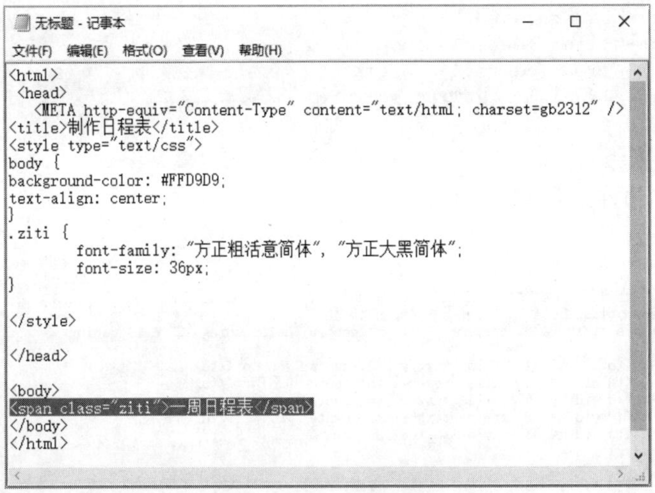

图 4-22 输入块级代码

第五步：在 **</body>** 标签之前输入以下代码。

```
<table width="470" border="1" align="center" cellpadding="2" cellspacing="3">
  <tr>
    <td width="84" style="text-align: center"> </td>
    <td width="84" style="text-align: center">工作一</td>
    <td width="86" style="text-align: center">工作二</td>
    <td width="83" style="text-align: center">工作三</td>
    <td width="83" style="text-align: center">工作四</td>
  </tr>
  <tr>
    <td style="text-align: center; font-family: '宋体';">星期一</td>
    <td style="text-align: center"> </td>
    <td style="text-align: center"> </td>
    <td style="text-align: center"> </td>
    <td style="text-align: center"> </td>
  </tr>
  <tr>
    <td style="text-align: center; font-family: '宋体';">星期二</td>
```

```
      <td style="text-align: center"> </td>
      <td style="text-align: center"> </td>
      <td style="text-align: center"> </td>
      <td style="text-align: center"> </td>
    </tr>
    <tr>
      <td style="text-align: center; font-family: ' 宋体 ';"> 星期三 </td>
      <td style="text-align: center"> </td>
      <td style="text-align: center"> </td>
      <td style="text-align: center"> </td>
      <td style="text-align: center"> </td>
    </tr>
    <tr>
      <td style="text-align: center; font-family: ' 宋体 ';"> 星期四 </td>
      <td style="text-align: center"> </td>
      <td style="text-align: center"> </td>
      <td style="text-align: center"> </td>
      <td style="text-align: center"> </td>
    </tr>
    <tr>
      <td style="text-align: center; font-family: ' 宋体 ';"> 星期五 </td>
      <td style="text-align: center"> </td>
      <td style="text-align: center"> </td>
      <td style="text-align: center"> </td>
      <td style="text-align: center"> </td>
    </tr>
</table>
```

输入代码后的记事本页面如图 4-23 所示。

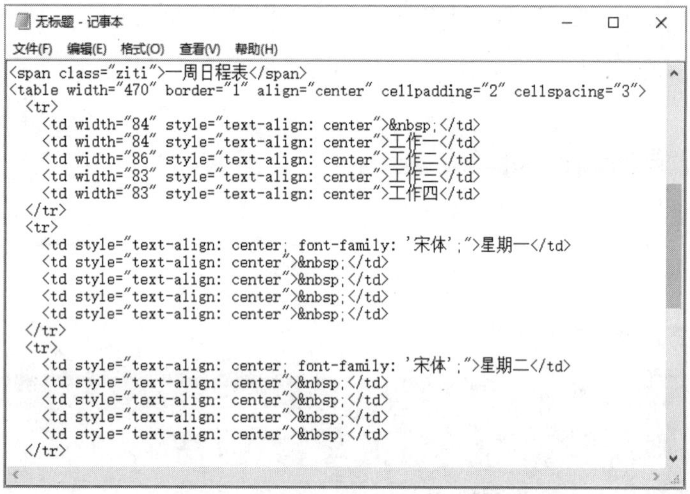

图 4-23　输入代码后的记事本页面

第六步：在记事本中选择“文件”→“保存”菜单命令，弹出“另存为”对话框，设置保存文件的位置，在“文件名”下拉列表框中输入“制作日程表 .html”，然后单击“保存”按钮，如图 4-24 所示。

第七步：双击打开保存的制作日程表 .html 文件，即可看到制作的日程表，如图 4-25 所示。

第八步：如果需要在日程表中添加工作内容，可以用记事本打开制作日程表 .html 文件，在代码段“<td style="text-align: center"> </td>”的   之前输入内容即可。如要输入星期一完成的第一件工作内容“完成校对”，可在如图 4-26 所示的位置输入。

图 4-24　"另存为"对话框

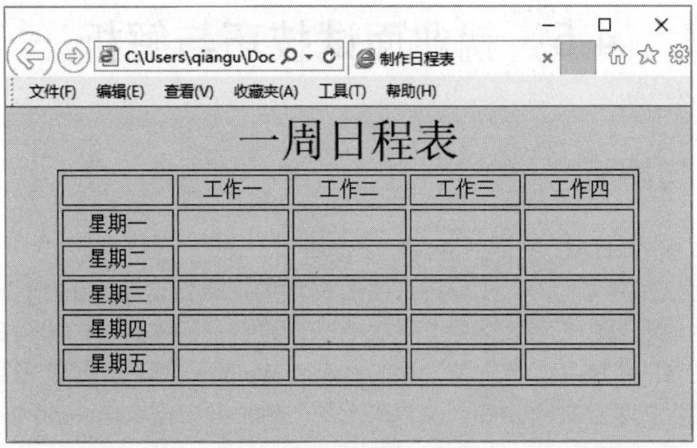

图 4-25　制作日程表

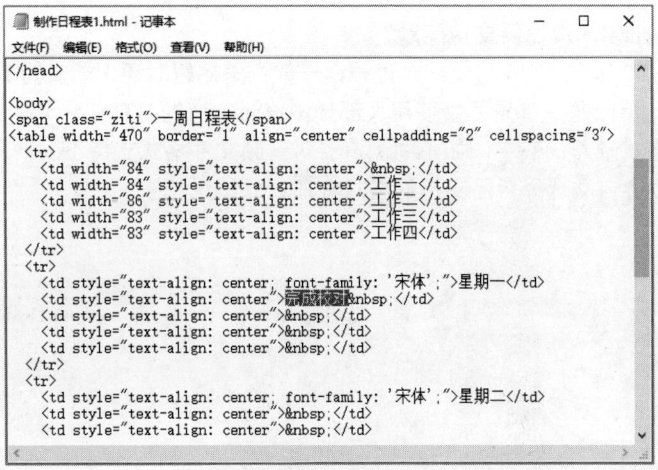

图 4-26　输入文字

第九步：保存后打开文档，即可在浏览器中看到添加的工作内容，如图 4-27 所示。

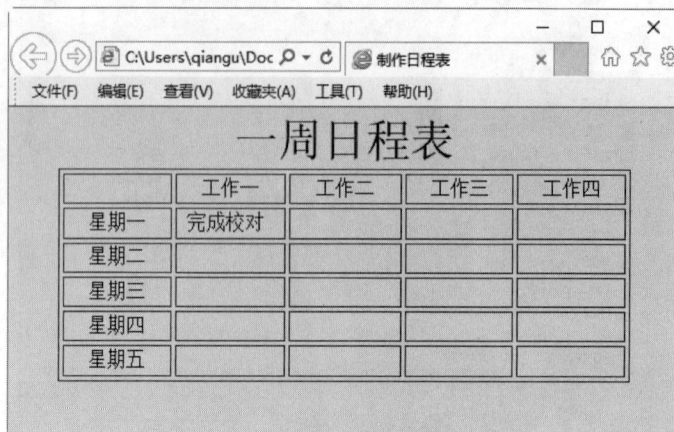

图 4-27　最终的日程表预览效果

4.5　就业面试技巧与解析

4.5.1　面试技巧与解析（一）

面试官：使用记事本编辑 HTML 文件时应注意哪些事项？

应聘者：很多初学者在保存文件时，没有将 HTML 文件的扩展名改为 .html 或 .htm，导致文件还是以 .txt 为扩展名，因此，无法在浏览器中查看。如果是通过右击创建的记事本文件，那么在给文件重命名时，一定要以 .html 或 .htm 作为文件的扩展名。特别要注意的是，当 Windows 系统的扩展名被隐藏时，更容易出现这样的错误。为避免这种情况的发生，可以在"文件夹选项"对话框中查看是否显示文件扩展名。

4.5.2　面试技巧与解析（二）

面试官：如何解决 HTML5 浏览器支持问题？

应聘者：浏览器对 HTML5 的支持需要一个过程，一款浏览器暂时还不能支持 HTML5 定义的全部内容。要想解决浏览器现在的支持问题，首先尽量使用大部分浏览器支持的 HTML5 元素及对象，其次可以分别将多个浏览器支持的对象格式融入代码中，如不同浏览器对音频文件格式支持不同，将多种多媒体文件融入代码中，这样不同的浏览器会自动选择自己支持的格式打开。

第 5 章
JavaScript 开发基础——CSS 知识

◎ 本章教学微视频：20 个　48 分钟

📖 学习指引

使用 CSS 技术可以对文档进行精细的页面美化，CSS 不仅可以对单个页面进行格式化，还可以对多个页面使用相同的样式进行修饰，以达到统一的效果。本章将详细介绍 CSS 的相关基础知识，主要内容包括 CSS 的相关概念、CSS 的基础语法、CSS 的编写方法、CSS 的选择器以及 CSS 的调用样式。

📖 重点导读

- 掌握 CSS 的相关概念。
- 掌握 CSS 的语法基础。
- 掌握 CSS 的编写方法。
- 掌握 CSS 选择器的应用。
- 掌握调用 CSS 样式的方法。

5.1　CSS 的相关概念

CSS 是英文 Cascading Style Sheets（层叠样式表单）的缩写，通常又称为风格样式表（Style Sheet）或级联样式表，它是用来进行网页风格设计的。给网页添加 CSS，最大的优势就是在后期维护中只需要修改代码即可。

5.1.1　CSS 能做什么

通过在网页中添加 CSS 样式表，只要对相应的代码做一些简单的修改，就可以改变同一页面的不同部分，或者不同网页的外观和格式。具体来讲，CSS 的作用有以下几个方面。

- 在几乎所有的浏览器上都可以使用。
- 以前一些非得通过图片转换实现的功能，现在只要用 CSS 就可以轻松实现，从而更快地下载页面。
- 使页面的字体变得更漂亮，更容易编排，使页面真正赏心悦目。
- 用户可以轻松地控制页面的布局。

- 用户可以将许多网页的风格、格式同时更新，不用再一页一页地更新了。
- 用户可以将站点上所有的网页风格都使用一个 CSS 文件进行控制，只要修改这个 CSS 文件中相应的行，那么整个站点的所有页面都会随之发生变动。

5.1.2　浏览器与 CSS

CSS 制定完成之后，具有了很多新功能，即新样式。但这些新样式在浏览器中不能获得完全支持，主要在于各个浏览器对 CSS 的很多细节处理上存在差异。例如，一个标签的某个属性被一种浏览器支持，而另外一种浏览器则不支持，或者两个浏览器都支持，但其显示效果不一样。

各主流浏览器为了自己产品的利益和推广，定义了很多私有属性，以便加强页面显示样式和效果，导致现在每个浏览器都存在大量的私有属性。虽然使用私有属性可以快速构建效果，但是对网页设计者来说这是一个大麻烦，设计一个页面需要考虑在不同浏览器上的显示效果，一个不注意就会导致同一个页面在不同浏览器上显示效果不一致，甚至有的浏览器不同版本之间也具有不同的属性。

如果所有浏览器都支持 CSS 样式，那么网页设计者只需要使用一种统一标签，就会在不同浏览器上显示统一样式效果。

当 CSS 被所有浏览器接受和支持的时候，整个网页设计将会变得非常容易，其布局更加合理，样式更加美观，到那个时候，整个 Web 页面显示会焕然一新。虽然现在 CSS 还没有完全普及，各个浏览器对 CSS 的支持还处于发展阶段，但 CSS 是一个新的、具有发展潜力很高的技术，在样式修饰方面，是其他技术无可替代的。学习 CSS 技术，才能保证不落伍。

5.1.3　CSS 的局限性

CSS 的局限性主要体现在定位属性上的局限性以及不同浏览器之间的限制。在使用绝对定位属性的时候，由于元素的位置已经确定，并独立于文档之外，所以当元素中的内容发生变化时，其他元素无法根据绝对定位元素的变化而做出相应的调整，最终将会导致页面中内容重叠或者产生空白。

在使用相对定位属性的时候，由于页面中会保留元素原来占有的位置，所以会在原有位置上产生空白区域，同时，由于相对定位的优先级高于普通元素，所以也可能造成元素内容的重叠。

浏览器支持的不一致性。浏览器的漏洞或缺乏支持的 CSS 功能，导致不同的浏览器显示出不同的 CSS 版面编排效果。例如，在微软 IE 6.0 的旧版本，执行了许多自己的 CSS2.0 属性，曲解了很多重要的属性，例如 width、height 和 float。

CSS 没有父层选择器，CSS 选择器无法提供元素的父层或继承性，以符合某种程度上的标准。先进的选择器（例如 XPath）有助于进行复杂的样式设计。

不能明确地指定继承性样式的继承性，建立在浏览器中 DOM 元素的层级和具体的规则上。垂直控制的局限元素的水平放置普遍地易于控制，垂直控制则是非凭直觉性的、较迂回的，甚至是不可能的。

5.1.4　CSS 的优缺点

CSS 通过控制页面结构的风格，进而控制整个页面的风格，那么使用 CSS 控制网页风格有什么优点与缺点呢？

使用 CSS 的优点如下。

（1）加速用户的开发。CSS 可以帮助用户做好基础工作，因此可以更快地开始开发。例如，如果两个开发团队一起工作，那么就可以共享彼此的 CSS 代码，从而提高团队的工作效果。

（2）可以使用跨浏览器功能。CSS 已经编写成跨浏览器兼容了，所以用户可以专注于自定义和创建内容而不是调整基础的样式，更好的是 CSS 还会消除浏览器特定的 bug。

（3）给用户干净和对称的布局。基于网格的 CSS 建立了一个预定义宽度的多列布局，所以用户可以专注于创建内容而不是排列文本块。

（4）强制使用好的网页设计习惯。CSS 强制使用好的习惯，如引入打印样式表。它还提供了一系列的选择器，用户可以在所有使用框架的网站或 Web 应用中使用，这使得网页设计具有一致性。

使用 CSS 的缺点如下。

（1）限制开发自由。因为 CSS 有标准的网格、选择器和其他代码，所以限制了用户可以设计的东西，如布局大小、网格宽度、按键类型、样式等。

（2）添加额外代码。CSS 不可避免地有一些用户不需要的代码，因此需要被迫接受一些额外的代码。

（3）强迫用户使用语法。通过使用 CSS，用户需要被迫接受语法的变化，特别是在使用非标准命名模式的情况下。

5.2　CSS 的基础语法

在网页中加入 CSS 样式的目的是将网页结构代码与网页格式风格代码分离开来，从而使网页设计者可以对网页的布局进行更多的控制。

5.2.1　CSS 构造规则

构造 CSS 的规则由 3 部分组成，分别是选择符（selector）、属性（property）和属性值（value），其基本格式如下：

```
selector{property: value}
```

（1）selector：指选择符，可以采用多种形式，可以为文档中的 HTML 标签，例如 <body>、<table>、<p> 等，但是也可以是 XML 文档中的标签。

（2）property：指属性，是选择符指定的标签所包含的属性。

（3）value：指属性值，如果定义选择符的多个属性，则属性和属性值为一组，组与组之间用分号（;）隔开。其基本格式如下：

```
selector{property1: value1; property2: value2;…}
```

下面就给出一条样式规则，如下所示：

```
p{color:red}
```

该样式规则选择符是 p，具体作用是为段落标签 <p> 提供样式；color 为指定文字颜色属性；red 为属性值。此样式表示标签 <p> 指定的段落文字为红色。

如果要为段落设置多种样式，则可以使用下列语句：

```
p{font-family:" 隶书 "; color:red; font-size:40px; font-weight:bold}
```

5.2.2　CSS 注释语句

CSS 注释可以帮助用户对自己写的 CSS 文件进行说明，如说明某段 CSS 代码所作用的地方、功能、样式等。CSS 的注释样式如下：

```
./* body CSS 定义 */
.body{ text-align:center; margin:0 auto;}
/* 头部 CSS 定义 */
.#header{ width:960px; height:120px;}
```

5.3　CSS 的编写方法

CSS 文件是纯文本格式文件，在编写 CSS 时，常用的编写方法有两种：一种是使用简单纯文本编辑工具，如记事本；另一种是使用专业的 CSS 编辑工具，如 Dreamweaver。

5.3.1　使用记事本编写 CSS

使用记事本编写 CSS，首先打开记事本，然后输入相应 CSS 代码。具体步骤如下。

第一步：打开记事本，输入 HTML 网页代码，如图 5-1 所示。

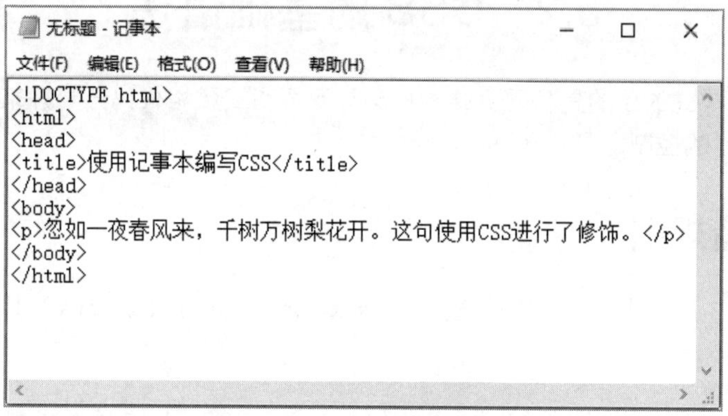

图 5-1　输入 HTML 网页代码

第二步：添加 CSS 代码。在 <head> 和 </head> 标签中间，添加 CSS 样式代码，如图 5-2 所示。从窗口中可以看出，在 <head> 和 </head> 标签中间，添加了一个 <style> 和 </style> 标签，即 CSS 样式标签。在 <style> 标签中间，对 p 样式进行了设定，设置段落居中显示并且颜色为红色。

第三步：运行网页文件。网页编辑完成后，使用 IE 浏览器打开，可以看到段落在页面中间以红色字体显示。如图 5-3 所示。

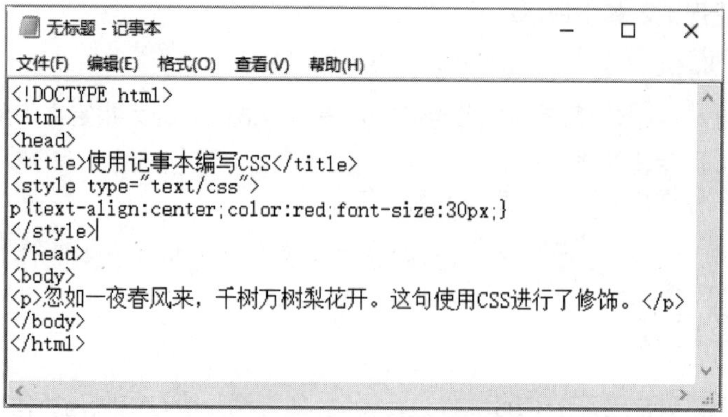

图 5-2　添加 CSS 代码

图 5-3　运行网页文件

5.3.2　使用 Dreamweaver 编写 CSS

Dreamweaver 的 CSS 编辑器具有提示和自动创建 CSS 功能，深受开发人员喜爱。使用 Dreamweaver 创建 CSS 步骤如下。

第一步：创建 HTML 文档。使用 Dreamweaver 创建 HTML 文档，此处创建了一个名称为 Chap5.2.html 文档，输入内容如图 5-4 所示。

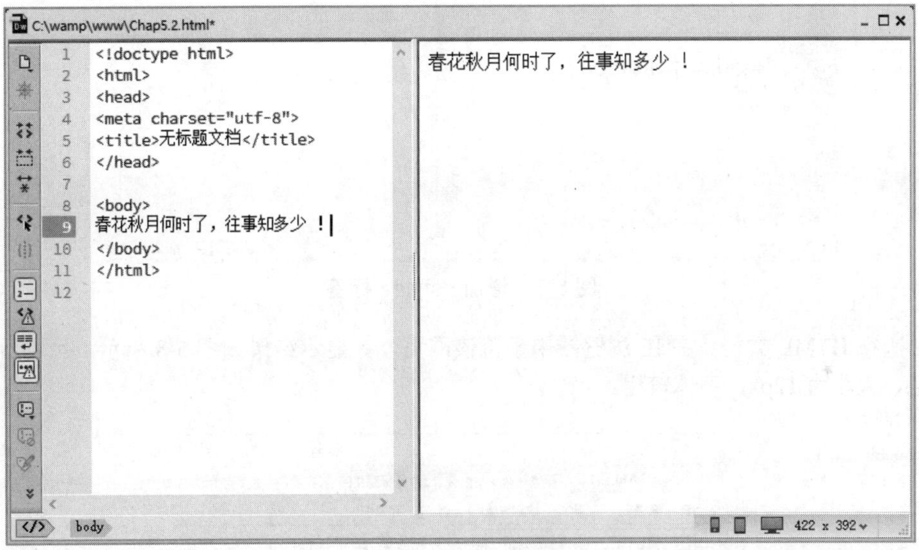

图 5-4　输入网页内容

第二步：添加 CSS 样式。在设计模式中，选中"春花秋月何时了……"段落后，右击并在弹出的快捷菜单中选择"CSS 样式"→"新建"菜单命令，弹出"新建 CSS 规则"对话框，在"为 CSS 规则选择上下文选择器类型"下拉列表中，选择"标签（重新定义 HTML 元素）"选项，如图 5-5 所示。

第三步：单击"确定"按钮，弹出"body 的 CSS 规则定义"对话框，在其中设置相关的类型，如图 5-6 所示。

第四步：单击"确定"按钮，即可完成段落样式的设置。设置完成后，HTML 文档内容发生变化。从代码模式窗口中可以看到，在 <head> 和 </head> 标签中间增加了一个 <style> 和 \style> 标签，用来放置 CSS 样式。其样式用来修饰段落，如图 5-7 所示。

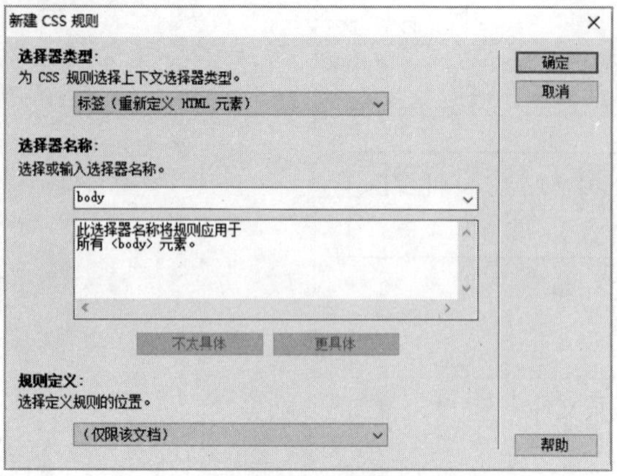

图 5-5 "新建 CSS 规则"对话框

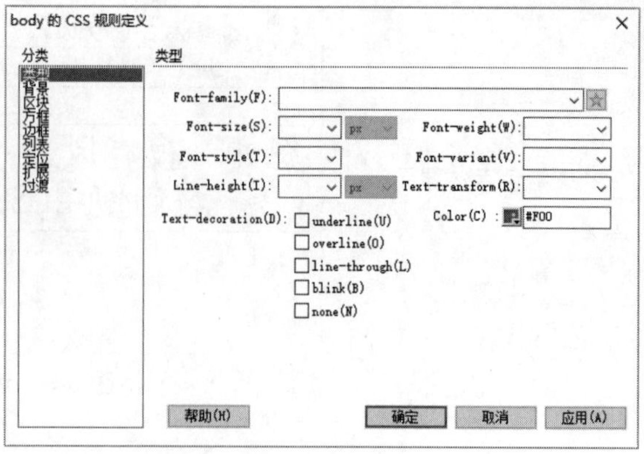

图 5-6 设置 CSS 样式

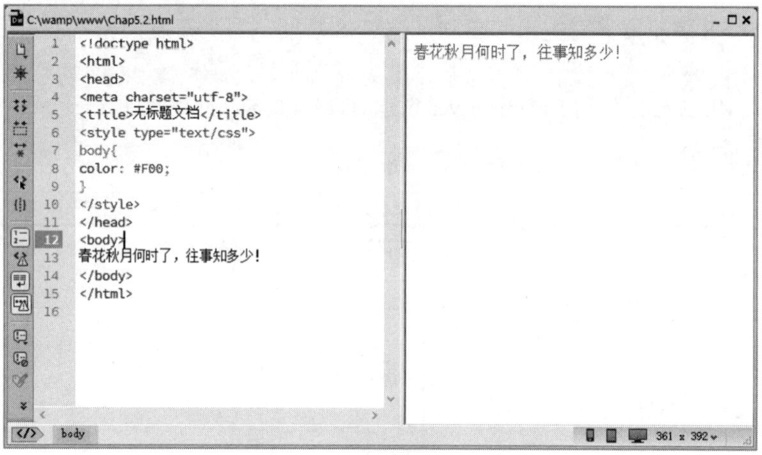

图 5-7 增加 \<style\> 标签

第五步：运行 HTML 文档。在 IE 浏览器中预览该网页，其显示结果如图 5-8 所示。可以看到字体颜色设置为浅红色，大小为 12px，字体较粗。

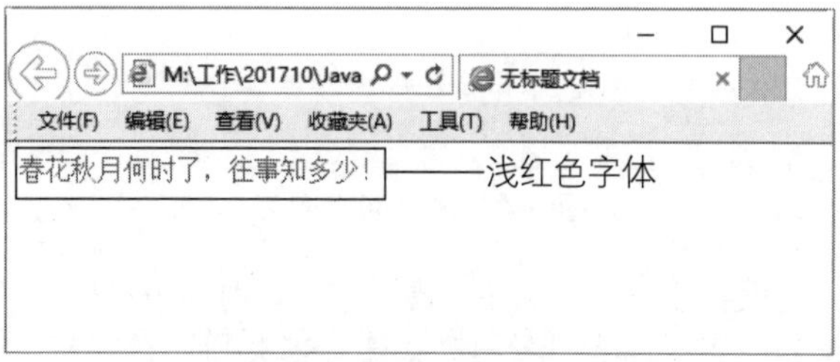

图 5-8 预览网页效果

5.4　理解 CSS 选择器

选择器是 CSS 中很重要的概念，所有 HTML 中的标签都是通过不同的 CSS 选择器进行控制的。用户只需要通过选择器对不同的 HTML 标签进行控制，赋予各种样式声明，即可实现各种效果。

5.4.1　标签选择器

标签选择器又称为标记选择器，在 W3C 标准中，又称为类型选择器（Type Selector）。CSS 标签选择器用来声明 HTML 标签采用哪种 CSS 样式，也就是重新定义了 HTML 标签。因此，每一个 HTML 标签的名称都可以作为相应的标签选择器的名称。

例如，p 选择器就是用于声明页面中所有 <p> 标签的样式风格。同样，可以通过 h1 选择器来声明页面中所有的 <h1> 标签的 CSS 样式风格。具体代码如下所示：

```
<style type="text/css">
<!--
h1{
  color:red;
  font-size:14px;
}
-->
</style>
```

以上 CSS 代码声明了 HTML 页面中所有 <h1> 标签。文字的颜色都采用红色，大小都为 14px。

每一个 CSS 选择器都包括选择器、属性和值，其中属性和值可以为一个，也可以设置多个，从而实现对同一个标签声明多种样式风格的目的，如图 5-9 所示。

在这种格式中，既可以声明一个属性和值，也可以声明多个属性和值，根据具体情况而定。当然，还有另外一种常用的声明格式，如图 5-10 所示。

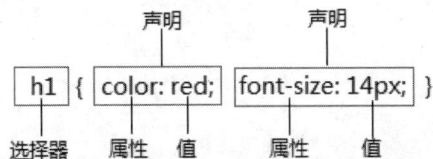

图 5-9　CSS 选择器格式

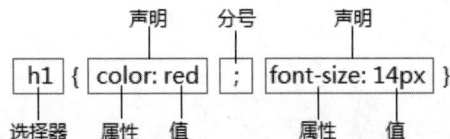

图 5-10　CSS 选择器声明格式

在这种格式中，每一个声明都不带分号，而是在两个声明之间用分号隔开。同样，既可以声明一个属性和值，也可以声明多个属性和值。

注意：CSS 对于所有的属性和值都有相对严格的要求。如果声明的属性或值不符合该属性的要求，则不能使该 CSS 语句生效。

【例 5-1】（实例文件：ch05\Chap5.1.html）标签选择器的应用示例。

```
<!DOCTYPE html>
<html>
<head>
<title>标签选择器</title>
<style>
p{color:blue;font-size:30px;}
</style>
</head>
<body>
<p>十年生死两茫茫，不思量，自难忘。</p>
</body>
</html>
```

相关的代码示例请参考 Chap5.1.html 文件，然后双击该文件，在 IE 浏览器里面运行的结果如图 5-11 所示。可以看到段落以蓝色字体显示，大小为 30px。如果在后期维护中，需要调整段落颜色，只需要修改 color 属性值即可。

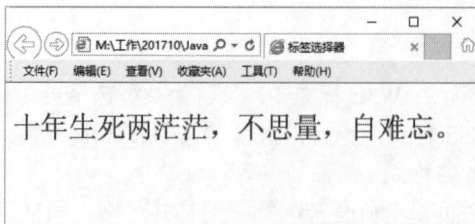

图 5-11　标签选择器应用示例

5.4.2　类别选择器

类别选择器允许以一种独立于文档元素的方式来指定样式。该选择器可以单独使用，也可以与其他元素结合使用。常用语法格式如下所示：

```
.classValue {property:value}
```

classValue 是选择器的名称，具体名称由 CSS 制定者自己命名。

【例 5-2】（实例文件：ch05\Chap5.2.html）类别选择器的应用示例。

```
<!DOCTYPE html>
<html>
<head>
<title> 类选择器 </title>
<style>
.a{
    color:blue;
    font-size:20px;
}
.b{
    color:red;
    font-size:22px;
}
</style>
</head>
<body>
<h3 class=b> 清明 </h3>
<p class="a"> 清明时节雨纷纷 </p>
<p class="b"> 路上行人欲断魂 </p>
</body>
</html>
```

相关的代码示例请参考 Chap5.2.html 文件，然后双击该文件，在 IE 浏览器里面运行的结果如图 5-12 所示。可以看到第一个段落以蓝色字体显示，大小为 20px；第二段落以红色字体显示，大小为 22px；标题同样以红色字体显示，大小为 22px。

图 5-12　类别选择器应用示例

5.4.3　ID 选择器

ID 选择器允许以一种独立于文档元素的方式来指定样式，在某些方面，ID 选择器类似于类别选择器，不过也有一些重要差别。首先，ID 选择器前面有一个 # 号，如图 5-13 所示。

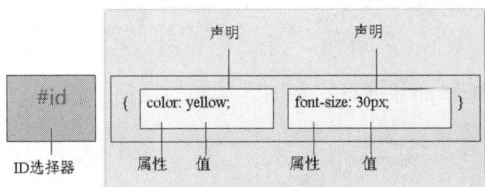

图 5-13　ID 选择器结构示意图

例如，下面的两个 ID 选择器，第一个可以定义元素的颜色为红色，第二个定义元素的颜色为绿色：

```
#red {color:red;}
#green {color:green;}
```

下面的 HTML 代码中，id 属性为 red 的 p 元素显示为红色，而 id 属性为 green 的 p 元素显示为绿色。

```
<p id="red">这个段落是红色。</p>
<p id="green">这个段落是绿色。</p>
```

注意： id 属性只能在每个 HTML 文档中出现一次。

【例 5-3】（实例文件：ch05\Chap5.3.html）ID 选择器的应用示例。

```
<!DOCTYPE html>
<html>
<head>
<title>ID 选择器</title>
<style>
#fontstyle{
    color:blue;
    font-weight:bold;
}
#textstyle{
    color:red;
    font-size:22px;
}
</style>
</head>
<body>
<h3 id=fontstyle>咏柳</h3>
<p id=textstyle>不知细叶谁裁出</p>
<p id=textstyle>二月春风似剪刀</p>
</body>
</html>
```

相关的代码示例请参考 Chap5.3.html 文件，然后双击该文件，在 IE 浏览器里面运行的结果如图 5-14 所示。可以看到标题以蓝色字体显示，大小为 20px；第一个段落以红色字体显示，大小为 22px；第二段落以红色字体显示，大小为 22px。

图 5-14　ID 选择器应用示例

5.4.4　属性选择器

属性选择器可以根据元素的属性及属性值来选择元素。如果希望选择有某个属性的元素，而不论属性值是什么，可以使用简单属性选择器。

例如希望把包含标题的所有元素变为红色，可以写作：

```
*[title] {color:red;},
```

【例 5-4】（实例文件：ch05\Chap5.4.html）属性选择器的应用示例。

```
<!DOCTYPE html>
<html>
<head>
<style type="text/css">
[title]{color:red;}
</style>
</head>
<body>
<h1>可以应用样式：</h1>
<h2 title="Hello world">Hello world</h2>
<a title="haut" href="http://www.haut.edu.cn">haut</a>
<hr />
<h1>无法应用样式：</h1>
<h2>Hello world</h2>
<a href="http:// www.haut.edu.cn "> haut </a>
</body>
</html>
```

相关的代码示例请参考 Chap5.4.html 文件，然后双击该文件，在 IE 浏览器里面运行的结果如图 5-15 所示。

图 5-15　属性选择器应用示例

5.4.5　子选择器

子选择器用来选择一个父元素直接的子元素，不包括子元素的子元素，它的符号为大于号（>）。请注意这个选择器与后代选择器的区别，子选择器（Child Selector）仅是指它的直接后代，或者可以理解为作用于子元素的第一个后代；而后代选择器是作用于所有子后代元素。后代选择器通过空格来进行选择。

【例 5-5】（实例文件：ch05\Chap5.5.html）子选择器的应用示例。

```
<!DOCTYPE html>
<html>
<head>
<title>CSS 的子选择器 </title>
<style type="text/css">
ul.myList > li > a{                    /* 子选择器 */
text-decoration:none;                  /* 没有下画线 */
    color:#336600;
```

```
}
</style>
</head>
<body>
<ul class="myList">
    <li>
      <a href="http://www.beijingdaxue.edu.cn/">北京大学 </a>
      <ul>
          <li><a href="#">CSS1</a></li>
          <li><a href="#">CSS2</a></li>
          <li><a href="#">CSS3</a></li>
      </ul>
    </li>
</ul>
</body>
</html>
```

相关的代码示例请参考Chap5.5.html 文件，然后双击该文件，在IE浏览器里面运行的结果如图 5-16 所示。

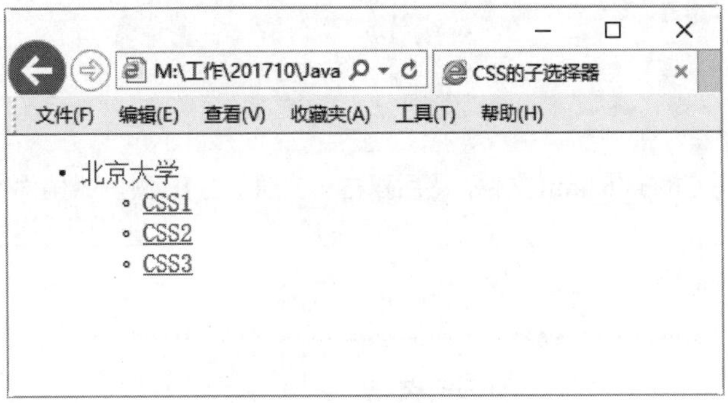

图 5-16　子选择器应用示例

5.4.6　选择器的嵌套

在 CSS 选择器中，可以通过嵌套的方式，对特殊位置的 HTML 进行声明，例如当 <p> 和 </p> 标签之间包含 <b> 和 </b> 标签时，就可以使用相应的控制，例如：

```
p b{color:red}.top #one{color:Red}
```

表示在类选择器标签下的一个 id=one 标签的样式。嵌套声明代码如下所示：

```
<style type="text/css">
<!--
p b{        /* 嵌套声明,p 标签中的 b 标签 */
 color:maroon;    /* 颜色 */
text-decoration:underline; /* 下画线 */
}
  -->
</style>
```

以上嵌套声明代码表示 <p> 标签中的 <b> 标签的内容会采用此样式。在下例中，用户可以为所有 p 元素定义一种样式，另外又为嵌套在 marked 类别选择器里的 p 元素定义另一种样式。

【例 5-6】（实例文件：ch05\Chap5.6.html）嵌套选择器的应用示例。

```
<!DOCTYPE html>
<html>
<head>
```

```
<style type="text/css">
p
{
color:blue;
text-align:center;
}
.marked
{
background-color:red;
}
.marked p
{
color:white;
}
</style>
</head>
<body>
<p> 这是一个蓝色居中显示的段落 </p>
<div class="marked">
<p> 这个 p 元素不应该是蓝色的。</p>
</div>
<p> p 元素在一个 " 标签 " 分类元素保持一致风格，但有一个不同的文本颜色。</p>
</body>
</html>
```

相关的代码示例请参考 Chap5.6.html 文件，然后双击该文件，在 IE 浏览器里面运行的结果如图 5-17 所示。

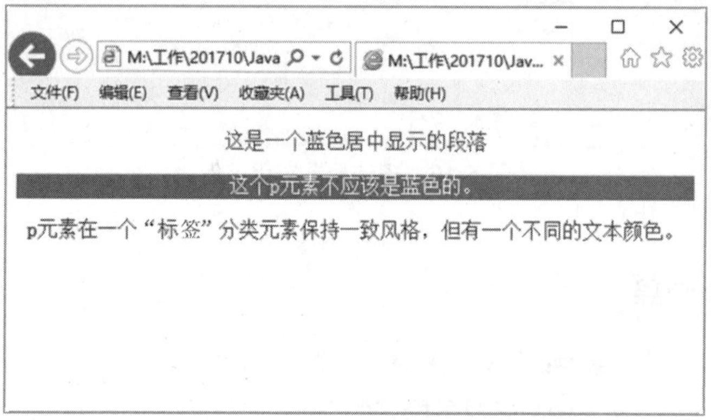

图 5-17　选择器的嵌套应用示例

提示：选择器的嵌套在 CSS 的编写中可以大大减少对 class 和 id 的声明。因此在构建页面 HTML 框架时通常只给外层标签（父标签）定义 class 或者 id，内层标签（子标签）能通过嵌套表示的则利用嵌套的方式，而不需要再定义新的 class 或者专用 id。只有当子标签无法利用此规则时，才单独进行声明，例如一个 <ul> 标签中包含多个 <li> 标签，而需要对其中某个 <li> 标签单独设置 CSS 样式时才赋给该 <li> 标签一个单独 id 或者类别，而其他 <li> 标签同样采用 "ul li{...}" 的嵌套方式来设置。

5.4.7　选择器的集体声明

选择器可以单独声明，也可以进行集体声明，同样的样式如果单独声明，就会产生很多重复的代码，所以具有共同属性的最好进行集体声明，而且方便控制，达到一改全改的效果。

如 h1,h2,table,div{color:red;font-size:20px} 对于一些实际页面的效果，我们希望所有的网页元素都是用同一种样式，但又不希望逐个来加入集体声明，这时可以利用 "*" 做全局声明，例如：

```
*{color:red}
```

注：既然是集体声明，那么就应该是所有的选择器都可以放在一起。

CSS 集体声明书写规范如下：

```
h1,h2,h3,h4,h5,.a1,.a2,#header{
属性 1：属性；
属性 2：属性；
}
```

表示对 h1、h2、h3 等所有涉及的标签进行同时 CSS 属性修饰。

【例 5-7】（实例文件：ch05\Chap5.7.html）选择器的集体声明示例。

```html
<!DOCTYPE html>
<html>
<head>
<title>css 选择器的集体声明 </title>
<style type="text/css">
<!—
h1,h2,h3,h4,h5,p{
 color:purple;
 font-size:15px;
 }
h2.special, .special, #one{
 text-decoration:underline;
}
-->
</style>
</head>
<body>
  <h1> 集体声明 h1</h1>
  <h2 class="special"> 集体声明 h2</h2>
  <h3> 集体声明 h3</h3>
  <h4> 集体声明 h4</h4>
  <h5> 集体声明 h5</h5>
  <p> 集体声明 p1</p>
  <p class="special"> 集体声明 p2</p>
  <p id="one"> 集体声明 p3</p>
</body>
</html>
```

相关的代码示例请参考 Chap5.7.html 文件，然后双击该文件，在 IE 浏览器里面运行的结果如图 5-18 所示。

图 5-18　选择器的集体声明

5.5 调用 CSS 的样式

CSS 样式表能很好地控制页面显示，以达到分离网页内容和样式代码。CSS 样式表控制 HTML 页面达到好的样式效果，其方式通常包括行内样式、内嵌样式、链接样式和导入样式。

5.5.1 行内样式

行内样式是最为简单的 CSS 设置方式，需要给每一个标签都设置 style 属性。顾名思义，它和样式所定义的内容在同一代码行内。其格式如下所示：

```
<p style="color:red"> 段落样式 </p>
```

【例 5-8】（实例文件：ch05\Chap5.8.html）行内样式的应用示例。

```
<!DOCTYPE html>
<head>
<title>CSS 行内样式 </title>
</head>
<body>
<p style="font:' 幼圆 ', ' 仿宋 ', ' 黑体 ';font-size:30px;color:#0000FF;">CSS 行内样式 01</p>
<p style="font-family:Arial, Helvetica, sans-serif;color:#FF0000;">CSS 行内样式 02</p>
<p>CSS 行内样式 03</p>
<p> </p>
</body>
</html>
```

相关的代码示例请参考 Chap5.8.html 文件，然后双击该文件，在 IE 浏览器里面运行的结果如图 5-19 所示，可以看出各段的文字以不同的效果显示。

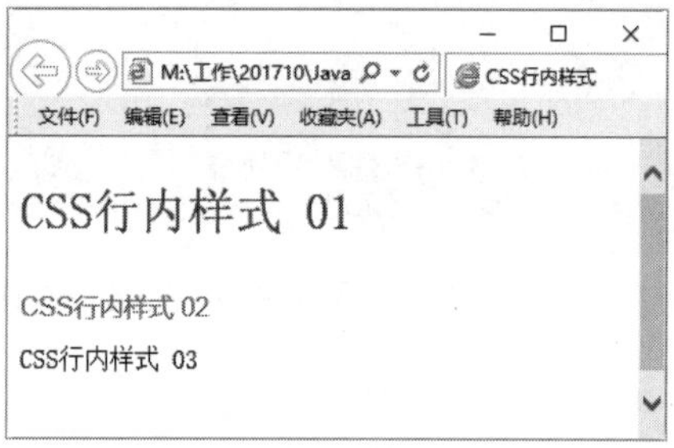

图 5-19 行内样式的应用示例

行内样式是最为简单的 CSS 使用方法，但由于需要为每一个标签设置 style 属性，后期维护成本依然很高，而且网页文件容易过大，因此不推荐使用。

5.5.2 嵌入样式

在 HTML 页面内部定义的 CSS 样式表，叫作嵌入式 CSS 样式表，也就是在 HTML 文档的头部标签中，使用 <style> 标签并在该标签中定义一系列 CSS 规则。其格式如下所示：

```
<head>
<style type="text/css">
<!--
...
-->
```

```
  </style>
  </head>
```

【例 5-9】（实例文件：ch05\Chap5.9.html）嵌入样式的应用示例。

```
<!DOCTYPE html>
<html>
<head>
 <title> 嵌入样式的应用 </title>
 <style type="text/css" media="screen">
  <!—
  h1
  {
     font-size:30px;
     color:red;
     background-color:yellow;
     text-align:left;
     text-decoration:underline
   }
  img
   {
    width:300;
    height:300;
   }
   body
{
     background-color:green;
   }
 -->
 </style>
 </head>
 <body>
  <h1> 嵌入样式的应用 </h1>
   <img src="02.jpg">
  </body>
  </html>
```

相关的代码示例请参考 Chap5.9.html 文件，然后双击该文件，在 IE 浏览器里面运行的结果如图 5-20 所示。可以看到网页背景以绿色显示，图片以 300px×300px 大小显示。

图 5-20　嵌入样式的应用示例

5.5.3　链接样式

链接式 CSS 样式表是使用频率最高，也是最为实用的方法。它将 HTML 页面本身与 CSS 样式风格分离为两个或者多个文件，实现了页面框架 HTML 代码与美工 CSS 代码的完全分离，使得前期制作和后期维护都十分方便。

链接样式是指在外部定义 CSS 样式表并形成以 .css 为扩展名的文件，然后在页面中通过 <link> 链接标签链接到页面中，而且该链接语句必须放在页面的 <head> 标签区，如下所示：

```
<link rel="stylesheet" type="text/css" href="1.css" />
```

（1）rel 指定链接到样式表，其值为 stylesheet。

（2）type 表示样式表类型为 CSS 样式表。

（3）href 指定了 CSS 样式表所在位置，此处表示当前路径下名称为 1.css 文件。

【例 5-10】（实例文件：ch05\Chap5.10.html）链接样式的使用。

```
<!DOCTYPE html>
<html>
<head>
<title> 页面标题 </title>
<link href="Chap5.12.css" type="text/css" rel="stylesheet">
</head>
<body>
<h2> 咏柳 </h2>
<p> 碧玉妆成一树高，万条垂下绿丝绦。</p>
<h2> 清明 </h2>
<p> 清明时节雨纷纷，路上行人欲断魂。</p>
</body>
</html>
```

【例 5-11】（实例文件：ch05\Chap5.11.css）链接文件。

```
h2{
color:#00FFFF;
}
p{
color:#FF00FF;
text-decoration:underline;
font-weight:bold;
font-size:24px;
}
```

相关的代码示例请参考 Chap5.10.html 文件，然后双击该文件，在 IE 浏览器里面运行的结果如图 5-21 所示。可以看到标题和段落以不同样式显示。

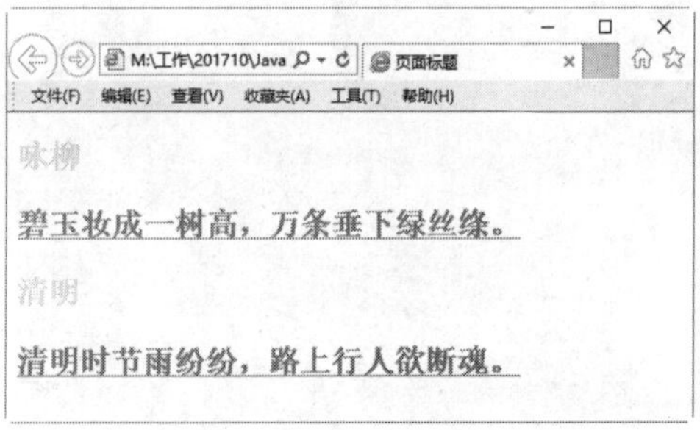

图 5-21　链接样式的应用示例

5.5.4　导入样式

导入样式和链接样式基本相同，都是创建一个单独的 CSS 文件，然后再引入到 HTML 文件中，只不过语法和运作方式有差别。采用导入样式的样式表，在 HTML 文件初始化时，会被导入到 HTML 文件内，作为文件的一部分，类似于内嵌效果。而链接样式是在 HTML 标签需要样式风格时才以链接方式引入。

导入外部样式表是指在内部样式表的 <style> 标签中，使用 @import 导入一个外部样式表，例如：

```
<head>
  <style type="text/css" >
  <!--
  @import "1.css"
  -->  </style>
</head>
```

导入外部样式表相当于将样式表导入到内部样式表中，其方式更有优势。导入外部样式表必须在样式表的开始部分、其他内部样式表上面。

【例 5-12】（实例文件：ch05\Chap5.12.html）导入样式的应用示例。

```
<!DOCTYPE html>
<html>
<head>
<title> 导入样式 </title>
<style>
@import " Chap5.13.css"
</style>
</head>
<body>
<h1> 江雪 </h1>
<p> 千山鸟飞绝，万径人踪灭。孤舟蓑笠翁，独钓寒江雪。</p>
</body>
</html>
```

【例 5-13】（案例文件：ch05\Chap5.13.css）链接文件。

```
h1{text-align:center;color:#0000ff}
p{font-weight:bolder;text-decoration:underline;font-size:20px;}
```

相关的代码示例请参考 Chap5.12.html 文件，然后双击该文件，在 IE 浏览器里面运行的结果如图 5-22 所示。可以看到标题和段落以不同样式显示，标题居中显示颜色为蓝色，段落大小为 20px 并加粗显示。

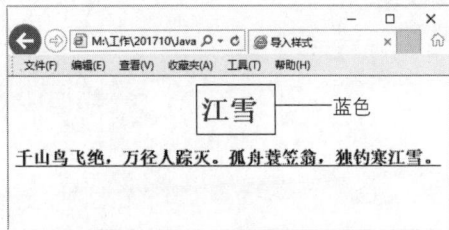

图 5-22　导入样式的应用示例

导入样式与链接样式相比，最大的优点就是可以一次导入多个 CSS 文件，其格式如下所示：

```
<style>
@import "1.6.css"
@import "test.css"
</style>
```

5.6　典型案例——制作网页导航菜单

使用 CSS，导航菜单作为网站必不可少的组成部分，关系着网站的可用性和用户体验。下面就来制作一个网页导航菜单。

【例 5-14】（实例文件：ch05\ 制作网页导航菜单.html）制作网页导航菜单。

具体步骤如下所示。

第一步：构建 HTML 页面。创建 HTML 页面，完成基本框架的创建。其代码如下所示：

```
<!DOCTYPE html>
<html>
<head>
<title> 网页导航菜单 </title>
</head>
<body>
<div id="navigation">
    <ul>
        <li><a href="#"> 推荐网站 </a></li>
        <li><a href="#"> 新闻头条 </a></li>
        <li><a href="#"> 最新电影 </a></li>
        <li><a href="#"> 网上购物 </a></li>
        <li><a href="#"> 娱乐八卦 </a></li>
    </ul>
</div>
</body>
</html>
```

在 IE 11.0 中浏览效果如图 5-23 所示。

第二步：使用内嵌样式。如果要对网页背景进行修饰，需要添加 CSS，此处使用内嵌样式，在 <head> 标签中添加 CSS。其代码如下所示：

```
<style>
body{
    background-color:#ffdee0;
}
</style>
```

在 IE 11.0 中浏览效果如图 5-24 所示，可以看到此时背景发生了颜色变化。

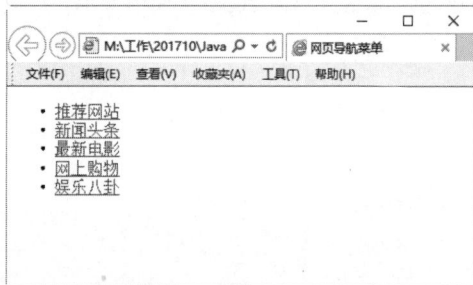

图 5-23　创建页面基础框架

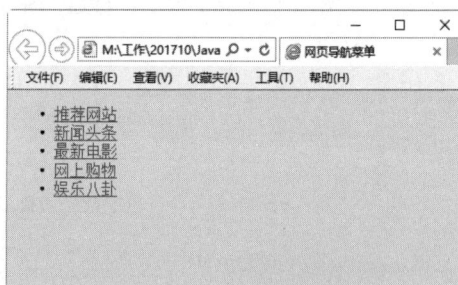

图 5-24　添加页面背景颜色

第三步：改变文字样式。添加 CSS 代码，改变导航文字的字体样式，其代码如下所示：

```
#navigation {
    width:200px;
    font-family:Arial;
}
```

在 IE 11.0 中浏览效果如图 5-25 所示，可以看到字体样式为 Arial。

第四步：去除项目符号。去除标签 UL 前面的项目符号，其代码如下所示：

```
#navigation ul {
    list-style-type:none;                              /* 不显示项目符号 */
```

```
    margin:0px;
    padding:0px;
}
```

在 IE 11.0 中浏览效果如图 5-26 所示，可以看到文字前面的项目符号取消了。

图 5-25　设置字体样式

图 5-26　取消项目符号

第五步：添加下画线。使用 CSS 样式为导航文字添加下画线，其代码如下所示：

```
#navigation li {
    border-bottom:1px solid #ED9F9F;          /* 添加下画线 */
}
```

在 IE 11.0 中浏览效果如图 5-27 所示，可以看到每个文字下方都添加了一个下画线。

第六步：修饰导航文字。使用 CSS 可以为导航菜单添加边框、区块等元素。其代码如下所示：

```
#navigation li a{
    display:block;                            /* 区块显示 */
    padding:5px 5px 5px 0.5em;
    text-decoration:none;
    border-left:12px solid #711515;           /* 左边的粗红边 */
    border-right:1px solid #711515;           /* 右侧阴影 */
}
```

在 IE 11.0 中浏览效果如图 5-28 所示，可以看到导航菜单文字添加了边框、区块等元素。

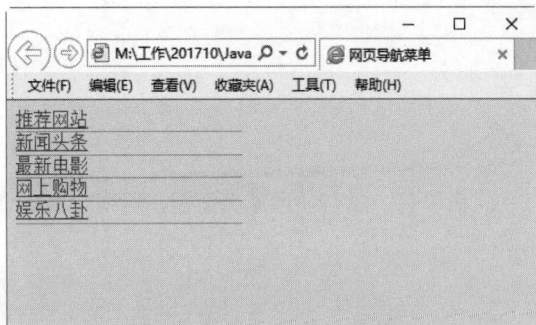

图 5-27　添加文字下画线

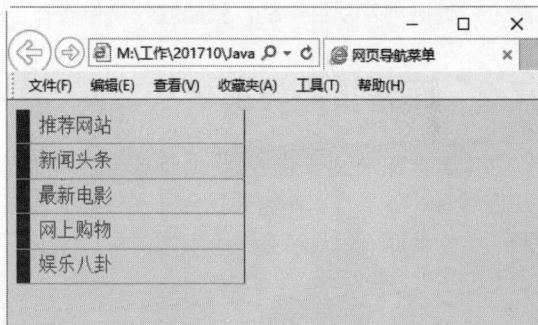

图 5-28　修饰导航文字

第七步：添加背景颜色。在 CSS 样式中，为每个导航菜单添加背景颜色，其代码如下所示：

```
#navigation li a:link, #navigation li a:visited{
    background-color:#c11136;
    color:#FFFFFF;
}
```

在 IE 11.0 中浏览效果如图 5-29 所示，可以看到每个导航菜单都显示了背景颜色。

第八步：添加鼠标经过效果。使用 CSS 可以为导航添加鼠标经过效果，其代码如下所示：

```
#navigation li a:hover{                          /* 鼠标经过时 */
    background-color:#990020;                    /* 改变背景色 */
    color:#ffff00;                               /* 改变文字颜色 */
}
```

在 IE 11.0 中浏览效果如图 5-30 所示，当鼠标指向某个导航菜单时，背景颜色发生了改变。

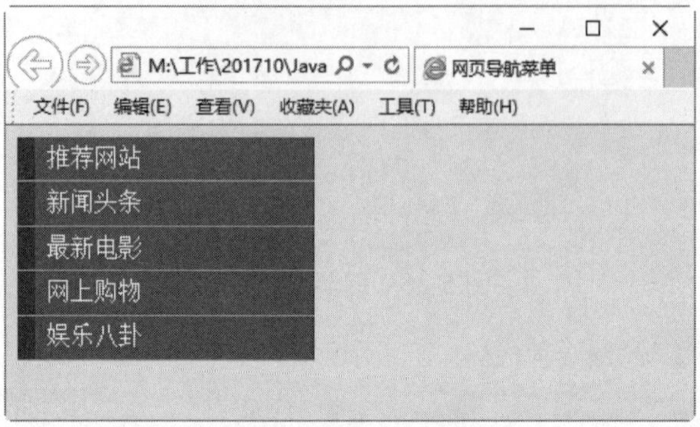

图 5-29　添加背景颜色

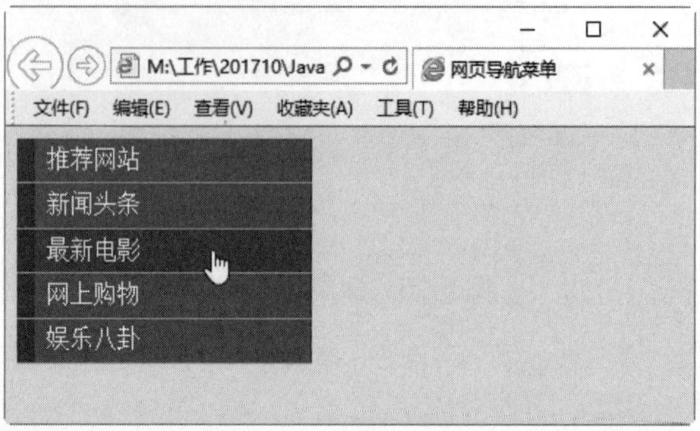

图 5-30　添加鼠标经过效果

5.7　就业面试技巧与解析

5.7.1　面试技巧与解析（一）

面试官：你觉得你个性上最大的优点是什么？

应聘者：我认为我具有沉着冷静、条理清楚、乐于助人、关心他人、适应能力强等优点。我相信经过一到两个月的培训及项目实践，我能胜任这份工作。

5.7.2　面试技巧与解析（二）

面试官：你对公司加班有什么看法？

应聘者：如果是工作需要我会义不容辞地加班，再加上我现在单身，没有任何家庭负担，可以全身心地投入工作。但同时，我也会提高工作效率，减少不必要的加班。

第6章
JavaScript 开发中表格与表单技术

◎ 本章教学微视频：20 个　61 分钟

学习指引

在网页中，表格和表单都是非常关键的应用，表格用来存放数据并布局页面样式，表单用于传输数据、采集客户端信息等。本章将详细介绍 JavaScript 开发中表格与表单技术，主要内容包括用 CSS 定制表格样式、用 DOM 控制表格、表单的应用、表单元素的应用等。

重点导读

- 掌握使用 CSS 定制表格样式的方法。
- 掌握使用 DOM 控制表格内容的方法。
- 掌握控制表单元素的方法。
- 掌握设置文本框的方法。
- 掌握设置单选按钮与复选框的方法。
- 掌握设置下拉菜单的方法。

6.1　用 CSS 定制表格样式

使用 CSS 来设置表格样式可以极大地改善表格外观，如可以用 CSS 来设置表格的颜色、边框等。

6.1.1　理解表格的相关标签

表格具有 3 个最基本的 HTML 标签，分别是 <table> 标签、<tr> 标签和 <td> 标签。<table> 标签用于定义整个表格，<tr> 定义一行，<td> 定义一个单元格。此外还有两个标签应用比较广泛，分别是 <caption> 标签和 <th> 标签。<caption> 标签用来设置表格标题，<th> 标签用来设置表头。

【例 6-1】（实例文件：ch06\Chap6.1.html）表格基本标签应用示例。

```
<!DOCTYPE html>
<html>
<head>
<title>表格的基本标签</title>
```

```
</head>
<body>
<table width="200" border="1" summary=" 该表格显示了学生的语文数学成绩 ">
  <caption>
    成绩表
  </caption>
  <th> 姓名 </th>
  <th> 语文 </th>
  <th> 数学 </th>
  <tr>
    <td> 张三 </td>
    <td>88</td>
    <td>90</td>
  </tr>
  <tr>
    <td> 李四 </td>
    <td>65</td>
    <td>82</td>
  </tr>
  <tr>
    <td> 王五 </td>
    <td>95</td>
    <td>78</td>
  </tr>
</table>
</body>
</html>
```

相关的代码示例请参考 Chap6.1.html 文件，然后双击该文件，在 IE 浏览器里面运行的结果如图 6-1 所示。

图 6-1　表格基本标签应用示例

上述代码中，主要标签与属性功能介绍如下。

<table></table> 标签对：用于在 HTML 文档中创建表格，标签中间包含表名和表格本身内容的代码。表格的基本单元是单元格。

border 属性：用于为每个单元格应用边框，并用边框围绕表格，如果 border 属性的值发生改变，那么只有表格周围边框的尺寸会发生变化，表格内部的边框尺寸不变，本例设置围绕表格的边框的宽度为 1px，若设置 border="0"，可以显示没有边框的表格。

summary 属性：用于设置表格内容的摘要，该属性不会对普通浏览器产生任何视觉变化，即在浏览页面时不可见，但该属性的内容对搜索引擎非常重要。

<caption></caption> 标签对：它用来定义表格的标题，每个表格只能规定一个标题，并且标题会居中显示在表格上方。

<th></th> 标签对：可以替代 <td></td> 标签对，使标签中的内容加粗并居中显示，该标签通常用来设置表格的表头即表格的第一行，使表格第一行的内容加粗并居中显示。

<td></td> 标签对：用于定义表格的单元格，该标签定义一个列并嵌套于 <tr></tr> 标签对内，表格的每一行都用 <tr> 标签表示并以相应的 </tr> 标签结束，多个行结合在一起就构成一个表格。

6.1.2　设置表格的颜色

表格颜色的设置十分简单，与文字颜色的设置完全一样，通过 color 属性设置表格中文字的颜色，通过 background-color 属性设置表格的背景颜色，通过 bordercolor 属性设置表格的边框颜色等。

【例 6-2】（实例文件：ch06\Chap6.2.html）设置表格颜色应用示例。

```
<style type="text/css">
table{
color:#000066;                    /* 表格文字颜色 */
background-color:#999999;         /* 表格背景 */
font-family:" 宋体 ";              /* 表格字体 */
}
caption{
font-size:16px;                   /* 表格标题字体大小 */
font-weight:bolder;               /* 表格标题文字粗细 */
}
th{
color:#000033;                    /* 表格表头颜色 */
background-color:#9900CC          /* 表格表头背景颜色 */
}
</style>
```

相关的代码示例请参考 Chap6.2.html 文件，然后双击该文件，在 IE 浏览器里面运行的结果如图 6-2 所示。

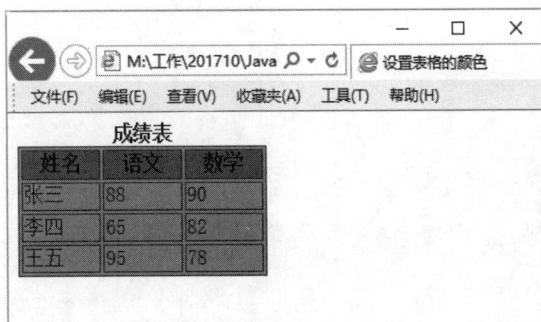

图 6-2　设置表格的颜色

6.1.3　设置表格的边框

根据不同的需求，可以对表格或单元格应用不同的边框，使用 CSS 中的边框属性可以指定边框的大小、颜色和类型等。该属性包括 border-width、border-style、border-color，具体格式如下：

```
border: 2px solid red;
```

该条语句融合了宽度 border-width、样式 border-style 和颜色 border-color 属性，但是也可以对这些属性分别进行单独定义，具体代码格式如下：

```
border-width:2px;
border-style:solid;
border-color:red;
```

这段代码默认表格的上下左右边框属性是一样的，即宽度为 2px、样式为 solid、颜色为 red。具体属性值的应用介绍如下。

- border-width 属性：可有具体数值，如 1px、2px 等是描述性的属性值。
- border-style 属性：用于设置一个元素边框的样式，且必须用于指定可见的边框，边框样式包括 solid、dashed、dotted、double、groove、ridge、inset、outset 等。
- border-color 属性：该属性的设置和一般颜色属性的设置是一样的。

注意：在 border-color 前最好先设置 border-style，否则 border-color 可能会不显示。

在设置表格边框属性时，除了将表格作为一个整体进行定义，也可以将表格边框的 4 个部分分别进行定义，具体代码如下：

```
border-top: 2px solid red;
border-bottom: 2px solid red;
border-right: 2px solid red;
border-left: 2px solid red;
```

在设置表格的宽度、样式和颜色属性值时可以设置 1～4 个值，如果给出一个值，它将被运用到表格边框的各边上；如果 4 个值都给出了，它们分别应用于上、右、下和左边框的式样；如果 2 个或 3 个值给出了，那么省略的值与对边相等。

【例 6-3】（实例文件：ch06\Chap6.3.html）设置表格边框应用示例。

```
<style type="text/css">
table{
    color:#000066;
    background-color:#999999;
    font-family:" 宋体 ";
    border-collapse: separate;          /* 表格边框分开不合并 */
    border-spacing: 5pt;                /* 相邻单元格边框的间距 */
    border-top: 5px solid red;          /* 表格的上边框 */
    border-left: 5px solid red;         /* 表格的左边框 */
    border-right: 5px dashed black;     /* 表格的右边框 */
    border-bottom: 5px dashed blue;     /* 表格的下边框 */
}
th{
    color:#000033;
    background-color:#9900CC;
    border: outset 5pt;                 /* 表头边框 */
}
caption{
    font-size:16px;
    font-weight:bolder;          }
</style>
```

相关的代码示例请参考 Chap6.3.html 文件，然后双击该文件，在 IE 浏览器里面运行的结果如图 6-3 所示。

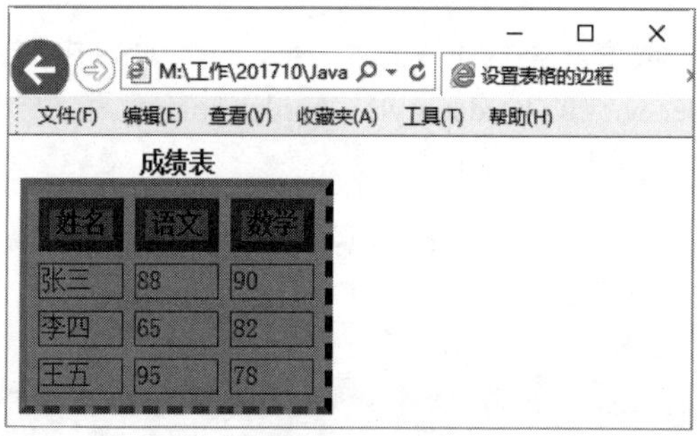

图 6-3　设置表格边框样式

在上述例子中，还使用了 border-collapse 属性和 border-spacing 属性，具体功能介绍如下。

- border-collapse 属性：用来设置表格的边框是否被合并为一个单一的边框，该属性可选值有 3 个：separate 为默认值，表示边框分开不合并；collapse 表示边框合并，即如果相邻，则共用同一个边框；inherit 表示从父元素继承 border-collapse 属性的值。
- border-spacing 属性：用于设置相邻单元格的边框间的距离，但仅用于"边框分离"模式，即当 border-collapse 属性值为 separate 时该属性才可用。

6.2　用 DOM 控制表格

DOM 的全称是 Document Object Model，即文档对象模型，它是网站内容与 JavaScript 互通的接口。在 DOM 中，所有的 HTML 元素、属性和文本都被看成对象，DOM 提供了访问所有这些对象的方法和属性，并可以通过创建、添加、修改和删除页面上的任意元素来重新构建页面。本节主要介绍如何用 DOM 来动态地控制表格，包括动态添加表格、修改单元格内容和动态删除表格。

6.2.1　动态添加表格

利用 JavaScript 来动态创建表格有两种方式：一种是使用 appendChild() 方法；另一种是使用 insertRow() 方法和 insertCell() 方法，下面分别进行介绍。

1. appendChild() 方法

使用 appendChild() 方法动态创建表格的代码如下所示：

```
var trNode = document.createElement("tr");
var tdNode = document.createElement("td");
var textNode = document.createTextNode("新添加的行");
tdNode.appendChild(textNode);
trNode.appendChild(tdNode);
document.getElementById('score').appendChild(trNode);
```

从上面的代码可以看到，用户先创建了一个 tr 节点、td 节点和一个文本节点，然后将文本节点追加在 td 节点后，再将 td 节点追加在 tr 节点后，最后将 tr 节点追加在需要添加新行的表格后。

注意：这种动态创建表格的方法是可行的，但是它在 IE 上运行时，有可能会出现错误。

2. insertRow() 方法和 insertCell() 方法。

使用 insertRow() 方法和 insertCell() 方法可以快速动态创建表格。insertRow() 方法用于在表格中的指定位置插入一个新行。该方法创建一个新的 TableRow 对象，表示一个新的 <tr> 标签，并把它插入表中的指定位置，具体语法为：

```
tableObject.insertRow(index),
```

index 从 0 开始，该方法表示将新行添加到 index 所在行之前，如 insertRow(0) 表示在第一行之前新添加一行，默认的 insertRow() 函数表示在表的最后新添加一行。一般地，若 index 等于表中的行数，那么新行将被添加到表的末尾。如下面的代码，在 score 表的最后新添加一行：

```
var objRow= document.getElementById('score').insertRow()
```

insertCell() 方法在表格的一行的指定位置插入一个空的 <td> 元素，用法与 insertRow() 方法一样。如下面的代码，在 score 表新添加的那行的第一列添加一个新的单元格。

```
var objCell=objRow.insertCell(0)
```

注意：insertCell() 方法只能插入 <td> 数据表元。若需要给行添加头表元，必须用 Document. createElement() 方法和 Node.insertBefore() 方法（或相关的方法）创建并插入一个 <th> 元素。

例如，在例 6.3 表格的最后一行新添加一行，姓名为赵六，语文成绩为 55，数学成绩为 67。

【例 6-4】（实例文件：ch06\Chap6.4.html）DOM 动态添加表格行应用示例。

```html
<!DOCTYPE html>
<html>
<head>
<title>动态添加行</title>
<style type="text/css">
table{
    color:#000066;
    background-color:#999999;
    font-family:" 宋体 ";
    border-collapse: separate;          /* 表格边框分开不合并 */
    border-spacing: 5pt;                /* 相邻单元格边框的间距 */
    border-top: 5px solid red;          /* 表格的上边框 */
    border-left: 5px solid red;         /* 表格的左边框 */
    border-right: 5px dashed black;     /* 表格的右边框 */
    border-bottom: 5px dashed blue;     /* 表格的下边框 */
}
th{
    color:#000033;
    background-color:#9900CC;
    border: outset 5pt;                 /* 表头边框 */
}
caption{
    font-size:16px;
    font-weight:bolder;        }
</style>
<script type="text/JavaScript"; language="JavaScript">
function insTable()
{
    /* 在 ID 为 score 的表的最后新添加一行 */
    var objRow=document.getElementById("score").insertRow(4);
    /* 创建一个数组用来存放单元格的内容 */
    var content=new Array();
    content[0]=document.createTextNode(" 赵六 ");
    content[1]=document.createTextNode("55");
    content[2]=document.createTextNode("67");
    /* 为新添加的一行添加单元格并填充内容 */
    for(var i=0;i< content.length;i++)
    {
        var objCell=objRow.insertCell(i);
        objCell.appendChild(content[i]);
    }
}
</script>
</head>
<body onload="insTable()">
<table width="200" border="1" summary=" 该表格显示了学生的语文数学成绩 " id="score">
  <caption>
    成绩表
  </caption>
  <th> 姓名 </th>
  <th> 语文 </th>
  <th> 数学 </th>
  <tr>
    <td> 张三 </td>
    <td>88</td>
    <td>90</td>
```

```
      </tr>
      <tr>
        <td> 李四 </td>
        <td>65</td>
        <td>82</td>
      </tr>
      <tr>
        <td> 王五 </td>
        <td>95</td>
        <td>78</td>
      </tr>
    </table>
  </body>
</html>
```

　　相关的代码示例请参考 Chap6.4.html 文件，然后双击该文件，在 IE 浏览器里面运行的结果如图 6-4 所示。

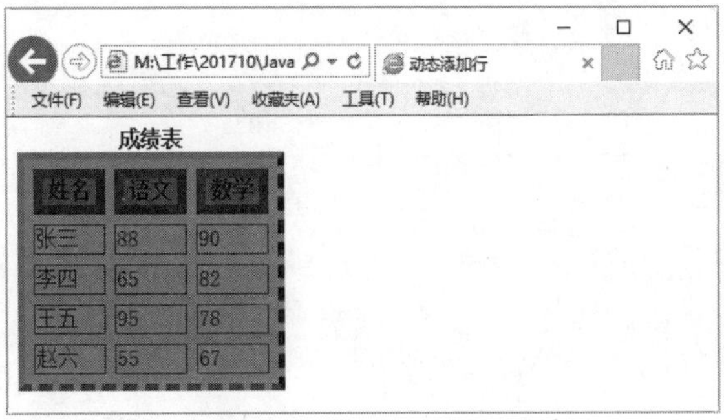

　　代码使用了 DOM 中的用于访问指定节点的 getElementById() 方法和用于创建文本节点的 createTextNode() 方法，此外还使用了用于指定单元格元素节点后附加节点的 appendChild() 方法。

　　下面进行详细介绍。

图 6-4　动态添加表格内容

- getElementById() 方法：该方法属于 DOM 中的访问指定节点的方法之一。访问指定节点的含义就是已知节点的某个属性（如 id 属性、name 属性或者节点类型），然后在 DOM 树中寻找符合条件的节点，对应的方法有 getElementById()、getElementByName() 和 getElementByTagName()。在 HTML 文档中，元素的 id 属性是该元素对象的唯一标识，所以 getElementById() 是最快的节点访问方法。例如，例 6.4 中 document.getElementById("score") 语句的作用就是获取页面中的 id 为 score 的元素节点。

- createTextNode() 方法：用于创建一个新的文本节点，该方法一般与 appendChild() 方法连用，因为创建完一个节点后需要将该节点追加到另一个元素节点后，appendChild 方法用于在指定元素节点的最后一个子节点之后添加节点。例如，例 6.4 中 document.createTextNode(" 赵六 ") 语句的作用就是在页面中创建一个新的文本节点，节点内容为"赵六"。该例子创建了 3 个新的文本节点，把这 3 个文本节点赋值给了 content 数组，最后把用 appendChild() 方法把 content 数组附加到了新添加的单元格元素 objCell 后，从而实现了在表格中动态地添加一行数据的功能。

6.2.2　修改单元格内容

　　在 JavaScript 中，要想修改单元格的内容，可以通过设置该单元格的 id 或者 name 属性来获取对要修改单元格的引用句柄，从而修改单元格内容。

　　另外，也可以从文档 DOM 树中层层浏览获得要修改单元格的引用句柄。但是为了简单起见，这里以设置 ID 的方式实现，然后用 innerText 或 innerHTML 设置该单元格的内容。

　　在实现修改单元格内容功能前，先介绍一下 innerHTML 属性和 innerText 属性用法上的区别。innerHTML 属性用于设置或者获取从对象的起始位置到终止位置的全部内容，包括 HTML 标签；innerText 属性用于设置或者获取从对象的起始位置到终止位置的文本，不包括 HTML 标签。具体代码如下：

```
  <div id="test">
```

```
            <span style="background-color:#FF0000">test1</span> test2
    </div>
```

使用 test.innerHTML 获取的值为 <div> 中的所有内容，包括 HTML 标签，即 "<span style="background-color:#FF0000">test1</span>test2"，test1 显示的背景是红色的，test2 无背景；test.innerText 获取的值只有 <div> 中的文本 test1、test2，test1 的背景不受 <span> 标签的 style 属性的影响，和 test2 的显示效果一样。

例如，要对人员通讯录中丢失的联系电话进行"丢失"标注，具体实现如下。

【例 6-5】（实例文件：ch06\Chap6.5.html）修改单元格内容。

```html
<!DOCTYPE html>
<html>
<head>
<title>修改单元格内容</title>
<style>
<!--
.datalist{
    border:1px solid #0058a3;              /* 表格边框 */
    font-family:Arial;
    border-collapse:collapse;              /* 边框重叠 */
    background-color:#eaf5ff;              /* 表格背景色 */
    font-size:14px;
}
.datalist caption{
    padding-bottom:5px;
    font:bold 1.4em;
    text-align:left;
}
.datalist th{
    border:1px solid #0058a3;              /* 行名称边框 */
    background-color:#4bacff;              /* 行名称背景色 */
    color:#FFFFFF;                          /* 行名称颜色 */
    font-weight:bold;
    padding-top:4px; padding-bottom:4px;
    padding-left:12px; padding-right:12px;
    text-align:center;
}
.datalist td{
    border:1px solid #0058a3;              /* 单元格边框 */
    text-align:left;
    padding-top:4px; padding-bottom:4px;
    padding-left:10px; padding-right:10px;
}
.datalist tr:hover, .datalist tr.altrow{
    background-color:#c4e4ff;              /* 动态变色 */
}
-->
</style>
<script language="JavaScript">
window.onload=function(){
    var oTable = document.getElementById("member");
    oTable.rows[3].cells[4].innerHTML = "丢失";  // 修改单元格内容
}
</script>
</head>
<body>
<table class="datalist" summary="标注丢失的联系电话" id="member">
    <caption>人员通讯录</caption>
    <tr>
        <th scope="col">姓名</th>
        <th scope="col">性别</th>
        <th scope="col">出生年月</th>
        <th scope="col">家庭住址</th>
```

```
        <th scope="col">联系电话 </th>
    </tr>
    <tr>
        <td> 王丽 </td>
        <td> 女 </td>
        <td>10 月 20 日 </td>
        <td> 长兴路 2 号 </td>
        <td>13019821212</td>
    </tr>
    <tr>
        <td> 李飞 </td>
        <td> 男 </td>
        <td>9 月 16 日 </td>
        <td> 北京路 6 号 </td>
        <td>13079941515</td>
    </tr>
    <tr>
        <td> 李琦 </td>
        <td> 男 </td>
        <td>8 月 29 日 </td>
        <td> 南京路 8 号 </td>
        <td>18592102121</td>
    </tr>
    <tr>
        <td> 刘瑶 </td>
        <td> 女 </td>
        <td>9 月 5 号 </td>
        <td> 北京路 2 号 </td>
        <td>13025896212</td>
    </tr>
</table>
</body>
</html>
```

相关的代码示例请参考 Chap6.5.html 文件，然后双击该文件，在 IE 浏览器里面运行的结果如图 6-5 所示。

图 6-5　修改单元格内容

提示：代码使用了 Table 的 rows 和 cells 属性，来访问表格的特定单元格，如 oTable.rows[3].cells[4] 表示表的第 3 行第 4 列，即修改了表格的第 3 行第 4 列的单元格内容。

6.2.3　动态删除表格

动态删除表格需要调用的主要方法是 deleteRow() 和 deleteCell()，这两种方法的使用语法和对应的添加表格调用方法的使用语法基本一样，在此不再详述。如下面的代码，删除 objTable 的第二行。

方法一：确定所要删除行的索引号，直接删除。

```
objTable.deleteRow(2);
```

方法二：不确定所要删除行的索引号，先根据所要删除行的 ID 找到其索引号再删除。

```
var objRow=document.getElementById("tr3");
var Index=objRow.rowIndex;
objTable.deleteRow(index);
```

以上方法都是只删除表格其中一行的方法，如果要删除表格其中的几行，可以给表格每一行添加一列超链接，使用户单击要删除的那一行的超链接就可以删除该行，具体实现如下。

【例 6-6】（实例文件：ch06\Chap6.6.html）动态删除表格行。

```
<script language="JavaScript">
function myDelete(){
    var oTable = document.getElementById("member");
    // 删除该行
    this.parentNode.parentNode.parentNode.removeChild(this.parentNode.parentNode);
}
window.onload=function(){
    var oTable = document.getElementById("member");
    var oTd;
    // 动态添加 delete 链接
    for(var i=1;i<oTable.rows.length;i++){
        oTd = oTable.rows[i].insertCell(5);
        oTd.innerHTML = "<a href='#'>delete</a>";
        oTd.firstChild.onclick = myDelete;  // 添加删除事件
    }
}
</script>
```

相关的代码示例请参考 Chap6.6.html 文件，然后双击该文件，在 IE 浏览器里面运行的结果如图 6-6 所示。单击 delete 链接，即可删除当前行，图 6-7 所示为删除"王丽"所在行之后的显示效果。

图 6-6 表格预览效果

图 6-7 删除需要删除的行内容

在动态删除表格操作时，很多情况下需要删除表格的列，由于 DOM 中没有自带的方法可以调用，因此需要自定义一个删除列的方法。代码如下：

```
<script language="JavaScript">
function deleteColumn(oTable,iNum){
// 自定义删除列函数，即每行删除相应单元格
for(var i=0;i<oTable.rows.length;i++)
    oTable.rows[i].deleteCell(iNum);
}
</script>
```

在上述代码中，deleteColum() 方法带有两个参数：一个参数是 oTable，代表所要删除列所属的表格的 id；另一个参数是 iNum，代表所要删除列在其所属表格中的索引号。该方法通过循环调用 deleteCell() 方法来删除表格的一整列。

例如，要在人员通讯录中删除"家庭住址"一列。

【例 6-7】（实例文件：ch06\Chap6.7.html）动态删除表格列。

添加用于删除列的代码如下：

```
function aa(){
var oTable = document.getElementById("member");
deleteColumn(oTable,3);
}
```

然后在 </table> 标签下添加用于控制删除列的按钮代码信息：

```
<input type="button" onclick="aa()" value=" 删除家庭住址列 ">
```

相关的代码示例请参考 Chap6.7.html 文件，然后双击该文件，在 IE 浏览器里面运行的结果如图 6-8 所示。
单击"删除家庭住址列"按钮，即可删除表格中的预定列，如图 6-9 所示。

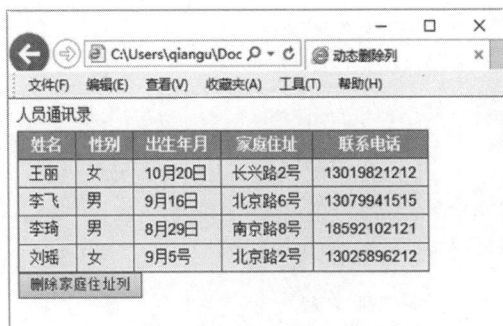

图 6-8　表格预览效果

图 6-9　删除预定的列

6.3　控制表单

表单是网页与用户交互的桥梁，可以收集用户的信息和反馈意见，常常用于实现用户注册、登录、投票
等功能。

6.3.1　理解表单的相关标签与表单元素

表单由窗体和控件组成，一个表单一般应该包含用户填写信息的输入框、提交按钮等，这些输入框或按
钮叫作控件。表单很像容器，它能够容纳各种各样的控件。

一个表单用 <form></form> 标签对来创建，即定义表单的开始和结束位置，在开始和结束标签之间的一
切定义都属于表单的内容。<form></form> 标签对具有很多属性，一些常用的属性如下。

- id：用于返回表单对象的 id。可以通过 id 属性的值对表单进行引用。
- name：用于返回表单对象的名称。可以通过 name 属性的值对表单进行引用。
- method：用于说明表单的提交方法。可取值 get() 或 post()，其中 get() 为默认方法。
- action：用来定义表单处理程序的位置（相对地址或绝对地址）。
- target：用于说明在何处打开表单。默认值为 _self，表示在原页面打开 _blank 表示在新窗口打开，
  _parent 表示在父窗口打开，_top 表示在顶级窗口打开，frameName 表示在指定窗口打开。

此外，在表单中可以产生的动作只有两种：提交表单或重置表单。表单对象的方法分别与这两个动作对
应为 submit() 方法和 reset() 方法。

- submit()：将表单数据提交给服务器程序处理。如果在表单中定义了 submit 按钮，则 submit() 方法执
  行后的效果与单击 submit 按钮效果是相同的。

- reset()：将表单中所有元素值重新设置为默认状态。如果在表单中定义了 reset 按钮，那么，reset() 方法执行后的效果与单击 reset 按钮的效果是相同的。

【例 6-8】（实例文件：ch06\Chap6.8.html）表单的相关标签与表单元素的应用示例。

```html
<!DOCTYPE html>
<html>
<head>
<title>表单相关标签与表单元素</title>
</head>
<body>
<form method="post" name="myForm1" action="addInfo.aspx">
<p><label for="name">请输入您的姓名:</label><br><input type="text" name="name" id="name"></p>
<p><label for="passwd">请输入您的密码:</label><br><input type="password" name="passwd" id="passwd"></p>
<p><label for="color">请选择你最喜欢的颜色:</label><br>
<select name="color" id="color">
    <option value="red">红</option>
    <option value="green">绿</option>
    <option value="blue">蓝</option>
    <option value="yellow">黄</option>
    <option value="cyan">青</option>
    <option value="purple">紫</option>
</select></p>
<p>请选择你的性别:<br>
    <input type="radio" name="sex" id="male" value="male"><label for="male">男</label><br>
    <input type="radio" name="sex" id="female" value="female"><label for="female">女</label></p>
<p>你喜欢做些什么:<br>
    <input type="checkbox" name="hobby" id="book" value="book"><label for="book">看书</label>
    <input type="checkbox" name="hobby" id="net" value="net"><label for="net">上网</label>
    <input type="checkbox" name="hobby" id="sleep" value="sleep"><label for="sleep">睡觉</label></p>
<p><label for="comments">我要留言:</label><br><textarea name="comments" id="comments" cols="30" rows="4"></textarea></p>
<p><input type="submit" name="btnSubmit" id="btnSubmit" value="Submit">
<input type="reset" name="btnReset" id="btnReset" value="Reset"></p>
</form>
</body>
</html>
```

相关的代码示例请参考 Chap6.8.html 文件，然后双击该文件，在 IE 浏览器里面运行的结果如图 6-10 所示。

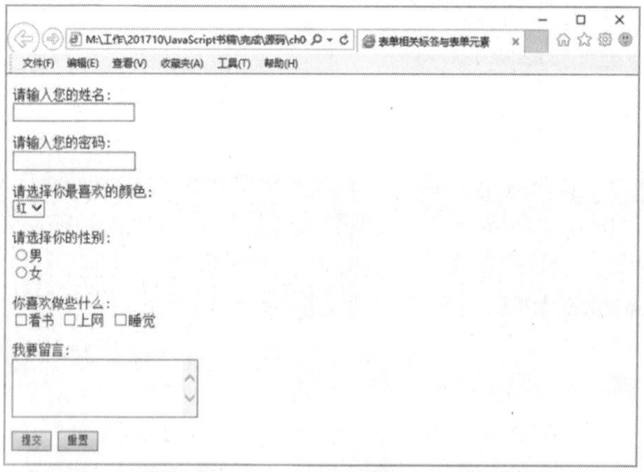

图 6-10　表单的相关标签与表单元素的应用示例

从运行结果中可以看出，该表单里包含了几个常用表单元素，包括文本框（包括单行文本框 text 和密码框 password）、单选按钮 radio、下拉列表框 select、复选框 checkbox 以及按钮 button（包括提交按钮 submit 和重置按钮 reset）。

6.3.2　用 CSS 控制表单样式

使用 CSS 可以定义表单元素的外观。下面主要从改变表单元素的字体样式、边框样式和背景颜色出发，讨论怎样将 CSS 应用到表单中，从而达到美化表单的作用。

例如，需要对例 6.8 中的表单元素进行美化操作，就可以在代码中添加 CSS 样式进行控制表单样式。

【例 6-9】（实例文件：ch06\Chap6.9.html）用 CSS 控制表单样式。

```
<style>
<!--
/* 直接控制各个标签 */
form {
    border: 1px dotted #AAAAAA;
    padding: 3px 6px 3px 6px;
background:#3399FF;
    margin:0px;
    font:14px Arial;
}
input {
    color: #00008B;
    background-color: #ADD8E6;
    border: 1px solid #00008B;
}
select {
    width: 80px;
    color: #00008B;
    background-color: #ADD8E6;
    border: 1px solid #00008B;
}
textarea {
    width: 200px;
    height: 40px;
    color: #00008B;
    background-color: #ADD8E6;
    border: 1px solid #00008B;
}
-->
</style>
```

相关的代码示例请参考 Chap6.9.html 文件，然后双击该文件，在 IE 浏览器里面运行的结果如图 6-11 所示。

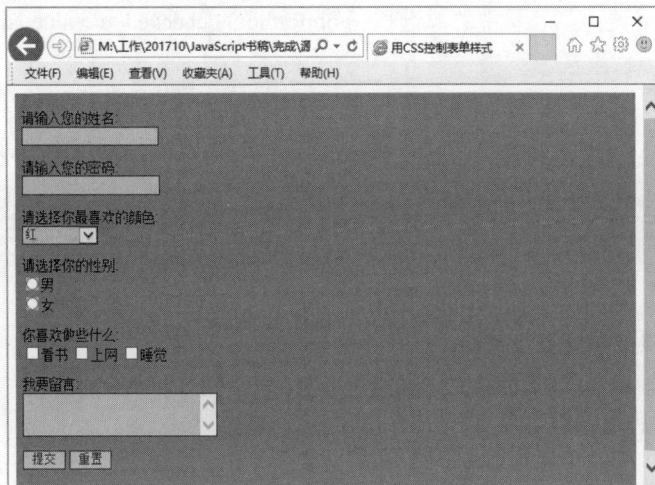

图 6-11　用 CSS 控制表单样式

6.3.3 访问表单中的元素

采用 DOM 树中的定位元素的方法 document.getElementById()，可以访问表单中的元素，如下代码可以获取用户在 id 为 age 的下拉列表中的选择，还可以用 document 的 forms 集合，并通过表单在 forms 集合中的位置或者表单的 name 来进行引用。

```
var user_age = document.getElementById("age");
```

当然，使用这种方法不能在同一个表单中给不同的元素设置相同的 name 值，如下代码为在 name 为 form1 的表单中，获取 name 为 user 的元素：

```
var objForm=document.forms["form1"];
var userName=objForm.elements["user"];
```

或者直接访问这个元素：

```
var userName = document.form1.user;
```

虽然上述这几种方法都可以访问到表单中的元素，但比较常用的还是第一种方法，因为页面中元素的 id 唯一，用第一种方法来访问表单中某些元素比较方便，如表单中的单选按钮。所以一般情况下，访问表单元素首选 document.getElementById() 方法。

6.3.4 公共属性与方法

表单元素具有一些共同属性和方法，常用的属性如下。

- id：规定了元素的唯一 ID 值。
- name：规定了元素的名字。
- type：规定了元素的类型。
- value：定义了元素的值，除下拉菜单外所有元素都具有该属性。
- checked：声明了一个单选按钮或者复选框是否被选中，选中状态该属性值为 true。

如下 HTML 代码为两个单选按钮，为了实现两者只能选其一的效果，只有设置它们的 name 属性值相同：

```
<input name="sex" type="radio" id="check" value=" 女 " /> 女
<input name="sex" type="radio" value=" 男 " id="check"/> 男
```

如下 JavaScript 代码，调用了表单中的单选按钮 objRadio 的 checked 和 value 属性，从而获取了用户选中按钮的值：

```
var objRadio = document.form1.sex;
/* 遍历表单中 name 值为 sex 的元素 */
    for (var i = 0; i < objRadio.length; i++) {
            if (objRadio[i].checked) {
                user_sex = objRadio[i].value;
            }
}
```

常用的一些方法如下。

- blur()：将焦点从该表单元素上移开，其作用与 focus() 方法相反。
- focus()：将焦点移动到该表单元素上，其作用与 blur() 方法相反。
- click()：相当于鼠标在表单元素上单击。
- select()：选中表单元素中可编辑的文本，如文本框。

如要实现在浏览器中打开页面后，光标自动聚焦在表单 form1 中 name 为 user 的元素上，可以使用以下代码：

```
document.form1.user.focus();
```

6.3.5　提交表单

表单是用来采集用户数据信息的，采集到的用户数据信息需要被提交到指定的地点。本节将介绍提交表单的几种方法。

方法一：使用"提交"按钮或"图像"按钮。

```
<input type="submit" name="btnSubmit" value="提交" />
<input type="image" name="imgSubmit" src="imgSubmit.jpg" />
```

其实，"图片"按钮和标准的"提交"按钮的用法基本相同，只是"图片"按钮是用 src 属性指定了一张图片的位置，用这张图片替代了标准的"提交"按钮。用户单击"提交"按钮或者"图片"按钮时，表单就会被提交，而不需要其他代码。

方法二：调用 JavaScript 的方法 submit()。

可以通过很多途径来调用 submit() 方法，如可以通过一个链接或按钮来调用，单击该链接或按钮即可提交表单，对于实现表单中单击不同链接或按钮提交到不同页面，这种方式非常实用。

如下代码是通过两个按钮调用 sumit() 方法，从而实现单击不同按钮提交表单到不同页面：

```
<input type="button" value="提交到a页面" onclick="JavaScript:this.form.action='a.asp';
this.form.submit()">
 <input type="button" value="提交到b页面" onclick="JavaScript:this.form.action='b.asp';
this.form.submit()"
```

很多情况下，用户希望填写完表单可以直接提交而不用使用按钮或链接，这时就可以使用 submit() 方法，代码如下：

```
objForm = document.getElementById("form1");
objForm.submit();
```

上述两种方法的区别是：单击"提交"按钮会触发 onsubmit 事件，而 submit() 方法不会触发该事件，因此在使用第二种方法提交表单时，需要在调用该方法之前完成表单的所有验证。

6.4　设置文本框

表单中的文本框分为单行文本框、多行文本框和密码框，它是表单中非常重要的对象，可以让用户自己输入内容。本节就来介绍文本框的一些简单设置。

6.4.1　控制用户输入字符个数

由于数据库的字段长度是固定的，因此在进行字符输入时，就要控制字符的个数不能超过字段的长度。单行文本框和密码框可以通过自身的 maxlength 属性来限制用户输入字符的个数，如下代码控制 id 为 user 的单行文本框中允许输入的字符数不超过 10：

```
<input type="text" id="user" class="txt" maxlength="10"/>
```

在多行文本框中没有 maxlength 属性，所以不能使用这种方法来限制输入的字符数，因此需要自定义这样的属性来控制输入字符的个数。代码如下所示：

```
<textarea id="msg" name="message" rows="3" maxlength="50" onkeypress="return contrlString(this);">
</textarea>
```

上述代码自定义了多行文本框的最多允许输入的字符个数为 50，并设置了 onkeypress 事件的值为自定义的 contrlString() 函数的返回值，即键盘按键被按下并释放一个键时会返回 contrlString() 函数的返回值，如下代码为 JavaScript 代码：

```
function contrlString(objTextArea){
    return objTextArea.value.length< objTxtArea.getAttribute("maxlength");
```

该方法返回当前 TextArea 中字符的个数与自定义的字符个数的比较结果，如果小于自定义的字符个数则返回 true，否则返回 false，使用户不能再输入字符。

例如，在一个简单的留言板页面中，规定了用户输入的用户名不能超过 10 个字符，留言不能超过 20 个字符，具体代码如下：

【例 6-10】（实例文件：ch06\Chap6.10.html）控制用户输入字符个数。

```
<!DOCTYPE html>
<html>
<head>
<title>控制用户输入字符个数</title>
<style>
<!--
form{
    padding:0px;
    margin:0px;
background:#3399FF;
    font:14px Arial;
}
input.txt{                                    /* 文本框单独设置 */
    border: 1px inset #00008B;
    background-color: #ADD8E6;
}
input.btn{                                    /* 按钮单独设置 */
    color: #00008B;
    background-color: #ADD8E6;
    border: 1px outset #00008B;
    padding: 1px 2px 1px 2px;
}
-->
</style>
<script language="JavaScript">
function LessThan(oTextArea){
    // 返回文本框字符个数是否符合要求的 boolean 值
    return oTextArea.value.length < oTextArea.getAttribute("maxlength");
}
</script>
</head>
<body>
<form method="post" name="myForm1" action="addInfo.aspx">
<p><label for="name">请输入您的姓名:</label>
<input type="text" name="name" id="name" class="txt" value="姓名" maxlength="10"></p>
<p><label for="comments">我要留言:</label><br>
<textarea name="comments" id="comments" cols="40" rows="4" maxlength="50" onkeypress="return
LessThan(this);"></textarea></p>
<p><input type="submit" name="btnSubmit" id="btnSubmit" value="提交" class="btn">
<input type="reset" name="btnReset" id="btnReset" value="重置" class="btn"></p>
</form>
</body>
</html>
```

相关的代码示例请参考 Chap6.10.html 文件，然后双击该文件，在 IE 浏览器里面运行的结果如图 6-12 所示。

在输入字符时，当用户名的字符数超过 10 后就不能再输入字符了，留言框的字符数超过 50 后也不能再输入字符了（Enter 键也算一个字符）。

　　注意：以上例子控制的都是输入的英文字符和数字，而不能控制输入的中文字符或者粘贴来的字符。

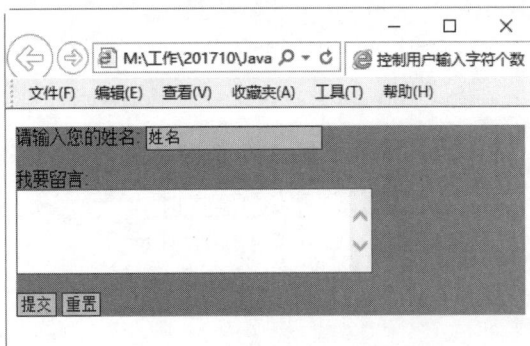

图 6-12　控制用户输入字符个数

6.4.2　设置鼠标经过时自动选择文本

　　在很多网页中，如注册登录页面，经常为了方便用户操作，使用户鼠标经过文本框时光标可以立刻停留在该文本框内并可以选中默认值，而无须用户单击鼠标。这就需要先设置一个鼠标事件，使鼠标经过时可以自动聚焦，然后设置聚焦后自动选择文本，具体代码如下：

```
onmouseover="this.focus()"
onfocus="this.select()"
```

　　以上代码需要添加在 <input> 标签中，如果有很多 <input> 标签需要实现鼠标经过时自动选择文本功能，则需要在每个 <input> 标签都添加上述代码，增加了代码的冗余，并且代码修改起来也很麻烦。因此经常会使用 JavaScript 代码来完成该功能。

　　例如，在一个简单的用户登录页面中，当鼠标经过用户名文本框或密码框时会自动聚焦在文本框内，如果文本框内有内容则会自动选择文本。

　　【例 6-11】（实例文件：ch06\Chap6.11.html）鼠标经过时自动选择文本。

```
<!DOCTYPE html>
<html>
<head>
<title> 鼠标经过时自动选择文本 </title>
<style>
<!--
form{
    padding:0px; margin:0px;
    font:14px Arial;
background:#3399FF;
}
input.txt{
    border: 1px inset #00008B;
    background-color: #ADD8E6;
}
input.btn{
    color: #00008B;
    background-color: #ADD8E6;
    border: 1px outset #00008B;
```

```
        padding: 1px 2px 1px 2px;
}
-->
</style>
</head>
<body>
<form method="post" name="myForm1" action="addInfo.aspx">
<p><label for="name"> 请输入您的姓名 :</label>
<input type="text" name="name" id="name" class="txt" value=" 姓名 " onmouseover="this.focus()"
onfocus="this.select()"></p>
<p><label for="passwd"> 请输入您的密码 :</label>
<input type="password" name="passwd" id="passwd" class="txt"></p>
<p><input type="submit" name="btnSubmit" id="btnSubmit" value=" 提交 " class="btn">
<input type="reset" name="btnReset" id="btnReset" value=" 重置 " class="btn"></p>
</form>
</body>
</html>
```

相关的代码示例请参考 Chap6.11.html 文件，然后双击该文件，在 IE 浏览器里面运行的结果如图 6-13 所示。

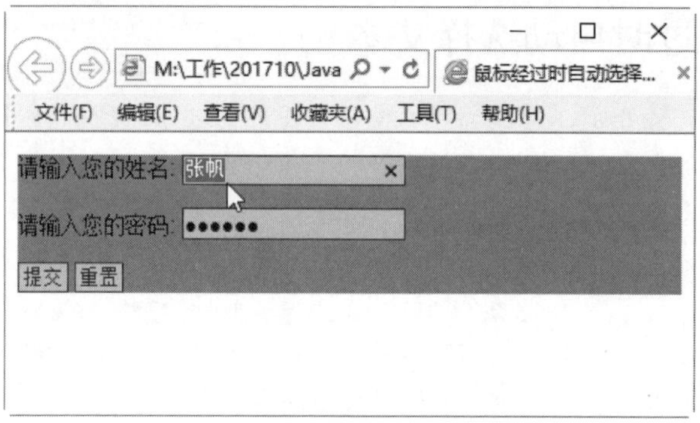

图 6-13　鼠标经过时自动选择文本

从运行结果可以看到，当鼠标移至用户名文本框上方时，文本框内的内容被选中，而鼠标没有经过密码框，因此密码框内的内容没有被聚焦也没用被选中。如果这时将鼠标移至密码框会看到用户名文本框内的内容取消了选中状态，密码框内的内容变成了选中状态。这就是鼠标经过文本框时会自动选择文本。

6.5　设置单选按钮

单选按钮用标签 <input type="radio"> 表示，它主要用于在表单中进行单项选择，单项选择的实现是通过对多个单选按钮设置同样的 name 属性值和不同的选项值。例如，使用两个单选按钮，设置这两个控件的 name 值均为 sex，选项值一个为女，一个为男，从而实现从性别中选择一个的单选功能。

单选按钮有一个重要的布尔属性 checked，用来设置或者返回单选按钮的状态。一组 name 值相同的单选按钮中，如果其中一个按钮的 checked 属性值被设置为 true，则其他按钮的 checked 属性值就默认为 false。

例如，使用单选按钮来调查网友对自己工作的满意度，默认网友的选择为"比较满意"，单击"查看结果"按钮会弹出一个对话框来显示网友当前的选择。

【例 6-12】（实例文件：ch06\Chap6.12.html）设置单选按钮。

```
<!DOCTYPE html>
```

```
<head>
<title>设置单选按钮</title>
<script language="JavaScript">
function getResult(){
  var objRadio = document.form1.jobView;
  for (var i = 0; i < objRadio.length; i++) {
    if (objRadio[i].checked) {
        myView = objRadio[i].value;
        alert("请您对我当前的工作进行评价 "+myView);
    }
  }
}
</script>
</head>
<body>
<form id="form1"  method="post" action="regInfo.aspx" name="form1">
请您对我当前的工作进行评价:
<p>
<input type="radio" name="jobView" id="most" value="非常满意" />
<label for="most">非常满意</label>
</p>
<p>
<input type="radio" name="jobView" id="more" checked="checked" value="比较满意" />
<label for="more">比较满意</label>
</p>
<p>
<input type="radio" name="jobView" id="satisfied"  value="满意" />
<label for="satisfied">满意</label>
</p>
<p>
<input type="radio" name="jobView" id="dissatisfied" value="不满意" />
<label for="dissatisfied">不满意</label>
</p>
<p>
<input type="radio" name="jobView" id="less"  value="比较不满意"/>
<label for="less">比较不满意</label>
</p>
<p>
<input type="radio" name="jobView" id="least" value="非常不满意" />
<label for="least">非常不满意</label>
</p>
<p>
<input type="submit" name="btnSubmit" id="btnSubmit" value="提交"/>
<input type="reset" name="btnSubmit" id="btnSubmit" value="重置" />
</p>
<p>
<input type="button" name="btn" value="查看评价结果" onclick="getResult();" />
</p>
</form>
</body>
</html>
```

　　相关的代码示例请参考 Chap6.12.html 文件,然后双击该文件,在 IE 浏览器里面运行的结果如图 6-14 所示。从例子中可以看到使用了单选按钮的 name、id 和 value 属性,几个按钮的 name 属性值相同,id 用于标识该按钮的唯一性。

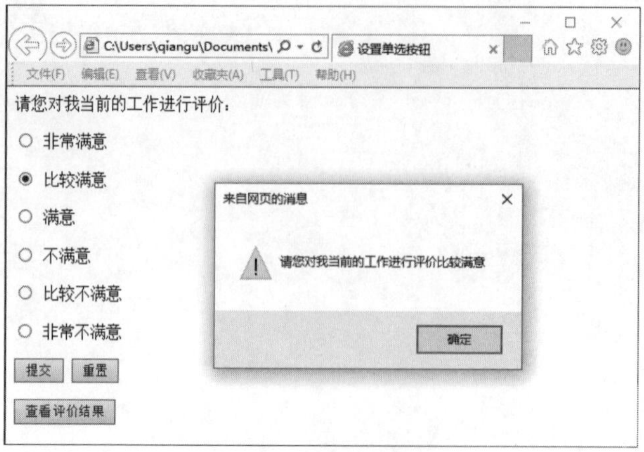

图 6-14　设置单选按钮

提示：在此再简单介绍 <label> 标签的 for 属性，该属性是用来和表单进行关联，在该例子中，当用户单击按钮旁边的文字就可以选中按钮，因为 <label> 标签的 for 属性把按钮和标签关联在了一起，需要注意的是 for 属性的值只能是 <label> 标签要关联的表单元素的 id 值。

6.6　设置复选框

复选框用标签 <input type="checkbox"> 表示，它和单选按钮一样都是用于在表单中进行选择，不同的是单选按钮只能选中一项，而复选框可以同时选中多项。在设计网页时，常常为了方便用户使用，会在一组复选框下面添加全选、全不选和反选按钮。

【例 6-13】（实例文件：ch06\Chap6.13.html）设置复选框。

```
<!DOCTYPE html>
<head>
<title> 设置复选框 </title>
<script language="JavaScript">
/* 全选 */
function checkAll() {
    var objCheckbox=document.form1.getFun;
    for (var i = 0; i <= objCheckbox.length; i++) {
        objCheckbox[i].checked=true;
    }
}
/* 全不选 */
function noCheck() {
    var objCheckbox=document.form1.getFun;
    for (var i =0; i <= objCheckbox.length; i++) {
        objCheckbox[i].checked=false;
    }
}
/* 反选 */
function switchCheck() {
    var objCheckbox=document.form1.getFun;
    for (var i = 0; i <= objCheckbox.length; i++) {
        objCheckbox[i].checked=!objCheckbox[i].checked;
    }
}
</script>
</head>
```

```
<body>
<form id="form1"  method="post" action="regInfo.aspx" name="form1">
请选择您平时娱乐的方式:
<p>
<input type="checkbox" name="getFun" id="TV" value="TV" />
<label for="TV"> 电视 </label>
</p>
<p>
<input type="checkbox" name="getFun" id="internet" value="internet" />
<label for="internet"> 网络 </label>
</p>
<p>
<input type="checkbox" name="getFun" id="newspaper" value="nerspaper" />
<label for="newspaper"> 报纸 </label>
</p>
<p>
<input type="checkbox" name="getFun" id="radio" value="rradio" />
<label for="radio"> 电台 </label>
</p>
<p>
<input type="checkbox" name="getFun" id="others" value="others" />
<label for="others"> 其他 </label>
</p>
<p>
<input type="button" value=" 全选 " onclick="checkAll();" />
<input type="button" value=" 全不选 " onclick="noCheck();" />
<input type="button" value=" 反选 " onclick="switchCheck();" />
</p>
</form>
</body>
</html>
```

相关的代码示例请参考 Chap6.13.html 文件，然后双击该文件，在 IE 浏览器里面运行的结果如图 6-15 所示。单击"全选"按钮，会选中所有的复选框；单击"全不选"按钮，所有的复选框都变为未被选中的状态；单击"反选"按钮，所有选中状态的复选框变为未被选中的状态，未被选中状态的复选框变为被选中的状态。

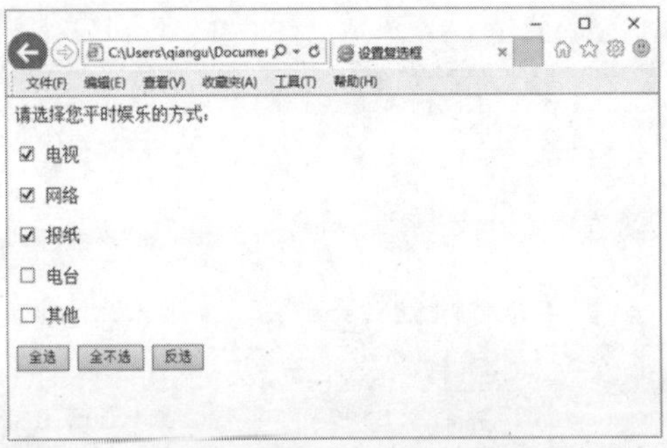

图 6-15　设置复选框元素

6.7　设置下拉菜单

下拉菜单是表单中一种比较特殊的元素。一般的表单元素都是由一个标签表示的，但它必须由两个标签 <select> 和 <option> 来表示，<select> 表示下拉菜单，<option> 表示菜单中的选项。另外，除了具有表单元素的公共属性外，下拉菜单和下拉菜单选项还有一些自己的属性，一些常用的属性如下。

- value：指定下拉菜单选项的 value 值。
- text：指定下拉菜单选项的文本值，即在下拉菜单中显示的文本值。
- type：指定下拉菜单的类型是单选还是多选。
- selected：声明选项是否被选中，该属性值为布尔值。
- selectedIndex：声明被选中选项的索引。从 0 开始计数，若选项没有被选中则该属性值为 −1。
- options：下拉菜单选项 option 的数组。
- length：下拉菜单选项数组的长度，即下拉菜单选项的个数。

6.7.1　访问选项

访问下拉菜单中的选中项是对下拉菜单最重要的操作之一。下拉菜单有两种类型：单选下拉菜单和多选下拉菜单。

1. 单选下拉菜单

访问单选下拉菜单比较简单，通过 selectedIndex 属性即可访问。

【例 6-14】（实例文件：ch06\Chap6.14.html）访问简单的单选下拉菜单选中项。

```
<!DOCTYPE html>
<html>
<head>
<title>下拉菜单，单选</title>
<style>
<!--
form{
    padding:0px; margin:0px;
    font:14px Arial;
}
-->
</style>
<script language="JavaScript">
function checkSingle(){
    var oForm = document.forms["myForm1"];
    var oSelectBox = oForm.constellation;
    var iChoice = oSelectBox.selectedIndex;         // 获取选中项
    alert("您选中了 " + oSelectBox.options[iChoice].text);
}
</script>
</head>
<body>
<form method="post" name="myForm1">
<label for="constellation">请选择您的星座</label>
<p>
<select id="constellation" name="constellation">
    <option value="Aries" selected="selected">白羊座</option>
    <option value="Taurus">金牛座</option>
    <option value="Gemini">双子座</option>
    <option value="Cancer">巨蟹座</option>
    <option value="Leo">狮子座</option>
    <option value="Virgo">处女座</option>
    <option value="Libra">天秤座</option>
    <option value="Scorpio">天蝎座</option>
    <option value="Sagittarius">射手座</option>
    <option value="Capricorn">摩羯座</option>
    <option value="Aquarius">水瓶座</option>
    <option value="Pisces">双鱼座</option>
</select>
</p>
```

```
<input type="button" onclick="checkSingle()" value=" 查看结果 " />
</form>
</body>
</html>
```

相关的代码示例请参考Chap6.14.html文件，然后双击该文件，在IE浏览器里面运行的结果如图6-16所示。

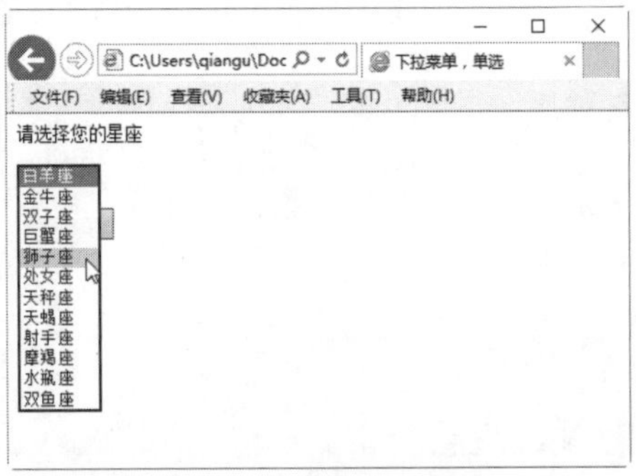

图 6-16　预览网页效果

单击单选项右侧的下拉按钮，在弹出的下拉列表中选择需要的选项，如这里选择"狮子座"，如图 6-17所示。

单击"查看结果"按钮，即可弹出一个信息提示框，提示用户选中的信息，如图 6-18 所示。

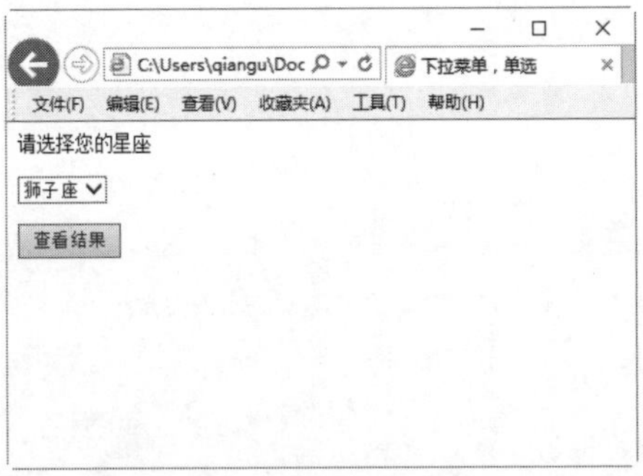

图 6-17　选择需要的选项

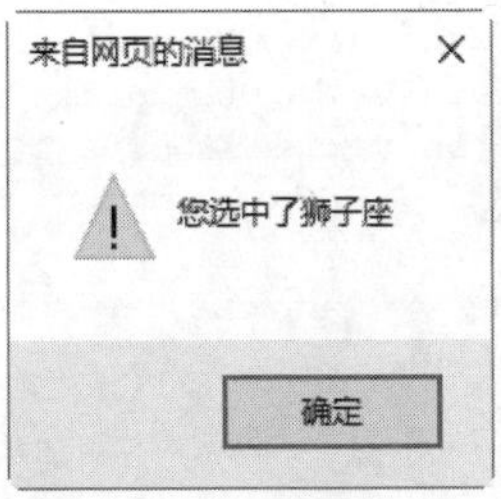

图 6-18　信息提示框

2. 多选下拉菜单

对于多选下拉菜单来说，通过 selectedIndex 属性只能获得选中项的第一项的索引号，需要先遍历下拉菜单，这时需要在下拉菜单中选中一项后，按下 Ctrl 键再选择其他选项即可实现多选。

【例 6-15】（实例文件：ch06\Chap6.15.html）访问多选下拉菜单选中项。

```
<!DOCTYPE html>
<html>
<head>
<title> 下拉菜单，多选 </title>
<style>
<!--
form{
    padding:0px; margin:0px;
    font:14px Arial;
}
p{
    margin:0px; padding:2px;
```

```
    }
    -->
</style>
<script language="JavaScript">
function checkMultiple(){
    var oForm = document.forms["myForm1"];
    var oSelectBox = oForm.constellation;
    var aChoices = new Array();
    // 遍历整个下拉菜单
    for(var i=0;i<oSelectBox.options.length;i++)
        if(oSelectBox.options[i].selected) // 如果被选中
            aChoices.push(oSelectBox.options[i].text);   // 压入到数组中
    alert(" 您选了: " + aChoices.join());   // 输出结果
}
</script>
</head>
<body>
<form method="post" name="myForm1">
<label for="constellation"> 本月幸运星座 </label>
<p>
<select id="constellation" name="constellation" multiple="multiple" style="height:180px;">
    <option value="Aries"> 白羊座 </option>
    <option value="Taurus"> 金牛座 </option>
    <option value="Gemini"> 双子座 </option>
    <option value="Cancer"> 巨蟹座 </option>
    <option value="Leo"> 狮子座 </option>
    <option value="Virgo"> 处女座 </option>
    <option value="Libra"> 天秤座 </option>
    <option value="Scorpio"> 天蝎座 </option>
    <option value="Sagittarius"> 射手座 </option>
    <option value="Capricorn"> 摩羯座 </option>
    <option value="Aquarius"> 水瓶座 </option>
    <option value="Pisces"> 双鱼座 </option>
</select>
</p>
<input type="button" onclick="checkMultiple()" value=" 查看结果 " />
</form>
</body>
</html>
```

相关的代码示例请参考 Chap6.15.html 文件，然后双击该文件，在 IE 浏览器里面运行的结果如图 6-19 所示。选中第一个选项，然后按下 Ctrl 键，选择其他的选项，如图 6-20 所示。

图 6-19　网页预览效果

图 6-20　选择多个选项

单击"查看结果"按钮，即可弹出一个信息提示框，提示用户选择的多个选项，如图 6-21 所示。

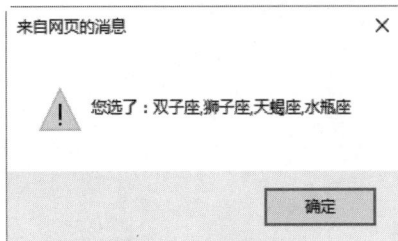

图 6-21　信息提示框

提示：有时单选下拉菜单和多选下拉菜单会同时出现在同一个页面表单中，这时为了节省系统资源，可以先通过 type 属性来判断下拉菜单类型，然后根据不同的类型进行不同的方法来获取选中项的值。

6.7.2　添加选项

有时网站开发者需要根据需求更改下拉菜单中的内容，如添加下拉菜单选项，使用 DOM 元素中的 add() 方法可以添加选项。

【例 6-16】（实例文件：ch06\Chap6.16.html）添加下拉菜单中的选项。

```
<!DOCTYPE html>
<html>
<head>
<title>添加选项</title>
<style>
<!--
form{padding:0px; margin:0px; font:14px Arial;}
p{margin:0px; padding:3px;}
input{margin:0px; border:1px solid #000000;}
-->
</style>
<script language="JavaScript">
function AddOption(Box,iNum){
    var oForm = document.forms["myForm1"];
    var oBox = oForm.elements[Box];
    var oOption = new Option("《神奇校车》","Qbook");
    // 兼容 IE 7,先添加选项到最后,再移动
    oBox.options[oBox.options.length] = oOption;
    oBox.insertBefore(oOption,oBox.options[iNum]);
}
</script>
</head>
<body>
<form method="post" name="myForm1">
适合幼儿读的图书:
<p>
<select id="book" name="book" multiple="multiple" style="height:90px">
    <option value="Sbook ">国学《三字经》</option>
    <option value="Wbook ">国学《千字文》</option>
    <option value="Bbook ">国学《百家姓》</option>
    <option value="Dbook">国学《弟子规》</option>
</select>
</p>
<input type="button" value=" 添加《神奇校车》" onclick="AddOption('book',1);" />
</form>
</body>
</html>
```

相关的代码示例请参考 Chap6.16.html 文件，然后双击该文件，在 IE 浏览器里面运行的结果如图 6-22 所示。

单击"添加《神奇校车》"按钮，即可在下拉菜单中添加选项，如图 6-23 所示。

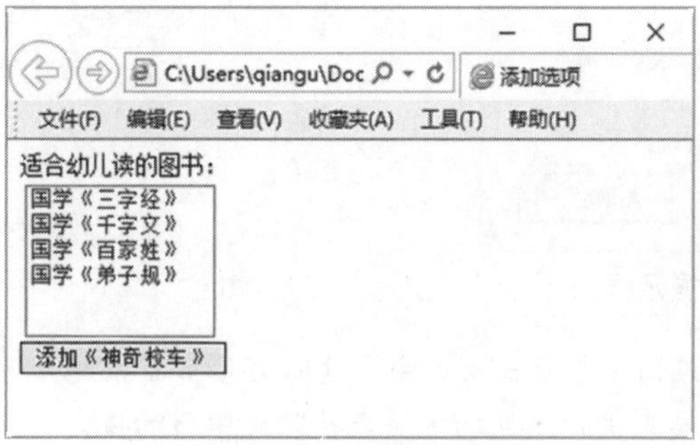

图 6-22　网页预览效果

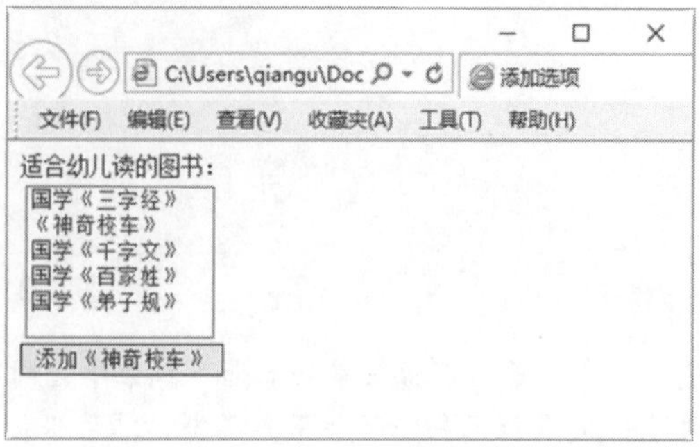

图 6-23　添加选项

6.7.3　删除选项

有时网站开发者需要根据需求更改下拉菜单中的内容，使用 DOM 元素中的 remove() 方法可以删除选项。

【例 6-17】（实例文件：ch06\Chap6.17.html）删除下拉菜单中的选项。

```
<!DOCTYPE html>
<html>
<head>
<title> 删除选项 </title>
<style>
<!--
form{padding:0px; margin:0px; font:14px Arial;}
p{margin:0px; padding:5px;}
input{margin:0px; border:1px solid #000000;}
-->
</style>
<script language="JavaScript">
function RemoveOption(Box,iNum){
    var oForm = document.forms["myForm1"];
    var oBox = oForm.elements[Box];
    oBox.options[iNum] = null;    // 删除选项
}
</script>
</head>
<body>
<form method="post" name="myForm1">
适合幼儿读的图书：
<p>
<select id="book" name="book" multiple="multiple" style="height:90px">
    <option value="Sbook">国学《三字经》</option>
    <option value="Qbook">《神奇校车》</option>
    <option value="Wbook">国学《千字文》</option>
    <option value="Bbook">国学《百家姓》</option>
    <option value="Dbook">国学《弟子规》</option>
</select>
</p>
<input type="button" value=" 删除《神奇校车》" onclick="RemoveOption('book',1);" />
</form>
</body>
</html>
```

相关的代码示例请参考 Chap6.17.html 文件，然后双击该文件，在 IE 浏览器里面运行的结果如图 6-24 所示。单击"删除《神奇校车》"按钮，即可删除下拉菜单中的选项，如图 6-25 所示。

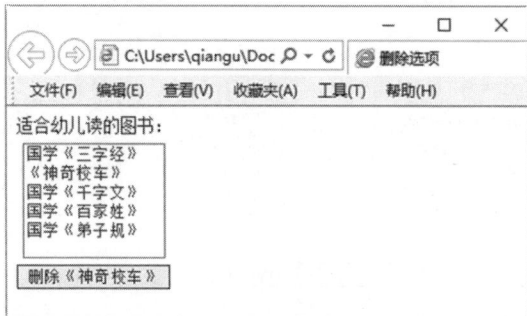

图 6-24　网页预览效果

图 6-25　删除下拉菜单中的选项

6.7.4　替换选项

替换操作可以先添加一个选项，然后把新添加的选项赋值给要替换的选项。使用 ReplaceOption() 方法可以添加下拉菜单中的选项。

【例 6-18】（实例文件：ch06\Chap6.18.html）替换下拉菜单中的选项。

```html
<!DOCTYPE html>
<html>
<head>
<title> 替换选项 </title>
<style>
<!--
form{padding:0px; margin:0px; font:14px Arial;}
p{margin:0px; padding:3px;}
input{margin:0px; border:1px solid #000000;}
-->
</style>
<script language="JavaScript">
function ReplaceOption(Box,iNum){ // 替换选项
    var oForm = document.forms["myForm1"];
    var oBox = oForm.elements[Box];
    var oOption = new Option(" 国学《唐诗》","Tbook");
    oBox.options[iNum] = oOption; // 替换第 iNum 个选项
}
</script>
</head>
<body>
<form method="post" name="myForm1">
适合幼儿读的图书：
<p>
<select id="book" name="book" multiple="multiple" style="height:90px">
    <option value="Sbook "> 国学《三字经》</option>
    <option value="Wbook "> 国学《千字文》</option>
    <option value="Bbook "> 国学《百家姓》</option>
    <option value="Dbook"> 国学《弟子规》</option>
</select>
</p>
<input type="button" value=" 国学《千字文》替换为国学《唐诗》" onclick="ReplaceOption('book',1);" />
</form>
</body>
</html>
```

相关的代码示例请参考 Chap6.18.html 文件，然后双击该文件，在 IE 浏览器里面运行的结果如图 6-26 所示。单击"国学《千字文》替换为国学《唐诗》"按钮，即可替换下拉菜单中的选项，如图 6-27 所示。

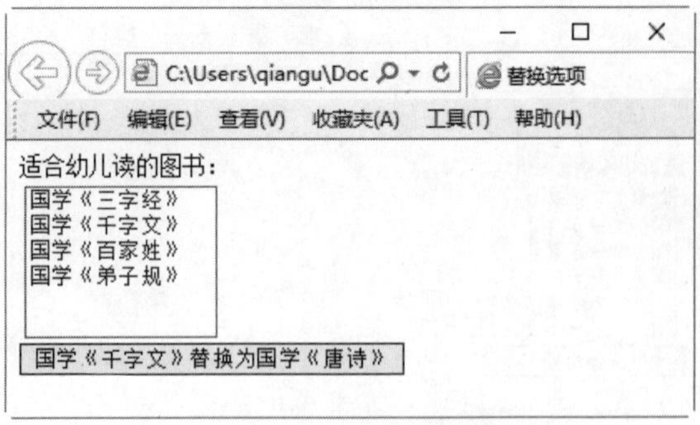

图 6-26　网页预览效果

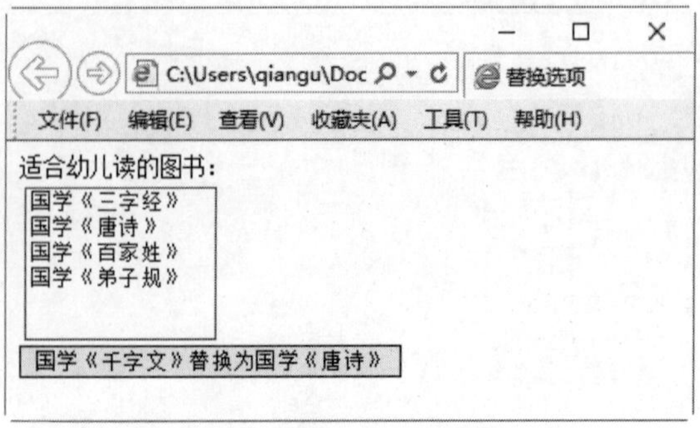

图 6-27　替换下拉菜单中的选项

6.8　典型案例——自动提示的文本框

为了提升用户体验，开发者需要不断提升网站性能，尽可能地简化用户操作步骤，其中，在设计网页表单时设置自动提升的文本框就是一个很重要的提升用户体验的应用，如在百度搜索框中输入内容时，会自动提示数据库中相符合的记录，简化了用户的键盘输入操作。本节将讲解如何用 JavaScript 来实现具有自动提示功能的文本框。

第一步：建立框架结构。

自动提示的文本框需要有一个文本框来显示用户键盘输入内容，其次还需要一个框来显示自动提示的内容，本节实例自动提示框需要实现的功能为：当用户在文本框中输入一个汉字时，在提示框中会显示出在指定位置找到的与之匹配的记录，从而供用户选择。

自动提示文本框的 HTML 框架如下：

```
<body>
<form id="form1"  method="post" name="form1">
请输入您所在城市: <input type="text" name="city" id="city" onkeyup="findCity();" />
</form>
<div id="popbox">
    <ul id="colors_ul"></ul>
</div>
 </body>
```

由于匹配框是出现在输入框下面的，并且有匹配结果时提示框会显示出来，而未找到匹配结果时提示框要隐藏起来，因此需要使用 CSS 样式来设置输入框和提示框的样式。具体代码如下：

```
<style type="text/css">
/* 文本框的样式 */
input{
    font-size:12px;
    border:#000000 12px solid;
    width:200px;
    padding:1px; margin:0px;
}
/* 提示框的样式 */
#popbox{
    color:#666666;
    font-size:12px;
    position:absolute;
    width:202px;
    left:42px;top:25px;
}
```

```
/* 显示提示框 */
#popbox.show{
    border:#666666 1px solid;
}
/* 隐藏提示框 */
#pop.hide{
    border:none;
}
</style>
```

相关的代码示例请参考 Chap6.19.html 文件，然后双击该文件，在 IE 浏览器里面运行的结果如图 6-28 所示。

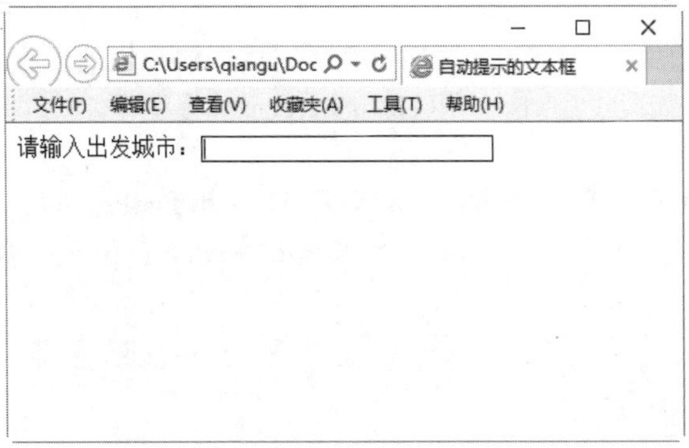

图 6-28　建立框架结构

第二步：实现匹配用户输入。

在本节实例中，匹配用户输入字符功能的实现是使用纯粹的 JavaScript 代码来实现的，不能实现与服务器端数据库的连接，所以不能把匹配数据存放在服务器上，而是在 JavaScript 代码中预先定义一个数组来存放。代码如下：

```
var objInput;
var objDiv;
var objUl;
var provinces=["Beijing","Tianjin","Shanghai","Chongqing","Hebei","Henan","Heilongjiang","J
ilin","Changchun","Shandong","Anhui","Shanxi","Shanxi2","Hubei","Hunan","Jiangxi","Fujian","Guiz
hou","Fujian","Jiangsu","Zhejiang","Guangzhou","Yunnan","Hainan","Xizang","Qinghai","Xinjiang","
Neimenggu","Sichuan","Gansu","Ningxia","XiangGang","Aomen"];
/* 对所有城市按字母排序 */
provinces.sort();
/* 初始化变量 */
function init(){
    objInput = document.forms["form1"].province;
    objDiv = document.getElementById("popbox");
    objUl = document.getElementById("ulProvinces");
}
/* 对用户输入的字符与数组中存放的城市集进行匹配 */
function findProvince(){
    init();
    if(objInput.value.length > 0 && objInput.value.length !=""){
    /* 声明一个新数组来存放匹配结果 */
        var results = new Array();
        for(var i=0;i<provinces.length;i++){
            /* 转化大小写 */
            if (provinces[i].substring(0,objInput.value.length).toLowerCase()==objInput.value.
toLowerCase()){
                /* 将匹配结果存入数组 results 中 */
                results.push(provinces[i]);
```

```
            }
          }
        if(results.length>0){
            setProvince(results);}
        else{
            clear();
        }
    } else{
        clear();
    }
}
```

从代码中可以看到，先定义了 4 个全局变量（objInput、objDIV、objUl 和 provinces[]），因为页面中的几个函数都要用到这 4 个变量，其中所有的省份都存放在数组 provinces[] 中。在 findProvince() 中调用了 setProvince() 函数和 clear() 函数。用户在文本框中输入字符后，如果找到了匹配结果就调用 setProvince() 函数在提示框中显示提示结果，如果没找到就调用 clear() 函数清除提示框。

第三步：显示提示框。

当用户在文本框中输入字符时会触发 onkeyup 事件，即调用 findProvince() 函数在 provinces[] 中寻找匹配结果，如果找到匹配结果就再调用 setProvince() 函数，setProvince() 函数带有一个形参 results 用来存放匹配结果。该函数的代码如下：

```
/* 显示匹配结果 */
function setProvince(resultProvinces){
    clear();
    objDiv.className = "show";
    var objLi;
    /* 逐一显示所有匹配结果 */
    for(var i=0;i<resultProvinces.length;i++){
        objLi = document.createElement("li");
        objUl.appendChild(objLi);       objLi.appendChild(document.createTextNode(resultProvinces[i]));
    objLi.onmouseover = function(){
        this.className = "mouseOver";      // 鼠标经过时高亮显示
      }
      objLi.onmouseout = function(){
        this.className = "mouseOut";       // 离开时恢复原样
      }
      objLi.onclick = function(){
        /* 用户单击某个匹配项时，将该值显示在输入框中 */
        objInput.value = this.firstChild.nodeValue;
        clear();
      }
    }
}
```

从代码中可以看到，setProvince() 函数找到匹配结果后，会在页面中创建相应的 li 节点，把所有匹配结果存放在 <li> 中，最后再把 li 节点添加到 <ul> 中。并且为了提高用户体验，还给 <li> 添加了鼠标事件 onmouseover、onmouseout 和 onclick 来控制页面显示效果，因此需要添加相应的 CSS 样式，代码如下：

```
/* 提示框列表样式 */
ul{
    list-style:none;
    margin:0px;
    padding:0px;
}
li.mouseOver{
    background-color:#666666;
    color:#FFFFFF
}
li.mouseOut{
    background-color:#FFFFFF;
```

```
    color:#666666;
}
```

至此，具有自动提示功能的文本框的制作就全部完成了，它的完整代码如例 6.19 所示。

【例 6-19】（实例文件：ch06\Chap6.19.html）自动提示功能的文本框。

```
<!DOCTYPE html>
<head>
<title>自动提示的文本框</title>
<style type="text/css">
/* 文本框的样式 */
input{
    font-size:12px;
    border:#000000 1px solid;
    width:200px;
    padding:1px; margin:0px;
}
/* 提示框的样式 */
#popbox{
    color:#666666;
    font-size:12px;
    position:absolute;
    width:202px;
    left:152px;top:25px;
}
/* 显示提示框 */
#popbox.show{
    border:#666666 1px solid;
}
/* 隐藏提示框 */
#pop.hide{
    border:none;
}
/* 提示框列表样式 */
ul{
    list-style:none;
    margin:0px;
    padding:0px;
}
li.mouseOver{
    background-color:#666666;
    color:#FFFFFF
}
li.mouseOut{
    background-color:#FFFFFF;
    color:#666666;
}
</style>
<script language="JavaScript">
 var objInput;
 var objDiv;
 var objUl;
 var provinces=["Beijing","Tianjin","Shanghai","Chongqing","Hebei","Henan","Heilongjiang","J
ilin","Changchun","Shandong","Anhui","Shanxi","Shanxi2","Hubei","Hunan","Jiangxi","Fujian","Guiz
hou","Fujian","Jiangsu","Zhejiang","Guangzhou","Yunnan","Hainan","Xizang","Qinghai","Xinjiang","
Neimenggu","Sichuan","Gansu","Ningxia","XiangGang","Aomen"];
 /* 对所有城市按字母排序 */
 provinces.sort();
 /* 初始化变量 */
 function init(){
    objInput = document.forms["form1"].province;
    objDiv = document.getElementById("popbox");
    objUl = document.getElementById("ulProvinces");
 }
```

```
/* 清空提示框并隐藏 */
function clear(){
    for(var i=objUl.childNodes.length-1;i>=0;i--){
        objUl.removeChild(objUl.childNodes[i]);
    }
    objDiv.className = "hide";
}
/* 显示匹配结果 */
function setProvince(resultProvinces){
    clear();
    objDiv.className = "show";
    var objLi;
    /* 逐一显示所有匹配结果 */
    for(var i=0;i<resultProvinces.length;i++){
        objLi = document.createElement("li");
        objUl.appendChild(objLi);
        objLi.appendChild(document.createTextNode(resultProvinces[i]));
        objLi.onmouseover = function(){
            this.className = "mouseOver";      // 鼠标经过时高亮显示
        }
        objLi.onmouseout = function(){
            this.className = "mouseOut";       // 离开时恢复原样
        }
        objLi.onclick = function(){
            /* 用户单击某个匹配项时，将该值显示在输入框中 */
            objInput.value = this.firstChild.nodeValue;
            clear();
        }
    }
}
/* 对用户输入的字符与数组中存放的城市集进行匹配 */
function findProvince(){
    init();
    if(objInput.value.length > 0 && objInput.value.length !=""){
        /* 声明一个新数组来存放匹配结果 */
        var results = new Array();
        for(var i=0;i<provinces.length;i++){
            /* 转化大小写 */
            if (provinces[i].substring(0,objInput.value.length).toLowerCase()==objInput.value.
toLowerCase()){
                /* 将匹配结果存入数组 results 中 */
                results.push(provinces[i]);
            }
        }
        if(results.length>0){
            setProvince(results);}
        else{
            clear();
        }
    } else{
        clear();
    }
}
window.onload=function(){
    var Input=document.getElementById("province");
    Input.onkeyup=function(){
        findProvince();
    }
}
</script>
</head>
<body>
<form id="form1"  method="post" name="form1">
    请选择您出发的城市: <input type="text" name="province" id="province"  />
```

114

```
</form>
<div id="popbox">
    <ul id="ulProvinces"></ul>
</div>
</body>
</html>
```

相关的代码示例请参考 Chap6.19.html 文件，然后双击该文件，在 IE 浏览器里面运行，然后在文本框中输入城市拼音的第一个字母，即可自动显示提示信息，如图 6-29 所示。

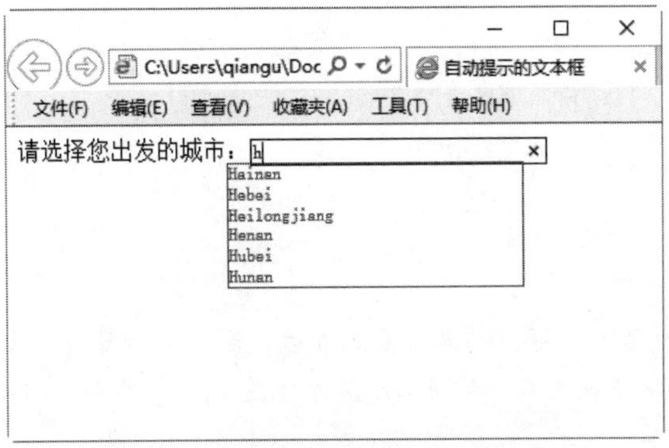

图 6-29　制作自动提示功能的文本框

6.9　就业面试技巧与解析

6.9.1　面试技巧与解析（一）

面试官：你对薪资有什么要求？

应聘者：我对工资没有硬性要求，我受过系统的软件编程的训练，不需要进行大量的培训，而且我本人对编程特别感兴趣。因此，我希望公司能根据我的情况和市场标准的水平，给我合理的薪水。

6.9.2　面试技巧与解析（二）

面试官：如果你的工作出现失误，给本公司造成经济损失，你认为该怎么办？

应聘者：我的本意是为公司努力工作，如果造成经济损失，我认为首要的问题是想方设法去弥补或挽回经济损失。如果是我的责任，我甘愿受罚；如果是我负责的团队中别人的失误，我会帮助同事查找原因总结经验，从中吸取经验教训，并在今后的工作中避免发生同类的错误。

第 7 章
JavaScript 表达式与运算符

◎ 本章教学微视频：15 个　　38 分钟

学习指引

　　JavaScript 脚本语言同其他语言一样，有其自身的表达式和算术运算符。本章将详细介绍 JavaScript 的表达式与运算符，主要内容包括赋值表达式与运算符、算术表达式与运算符、比较运算符以及运算符优先级等。

重点导读

- 掌握常用表达式的使用方法。
- 掌握常用运算符的使用方法。
- 掌握 JavaScript 运算符的优先级。

7.1　表达式

　　表达式是用于 JavaScript 脚本运行时进行运算的式子，可以包含常量、变量、运算符等。表达式类型由运算及参与运算的操作数类型决定，其基本类型包括赋值表达式、算术表达式、布尔表达式和字符串表达式等。

7.1.1　赋值表达式

　　在 JavaScript 中，赋值表达式的一般语法形式为："变量 赋值运算符 表达式"，在计算过程中是按照自右而左结合的。其中，有简单的赋值表达式，如 i=1；也有定义变量时给变量赋初始值的赋值表达式，如 var str="Happy JavaScript!"；还有使用比较复杂的赋值运算符连接的赋值表达式，如 k+=18。

　　【例 7-1】（实例文件：ch07\Chap7.1.html）赋值表达式的应用示例。

```
<!DOCTYPE html>
<html>
<head>
<title> 赋值表达式 </title>
<body>
<script language="JavaScript">
<!--
var x = 10;
document.write("<p> 目前变量 x 的值为: x="+ x);
```

```
x+=x-=x*x;
document.write("<p> 执行语句 "x+=x-=x*x" 后，变量 x 的值为：x="+ x);
var y = 25;
document.write("<p> 目前变量 y 的值为：y="+ y);
y+=(y-=y*y);
document.write("<p> 执行语句 "y+=(y-=y*y)" 后，变量 y 的值为：y=" +y);
//-->
</script>
</body>
</head>
</html>
```

相关的代码示例请参考 Chap7.1.html 文件，然后双击该文件，在 IE 浏览器里面运行的结果如图 7-1 所示。

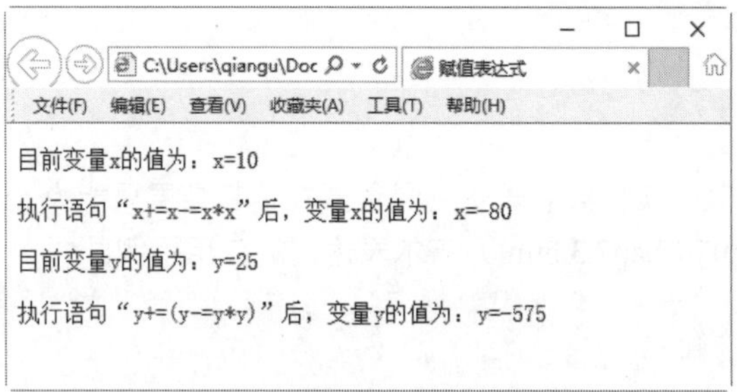

图 7-1 赋值表达式应用示例

提示：由于运算符的优先级规定较多并且容易混淆，为提高程序的可读性，在使用多操作符的运算时，尽量使用括号"()"来保证程序的正常运行。

7.1.2 算术表达式

算术表达式就是用算术运算符连接的 JavaScript 语句。如"i+j+k;""20-x;""a*b;""j/k;""sum%2;"等即为合法的算术运算符的表达式。算术运算符的两边必须都是数值，若在"+"运算中存在字符或字符串，则该表达式将是字符串表达式，因为 JavaScript 会自动将数值型数据转换成字符串型数据。例如，"" 好好学习 "+i+" 天天向上 "+j;" 表达式将被看作是字符串表达式。

【例 7-2】（实例文件：ch07\Chap7.2.html）算术表达式的应用示例。

```
<!DOCTYPE html>
<html>
<head>
<title> 算术表达式 </title>
</head>
<body>
 <script language="JavaScript">
x=5+5;
document.write(x+"<br>");
x="5"+"5";
document.write(x+"<br>");
x=5+"5";
document.write(x+"<br>");
x="5"+5;
document.write(x+"<br>");
 </script>
 </body>
 </html>
```

相关的代码示例请参考 Chap7.2.html 文件，然后双击该文件，在 IE 浏览器里面运行的结果如图 7-2 所示。

从运算结果中可以看出，通过算术表达式对字符串和数字进行了加法运算。

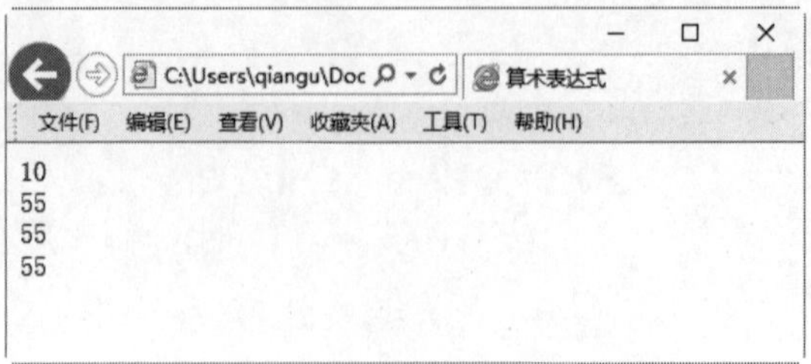

图 7-2 算术表达式应用示例

7.1.3 布尔表达式

布尔表达式一般用来判断某个条件或者表达式是否成立，其结果只能为 true 或 false。

【例 7-3】（实例文件：ch07\Chap7.3.html）布尔表达式的应用示例。

```html
<!DOCTYPE html>
<html>
<head>
<title>布尔表达式</title>
<body>
<script language="JavaScript" type="text/JavaScript">
<!--
function checkYear()
{
    var txtYearObj = document.all.txtYear; // 文本框对象
    var txtYear = txtYearObj.value;
    if((txtYear == null) || (txtYear.length < 1)||(txtYear < 0))
    { // 文本框值为空
        window.alert("请在文本框中输入正确的年份! ");
        txtYearObj.focus();
        return;
    }
    if(isNaN(txtYear))
    { // 用户输入不是数字
        window.alert("年份必须为整型数字! ");
        txtYearObj.focus();
        return;
    }
    if(isLeapYear(txtYear))
    window.alert(txtYear + "年是闰年! ");
    else
        window.alert(txtYear + "年不是闰年! ");
}
function isLeapYear(yearVal) //* 判断是否闰年
{
    if((yearVal % 100 == 0) && (yearVal % 400 == 0))
        return true;
    if(yearVal % 4 == 0) return true;
    return false;
}
//-->
</script>
<form action="#" name="frmYear">
请输入当前年份:
    <input type="text" name="txtYear">
    <p>请单击按钮以判断是否为闰年:
```

```
        <input type="button" value=" 确定 " onclick="checkYear()">
</form>
</body>
</head>
</html>
```

相关的代码示例请参考 Chap7.3.html 文件，然后双击该文件，在 IE 浏览器里面运行的结果如图 7-3 所示，从上述代码中可以看出多次使用了布尔表达式进行数值的判断。

图 7-3　布尔表达式应用示例

运行该段代码，在显示的文本框中输入 2016，单击"确定"按钮后，系统先判断文本框是否为空，再判断文本框输入的数值是否合法，最后判断其是否为闰年并弹出相应的提示框，如图 7-4 所示。

同理，如果输入值为 2019，单击"确定"按钮，得出的结果如图 7-5 所示。

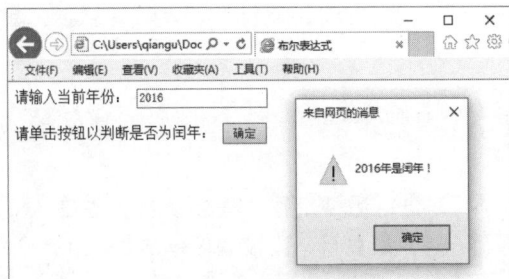

图 7-4　返回判断结果

图 7-5　返回判断结果

7.1.4　字符串表达式

字符串表达式是操作字符串的 JavaScript 语句。JavaScript 的字符串表达式只能使用"+"与"+="两个字符串运算符。如果在同一个表达式中既有数字又有字符串，同时还没有将字符串转换成数字的方法，则返回值一定是字符串型。

【例 7-4】（实例文件：ch07\Chap7.4.html）字符串表达式的应用示例。

```
<!DOCTYPE html>
<html>
<head>
<title> 字符串表达式 </title>
<body>
<script language="JavaScript">
<!--
var x = 10;
document.write("<p> 目前变量 x 的值为：x="+ x);
x=4+5+6;
```

```
document.write("<p>执行语句"x=4+5+6"后，变量x的值为: x="+ x);
document.write("<p>此时，变量x的数据类型为: "+ (typeof x));
x=4+5+'6';
document.write("<p>执行语句"x=4+5+'6'"后，变量x的值为: x="+ x);
document.write("<p>此时，变量x的数据类型为: "+ (typeof x));
//-->
</script>
</body>
</head>
</html>
```

相关的代码示例请参考 Chap7.4.html 文件，然后双击该文件，在 IE 浏览器里面运行的结果如图 7-6 所示。从运算结果中可以看出，一般表达式 "4+5+6"，结果为 15；而在表达式 "4+5+'6'" 中，表达式按照从左至右的运算顺序，先计算数值 4、5 的和，结果为 9，再计算之后的和转换成字符串型，与最后的字符串连接，最后得到的结果是字符串 "96"。

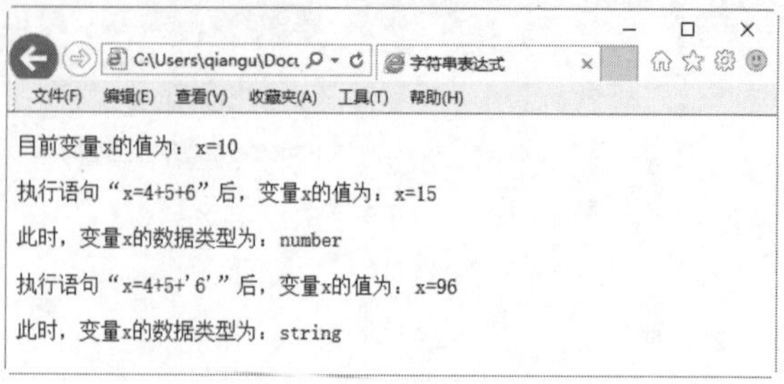

图 7-6　字符串表达式应用示例

7.2　运算符

运算符是在表达式中用于进行运算的符号，例如运算符 "=" 用于赋值、运算符 "+" 用于把数值加起来，使用运算符可进行算术、赋值、比较、逻辑等各种运算。

7.2.1　运算符概述

运算符用于执行程序代码运算，会针对一个以上操作数项目来进行运算。例如 2+3，其操作数是 2 和 3，而运算符则是 "+"。JavaScript 的运算符可以分为赋值运算符、算术运算符、比较运算符、逻辑运算符、条件运算符、位运算符、字符串运算符、位操作运算符和移位运算符等。

7.2.2　赋值运算符

赋值运算符是将一个值赋给另一个变量或表达式的符号。最基本的赋值运算符为 "=" 主要用于将运算符右边的操作数的值赋给左边的操作数。

【例 7-5】（实例文件：ch07\Chap7.5.html）赋值运算符的应用示例。

```
<!DOCTYPE html>
<html>
<head>
<meta http-equiv="Content-Type" content="text/html; charset=UTF-8"/>
<meta http-equiv="Content-Language" content="UTF-8"/>
<body>
<script language="JavaScript" type="text/JavaScript">
<!--
var president = "henan";   // 字符串型
var pi =3.14159;            // 数值型
var visited = false;        // 逻辑型
document.write( " president: "+ president +"<p>"+"pi: "+pi+"<p>"+"visited: "+visited);
                            // 将以上三种类型合并输出
```

```
//-->
</script>
</body>
</head>
</html>
```

相关的代码示例请参考 Chap7.5.html 文件，然后双击该文件，在 IE 浏览器里面运行的结果如图 7-7 所示。

```
president：jiangxi

pi：3.14159

visited：false
```

图 7-7　赋值运算符应用示例

另外，在 JavaScript 中，赋值运算符还可与算术运算符和位运算符组合，从而产生许多变种。在赋值运算符中，除"="运算符之外，其他运算符都是先将运算符两边的操作数做相关处理，将处理之后的结果赋给运算符左操作符。如操作符"-="，先将两个操作数相减，再将结果赋给左操作数。

【例 7-6】（实例文件：ch07\Chap7.6.html）赋值运算符的复杂应用示例。

```
<!DOCTYPE html>
<html>
<head>
<title>赋值运算符</title>
<body>
<script language="JavaScript" type="text/JavaScript">
<!--
  var param; // 定义变量
  param = 8; // 给变量赋值
  document.write("给变量 param 赋值后 ,param=" + param + "<br>");
  param += 10;
  document.write("对变量进行 += 10 操作后 ,param=" + param + "<br>");
  param -= 4;
  document.write("对变量进行 -= 4 操作后 ,param=" + param + "<br>");
  param *= 3;
  document.write("对变量进行 *= 3 操作后 ,param=" + param + "<br>");
  param /= 5;
  document.write("对变量进行 /= 5 操作后 ,param=" + param + "<br>");
  param %= 3;
  document.write("对变量进行 %= 3 操作后 ,param=" + param + "<br>");
  param &= 2;
  document.write("对变量进行 &= 2 操作后 ,param=" + param + "<br>");
  param ^= 2;
  document.write("对变量进行 ^= 2 操作后 ,param=" + param + "<br>");
  param |= 2;
  document.write("对变量进行 |= 2 操作后 ,param=" + param + "<br>");
  param <<= 2;
  document.write("对变量进行 <<= 2 操作后 ,param=" + param + "<br>");
  param >>= 2;
  document.write("对变量进行 >>= 2 操作后 ,param=" + param + "<br>");
  param >>>= 2;
 document.write("对变量进行 >>>= 2 操作后 ,param=" + param );
//-->
</script>
</body>
```

```
</head>
</html>
```

相关的代码示例请参考 Chap7.6.html 文件，然后双击该文件，在 IE 浏览器里面运行的结果如图 7-8 所示。

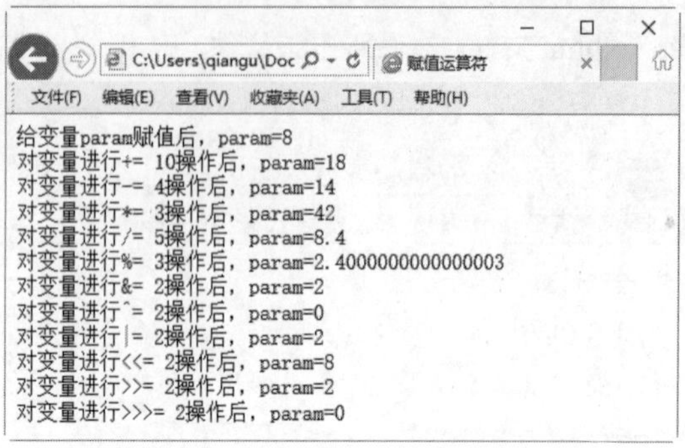

图 7-8　赋值运算符的复杂应用

7.2.3　算术运算符

算术运算符用于各类数值之间的运算，JavaScript 的算术运算符包括加（+）、减（-）、乘（*）、除（/）、求余（%）、自增（++）、自减（--）共 7 种。算术运算符是比较简单的运算符，也是在实际操作中经常用到的操作符。

【例 7-7】（实例文件：ch07\Chap7.7.html）算术运算符的应用示例。

```
<!DOCTYPE html>
<html>
<head>
<title>算术运算符</title>
<script language="JavaScript" type="text/JavaScript">
<!--
function calcOprt()
{
  var param = 25;
   document.write("数值 X=" + param + "<br>");
  param = param + 8;
  document.write("加法运算（加 8）结果: " + param + "<br>");
  param = param - 9;
  document.write("减法运算（减 9）结果: " + param + "<br>");
  param = param * 3;
  document.write("乘法运算（乘 3）结果: " + param + "<br>");
  param = param / 6;
  document.write("除法运算（除 6）结果: "+ param + "<br>");
  param = param % 7;
  document.write("取余运算（与 7 取余）结果: " + param + "<br>");
  param++;
  document.write("自增运算结果: " + param + "<br>");
  param--;
  document.write("自减运算结果: " + param + "<br>");
  var test1 = param++;
  document.write("自增运算符在后的运算结果: " + test1 + ",自增之后的值: " + param + "<br>");
  var test2 = ++param;
  document.write("自增运算符在前的运算结果: " + test2 + ",自增之后的值: " + param);
}
//-->
</script>
```

```
</head>
<body>
<form method=post action="#">
<input type="button" value=" 算术运算 " onclick="calcOprt()">
</form>
</body>
</html>
```

相关的代码示例请参考 Chap7.7.html 文件，然后双击该文件，在 IE 浏览器里面运行的结果如图 7-9
所示。

单击页面中的"算术运算"按钮后，使用 JavaScript 算术运算符进行相关运算，具体运行结果如
图 7-10 所示。

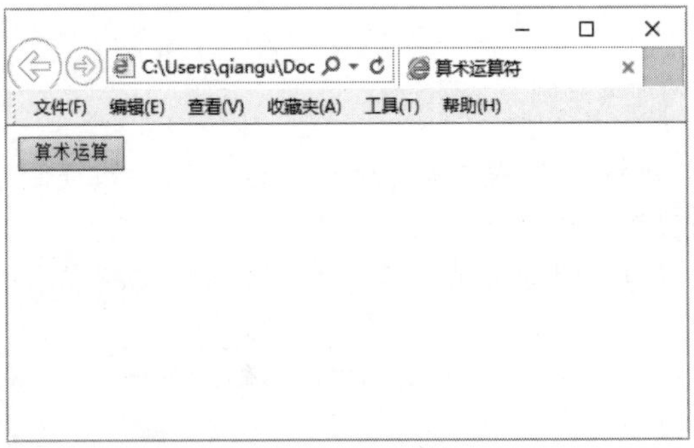

图 7-9　算术运算符应用示例 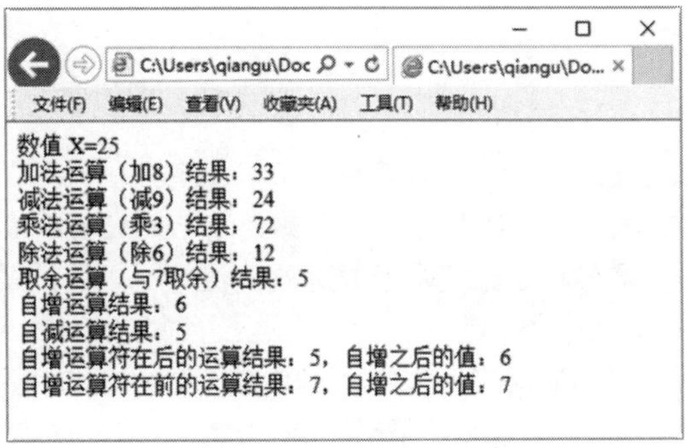　　　　　　　　图 7-10　显示运算结果

提示：算术运算符中需要注意自增与自减运算符。如果 ++ 或 -- 运算符在变量后面，执行顺序为"先赋
值后运算"；如果 ++ 或 -- 运算符在变量前面，执行顺序则为"先运算后赋值"。

7.2.4　比较运算符

比较运算符在逻辑语句中使用，用于连接操作数组成比较表达式，并对操作符两边的操作数进行比较，
其结果为逻辑值 true 或 false。

【例 7-8】（实例文件：ch07\Chap7.8.html）比较运算符的应用示例。

```
<!DOCTYPE html>
<html>
<head>
<title> 比较运算符 </title>
<body>
<script language="JavaScript" type="text/JavaScript">
<!--
  var param = 15;
  document.write(" 当前变量值: param=" + param + "<br>");
  document.write(" 变量 == 15 的结果: " + (param == 15) + "<br>");
  document.write(" 变量 != 15 的结果: " + (param != 15) + "<br>");
  document.write(" 变量 > 15 的结果: " + (param > 15) + "<br>");
  document.write(" 变量 >= 15 的结果: " + (param >= 15) + "<br>");
  document.write(" 变量 < 15 的结果: " + (param < 15) + "<br>");
  document.write(" 变量 <= 15 的结果: " + (param <= 15) );
//-->
</script>
</body>
</head>
</html>
```

相关的代码示例请参考 Chap7.8.html 文件，然后双击该文件，在 IE 浏览器里面运行的结果如图 7-11 所示。

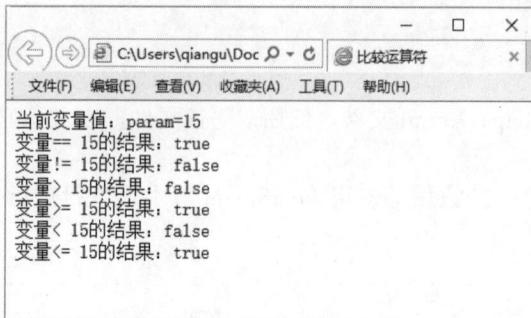

图 7-11　比较运算符应用示例

注意：在各种运算符中，比较运算符"=="与赋值运算符"="是完全不同的：运算符"="是用于给操作数赋值；而运算符"=="则是用于比较两个操作数的值是否相等。

如果在需要比较两个表达式的值是否相等的情况下，错误地使用赋值运算符"="，则会将右操作数的值赋给左操作数。

【例 7-9】（实例文件：ch07\Chap7.9.html）区别比较运算符和赋值运算符的应用示例。

```
<!DOCTYPE html>
<html>
<head>
<title> 比较运算符和赋值运算符的区别 </title>
<body>
<script language="JavaScript" type="text/JavaScript">
<!--
 var param;
param=15;
var test1=(param==15);
var test2=(param=15);
 document.write(" 执行语句 test1=(param==15) 后的结果为: " + test1 + "<br>");
 document.write(" 执行语句 test2=(param=15) 后的结果为: " + test2 );
//-->
</script>
</body>
</head>
</html>
```

相关的代码示例请参考 Chap7.9.html 文件，然后双击该文件，在 IE 浏览器里面运行的结果如图 7-12 所示。

图 7-12　区别比较和赋值运算符的应用示例

从运行结果中可以看出，执行语句"param==15"后返回结果为逻辑值 true，然后通过赋值运算符"="将其赋给变量 test1，因此 test1 最终的结果为 true；同理，执行语句"param=15"后返回结果为 15 并将其赋给变量 test2。

7.2.5　逻辑运算符

逻辑运算符用于测定变量或值之间的逻辑，操作数一般是逻辑型数据。在 JavaScript 中，逻辑运算符包含逻辑与（&&）、逻辑或（||）、逻辑非（!）等。在逻辑与运算中，如果运算符左边的操作数为 false，系统将不再执行运算符右边的操作数；在逻辑或运算中，如果运算符左边的操作数为 true，系统同样地不再执行右边的操作数。

【例 7-10】（实例文件：ch07\Chap7.10.html）逻辑运算符的应用示例。

```html
<!DOCTYPE html>
<html>
<head>
<title> 逻辑运算符 </title>
<body>
<script language="JavaScript" type="text/JavaScript">
<!--
 var score = 350;
  document.write(" 当前的库存数量是: " + score + "。<br>");
  var test1 = ((score > 200) && (score <= 500));
  document.write(" 库存数量是否大于 200 并且小于等于 500: " + test1 + "<br>");
  var test2 = ((score > 400) || (score == 500));
  document.write(" 库存数量是否大于 400 或等于 500: " + test2 + "<br>");
  document.write(" 库存数量小于 200, 是否提货的结果是: "+ (!(score < 200)) + "<br>");
  document.write(" 库存数量是否小于 200: " + ((score < 200) && (score = 500)) + "<br>");
  document.write(" 执行 (score < 200) && (score = 500) 之后的数量: " + score + "<br>");
  document.write(" 库存数量是否大于 200: " + ((score > 200) || (score = 500)) + "<br>");
  document.write(" 执行 (score > 200) || (score = 500) 之后的数量: " + score);
//-->
</script>
</body>
</head>
</html>
```

相关的代码示例请参考 Chap7.10.html 文件，然后双击该文件，在 IE 浏览器里面运行的结果如图 7-13 所示。

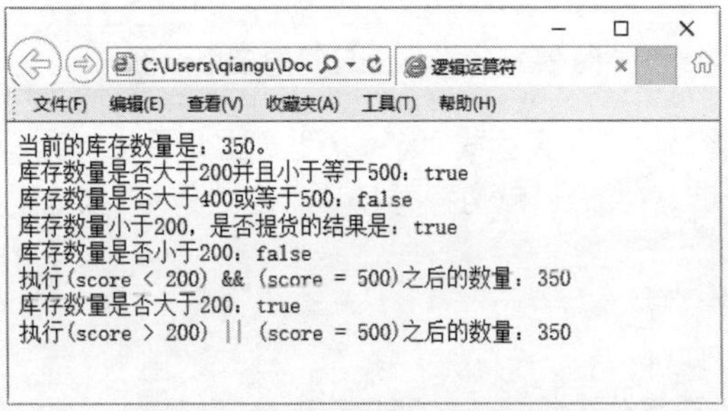

图 7-13　逻辑运算符的应用示例

从运算结果中可以看出，逻辑与、逻辑或是短路运算符。在表达式"(score < 200) && (score = 500)"中，由于条件 score<200 的结果为 false，程序将不再继续执行"&&"之后的脚本，因此，score 的值仍为 350；同理，在表达式"(score > 200) || (score = 500)"中，条件 score>200 的结果为 true，score 的值仍然为 350。

7.2.6 条件运算符

条件运算符是构造快速条件分支的三目运算符，可以看作是"if…else…"语句的简写形式，其语法形式为"逻辑表达式？语句 1: 语句 2;"。如果"?"前的逻辑表达式结果为 true，则执行"?"与":"之间的语句 1，否则执行语句 2。由于条件运算符构成的表达式带有一个返回值，因此，可通过其他变量或表达式对其值进行引用。

【例 7-11】（实例文件：ch07\Chap7.11.html）条件运算符的应用示例。

```
<!DOCTYPE html>
<html>
<head>
<title>条件运算符</title>
<body>
<script language="JavaScript" type="text/JavaScript">
<!--
var x=23;
var y = x < 10 ? x : -x ;
document.write(" 当前变量为: x=" + x +"<br>");
document.write(" 执行语句(y = x < 10 ? x : -x)后,结果为: y=" + y );
//-->
</script>
</body>
</head>
</html>
```

相关的代码示例请参考 Chap7.11.html 文件，然后双击该文件，在 IE 浏览器里面运行的结果如图 7-14 所示。

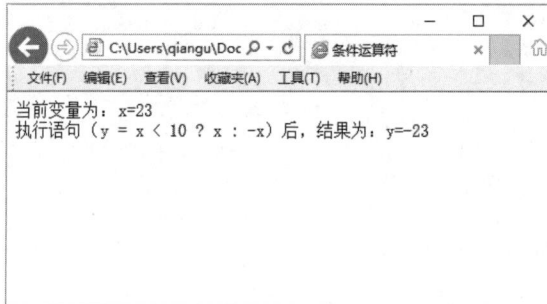

图 7-14　条件运算符的应用示例

从运算结果中可以看出，首先语句对表达式"x < 10"成立与否进行判断，结果为 false，然后根据判断结果执行":"后的表达式"-x"，并通过赋值符号将其赋给变量 y，因此变量 y 最终的结果为 -23。

7.2.7 字符串运算符

字符串运算符是对字符串进行操作的符号，一般用于连接字符串。在 JavaScript 中，字符串连接符"+="与赋值运算符类似：将两边的操作数（字符串）连接起来并将结果赋给左操作数。

【例 7-12】（实例文件：ch07\Chap7.12.html）字符串运算符的应用示例。

```
<!DOCTYPE html>
<html>
<head>
<title>字符串运算符</title>
<body>
```

```
<script language="JavaScript" type="text/JavaScript">
<!--
  var param = "";
  param = "好好学习," + "天天向上！";
  document.write(param + "<br>");
  param += "----静轩阁";
  document.write("连接结果：" + param );
//-->
</script>
</body>
</head>
</html>
```

相关的代码示例请参考Chap7.12.html文件，然后双击该文件，在IE浏览器里面运行的结果如图 7-15 所示。

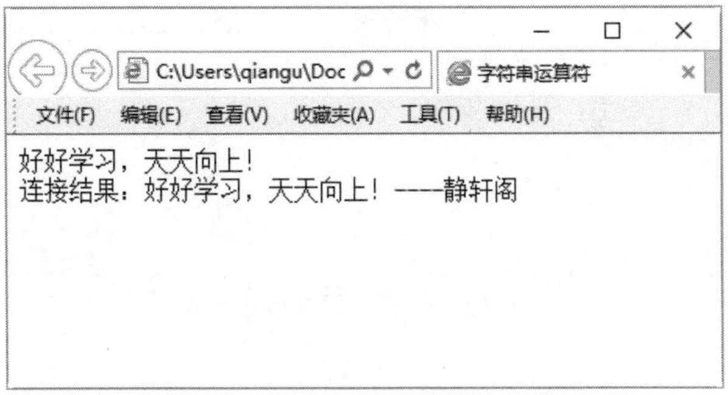

图 7-15　字符串运算符的应用示例

7.2.8　位运算符

位运算符是将操作数以二进制为单位进行操作的符号。在进行位运算之前，通常先将操作数转换为二进制整数，再进行相应的运算，最后的输出结果以十进制整数表示。此外，位运算的操作数和结果都应是整型。

在 JavaScript 中，位运算符包含按位与（&&）、按位或（||）、按位异或（||）、按位非（!）等。

* 按位与运算：将操作数转换成二进制以后，如果两个操作数对应位的值均为 1，则结果为 1，否则结果为 0。例如，对于表达式 41&23，41 转换成二进制数 00101001，而 23 转换成二进制数 00010111，按位与运算后结果为 00000001，转换成十进制数为 1。
* 按位或运算：将操作数转换为二进制后，如果两个操作数对应位的值中任何一个为 1，则结果为 1，否则结果为 0。例如，对于表达式 41||23，按位或运算后结果为 00111111，转换成十进制数为 63。
* 按位异或运算：将操作数转换成二进制后，如果两个操作数对应位的值互不相同时，则结果为 1，否则结果为 0。例如，对于表达式 41^23，按位异或运算后结果为 00111110，转换成十进制数为 62。
* 按位非运算：将操作数转换成二进制后，对其每一位取反（即值为 0 则取 1，值为 1 则取 0）。例如，对于表达式～ 41，将每一位取反后结果为 11010110，转换成十进制数为 -42。

【例 7-13】（实例文件：ch07\Chap7.13.html）位运算符的应用示例。

```
<!DOCTYPE html>
<html>
<head>
<title>位运算符</title>
<body>
<script language="JavaScript" type="text/JavaScript">
<!--
  document.write("按位与 41&23 结果：" + (41 & 23) + "<br>");
```

```
      document.write(" 按位或 41|23 结果: " + (41 | 23) + "<br>");
      document.write(" 按位异或 41^23 结果: " + (41 ^ 23) + "<br>");
      document.write(" 按位非 ~41 结果: "+ (~41) );
//-->
</script>
</body>
</head>
</html>
```

相关的代码示例请参考 Chap7.13.html 文件，然后双击该文件，在 IE 浏览器里面运行的结果如图 7-16 所示。

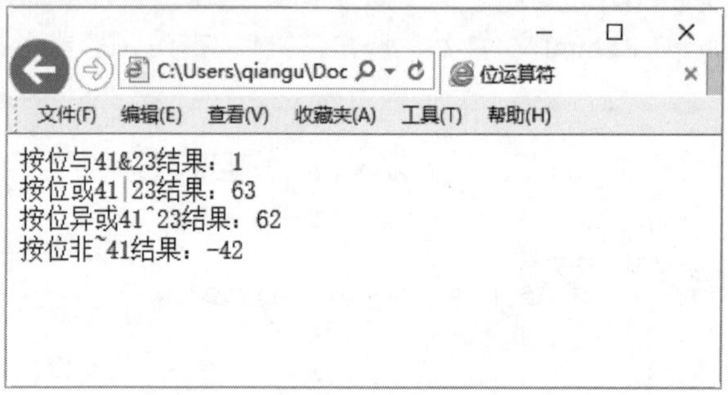

图 7-16 位运算符的应用示例

7.2.9 移位运算符

移位运算符与位运算符相似，都是将操作数转换成二进制，然后对转换之后的值进行操作。JavaScript 位操作运算符有 3 个：<<、>>、>>>。

【例 7-14】（实例文件：ch07\Chap7.14.html）移位运算符的应用示例。

```
<!DOCTYPE html>
<html>
<head>
<title> 移位运算符 </title>
<body>
<script language="JavaScript" type="text/JavaScript">
<!--
  var param = 25;
  document.write(" 当前变量值: param=" + param + "<br>");
  document.write(" 变量<<2 的结果: " + (param << 2) + "<br>");
  document.write(" 变量>>2 的结果: " + (param >> 2) + "<br>");
  document.write(" 变量>>>2 的结果: " + (param >>> 2) + "<br>");
  param = -28;
  document.write(" 当前变量值: param=" + param + "<br>");
  document.write(" 变量<<2 的结果: " + (param << 2) + "<br>");
  document.write(" 变量>>2 的结果: " + (param >> 2) + "<br>");
  document.write(" 变量>>>2 的结果: " + (0 + (param >>> 2)) );
//-->
</script>
</body>
</head>
</html>
```

相关的代码示例请参考 Chap7.14.html 文件，然后双击该文件，在 IE 浏览器里面运行的结果如图 7-17 所示。

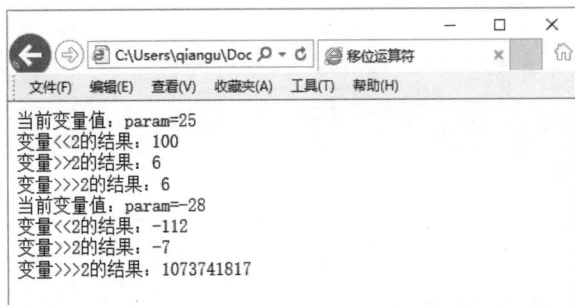

图 7-17　移位运算符的应用示例

上述代码的运行过程如下：首先将十进制数 25 转换成二进制为 00011001，然后将其左移 2 位，右边的空位由 0 补齐，结果为 01100100，转换成十进制数即为 100；将其右移 2 位，结果是 00000110，转换成十进制为 6；将其逻辑右移 2 位，因其为正数，结果仍为 6。同理，十进制数 −28 转换成二进制是 11100100，将其左移 2 位后为 10010000，转换成十进制数是 −112；将其进行算术右移 2 位，得到的结果是 11111001，转换成十进制是 −7。由于负数在逻辑右移的过程中，符号位会随着整体一起往右移动，相当于无符号数的移动，变成一个 32 位的正数，因为符号位不存在了。因此，−28 在逻辑右移前从第 32 位到符号位的位置全部由 1 填充，得到的结果为 11111111111111111111111111100100 再逻辑右移 2 位后为 00111111111111111111111111111001，转换成十进制是 1073741817。

7.2.10　其他运算符

除前面介绍的几种之外，JavaScript 还有一些特殊运算符，下面对其进行简要介绍。

1. 逗号运算符

逗号运算符用于将多个表达式连接为一个表达式，新表达式的值为最后一个表达式的值。其语法形式为"变量 = 表达式 1，表达式 2"。

【例 7-15】（实例文件：ch07\Chap7.15.html）逗号运算符的应用示例。

```
<!DOCTYPE html>
<html>
<head>
<title>逗号运算符</title>
<body>
<script language="JavaScript" type="text/JavaScript">
<!--
var a=34;
document.write("变量 a 的当前值为：a= " + a + "<br>");
var b,c,d;
a = (b=17, c=28, d=45);
document.write("变量 b 的当前值为：b= " + b + "<br>");
document.write("变量 c 的当前值为：c=  " + c + "<br>");
document.write("变量 d 的当前值为：d=  " + d + "<br>");
document.write("执行语句"a = (b=17, c=28, d=45)"后，变量 a 的值为：a = " + a );
//-->
</script>
</body>
</head>
</html>
```

相关的代码示例请参考 Chap7.15.html 文件，然后双击该文件，在 IE 浏览器里面运行的结果如图 7-18 所示。从运行结果中可以看到，变量 a 最终取值为最后一个表达式（d=56）的结果。

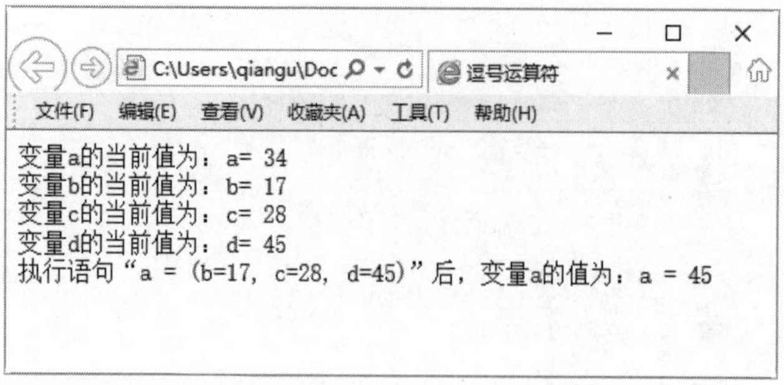

图 7-18　逗号运算符的应用示例

2. void 运算符

void 运算符对表达式求值，并返回 undefined。该运算符通常用于避免输出不应该输出的值，其语法形式为"void 表达式"。

【例 7-16】（实例文件：ch07\Chap7.16.html）void 运算符的应用示例。

```html
<!DOCTYPE html>
<html>
<head>
<title>void 运算符 </title>
<body>
<script language="JavaScript" type="text/JavaScript">
<!--
var a=34;
document.write(" 变量 a 的当前值为：a= " + a + "<br>");
var b,c,d;
a = void(b=17, c=28, d=45);
document.write(" 变量 b 的当前值为：b= " + b + "<br>");
document.write(" 变量 c 的当前值为：c=  " + c + "<br>");
document.write(" 变量 d 的当前值为：d=  " + d + "<br>");
document.write(" 执行语句 "a = void(b=17, c=28, d=45)" 后，变量 a 的值为：a = " + a );
//-->
</script>
</body>
</head>
</html>
```

相关的代码示例请参考 Chap7.16.html 文件，然后双击该文件，在 IE 浏览器里面运行的结果如图 7-19 所示。从运行结果中可以看到，变量 a 最终被标记为 undefined。

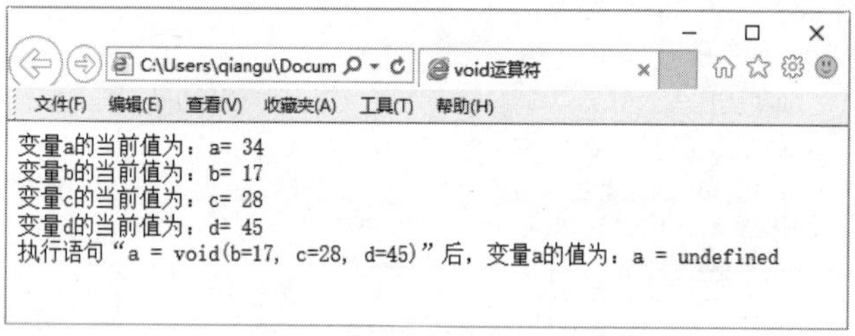

图 7-19　void 运算符的应用示例

3．typeof 运算符

typeof 运算符返回一个字符串指明其操作数的数据类型，返回值有 6 种可能：number、string、boolean、object、function 和 undefined。typeof 运算符的语法形式为"typeof 表达式"。

【例 7-17】（实例文件：ch07\Chap7.17.html）typeof 运算符的应用示例。

```
<!DOCTYPE html>
<html>
<head>
<title>typeof 运算符 </title>
<body>
<script language="JavaScript">
<!--
var x = 3;
var y = null;
var sex = "boy";
document.write("<p> 执行语句 "typeof x" 后，可以看出变量 x 类型为："+(typeof x));
document.write("<p> 执行语句 "typeof y" 后，可以看出变量 y 类型为："+(typeof y));
document.write("<p> 执行语句 "typeof sex" 后，可以看出变量 sex 类型为："+(typeof sex));
//-->
</script>
</body>
</head>
</html>
```

相关的代码示例请参考 Chap7.17.html 文件，然后双击该文件，在 IE 浏览器里面运行的结果如图 7-20 所示。从运行结果中可以看到，null 类型的操作数的返回值为 object。

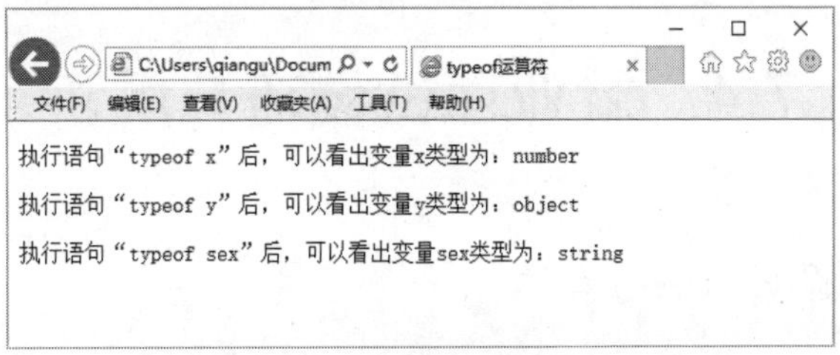

图 7-20　typeof 运算符的应用示例

7.3　运算符优先级

在 JavaScript 中，运算符具有明确的优先级与结合性。优先级用于控制运算符的执行顺序，具有较高优先级的运算符先于较低优先级的运算符执行；结合性则是指具有同等优先级的运算符将按照怎样的顺序进行运算，结合性有向左结合和向右结合。圆括号可用来改变运算符优先级所决定的求值顺序。

【例 7-18】（实例文件：ch07\Chap7.18.html）用（）改变运算顺序的应用示例。

```
<!DOCTYPE html>
<html>
<head>
<title> 运算符优先级 </title>
<body>
<script language="JavaScript">
<!--
var a = 3+4*5;                         // 按照自动优先级进行
var b = (3+4)*5;                       // 用 () 改变运算优先级
alert("3+4*5="+a+"\n(3+4)*5="+b);      // 分行输出结果
//-->
</script>
</body>
</head>
</html>
```

相关的代码示例请参考 Chap7.18.html 文件，然后双击该文件，在 IE 浏览器里面运行的结果如图 7-21 所示。

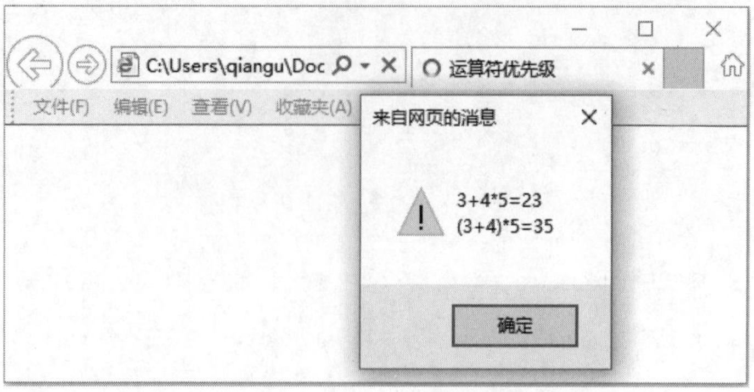

图 7-21　用（）改变运算顺序的应用示例

从运行结果中可以看到，由于乘法的优先级高于加法，因此，表达式"3+4*5"的计算结果为 23；而在表达式"(3+4)*5"中则被括号"（）"改变了运算符的优先级，括号内部分将优先于任何运算符而被最先执行，因此该语句的结果为 35。

7.4　就业面试技巧与解析

7.4.1　面试技巧与解析（一）

面试官：谈谈你对跳槽的看法。

应聘者：我个人认为正常的跳槽能促进人才合理流动，应该支持；频繁的跳槽对单位和个人双方都不利，应该反对。

7.4.2　面试技巧与解析（二）

面试官：为什么选择这个岗位？

应聘者：这一直是我的兴趣和专长，经过这几年的磨炼，也累积了一定的经验及人脉，相信我一定能胜任这个岗位。

第8章
JavaScript 程序控制语句

◎ 本章教学微视频：15 个　35 分钟

学习指引

JavaScript 具有多种类型程序控制语句，利用这些语句可以进行流程上的判断与控制。本章将详细介绍 JavaScript 程序控制语句的相关知识，主要内容包括表达式语句、复合语句、空语句、声明语句、条件判断语句、循环语句、跳转语句等。

重点导读

- 掌握 JavaScript 的表达式语句。
- 掌握 JavaScript 的复合语句和空语句。
- 掌握 JavaScript 的条件判断语句。
- 掌握 JavaScript 的循环语句。
- 掌握 JavaScript 的跳转语句。

8.1　表达式语句

表达式语句是 JavaScript 中最简单的语句，赋值、删除、函数调用这三类既是表达式，又是语句，所以叫作表达式语句。

1. 赋值语句

赋值语句是 JavaScript 程序中最常用的语句，在程序中，往往需要大量的变量来存储程序中用到的数据，所以用来对变量进行赋值的赋值语句也会在程序中大量出现。赋值语句的语法格式如下：

```
变量名 = 表达式
```

当使用关键字 var 声明变量时，可以同时使用赋值语句对声明的变量进行赋值。

例如，声明一些变量，并分别给这些变量赋值，代码如下：

```
var username="Rose"
var bue=true
var variable=" 开怀大笑 "
```

另外，递增运算符（++）和递减运算符（--）和赋值语句有关，它们的作用是改变一个变量的值，就像执行一条赋值语句一样，具体代码如下：

```
counter++;
```

2. 删除

删除是 JavaScript 语言中使用频率较低的操作之一，但是有些时候，需要做删除或者清空动作时，就需要 delete 操作。如下段代码会删除对象的属性：

```
var Ball = {
  "name": " 足球 ",
  "url" : "http://www.zuqiu.com"
};
delete Ball.name;
Outputs: Object { url: "http://www.zuqiu.com" }
console.log(Ball);
```

3. 函数调用

函数中的代码在函数被调用后执行，函数调用也属于表达式语句中的一种类型。

【例 8-1】（实例文件：ch08\Chap8.1.html）函数调用表达式语句的应用示例。

```
<!DOCTYPE html>
<html>
<head>
<title> 函数调用 </title>
</head>
<body>
<p>
全局函数 (myFunction) 返回参数相乘的结果:
</p>
<p id="demo"></p>
<script>
function myFunction(a, b) {
    return a * b;
}
document.getElementById("demo").innerHTML = myFunction(10, 2);
</script>
</body>
</html>
```

相关的代码示例请参考 Chap8.1.html 文件，然后双击该文件，在 IE 浏览器里面运行的结果如图 8-1 所示。

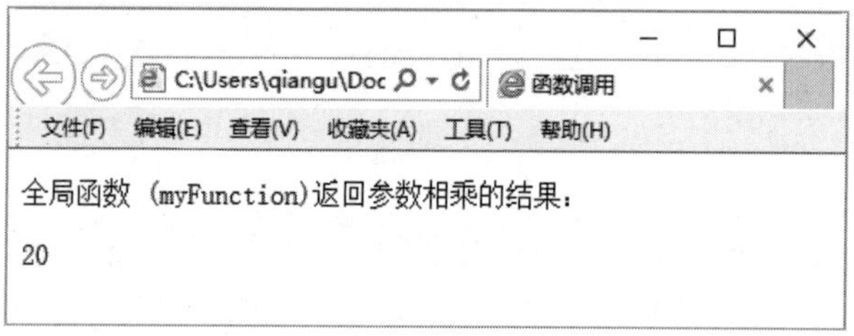

图 8-1　函数调用

提示：JavaScript 语句以分号结束，但表达式不需要分号结尾。一旦在表达式后面添加分号，则 JavaScript 就将表达式视为语句，这样会产生一些没有任何意义的语句。

```
1+3 ;
'abc';
```

8.2　复合语句和空语句

1. 复合语句

复合语句也称为块语句。JavaScript 将多条语句联合在一起，就构成了一条复合语句。复合语句只需用花括号将多条语句括起来即可，具体格式如下：

```
{
    x = Math.PI;
    cx = Math.cos(x);
    console.log(cx);
}
```

2. 空语句

在 JavaScript 中，当希望多条语句被当作一条语句使用时，使用复合语句来替代。空语句则恰好相反，它允许包含 0 条语句。

JavaScript 解释器执行空语句时不会执行任何动作。但当创建一个具有空循环体的循环时，空语句是有用的。

在下面这个循环中，所有的操作都在表达式 a[i++]=0 中完成，这里并不需要任何循环体。然而 JavaScript 需要循环体中至少包含一条语句，因此，这里只使用了一个单独的分号来表示一条空语句，具体应用代码如下：

```
// 初始化一个数组 a
for(i = 0; i < a.length; a[i++] = 0);
```

在 for、while 循环或 if 语句的右圆括号后的分号很不起眼，这可能会造成一些 bug，而这些 bug 很难被定位到，因为 ";" 的多余，会造成与预想不同的结果，具体应用代码如下：

```
if((a == 0) || (b == 0));
o = null;
```

如果有特殊目的需要使用空语句，最好在代码中添加注释，这样可以更清楚地说明这条空语句是有用的，具体应用代码如下：

```
for(i = 0; i < a.length; a[i++] = 0)/*empty*/;
```

8.3　声明语句

声明语句包括变量声明和函数声明，分别使用 var 和 function 关键字，下面分别进行介绍。

1. var 关键字

var 语句用来声明一个或者多个变量，关键字 var 之后跟随的是要声明的变量列表，列表中的每一个变量都可以带有初始化表达式，用于指定它的初始值。具体代码格式如下：

```
var name_1 [ = value_1] [,...,name_n[=value_n]]
var i;
var j = 0;
var p,q;
var x = 2, y = r;
```

【例 8-2】（实例文件：ch08\Chap8.2.html）var 语句的应用示例。

```
<!DOCTYPE html>
<html>
```

```
<body>
<p> 建两个变量 x 和 y。x 赋值 5,y 赋值 6。然后输出 x + y 的结果 :</p>
<button onclick="myFunction()"> 计算 </button>
<p id="demo"></p>
<script>
function myFunction() {
    var x = 5;
    var y = 6;
    document.getElementById("demo").innerHTML = x + y;
}
</script>
</body>
</html>
```

相关的代码示例请参考 Chap8.2.html 文件，然后双击该文件，在 IE 浏览器里面运行，单击"计算"按钮，即可得出两个变量的和，如图 8-2 所示。

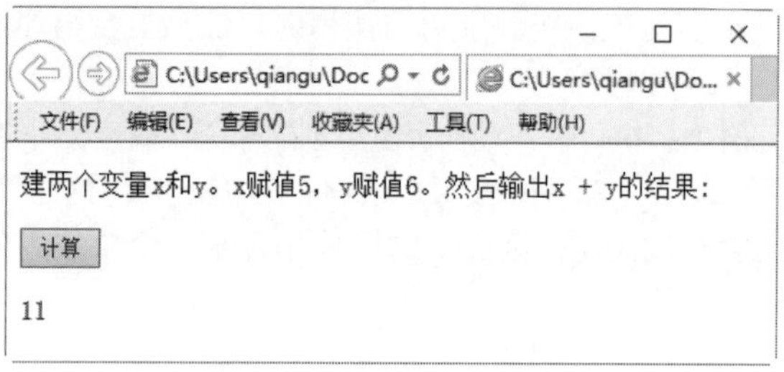

图 8-2　var 语句的应用示例

2. function 关键字

function 语句用于声明一个函数。函数声明后，可以在需要的时候调用。关键字 function 用来定义函数，funcname 是要声明的函数的名称的标识符，函数名之后的圆括号中是参数列表，参数之间使用逗号分隔。具体代码格式如下：

```
function funcname([arg1 [,arg2 [...,argn]]]){statement}
```

当调用函数时，这些标识符则指代传入函数的实参，函数体是由 JavaScript 语句组成的，语句的数量不限，且用花括号括起来。在定义函数时，并不执行函数体内的语句，它和调用函数时待执行的新函数对象相关联。

function 语句里的花括号是必需的，这与 while 循环和其他一些语句所使用的语句块是不同的，即使函数体内只包含一条语句，仍然必须使用花括号将其括起来。正确与错误代码格式如下：

```
// 正确
function hypotenuse(x,y){
    return Math.sqrt(x*x + y*y);
}
// 错误
function hypotenuse(x,y)
    return Math.sqrt(x*x + y*y);
```

函数声明语句和函数定义表达式包含相同的函数名，但二者有所不同，具体代码格式如下：

```
// 表达式
var f = function(x){return x+1;}
// 语句
function f(x){return x+1;}
```

函数定义表达式只有变量声明提前了，变量的初始化代码仍然在原来的位置；而函数声明语句的函数名称和函数体均提前，脚本中的所有函数和函数中所有嵌套的函数都会在当前上下文中其他代码之前声明，也就是说，可以在声明一个 JavaScript 函数之前调用它。具体代码格式如下：

```
console.log(f1(0));//Uncaught TypeError: f1 is not a function
var f1 = function(x){return x+1;}
console.log(f2(0));//1
function f2(x){return x+1;}
```

【例 8-3】（实例文件：ch08\Chap8.3.html）function 语句的应用示例。

```
<!DOCTYPE html>
<html>
<body>
<p>调用函数并输出 PI 值：</p>
<p id="demo"></p>
<script>
function myFunction() {
    return Math.PI;
}
document.getElementById("demo").innerHTML = myFunction();
</script>
</body>
</html>
```

相关的代码示例请参考 Chap8.3.html 文件，然后双击该文件，在 IE 浏览器里面运行的结果如图 8-3 所示。

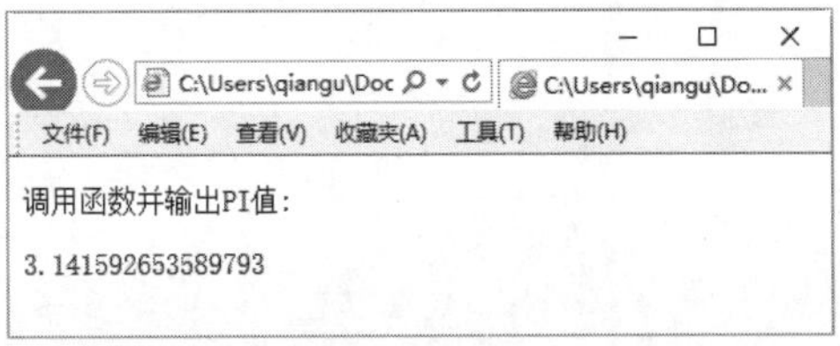

图 8-3　function 语句的应用示例

变量声明语句和函数声明语句有如下相似之处。

- 变量声明语句和函数声明语句都会提前，具体代码格式如下：

```
console.log(a);//undefined
var a = 0;
console.log(a);//0
console.log(f(0));//1
function f(x){return x+1;}
console.log(f(0));//1
```

- 变量声明语句和函数声明语句创建的变量都无法删除。

```
var a = 0;
delete a;
console.log(a);//0
function f(x){return x+1;}
delete f;
console.log(f(0));//1
```

8.4　条件判断语句

条件语句是一种比较简单的选择结构语句，它包括 if 语句和各种变种，以及 switch 语句。这些语句各具特点，在一定条件下可以相互转换。

8.4.1 if 语句

if 语句是最常用的条件判断语句，通过判断条件表达式的值为 true 或 false，来确定程序的执行顺序。在实际应用中，if 语句有多种表现形式，最简单的 if 语句的应用格式为：

```
if(conditions)
{
 statements;
}
```

条件表达式 conditions 必须放在圆括号里，当且仅当该表达式为真时，执行花括号内包含的语句，否则将跳过该条件语句执行其下的语句。花括号"{}"的作用是将多余语句组合成一个语句块，系统将该语句块作为一个整体来处理。如果花括号中只有一条语句，则可省略"{}"。

【例 8-4】（实例文件：ch08\Chap8.4.html）if 语句的应用示例。

```
<!DOCTYPE html>
<html>
<head>
<title>if 语句的应用 </title>
</head>
<body>
<p> 如果时间早于 20:00, 会获得问候 "Good day"。</p>
<button onclick="myFunction()"> 获取问候 </button>
<p id="demo"></p>
<script>
function myFunction(){
    var x="";
    var time=new Date().getHours();
    if (time<20){
       x="Good day";
     }
    document.getElementById("demo").innerHTML=x;
}
</script>
</body>
</html>
```

相关的代码示例请参考 Chap8.4.html 文件，然后双击该文件，在 IE 浏览器里面运行，单击"获取问候"按钮，即可得出如图 8-4 所示的结果。

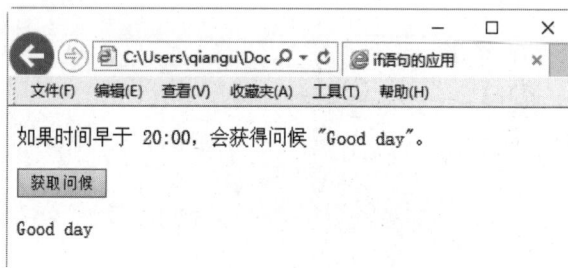

图 8-4 if 语句的应用示例

注意：请使用小写的 if，使用大写字母（IF）会生成 JavaScript 错误。

8.4.2 if…else 语句

使用 if…else 语句选择多个代码块之一来执行，具体语法格式如下：

```
if (condition)
{
    当条件为 true 时执行的代码
}
else
{
    当条件不为 true 时执行的代码
}
```

例如，当时间小于 20:00 时，生成问候 Good day，否则，生成问候 Good evening。

【例 8-5】（实例文件：ch08\Chap8.5.html）if…else 语句的应用示例。

```
<!DOCTYPE html>
<html>
<head>
<title> if…else 语句 </title>
</head>
<body>
<p> 单击这个按钮，获得基于时间的问候。</p>
<button onclick="myFunction()"> 获取问候 </button>
<p id="demo"></p>
<script>
function myFunction(){
    var x="";
    var time=new Date().getHours();
    if (time<20){
        x="Good day";
     }
    else{
        x="Good evening";
    }
    document.getElementById("demo").innerHTML=x;
}
</script>
</body>
</html>
```

相关的代码示例请参考 Chap8.5.html 文件，然后双击该文件，在 IE 浏览器里面运行，单击"获取问候"按钮，即可得出如图 8-5 所示的结果。

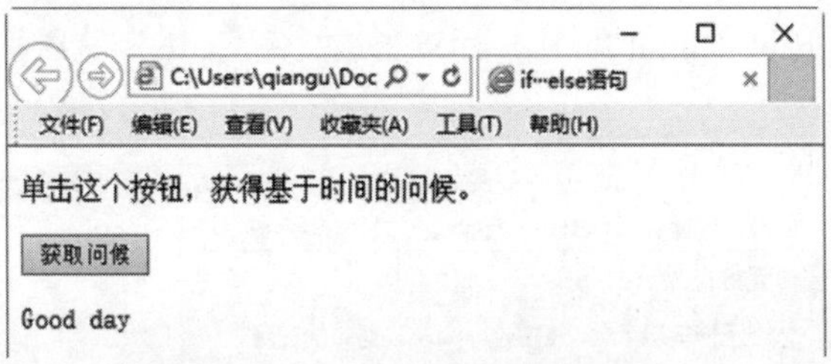

图 8-5　if…else 语句的应用示例

8.4.3　if…else if…else 语句

使用该语句选择多个代码块之一来执行，具体语法格式如下：

```
if (condition1)
{
    当条件 1 为 true 时执行的代码
}
```

```
else if(condition2)
{
    当条件 2 为 true 时执行的代码
}
else
{
    当条件 1 和条件 2 都不为 true 时执行的代码
}
```

例如，如果时间小于 10:00，则生成问候"早上好！"，如果时间大于 10:00 小于 20:00，则生成问候"今天好！"，否则生成问候"晚上好！"。

【例 8-6】（实例文件：ch08\Chap8.6.html）if…else if…else 语句的应用示例。

```
<!DOCTYPE html>
<html>
<head>
<title>if…else if…else 语句 </title>
</head>
<body>
<script type="text/JavaScript">
var d = new Date();
var time = d.getHours();
if (time<10)
{
    document.write("<b> 早上好！ </b>");
}
else if (time>=10 && time<16)
{
    document.write("<b> 今天好！ </b>");
}
else
{
    document.write("<b> 晚上好！ </b>");
}
</script>
<p>
这个示例演示了 if…else if…else 语句的应用
</p>
</body>
</html>
```

相关的代码示例请参考 Chap8.6.html 文件，然后双击该文件，在 IE 浏览器里面运行的结果如图 8-6 所示。

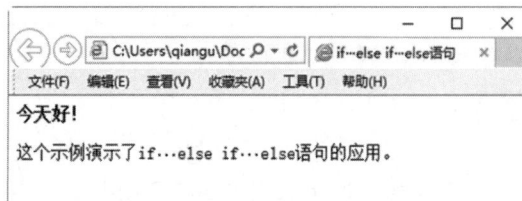

图 8-6　if…else if…else 语句的应用示例

8.4.4　else if 语句

在 if 语句中，如果所涉及的判断条件超出两种，则可使用 else if 语句，其语法形式如下：

```
if(conditions 1)
{
    statement 1
```

```
}
else if(conditions 2)
{
    statement 2
}
...
else if(conditions n)
{
   Statement n
}
else
{
statement n+1
}
```

这种格式是用 else 语句进行更多的条件判断，不同的条件对应不同的程序语句。

【例 8-7】（实例文件：ch08\Chap8.7.html）else if 语句的应用示例。

```
<!DOCTYPE html>
<html>
<head>
<title>else…if</title>
</head>
<body>
<p>
这个示例演示了 else if 语句的应用
</p>
<script language="JavaScript">
<!--
var x=56;                      // x 的值为 56
if(x<=1)                       // x 值不满足此条件，不会执行其下的语句
alert("x<=1");
else if(x>1&&x<=50)            // x 值不满足此条件，不会执行其下的语句
alert("x>1&&x<=50");
else if(x>50&&x<=100)          // x 值满足此条件，将执行其下的语句
alert("x>50&&x<=100");         // 输出结果
else                          // x 值不满足此条件，不会执行其下语句
alert("x>100");
//-->
</script>
</body>
</html>
```

相关的代码示例请参考 Chap8.7.html 文件，然后双击该文件，在 IE 浏览器里面运行的结果如图 8-7 所示。

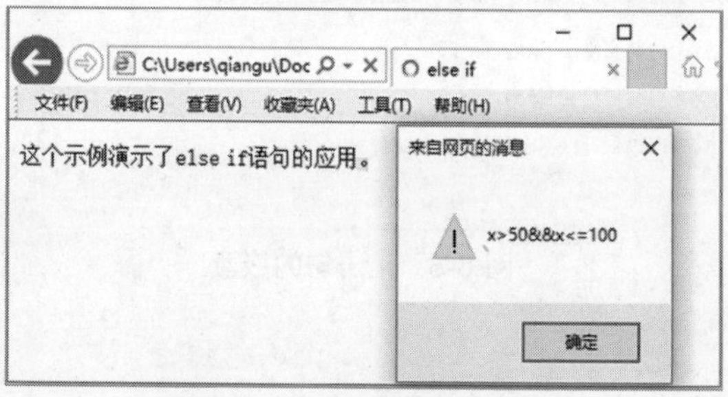

图 8-7　else if 语句的应用示例

从程序运行结果中可以看出，其运行过程如下：首先判断 x 是否小于或等于 1，如果结果为 true，则执行语句 "alert("x<=1");"；否则程序将判断 x 是否大于 1 并且小于或等于 50，如果结果为 true，则执行语句 "alert("x>1&&x<=50")"；同理，如果上述语句均不满足，则执行最后的 else 语句。

8.4.5　if 语句的嵌套

if（或 if…else）结构可以嵌套使用来表示所示条件的一种层次结构关系。不过，在使用 if 语句的嵌套应用时，最好使用花括号"{}"来确定相互的层次关系。

【例 8-8】（实例文件：ch08\Chap8.8.html）if 语句的嵌套应用示例。

```
<!DOCTYPE html>
<html>
<head>
<title>if 语句的嵌套 </title>
<body>
<script language="JavaScript">
<!--
var x=25;y=x;   // x,y 值都为 25
document.write("<p> 目前变量 x 的值为：x="+ x);
document.write("<p> 目前变量 y 的值为：y="+ y);
if(x<10)   // x 为 25，不满足此条件，故其下面的代码不会执行
{
if(y==1)
document.write("<p> 所以，可以得出结论：x<10&&y==1");
else
document.write("<p> 所以，可以得出结论：x<10&&y!==1");
}
else if(x>10) // x 满足条件，继续执行下面的语句
{
if(y==1)   // y 为 12，不满足此条件，故其下面的代码不会执行
document.write("<p> 所以，可以得出结论：x>10&&y==1");
else   // y 满足条件，继续执行下面的语句
document.write("<p> 所以，可以得出结论：x>10&&y!==1");
}
else
document.write("<p> 所以，可以得出结论：x==10");
//-->
</script>
</body>
</head>
</html>
```

相关的代码示例请参考 Chap8.8.html 文件，然后双击该文件，在 IE 浏览器里面运行的结果如图 8-8 所示。

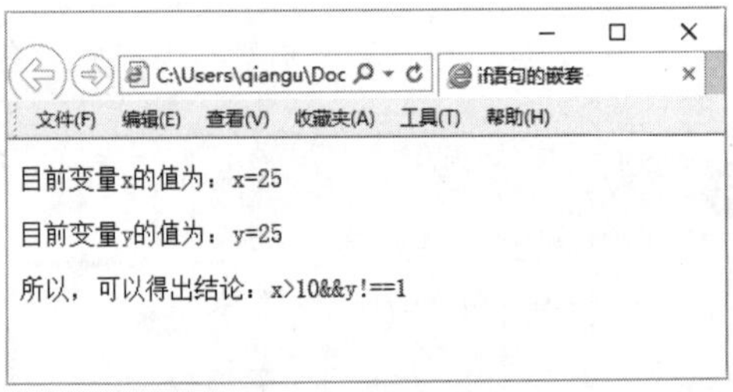

图 8-8　if 语句的嵌套

8.4.6　switch 语句

switch 语句用于基于不同的条件来执行不同的动作。具体语法格式如下：

```
switch(n)
{
    case 1:
```

```
        执行代码块 1
        break;
    case 2:
        执行代码块 2
        break;
    default:
        与 case 1 和 case 2 不同时执行的代码
}
```

【例 8-9】（实例文件：ch08\Chap8.9.html）switch 语句的应用示例。

```
<!DOCTYPE html>
<html>
<head>
<title>switch 语句 </title>
</head>
<body>
<p> 单击下面的按钮来显示今天是周几：</p>
<button onclick="myFunction()"> 获取星期信息 </button>
<p id="demo"></p>
<script>
function myFunction(){
    var x;
    var d=new Date().getDay();
    switch (d){
        case 0:x=" 今天是星期日 ";
        break;
        case 1:x=" 今天是星期一 ";
         break;
        case 2:x=" 今天是星期二 ";
         break;
         case 3:x=" 今天是星期三 ";
        break;
        case 4:x=" 今天是星期四 ";
        break;
        case 5:x=" 今天是星期五 ";
         break;
        case 6:x=" 今天是星期六 ";
        break;
    }
    document.getElementById("demo").innerHTML=x;
}
</script>
</body>
</html>
```

相关的代码示例请参考 Chap8.9.html 文件，然后双击该文件，在 IE 浏览器里面运行，单击"获取星期信息"按钮，即可在下方显示星期数，如图 8-9 所示。

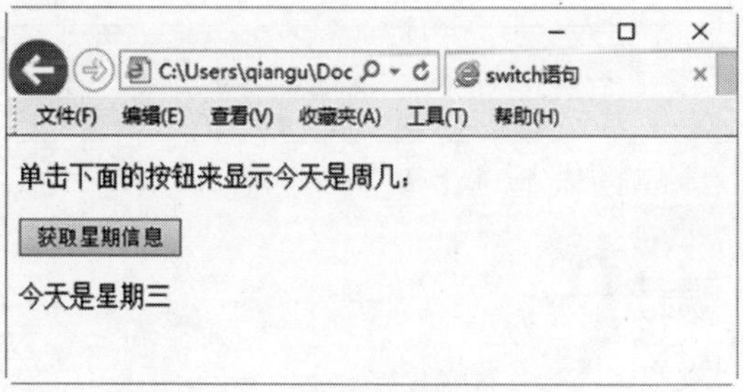

图 8-9　switch 语句的应用示例

8.5　循环语句

　　循环语句的作用是反复地执行同一段代码，尽管其分为几种不同的类型，但基本的原理几乎都是一样的，只要给定的条件仍能得到满足，包括再循环条件语句里面的代码就会重复执行下去，一旦条件不再满足则终止。本节将简要介绍 JavaScript 中常用的几种循环。

8.5.1　while 语句

　　while 循环会在指定条件为真时循环执行代码块。while 语句的语法如下：

```
while (条件)
{
    需要执行的代码
}
```

　　while 语句为不确定性循环语句，当表达式的结果为真（true）时，执行循环中的语句；表达式的结果为假（false）时，不执行循环。

　　【例 8-10】（实例文件：ch08\Chap8.10.html）while 语句的应用示例。

```
<!DOCTYPE html>
<html>
<head>
<title>while 语句的应用示例</title>
</head>
<body>
<p> 单击下面的按钮，只要 i 小于 5 就一直循环代码块，并输出数字。</p>
<button onclick="myFunction()"> 单击这里 </button>
<p id="demo"></p>
<script>
function myFunction(){
    var x="",i=0;
    while (i<5){
        x=x + " 该数字为 " + i + "<br>";
        i++;
    }
    document.getElementById("demo").innerHTML=x;
}
</script>
</body>
</html>
```

　　相关的代码示例请参考 Chap8.10.html 文件，然后双击该文件，在 IE 浏览器里面运行，单击"单击这里"按钮，即可显示数字信息，如图 8-10 所示。

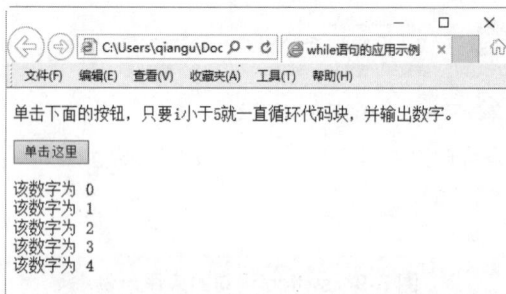

图 8-10　while 语句的应用示例

8.5.2　do…while 语句

do…while 循环是 while 循环的变体，该循环会在检查条件是否为真之前执行一次代码块，然后如果条件为真的话，就会重复这个循环。do…while 语句的语法如下：

```
do
{
    需要执行的代码
}
while（条件）;
```

do…while 为不确定性循环，先执行花括号中的语句，当表达式的结果为真（true）时，执行循环中的语句；表达式为假（false）时，不执行循环，并退出 do…while 循环。

【例 8-11】（实例文件：ch08\Chap8.11.html）do…while 语句的应用示例。

```
<!DOCTYPE html>
<html>
<head>
<title>do…while 语句的应用示例</title>
</head>
<body>
<p>单击下面的按钮，只要 i 小于 5 就一直循环代码块。</p>
<button onclick="myFunction()">单击这里</button>
<p id="demo"></p>
<script>
function myFunction(){
    var x="",i=0;
    do{
        x=x + "该数字为 " + i + "<br>";
        i++;
    }
    while (i<5)
    document.getElementById("demo").innerHTML=x;
}
</script>
</body>
</html>
```

相关的代码示例请参考 Chap8.11.html 文件，然后双击该文件，在 IE 浏览器里面运行，单击"单击这里"按钮，即可显示数字信息，如图 8-11 所示。

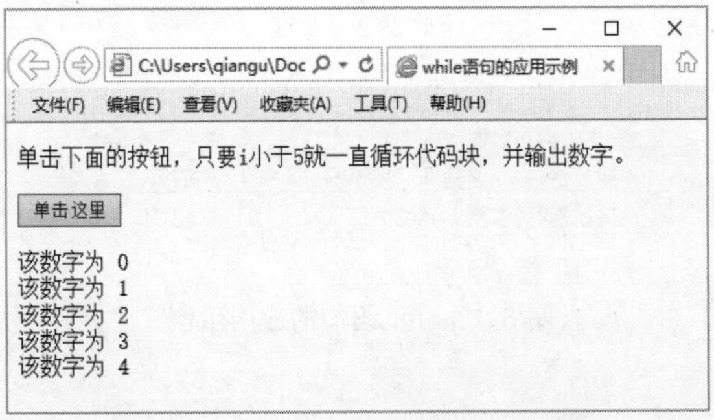

图 8-11　do…while 语句的应用示例

提示：while 与 do…while 的区别：do…while 将先执行一遍花括号中的语句，再判断表达式的真假，这是它与 while 的本质区别。

8.5.3 for 语句

for 语句非常灵活，完全可以代替 while 与 do…while 语句，如图 8-12 所示为 for 语句的执行流程。执行的过程为：先执行"初始化表达式"，再根据"判断表达式"的结果判断是否执行循环，当判断表达式为真（true）时，执行循环中的语句，最后执行"循环表达式"，并继续返回循环的开始进行新一轮的循环；当表达式为假 false 时不执行循环，并退出 for 循环。

for 语句语法如下：

```
for (语句1;语句2;语句3)
{
    被执行的代码块
}
```

图 8-12 for 语句的执行流程

语句 1：（代码块）开始前执行。

语句 2：定义运行循环（代码块）的条件。

语句 3：在循环（代码块）已被执行之后执行。

例如，计算 1 ～ 100 的所有整数之和（包括 1 与 100）。

【例 8-12】（实例文件：ch08\Chap8.12.html）for 语句的应用示例。

```html
<!DOCTYPE html>
<html>
<head>
<title>for 语句的应用示例</title>
</head>
<body>
<script>
for(var i=0,iSum=0;i<=100;i++)
{
        iSum+=i;
}
document.write("1 ～ 100 的所有数之和为 "+iSum);
</script>
</body>
</html>
```

相关的代码示例请参考 Chap8.12.html 文件，然后双击该文件，在 IE 浏览器里面运行的结果如图 8-13 所示。

图 8-13 for 语句的应用示例

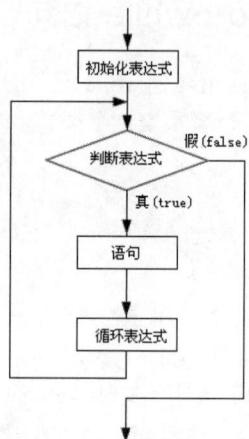

8.6 跳转语句

在循环语句中，某些情况需要跳出循环或者跳过循环体内剩余语句，而直接执行下一次循环，此时可通过 break 和 continue 语句来实现这一目的。break 语句的作用是立即跳出循环；continue 语句的作用是停止正在进行的循环，而直接进入下一次循环。

8.6.1　break 语句

break 语句主要有以下 3 种作用。

（1）在 switch 语句中，用于终止 case 语句序列，跳出 switch 语句。

（2）用在循环结构中，终止循环语句序列，跳出循环结构。

（3）与标签语句配合使用从内层循环或内层程序块中退出。

当 break 语句用于 for、while、do…while 循环语句中时，可使程序终止循环而执行循环后面的语句。

【例 8-13】（实例文件：ch08\Chap8.13.html）break 语句的应用示例。

```html
<!DOCTYPE html>
<html>
<head>
<body>
<title> break 语句应用示例 </title>
<script type = "text/JavaScript">
  <!--
stop:{
    for(var row = 1; row <= 10; ++row)
{
     for(var column = 1;column <= 6;++column)
{
       if(row == 5)
        break stop;
        document.write(" * ");
      }
     document.write("<p>");
   }
    document.write(" 这行无法显示 ");
  }
    document.write(" 结束 script 语句 ");
  //-->
</script>
</body>
</head>
</html>
```

相关的代码示例请参考 Chap8.13.html 文件，然后双击该文件，在 IE 浏览器里面运行的结果如图 8-14 所示。

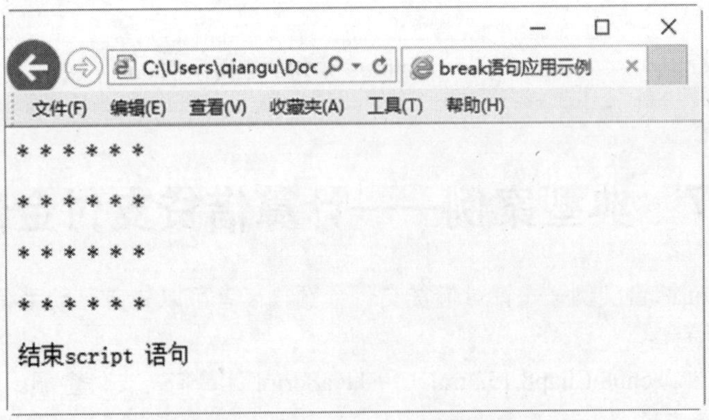

图 8-14　break 语句的应用示例

8.6.2 continue 语句

continue 语句只能出现在循环语句的循环体内，无标号的 continue 语句的作用是跳过当前循环的剩余语句，继续执行下一次循环。

例如，要显示 20 以内的偶数，如果判断出变量 x 是奇数时，则会跳过本循环的后续代码，直接执行 for 语句中的第三部分，再进行下一次循环的比较，直至偶数都显示出来。

【例 8-14】（实例文件：ch08\Chap8.14.html）continue 语句的应用示例。

```
<!DOCTYPE html>
<html>
<head>
<body>
<title> continue 语句应用示例 </title>
<script language="JavaScript">
<!--
var output = "";// output 初值为空字符串
for(var x=1;x<20;x++)// 求 20 以内的偶数
{
if(x%2==1)// 如果是奇数就跳过
continue;
output=output+"x="+x+" ";// 如果是偶数，就附加在 output 字符串后面组成新字符串
}
document.write(output);// 输出结果
//-->
</script>
</body>
</head>
</html>
```

相关的代码示例请参考 Chap8.14.html 文件，然后双击该文件，在 IE 浏览器里面运行的结果如图 8-15 所示。

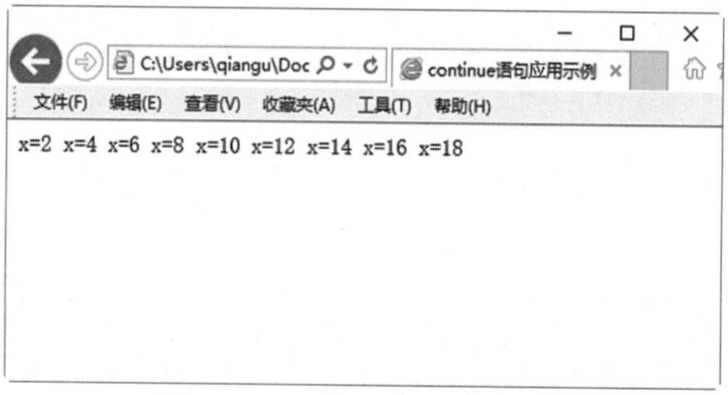

图 8-15 continue 语句的应用示例

8.7 典型案例——计算借贷支付金额

下面是一个 JavaScript 综合实例——计算借贷支付金额，读者可以先自己动手编写程序，经过出错、调试等反复检验将程序进行完善。

【例 8-15】（实例文件：ch08\Chap8.15.html）用 JavaScript 计算借贷支付金额。

```
<!DOCTYPE html>
<html>
```

```html
<head>
<title> 自动计算借贷支付金额 </title>
</head>
<body bgcolor="white">
        <form name="loandata">
            <table>
                <tr><td colspan="3"><b> 输入贷款信息: </b></td></tr>
                <tr>
                    <td>(1)</td>
                    <td> 贷款总额: </td>
                    <td><input type="text" name="principal" size="12" onchange="calculate();">
</input></td>
                </tr>
                <tr>
                    <td>(2)</td>
                    <td> 年利率 (%): </td>
                    <td><input type="text" name="interest" size="12" onchange="calculate();">
</input></td>
                </tr>
                <tr>
                    <td>(3)</td>
                    <td> 借款期限 ( 年 ): </td>
                    <td><input type="text" name="years" size="12" onchange="calculate();">
</input></td>
                </tr>
                <tr><td colspan="3"><input type="button" value=" 计算 " onclick="calculate();
"></td></tr>
                <tr><td colspan="3"><b> 输入还款信息: </b></td></tr>
                <tr>
                    <td>(4)</td>
                    <td> 每月还款金额: </td>
                    <td><input type="text" name="payment" size="12" ></input></td>
                </tr>
                <tr>
                    <td>(5)</td>
                    <td> 还款总金额: </td>
                    <td><input type="text" name="total" size="12" ></input></td>
                </tr>
                <tr>
                    <td>(6)</td>
                    <td> 还款总利息: </td>
                    <td><input type="text" name="totalinterest" size="12" ></input></td>
                </tr>
        </table>
    </form>
</body>
<script type="text/JavaScript">
 function calculate(){
            // 贷款总额
            // 把年利率从百分比转换成十进制，并转换成月利率
            // 还款月数
            var principal = document.loandata.principal.value;
            var interest = document.loandata.interest.value/100/12;
            var payments = document.loandata.years.value*12;
            // 计算月支付额，使用了相关的数学函数
            var x=Math.pow(1+interest,payments);
            var monthly=(principal*x*interest)/(x-1)
            // 检查结果是否是无穷大的数. 如果不是，就显示出结果
             if(!isNaN(monthly)&&
                (monthly!=Number.POSITIVE_INFINITY)&&
                (monthly!=Number.NEGATIVE_INFINITY)){
                        document.loandata.payment.value=round(monthly);document.
loandata.total.value=round(monthly*payments);document.loandata.totalinterest.value=round
((monthly*payments)-principal);
                    }
```

```
                // 否则，用户输入的数据是无效的，因此什么都不显示
                else{
                                document.loandata.payment.value="";
                                document.loandata.total.value="";
                                document.loandata.totalinterest.value="";
                }
        }
        // 把数字舍入成两位小数的形式
        function round(x){
                return Math.round(x*100)/100;
        }
</script>
</html>
```

相关的代码示例请参考 Chap8.15.html 文件，然后双击该文件，在 IE 浏览器里面运行的结果如图 8-16 所示。

在输入贷款信息下方输入贷款金额、年利率与借款期限等信息，单击"计算"按钮，即可在下方显示还款信息，如图 8-17 所示。

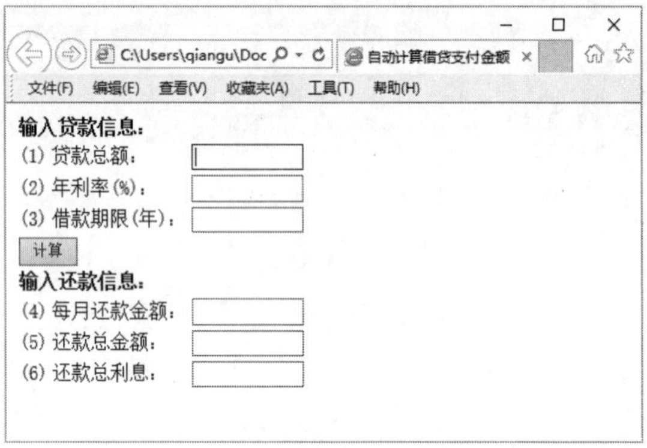

图 8-16　运行预览效果

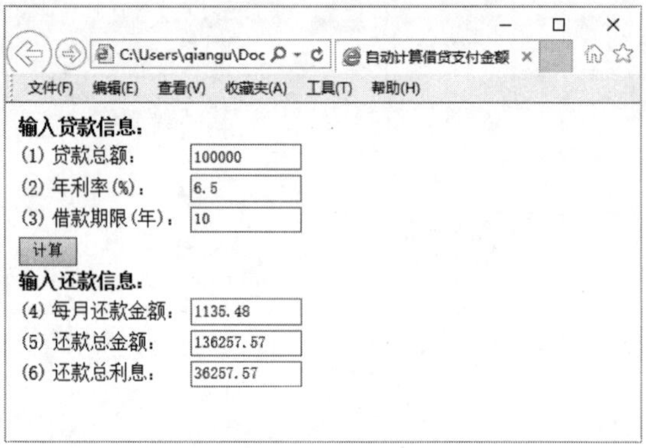

图 8-17　计算还款信息

8.8　就业面试技巧与解析

8.8.1　面试技巧与解析（一）

面试官：谈谈如何适应办公室工作的新环境。

应聘者：我想我应该从以下几个方面来适应办公室新环境。首先，办公室里每个人有各自的岗位与职责，不得擅离岗位；其次，根据领导指示和工作安排，制订工作计划，提前准备，并按计划完成；再次，多请示并及时汇报，遇到不明白的要虚心请教；最后，抓紧时间，多学习，努力提高自己的政治素质和业务水平。

8.8.2　面试技巧与解析（二）

面试官：何时可以到职？

应聘者：如果被录用的话，到职日可按公司规定上班。

第 2 篇

核心应用

在了解 JavaScript 的基本概念、基本应用之后，本篇将详细介绍 JavaScript 的核心应用，包括对象与数组、函数与闭包、窗口与人机交互对话框、文档对象与对象模型、事件机制以及正则表达式等。通过本篇的学习，读者将提高使用 JavaScript 进行前端开发的水平。

第9章
JavaScript 对象与数组

◎ 本章教学微视频：33 个　70 分钟

学习指引

对象是 JavaScript 最基本的数据类型之一，是一种复合的数据类型；数组是 JavaScript 中唯一用来存储和操作有序数据集的数据结构。本章将详细介绍 JavaScript 的对象与数组，主要内容包括创建对象的方法、常用内置对象、对象的访问语句、对象的序列化、创建对象的常用模式、数组对象以及数组的应用方法等。

重点导读

- 掌握创建对象的方法。
- 掌握常用内置对象的使用方法。
- 掌握对象访问语句的使用方法。
- 掌握对象的序列化应用。
- 掌握创建对象常用模式的方法。
- 掌握数组对象的使用方法。
- 掌握使用数组的方法与技巧。

9.1　创建对象的方法

JavaScript 对象是拥有属性和方法的数据。例如，在现实生活中，一辆汽车是一个对象，它具有自己的属性，如重量、颜色等，方法有启动、停止等。

JavaScript 中创建对象有以下几种方法。
- 使用内置对象创建。
- 直接定义并创建。
- 自定义对象构造创建。

9.1.1　使用内置对象创建

JavaScript 可用的内置对象分为两种：一种是语言级对象，如 String、Object、Function 等；另一种是环

境宿主级对象，如 window、document、body 等。通常所说的使用内置对象，是指通过语言级对象的构造方法，
创建出一个新的对象，具体代码格式如下：

```
var str = new String("初始化 String");
var str1 = "直接赋值的 String";
var func = new Function("x","alert(x)");// 初始化 func
var o = new Object();// 初始化一个 Object 对象
```

下面创建一个人对象，对象的属性包括姓名、年龄等。

【例 9-1】（实例文件：ch09\Chap9.1.html）创建 JavaScript 对象应用示例。

```
<!DOCTYPE html>
<html>
<head>
<title> 创建 JavaScript 对象 </title>
</head>
<body>
<p> 创建 JavaScript 对象 </p>
<p id="demo"></p>
<script>
var person = {
    firstName : "刘",
    lastName  : "天佑",
    age       : 3,
    eyeColor  : "black"
};
document.getElementById("demo").innerHTML =
    person.firstName +person.lastName+ "现在 "+person.age +"岁了。";
</script>
</body>
</html>
```

相关的代码示例请参考 Chap9.1.html 文件，然后双击该文件，在 IE 浏览器里面运行的结果如图 9-1 所示。

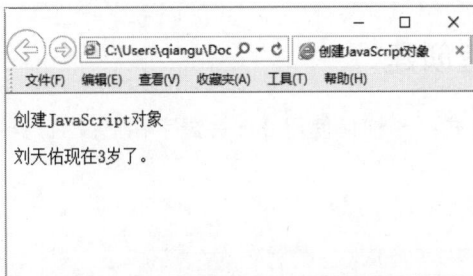

图 9-1 使用内置对象创建对象应用示例

9.1.2 直接定义并创建对象

直接定义并创建对象，易于阅读和编写，同时也易于对其解析和生成。直接定义并创建采用"键 / 值对"
集合的形式。在这种形式下，一个对象以"{"（左括号）开始，"}"（右括号）结束。每个"名称"后跟
一个":"（冒号），"键 / 值对"之间使用","（逗号）分隔。具体代码如下：

```
person={firstname:"刘",lastname:"天佑",age:3,eyecolor:"black"}
```

直接定义并创建对象具有以下特点。

- 简单格式化的数据交换。
- 符合人们的读写习惯。

- 易于机器的分析和运行。

下面创建一个人对象，对象的属性包括姓名、年龄等。

【例 9-2】（实例文件：ch09\Chap9.2.html）创建 JavaScript 对象应用示例。

```
<!DOCTYPE html>
<html>
<head>
<title>创建 JavaScript 对象</title>
</head>
<body>
<script>
person={firstname:"刘",lastname:"天佑",age:3,eyecolor:"black"}
document.write(person.firstname + person.lastname+"现在 " + person.age + " 岁了");
</script>
</body>
</html>
```

相关的代码示例请参考 Chap9.2.html 文件，然后双击该文件，在 IE 浏览器里面运行的结果如图 9-2 所示。

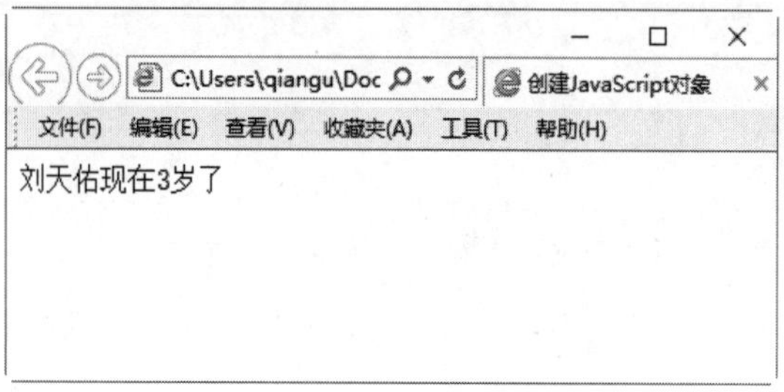

图 9-2　直接定义并创建对象应用示例

9.1.3　自定义对象构造创建

创建高级对象构造有两种方式：一种是使用 this 关键字构造；另一种是使用 prototype 构造。具体代码如下：

```
// 使用 this 关键字
function person ()
{
this.name = "刘天佑";
this.age = 3;
}
// 使用 prototype
function person (){}
person.prototype.name = "刘天佑";
person.prototype.age = 3;
alert(new person ().name);
```

上例中的两种定义在本质上没有区别，都是定义 person 对象的属性信息。this 与 prototype 的区别主要在于属性访问的顺序。具体代码如下：

```
function Test()
{
this.text = function()
{
alert("defined by this");
}
```

```
}
Test.prototype.test = function()
{
alert("defined by prototype");
}
var _o = new Test();
_o.test();// 输出 "defined by this"
```

　　this 与 prototype 定义的另一个不同点是属性的占用空间不同。使用 this 关键字，示例初始化时为每个实例开辟构造方法所包含的所有属性、方法所需的空间，而使用 prototype 定义，由于 prototype 实际上是指向父级的一种引用，仅仅是数据的副本，因此在初始化及存储上都比 this 节约资源。

　　下面创建一个人对象，对象的属性包括姓名、年龄等。

　　【例 9-3】（实例文件：ch09\Chap9.3.html）创建 JavaScript 对象应用示例。

```
<!DOCTYPE html>
<html>
<head>
<title> 创建 JavaScript 对象 </title>
</head>
<body>
<script>
function person(firstname,lastname,age,eyecolor){
    this.firstname=firstname;
    this.lastname=lastname;
    this.age=age;
this.eyecolor=eyecolor;
}
mySon=new person(" 刘 "," 天佑 ",3,"black");
document.write(mySon.firstname + mySon.lastname + " 现在 " + mySon.age + " 岁了! ");
</script>
</body>
</html>
```

　　相关的代码示例请参考 Chap9.3.html 文件，然后双击该文件，在 IE 浏览器里面运行的结果如图 9-3 所示。

图 9-3　自定义对象构造创建应用示例

9.2　常用内置对象

　　JavaScript 作为一门基于对象的编程语言，以其简单、快捷的对象操作获得 Web 应用程序开发者的认可，而其内置的几个核心对象，则构成了 JavaScript 脚本语言的基础。

9.2.1　String 对象

　　String（字符串）对象是 JavaScript 的内置对象，属于动态对象，需要创建对象实例后才能引用该对象的属性和方法，该对象主要用于处理或格式化文本字符串以及确定和定位字符串中的子字符串。

1. 创建 String 对象

String 对象用于处理文本或字符串。创建 String 对象的方法有两种。

第一种是直接创建，例如：

```
var txt = "string";
```

其中，var 是可选项，"string" 就是给对象 txt 赋的值。

第二种是使用 new 关键字来创建，例如：

```
var txt = new String("string");
```

其中，var 是可选项，字符串构造函数 String() 的第一个字母必须为大写字母。

注意：上述两种语句效果是一样的，因此声明字符串时可以采用 new 关键字，也可以不采用 new 关键字。

2. String 对象属性

String 对象的属性如表 9-1 所示。

表 9-1　string 对象的属性

属　　性	描　　述
constructor	对创建该对象的函数的引用
length	字符串的长度
prototype	允许用户向对象添加属性和方法

【例 9-4】（实例文件：ch09\Chap9.4.html）计算字符串的长度。

```
<!DOCTYPE html>
<html>
<head>
<title>计算字符串的长度</title>
</head>
<body>
<script>
var txt = "Hello JavaScript!";
document.write("字符串"Hello JavaScript!"的长度为："+txt.length);
</script>
</body>
</html>
```

相关的代码示例请参考 Chap9.4.html 文件，然后双击该文件，在 IE 浏览器里面运行的结果如图 9-4 所示。

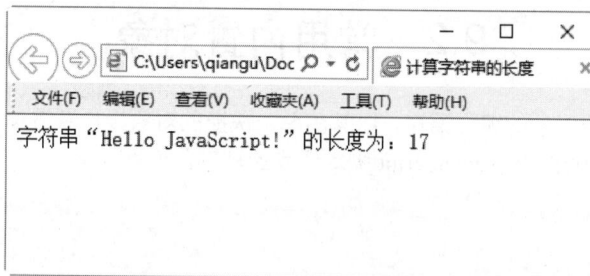

图 9-4　计算字符串的长度

注意：测试字符串长度时，空格也占一个字符位。一个汉字占一个字符位，即一个汉字长度为 1。

3. String 对象的方法

String 对象的方法如表 9-2 所示。使用这些方法可以定义字符串的属性，如以大号字体显示字符串、指定字符串的显示颜色等。

表 9-2　String 对象的方法

方　　法	描　　述
charAt()	返回在指定位置的字符
charCodeAt()	返回在指定的位置的字符的 Unicode 编码
concat()	连接字符串
fromCharCode()	从字符编码创建一个字符串
indexOf()	检索字符串
lastIndexOf()	从后向前搜索字符串
match()	找到一个或多个正则表达式的匹配
replace()	替换与正则表达式匹配的子串
search()	检索与正则表达式相匹配的值
slice()	提取字符串的片断，并在新的字符串中返回被提取的部分
split()	把字符串分割为字符串数组
substr()	从起始索引号提取字符串中指定数目的字符
substring()	提取字符串中两个指定的索引号之间的字符
toLowerCase()	把字符串转换为小写
toUpperCase()	把字符串转换为大写
valueOf()	返回某个字符串对象的原始值

【例 9-5】（实例文件：ch09\Chap9.5.html）转换字符串的大小写。

```
<!DOCTYPE html>
<html>
<head>
<title> 转换字符串的大小写 </title>
</head>
<body>
<p> 该方法返回一个新的字符串，源字符串没有被改变。</p>
<script>
var txt="Hello World!";
document.write("<p>" +" 原字符串: " + txt + "</p>");
document.write("<p>" +" 全部大写: " + txt.toUpperCase() + "</p>");
document.write("<p>" + " 全部小写: " +txt.toLowerCase() + "</p>");
</script>
</body>
</html>
```

相关的代码示例请参考 Chap9.5.html 文件，然后双击该文件，在 IE 浏览器里面运行的结果如图 9-5 所示。

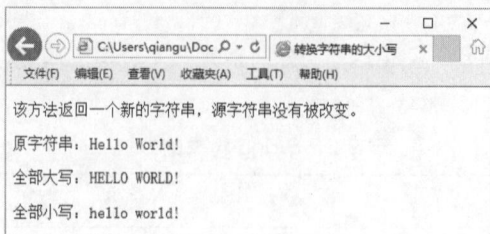

图 9-5　转换字符串的大小写

9.2.2　Date 对象

Date（日期）对象用于处理日期与时间，是一种内置式 JavaScript 对象。

1. 创建 Date 对象

创建 Date 对象的方法有以下 4 种：

```
var d = new Date();// 当前日期和时间
var d = new Date(milliseconds); //返回从 1970 年 1 月 1 日至今的毫秒数
var d = new Date(dateString);
var d = new Date(year, month, day, hours, minutes, seconds, milliseconds);
```

上述创建方法中的参数大多数都是可选的，在不指定的情况下，默认参数是 0。

实例化一个日期的一些例子：

```
var today = new Date()
var d1 = new Date("October 13, 1975 11:13:00")
var d2 = new Date(79,5,24)
var d3 = new Date(79,5,24,11,33,0)
```

下面给出一个实例，分别使用上述 4 种方法创建日期对象。

【例 9-6】（实例文件：ch09\Chap9.6.html）创建日期对象。

```
<!DOCTYPE html>
<html>
<head>
<title> 创建日期对象 </title>
<script>
// 以当前时间创建一个日期对象
var myDate1=new Date();
// 将字符串转换成日期对象，该对象代表日期为 2017 年 6 月 10 日
var myDate2=new Date("June 10,2017");
// 将字符串转换成日期对象，该对象代表日期为 2017 年 6 月 10 日
var myDate3=new Date("2017/6/10");
// 创建一个日期对象，该对象代表日期和时间为 2017 年 10 月 19 日 16 时 16 分 16 秒
var myDate4=new Date(2017,10,19,16,16,16);
// 创建一个日期对象，该对象代表距离 1970 年 1 月 1 日 0 分 0 秒 20000 毫秒的时间
var myDate5=new Date(20000);
// 分别输出以上日期对象的本地格式
document.write("myDate1 所代表的时间为: "+myDate1.toLocaleString()+"<br>");
document.write("myDate2 所代表的时间为: "+myDate2.toLocaleString()+"<br>");
document.write("myDate3 所代表的时间为: "+myDate3.toLocaleString()+"<br>");
document.write("myDate4 所代表的时间为: "+myDate4.toLocaleString()+"<br>");
document.write("myDate5 所代表的时间为: "+myDate5.toLocaleString()+"<br>");
</script>
```

```
</head>
<body>
</body>
</html>
```

相关的代码示例请参考 Chap9.6.html 文件，然后双击该文件，在 IE 浏览器里面运行的结果如图 9-6 所示。

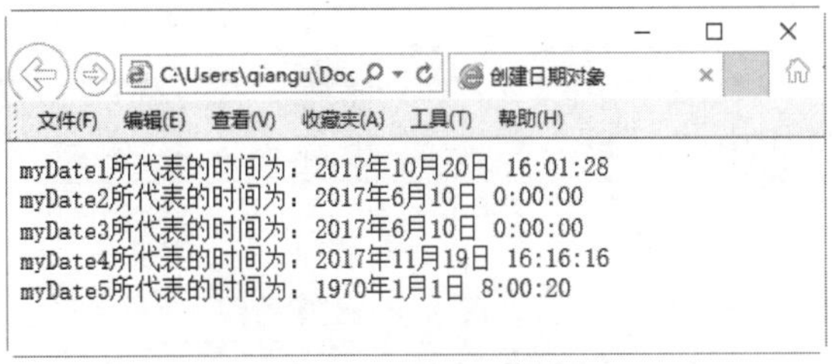

图 9-6　创建日期对象

2. Date 对象的属性

Date 对象只包含两个属性，分别是 constructor 和 prototype，如表 9-3 所示。

表 9-3　Date 对象的属性

属　　性	描　　述
constructor	返回对创建此对象的 Date 函数的引用。
prototype	允许用户向对象添加属性和方法

【例 9-7】（实例文件：ch09\Chap9.7.html）显示当前系统的月份。

```
<!DOCTYPE html>
<html>
<head>
<title> Date 对象属性的应用 </title>
</head>
<body>
<p id="demo">单击 "获取月份" 按钮来调用新的 myMet() 方法，并显示这个月的月份 </p>
<button onclick="myFunction()"> 获取月份 </button>
<script>
// 创建一个新的日期对象方法
Date.prototype.myMet=function(){
    if (this.getMonth()==0){this.myProp=" 一月 "};
    if (this.getMonth()==1){this.myProp=" 二月 "};
    if (this.getMonth()==2){this.myProp=" 三月 "};
    if (this.getMonth()==3){this.myProp=" 四月 "};
    if (this.getMonth()==4){this.myProp=" 五月 "};
    if (this.getMonth()==5){this.myProp=" 六月 "};
    if (this.getMonth()==6){this.myProp=" 七月 "};
    if (this.getMonth()==7){this.myProp=" 八月 "};
    if (this.getMonth()==8){this.myProp=" 九月 "};
    if (this.getMonth()==9){this.myProp=" 十月 "};
    if (this.getMonth()==10){this.myProp=" 十一月 "};
    if (this.getMonth()==11){this.myProp=" 十二月 "};
}
// 创建一个 Date 对象，调用对象的 myMet() 方法
function myFunction(){
    var d = new Date();
    d.myMet();
    var x=document.getElementById("demo");
    x.innerHTML=d.myProp;
```

```
    }
  </script>
</body>
```

相关的代码示例请参考 Chap9.7.html 文件，然后双击该文件，在 IE 浏览器里面运行的结果如图 9-7 所示。
单击"获取月份"按钮，即可在浏览器窗口中显示当前系统的月份，如图 9-8 所示。

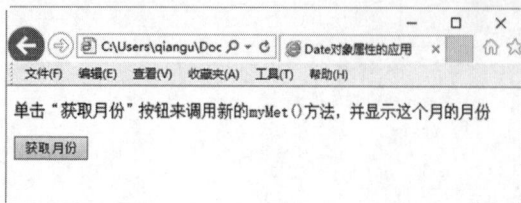

图 9-7　运行结果预览效果

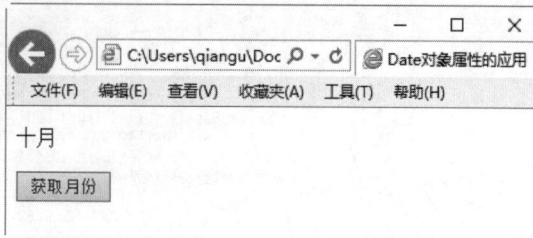

图 9-8　显示当前系统的月份

3. Date 对象的常用方法

Date 对象的方法可分为 3 大组：setXxx、getXxx、toXxx。setXxx 方法用于设置时间和日期值；getXxx
方法用于获取时间和日期值；toXxx 主要是将日期转换成指定格式。Date（日期）对象的方法如表 9-4 所示。

表 9-4　Date 对象的方法

方　　法	描　　述
getDate()	从 Date 对象返回一个月中的某一天（1~31）
getDay()	从 Date 对象返回一周中的某一天（0~6）
getFullYear()	从 Date 对象以 4 位数字返回年份
getHours()	返回 Date 对象的小时（0~23）
getMilliseconds()	返回 Date 对象的毫秒（0~999）
getMinutes()	返回 Date 对象的分钟（0~59）
getMonth()	从 Date 对象返回月份（0~11）
getSeconds()	返回 Date 对象的秒数 （0～59）
getTime()	返回 1970 年 1 月 1 日至今的毫秒数
getTimezoneOffset()	返回本地时间与格林威治标准时间 （GMT） 的分钟差
getUTCDate()	根据世界时从 Date 对象返回月中的一天 （1～31）
getUTCDay()	根据世界时从 Date 对象返回周中的一天 （0～6）
getUTCFullYear()	根据世界时从 Date 对象返回 4 位数的年份
getUTCHours()	根据世界时返回 Date 对象的小时 （0～23）
getUTCMilliseconds()	根据世界时返回 Date 对象的毫秒 （0～999）
getUTCMinutes()	根据世界时返回 Date 对象的分钟 （0～59）

方　　法	描　　述
getUTCMonth()	根据世界时从 Date 对象返回月份（0～11）
getUTCSeconds()	根据世界时返回 Date 对象的秒钟（0～59）
getYear()	已废弃。请使用 getFullYear() 方法代替
parse()	返回 1970 年 1 月 1 日午夜到指定日期（字符串）的毫秒数
setDate()	设置 Date 对象中月的某一天（1～31）
setFullYear()	设置 Date 对象中的年份（4 位数字）
setHours()	设置 Date 对象中的小时（0～23）
setMilliseconds()	设置 Date 对象中的毫秒（0～999）
setMinutes()	设置 Date 对象中的分钟（0～59）
setMonth()	设置 Date 对象中月份（0～11）
setSeconds()	设置 Date 对象中的秒钟（0～59）
setTime()	以毫秒设置 Date 对象
setUTCDate()	根据世界时设置 Date 对象中月份的一天（1～31）
setUTCFullYear()	根据世界时设置 Date 对象中的年份（4 位数字）
setUTCHours()	根据世界时设置 Date 对象中的小时（0～23）
setUTCMilliseconds()	根据世界时设置 Date 对象中的毫秒（0～999）
setUTCMinutes()	根据世界时设置 Date 对象中的分钟（0～59）
setUTCMonth()	根据世界时设置 Date 对象中的月份（0～11）
setUTCSeconds()	用于根据世界时 (UTC) 设置指定时间的秒字段
setYear()	已废弃。请使用 setFullYear() 方法代替
toDateString()	把 Date 对象的日期部分转换为字符串
toGMTString()	已废弃。请使用 toUTCString() 方法代替
toISOString()	使用 ISO 标准返回字符串的日期格式
toJSON()	以 JSON 数据格式返回日期字符串
toLocaleDateString()	根据本地时间格式，把 Date 对象的日期部分转换为字符串
toLocaleTimeString()	根据本地时间格式，把 Date 对象的时间部分转换为字符串
toLocaleString()	根据本地时间格式，把 Date 对象转换为字符串
toString()	把 Date 对象转换为字符串
toTimeString()	把 Date 对象的时间部分转换为字符串

方　　法	描　　述
toUTCString()	根据世界时，把 Date 对象转换为字符串
UTC()	根据世界时返回 1970 年 1 月 1 日到指定日期的毫秒数
valueOf()	返回 Date 对象的原始值

【例 9-8】（实例文件：ch09\Chap9.8.html）在网页中显示时钟。

```
<!DOCTYPE html>
<html>
<head>
<title>在网页中显示时钟</title>
<script>
function startTime(){
    var today=new Date();
    var h=today.getHours();
    var m=today.getMinutes();
    var s=today.getSeconds();// 在小于10 的数字前加一个 '0'
    m=checkTime(m);
    s=checkTime(s);
    document.getElementById('txt').innerHTML=h+":"+m+":"+s;
    t=setTimeout(function(){startTime()},500);
}
function checkTime(i){
    if (i<10){
        i="0" + i;
    }
    return i;
}
</script>
</head>
<body onload="startTime()">
<div id="txt"></div>
</body>
</html>
```

相关的代码示例请参考 Chap9.8.html 文件，然后双击该文件，在 IE 浏览器里面运行的结果如图 9-9 所示。

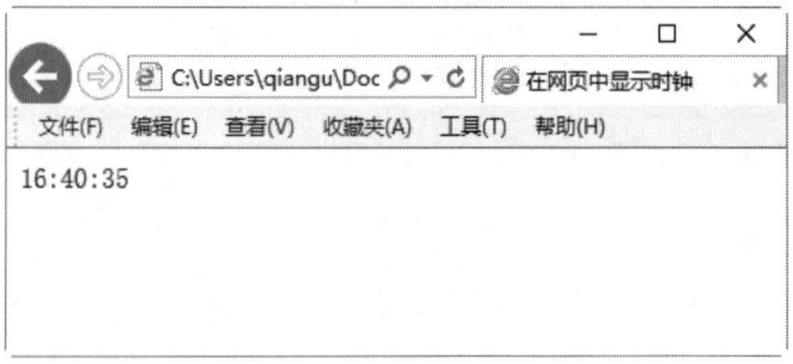

图 9-9　在网页中显示时钟

9.2.3　Array 对象

Array（数组）对象是 JavaScript 中常用的内置对象之一，通过调用 Array 对象的各种方法，可以方便地对数组进行排序、删除、合并等操作。

9.2.4 Boolean 对象

Boolean（逻辑）对象用于转换一个不是 Boolean 类型的值，转换的结果为 Boolean 类型值，包括 true 和 false。

1. 创建 Boolean 对象

Boolean 对象代表两个值：true 或者 false，下面的代码定义了一个名为 myBoolean 的布尔对象，具体格式如下：

```
var myBoolean=new Boolean();
```

如果布尔对象无初始值或者其值为：0、-0、null、""、false、undefined 和 NaN，那么对象的值为 false。否则，其值为 true。

2. Boolean 对象的属性

Boolean 日期对象只包含两个属性，分别是 constructor 和 prototype，如表 9-5 所示。

表 9-5 Boolean 对象的属性

属　　性	描述
constructor	返回对创建此对象的 Boolean 函数的引用
prototype	允许用户向对象添加属性和方法

【例 9-9】（实例文件：ch09\Chap9.9.html）获取颜色。

```
<!DOCTYPE html>
<html>
<head>
<title>Boolean 对象属性的应用 </title>
</head>
<body>
<p id="demo">单击 "获取颜色" 按钮，如果 boolean 值为 <em>true</em> 显示 "green"，否则显示 "red"。</p>
<button onclick="myFunction()"> 获取颜色 </button>
<script>
Boolean.prototype.myColor=function(){
    if (this.valueOf()==true){
        this.color="green";
    }
    else{
        this.color="red";
    }
}
function myFunction(){
    var a = new Boolean(1);
    a.myColor();
    var x=document.getElementById("demo");
    x.innerHTML=a.color;
}
</script>
</body>
</html>
```

相关的代码示例请参考 Chap9.9.html 文件，然后双击该文件，在 IE 浏览器里面运行的结果如图 9-10 所示。单击 "获取颜色" 按钮，即可在浏览器窗口中显示符合条件的颜色信息，如图 9-11 所示。

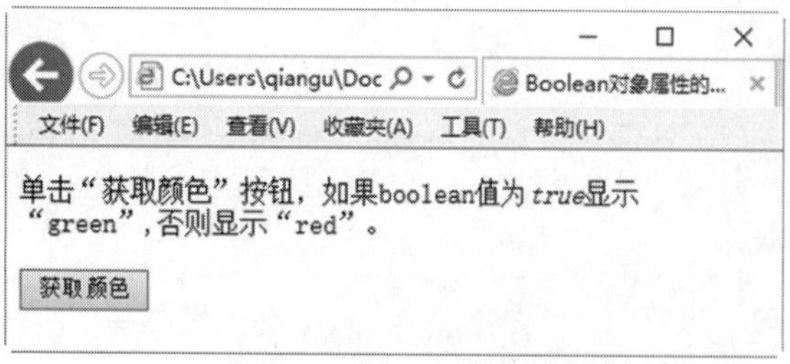

图 9-10　运行结果预览效果

图 9-11　显示复合条件的颜色信息

3. Boolean 对象的方法

Boolean 对象的方法包括两个，如表 9-6 所示。

表 9-6　Boolean 对象的方法

方　　法	描　　述
toString()	把布尔值转换为字符串，并返回结果
valueOf()	返回 Boolean 对象的原始值

【例 9-10】（实例文件：ch09\Chap9.10.html）把布尔值转换为字符串，并返回结果。

```
<!DOCTYPE html>
<html>
<head>
<title>把布尔值转换为字符串</title>
</head>
<body>
<p id="demo">单击"获取结果"按钮，以字符串的形式显示 Boolean 对象的值。</p>
<button onclick="myFunction()">获取结果</button>
<script>
function myFunction(){
    var myvar=new Boolean(1);
    var x=document.getElementById("demo");
    x.innerHTML=myvar.toString();
}
</script>
</body>
</html>
```

相关的代码示例请参考 Chap9.10.html 文件，然后双击该文件，在 IE 浏览器里面运行的结果如图 9-12 所示。

单击"获取结果"按钮，即可在浏览器窗口中以字符串的形式显示布尔值，如图 9-13 所示。

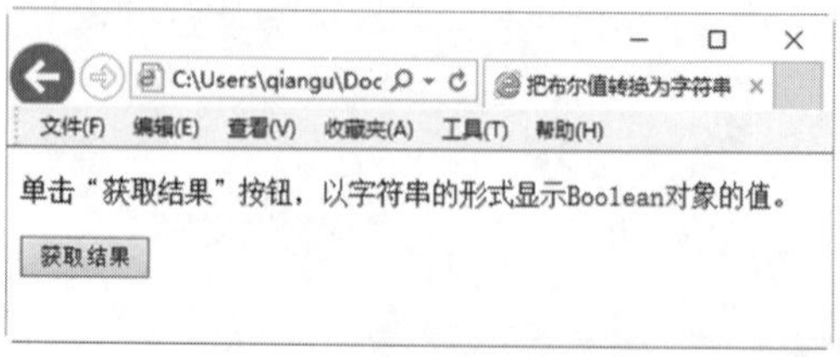

图 9-12　运行结果预览效果

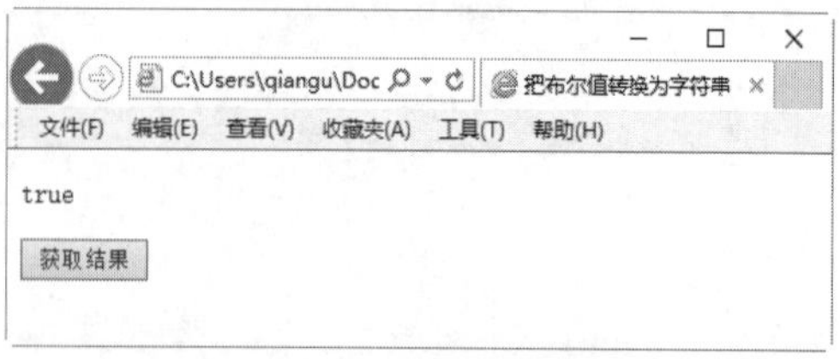

图 9-13　显示运行结果

注意：当出现需要把 Boolean 对象转换成字符串的情况时，JavaScript 会自动调用此方法。

9.2.5 Math 对象

Math（算术）对象的作用是：执行常见的算术任务。这是因为 Math 对象提供了大量的数学常量和数学函数。在使用 Math 对象时，不能使用关键字 new 来创建对象实例，而应直接使用"对象名 . 成员"的格式来访问其属性和方法。

1. 创建 Math 对象

创建 Math 对象的语法格式如下：

```
Math.[{property|method}]
```

其中，property 为必选项，为 Math 对象的一个属性名；method 也是必选项，为 Math 对象的一个方法名。

具体应用示例代码格式如下：

```
var x = Math.PI; // 返回 PI
var y = Math.sqrt(16); // 返回16的平方根
```

2. Math 对象的属性

Math 对象的属性是数学中常用的常量，Math 对象的属性如表 9-7 所示。

表 9-7 Math 对象的属性

属　　性	描　　述
E	返回算术常量 e，即自然对数的底数（约等于 2.718）
LN2	返回 2 的自然对数（约等于 0.693）
LN10	返回 10 的自然对数（约等于 2.302）
LOG2E	返回以 2 为底的 e 的对数（约等于 1.414）
LOG10E	返回以 10 为底的 e 的对数（约等于 0.434）
PI	返回圆周率（约等于 3.141 59）
SQRT1_2	返回 2 的平方根的倒数（约等于 0.707）
SQRT2	返回 2 的平方根（约等于 1.414）

【例 9-11】（实例文件：ch09\Chap9.11.html）Math 对象属性的应用。

```
<!DOCTYPE html>
<html>
<body>
<script type="text/JavaScript">
var numVar1=Math.E
document.write("E属性应用后的计算结果为: " +numVar1);
document.write("<br>");
document.write("<br>");
var numVar2=Math.LN2
document.write("LN2属性应用后的计算结果为: " +numVar2);
document.write("<br>");
document.write("<br>");
var numVar3=Math.LN10
document.write("LN10属性应用后的计算结果为: " +numVar3);
document.write("<br>");
document.write("<br>");
var numVar4=Math. LOG2E
document.write("LOG2E属性应用后的计算结果为: " +numVar4);
```

```
document.write("<br>");
document.write("<br>");
var numVar5=Math. LOG10E
document.write("LOG10E 属性应用后的计算结果为: " +numVar5);
document.write("<br>");
document.write("<br>");
var numVar6=Math. PI
document.write("PI 属性应用后的计算结果为: " +numVar6);
document.write("<br>");
document.write("<br>");
var numVar7=Math. SQRT1_2
document.write("SQRT1_2 属性应用后的计算结果为: " +numVar7);
document.write("<br>");
document.write("<br>");
var numVar8=Math. SQRT2
document.write("SQRT2 属性应用后的计算结果为: " +numVar8);
</script>
</body>
</html>
```

相关的代码示例请参考 Chap9.11.html 文件，然后双击该文件，在 IE 浏览器里面运行的结果如图 9-14 所示。

图 9-14　算术计算结果

3. Math 对象的方法

Math 对象的方法是数学中常用的函数，如表 9-8 所示。

表 9-8　Math 对象的方法

方　法	描　述
abs(x)	返回数的绝对值
acos(x)	返回数的反余弦值
asin(x)	返回数的反正弦值
atan(x)	以 −PI/2 ～ PI/2 弧度的数值来返回 x 的反正切值
atan2(y,x)	返回从 x 轴到点 (x,y) 的角度（范围为 −PI/2 ～ PI/2 弧度）
ceil(x)	对数进行上舍入
cos(x)	返回数的余弦
exp(x)	返回 e 的指数

方　　法	描　　述
floor(x)	对数进行下舍入
log(x)	返回数的自然对数（底数为 e）
max(x,y,z,...,n)	返回 x,y,z,…,n 中的最大值
mix(x,y,z,...,n)	返回 x,y,z,…,n 中的最小值
pow(x,y)	返回 x 的 y 次幂
random()	返回 0～1 的随机数
round(x)	把数四舍五入为最接近的整数
sin(x)	返回数的正弦
sqrt(x)	返回数的平方根
tan(x)	返回角的正切

下面以返回两个或多个参数中的最大值或最小值为例，来介绍 Math 对象方法的使用技巧。使用 max() 方法可返回两个指定的数中带有较大的值的那个数。语法格式如下：

```
Math.max(x...)
```

其中，参数 x 为 0 或多个值。其返回值为参数中最大的数值。

使用 min() 方法可返回两个指定的数中带有较小的值的那个数。语法格式如下：

```
Math.min(x...)
```

其中，参数 x 为 0 或多个值。其返回值为参数中最小的数值。

【例 9-12】（实例文件：ch09\Chap9.12.html）返回参数当中的最大值或最小值。

```
<!DOCTYPE html>
<html>
<body>
<script type="text/JavaScript">
var numVar=5;
var numVar1=2;
var numVar2=-4;
var numVar3=1;
document.write("5、2、-4、1中最大的值为: "+ Math.max(numVar, numVar1,numVar2,numVar3) + "<br />")
document.write("5、2、-4、1中最小的值为: "+ Math.min(numVar, numVar1,numVar2,numVar3) + "<br />")
</script>
</body>
</html>
```

相关的代码示例请参考 Chap9.12.html 文件，然后双击该文件，在 IE 浏览器里面运行的结果如图 9-15 所示。

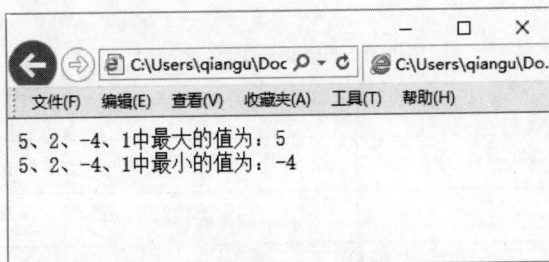

图 9-15　返回参数当中的最大值与最小值

9.2.6 Number 对象

Number（数值）对象是原始数值的包装对象，代表数值数据类型和提供数值的对象，如果一个参数值不能转换为一个数字将返回 NaN（非数字值）。

1. 创建 Number 对象

在创建 Number 对象时，可以不与运算符 new 一起使用，而直接作为转换函数来使用。以这种方式调用 Number 对象时，它会把自己的参数转化成一个数字，然后返回转换后的原始数值。

创建 Number 对象的语法结构如下：

```
var num = new Number(value);
```

其中，num 表示要赋值为 Number 对象的变量名；value 为可选项，是新对象的数字值。如果忽略 value，则返回值为 0。

【例 9-13】（实例文件：ch09\Chap9.13.html）创建一个 Number 对象。

```
<html>
<body>
<script type="text/JavaScript">
var numObj1=new Number()
var numObj2=new Number(0)
var numObj3=new Number(-1)
document.write(numObj1+"<br>");
document.write(numObj2+"<br>");
document.write(numObj3+"<br>");
</script>
</body>
</html>
```

相关的代码示例请参考 Chap9.13.html 文件，然后双击该文件，在 IE 浏览器里面运行的结果如图 9-16 所示。

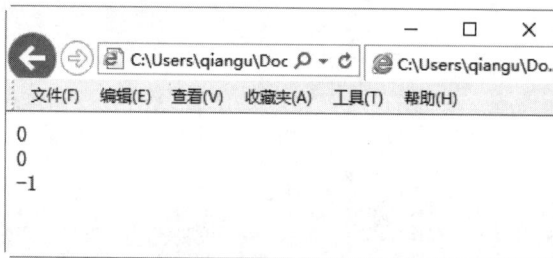

图 9-16　数值对象

2. Number 对象的属性

Number 对象包括 7 个属性，如表 9-9 所示。其中，constructor 和 prototype 两个属性在每个内部对象都有，前面已经介绍过，这里不再赘述。

表 9-9　Number 对象的属性

属　　性	描　　述
constructor	返回对创建此对象的 Number 函数的引用
MAX_VALUE	可表示的最大的数
MIN_VALUE	可表示的最小的数

属　　性	描　　述
NaN	非数字值
NEGATIVE_INFINITY	负无穷大，溢出时返回该值
POSITIVE_INFINITY	正无穷大，溢出时返回该值
prototype	允许用户向对象添加属性和方法

【例 9-14】（实例文件：ch09\Chap9.14.html）返回 JavaScript 中最大与最小的数值。

```
<!DOCTYPE html>
<html>
<body>
<script type="text/JavaScript">
document.write("JavaScript 中最大的数值为: "+Number.MAX_VALUE+"<br>");
document.write("JavaScript 中最小的数值为: "+Number.MIN_VALUE);
</script>
</body>
</html>
```

相关的代码示例请参考 Chap9.14.html 文件，然后双击该文件，在 IE 浏览器里面运行的结果如图 9-17 所示。

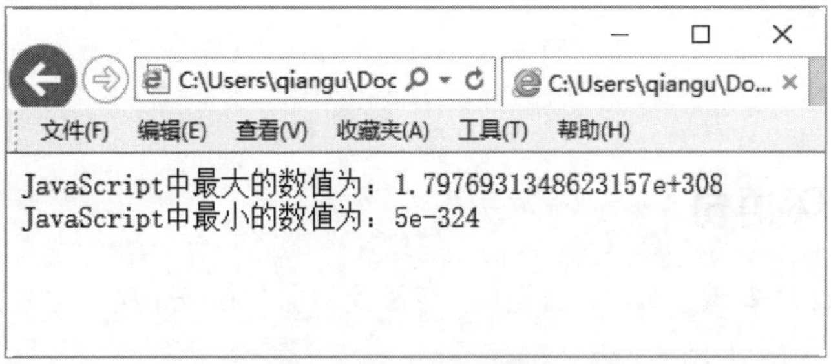

图 9-17　返回 JavaScript 中最大与最小值

3. Number 对象的方法

Number 对象包含的方法并不多，这些方法主要用于数据类型的转换，如表 9-10 所示。

表 9-10　Number 对象的方法

方　　法	描　　述
toString()	把数字转换为字符串，使用指定的基数
toFixed()	把数字转换为字符串，结果的小数点后有指定位数的数字
toExponential()	把对象的值转换为指数计数法
toPrecision()	把数字格式化为指定的长度
valueOf()	返回一个 Number 对象的基本数字值

【例 9-15】（实例文件：ch09\Chap9.15.html）四舍五入时指定小数位数。

```
<!DOCTYPE html>
<html>
```

```
<body>
<script type="text/JavaScript">
var number = new Number(12.3848);
document.write ("原数值为: "+ number);
document.write("<br>");
document.write ("保留两位小数的数值为: "+number. toFixed(2))
</script>
</body>
</html>
```

相关的代码示例请参考Chap9.15.html文件，然后双击该文件，在IE浏览器里面运行的结果如图9-18所示。

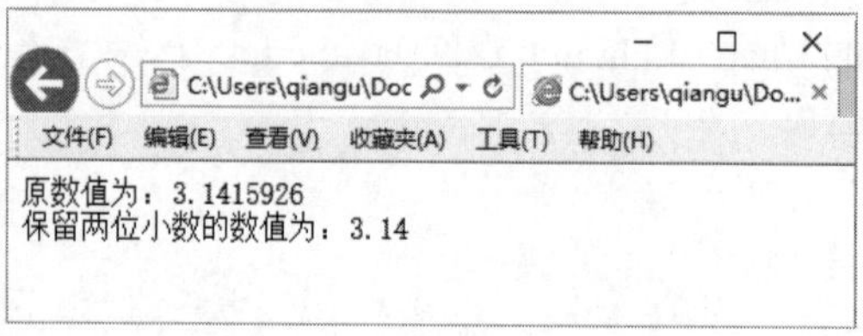

图 9-18　四舍五入运算结果

9.3　对象访问语句

在 JavaScript 中，用于对象访问的语句有两种，分别是 for…in 循环语句和 with 语句。下面详细介绍这两种语句的用法。

9.3.1　for…in 循环语句

for…in 循环语句和 for 语句十分相似，该语句用来遍历对象的每一个属性，每次都会将属性名作为字符串保存在变量中。

for…in 语句的语法格式如下：

```
for(variable in object){
…statement
}
```

其中，variable 是一个变量名，声明一个变量的 var 语句、数组的一个元素或者对象的一个属性。object 是一个对象名，或者是计算结果为对象的表达式。statement 是一个原始语句或者语句块，由它构建循环的主体。

【例 9-16】（实例文件：ch09\Chap9.16.html）for…in 语句的使用。

```
<!DOCTYPE>
<head>
<title>使用 for…in 语句 </title>
</head>
<body>
<script type="text/JavaScript">
var mybook = new Array()
mybook[0] = "红楼梦"
mybook[1] = "西游记"
mybook[2] = "水浒传"
mybook[3] = "三国演义"
for (var i in mybook)
{
document.write(mybook[i] + "<br />")
}
```

```
</script>
</body>
</html>
```

相关的代码示例请参考 Chap9.16.html 文件，然后双击该文件，在 IE 浏览器里面运行的结果如图 9-19 所示。

图 9-19　for…in 语句的应用

9.3.2　with 语句

有了 with 语句，在存取对象属性和方法时就不用重复指定参考对象。在 with 语句块中，凡是 JavaScript 不能识别的属性和方法都和该语句块指定的对象有关。

With 语句的语法格式如下所示：

```
with object {
statements
}
```

【例 9-17】（实例文件：ch09\Chap9.17.html）with 语句的使用。

```
<!DOCTYPE>
<html>
  <head>
  <title>with 语句的使用 </title>
  </head>
  <body>
<script type ="text/JavaScript">
var date_time=new Date();
with(date_time){
var a=getMonth()+1;
alert(getFullYear()+" 年 "+a+" 月 "+getDate()+" 日 "+getHours()+":"+getMinutes()+":"+getSeconds());
}
var date_time=new Date();
alert(date_time.getFullYear()+" 年 "+date_time.getMonth()+1+" 月 "+date_time.getDate()+" 日
"+date_time.getHours()+":"+date_time.getMinutes()+":"+date_time.getSeconds());
</script>
</body>
</html>
```

相关的代码示例请参考 Chap9.17.html 文件，然后双击该文件，在 IE 浏览器里面运行的结果如图 9-20 所示。

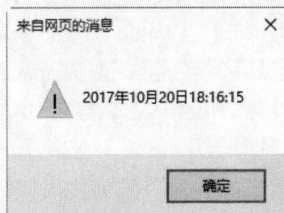

图 9-20　with 语句的应用示例

9.4 对象的序列化

对象序列化是指将对象的状态转换为字符串，从而存储在计算机中，以供程序员连续使用，本节将介绍如何对对象进行序列化。

9.4.1 认识对象序列化

使用 JavaScript JSON 中的 JSON.stringify() 方法可以序列化对象，而使用 JSON.parse() 可以还原 JavaScript 对象，也就是对象的反序列化。

JSON 全称是 JavaScript Object Notation。它是基于 JavaScript 编程语言标准的一种轻量级的数据交换格式，主要用于与服务器进行数据交换。跟 XML 相类似，它是独立语言，在跨平台数据传输上有很大的优势。

9.4.2 对象序列化的意义

世间万物都有其存在的原因，为什么会有对象序列化呢？因为程序员需要它。既然是对象序列化，那就需要先从一个对象说起，例如下面的代码：

```
var obj = {x:1, y:2};
```

当这句代码运行时，对象 obj 的内容会存储在一块内存中，而 obj 本身存储的只是这块内存的地址的映射而已。简单地说，对象 obj 就是程序在计算机通电时，在内存中维护的一种东西，如果程序停止运行了，或者是计算机断电了，对象 obj 将不复存在。

那么如何把对象 obj 的内容保存在磁盘上呢？也就是说在没电时这些内容如何继续保留着？这时就需要把对象 obj 序列化，也就是说把 obj 的内容转换成一个字符串的形式，然后再保存在磁盘上。

另外，又怎么通过 HTTP 协议把对象 obj 的内容发送到客户端呢？没错，还是需要先把对象 obj 序列化，然后客户端根据接收到的字符串再反序列化，也就是将字符串还原为对象，从而解析出相应的对象，这也正是对象序列化与反序列化的意义所在。

9.4.3 对象序列化

JavaScript 中的对象序列化是通过 JSON.stringify() 来实现的，具体的语法格式如下：

```
JSON.stringify(value[, replacer[, space]])
```

参数说明：
- value：必选项，是指一个有效的 JSON 字符串。
- replacer：可选项，用于转换结果的函数或数组。如果 replacer 为函数，则 JSON.stringify () 将调用该函数，并传入每个成员的键和值，使用返回值而不是原始值。如果此函数返回 undefined，则排除成员。根对象的键是一个空字符串：""。如果 replacer 是一个数组，则仅转换该数组中具有键值的成员，成员的转换顺序与键在数组中的顺序一样。当 value 参数也为数组时，将忽略 replacer 数组。
- space：可选项，文本添加缩进、空格和换行符。如果 space 是一个数字，则返回值文本在每个级别缩进指定数目的空格，如果 space 大于 10，则文本缩进 10 个空格。space 可以使用非数字，如 \t。
- 返回值：返回包含 JSON 文本的字符串。

【例 9-18】（实例文件：ch09\Chap9.18.html）对象序列化操作。

```
<!DOCTYPE html>
```

```
<html>
<head>
<title> 对象序列化 </title>
</head>
<body>
<p id="demo"></p>
<script>
var str = {"name":"淘宝网址", "site":"http://www.taobao.com"}
str_pretty1 = JSON.stringify(str)
document.write( "只有一个参数情况: " );
document.write( "<br>" );
document.write("<pre>" + str_pretty1 + "</pre>" );
document.write( "<br>");
str_pretty2 = JSON.stringify(str, null, 4) //使用四个空格缩进
document.write( "使用参数情况: " );
document.write( "<br>" );
document.write("<pre>" + str_pretty2 + "</pre>" ); // pre 用于格式化输出
</script>
</body>
</html>
```

相关的代码示例请参考 Chap9.18.html 文件，然后双击该文件，在 IE 浏览器里面运行的结果如图 9-21 所示。

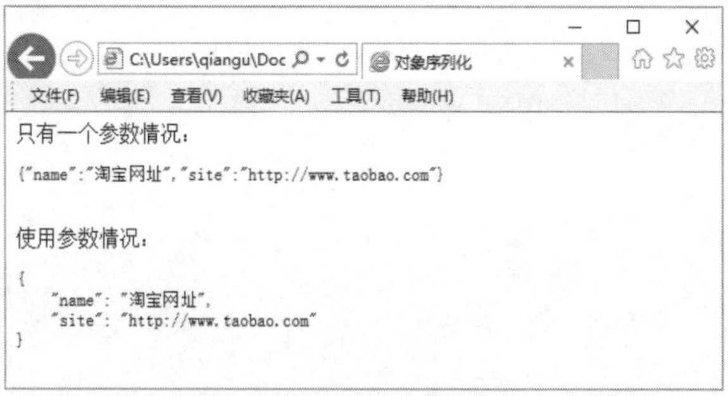

图 9-21　对象的序列化操作

JavaScript 中的对象反序列化是通过 JSON.parse() 来实现的，该方法用于将一个 JSON 字符串转换为对象。具体的语法格式如下：

```
JSON.parse(text[, reviver])
```

参数说明：

- text：必选项，是指一个有效的 JSON 字符串。
- reviver：可选项，一个转换结果的函数，将为对象的每个成员调用此函数。
- 返回值：返回给定 JSON 字符串转换后的对象。

【例 9-19】（实例文件：ch09\Chap9.19.html）对象的反序列化操作 1。

```
<!DOCTYPE html>
<html>
<head>
<title> 对象的反序列化 1</title>
</head>
<body>
<h2> 从 JSON 字符串中创建一个对象 </h2>
<p id="demo"></p>
<script>
var text = '{"employees":[' +
    '{"name":"Taobao","site":"http://www.taobao.com" },' +
```

```
        '{"name":"Google","site":"http://www.Google.com" },' +
        '{"name":"Baidu","site":"http://www.baidu.com" }]}';
obj = JSON.parse(text);
document.getElementById("demo").innerHTML =
    obj.employees[1].name + " " + obj.employees[1].site;
</script>
</body>
</html>
```

相关的代码示例请参考 Chap9.19.html 文件，然后双击该文件，在 IE 浏览器里面运行的结果如图 9-22 所示。

图 9-22　对象的反序列化操作

另外，在反序列化操作的过程中，还可以通过添加可选参数，来对对象进行反序列化操作。

【例 9-20】（实例文件：ch09\Chap9.20.html）对象反序列化操作 2。

```
<!DOCTYPE html>
<html>
<head>
<title> 对象的反序列化 2</title>
</head>
<body>
<h2> 使用可选参数，回调函数 </h2>
<script>
JSON.parse('{"p": 5}', function(k, v) {
    if (k === '') { return v; }
    return v * 2;
});
JSON.parse('{"1": 1, "2": 2, "3": {"4": 4, "5": {"6": 6}}}', function(k, v) {
  document.write( k );// 输出当前属性，最后一个为 ""
  document.write("<br>");
  return v;          // 返回修改的值
});
</script>
</body>
</html>
```

相关的代码示例请参考 Chap9.20.html 文件，然后双击该文件，在 IE 浏览器里面运行的结果如图 9-23 所示。

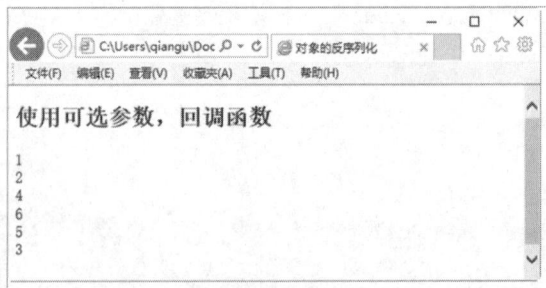

图 9-23　反序列化操作并回调函数

9.5　创建对象的常用模式

创建对象的常用模式包括工厂模式、自定义构造函数模式、原型模式、动态原型模式等。本节将介绍创建对象的常用模式。

9.5.1　工厂模式

工厂模式，顾名思义，这个肯定是一个类似于机器的方法，只要把原料（参数）放入机器，经过机器加工，就能获得想要的对象。具体示例代码如下：

```
var lev=function(){
return "宝宝";
};
function Parent(){
var Child = new Object();
Child.name="佑佑";
Child.age="3";
Child.lev=lev;
return Child;
};
var x = Parent();
alert(x.name);
alert(x.lev());
```

使用工厂模式创建对象时注意以下几点。

- 在函数中定义对象，并定义对象的各种属性，虽然属性可以为方法，但是建议将属性为方法的属性定义到函数之外，这样可以避免重复创建该方法。
- 引用该对象的时候，这里使用的是 var x=Parent() 而不是 "var x=new Parent();"，因为后者可能会出现很多问题（前者也称为经典工厂模式，后者称为混合工厂模式），不推荐使用new的方式使用该对象。
- 在函数的最后返回该对象。
- 在创建对象时，不推荐使用这种方式创建对象，但应该了解。

9.5.2　自定义构造函数模式

与工厂模式相比，使用构造函数方式创建对象，无须在函数内部重建创建对象，而使用 this 指代，并且函数无须明确 return。具体示例代码如下：

```
var lev=function(){
return "宝宝";
};
function Parent(){
this.name="佑佑";
this.age="3";
this.lev=lev;
};
var x =new Parent();
alert(x.name);
alert(x.lev());
```

使用自定义构造函数模式创建对象时注意以下几点。

- 同工厂模式一样，虽然属性的值可以为方法，仍然建议将该方法定义在函数之外。
- 同样地，不推荐使用这种模式创建对象，但仍需要了解。

9.5.3　原型模式

在使用原型模式创建对象时，函数中不对属性进行定义，而是利用 prototype 属性对属性进行定义。但是，在具体实际应用的过程中，不推荐使用这样模式创建对象。具体的示例代码如下：

```
var lev=function(){
return " 宝宝 ";
};
function Parent(){
Parent.prototype.name=" 刘天佑 ";
Parent.prototype.age="3";
Parent.prototype.lev=lev;
};
var x =new Parent();
alert(x.name);
alert(x.lev());
```

9.5.4　原型模式和构造函数模式

原型模式和构造函数模式是指混合搭配使用构造函数模式和原型模式，这种创建对象的模式是将所有属性不是方法的属性定义在函数中（构造函数模式），同时，将所有属性值为方法的属性利用 prototype 在函数之外定义（原型模式）。具体示例代码如下：

```
function Parent(){
this.name=" 佑佑 ";
this.age=4;
};
Parent.prototype.lev=function(){
return this.name;
};;
var x =new Parent();
alert(x.lev());
```

提示：在实际应用的过程中，推荐使用这种模式创建对象。

9.5.5　动态原型模式

动态原型模式可以理解为混合构造函数，它是原型模式的一个特例。具体示例代码如下：

```
function Parent(){
this.name=" 佑佑 ";
this.age=4;
if(typeof Parent._lev=="undefined"){
Parent.prototype.lev=function(){
return this.name;
}
Parent._lev=true;
}
};
var x =new Parent();
alert(x.lev());
```

在该模式中，属性为方法的属性直接在函数中进行了定义，但是需要保证创建该对象的实例时，属性的方法不会被重复创建。具体示例代码如下：

```
if(typeof Parent._lev=="undefined"){
Parent._lev=true;}
```

9.6　数组对象

数组对象是使用单独的变量名来存储一系列的值，并且可以用变量名访问任何一个值，数组中的每个元素都有自己的 ID，以便它可以很容易地被访问到。例如，如果有一组数据（如车名字），使用单独变量如下所示：

```
var car1="Saab";
var car2="Volvo";
var car3="BMW";
```

然而，如果想从中找出某一辆车，并且不是 3 辆，而是 300 辆呢？这将不是一件容易的事。最好的方法就是用数组。

9.6.1　创建数组

数组是具有相同数据类型的变量集合，这些变量都可以通过索引进行访问。数组中的变量称为数组的元素，数组能够容纳元素的数量称为数组的长度。创建数组对象有以下 3 种方法。

第一种：常规方法。具体格式如下：

```
var 数组名 =new Array( );
```

例如，定义一个名为 **myCars** 的数组对象，具体代码如下：

```
var myCars=new Array();
myCars[0]="Saab";
myCars[1]="Volvo";
myCars[2]="BMW";
```

第二种：简洁方法。具体格式如下：

```
var 数组名 =new Array( n );
```

例如，定义一个名为 **myCars** 的数组对象，具体代码如下：

```
var myCars=new Array("Saab","Volvo","BMW");
```

第三种：字面方法。具体格式如下：

```
var 数组名 =[ 元素 1, 元素 2, 元素 3,…];
```

例如，定义一个名为 **myCars** 的数组对象，具体代码如下：

```
var myCars=["Saab","Volvo","BMW"];
```

下面创建一个长度为 4 的数组，为其添加数组对象后，使用 for 循环语句枚举数组对象。

【例 9-21】（实例文件：ch09\Chap9.21.html）创建数组对象。

```
<!DOCTYPE html>
<html>
<head>
<script language=JavaScript>
myArray=new Array(4);
            myArray[0]=" 红楼梦 ";
            myArray[1]=" 西游记 ";
            myArray[2]=" 水浒传 ";
            myArray[3]=" 三国演义 ";
for (i = 0; i < 4; i++){
  document.write(myArray[i]+"<br>");
}
```

```
</script>
</head>
<body>
</body>
</html>
```

相关的代码示例请参考 Chap9.21.html 文件，然后双击该文件，在 IE 浏览器里面运行的结果如图 9-24 所示。

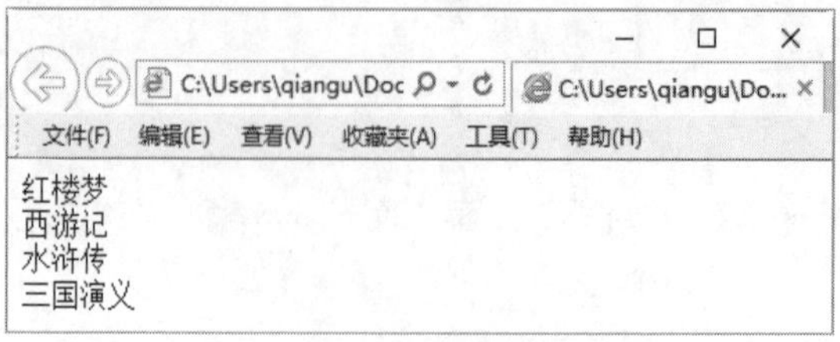

图 9-24　创建数组对象

只要构造了一个数组，就可以使用方括号"[ ]"，通过索引和位置（它也是基于 0 的）来访问它的元素。数组元素的下标从零开始索引，第一个下标为 0，后面依次加 1。访问数据的语法格式如下：

```
document.write(mycars[0])
```

下面给出一个使用方括号访问并直接构造数组的实例。

【例 9-22】（实例文件：ch09\Chap9.22.html）创建数组对象。

```
<!DOCTYPE html>
<html>
<head>
<script language=JavaScript>
myArray=[["a1","b1","c1"],["a2","b2","c2"],["a3","b3","c3"]];
for (var i=0; i <= 2; i++){
      document.write( myArray[i])
      document.write("<br>");
}
document.write("<hr>");
for (i=0;i<3;i++){
      for (j=0;j<3;j++){
       document.write(myArray[i][j]+"  ");
      }
    document.write("<br>");
}
</script>
</head>
<body>
</body>
</html>
```

相关的代码示例请参考 Chap9.22.html 文件，然后双击该文件，在 IE 浏览器里面运行的结果如图 9-25 所示。

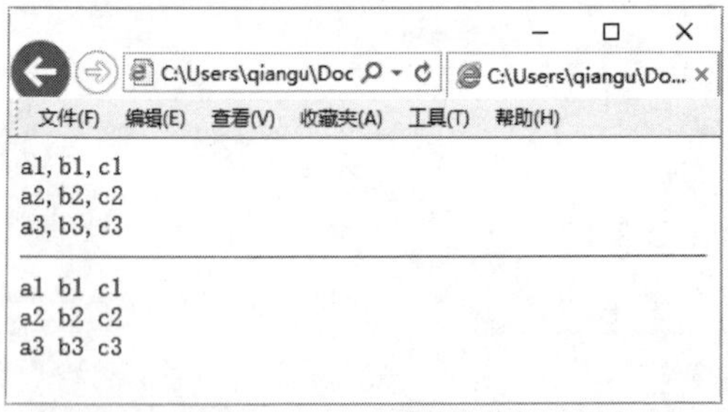

图 9-25　使用方括号访问并直接构造数组

9.6.2 访问数组

访问数组是指通过指定数组名以及索引号码，用户可以访问数组中的某个特定元素。例如可以访问 myCars 数组的第一个值，具体代码如下：

```
var name=myCars[0];
```

注意： [0] 是数组的第一个元素，[1] 是数组的第二个元素。另外，还可以修改数组中的第一个元素，具体代码如下：

```
myCars[0]="Opel";
```

在一个数组中可以有不同的对象，几乎所有的 JavaScript 变量都可以是对象，甚至数组本身也可以是对象，函数也可以是对象。下面创建一个数组，其中包括对象元素、函数与数组，具体代码如下：

```
myArray[0]=Date.now;
myArray[1]=myFunction;
myArray[2]=myCars;
```

【例 9-23】（实例文件：ch09\Chap9.23.html）访问数组对象。

```html
<!DOCTYPE html>
<html>
<head>
<title> 访问数组 </title>
</head>
<body>
<script>
var mybooks=new Array();
mybooks[0]=" 红楼梦 ";
mybooks[1]=" 水浒传 ";
mybooks[2]=" 西游记 ";
mybooks[3]=" 三国演义 ";
document.write(mybooks);
</script>
</body>
</html>
```

相关的代码示例请参考 Chap9.23.html 文件，然后双击该文件，在 IE 浏览器里面运行的结果如图 9-26 所示。

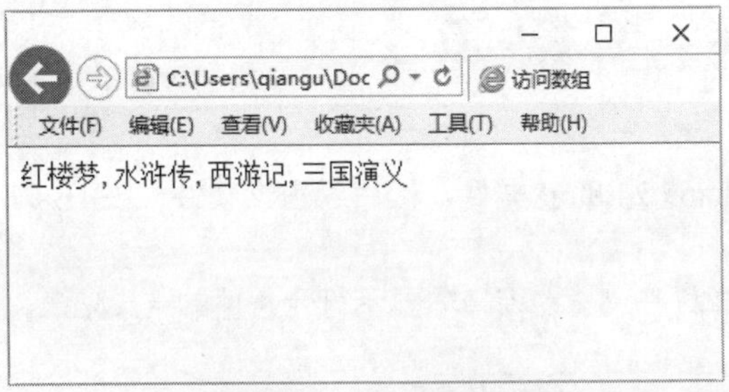

图 9-26 访问数组对象

9.6.3 数组属性

数组对象的属性有 3 个，如表 9-11 所示，常用属性是 length 属性和 prototype 属性。

表 9-11　数组对象的属性

属　　性	描　　述
constructor	返回创建数组对象的原型函数
length	设置或返回数组元素的个数
prototype	允许用户向数组对象添加属性或方法

下面详细介绍 prototype 属性，该属性是所有 JavaScript 对象所共有的属性，使用户向数组对象中添加属性和方法。当构建一个属性时，所有的数组将被设置属性。它是默认值，在构建一个方法时，所有的数组都可以使用该方法。其语法格式为：

```
Array.prototype.name=value
```

注意：Array.prototype 单独不能引用数组，Array() 对象可以。

下面创建一个新的数组，将数组值转为大写。

【例 9-24】（实例文件：ch09\Chap9.24.html）prototype 属性的应用示例。

```
<!DOCTYPE html>
<html>
<head>
<title>prototype 属性的使用 </title>
</head>
<body>
<p id="demo"> 创建一个新的数组，将数组值转为大写 </p>
<button onclick="myFunction()"> 获取结果 </button>
<script>
Array.prototype.myUcase=function()
{
    for (i=0;i<this.length;i++)
    {
        this[i]=this[i].toUpperCase();
    }
}
function myFunction()
{
    var fruits = ["Banana", "Orange", "Apple", "Mango"];
    fruits.myUcase();
    var x=document.getElementById("demo");
    x.innerHTML=fruits;
}
</script>
</body>
</html>
```

相关的代码示例请参考 Chap9.24.html 文件，然后双击该文件，在 IE 浏览器里面运行的结果如图 9-27 所示。

单击"获取结果"按钮，即可在浏览器窗口中显示符合条件的结果信息，如图 9-28 所示。

图 9-27　prototype 属性的应用示例

图 9-28　获取符合条件的结果信息

9.6.4　数组长度

使用数组属性中的 length 属性可以计算数组长度，该属性的作用是指定数组中元素数量的非从零开始的整数，当将新元素添加到数组时，此属性会自动更新。其语法格式为：

```
my_array.length
```

下面创建一个新的数组，并返回数组元素的个数，即数组长度。

【例 9-25】（实例文件：ch09\Chap9.25.html）获取数组的长度。

```
<!DOCTYPE html>
<html>
<head>
<title> 获取数组长度 </title>
</head>
<body>
<p id="demo"> 创建一个数组，并显示数组元素个数。</p>
<button onclick="myFunction()"> 获取长度 </button>
<script>
function myFunction()
{
var fruits = ["Banana", "Orange", "Apple", "Mango"];
var x=document.getElementById("demo");
x.innerHTML=fruits.length;
}
</script>
</body>
```

相关的代码示例请参考 Chap9.25.html 文件，然后双击该文件，在 IE 浏览器里面运行的结果如图 9-29 所示。单击"获取结果"按钮，即可在浏览器窗口中显示符合条件的结果信息，如图 9-30 所示。

图 9-29　获取数组长度

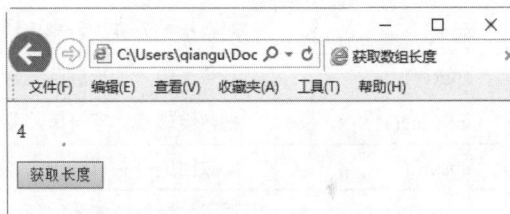

图 9-30　显示符合条件的结果

9.7　数组方法

在 JavaScript 当中，数据对象的方法有 25 种，如表 9-12 所示。常用的方法有连接方法 concat()、分隔方法 join()、追加方法 push()、倒转方法 reverse()、切片方法 slice() 等。

表 9-12　数组对象的方法

方　　法	描　　述
concat()	连接两个或更多的数组，并返回结果
copyWithin()	从数组的指定位置复制元素到数组的另一个指定位置中
every()	检测数值元素的每个元素是否都符合条件

续表

方　法	描　述
fill()	使用一个固定值来填充数组
filter()	检测数值元素，并返回符合条件所有元素的数组
find()	返回符合传入测试（函数）条件的数组元素
findIndex()	返回符合传入测试（函数）条件的数组元素索引
forEach()	数组每个元素都执行一次回调函数
indexOf()	搜索数组中的元素，并返回它所在的位置
join()	把数组的所有元素放入一个字符串
lastIndexOf()	返回一个指定的字符串值最后出现的位置，在一个字符串中的指定位置从后向前搜索
map()	通过指定函数处理数组的每个元素，并返回处理后的数组
pop()	移除数组的最后一个元素并返回移除数组最后一个元素
push()	向数组的末尾添加一个或更多元素，并返回新的长度
reduce()	将数组元素计算为一个值（从左到右）
reduceRight()	将数组元素计算为一个值（从右到左）
reverse()	反转数组的元素顺序
shift()	删除并返回数组的第一个元素
slice()	选取数组的一部分，并返回一个新数组
some()	检测数组元素中是否有元素符合指定条件
sort()	对数组的元素进行排序
splice()	从数组中添加或删除元素
toString()	把数组转换为字符串，并返回结果
unshift()	向数组的开头添加一个或更多元素，并返回新的长度
valueOf()	返回数组对象的原始值

这些方法主要用于数组对象的操作，下面详细介绍常用的数组对象方法的使用。

9.7.1　连接两个或更多的数组

使用 concat() 方法可以连接两个或多个数组。该方法不会改变现有的数组，而仅仅会返回被连接数组的一个副本。语法格式如下：

```
arrayObject.concat(array1,array2,...,arrayN)
```

其中，arrayN 是必选项，该参数可以是具体的值，也可以是数组对象，可以是任意多个。

【例 9-26】（实例文件：ch09\Chap9.26.html）使用 concat() 方法连接三个数组，并返回连接后的结果。

```
< <!DOCTYPE html>
<html>
<head>
<title>连接数组</title>
</head>
<body>
```

```
<script>
var boy = ["张洪波", "张文轩", "赵天阳"];
var girl = ["刘一诺", "赵子涵", "龚露露"];
var other = ["刘天意", "狄家旭"];
var children = boy.concat(girl,other);
document.write(children);
</script>
</body>
</html>
```

相关的代码示例请参考 Chap9.26.html 文件，然后双击该文件，在 IE 浏览器里面运行的结果如图 9-31 所示。

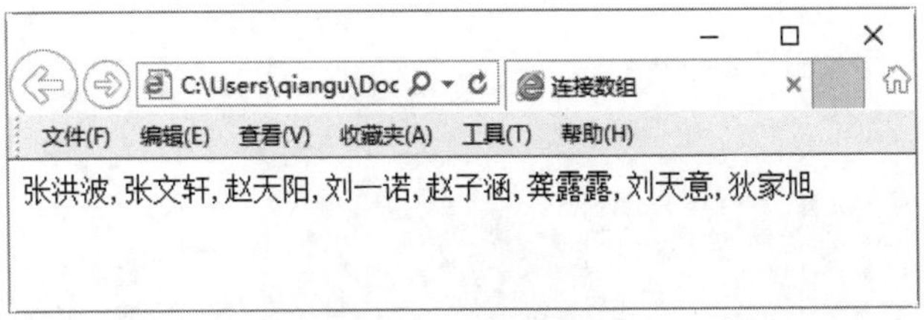

图 9-31 连接数组

9.7.2 将数组元素连接为字符串

使用 join() 方法可以把数组中的所有元素放入一个字符串。其语法格式如下：

```
arrayObject.join(separator)
```

其中，separator 为可选项，用于指定要使用的分隔符，如果省略该参数，则使用逗号作为分隔符。

【例 9-27】（实例文件：ch09\Chap9.27.html）使用 join() 方法将数组元素连接为字符串。

```
<!DOCTYPE html>
<html>
<body>
<script type="text/JavaScript">
var arr = new Array(3);
arr[0] = "苹果"
arr[1] = "橘子"
arr[2] = "香蕉"
document.write(arr.join());
document.write("<br />");
document.write(arr.join("."));
</script>
</body>
</html>
```

相关的代码示例请参考 Chap9.27.html 文件，然后双击该文件，在 IE 浏览器里面运行的结果如图 9-32 所示。

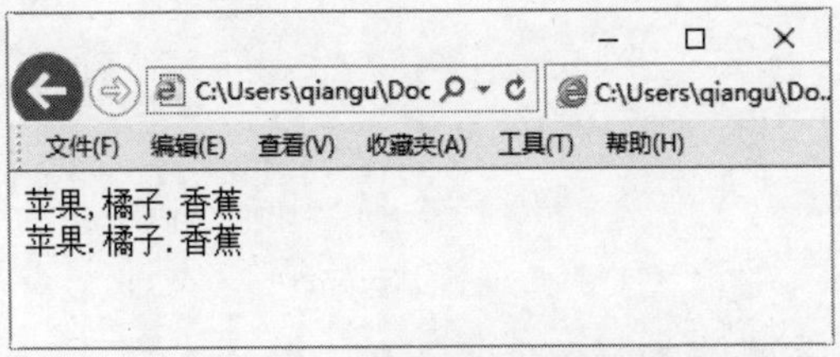

图 9-32 将数组连接为字符串

9.7.3　移除数组中最后一个元素

使用 pop() 方法可以移除并返回数组中最后一个元素。其语法格式如下：

```
arrayObject.pop()
```

提示：pop() 方法将移除 arrayObject 的最后一个元素，把数组长度减 1，并且返回它移除的元素的值。如果数组已经为空，则 pop() 不改变数组，并返回 undefined 值。

【例 9-28】（实例文件：ch09\Chap9.28.html）使用 pop () 方法移除数组最后一个元素。

```
<!DOCTYPE html>
<html>
<body>
<script type="text/JavaScript">
var fruits = ["香蕉","橘子","苹果","火龙果"];
document.write("数组中原有元素: "+ fruits)
document.write("<br />")
document.write("被移除的元素: "+ fruits.pop())
document.write("<br />")
document.write("移除元素后的数组元素: "+ fruits)
</script>
</body>
</html>
```

相关的代码示例请参考 Chap9.28.html 文件，然后双击该文件，在 IE 浏览器里面运行的结果如图 9-33 所示。

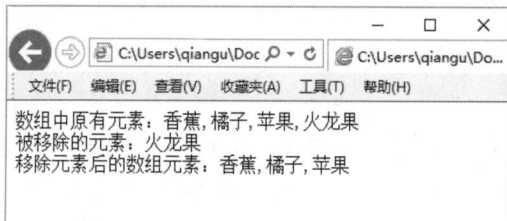

图 9-33　移除数组中最后一个元素

9.7.4　将指定的数值添加到数组中

使用 push() 方法可向数组的末尾添加一个或多个元素，并返回新的长度。其语法格式如下：

```
arrayObject.push(newelement1,newelement2,...,newelementN)
```

其中，arrayObject 为必选项，该参数为数组对象；newelementN 为可选项，表示添加到数组中的元素。

提示：push() 方法可把它的参数顺序添加到 arrayObject 的尾部。它直接修改 arrayObject，而不是创建一个新的数组。push() 方法和 pop() 方法使用数组提供的先进后出栈的功能。

【例 9-29】（实例文件：ch09\Chap9.29.html）使用 push() 方法将指定数值添加到数组中。

```
<!DOCTYPE html>
<html>
<body>
<script type="text/JavaScript">
var fruits = ["香蕉","橘子","苹果","火龙果"];
document.write("数组中原有元素: "+ fruits)
document.write("<br />")
document.write("添加元素后数组的长度: "+ fruits. push("香梨"))
document.write("<br />")
document.write("添加元素后的数组元素: "+ fruits)
```

```
</script>
</body>
</html>
```

相关的代码示例请参考Chap9.29.html文件，然后双击该文件，在IE浏览器里面运行的结果如图9-34所示。

图 9-34　将指定数值添加到数组中

9.7.5　反序排列数组中的元素

使用 reverse() 方法可以颠倒数组中元素的顺序。其语法格式如下：

```
arrayObject.reverse()
```

提示：该方法会改变原来的数组，而不会创建新的数组。

【例 9-30】（实例文件：ch09\Chap9.30.html）使用 reverse () 方法颠倒数组中的元素顺序。

```
<!DOCTYPE html>
<html>
<body>
<script type="text/JavaScript">
var fruits = ["香蕉", "橘子", "苹果", "火龙果"];
document.write("数组原有元素的顺序: "+fruits + "<br />")
document.write("颠倒数组中的元素顺序: "+fruits.reverse())
</script>
</body>
</html>
```

相关的代码示例请参考Chap9.30.html文件，然后双击该文件，在IE浏览器里面运行的结果如图9-35所示。

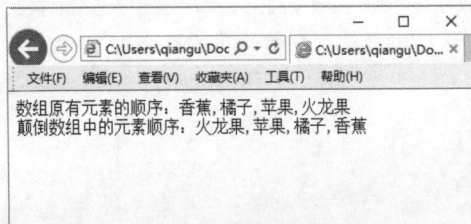

图 9-35　反排序数组中的元素

9.7.6　删除数组中的第一个元素

使用 shift() 方法可以把数组的第一个元素从其中删除，并返回第一个元素的值。其语法格式如下：

```
arrayObject.shift()
```

其中，arrayObject 为必选项，是数组对象。

提示：如果数组是空的，那么 shift() 方法将不进行任何操作，返回 undefined 值。请注意，该方法不创建新数组，而是直接修改原有的 arrayObject。

【例 9-31】（实例文件：ch09\Chap9.31.html）使用 shift () 方法删除数组中的第一个元素。

```
<!DOCTYPE html>
<html>
<body>
<script type="text/JavaScript">
var fruits = ["香蕉", "橘子", "苹果", "火龙果"];
document.write("原有数组元素为: "+ fruits)
document.write("<br />")
document.write("删除数组中的第一个元素为: "+ fruits.shift())
document.write("<br />")
document.write("删除元素后的数组为: "+ fruits)
</script>
</body>
</html>
```

相关的代码示例请参考 Chap9.31.html 文件，然后双击该文件，在 IE 浏览器里面运行的结果如图 9-36 所示。

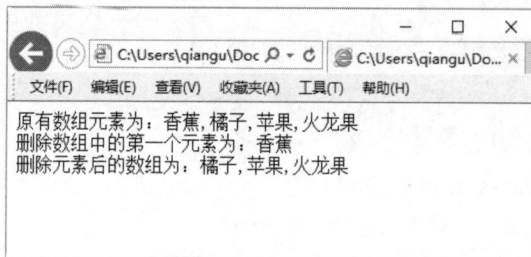

图 9-36　删除数组中的第一个元素

9.7.7　获取数组中的一部分数据

使用 slice() 方法可从已有的数组中返回选定的元素。其语法格式如下：

```
arrayObject.slice(start,end)
```

其中，**arrayObject** 为必选项，为数组对象；**start** 为必选项，表示开始元素的位置，是从 0 开始计算的索引；**end** 为可选项，表示结束元素的位置，也是从 0 开始计算的索引。

【例 9-32】（实例文件：ch09\Chap9.32.html）使用 slice () 方法获取数据中的一部分数据。

```
<!DOCTYPE html>
<html>
<body>
<script type="text/JavaScript">
var fruits = ["香蕉", "橘子", "苹果", "火龙果"];
document.write("原有数组元素: "+ fruits)
document.write("<br />")
document.write("获取的部分数组元素: "+ fruits.slice(1,3))
document.write("<br />")
document.write("获取部分元素后的数据: "+ fruits)
</script>
</body>
</html>
```

相关的代码示例请参考 Chap9.32.html 文件，然后双击该文件，在 IE 浏览器里面运行的结果如图 9-37 所示，可以看出获取部分数组元素后的数组其前后是不变的。

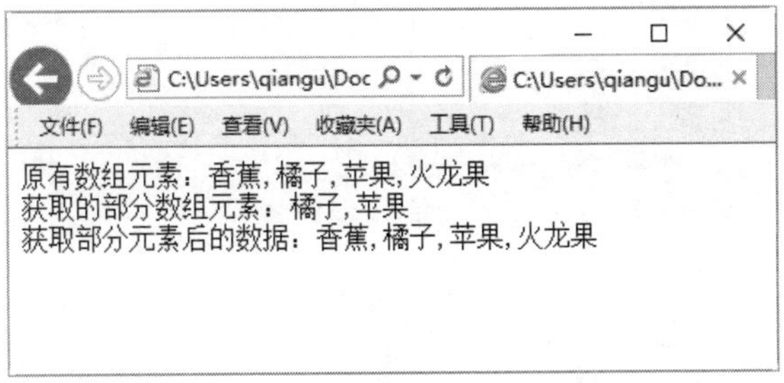

图 9-37　获取数组中的一部分数据

9.7.8　对数组中的元素进行排序

使用 sort() 方法可以对数组的元素进行排序，排序顺序可以是按字母或按数字，并按升序或降序，默认排序顺序为按字母升序。其语法格式如下：

```
arrayObject.sort(sortby)
```

其中，arrayObject 为必选项，为数组对象；sortby 为可选项，用来确定元素顺序的函数的名称，如果这个参数被省略，那么元素将按照 ASCII 字符顺序进行升序排序。

【例 9-33】（实例文件：ch09\Chap9.33.html）新建数组 x 并赋值 2,9,8,10,12,7，使用 sort() 方法排序数组，并输出 x 数组到页面。

```
<!DOCTYPE html>
<html>
<head>
<title> 数组排序 </title>
<script type="text/JavaScript">
var x=new Array(2,9,8,10,12,7);   // 创建数组
document.write(" 排序前数组 :"+x.join(",")+"<p>"); // 输出数组元素
x.sort();    // 按字符升序排列数组
document.write(" 没有使用比较函数排序后数组 :"+x.join(",")+"<p>");    // 输出排序后数组
x.sort(asc);  // 有比较函数的升序排列
/* 升序比较函数 */
function asc(a,b)
{
    return a-b;
}
document.write(" 排序升序后数组 :"+x.join(",")+"<p>");// 输出排序后数组
x.sort(des); // 有比较函数的降序排列
/* 降序比较函数 */
function des(a,b)
{
    return b-a;
}
document.write(" 排序降序后数组 :"+x.join(","));// 输出排序后数组
</script>
</head>
<body>
</body>
</html>
```

相关的代码示例请参考 Chap9.33.html 文件，然后双击该文件，在 IE 浏览器里面运行的结果如图 9-38 所示。

图 9-38　排序数组对象

　　注意：当数字是按字母顺序排列时，40 将排在 5 前面。使用数字排序，用户必须通过一个函数作为参数来调用，函数指定数字是按照升序还是降序排列，这种方法会改变原始数组。

9.7.9　将数组转换成字符串

　　按照显示方式的不同，可以将数组转换成字符串与本地字符串，使用 toString() 方法可把数组转换为字符串，并返回结果。其语法格式如下：

```
arrayObject.toString()
```

　　使用 toLocaleString() 方法可以把数组转换为本地字符串。其语法格式如下：

```
arrayObject.toLocaleString()
```

　　提示：首先调用每个数组元素的 toLocaleString() 方法，然后使用地区特定的分隔符把生成的字符串连接起来，形成一个字符串。

　　【例 9-34】（实例文件：ch09\Chap9.34.html）将数组转换成字符串与本地字符串。

```html
<!DOCTYPE html>
<html>
<body>
<script type="text/JavaScript">
var arr = new Array(4)
arr[0] = "香蕉"
arr[1] = "橘子"
arr[2] = "苹果"
arr[3] = "火龙果"
document.write("字符串: "+arr.toString())
document.write("<br />")
document.write("本地字符串: "+arr.toLocaleString())
</script>
</body>
</html>
```

　　相关的代码示例请参考 Chap9.34.html 文件，然后双击该文件，在 IE 浏览器里面运行的结果如图 9-39 所示。

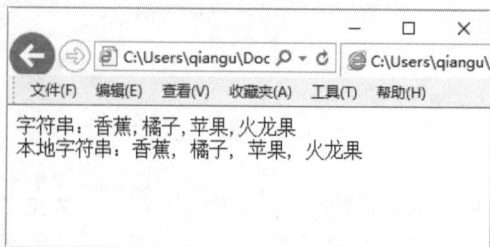

图 9-39　将数组转换为字符串

9.8　典型案例——制作二级关联菜单

许多编程语言中都提供定义和使用二维或多维数组的功能。JavaScript 通过 Array 对象创建的数组都是一维的，但是可以通过在数组元素中使用数组来实现二维数组。下面制作一个动态下拉列表。

【例 9-35】（实例文件：ch09\Chap9.35.html）制作二级关联菜单。

```
<!DOCTYPE html>
<html>
<head>
<title>二级关联菜单</title>
</head>
<script language=JavaScript>
  // 定义一个二维数组 Array，用于存放城市名称
var aCity=new Array();
aCity[0]=new Array();
aCity[1]=new Array();
aCity[2]=new Array();
aCity[3]=new Array();
//赋值，每个省份的城市存放于数组的一行
aCity[0][0]="-- 请选择 --";
aCity[1][0]="-- 请选择 --";
aCity[1][1]="郑州市 ";
aCity[1][2]="洛阳市 ";
aCity[1][3]="开封市 ";
aCity[1][4]="南阳市 ";
aCity[1][5]="周口市 ";
aCity[2][0]="-- 请选择 --";
aCity[2][1]="石家庄市 ";
aCity[2][2]="秦皇岛市 ";
aCity[2][3]="张家口市 ";
aCity[3][0]="-- 请选择 --";
aCity[3][1]="杭州市 ";
aCity[3][2]="嘉兴市 ";
aCity[3][3]="温州市 ";
function ChangeCity()
{
var i,iProvinceIndex;
iProvinceIndex=document.frm.optProvince.selectedIndex;
iCityCount=0;
while (aCity[iProvinceIndex][iCityCount]!=null)
iCityCount++;
//计算选定省份的城市个数
document.frm.optCity.length=iCityCount;// 改变下拉菜单的选项数
for (i=0;i<=iCityCount-1;i++)// 改变下拉菜单的内容
document.frm.optCity[i]=new Option(aCity[iProvinceIndex][i]);
document.frm.optCity.focus();
}
</script>
<BODY ONfocus=ChangeCity()>
<H3>选择省份及城市 </H3>
<FORM NAME="frm">
 <P>省份:
  <SELECT NAME="optProvince" SIZE="1" ONCHANGE=ChangeCity()>
   <OPTION>-- 请选择 --</OPTION>
   <OPTION>河南省 </OPTION>
   <OPTION>河北省 </OPTION>
   <OPTION>浙江省 </OPTION>
  </SELECT>
 </P>
 <P>城市:
  <SELECT NAME="optCity" SIZE="1">
```

```
    <OPTION>-- 请选择 --</OPTION>
  </SELECT>
 </P>
</FORM>
</BODY>
</HTML>
```

相关的代码示例请参考 Chap9.35.html 文件，然后双击该文件，在 IE 浏览器里面运行的结果如图 9-40 所示。单击"省份"右侧的"请选择"下拉按钮，在弹出的下拉列表中可以选择省份，如图 9-41 所示。

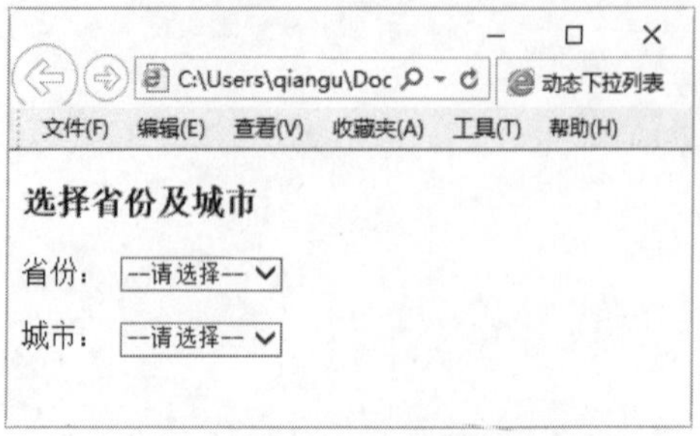

图 9-40　动态下拉列表显示效果

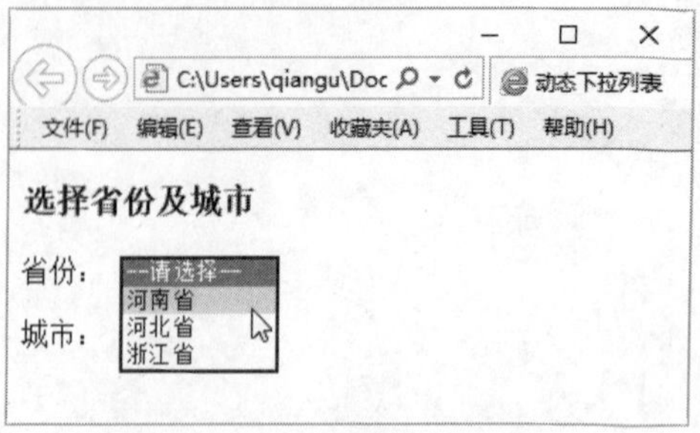

图 9-41　选择需要的省份

省份选择完毕后，单击"城市"右侧的"请选择"下拉按钮，即可在弹出的下拉列表中选择城市信息，如图 9-42 所示。

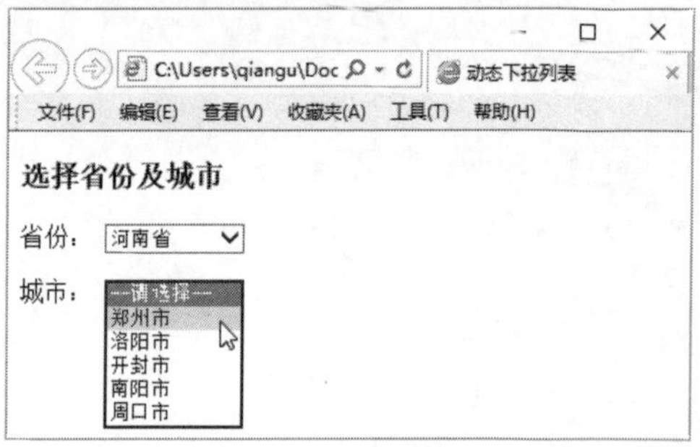

图 9-42　选择需要的城市

9.9　就业面试技巧与解析

9.9.1　面试技巧与解析（一）

面试官：你朋友对你的评价如何？

应聘者：我的朋友都说我是一个可以信赖的人。因为我一旦答应别人的事情，就一定会做到。如果我做不到，我就不会轻易许诺。

9.9.2　面试技巧与解析（二）

面试官：如果通过这次面试我们单位录用了你，但工作一段时间却发现你根本不适合这个职位，你怎么办？

应聘者：如果经过一段时间发现工作不适合我，首先我会从我个人身上找原因，不断学习，虚心向领导和同事学习业务知识和处事经验，了解这个职位的要求，力争胜任这份工作。

第 10 章
JavaScript 函数与闭包

◎ 本章教学微视频：25 个　51 分钟

学习指引

当在 JavaScript 中需要实现较为复杂的系统功能时，就需要使用函数功能。函数是进行模块化程序设计的基础，通过函数的使用可以提高程序的可读性与易维护性。本章将详细介绍 JavaScript 的函数与闭包，主要内容包括定义函数、函数的调用、常用内置函数、特殊函数以及 JavaScript 的闭包等。

重点导读

- 掌握定义函数的方法与技巧。
- 掌握调用函数的方法与技巧。
- 掌握常用内置函数的使用方法。
- 掌握 JavaScript 中特殊函数的应用。
- 掌握 JavaScript 闭包的使用方法。
- 掌握回调函数的设计模式。

10.1　函数是什么

函数是由事件驱动的或者当它被调用时执行的可重复使用的代码块，是实现一个特殊功能和作用的程序接口，可以被当作一个整体来引用和执行。在 JavaScript 中，函数的定义通常由 4 部分组成：关键字、函数名、参数列表和函数内部实现语句，具体语法格式如下：

```
function functionname()
{
执行代码
}
```

当调用该函数时，会执行函数内的代码。同时，可以在某事件发生时直接调用函数（如当用户单击按钮时），并且可由 JavaScript 在任何位置进行调用。

注意：JavaScript 对大小写敏感，关键词 function 必须是小写的，并且必须以与函数名称相同的大小写来调用函数。

【例 10-1】（实例文件：ch10\Chap10.1.html）定义一个函数，在网页中显示问候语。

```
<!DOCTYPE html>
<html>
<head>
<script>
function myFunction()
{
    alert("Hello World!");
}
</script>
</head>
<body>
<button onclick="myFunction()">显示结果</button>
</body>
</html>
```

相关的代码示例请参考 Chap10.1.html 文件，然后双击该文件，在 IE 浏览器里面运行的结果如图 10-1 所示。

单击"显示结果"按钮，即可弹出一个信息提示框，在提示框中显示问候语，如图 10-2 所示。

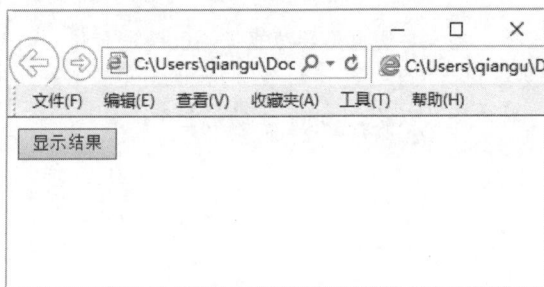

图 10-1　定义一个函数

图 10-2　显示问候语运行结果

提示：*如果函数中引用的外部函数较多或函数的功能很复杂，将因函数代码过长而降低脚本代码的可读性。因此，在编写函数时，应尽量降低代码的复杂度及难度，保持函数功能的单一性，简化程序设计，以使脚本代码结构清晰、简单易懂。*

10.2　定义函数

使用函数前，必须先定义函数，JavaScript 使用关键字 function 定义函数，除此之外，函数可以通过声明、表达式和函数构造器定义。

10.2.1　函数声明式定义

提示：*分号是用来分隔可执行 JavaScript 语句，由于函数声明不是一个可执行语句，所以不以分号结束。*

使用函数前，必须先定义函数，具体语法格式如下：

```
function functionName(parameters) {
    执行的代码
}
```

函数声明后不会立即执行，会在用户需要的时候调用。

【例 10-2】（实例文件：ch10\Chap10.2.html）函数声明式定义。

```
<!DOCTYPE html>
```

```
<html>
<head>
<title> 函数声明式定义 </title>
</head>
<body>
<p> 本例调用的函数会执行一个计算，然后返回结果：</p>
<p id="demo"></p>
<script>
function myFunction(a,b){
    return a*b;
}
document.getElementById("demo").innerHTML=myFunction(5,6);
</script>
</body>
</html>
```

相关的代码示例请参考 Chap10.2.html 文件，然后双击该文件，在 IE 浏览器里面运行的结果如图 10-3 所示。

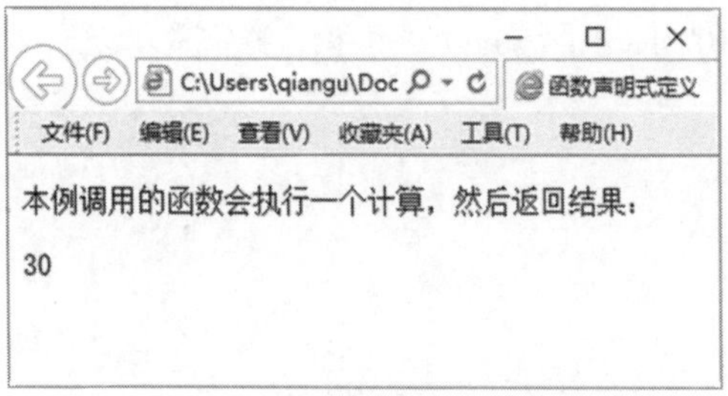

图 10-3　函数声明式定义应用示例

10.2.2　函数表达式定义

JavaScript 函数可以通过一个表达式定义，其中，函数表达式可以存储在变量中，具体代码如下：

```
var x = function (a, b) {return a * b};
```

【例 10-3】（实例文件：ch10\Chap10.3.html）函数表达式定义。

```
<!DOCTYPE html>
<html>
<head>
<title> 函数表达式定义 </title>
</head>
<body>
<p> 函数存储在变量后，变量可作为函数使用：</p>
<p id="demo"></p>
<script>
var x = function (a, b) {return a * b};
document.getElementById("demo").innerHTML = x(5,6);
</script>
</body>
</html>
```

相关的代码示例请参考 Chap10.3.html 文件，然后双击该文件，在 IE 浏览器里面运行的结果如图 10-4 所示。

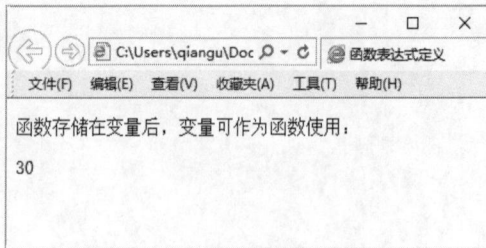

图 10-4　函数表达式定义应用示例

10.2.3　函数构造器定义

JavaScript 内置的函数构造器为 Function()，通过该构造器可以定义函数，具体代码如下：

```
var myFunction = new Function("a", "b", "return a * b");
```

【例 10-4】（实例文件：ch10\Chap10.4.html）函数构造器定义。

```
<!DOCTYPE html>
<html>
<head>
<title> 函数构造器定义 </title>
</head>
<body>
<p>JavaScrip 内置函数构造器定义 </p>
<p id="demo"></p>
<script>
var myFunction = new Function("a", "b", "return a * b");
document.getElementById("demo").innerHTML = myFunction(5, 6);
</script>
</body>
</html>
```

相关的代码示例请参考 Chap10.4.html 文件，然后双击该文件，在 IE 浏览器里面运行的结果如图 10-5 所示。

图 10-5　函数构造器定义应用示例

在 JavaScript 中，很多时候用户不必使用构造函数，则避免使用 new 关键字。因此上面的函数定义示例可以修改为如下代码：

【例 10-5】（实例文件：ch10\Chap10.5.html）不使用构造函数定义函数示例。

```
<!DOCTYPE html>
<html>
<head>
<title> 不使用构造函数定义函数示例 </title>
</head>
<body>
```

```
<p id="demo"></p>
<script>
var myFunction = function (a, b) {return a * b}
document.getElementById("demo").innerHTML = myFunction(5,6);
</script>
</body>
</html>
```

相关的代码示例请参考 Chap10.5.html 文件，然后双击该文件，在 IE 浏览器里面运行的结果如图 10-6
所示。

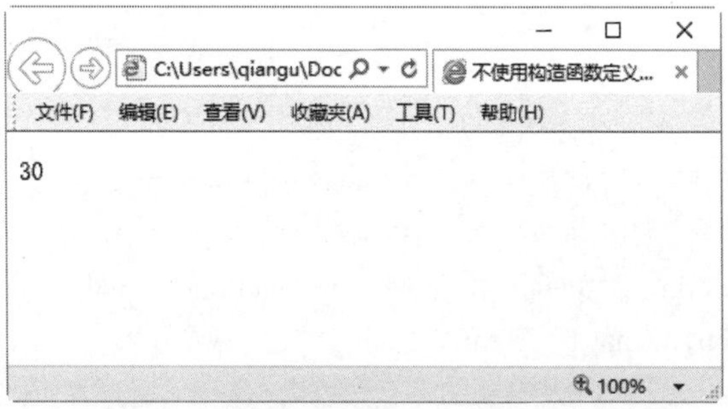

图 10-6　不使用构造函数定义函数示例

10.3　函数的调用

定义函数的目的是为了在后续的代码中使用函数。调用自己不会执行，必须调用函数，函数体内的代码
才会执行。

10.3.1　作为一个函数调用

作为一个函数调用函数是调用 JavaScript 函数常用的方法，但不是良好的编程习惯，因为全局变量、方
法或函数容易造成命名冲突的 bug。

【例 10-6】（实例文件：ch10\Chap10.6.html）作为一个函数调用 1。

```
<!DOCTYPE html>
<html>
<head>
<title>作为一个函数调用 1</title>
</head>
<body>
<p>
全局函数 (myFunction) 返回参数相乘的结果：
</p>
<p id="demo"></p>
<script>
function myFunction(a, b) {
    return a * b;
}
document.getElementById("demo").innerHTML = myFunction(20, 4);
</script>
</body>
</html>
```

相关的代码示例请参考 Chap10.6.html 文件，然后双击该文件，在 IE 浏览器里面运行的结果如图 10-7 所示。

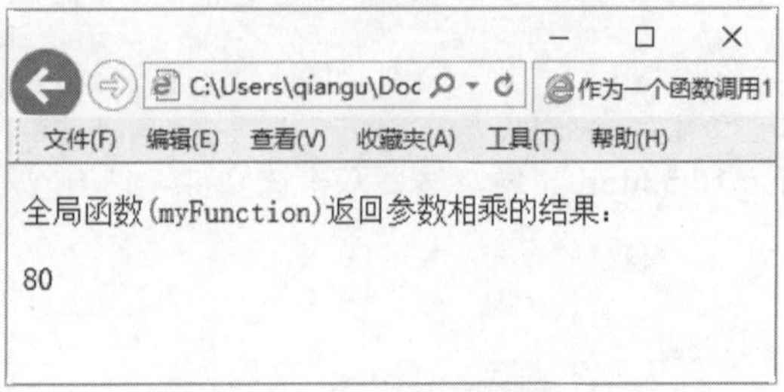

图 10-7　作为一个函数调用 1

全局函数 myFunction 不属于任何对象，但是在 JavaScript 中它始终是默认的全局对象。在 HTML 中默认的全局对象是 HTML 页面本身，所以函数是属于 HTML 页面。在浏览器中的页面对象是浏览器窗口（window 对象），以上函数会自动变为 window 对象的函数。因此，myFunction() 和 window.myFunction() 的作用是一样的。

【例 10-7】（实例文件：ch10\Chap10.7.html）作为一个函数调用 2。

```html
<!DOCTYPE html>
<html>
<head>
<title> 作为一个函数调用 2</title>
</head>
<body>
<p> 全局函数 myFunction() 会自动成为 window 对象的方法。</p>
<p>myFunction() 类似于 window.myFunction()</p>
<p id="demo"></p>
<script>
function myFunction(a, b) {
    return a * b;
}
document.getElementById("demo").innerHTML = window.myFunction(20, 4);
</script>
</body>
</html>
```

相关的代码示例请参考 Chap10.7.html 文件，然后双击该文件，在 IE 浏览器里面运行的结果如图 10-8 所示。

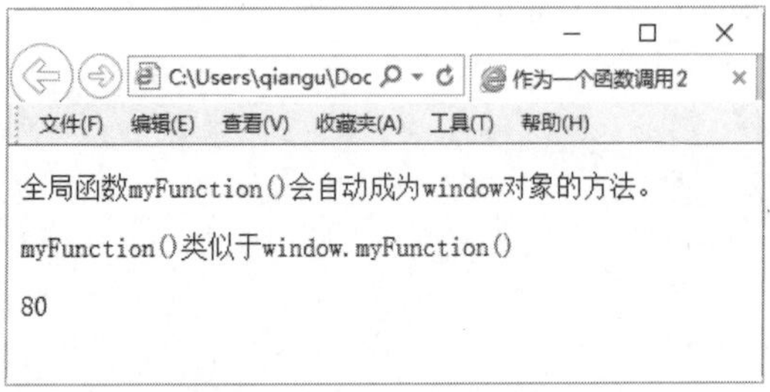

图 10-8　作为一个函数调用 2

10.3.2　作为方法调用

在 JavaScript 中，用户可以将函数定义为对象的方法，从而进行调用。例如，创建一个对象 (myObject)，对象有两个属性，分别是 firstName 和 lastName，还有一个方法是 fullName()。

【例 10-8】（实例文件：ch10\Chap10.8.html）作为方法调用 1。

```html
<!DOCTYPE html>
<html>
<head>
<title>作为方法调用 1</title>
</head>
<body>
<p>myObject.fullName()返回全名:</p>
<p id="demo"></p>
<script>
var myObject = {
    firstName:" 刘 ",
    lastName: " 天佑 ",
    fullName: function() {
        return this.firstName + " " + this.lastName;
    }
}
document.getElementById("demo").innerHTML = myObject.fullName();
</script>
</body>
</html>
```

相关的代码示例请参考 Chap10.8.html 文件，然后双击该文件，在 IE 浏览器里面运行的结果如图 10-9 所示。

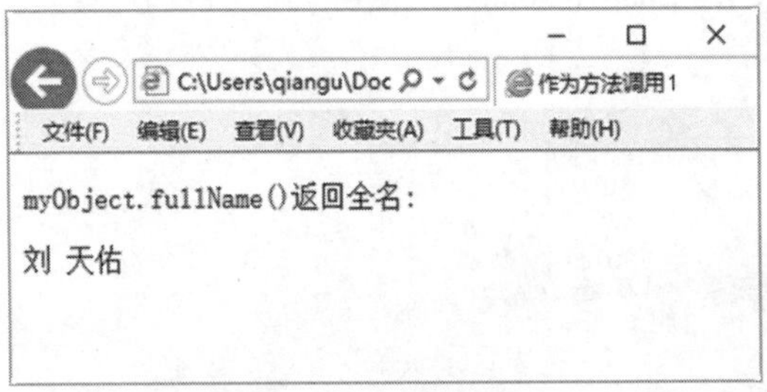

图 10-9　作为方法调用 1

fullName() 方法是一个函数，函数属于对象，myObject 是函数的所有者，当加入 this 对象后，this 的值为 myObject 对象，这里修改 fullName() 方法并返回 this 值。

【例 10-9】（实例文件：ch10\Chap10.9.html）作为方法调用 2。

```html
<!DOCTYPE html>
<html>
<head>
<title>作为方法调用 2</title>
</head>
<body>
<p>在一个对象方法中,<b>this</b>的值是对象本身。</p>
<p id="demo"></p>
<script>
var myObject = {
    firstName:" 刘 ",
    lastName: " 天佑 ",
    fullName: function() {
        return this;
    }
}
document.getElementById("demo").innerHTML = myObject.fullName();
</script>
</body>
```

```
</html>
```

相关的代码示例请参考 Chap10.9.html 文件，然后双击该文件，在 IE 浏览器里面运行的结果如图 10-10 所示。

图 10-10　作为方法调用 2

10.3.3　使用构造函数调用

如果函数调用前使用了 new 关键字，则是调用了构造函数。构造函数的调用会创建一个新的对象，新对象会继承构造函数的属性和方法。

【例 10-10】（实例文件：ch10\Chap10.10.html）使用构造函数调用函数。

```
<!DOCTYPE html>
<html>
<head>
<title>使用构造函数调用函数</title>
</head>
<body>
<p>该实例中,myFunction是函数构造函数:</p>
<p id="demo"></p>
<script>
function myFunction(arg1, arg2) {
this.firstName= arg1;
this.lastName= arg2;
}
var x = new myFunction("刘天佑","刘天翼")
document.getElementById("demo").innerHTML = x.firstName;
</script>
</body>
</html>
```

相关的代码示例请参考 Chap10.10.html 文件，然后双击该文件，在 IE 浏览器里面运行的结果如图 10-11 所示。

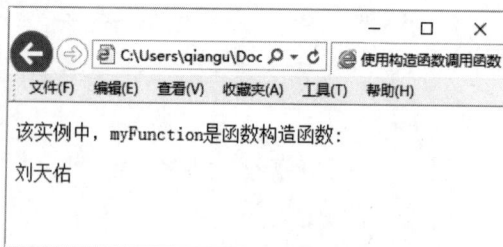

图 10-11　使用构造函数调用函数

提示：构造函数中 this 关键字没有任何的值，this 的值是在函数调用时实例化对象 (new object) 时创建的。

10.3.4　作为函数方法调用

在 JavaScript 中，函数是对象，JavaScript 函数有它的属性和方法，call() 和 apply() 是预定义的函数方法。两个方法可用于调用函数，两个方法的第一个参数必须是对象本身。

【例 10-11】（实例文件：ch10\Chap10.11.html）使用 call() 方法调用函数计算两数之积。

```html
<!DOCTYPE html>
<html>
<head>
<title> 使用 call()方法调用 </title>
</head>
<body>
<p id="demo"></p>
<script>
var myObject;
function myFunction(a, b) {
    return a * b;
}
myObject = myFunction.call(myObject, 30, 6);      // 返回 180
document.getElementById("demo").innerHTML = myObject;
</script>
</body>
</html>
```

相关的代码示例请参考 Chap10.11.html 文件，然后双击该文件，在 IE 浏览器里面运行的结果如图 10-12 所示。

【例 10-12】（实例文件：ch10\Chap10.12.html）使用 apply() 方法调用函数计算两数之积。

```html
<!DOCTYPE html>
<html>
<head>
<title> 使用 apply()方法调用 </title>
</head>
<body>
<p id="demo"></p>
<script>
var myObject, myArray;
function myFunction(a, b) {
    return a * b;
}
myArray = [30, 6]
myObject = myFunction.apply(myObject, myArray);
document.getElementById("demo").innerHTML = myObject;
</script>
</body>
</html>
```

相关的代码示例请参考 Chap10.12.html 文件，然后双击该文件，在 IE 浏览器里面运行的结果如图 10-13 所示。

图 10-12　使用 call() 方法调用

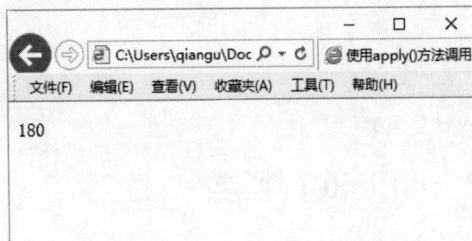

图 10-13　使用 apply() 方法调用

10.4　常用内置函数

内置函数是语言内部事先定义好的函数，使用 JavaScript 的内置函数，可提高编程效率，其中常用的内置函数有多种，下面进行详细介绍。

10.4.1　eval() 函数

eval() 函数计算 JavaScript 字符串，并把它作为脚本代码来执行。如果参数是一个表达式，eval() 函数将执行表达式；如果参数是 JavaScript 语句，eval() 函数将执行 JavaScript 语句。语法结构如下：

```
eval(string)
```

其中，参数 string 是必选项。要计算的字符串，其中含有要计算的 JavaScript 表达式或要执行的语句。

【例 10-13】（实例文件：ch10\Chap10.13.html）使用 eval() 函数。

```
<!DOCTYPE html>
<html>
<head>
<title> 使用 eval()函数 </title>
</head>
<body>
<script type="text/JavaScript">
eval("x=10;y=20;document.write(x*y)")
document.write("<br />")
document.write(eval("2+2"))
document.write("<br />")
var x=10
document.write(eval(x+17))
document.write("<br />")
eval("alert('Hello world')")
</script>
</body>
</html>
```

相关的代码示例请参考 Chap10.13.html 文件，然后双击该文件，在 IE 浏览器里面运行的结果如图 10-14 所示。

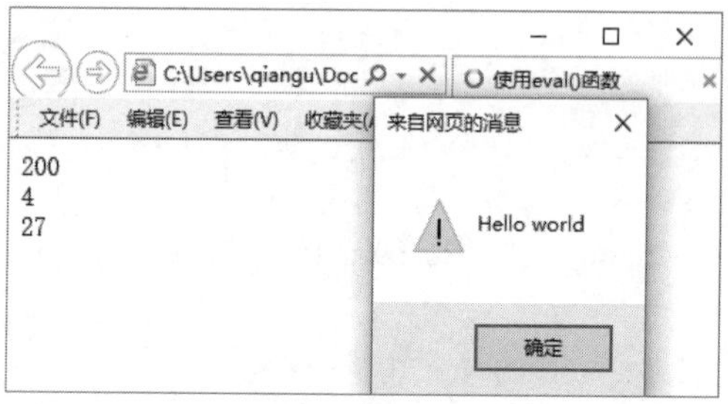

图 10-14　使用 eval() 函数

10.4.2　isFinite() 函数

isFinite() 函数用于检查其参数是否是无穷大，如果该参数为非数字、正无穷数，或负无穷数，则返回 false，否则返回 true。如果是字符串类型的数字，则将会自动转化为数字型。语法结构如下：

```
isFinite(value)
```

其中，参数 value 是必选项，为要检测的数值。

【例 10-14】（实例文件：ch10\Chap10.14.html）使用 isFinite() 函数。

```
<!DOCTYPE html>
<html>
<head>
<title> 使用 isFinite() 函数 </title>
</head>
<body>
<script>
document.write(isFinite(123)+ "<br>");
document.write(isFinite(-1.23)+ "<br>");
document.write(isFinite(5-2)+ "<br>");
document.write(isFinite(0)+ "<br>");
document.write(isFinite("Hello")+ "<br>");
document.write(isFinite("2017/12/12")+ "<br>");
</script>
</body>
</html>
```

相关的代码示例请参考 Chap10.14.html 文件，然后双击该文件，在 IE 浏览器里面运行的结果如图 10-15 所示。

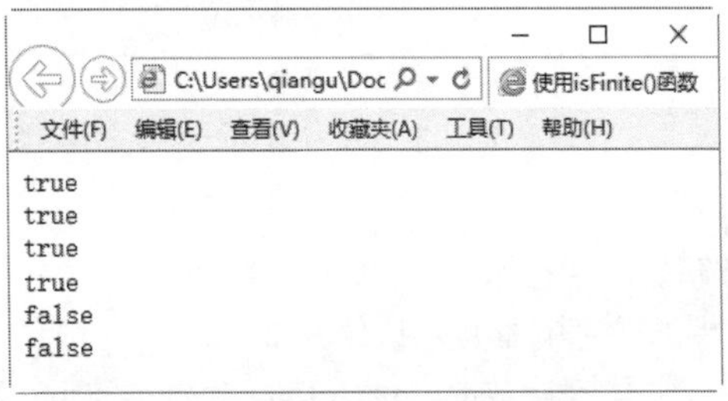

图 10-15　使用 isFinite() 函数

10.4.3　isNaN() 函数

isNaN() 函数用于检查其参数是否是非数字值。如果参数值为 NaN 或字符串、对象、undefined 等非数字值，则返回 true，否则返回 false。语法结构如下：

```
isNaN(value)
```

其中，参数 value 为必选项，为需要检测的数值。

【例 10-15】（实例文件：ch10\Chap10.15.html）使用 isNaN() 函数。

```
<!DOCTYPE html>
<html>
<head>
<title> 使用 isNaN() 函数 </title>
</head>
<body>
<script>
document.write(isNaN(123)+ "<br>");
document.write(isNaN(-1.23)+ "<br>");
document.write(isNaN(5-2)+ "<br>");
document.write(isNaN(0)+ "<br>");
document.write(isNaN("Hello")+ "<br>");
```

```
document.write(isNaN("2017/12/12")+ "<br>");
</script>
</body>
</html>
```

相关的代码示例请参考 Chap10.15.html 文件，然后双击该文件，在 IE 浏览器里面运行的结果如图 10-16 所示。

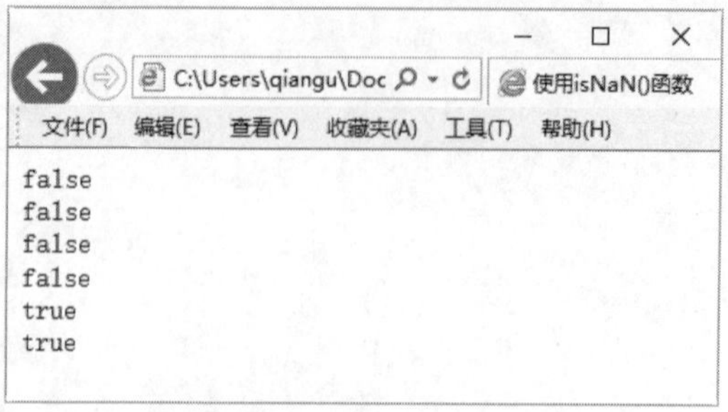

图 10-16　使用 isNaN() 函数

10.4.4　parseInt() 函数

parseInt() 函数可解析一个字符串，并返回一个整数。语法结构如下：

```
parseInt(string, radix)
```

参数介绍：

- string：必选项，表示要被解析的字符串。
- radix：可选项，表示要解析的数字的基数，该值为 2~36。

当参数 radix 的值为 0，或没有设置该参数时，parseInt() 会根据 string 来判断数字的基数。当忽略参数 radix 时，JavaScript 默认数字的基数如下。

- 如果 string 以 "0x" 开头，parseInt() 会把 string 的其余部分解析为十六进制的整数。
- 如果 string 以 "0" 开头，那么 ECMAScript v3 允许 parseInt() 的一个实现把其后的字符解析为八进制或十六进制的数字。
- 如果 string 以 1~9 的数字开头，parseInt() 将把它解析为十进制的整数。

【例 10-16】（实例文件：ch10\Chap10.16.html）使用 parseInt() 函数。

```
<!DOCTYPE html>
<html>
<head>
<title> 使用 parseInt() 函数 </title>
</head>
<body>
<script>
document.write(parseInt("10") + "<br>") ;
document.write(parseInt("10.33") + "<br>");
document.write(parseInt("34 45 66") + "<br>");
document.write(parseInt(" 60 ") + "<br>");
document.write(parseInt("40 years") + "<br>");
document.write(parseInt("He was 40") + "<br>");
document.write("<br>");
document.write(parseInt("10",10)+ "<br>");
document.write(parseInt("010")+ "<br>");
document.write(parseInt("10",8)+ "<br>");
```

```
document.write(parseInt("0x10")+ "<br>");
document.write(parseInt("10",16)+ "<br>");
</script>
</body>
</html>
```

相关的代码示例请参考 Chap10.16.html 文件，然后双击该文件，在 IE 浏览器里面运行的结果如图 10-17 所示。

图 10-17　使用 parseInt() 函数

10.4.5　parseFloat() 函数

parseFloat() 函数可解析一个字符串，并返回一个浮点数。该函数指定字符串中的首个字符是否是数字。如果是，则对字符串进行解析，直到到达数字的末端为止，然后以数字返回该数字，而不是作为字符串。语法结构如下：

```
parseFloat(string)
```

其中，参数 string 为必选项，是要被解析的字符串。

注意：字符串中只返回第一个数字，开头和结尾的空格是允许的，如果字符串的第一个字符不能被转换为数字，那么 parseFloat() 会返回 NaN。

【例 10-17】（实例文件：ch10\Chap10.17.html）使用 parseFloat() 函数。

```
<!DOCTYPE html>
<html>
<head>
<title>使用 parseFloat() 函数 </title>
</head>
<body>
<script>
document.write(parseFloat("10") + "<br>");
document.write(parseFloat("10.00") + "<br>");
document.write(parseFloat("10.33") + "<br>");
document.write(parseFloat("34 45 66") + "<br>");
document.write(parseFloat("   60    ") + "<br>");
document.write(parseFloat("40 years") + "<br>");
document.write(parseFloat("He was 40") + "<br>");
</script>
</body>
</html>
```

相关的代码示例请参考 Chap10.17.html 文件，然后双击该文件，在 IE 浏览器里面运行的结果如图 10-18 所示。

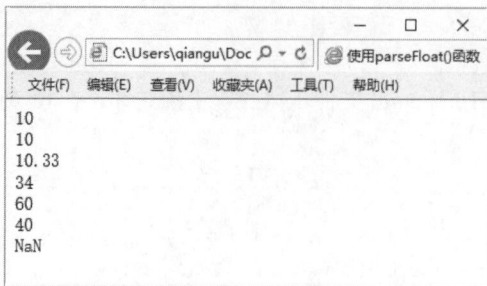

图 10-18　使用 parseFloat() 函数

10.4.6　escape() 函数

escape() 函数可对字符串进行编码，这样就可以在所有的计算机上读取该字符串。该方法不会对 ASCII 字母和数字进行编码，也不会对下面这些 ASCII 标点符号进行编码：*、@、-、_、+、.、/。其他所有的字符都会被转义序列替换。语法结构如下：

```
escape(string)
```

其中，参数 string 为必选项，是要被转义或编码的字符串。

【例 10-18】（实例文件：ch10\Chap10.18.html）使用 escape() 函数。

```
<!DOCTYPE html>
<html>
<head>
<title> 使用 escape() 函数 </title>
</head>
<body>
<center>
<h3>escape() 函数应用示例 </h3>
</center>
<script type="text/JavaScript">
document.write(" 空格符对应的编码是 %20，感叹号对应的编码符是 %21,"+"<br/>") ;
document.write("<br/>"+" 故，执行语句 escape('hello JavaScript!') 后 ,"+"<br/>") ;
document.write("<br/>"+" 结果为: "+escape("hello JavaScript!")) ;
</script>
</body>
</html>
```

相关的代码示例请参考 Chap10.18.html 文件，然后双击该文件，在 IE 浏览器里面运行的结果如图 10-19 所示。

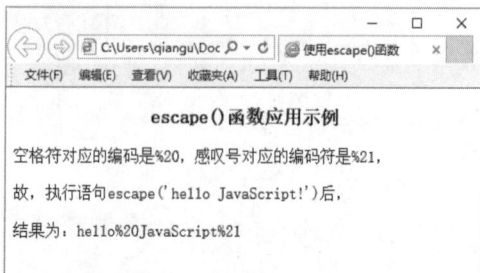

图 10-19　使用 escape() 函数

10.4.7　unescape() 函数

unescape() 函数可对通过 escape() 编码的字符串进行解码。语法结构如下：

```
unescape(string)
```

其中，参数 string 为必选项，是要解码的字符串。

【例 10-19】（实例文件：ch10\Chap10.19.html）使用 unescape() 函数。

```
<!DOCTYPE html>
<html>
<head>
<title> 使用 unescape() 函数 </title>
</head>
<body>
<center>
<h3>unescape() 函数应用示例 </h3>
</center>
<script type="text/JavaScript">
document.write(" 空格符对应的编码是 %20,感叹号对应的编码符是 %21,"+"<br/>") ;
document.write("<br/>"+" 故，执行语句 unescape('Hello%20JavaScript%21') 后,"+"<br/>") ;
document.write("<br/>"+" 结果为: "+unescape('Hello%20JavaScript%21')) ;
</script>
</body>
</html>
```

相关的代码示例请参考 Chap10.19.html 文件，然后双击该文件，在 IE 浏览器里面运行的结果如图 10-20 所示。

图 10-20　使用 unescape() 函数

10.5　JavaScript 特殊函数

在了解了什么是函数以及函数的调用方法后，下面再来介绍一些特殊函数，如嵌套函数、递归函数、内嵌函数等。

10.5.1　嵌套函数

顾名思义，嵌套函数就是在函数的内部再定义一个函数，这样定义的优点在于可以使用内部函数轻松获得外部函数的参数以及函数的全局变量。嵌套函数的语法格式如下：

```
function 外部函数名 ( 参数 1,参数 2){
  function 内部函数名 () {
```

```
函数体
    }
}
```

【例 10-20】（实例文件：ch10\Chap10.20.html）使用嵌套函数计算三个数值之和。

```
<!DOCTYPE html >
<html>
<head>
<title> 嵌套函数的应用 </title>
<script type="text/JavaScript">
var outter=30;                                    // 定义全局变量
function add(number1,number2){                    // 定义外部函数
function innerAdd(){                              // 定义内部函数
alert(" 参数的和为: "+(number1+number2+outter));  // 取参数的和
}
return innerAdd();                                // 调用内部函数
}
</script>
</head>
<body>
<script type="text/JavaScript">
add(30,30);                                       // 调用外部函数
</script>
</body>
</html>
```

相关的代码示例请参考 Chap10.20.html 文件，然后双击该文件，在 IE 浏览器里面运行的结果如图 10-21 所示。

注意：嵌套函数在 JavaScript 语言中的功能非常强大，但是使用嵌套函数会使程序可读性降低。

10.5.2 递归函数

递归是一种重要的编程技术，它用于让一个函数从其内部调用其自身。在定义递归函数时，需要两个必要条件：首先包括一个结束递归的条件；其次包括一个递归调用的语句。

递归函数的语法格式如下：

```
function 递归函数名 ( 参数 1){
递归函数名 ( 参数 2);
}
```

图 10-21 嵌套函数的应用

【例 10-21】（实例文件：ch10\Chap10.21.html）递归函数的使用。

```
<!DOCTYPE html>
<html>
<head>
<title> 函数的递归调用 </title>
<script type="text/JavaScript">
var msg="\n 函数的递归调用 : \n\n";
// 响应按钮的 onclick 事件处理程序
function Test()
{
  var result;
  msg+=" 调用语句 : \n";
  msg+="          result = sum(30);\n";
  msg+=" 调用步骤 : \n";
```

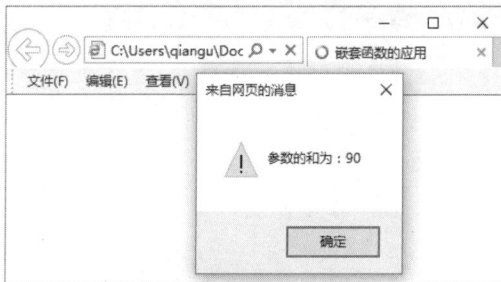

```
  result=sum(30);
  msg+=" 计算结果 :  \n";
  msg+="            result = "+result+"\n";
  alert(msg);
}
// 计算当前步骤加和值
function sum(m)
{
  if(m==0)
    return 0;
  else
  {
    msg+="            语句 : result = " +m+ "+sum(" +(m-2)+"); \n";
    result=m+sum(m-2);
  }
  return result;
}
</script>
</head>
<body>
<center>
<form>
<input type=button value=" 测试 " onclick="Test()">
</form>
</center>
</body>
</html>
```

相关的代码示例请参考 Chap10.21.html 文件，然后双击该文件，在 IE 浏览器里面运行的结果如图 10-22 所示。
单击"测试"按钮，即可在弹出的信息提示框中查看递归函数的使用，如图 10-23 所示。

图 10-22　函数的递归调用

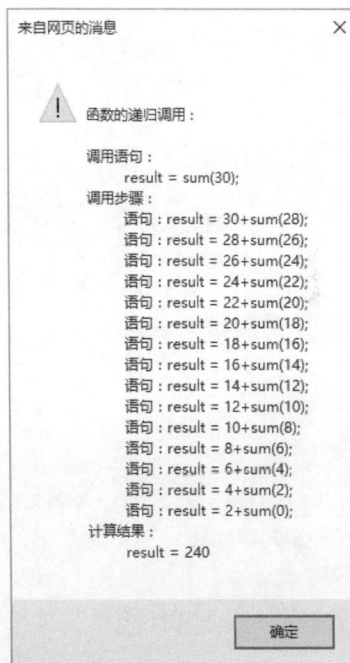

图 10-23　查看运行结果

提示：在上述代码中，为了求取 30 以内的偶数和定义了递归函数 sum()，而函数 Test() 对其进行调用，并利用 alert() 方法弹出相应的提示信息。

10.5.3　内嵌函数

所有函数都能访问全局变量，实际上，在 JavaScript 中，所有函数都能访问它们上一层的作用域。JavaScript 支持内嵌函数，内嵌函数可以访问上一层的函数变量，内嵌函数 plus() 可以访问父函数的 counter 变量。

【例 10-22】（实例文件：ch10\Chap10.22.html）内嵌函数的使用。

```
<!DOCTYPE html>
<html>
<head>
<title> 内嵌函数的使用 </title>
</head>
<body>
<p> 局部变量计数 </p>
<p id="demo">0</p>
<script>
document.getElementById("demo").innerHTML = add();
function add() {
    var counter = 0;
    function plus() {counter += 1;}
    plus();
    return counter;
}
</script>
</body>
</html>
```

相关的代码示例请参考 Chap10.22.html 文件，然后双击该文件，在 IE 浏览器里面运行的结果如图 10-24 所示。

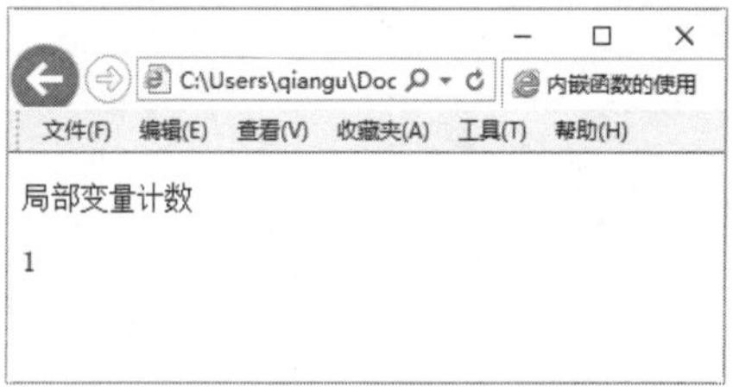

图 10-24　内嵌函数的使用

10.6　JavaScript 的闭包

闭包可以用在许多地方，它的最大用处有两个：一个是前面提到的可以读取函数内部的变量；另一个就是让这些变量的值始终保持在内存中。

10.6.1　什么是闭包

闭包是一个拥有许多变量和绑定了这些变量的环境的表达式（通常是一个函数），因而这些变量也是该表达式的一部分。在 JavaScript 中，所有的 function 都是一个闭包，不过一般来说，嵌套的 function() 所产生的闭包更为强大，也是大部分时候我们所谓的闭包。

下面举例说明什么是闭包，具体示例代码如下：

```
function closure(){
var str = "I'm a part variable.";
return function(){
alert(str);
}
}
var fObj = closure();
fObj();
```

在上面代码中，str 是定义在函数 closure() 中的局部变量，若 str 在函数 closure() 调用完成以后不能再被访问，则在函数执行完成后 str 将被释放。但是由于函数 closure() 返回了一个内部函数，且这个返回的函数引用了 str 变量，导致了 str 可能会在函数 closure() 执行完成以后还会被引用，所以 str 所占用的资源不会被回收，这样 closure() 就形成了一个闭包。

【例 10-23】（实例文件：ch10\Chap10.23.html）使用闭包统计计数。

```
<!DOCTYPE html>
<html>
<head>
<title>使用闭包统计计数 </title>
</head>
<body>
<p>局部变量计数 </p>
<button type="button" onclick="myFunction()">计数 !</button>
<p id="demo">0</p>
<script>
var add = (function () {
    var counter = 0;
    return function () {return counter += 1;}
})();
function myFunction(){
    document.getElementById("demo").innerHTML = add();
}
</script>
</body>
</html>
```

相关的代码示例请参考 Chap10.23.html 文件，然后双击该文件，在 IE 浏览器里面运行的结果如图 10-25 所示。

单击"计数"按钮，即可开始统计局部变量计数信息，单击一次，显示计数为 1，单击两次，显示计数为 2，依次类推，如图 10-26 所示。

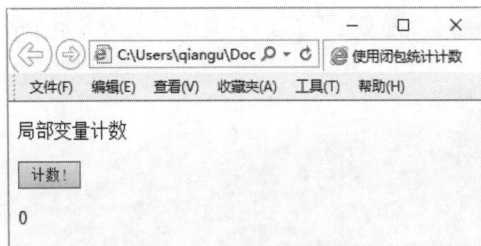

图 10-25　使用闭包统计计数

图 10-26　显示计算结果

10.6.2　闭包的原理

JavaScript 允许使用内部函数，即函数定义和函数表达式位于另一个函数的函数体内。而且，这些内部函数可以访问它们所在的外部函数中声明的所有局部变量、参数和声明的其他内部函数，当其中一个这样的内部函数在包含它们的外部函数之外被调用时，就会形成闭包。这就是闭包的原理。

10.6.3 闭包与类

JavaScript 中的"类"其实不是真正的类，它只是表现得像其他面向对象的语言中的类而已，它的本质是函数＋原型对象（prototype）。先来看一段简单的代码，该段代码的作用是新建一个类，代码如下：

```
function MyClass(x) {
this.x = x;
}
var obj = new MyClass('Hello class');
alert(obj.x);
```

在上述代码中，obj 具有一个 x 属性，现在的值是 Hello class；MyClass 是一个函数，我们称之为构造函数，在其他编程的语言中，构造函数是要放在 class 关键字内部的，也就是先要声明一个类。

在 JavaScript 的函数中，this 关键字表示的是调用该函数的作用域（Scope），可以简单地理解为它是调用函数的对象。再来看 MyClass 函数，如果把代码修改为如下代码：

```
var obj = MyClass('Hello class');
```

这是完全合乎语法的，如果这段代码是在浏览器中运行的，通过调试可以发现，内部的 this 是 window 对象，而与 obj 没有任何关系，obj 还是 undefined，alert 也不会有结果。原来的代码之所以可以工作，都是 new 关键字的作用。

new 关键字把一个普通的函数变成了构造函数。也就是说，MyClass 还是一个普通的函数，它之所以能构造出一个 obj，基本上是 new 的功劳。当函数之前有 new 关键字的时候，JavaScript 会创造一个匿名对象，并且把当前函数的作用域设置为这个匿名对象；然后在那个函数内部引用 this 就是引用的这个匿名对象；最后，即使这个函数没有 return，它也会把这个匿名对象返回出去，那么 obj 自然就具有了 x 属性，现在这个 MyClass 就具有一点类的特性了。

一个对象具有类特性，这并不是 new 关键字的工作的全部，JavaScript 同样可以方便地实现继承，依靠的是 prototype，prototype 也是一个对象，毕竟除了原始类型，所有的东西都是对象，包括函数。更为重要的是，前面提到的 JavaScript 是 prototype 基础，它的含义就是在 JavaScript 中没有类的概念，类是不存在的，一个函数，它之所以表现得像类，就是靠的 prototype，prototype 可以有各种属性，也包括函数。

关键字 new 在构造对象的过程中，并在最终返回那个匿名对象之前，还会把那个函数的 prototype 中的属性一一复制给这个对象。这里的复制是复制的引用，而不是新建一个对象，是把内容复制过来，在其内部，相当于保留了一个构造它的函数的 prototype 的引用。该属性对外是不可见的，只有函数对象是有 prototype 属性的，函数对象的 prototype 默认有一个 constructor 属性。具体的示例代码如下：

【例 10-24】（实例文件：ch10\Chap10.24.html）输出同学姓名。

```
<!DOCTYPE html>
<html>
<head>
<title> 输出同学姓名 </title>
</head>
<body>
<script>
function MyClass(x) {
this.x = x;
}
var proObj = new MyClass('x');
InheritClass.prototype = proObj;
MyClass.prototype.protox = 'xxx';
function InheritClass(y) {
```

```
this.y = y;
}
var obj = new InheritClass('Hello class');
MyClass.prototype.protox = '刘亦婷';
proObj.x = '汪一涵';
alert(obj.protox);
alert(obj.x);
</script>
</body>
</html>
```

相关的代码示例请参考 Chap10.24.html 文件，然后双击该文件，在 IE 浏览器里面运行的结果如图 10-27 所示，弹出的结果是"刘亦婷"。

单击"确定"按钮，弹出一个网页信息提示框，结果是"汪一涵"，如图 10-28 所示。

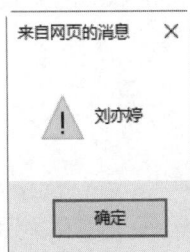

图 10-27　显示运行结果

图 10-28　显示输入的结果

此代码说明了对象内部保留的是构造函数的 prototype 的引用，要注意的是，proObj 中也是保留的它的构造函数的 prototype 的引用，如例 10.25 所示。

【例 10-25】（实例文件：ch10\Chap10.25.html）输出同学姓名。

```
<!DOCTYPE html>
<html>
<head>
<title>输出同学姓名</title>
</head>
<body>
<script>
function MyClass(x) {
this.x = x;
}
var proObj = new MyClass('x');
InheritClass.prototype = proObj;
MyClass.prototype.protox = 'xxx';
function InheritClass(y) {
this.y = y;
}
var obj = new InheritClass('Hello class');
proObj.protox = '班级名单';
MyClass.prototype.protox = '刘亦婷';
proObj.x = '汪一涵';
alert(obj.protox);
alert(obj.x);
</script>
</body>
</html>
```

相关的代码示例请参考 Chap10.25.html 文件，然后双击该文件，在 IE 浏览器里面运行的结果如图 10-29 所示，弹出的结果是"班级名单"。

单击"确定"按钮，弹出一个网页信息提示框，结果是"汪一涵"，如图 10-30 所示。

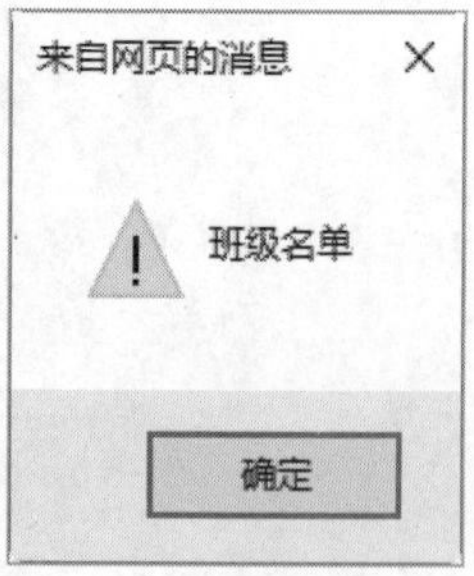

图 10-29　弹出班级名单

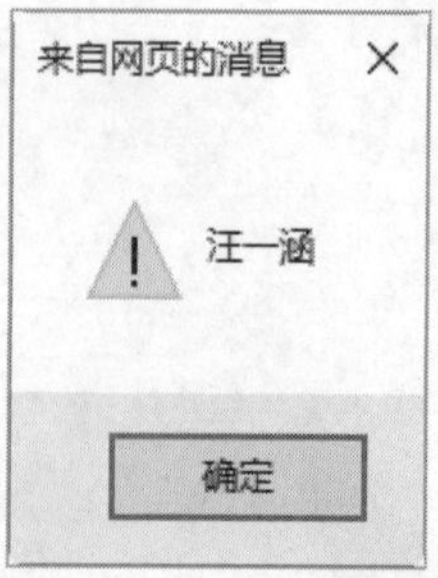

图 10-30　显示输入的结果

事实上，在上述代码中，这些 prototype 的逐层引用，构成了一个 prototype 链。当读取一个对象的属性的时候，首先寻找自己定义的属性，如果没有，就逐层向内部隐含的 prototype 属性寻找。不过在写属性的时候，就会把它的引用覆盖掉，但是不会影响 prototype 的值。

10.6.4　闭包中需要注意的地方

在使用闭包的过程中，需要注意以下两点。

（1）由于闭包会使得函数中的变量都被保存在内存中，内存消耗很大，所以不能滥用闭包，否则会造成网页的性能问题，在 IE 中可能导致内存泄漏。解决方法是，在退出函数之前，将不使用的局部变量全部删除。

（2）闭包会在父函数外部，改变父函数内部变量的值。所以，如果用户把父函数当作对象使用，把闭包当作它的公用方法（Public Method），把内部变量当作它的私有属性（Private Value），这时一定要小心，不要随便改变父函数内部变量的值。

10.7　回调函数设计模式

回调函数是程序设计的一种方法，所谓回调，就是程序 C 调用程序 S 中的某个函数 A，然后 S 又在某个时候反过来调用 C 中的某个函数 B，对于 C 来说，这个 B 便叫作回调函数。

10.7.1　回调函数与控制反转

回调函数这种方法是指在传递了可能会进行调用的函数或对象之后，在需要时再分别对其进行调用，由于调用方与被调用方的依赖关系与通常相反，所以也称为控制反转（Inversion of Control，IoC）。

由于历史原因，在 JavaScript 开发中常常会用到回调函数这一方法，这是多种因素导致的。

第一个原因是在客户端 JavaScript 中基本都是 GUI 程序设计。GUI 程序设计是一种很适合使用所谓事件驱动的程序设计方式。事件驱动正是一种回调函数设计模式。客户端 JavaScript 程序设计是一种基于 DOM 的事件驱动式程序设计。

第二个原因是源于客户端无法实现多线程程序设计（最近 HTML5 Web Works 支持多线程了）。而通过将回调函数与异步处理相结合，就能够实现并行处理。由于不支持多线程，所以为了实现并行处理，不得不使用回调函数，这逐渐成为一种惯例。

最后一个原因与 JavaScript 中的函数声明表达式和闭包有关。

10.7.2 JavaScript 与回调函数

在 JavaScript 中，回调函数是需要定义的，下面给出一个回调函数的示例。

【例 10-26】（实例文件：ch10\Chap10.26.html）回调函数的应用。

```
<!DOCTYPE html>
<html>
<head>
<title> 回调函数的应用 </title>
</head>
<body>
<script>
var emitter = {
        // 为了能够注册多个回调函数而通过数组管理
        callbacks:[],
        // 回调函数的注册方法
        register:function (fn) {
            this.callbacks.push(fn);
        },
        // 事件的触发处理
        onOpen:function () {
            for (var f in this.callbacks) {
                this.callbacks[f]();
            }
        }
    };
    emitter.register(function () {alert("event handler1 is called");})
    emitter.register(function () {alert("event handler2 is called");})
    emitter.onOpen();
    // "event handler1 is called"
    // "event handler2 is called"
</script>
</body>
</html>
```

相关的代码示例请参考 Chap10.26.html 文件，然后双击该文件，在 IE 浏览器里面运行的结果如图 10-31 所示。单击"确定"按钮，弹出另外一个网页信息提示框，如图 10-32 所示。

图 10-31 回调函数的应用

图 10-32 信息提示框

在上述代码中，定义的两个匿名函数就是回调函数，它们的调用由 emitter.onOpen() 完成。对 emitter 来说，这仅仅是对注册的函数进行了调用，不过根据回调函数的定义，更应该关注使用了 emitter 部分的情况。从这个角度来看，注册过的回调函数与之形成的是一种调用与被调用的关系。

10.8 典型案例——制作伸缩两级菜单

对于菜单一般都会有一级菜单、二级菜单，并且根据实际情况菜单的级数是不定的，所以，要想制作一个菜单，需要先建立一个好的 HTML 框架，设计好菜单的级数。下面制作一个伸缩两级菜单。

【例 10-27】（实例文件：ch10\Chap10.27.html）制作伸缩两级菜单。

第一步：设计 HTML 框架。具体代码如下：

```
<!DOCTYPE html>
<html>
<head>
<title>制作伸缩两级菜单</title>
</head>
<body>
<div id="navigation">
    <ul id="listUL">
      <li><a href="#">个人中心</a>
            <ul>
                  <li><a href="#">个人资料</a></li>
                  <li><a href="#">与我相关</a></li>
      <li><a href="#">好友动态</a></li>
            </ul>
        </li>
      <li><a href="#">我的主页</a>
            <ul>
                  <li><a href="#">日志</a></li>
                  <li><a href="#">相册</a></li>
      <li><a href="#">状态</a></li>
            </ul>
        </li>
      <li><a href="#">留言板</a></li>
        <li><a href="#">应用中心</a>
            <ul>
                  <li><a href="#">游戏</a></li>
                  <li><a href="#">音乐</a></li>
            </ul>
      </li>
        <li><a href="#">更多</a></li>
    </ul>
</div>
</body>
</html>
```

相关的代码示例请参考 Chap10.27.html 文件，然后双击该文件，在 IE 浏览器里面运行的结果如图 10-33 所示。

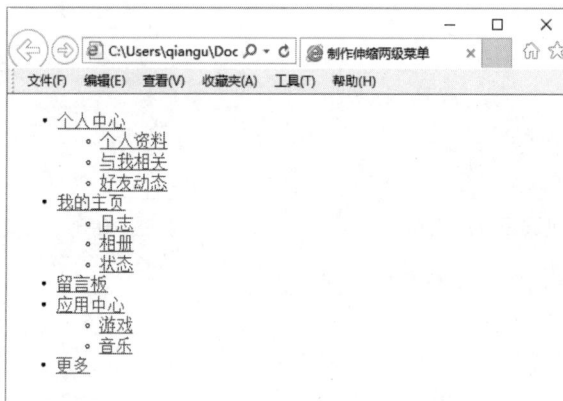

图 10-33　设计 HTML 网页框架

第二步：在网页中添加 CSS 代码，先对一级菜单进行风格设置。具体代码如下：

```
<style>
```

```
body{
    background-color:#eed0e0;
}
#navigation {
    width:200px;
    font-family:Arial;
}
#navigation > ul > li {
    border-bottom:1px solid #AD9F9F;        /* 添加下画线 */
}
#navigation > ul > li > a{
    display:block;
    padding:5px 5px 5px 0.5em;
    text-decoration:none;
    border-left:12px solid #711111;         /* 左边的粗边 */
}
#navigation > ul > li > a:link, #navigation > ul > li > a:visited{
    background-color:#c11136;
    color:#FFFFFF;
}
#navigation > ul > li > a:hover{             /* 鼠标经过时 */
    background-color:#880020;               /* 改变背景色 */
    color:#ff0000;                          /* 改变文字颜色 */
}
h1{
    color:red;                              /* 文字颜色 */
    background-color:#49ff01;               /* 背景色 */
    text-align:center;                      /* 居中 */
    padding:20px;                           /* 边距 */
}
img{float:left;    /* 居左 */
border:2px #F00 solid;  /* 设置边框 */
margin:5px;            /* 设置边距 */
}
</style>
```

相关的代码示例请参考Chap10.27.html文件，然后双击该文件，在IE浏览器里面运行的结果如图10-34所示。

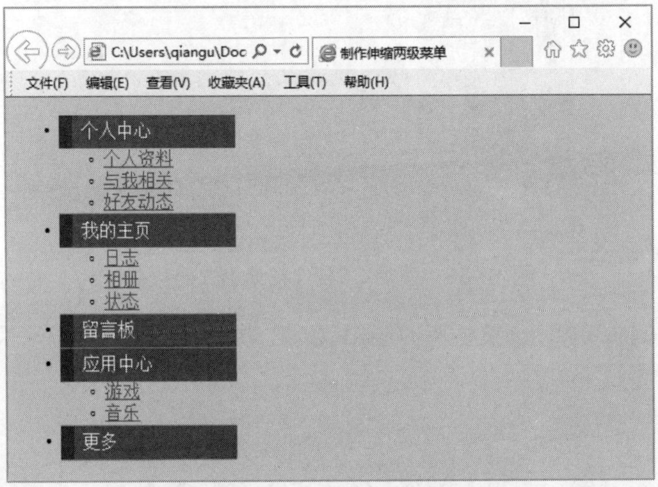

图 10-34　添加 CSS 代码修饰一级菜单

第三步：在网页中添加 CSS 代码，对二级子菜单做相应的风格设置。具体代码如下：

```
#navigation ul li ul{
    margin:0px;
```

```
    padding:0px 0px 0px 0px;
}
#navigation ul li ul li{
    border-top:1px solid #ED9F9F;
}
#navigation ul li ul li a{
    display:block;
    padding:3px 3px 3px 0.5em;
    text-decoration:none;
    border-left:28px solid #a71f1f;
    border-right:1px solid #711515;
}
#navigation ul li ul li a:link, #navigation ul li ul li a:visited{
    background-color:#e85070;
    color:#FFFFFF;
}
#navigation ul li ul li a:hover{
    background-color:#c2425d;
    color:#ffff00;
}
#navigation ul li ul.myHide{        /* 隐藏子菜单 */
    display:none;
}
#navigation ul li ul.myShow{        /* 显示子菜单 */
    display:block;
}
```

相关的代码示例请参考 Chap10.27.html 文件，然后双击该文件，在 IE 浏览器里面运行的结果如图 10-35 所示。

图 10-35　添加 CSS 代码修饰二级菜单

第四步：添加 JavaScript 代码，为菜单添加上伸缩效果。具体代码如下：

```
<script type="text/JavaScript" src="jquery.min.js"></script>
<script type="text/JavaScript">
function change(){
    var SecondDiv = this.parentNode.getElementsByTagName("ul")[0];
    if(SecondDiv.className == "myHide")   // 通过 CSS 交替更换实现显隐
        SecondDiv.className = "myShow";
    else
        SecondDiv.className = "myHide";
}
window.onload = function(){
    var Ul = document.getElementById("listUL");
```

```
    var aLi = Ul.childNodes;
    var A;
    for(var i=0;i<aLi.length;i++){
        // 如果子元素为 li, 且这个 li 有子菜单 ul
        if(aLi[i].tagName == "LI" && aLi[i].getElementsByTagName("ul").length){
            A = aLi[i].firstChild;  // 找到超链接
            A.onclick = change;      // 动态添加单击函数
        }
    }
}
</script>
```

相关的代码示例请参考 Chap10.27.html 文件，然后双击该文件，在 IE 浏览器里面运行的结果如图 10-36 所示。

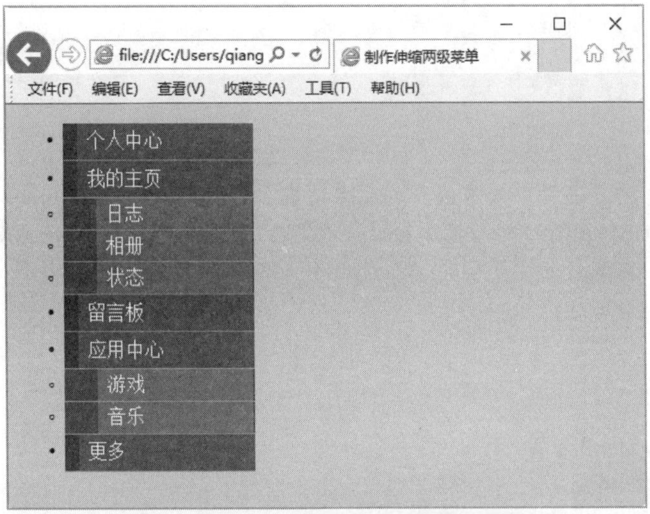

图 10-36　伸缩两级菜单的显示效果

10.9　就业面试技巧与解析

10.9.1　面试技巧与解析（一）

面试官：在完成某项工作时，你认为领导要求的方式不是最好的，自己还有更好的方法，你应该怎么做？

应聘者：原则上我会尊重和服从领导的工作安排，同时私底下找机会以请教的口吻，婉转地表达自己的想法，看看领导是否能改变想法。如果领导没有采纳我的建议，我也同样会按领导的要求认真地去完成这项工作。还有一种情况，假如领导要求的方式违背原则，我会坚决提出反对意见，如领导仍固执己见，我会毫不犹豫地再向上级领导反映。

10.9.2　面试技巧与解析（二）

面试官：假设你在某单位工作，成绩比较突出，得到领导的肯定，但同时你发现同事们越来越孤立你，你怎么看这个问题？你准备怎么办？

应聘者：成绩比较突出，得到领导的肯定是件好事情，以后更加努力。针对被孤立的事情，需要检讨一下自己是不是对工作的热心度超过同事间交往的热心了，在工作之余加强同事间的交往并培养共同的兴趣爱好。在工作中，不伤害别人的自尊心，不在领导前搬弄是非。

第11章
JavaScript 窗口与人机交互对话框

◎ 本章教学微视频：17 个　41 分钟

学习指引

　　窗口与对话框是用户浏览网页中最常遇到的元素，在 JavaScript 中使用 window 对象可以操作窗口与对话框，本章将详细介绍 JavaScript 窗口与人机交互对话框的应用，主要内容包括 window 对象、打开与关闭窗口、操作窗口对象、调用对话框等。

重点导读

- 掌握 window 对象的使用方法。
- 掌握打开与关闭窗口的方法。
- 掌握操作窗口对象的方法。
- 掌握获取窗口历史记录的方法。
- 掌握 JavaScript 对话框的使用方法。
- 掌握 JavaScript 其他对象的使用方法。

11.1　window 对象

　　window 对象表示浏览器中打开的窗口，如果文档包含框架（<frame> 或 <iframe> 标签），浏览器会为 HTML 文档创建一个 window 对象，并为每个框架创建一个额外的 window 对象。

11.1.1　window 对象属性

　　window 对象在客户端 JavaScript 中扮演重要的角色，它是客户端程序的全局（默认）对象，该对象包含有多个属性，window 对象常用的属性如表 11-1 所示。

表 11-1　window 对象常用的属性

属　　性	描　　述
closed	返回窗口是否已被关闭

属　　性	描　　述
defaultStatus	设置或返回窗口状态栏中的默认文本
document	对 document 对象的只读引用
frames	返回窗口中所有命名的框架。该集合是 window 对象的数组，每个 window 对象在窗口中含有一个框架
history	对 history 对象的只读引用
innerHeight	返回窗口的文档显示区的高度
innerWidth	返回窗口的文档显示区的宽度
length	设置或返回窗口中的框架数量
location	用于窗口或框架的 location 对象
name	设置或返回窗口的名称
navigator	对 navigator 对象的只读引用
opener	返回对创建此窗口的引用
outerHeight	返回窗口的外部高度，包含工具条与滚动条
outerWidth	返回窗口的外部宽度，包含工具条与滚动条
pageXOffset	设置或返回当前页面相对于窗口显示区左上角的 x 位置
pageYOffset	设置或返回当前页面相对于窗口显示区左上角的 y 位置
parent	返回父窗口
screen	对 screen 对象的只读引用
screenLeft	返回相对于屏幕窗口的 x 坐标
screenTop	返回相对于屏幕窗口的 y 坐标
screenX	返回相对于屏幕窗口的 x 坐标
screenY	返回相对于屏幕窗口的 y 坐标
self	返回对当前窗口的引用。等价于 window 属性
status	设置窗口状态栏的文本
top	返回最顶层的父窗口

　　熟悉并了解 window 对象的各种属性，将有助于一个 Web 应用开发者的设计开发。

1. defaultStatus 属性

　　几乎所有的 Web 浏览器都有状态条（栏），如果需要打开浏览器即在其状态条显示相关信息。可以为浏览器设置默认的状态条信息，window 对象的 defaultStatus 属性可实现此功能。语法格式如下：

```
window.defaultStatus="statusMsg";。
```

其中，**statusMsg** 代表了需要在状态条显示的默认信息。

下面给出一个实例，在状态栏中设置一个默认文本。

【例 11-1】（实例文件：ch11\Chap11.1.html）设置状态栏信息。

```
<!DOCTYPE html>
<html>
<head>
<title> 设置状态栏信息 </title>
</head>
<body>
<script>
window.defaultStatus=" 本站内容更加精彩！！";
</script>
<p> 查看状态栏中的文本。</p>
</body>
</html>
```

相关的代码示例请参考Chap11.1.html文件，然后双击该文件，在IE浏览器里面运行的结果如图11-1所示。

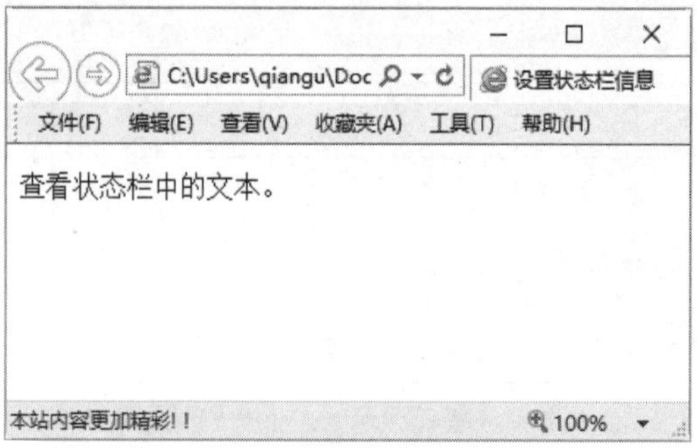

图 11-1 设置状态栏信息

注意：defaultStatus 属性在 Firefox、Chrome 或 Safari 的默认配置下是不工作的。

2．frames 属性

框架可以把浏览器窗口分成几个独立的部分，每部分显示单独的页面，页面的内容是互相联系的。框架是一种特殊的窗口，在网页设计中经常遇到。

如果当前窗口是在框架 <frame> 或 <iframe> 中，通过 window 对象的 frameElement 属性可获取当前窗口所在的框架对象。语法格式如下：

```
var frameObj=window.frameElement;
```

其中，**frameObj** 是当前窗口所在的框架对象。使用该属性获得框架对象后，可使用框架对象的各种属性与方法，从而实现对框架对象进行各种操作。

下面给出一个实例，该实例将窗口分为两个部分的框架集，并指定名称为 mainFrame 的框架的源文件为main.html，topFrame 的框架源文件是 top.html。当用户单击 mainFrame 框架中的"窗口框架"按钮，即可获取当前窗口所在的框架对象，同时弹出提示信息，并显示框架的名称。

【例 11-2】（实例文件：ch11\Chap11.2.html）frames 属性应用示例。

```
<!DOCTYPE html>
<html>
<head>
<title> 含有窗口框架的网页 </title>
</head>
```

```
<frameset rows="60,*" cols="*" frameborder="1" border="1" framespacing="1">
  <frame src="top.html " name="topFrame" scrolling="no" id="top"
    marginheight="0" marginwidth="0" noresize/>
  <frame src="main.html" name="mainFrame" scrolling="auto" id="main">
</frameset>
</html>
//main.html 文件的具体内容如下
<!DOCTYPE html>
<html>
<head>
<title> 窗口框架 </title>
<script language="JavaScript" type="text/JavaScript">
<!--
function getFrame()
{ // 获取当前窗口所在的框架
    var frameObj = window.frameElement;
    window.alert(" 当前窗口所在框架的名称: " + frameObj.name);
    window.alert(" 当前窗口的框架数量: " + window.length);
}
function openWin()
{ // 打开一个窗口
    window.open("top.html", "_blank");
}
//-->
</script>
</head>
<body>
  <form name="frmData" method="post" action="#">
    <input type="hidden" name="hidObj" value=" 隐藏变量 ">
    <p>
      <center>
          <h1> 显示框架页面的内容 </h1>
      </center>
    </p>
    <p>
      <center>
          <input type="button" value=" 窗口框架 " onclick="getFrame()">
      </center>
      <br>
      <center>
          <input type="button" value=" 打开窗口 " onclick="openWin()">
      </center>
    </p>
  </form>
</body>
</html>
//top.html 文件的具体内容如下
<!DOCTYPE html>
<html>
<head>
<title> 顶部框架页面 </title>
</head>
<body>
    <form name="frmTop" method="post" action="#">
    <center>
      <h1> 框架顶部页面 </h1>
    </center>
    </form>
</body>
</html>
```

相关的代码示例请参考 Chap11.2.html 文件，然后双击该文件，在 IE 浏览器里面运行的结果如图 11-2 所示，在该代码中使用了 <frameset> 标签及两个 <frame> 标签组成了一个框架页面，其中显示在框架顶部的是 top.html 文件，显示在框架边框以下的是 main.html 文件。

单击"窗口框架"按钮，即可看到当前窗口所在框架的名称信息，如图 11-3 所示。

单击"确定"按钮，即可看到打开窗口的框架数量的提示信息，如图 11-4 所示。

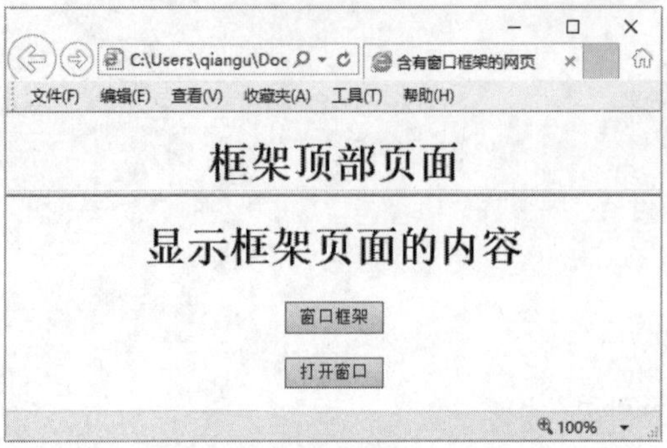

图 11-2　含有窗口框架的网页

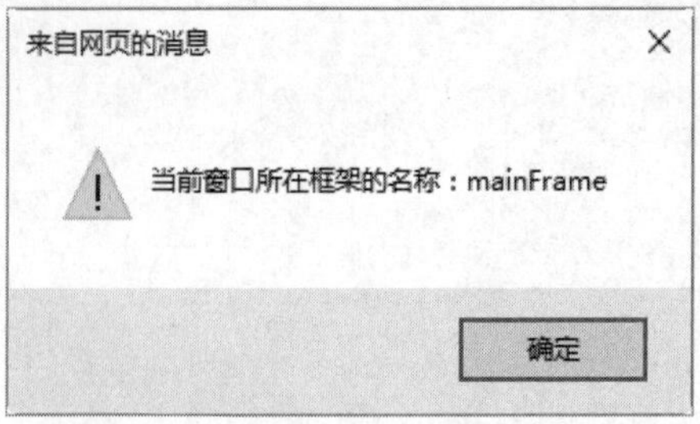

图 11-3　显示当前窗口所在框架的名称

如果单击"打开窗口"按钮，即可转到链接的页面中，如图 11-5 所示。

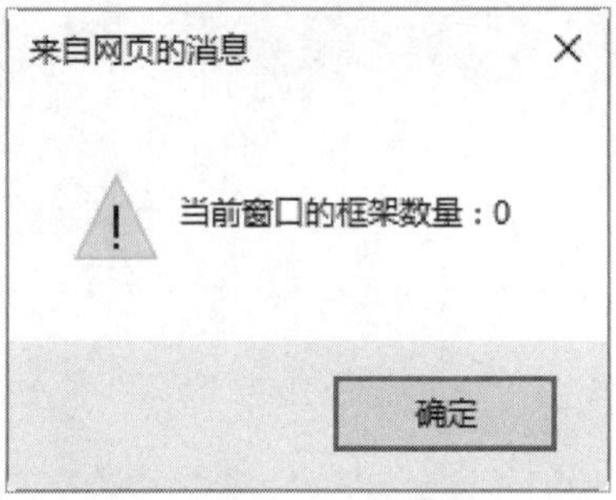

图 11-4　显示当前窗口的框架数量

图 11-5　跳转到链接页面

3. parent 属性

parent 属性返回当前窗口的父窗口。语法格式如下：

```
window.parent
```

【例 11-3】（实例文件：ch11\Chap11.3.html）parent 属性应用示例。

```
<!DOCTYPE html>
<html>
<head>
<title>parent 属性的应用</title>
</head>
<head>
<script>
function openWin(){
    window.open('','','width=200,height=100');
    alert(window.parent.location);
}
</script>
</head>
<body>
<input type="button" value=" 打开窗口 " onclick="openWin()">
</body>
</html>
```

相关的代码示例请参考 **Chap11.3.html** 文件，然后双击该文件，在 IE 浏览器里面运行的结果如图 11-6 所示。单击"打开窗口"按钮，即可打开新窗口，并在父窗口弹出警告提示框，如图 11-7 所示。

图 11-6　parent 属性的应用

图 11-7　警告提示框

4. top 属性

当页面中存在多个框架时，可以使用 window 对象的 top 属性直接获取当前浏览器窗口中各子窗口的最顶层对象。语法格式如下：

```
window.top
```

【例 11-4】（实例文件：ch11\Chap11.4.html）top 属性应用示例。

```html
<!DOCTYPE html>
<html>
<head>
<title>检查当前窗口的状态</title>
<script>
function check(){
    if (window.top!=window.self) {
        document.write("<p>这个窗口不是最顶层窗口！我在一个框架？</p>")
    }
    else{
        document.write("<p>这个窗口是最顶层窗口！</p>")
    }
}
</script>
</head>
<body>
<input type="button" onclick="check()" value="检查窗口">
</body>
</html>
```

相关的代码示例请参考 **Chap11.4.html** 文件，然后双击该文件，在 IE 浏览器里面运行的结果如图 11-8 所示。单击"检查窗口"按钮，check() 函数被调用，检查当前窗口的状态，并在网页中输出窗口的状态信息，如图 11-9 所示。

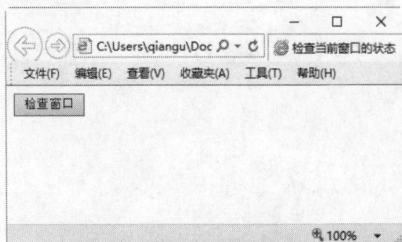

图 11-8　检查当前窗口的状态

图 11-9　显示检查的结果

11.1.2 window 对象方法

除了对象属性外，window 对象还拥有很多方法。window 对象常用的方法如表 11-2 所示。

表 11-2 window 对象常用的方法

方　　法	描　　述
alert()	显示带有一段消息和一个"确定"按钮的警告框
blur()	把键盘焦点从顶层窗口移开
clearInterval()	取消由 setInterval() 设置的 timeout
clearTimeout()	取消由 setTimeout() 方法设置的 timeout
close()	关闭浏览器窗口
confirm()	显示带有一段消息以及"确定"按钮和"取消"按钮的对话框
createPopup()	创建一个 pop-up 窗口
focus()	把键盘焦点给予一个窗口
moveBy()	可相对窗口的当前坐标把它移动指定的像素
moveTo()	把窗口的左上角移动到一个指定的坐标
open()	打开一个新的浏览器窗口或查找一个已命名的窗口
print()	打印当前窗口的内容
prompt()	显示可提示用户输入的对话框
resizeBy()	按照指定的像素调整窗口的大小
resizeTo()	把窗口的大小调整到指定的宽度和高度
scrollBy()	按照指定的像素值来滚动内容
scrollTo()	把内容滚动到指定的坐标
setInterval()	按照指定的周期（以毫秒计）来调用函数或计算表达式
setTimeout()	在指定的毫秒数后调用函数或计算表达式

11.2 打开与关闭窗口

窗口的打开与关闭主要是通过使用 open() 和 close() 方法来实现，也可以在打开窗口时指定窗口的大小及位置。本节将介绍打开与关闭窗口的实现方法。

11.2.1 JavaScript 打开窗口

使用 open() 方法可以打开一个新的浏览器窗口或查找一个已命名的窗口。语法格式如下：

```
window.open(URL,name,specs,replace)
```

参数说明如下。

- URL：可选。打开指定的页面的 URL，如果没有指定 URL，打开新的空白窗口。
- name：可选。指定 target 属性或窗口的名称，支持的值如表 11-3 所示。

表 11-3　name 可选参数及说明

可 选 参 数	说　　明
_blank	URL 加载到一个新的窗口，这是默认值
_parent	URL 加载到父框架
_self	URL 替换当前页面
_top	URL 替换任何可加载的框架集
name	窗口名称

- specs：可选。一个逗号分隔的项目列表，支持的值如表 11-4 所示。

表 11-4　specs 可选参数及说明

可 选 参 数	说　　明
channelmode=yes|no|1|0	是否要在影院模式显示 window，默认是没有的。仅限 IE 浏览器
directories=yes|no|1|0	是否添加"目录"按钮。默认是肯定的，仅限 IE 浏览器
fullscreen=yes|no|1|0	浏览器是否显示全屏模式。默认是没有的。在全屏模式下的 window，还必须在影院模式式。仅限 IE 浏览器
height=pixels	窗口的高度，最小值为 100
left=pixels	该窗口的左侧位置
location=yes|no|1|0	是否显示地址字段，默认值是 yes
menubar=yes|no|1|0	是否显示菜单栏，默认值是 yes
resizable=yes|no|1|0	是否可调整窗口大小，默认值是 yes
scrollbars=yes|no|1|0	是否显示滚动条，默认值是 yes
status=yes|no|1|0	是否要添加一个状态栏，默认值是 yes
titlebar=yes|no|1|0	是否显示标题栏，被忽略，除非调用 HTML 应用程序或一个值得信赖的对话框，默认值是 yes
toolbar=yes|no|1|0	是否显示浏览器工具栏，默认值是 yes
top=pixels	窗口顶部的位置，仅限 IE 浏览器
width=pixels	窗口的宽度，最小值为 100

replace 规定了装载到窗口的 URL 是在窗口的浏览历史中创建一个新条目，还是替换浏览历史中的当前条目，支持的值如表 11-5 所示。

表 11-5　replace 可选参数及说明

可 选 参 数	说　　明
true	URL 替换浏览历史中的当前条目
false	URL 在浏览历史中创建新的条目

【例 11-5】（实例文件：ch11\Chap11.5.html）直接打开新窗口。

```
<!DOCTYPE html>
<html>
<head>
<title>直接打开窗口</title>
<script>
    window.open('','','width=200,height=100');
</script>
</head>
<body>
<p>这是'我的新窗口'</p>
</body>
</html>
```

相关的代码示例请参考 Chap11.5.html 文件，然后双击该文件，在 IE 浏览器里面运行的结果如图 11-10 所示，其中空白页就是直接打开的窗口。

【例 11-6】（实例文件：ch11\Chap11.6.html）通过按钮打开新窗口。

```
<!DOCTYPE html>
<html>
<head>
<title>通过按钮打开新窗口</title>
<script>
function open_win() {
    window.open("http://www.baidu.com");
}
</script>
</head>
<body>
<form>
<input type="button" value="打开窗口" onclick="open_win()">
</form>
</body>
</html>
```

相关的代码示例请参考 Chap11.6.html 文件，然后双击该文件，在 IE 浏览器里面运行的结果如图 11-11 所示。

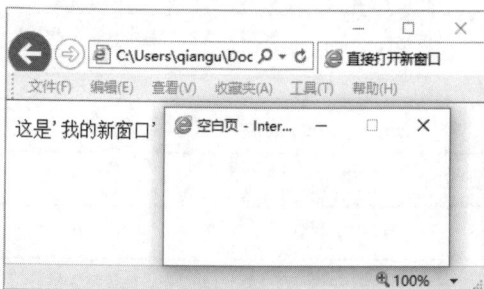

图 11-10　直接打开新窗口

图 11-11　通过按钮打开新窗口

单击"打开窗口"按钮，即可直接在新窗口中打开百度网站的首页，如图 11-12 所示。

注意：在使用 open() 方法时，需要注意以下几点。

- 通常浏览器窗口中，总有一个文档是打开的，因为不需要为输出建立一个新文档。
- 在完成对 Web 文档的写操作后，要使用或调用 close() 方法来实现对输出流的关闭。
- 在使用 open() 方法打开一个新流时，可为文档指定一个有效的文档类型，有效文档类型包括 text/HTML、text/gif、text/xim 等。

图 11-12　直接在新窗口中打开页面

11.2.2　JavaScript 关闭窗口

用户可以在 JavaScript 中使用 window 对象的 close() 方法关闭指定的已经打开的窗口。语法格式如下：

```
window.close()
```

例如，如果想要关闭窗口，可以使用下面任何一种语句来实现。

- window.close()。
- close()。
- this.close()。

下面给出一个实例，首先用户通过 window 对象的 open() 方法打开一个新窗口，然后通过按钮再关闭该窗口。

【例 11-7】（实例文件：ch11\Chap11.7.html）关闭新窗口。

```
<!DOCTYPE html>
<html>
<head>
<title> 关闭新窗口 </title>
<script>
function openWin(){
    myWindow=window.open("","","width=200,height=100");
    myWindow.document.write("<p>这是 ' 我的新窗口 '</p>");
}
function closeWin(){
    myWindow.close();
}
</script>
</head>
<body>
```

```
<input type="button" value=" 打开我的窗口 " onclick="openWin()" />
<input type="button" value=" 关闭我的窗口 " onclick="closeWin()" />
</body>
</html>
```

相关的代码示例请参考 Chap11.7.html 文件，然后双击该文件，在 IE 浏览器里面运行的结果如图 11-13 所示。

单击"打开我的窗口"按钮，即可直接在新窗口中打开我的窗口，如图 11-14 所示。

图 11-13　运行结果　　　　　　图 11-14　直接在新窗口中打开我的窗口

单击"关闭我的窗口"按钮，如图 11-15 所示，即可关闭打开的新窗口。

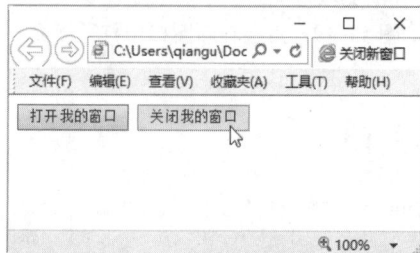

图 11-15　关闭新窗口

提示：在 JavaScript 中使用 close() 方法关闭当前窗口时，如果当前窗口是通过 JavaScript 打开的，则不会有提示信息。在某些浏览器中，如果打开需要关闭窗口的浏览器只有当前窗口的历史访问记录，使用 close() 方法关闭窗口时，同样不会有提示信息。

11.3　操作窗口对象

通过 window 对象除了可以打开与关闭窗口，还可以控制窗口的大小和位置，下面进行详细介绍。

11.3.1　改变窗口大小

利用 window 对象的 resizeBy() 方法可以根据指定的像素来调整窗口的大小，具体语法格式如下：

```
window.resizeBy(width,height)
```

参数描述如下：

- width：必需。要使窗口宽度增加的像素数，可以是正、负数值。
- height：可选。要使窗口高度增加的像素数，可以是正、负数值。

注意：此方法定义指定窗口的右下角移动的像素，左上角将不会被移动（它停留在其原来的坐标）。

【**例 11-8**】（实例文件：ch11\Chap11.8.html）改变窗口大小。

```
<!DOCTYPE html>
<html>
<head>
<title> 改变窗口大小 </title>
<script>
function resizeWindow(){
    top.resizeBy(100,100);
}
</script>
</head>
<body>
<form>
<input type="button" onclick="resizeWindow()" value=" 调整窗口 ">
</form>
</body>
</html>
```

相关的代码示例请参考 Chap11.8.html 文件，然后双击该文件，在 IE 浏览器里面运行的结果如图 11-16 所示。

单击"调整窗口"按钮，即可改变窗口的大小，如图 11-17 所示。

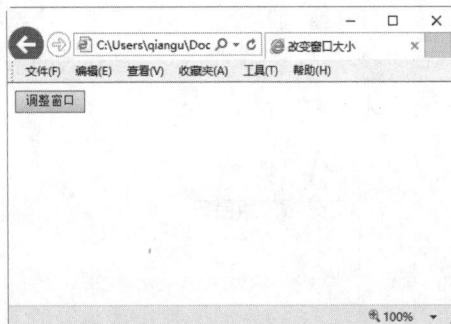

图 11-16　改变窗口大小

图 11-17　通过按钮调整窗口大小

11.3.2　移动窗口位置

使用 moveTo() 方法可把窗口的左上角移动到一个指定的坐标。语法格式如下：

```
window.moveTo(x,y)
```

下面给出一个示例，将新窗口移动到屏幕上方左上角。

【**例 11-9**】（实例文件：ch11\Chap11.9.html）移动窗口位置。

```
<!DOCTYPE html>
<html>
<head>
<title> 移动窗口位置 </title>
<script>
function openWin(){
    myWindow=window.open('','','width=200,height=100');
    myWindow.document.write("<p> 这是我的新窗口 </p>");
}
function moveWin(){
    myWindow.moveTo(0,0);
```

```
        myWindow.focus();
}
</script>
</head>
<body>
<input type="button" value=" 打开窗口 " onclick="openWin()" />
<br><br>
<input type="button" value=" 移动窗口 " onclick="moveWin()" />
</body>
</html>
```

相关的代码示例请参考 Chap11.9.html 文件，然后双击该文件，在 IE 浏览器里面运行的结果如图 11-18 所示。

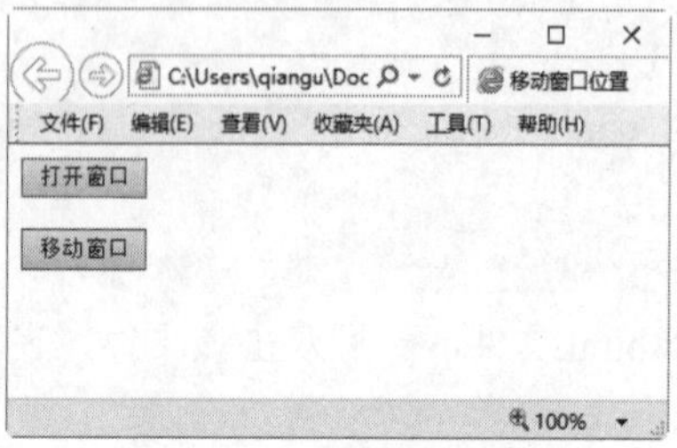

图 11-18　移动窗口位置

单击"打开窗口"按钮，即可打开一个新的窗口，如图 11-19 所示。
单击"移动窗口"按钮，即可将打开的新窗口移动到桌面的左上角，如图 11-20 所示。

图 11-19　打开新的窗口

图 11-20　移动窗口到桌面左上角

11.4　获取窗口历史记录

利用 history 对象可以获取窗口历史记录，history 对象是一个只读 URL 字符串数组，该对象主要用来存储一个最新所访问网页的 URL 地址的列表，可通过 window.history 属性对其进行访问。

history 对象常用的属性如表 11-6 所示。

表 11-6　history 对象常用的属性

属　　性	描　　述
length	返回历史列表中的网址数
current	当前文档的 URL
next	历史列表的下一个 URL
previous	历史列表的前一个 URL

history 对象常用的方法如表 11-7 所示。

表 11-7　history 对象常用的方法

方　　法	描　　述
back()	加载 history 列表中的前一个 URL
forward()	加载 history 列表中的下一个 URL
go()	加载 history 列表中的某个具体页面

注意： 当前没有应用于 history 对象的公开标准，不过所有浏览器都支持该对象。

例如，利用 history 对象中的 back() 方法和 forward() 方法可以引导用户在页面中跳转，具体的代码如下：

```
<a href="javascript:window.history.forward();">forward</a>
<a href="javascript:window.history.back();">back</a>
```

还可以使用 history.go() 方法指定要访问的历史记录。若参数为正数，则向前移动；或参数为负数，则向后移动。具体代码如下：

```
<a href="javascript:window.history.go(-1);">向后退一次</a>
<a href="javascript:window.history.back(2);">向前进两次</a>
```

使用 history.Length() 属性能够访问 history 数组的长度，可以很容易地转移到列表的末尾，例如：

```
<a href="javascript:window.history.go(window.history.length(-1));">末尾</a>
```

11.5　窗口定时器

用户可以设置一个窗口在某段时间后执行何种操作，这被称为窗口定时器。使用 window 对象中的 setTimeout() 方法可以在指定的毫秒数后调用函数或计算表达式，用于设置窗口定时器。语法格式如下：

```
setTimeout(code, milliseconds, param1, param2, ...)
setTimeout(function, milliseconds, param1, param2, ...)
```

下面给出一个实例，单击"开始"按钮，3 秒后弹出 "Hello" 信息提示框。

【例 11-10】（实例文件：ch11\Chap11.10.html）3 秒后弹出 "Hello" 信息提示框。

```
<!DOCTYPE html>
<html>
<head>
<title> 弹出 Hello 信息提示框 </title>
</head>
<body>
<p> 单击"开始"按钮，3 秒后会弹出 "Hello"。</p>
<button onclick="myFunction()"> 开始 </button>
<script>
var myVar;
function myFunction() {
    myVar = setTimeout(alertFunc, 3000);
}
function alertFunc() {
  alert("Hello");
}
</script>
</body>
</html>
```

相关的代码示例请参考 Chap11.10.html 文件，然后双击该文件，在 IE 浏览器里面运行的结果如图 11-21 所示。单击"开始"按钮，3 秒后弹出 "Hello" 信息提示框，如图 11-22 所示。

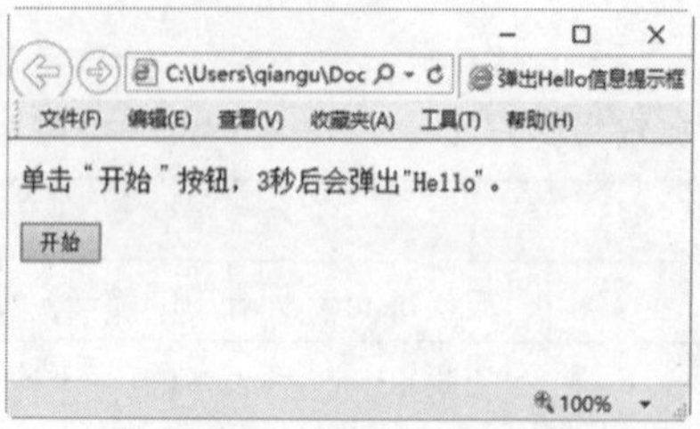

图 11-21　网页运行结果

图 11-22　弹出信息提示框

　　下面再给出一个实例，单击"开始计数！"按钮开始执行计数程序。输入框从 0 开始计算。单击"停止计数！"按钮停止计数，当再次单击"开始计数！"按钮会重新开始计数。

【例 11-11】（实例文件：ch11\Chap11.11.html）网页计数器。

```html
<!DOCTYPE html>
<html>
<head>
<title> 网页计数器 </title>
</head>
<body>
<button onclick="startCount()"> 开始计数 !</button>
<input type="text" id="txt">
<button onclick="stopCount()"> 停止计数 !</button>
<script>
var c = 0;
var t;
var timer_is_on = 0;
function timedCount() {
    document.getElementById("txt").value = c;
    c = c + 1;
    t = setTimeout(function(){ timedCount() }, 1000);
}
function startCount() {
    if (!timer_is_on) {
        timer_is_on = 1;
        timedCount();
    }
}
function stopCount() {
    clearTimeout(t);
    timer_is_on = 0;
}
</script>
</body>
</html>
```

相关的代码示例请参考 Chap11.11.html 文件，然后双击该文件，在 IE 浏览器里面运行的结果如图 11-23 所示。

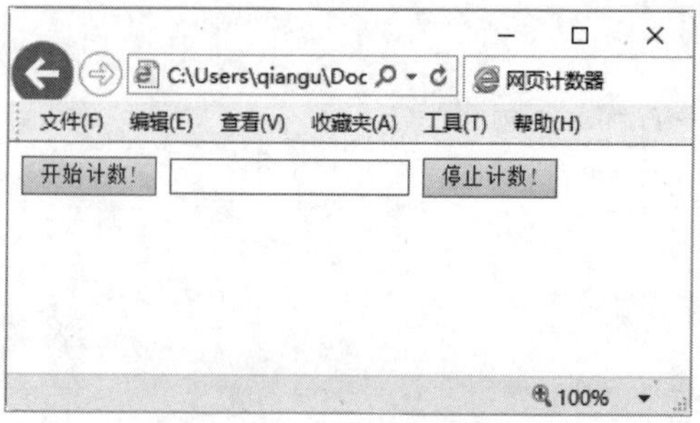

图 11-23　网页计数器

单击"开始计数！"按钮，即可在文本框中显示计数信息，如图 11-24 所示。

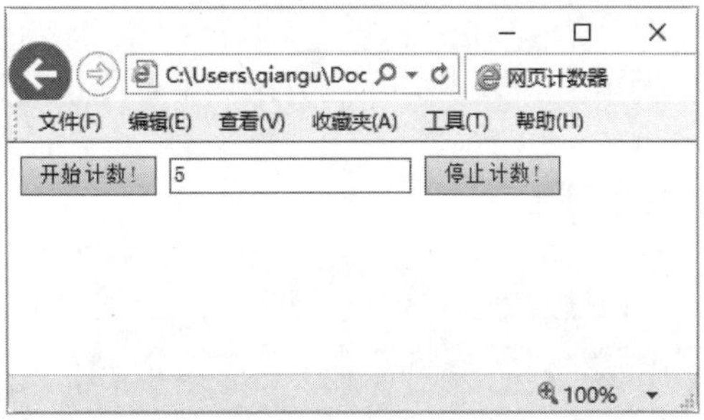

图 11-24　在文本框中显示计数信息

单击"停止计数！"按钮，即可停止计数，如图 11-25 所示。
当再次单击"开始计数！"按钮，即可继续开始计数，如图 11-26 所示。

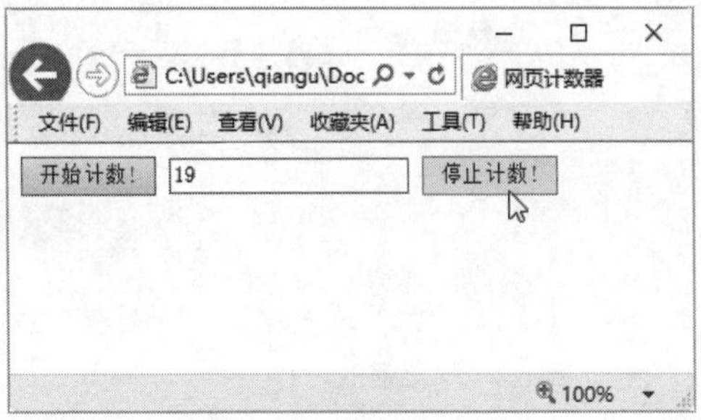

图 11-25　停止计数

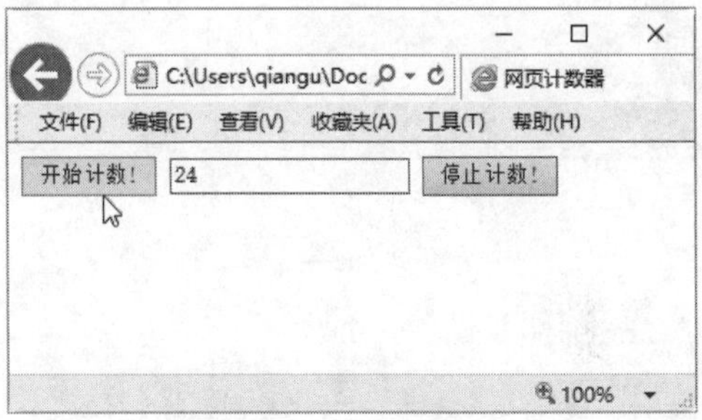

图 11-26　开始计数

11.6　JavaScript 对话框

对话框是网页与浏览者进行交流的桥梁，具有提示、选择和获取信息的功能。JavaScript 提供了 3 个标准的对话框，分别是弹出对话框、选择对话框和输入对话框，这 3 个对话框都是基于 window 对象产生的，即作为 window 对象的方法而使用的。

window 对象中调用对话框的方法如表 11-8 所示。

表 11-8　window 对象中调用对话框的方法

方　　法	说　　明
alcrt()	弹出一个只包含"确定"按钮的对话框
confirm()	弹出一个包含"确定"和"取消"按钮的对话框，要求用户做出选择。如果用户单击"确定"按钮，则返回 true 值；如果单击"取消"按钮，则返回 false 值
prompt()	弹出一个包含"确认"按钮和"取消"按钮和一个文本框的对话框，要求用户在文本框输入一些数据。如果用户单击"确认"按钮，则返回文本框里已有的内容；如果用户单击"取消"按钮，则返回 null 值。如果指定<初始值>，则文本框里会有默认值

11.7   调用对话框

使用 window 对象中的方法可以调用对话框，本节将介绍调用对话框的方法。

11.7.1   采用 alert() 方法调用

采用 alert() 方法可以调用警告对话框或信息提示对话框，语法格式如下：

```
alert(message)
```

其中，message 是在对话框中显示的提示信息。当使用 alert() 方法打开消息框时，整个文档的加载以及所有脚本的执行等操作都会暂停，直到用户单击消息框中的"确定"按钮，所有的动作才继续进行。

【例 11-12】（实例文件：ch11\Chap11.12.html）利用 alert() 方法弹出一个含有提示信息的对话框。

```html
<!DOCTYPE html>
<html>
<head>
<title>Windows 提示框 </title>
<script language="JavaScript" type="text/JavaScript">
window.alert(" 提示信息 ");
function showMsg(msg)
{
    if(msg == " 简介 ")       window.alert(" 提示信息：简介 ");
    window.status = " 显示本站的 " + msg;
    return true;
}
window.defaultStatus = " 欢迎光临本网站 ";
</script>
</head>
<body>
  <form name="frmData" method="post" action="#">
  <table width="400" align="center" border="1" cellspacing="0">
      <thead>
          <th colspan="3"> 在线购物网站 </th>
      </thead>
      <SCRIPT LANGUAGE="JavaScript" type="text/JavaScript">
          <!--
          window.alert(" 加载过程中的提示信息 ");
          //-->
          </script>
      <tr>
          <td valign="top" width="200">
              <ul>
          <li><a href="#" onmouseover="return showMsg(' 主页 ')."> 主页 </a></li>
          <li><a href="#" onmouseover="return showMsg(' 简介 ')"> 简介 </a></li>
      <li><a href="#" onmouseover="return showMsg(' 联系方式 ')"> 联系方式 </a></li>
      <li><a href="#" onmouseover="return showMsg(' 业务介绍 ')"> 业务介绍 </a></li>
              </ul>
          </td>
          <td valign="top" width="300">
                  上网购物是新的一种购物理念
          </td>
      </tr>
  </table>
  </form>
</body>
</html>
```

相关的代码示例请参考 Chap11.12.html 文件，然后双击该文件，在 IE 浏览器里面运行的结果如图 11-27

所示。在上面代码中加载至 JavaScript 中的第一条 window.alert() 语句时，此时会弹出一个提示框。

　　单击"确定"按钮，显示当页面加载至 table 时的效果，如图 11-28 所示。此时状态条已经显示"欢迎光临本网站"的提示消息，说明设置状态条默认信息的语句已经执行。

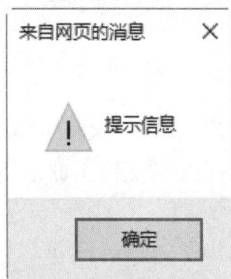

图 11-27　信息提示框

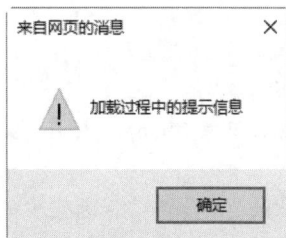

图 11-28　弹出信息提示框

　　再次单击"确定"按钮，当鼠标移至超链接"简介"时，即可看到相应的提示信息，如图 11-29 所示。待整个页面加载完毕，状态条会显示默认的信息，如图 11-30 所示。

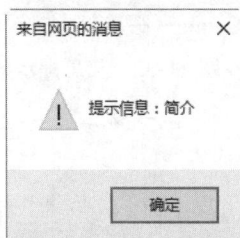

图 11-29　提示信息为"简介"

图 11-30　显示默认信息

11.7.2　采用 confirm() 方法调用

　　采用 confirm() 方法可以调用一个带有指定消息和"确定"及"取消"按钮的对话框。如果访问者单击"确定"按钮，此方法返回 true，否则返回 false。语法格式如下：

```
confirm(message)
```

【例 11-13】（实例文件：ch11\Chap11.13.html）显示一个确认框，提醒用户单击了什么内容。

```
<!DOCTYPE html>
<html>
<head>
<title>显示一个确认框</title>
</head>
<body>
<p>单击按钮，显示确认框。</p>
<button onclick="myFunction()">确认</button>
<p id="demo"></p>
<script>
function myFunction(){
    var x;
    var r=confirm("单击按钮！");
    if (r==true){
```

```
        x="你单击了"确定"按钮！";
    }
    else{
        x="你单击了"取消"按钮！";
    }
    document.getElementById("demo").innerHTML=x;
}
</script>
</body>
</html>
```

相关的代码示例请参考 Chap11.13.html 文件，然后双击该文件，在 IE 浏览器里面运行的结果如图 11-31 所示。

单击"确认"按钮，弹出一个信息提示框，提示用户需要按下按钮进行选择，如图 11-32 所示。

图 11-31　显示一个确认框

图 11-32　信息提示框

单击"确定"按钮，返回到页面中，可以看到在页面中显示了用户单击了"确定"按钮，如图 11-33 所示。

如果单击了"取消"按钮，返回到页面中，可以看到在页面中显示了用户单击了"取消"按钮，如图 11-34 所示。

图 11-33　单击"确定"按钮后的提示信息

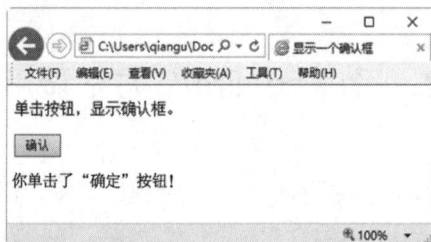

图 11-34　单击"取消"按钮后的提示信息

11.7.3　采用 prompt() 方法调用

采用 prompt() 方法可以在浏览器窗口中弹出一个提示框，与警告框和确认框不同，在提示框中会有一个文本框。当显示文本框时，在其中显示提示字符串，并等待用户输入。当用户在该文本框中输入文字后，并单击"确定"按钮时，返回用户输入的字符串；当单击"取消"按钮时，返回 null 值。语法格式如下：

```
prompt(msg,defaultText)
```

其中，参数 msg 为可选项，要在对话框中显示的纯文本（而不是 HTML 格式的文本）。defaultText 也为可选项，默认输入文本。

【例 11-14】（实例文件：ch11\Chap11.14.html）显示一个提示框，并输入内容。

```
<!DOCTYPE html >
<html >
<head>
<title>显示一个提示框，并输入内容</title>
<script type="text/JavaScript">
<!--
function askGuru()
{
var question = prompt("请输入数字？","")
if (question != null)
{
if (question == "")    //如果输入为空
alert("您还没有输入数字！");  //弹出提示
else  //否则
alert("你输入的是数字哦！");//弹出信息框
}
}
//-->
</script>
</head>
<body>
<div align="center">
<h1>显示一个提示框，并输入内容</h1>
<hr>
<br>
<form action="#" method="get">
<!-- 通过 onclick 调用 askGuru() 函数 -->
<input type="button" value="确定" onclick="askGuru();" >
</form>
</div>
</body>
</html>
```

相关的代码示例请参考 Chap11.14.html 文件，然后双击该文件，在 IE 浏览器里面运行的结果如图 11-35 所示。单击"确定"按钮，弹出一个信息提示框，提示用户在文本框中输入数字，这里输入 1010，如图 11-36 所示。

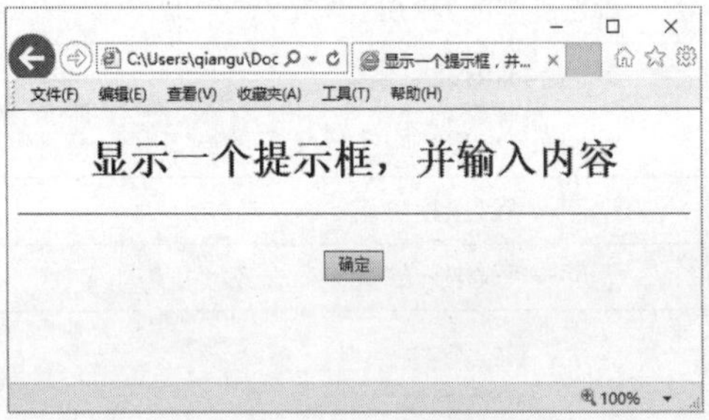

图 11-35　运行结果

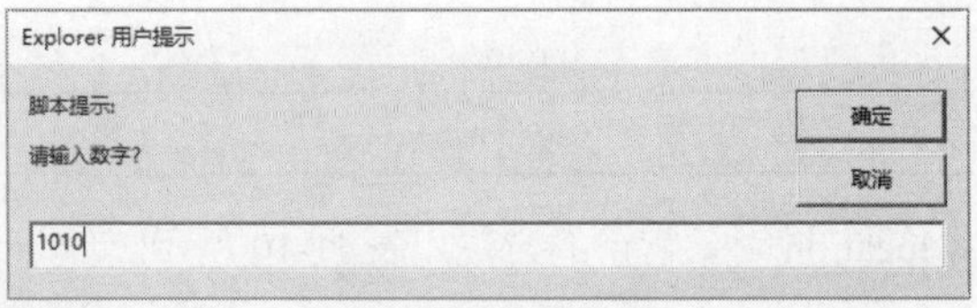

图 11-36　输入数字

单击"确定"按钮，弹出一个信息提示框，提示用户输入了数字，如图 11-37 所示。

如果没有输入数字，直接单击"确定"按钮，则在弹出的信息提示框中提示用户还没有输入数字，如图 11-38 所示。

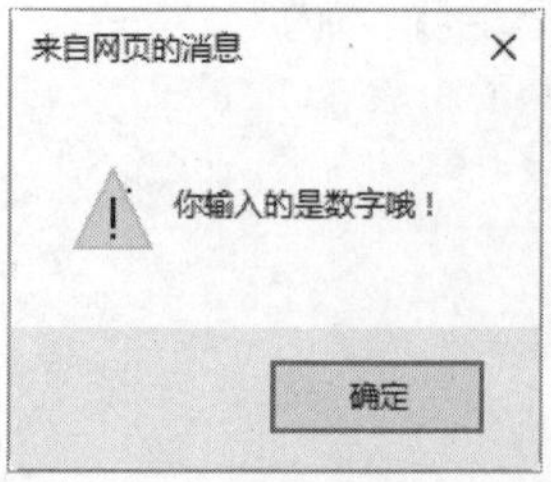

JavaScript 从入门到项目实践（超值版）

图 11-37　提示用户输入了数字

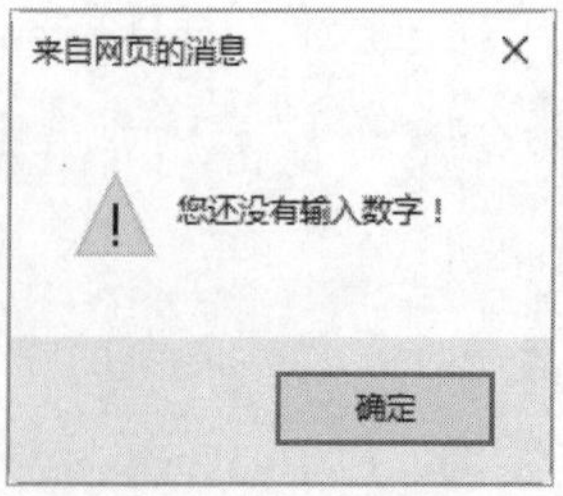

图 11-38　提示用户还没输入数字

注意：使用 window 对象的 alert() 方法、confirm() 方法、prompt() 方法都会弹出一个对话框，并且在对话框弹出后，如果用户没有对其进行操作，那么当前页面及 JavaScript 会暂停执行。这是因为使用这 3 种方法弹出的对话框都是模式对话框，除非用户对对话框进行操作，否则无法进行其他应用，包括无法操作页面。

11.8　其他

browser 对象除了包含 window 对象外，还具有其他对象，如用于统计浏览器信息的 navigator 对象、用于统计屏幕信息的 screen 对象等，本节就来介绍一些其他的 browser 对象。

11.8.1　location 对象

location 对象是 window 对象的一部分，可通过 window.location 属性对其进行访问。location 对象常用的属性如表 11-9 所示。

表 11-9　location 对象常用的属性

属　　性	描　　述
hash	返回一个 URL 的锚部分
host	返回一个 URL 的主机名和端口
hostname	返回 URL 的主机名
href	返回完整的 URL
pathname	返回的 URL 路径名
port	返回一个 URL 服务器使用的端口号
protocol	返回一个 URL 协议
search	返回一个 URL 的查询部分

location 对象常用的方法如表 11-10 所示。

表 11-10　location 对象常用的方法

方　　法	描　　述
assign()	载入一个新的文档
reload()	重新载入当前文档
replace()	用新的文档替换当前文档

238

location 对象使用较多的是 replace() 方法，使用该方法可以将当前文档替换为其他文档。

【例 11-15】（实例文件：ch11\Chap11.15.html）使用新的文档替换当前文档。

```
<!DOCTYPE html>
<html>
<head>
<title> 替换当前文档 </title>
<script>
function replaceDoc(){
    window.location.replace("http://www.baidu.com")
}
</script>
</head>
<body>
<input type="button" value=" 载入新文档替换当前页面 " onclick="replaceDoc()">
</body>
</html>
```

相关的代码示例请参考 Chap11.15.html 文件，然后双击该文件，在 IE 浏览器里面运行的结果如图 11-39 所示。单击"载入新文档替换当前页面"按钮，则会使用百度网页替换当前的页面，如图 11-40 所示。

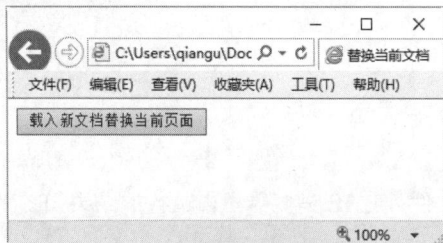

图 11-39　运行结果

图 11-40　替换了当前的页面

11.8.2　navigator 对象

navigator 对象包含有关浏览器的信息。navigator 对象常用的属性如表 11-11 所示。

表 11-11　navigator 对象常用的属性

属　　性	说　　明
appCodeName	返回浏览器的代码名
appName	返回浏览器的名称
appVersion	返回浏览器的平台和版本信息
cookieEnabled	返回指明浏览器中是否启用 cookie 的布尔值
platform	返回运行浏览器的操作系统平台
userAgent	返回由客户机发送服务器的 user-agent 头部的值

navigator 对象常用的方法如表 11-12 所示。

表 11-12　navigator 对象常用的方法

方　　法	描　　述
javaEnabled()　.	指定是否在浏览器中启用 Java
taintEnabled()	规定浏览器是否启用数据污点 (Data Tainting)

使用 navigator 对象的属性可以统计当前浏览器的基本信息，如代码名、名称、版本信息等。

【例 11-16】（实例文件：ch11\Chap11.16.html）统计当前浏览器的信息。

```
<!DOCTYPE html>
<html>
<head>
<title>统计浏览器信息</title>
</head>
<body>
    <div id="example"></div>
<script>
txt = "<p>浏览器代号：" + navigator.appCodeName + "</p>";
txt+= "<p>浏览器名称：" + navigator.appName + "</p>";
txt+= "<p>浏览器版本：" + navigator.appVersion + "</p>";
txt+= "<p>启用 Cookies: " + navigator.cookieEnabled + "</p>";
txt+= "<p>硬件平台：" + navigator.platform + "</p>";
txt+= "<p>用户代理：" + navigator.userAgent + "</p>";
txt+= "<p>用户代理语言：" + navigator.systemLanguage + "</p>";
document.getElementById("example").innerHTML=txt;
</script>
</body>
</html>
```

相关的代码示例请参考 Chap11.16.html 文件，然后双击该文件，在 IE 浏览器里面运行的结果如图 11-41 所示。

图 11-41　统计浏览器信息

11.8.3　screen 对象

screen 对象包含有关客户端显示屏幕的信息。screen 对象常用的属性如表 11-13 所示。

表 11-13　screen 对象常用的属性

属　　性	描　　述
availHeight	返回屏幕的高度（不包括 Windows 任务栏）
availWidth	返回屏幕的宽度（不包括 Windows 任务栏）
colorDepth	返回目标设备或缓冲器上的调色板的比特深度
height	返回屏幕的总高度
pixelDepth	返回屏幕的颜色分辨率（每像素的位数）
width	返回屏幕的总宽度

使用 screen 对象的属性可以统计当前屏幕的基本信息，如屏幕宽度、高度等。

【例 11-17】（实例文件：ch11\Chap11.17.html）统计当前屏幕的信息。

```html
<!DOCTYPE html>
<html>
<head>
<title> 统计屏幕的基本信息 </title>
</head>
<body>
<h3> 您当前的屏幕信息 :</h3>
<script>
document.write(" 总宽度/高度 : ");
document.write(screen.width + "*" + screen.height);
document.write("<br>");
document.write(" 可以宽度/高度 : ");
document.write(screen.availWidth + "*" + screen.availHeight);
document.write("<br>");
document.write(" 颜色深度 : ");
document.write(screen.colorDepth);
document.write("<br>");
document.write(" 颜色分辨率 : ");
document.write(screen.pixelDepth);
</script>
</body>
</html>
```

相关的代码示例请参考 Chap11.17.html 文件，然后双击该文件，在 IE 浏览器里面运行的结果如图 11-42 所示。

11.8.4　cookie 对象

cookie 对象用于存储 Web 页面的用户信息，当 Web 服务器向浏览器发送 Web 页面时，在连接关闭后，服务端不会记录用户的信息。cookie 的作用就是用于解决"如何记录客户端的用户信息"。

当用户访问 Web 页面时，他的名字可以记录在

图 11-42　统计屏幕的基本信息

cookie 中。在用户下一次访问该页面时，可以在 cookie 中读取用户访问记录。cookie 以名/值对形式存储，如下所示：

```
username=John Doe
```

当浏览器从服务器上请求 Web 页面时，属于该页面的 cookie 会被添加到该请求中。服务端通过这种方

式来获取用户的信息。

1. 使用 JavaScript 创建 cookie

JavaScript 可以使用 document.cookie 属性来创建、读取及删除 cookie。JavaScript 中，创建 cookie 的代码如下：

```
document.cookie="username=John Doe";
```

用户还可以为 cookie 添加一个过期时间（以 UTC 或 GMT 时间）。默认情况下，cookie 在浏览器关闭时删除，具体代码如下：

```
document.cookie="username=John Doe; expires=Thu, 18 Dec 2013 12:00:00 GMT";
```

用户可以使用 path 参数告诉浏览器 cookie 的路径。默认情况下，cookie 属于当前页面。

```
document.cookie="username=John Doe; expires=Thu, 18 Dec 2013 12:00:00 GMT; path=/";
```

2. 使用 JavaScript 读取 cookie

在 JavaScript 中，可以使用以下代码来读取 cookie：

```
var x = document.cookie;
```

注意：document.cookie 将以字符串的方式返回所有的 cookie。格式代码如下：

```
cookie1=value; cookie2=value; cookie3=value;
```

3. 使用 JavaScript 修改 cookie

在 JavaScript 中，修改 cookie 类似于创建 cookie，具体代码如下：

```
document.cookie="username=John Smith; expires=Thu, 18 Dec 2013 12:00:00 GMT; path=/";
```

这样，旧的 cookie 将被覆盖。

4. 使用 JavaScript 删除 cookie

删除 cookie 非常简单，用户只需要设置 expires 参数为以前的时间即可，设置为 Thu, 01 Jan 1970 00:00:00 GMT 的代码如下所示：

```
document.cookie = "username=; expires=Thu, 01 Jan 1970 00:00:00 GMT";
```

注意：当用户删除时不必指定 cookie 的值。

5. JavaScript cookie 实例

下面给出一个实例，创建 cookie 来存储访问者名称。首先，访问者访问 Web 页面，他将被要求填写自己的名字，该名字会存储在 cookie 中。访问者下一次访问页面时，他会看到一个欢迎的消息。

在这个实例中我们会创建 3 个 JavaScript 函数。

（1）设置 cookie 值的函数。

首先，我们创建一个函数用于存储访问者的名字，具体代码如下：

```
function setCookie(cname,cvalue,exdays)
{
  var d = new Date();
  d.setTime(d.getTime()+(exdays*24*60*60*1000));
  var expires = "expires="+d.toGMTString();
  document.cookie = cname + "=" + cvalue + "; " + expires;
}
```

在上述代码中，cookie 的名称为 cname，cookie 的值为 cvalue，并设置了 cookie 的过期时间 expires。该函数设置了 cookie 名、cookie 值、cookie 过期时间。

（2）获取 cookie 值的函数。

然后，我们创建一个函数用户返回指定 cookie 的值，具体代码如下：

```
function getCookie(cname)
{
  var name = cname + "=";
  var ca = document.cookie.split(';');
  for(var i=0; i<ca.length; i++)
  {
    var c = ca[i].trim();
    if (c.indexOf(name)==0) return c.substring(name.length,c.length);
  }
  return "";
}
```

在上述代码中，cookie 名的参数为 cname。创建一个文本变量用于检索指定 cookie :cname + "="。使用分号来分割 document.cookie 字符串，并将分割后的字符串数组赋值给 ca(ca = document.cookie.split(';'))。循环 ca 数组 (i=0;i<ca.length;i++)，然后读取数组中的每个值，并去除前后空格 (c=ca[i].trim())。如果找到 cookie(c.indexOf(name)==0)，返回 cookie 的值 (c.substring(name.length,c.length))。如果没有找到 cookie，返回 ""。

（3）检测 cookie 值的函数。

最后，我们可以创建一个检测 cookie 是否创建的函数。如果设置了 cookie，将显示一个问候信息；如果没有设置 cookie，将会显示一个弹窗用于询问访问者的名字，并调用 setCookie() 函数将访问者的名字存储 365 天，具体代码如下：

```
function checkCookie()
{
  var username=getCookie("username");
  if (username!="")
  {
    alert("Welcome again " + username);
  }
  else
  {
    username = prompt("Please enter your name:","");
    if (username!="" && username!=null)
    {
      setCookie("username",username,365);
    }
  }
}
```

【例 11-18】（实例文件：ch11\Chap11.18.html）cookie 应用示例。

```
<!DOCTYPE html>
<html>
<head>
<title>cookie 应用 </title>
</head>
<head>
<script>
function setCookie(cname,cvalue,exdays){
    var d = new Date();
    d.setTime(d.getTime()+(exdays*24*60*60*1000));
    var expires = "expires="+d.toGMTString();
    document.cookie = cname+"="+cvalue+"; "+expires;
}
function getCookie(cname){
    var name = cname + "=";
    var ca = document.cookie.split(';');
```

```
    for(var i=0; i<ca.length; i++) {
        var c = ca[i].trim();
        if (c.indexOf(name)==0) return c.substring(name.length,c.length);
    }
    return "";
}
function checkCookie(){
    var user=getCookie("username");
    if (user!=""){
        alert("再次欢迎您: " + user);
    }
    else {
        user = prompt("请输入您的姓名 :","");
        if (user!="" && user!=null){
            setCookie("username",user,30);
        }
    }
}
</script>
</head>
<body onload="checkCookie()"></body>
</html>
```

相关的代码示例请参考 Chap11.18.html 文件，然后双击该文件，在 IE 浏览器里面运行的结果如图 11-43 所示。

图 11-43　cookie 的应用

在弹出的信息提示框中输入您的姓名，这里输入"张子寒"，如图 11-44 所示。

单击"确定"按钮，即可返回到原文档界面，再次运行 Chap11.18.html 文件，将弹出一个信息提示框，这里的提示信息就是存储在文本中的 cookie 信息，如图 11-45 所示。

图 11-44　输入用户姓名

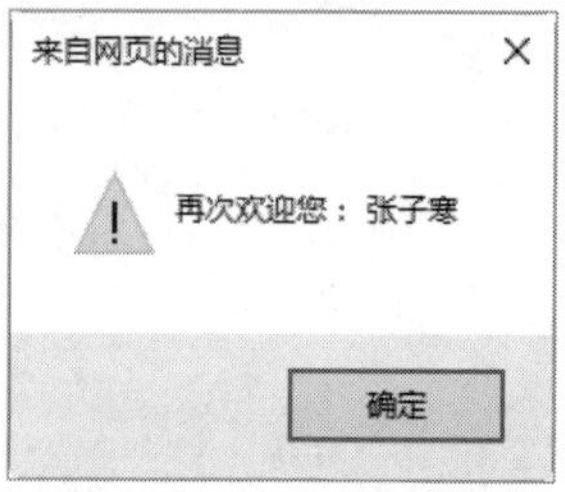

图 11-45　信息提示框

11.9　典型案例——制作询问式对话框

制作一个音乐网页，当访问该网页时，弹出一个询问式对话框，让用户自己选择。

第一步：设计 HTML 框架。具体代码如下：

```
<!DOCTYPE html>
<head>
<title>音乐网 _ 歌曲大全 </title>
<body>
<ul>
<li><a href="/player/6c/player_45142.html" class="songTitle">梦里水乡 </li>
<li><a href="/player/6c/player_45142.html" class="songTitle">偏偏喜欢你 </li>
<li><a href="/player/37/player_231495.html" class="songTitle"> 一剪梅 </li>
<li><a href="/player/1f/player_191568.html" class="songTitle"> 我的未来不是梦 </li>
<li><a href="/player/18/player_333628.html" class="songTitle"> 美丽的草原我的家 </li>
<li><a href="/player/1c/player_354761.html" class="songTitle"> 真的好想你 </li>
<li><a href="/player/33/player_280793.html" class="songTitle">无言的结局 </li>
<li><a href="/player/65/player_1188359.html" class="songTitle">一带一路过我家 </li>
<li><a href="/player/65/player_1188407.html" class="songTitle">做个磨人的小妖精 </li>
<li><a href="/player/c7/player_161257.html" class="songTitle"> 万水千山总是情 </li>
<li><a href="/player/d8/player_53004.html" class="songTitle">花儿为什么这样红 </li>
<li><a href="/player/3c/player_216341.html" class="songTitle"> 康定情歌 </li>
<li><a href="/player/65/player_118402.html" class="songTitle">不要再来伤害我 </li>
<li><a href="/player/d3/player_1066957.html" class="songTitle"> 小苹果 </li>
<li><a href="/player/65/player_1188322.html" class="songTitle">浪子心声 </li>
<li><a href="/player/65/player_1188400.html" class="songTitle">笑笑 </li>
<li><a href="/player/65/player_1188417.html" class="songTitle">真的爱你 </li>
<li><a href="/player/17/player_433403.html" class="songTitle">永远有个你 </li>
<li><a href="/player/65/player_1188354.html" class="songTitle">命若琴弦 </li>
<li><a href="/player/65/player_1188360.html" class="songTitle"> 使者 </li>
</ul>
</body>
</html>
```

相关的代码示例请参考 Chap11.19.html 文件，然后双击该文件，在 IE 浏览器里面运行的结果如图 11-46 所示。

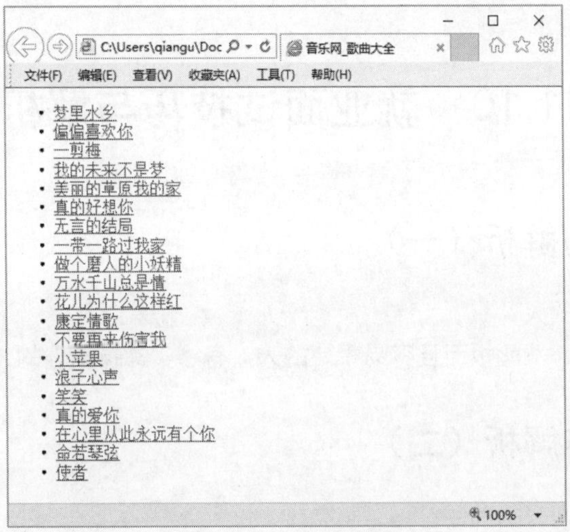

图 11-46　运行结果

第二步：在页面中添加 JavaScript 代码，实现弹出询问式对话框。具体代码如下：

```
<script language="JavaScript">
    var bool = window.confirm(" 你是音乐爱好者吗？ ");
```

```
    if(bool == true){                                          // 如果用户单击了"确定"按钮
        alert("欢迎您来听音乐！");
    }else{
        alert("再见，欢迎下次光临！");
    }
</script>
```

相关的代码示例请参考 Chap11.19.html 文件，然后双击该文件，在 IE 浏览器里面运行的结果如图 11-47 所示，这里弹出一个询问式对话框，询问用户是否是音乐爱好者。

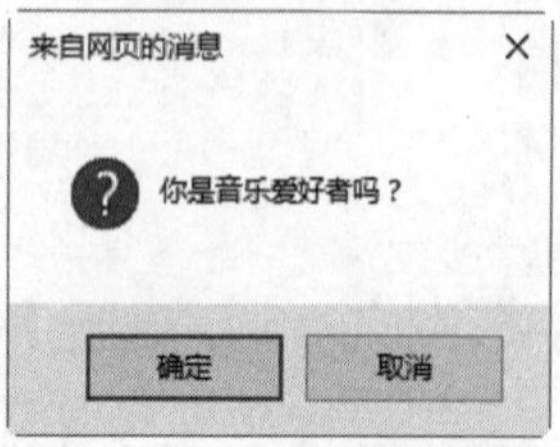

图 11-47　询问式对话框

单击"确定"按钮，弹出"欢迎您来听音乐！"，如图 11-48 所示。
如果单击"取消"按钮，将弹出"再见，欢迎下次光临！"信息提示框，如图 11-49 所示。

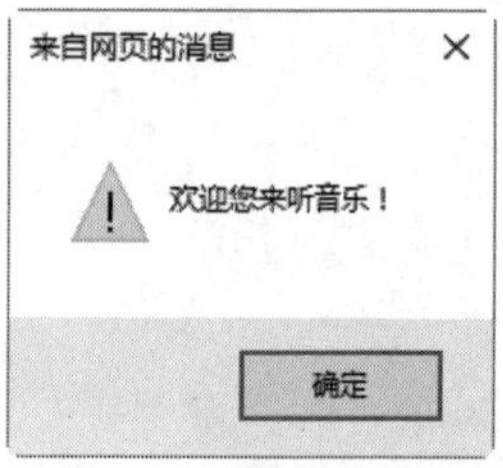

图 11-48　欢迎信息提示框 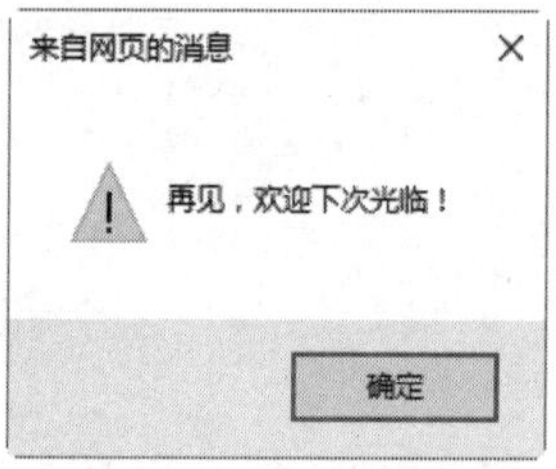　　　　图 11-49　再见信息提示框

11.10　就业面试技巧与解析

11.10.1　面试技巧与解析（一）

面试官：你欣赏哪种性格的人？
应聘者：我比较欣赏诚实、不死板而且容易相处的人，有"实际行动"的人。

11.10.2　面试技巧与解析（二）

面试官：你通常如何处理别人的批评？
应聘者：沉默是金。不必说什么，否则情况更糟。不过我会接受建设性的批评，而且我会等大家冷静下来再讨论。

第12章
文档对象与对象模型

◎ 本章教学微视频：26 个   65 分钟

学习指引

　　文档对象（document）代表浏览器窗口中的文档，多数用来获取 HTML 页面中某个元素。文档对象模型（DOM）是面向 HTML 和 XML 的应用程序接口。本章将详细介绍文档对象与对象模型的应用，主要内容包括使用文档对象、DOM 中节点、操作 DOM 中的节点等。

重点导读

- 掌握文档对象的属性与方法。
- 掌握使用文档对象的方法。
- 掌握 DOM 技术的简单应用。
- 掌握 DOM 中的节点。
- 掌握操作 DOM 中节点的方法。
- 掌握 DOM 与 CSS 的结合应用。

12.1　熟悉文档对象

　　当浏览器载入 HTML 文档，它就会成为 document 对象，document 对象使用户可以从脚本中对 HTML 页面中的所有元素进行访问。document 对象是 window 对象的一部分，可通过 window.document 属性对其进行访问。

12.1.1　文档对象属性

　　window 对象具有 document 属性，该属性表示在窗口中显示 HTML 文件的 document 对象。客户端 JavaScript 可以把静态 HTML 文档转换成交互式的程序，因为 document 对象提供交互访问静态文档内容的功能。除了提供文档整体信息的属性外，document 对象还有很多的重要属性，这些属性提供文档内容的信息。document 对象常用的属性如表 12-1 所示。

表 12-1　document 对象常用的属性

属　　　性	描　　　述
document.alinkColor	链接文字的颜色，对应于 `<body>` 标签中的 alink 属性
document.vlinkColor	表示已访问的链接文字的颜色，对应于 `<body>` 标签中的 vlink 属性
document.linkColor	未被访问的链接文字的颜色，对应于 `<body>` 标签中的 link 属性
document.bgColor	文档的背景色，对应于 HTML 文档中 `<body>` 标签的 bgcolor 属性
document.fgColor	文档的文本颜色（不包含超链接的文字），对应于 HTML 文档中 `<body>` 标签的 text 属性
document.fileSize	当前文件的大小
document.fileModifiedDate	文档最后修改的日期
document.fileCreatedDate	文档创建的日期
document.activeElement	返回当前获取焦点元素
document.adoptNode(node)	从另外一个文档返回 adapded 节点到当前文档
document.anchors	返回对文档中所有 anchor 对象的引用
document.applets	返回对文档中所有 applet 对象的引用
document.baseURI	返回文档的绝对基础 URI
document.body	返回文档的 body 元素
document.cookie	设置或返回与当前文档有关的所有 cookie
document.doctype	返回与文档相关的文档类型声明（DTD）
document.documentElement	返回文档的根节点
document.documentMode	返回用于通过浏览器渲染文档的模式
document.documentURI	设置或返回文档的位置
document.domain	返回当前文档的域名
document.domConfig	返回 normalizeDocument() 被调用时所使用的配置
document.embeds	返回文档中所有嵌入的内容集合
document.forms	返回对文档中所有 form 对象引用
document.images	返回对文档中所有 image 对象引用
document.implementation	返回处理该文档的 DOMImplementation 对象
document.inputEncoding	返回用于文档的编码方式（在解析时）

续表

属　　性	描　　述
document.lastModified	返回文档被最后修改的日期和时间
document.links	返回对文档中所有 area 和 link 对象引用
document.readyState	返回文档状态（载入中……）
document.referrer	返回载入当前文档的 URL
document.scripts	返回页面中所有脚本的集合
document.strictErrorChecking	设置或返回是否强制进行错误检查
document.title	返回当前文档的标题
document.URL	返回文档完整的 URL

document 对象提供了一系列属性，可以对页面元素进行各种属性设置。下面介绍常用属性的应用。

1. anchors 属性

anchors 属性用于返回当前页面的所有超链接数组。语法格式如下：

```
document.anchors[].property
```

【例 12-1】（实例文件：ch12\Chap12.1.html）返回文档的链接数。

```
<!DOCTYPE html>
<html>
<head>
<title>返回文档的链接数</title>
</head>
<body>
<a name="html">HTML 教程</a><br>
<a name="css">CSS 教程</a><br>
<a name="xml">XML 教程</a><br>
<a name ="js">JavaScript 教程</a>
<p>锚的数量：
<script>
document.write(document.anchors.length);
</script>
</p>
</body>
</html>
```

相关的代码示例请参考 Chap12.1.html 文件，然后双击该文件，在 IE 浏览器里面运行的结果如图 12-1 所示。

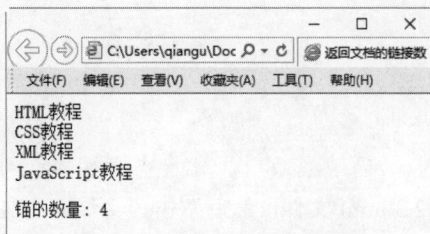

图 12-1　返回文档的链接数

【例 12-2】（实例文件：ch12\Chap12.2.html）返回文档中第一个超链接的锚文本。

```
<!DOCTYPE html>
<html>
<head>
<title>返回文档中第一个超链接的锚文本</title>
</head>
<body>
<a name="html">HTML 教程 </a><br>
<a name="css">CSS 教程 </a><br>
<a name="xml">XML 教程 </a><br>
<a name ="js">JavaScript 教程 </a>
<p> 文档中第一个锚：
<script>
document.write(document.anchors[0].innerHTML);
</script>
</p>
</body>
</html>
```

相关的代码示例请参考 Chap12.2.html 文件，然后双击该文件，在 IE 浏览器里面运行的结果如图 12-2 所示。

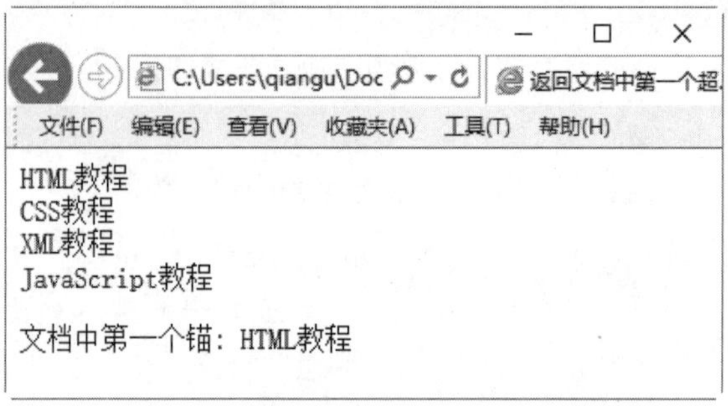

图 12-2　返回文档中第一个超链接

2. lastModified 属性

lastModified 属性用于返回文档最后被修改的日期和时间。语法格式如下：

```
document.lastModified
```

【例 12-3】（实例文件：ch12\Chap12.3.html）文档最后修改日期和时间。

```
<!DOCTYPE html>
<html>
<head>
<title>文档最后修改日期和时间</title>
</head>
<body>
文档最后修改的日期和时间：
<script>
document.write(document.lastModified);
</script>
</body>
</html>
```

相关的代码示例请参考 Chap12.3.html 文件，然后双击该文件，在 IE 浏览器里面运行的结果如图 12-3 所示。

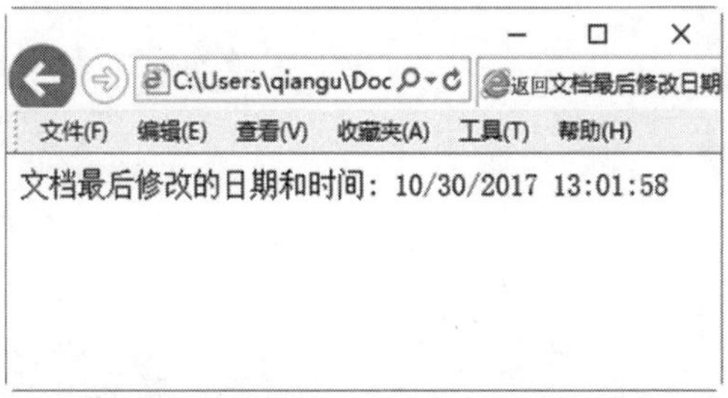

图 12-3　返回文档最后的修改日期和时间

3. forms 属性

forms 属性返回当前页面所有表单的数组集合。语法格式如下：

```
document.forms[].property
```

【例 12-4】（实例文件：ch12\Chap12.4.html）返回文档中表单的数目。

```html
<!DOCTYPE html>
<html>
<head>
<title> 返回表单的数目 </title>
</head>
<body>
<form name="Form1"></form>
<form name="Form2"></form>
<form name="Form3"></form>
<form name="Form4"></form>
<form></form>
<p> 表单数目：
<script>
document.write(document.forms.length);
</script></p>
</body>
</html>
```

相关的代码示例请参考 Chap12.4.html 文件，然后双击该文件，在 IE 浏览器里面运行的结果如图 12-4 所示。

【例 12-5】（实例文件：ch12\Chap12.5.html）返回文档中第一个表单的名称。

```html
<!DOCTYPE html>
<html>
<head>
<title> 返回第一个表单的名称 </title>
</head>
<body>
<form name="Form1"></form>
<form name="Form2"></form>
<form name="Form3"></form>
<form name="Form4"></form>
<form></form>
<p> 第一个表单的名称为：
<script>
document.write(document.forms[0].name);
</script></p>
</body>
</html>
```

相关的代码示例请参考 Chap12.5.html 文件，然后双击该文件，在 IE 浏览器里面运行的结果如图 12-5 所示。

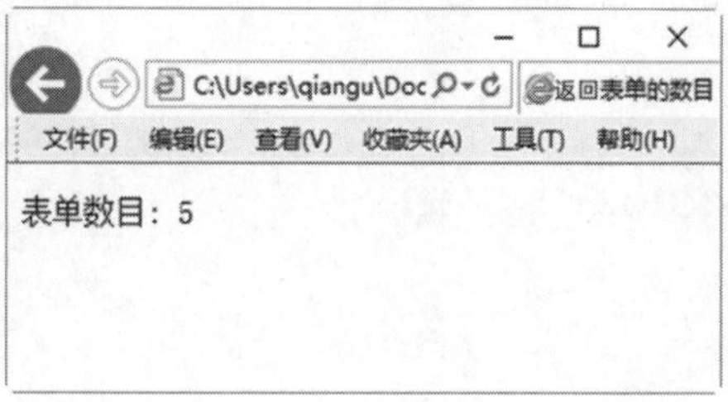

图 12-4　返回表单的数目

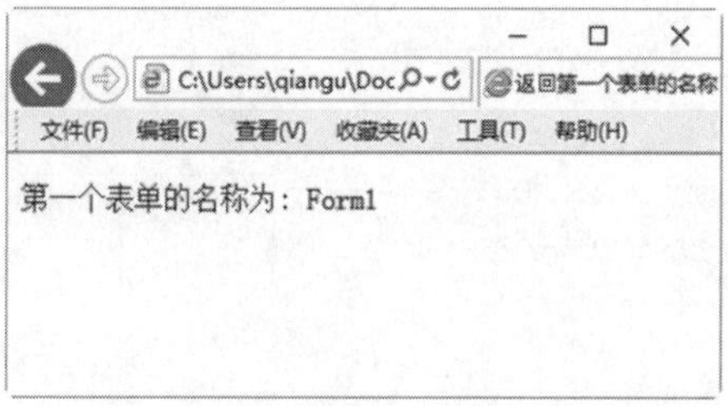

图 12-5　返回第一个表单的名称

12.1.2　文档对象方法

document 对象有很多方法，其中包括以前程序中经常看到的 document.write() 方法，document 对象常用的方法如表 12-2 所示。

表 12-2　document 对象常用的方法

方　　法	描　　述
document.addEventListener()	向文档添加句柄
document.close()	关闭用 document.open() 方法打开的输出流，并显示选定的数据
document.open()	打开一个流，以收集来自任何 document.write() 或 document.writeln() 方法的输出
document.createAttribute()	创建一个属性节点
document.createComment()	createComment() 方法可创建注释节点
document.createDocumentFragment()	创建空的 DocumentFragment 对象，并返回此对象
document.createElement()	创建元素节点
document.createTextNode()	创建文本节点
document.getElementsByClassName()	返回文档中所有指定类名的元素集合，作为 NodeList 对象
document.getElementById()	返回对拥有指定 id 的第一个对象的引用
document.getElementsByName()	返回带有指定名称的对象集合
document.getElementsByTagName()	返回带有指定标签名的对象集合
document.importNode()	把一个节点从另一个文档复制到该文档以便应用
document.normalize()	删除空文本节点，并连接相邻节点
document.normalizeDocument()	删除空文本节点，并连接相邻节点的文档
document.querySelector()	返回文档中匹配指定的 CSS 选择器的第一元素
document.querySelectorAll()	HTML5 中引入的新方法，返回文档中匹配的 CSS 选择器的所有元素节点列表
document.removeEventListener()	移除文档中的事件句柄（由 addEventListener() 方法添加）

续表

方　　法	描　　述
document.renameNode()	重命名元素或者属性节点
document.write()	向文档写 HTML 表达式或 JavaScript 代码
document.writeln()	等同于 write() 方法，不同的是在每个表达式之后写一个换行符

document 对象提供的属性和方法主要用于设置浏览器当前载入文档的相关信息、管理页面中已存在的标签元素对象、往目标文档中添加新文本内容、产生并操作新的元素等方面。下面介绍常用方法的应用。

1. createElement() 方法

使用 createElement() 方法可以动态添加一个 HTML 标签，该方法可以根据一个指定的类型来创建一个 HTML 标签。语法格式如下：

```
document.createElement(nodename)
```

【例 12-6】（实例文件：ch12\Chap12.6.html）动态添加一个文本框。通过单击"动态添加文本"按钮，在页面中添加一个文本框。

```
<!DOCTYPE html>
<head>
<title> 动态添加一个文本框 </title>
<script>
   <!--
      function addText()
      {
          var txt=document.createElement("input");
          txt.type="text";
          txt.name="txt";
          txt.value=" 动态添加的文本框 ";
          document.fm1 .appendChild(txt);
      }
   -->
</script>
</head>
<body>
<form name="fm1">
<input type="button" name="btn1" value=" 动态添加文本框 " onclick="addText();" />
</form>
</body>
</html>
```

相关的代码示例请参考 Chap12.6.html 文件，然后双击该文件，在 IE 浏览器里面运行的结果如图 12-6 所示。

单击"动态添加文本框"按钮，即可在页面中添加一个文本框，如图 12-7 所示。

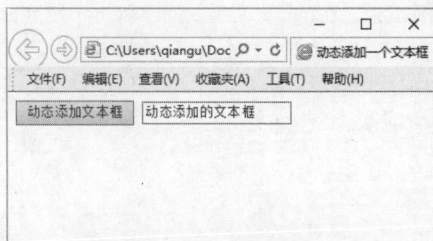

图 12-6　运行结果 1

图 12-7　动态添加一个文本框

253

通过修改 createElement() 方法中的属性值，还可以创建其他对象，如这里创建一个带有文字信息的按钮。

【例 12-7】（实例文件：ch12\Chap12.7.html）动态添加一个按钮。通过单击"动态添加按钮"按钮，在页面中添加一个按钮。

```
<!DOCTYPE html>
<html>
<head>
<title>动态添加按钮</title>
</head>
<body>
<p id="demo">单击按钮创建有文字信息的按钮</p>
<button onclick="myFunction()">添加按钮</button>
<script>
function myFunction(){
    var btn=document.createElement("BUTTON");
    var t=document.createTextNode("动态添加的按钮");
    btn.appendChild(t);
    document.body.appendChild(btn);
};
</script>
</body>
</html>
```

相关的代码示例请参考 Chap12.7.html 文件，然后双击该文件，在 IE 浏览器里面运行的结果如图 12-8 所示。

单击"添加按钮"按钮，即可在页面中添加一个按钮，如图 12-9 所示。

图 12-8　运行结果 2

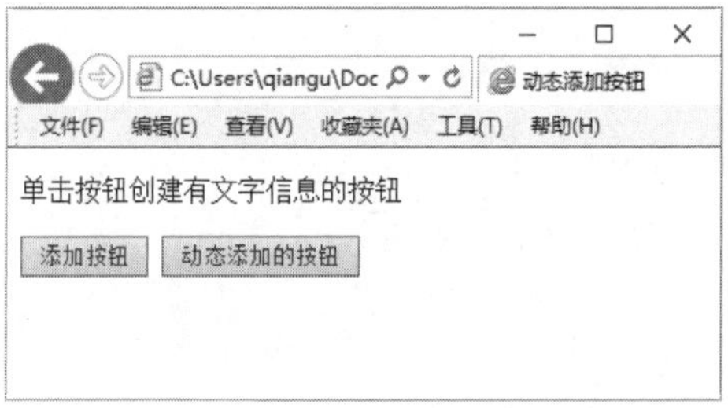

图 12-9　动态添加按钮

2. getElementById() 方法

使用 getElementById() 方法可以获取文本框并修改其内容，该方法可以通过制定的 id 来获取 HTML 标签，并将其返回。语法格式如下：

```
document.getElementById(elementID)
```

下面给出一个实例，在页面加载后的文本框中将会显示初始文本内容，单击"修改文本"按钮将会改变文本框中的内容。

【例 12-8】（实例文件：ch12\Chap12.8.html）修改文本框中的内容。

```
<!DOCTYPE html>
<html>
<head>
<title>改变文本内容</title>
</head>
<body>
<p id="demo">单击按钮来改变这一段中的文本。</p>
<button onclick="myFunction()">修改文本</button>
```

```
<script>
function myFunction(){
    document.getElementById("demo").innerHTML="Hello JavaScript";
};
</script>
</body>
</html>
```

相关的代码示例请参考 Chap12.8.html 文件，然后双击该文件，在 IE 浏览器里面运行的结果如图 12-10 所示。

单击"修改文本"按钮，即可修改页面中的文本信息，如图 12-11 所示。

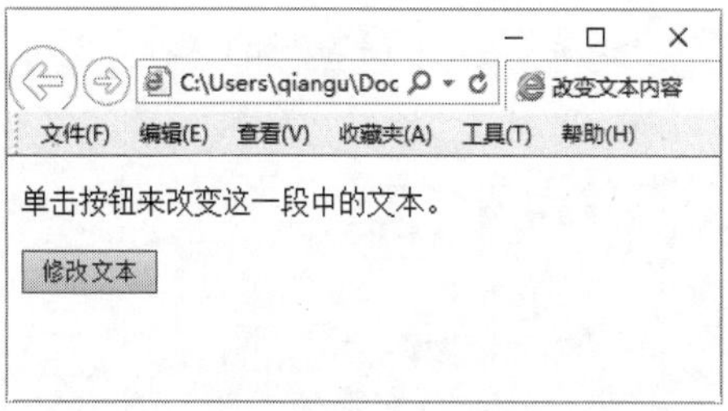

图 12-10　运行结果 3

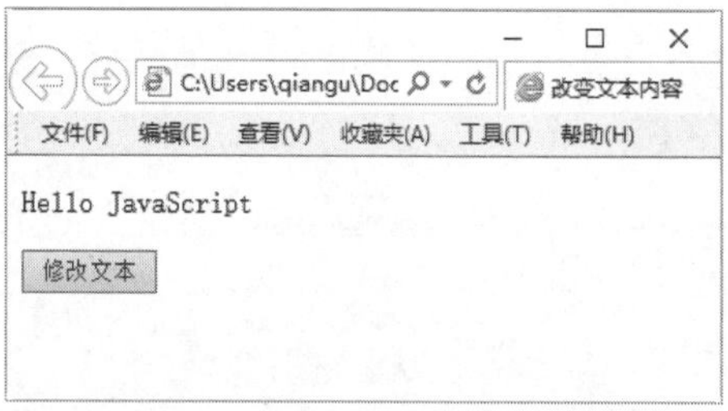

图 12-11　改变文本的内容

3. addEventListener() 方法

addEventListener() 方法用于向文档添加事件句柄。语法格式如下：

```
document.addEventListener(event, function, useCapture)
```

下面给出一个实例，在页面加载后通过单击向文档添加两个事件。

【例 12-9】（实例文件：ch12\Chap12.9.html）文档中添加两个单击事件。

```
<!DOCTYPE html>
<html>
<head>
<title>添加两个单击事件</title>
</head>
<body>
<p>使用 addEventListener() 方法来向文档添加单击事件。</p>
<p>单击文档任意处。</p>
<script>
document.addEventListener("click", myFunction);
document.addEventListener("click", someOtherFunction);
function myFunction() {
    alert ("Hello World!")
}
function someOtherFunction() {
    alert ("Hello JavaScript!")
}
</script>
</body>
</html>
```

相关的代码示例请参考 Chap12.9.html 文件，然后双击该文件，在 IE 浏览器里面运行的结果如图 12-12 所示。

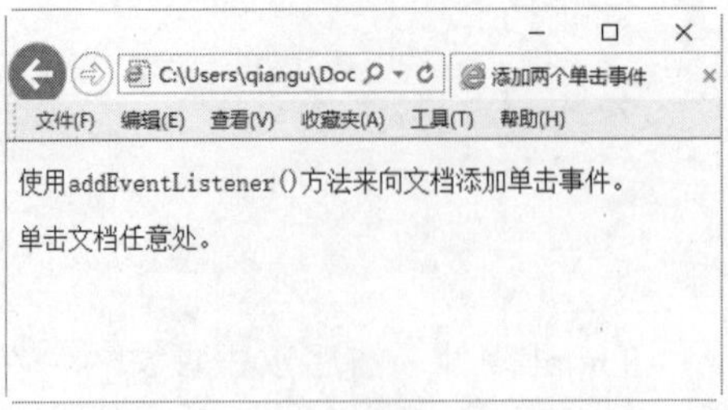

图 12-12　添加两个单击事件

单击文档的任意位置，弹出一个信息提示框，即可完成第一次单击事件的操作，如图 12-13 所示。

再次单击文档的任意位置，弹出一个信息提示框，即可完成第二次单击事件的操作，如图 12-14 所示。

图 12-13　信息提示框 1

图 12-14　弹出另一个信息提示框

注意：IE 8 及更早 IE 版本不支持 addEventListener() 方法，Opera 7.0 及 Opera 更早版本也不支持。但是，对于这类浏览器版本可以使用 attachEvent() 方法来添加事件句柄。

12.2　使用文档对象

文档对象的属性与方法有很多，下面通过几个实例来学习如何使用文档对象。

12.2.1　文档标题

使用 title 属性可以设置文档的动态标题栏，还可以用来获取和设置文档的标题。语法格式如下：

```
document.title
```

【例 12-10】（实例文件：ch12\Chap12.10.html）获取文档的标题。

```
<!DOCTYPE html>
<html>
<head>
<title>个人主页</title>
</head>
<body>
文档的标题为:
<script>
document.write(document.title);
</script>
</body>
</html>
```

相关的代码示例请参考 Chap12.10.html 文件，然后双击该文件，在 IE 浏览器里面运行的结果如图 12-15 所示。

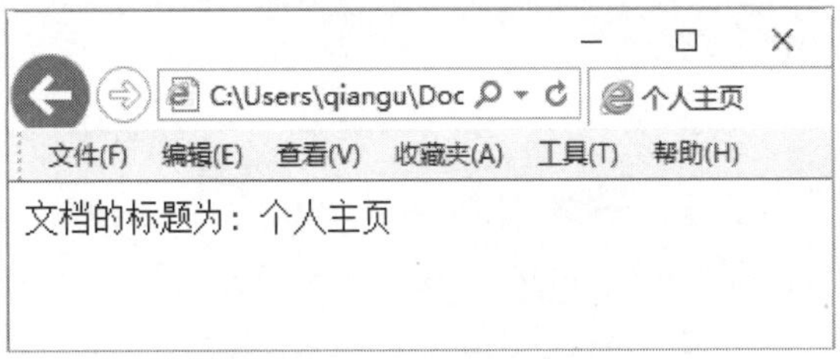

图 12-15　获取文档的标题

通过修改 title 属性的变量值，可以制作动态标题栏，如标题栏中的信息不断闪烁或变换。

【例 12-11】（实例文件：ch12\Chap12.11.html）制作动态标题栏。

```html
<!DOCTYPE html>
<html>
<head>
<title>动态标题栏</title>
</head>
<body>
<img src="02.jpg" >
<script language="JavaScript">
var n=0;
function title(){
    n++;
    if (n==3) {n=1}
    if (n==1) {document.title=' ☆★美丽风光★☆ '}
    if (n==2) {document.title=' ★☆个人主页☆★ '}
    setTimeout("title()",1000);
}
title();
</script>
</body>
</html>
```

相关的代码示例请参考 Chap12.11.html 文件，然后双击该文件，在 IE 浏览器里面运行的结果如图 12-16 所示。

稍等片刻，可以看到标题栏中的文字在不断地变化，从"个人主页"变换到"美丽风光"，如图 12-17 所示。

图 12-16　运行结果 4

图 12-17　动态变换网页标题栏信息

12.2.2 文档信息

一个文档的信息包括很多种，如当前文档的域名、文档对象的当前状态、当前文档有关的所有 cookie 信息等。获取文档信息具体的语法如下：

```
document.domain
document.readyState
document.cookie
```

【例 12-12】（实例文件：ch12\Chap12.12.html）获取文档信息。

```
<!DOCTYPE html>
<html>
<head>
<title> 获取文档信息 </title>
</head>
<body>
<input name="t1" type="text">
<script language="JavaScript">
document.write("<br><b> 当前文本框的状态 : </b>"+t1.readyState+"<br>");
document.write("<b> 当前文档的状态 : </b>"+document.readyState+"<br>");
</script>
</body>
</html>
```

相关的代码示例请参考 Chap12.12.html 文件，然后双击该文件，在 IE 浏览器里面运行的结果如图 12-18 所示。

图 12-18　获取文档信息

12.2.3 文档地址

使用 URL 属性可以获取并设置当前文档的 URL 地址。语法格式如下：

```
document.URL
```

下面给出一个实例，在页面中显示了当前文档的 URL。

【例 12-13】（实例文件：ch12\Chap12.13.html）获取当前文档的 URL 地址。

```
<!DOCTYPE html>
<html>
<head>
<title> 获取当前文档的 URL</title>
</head>
<body>
  <script language="JavaScript">
      document.write("<b> 当前页面的 URL: </b>"+document.URL);
```

```
    </script>
</body>
</html>
```

相关的代码示例请参考 Chap12.13.html 文件，然后双击该文件，在 IE 浏览器里面运行的结果如图 12-19 所示。

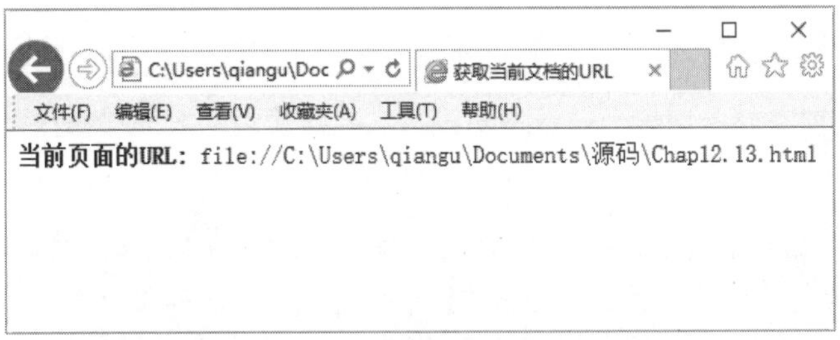

图 12-19　获取当前文档的 URL 地址

12.2.4　颜色属性

document 对象提供了 alinkColor、bgColor、fgColor 等几个颜色属性，来设置 Web 页面的显示颜色，一般定义在 <body> 标签中，在文档布局确定之前完成设置。

1. alinkColor 属性

使用 document 对象的 alinkColor 属性，可以自己定义活动链接的颜色，而活动链接是指用户正在使用的超链接，即用户将鼠标移动到某个链接上并按下鼠标按键，此链接就是活动链接。其语法格式为：

```
document.alinkColor= "colorValue";
```

其中，colorValue 是用户指定的颜色，其值可以是 red、blue、green、black、gray 等颜色名称，也可以是十六进制 RGB，如白色对应的十六进制 RGB 值是 #FFFF。

在 IE 浏览器中，活动链接的默认颜色为蓝色，用颜色表示就是 blue 或 #0000FF。用户设定活动链接的颜色时，需要在页面的 <script> 标签中添加指定活动链接颜色的语句。

例如，需要指定用户单击链接时，链接的颜色为红色，其方法如下：

```
<script language="JavaScript" type="text/JavaScript">
<!--
document.alinkColor="red";
//-->
</script>
```

也可以在 <body> 标签的 onload 事件中添加，其方法如下：

```
<body onload="document.alinkColor='red';">
```

提示：使用基于 RGB 的 16 位色时，需要注意在值前面加上 "#" 号，同时颜色值不区分大小写，red 与 Red、RED 的效果相同，#ff0000 与 #FF0000 的效果相同。

2. bgColor 属性

bgColor 表示文档的背景颜色，通过 document 对象的 bgColor 属性进行获取或更改。语法格式如下：

```
var colorStr=document.bgColor;
```

其中，colorStr 是当前文档的背景色的值。使用 document 对象的 bgColor 属性时，需要注意由于 JavaScript

区分大小写，因此必须严格按照背景色的属性名 bgColor 来对文档的背景色进行操作。使用 bgColor 属性获取的文档的背景色是以"#"号开头的基于 RGB 的十六进制颜色字符串。在设置背景色时，可以使用颜色字符串 "red" "green" 和 "blue" 等。

3. fgColor 属性

使用 document 对象的 fgColor 属性可以修改文档中的文字颜色，即设置文档的前景色。语法格式如下：

```
var fgColorObj=document.fgColor;
```

其中，fgColorObj 表示当前文档的前景色。获取与设置文档前景色的方法与操作文档背景色的方法相似。

4. linkColor 属性

使用 document 对象的 linkColor 属性可以设置文档中未访问链接的颜色。其属性值与 alinkColor 类似，可以使用十六进制 RGB 颜色字符串表示。语法格式如下：

```
var colorVal=document.linkColor;        // 获取当前文档中链接的颜色
document.linkColor="colorValue";        // 设置当前文档链接的颜色
```

其中，获取链接颜色的 colorVal 是获取的当前文档的链接颜色字符串，其值与获取文档背景色的值相似，都是十六进制 RGB 颜色字符串。而 colorValue 是需要给链接设置的颜色值。由于 JavaScript 区分大小写，因此使用此属性时仍然要注意大小写，否则在 JavaScript 中，无法通过 linkColor 属性获取或修改文档未访问链接的颜色。

用户设定文档链接的颜色时，需要在页面的 <script> 标签中添加指定文档未访问链接颜色的语句。如需要指定文档未访问链接的颜色为红色，其方法如下：

```
<script language ="JavaScript" type="text/JavaScript">
<!--
document.linkColor="red";
//-->
</script>
```

与设定活动链接的颜色相同，设置文档链接的颜色也可以在 <body> 标签的 onload 事件中添加，其方法如下：

```
<body onload="document.linkColor='red';">
```

5. vlinkColor 属性

使用 document 对象的 vlinkColor 属性可以设置文档中用户已访问链接的颜色。语法格式如下：

```
var colorStr=document.vlinkColor;        // 获取用户已观察过的文档链接的颜色
document.vlinkColor="colorStr";          // 设置用户已观察过的文档链接的颜色
```

document 对象的 vlinkColor 属性的使用方法与使用 alinkColor 属性相似。在 IE 浏览器中，默认用户已观察过的文档链接的颜色为紫色。用户在设置已访问链接的颜色时，需要在页面的 <script> 标签中添加指定已访问链接颜色的语句。例如，需要指定用户已观察过的链接的颜色为绿色，其方法如下：

```
<script language ="JavaScript" type="text/JavaScript">
<!--
document.vlinkColor="green";
//-->
</script>
```

也可以在 <body> 标签的 onload 事件中添加，其方法如下：

```
<body onload="document.vlinkColor='green';">
```

下面的 HTML 文档中包含有上面各个颜色属性，其作用是动态改变页面的背景颜色和查看已访问链接的颜色。

【例 12-14】（实例文件：ch12\Chap12.14.html）的设置。

```
<!DOCTYPE html>
<html>
<head>
<title> 颜色属性的设置 </title>
<script language="JavaScript" type="text/JavaScript">
// 设置文档的颜色显示
function SetColor()
{
  document.bgColor="yellow";
  document.fgColor="green";
  document.linkColor="red";
  document.alinkColor="blue";
  document.vlinkColor="purple";
}
// 改变文档的背景色为海蓝色
function ChangeColorOver()
{
  document.bgColor="navy";
  return;
}
// 改变文档的背景色为黄色
function ChangeColorOut()
{
  document.bgColor="yellow";
  return;
}
//-->
</script>
</head>
<body onload="SetColor()">
<center>
<br>
<p> 设置颜色 </p>
<a href=" 个人主页.html"> 链接颜色 </a>
<form name="MyForm3">
    <input type="submit" name="MySure" value=" 动态背景色 "
 onmouseover="ChangeColorOver()" onmouseout="ChangeColorOut()">
</form>
<center>
</body>
</html>
```

相关的代码示例请参考 Chap12.14.html 文件，然后双击该文件，在 IE 浏览器里面运行的结果如图
12-20 所示。

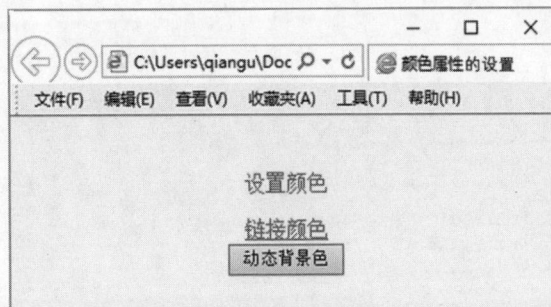

图 12-20　运行结果 5

移动鼠标到"动态背景色"按钮上时即可触发 onmouseover 事件调用 ChangeColorOver() 函数来动态改变文档的背景颜色为海蓝色；当鼠标移离"动态背景色"按钮时，即可触发 onmouseout 事件调用 ChangeColorOut() 函数将页面背景颜色恢复为黄色，如图 12-21 所示。

单击"链接颜色"链接可以查看设置的已访问链接的颜色，这里设置为蓝色，如图 12-22 所示。

图 12-21　动态变换背景色

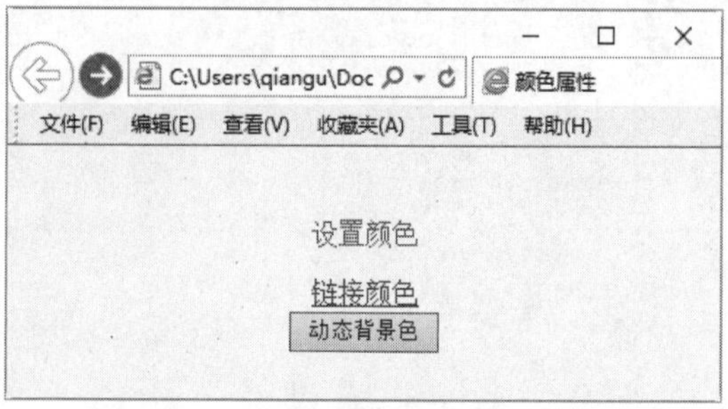

图 12-22　设置访问过的链接颜色

12.2.5　输出数据

使用文档对象可以输出数据。根据输出方式的不同，输出数据分为两种情况：一种是在文档中输出数据；另一种是在新窗口中输出数据。

1. 在文档中输出数据

使用 document.write() 方法和 document.writeln() 方法可以在文档中输出数据，其中 document.write() 方法用来向 HTML 文档中输出数据，其数据包括字符串、数字和 HTML 标签等。语法格式如下：

```
document.write(exp1,exp2,exp3,...)
```

document.writeln() 方法与 document.write() 方法的作用相同，唯一的不同在于 writeln() 方法在所输出的内容后，添加了一个回车换行符，但回车换行符只有在 HTML 文档中 <pre></pre> 标签内才能被识别。语法格式如下：

```
document.writeln(exp1,exp2,exp3,...)
```

下面介绍一个实例，该实例使用 document.writeln() 方法与 document.write() 方法在页面中输出几段文字，从而区别两个方法的不同。

【例 12-15】（实例文件：ch12\Chap12.15.html）在文档中输出数据。

```
<!DOCTYPE html>
<html>
<head>
<title> 在文档中输出数据 </title>
</head>
<body>
<p> 注意 write() 方法不会在每个语句后面新增一行： </p>
<pre>
<script>
document.write("<h1>Hello World! </h1>");
document.write("<h1>Have a nice day! </h1>");
</script>
</pre>
<p> 注意 writeln() 方法在每个语句后面新增一行： </p>
<pre>
<script>
```

```
document.writeln("<h1>Hello World! </h1>");
document.writeln("<h1>Have a nice day! </h1>");
</script>
</pre>
</body>
</html>
```

相关的代码示例请参考 Chap12.15.html 文件，然后双击该文件，在 IE 浏览器里面运行的结果如图 12-23 所示。

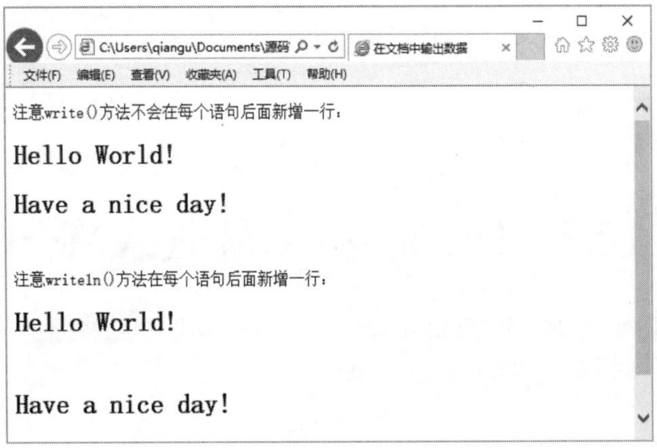

图 12-23　在文档中输出数据

2. 在新窗口中输出数据

使用 document.open() 与 document.close() 方法可以在打开的新窗口中输出数据，其中 document.open() 方法用来打开文档输出流，并接受 writeln() 方法与 write() 方法的输出，此方法可以不指定参数。语法格式如下：

```
document.open(MIMEtype,replace)
```

document.close() 方法用于关闭文档的输出流。语法格式如下：

```
document.close()
```

下面给出一个实例，通过单击页面中的按钮，打开一个新窗口，并在新窗口中输出新的内容。

【例 12-16】（实例文件：ch12\Chap12.16.html）在新窗口中输出数据。

```
<!DOCTYPE html>
<html>
<head>
<title> 在新窗口中输出数据 </title>
<script>
function createDoc(){
    var w=window.open();
    w.document.open();
    w.document.write("<h1>Hello JavaScript!</h1>");
    w.document.close();
}
</script>
</head>
<body>
<input type="button" value=" 新窗口的新文档 " onclick="createDoc()">
</body>
</html>
```

相关的代码示例请参考 Chap12.16.html 文件，然后双击该文件，在 IE 浏览器里面运行的结果如图 12-24 所示。

单击"新窗口的新文档"按钮，即可在新的窗口中输出新数据内容，如图 12-25 所示。

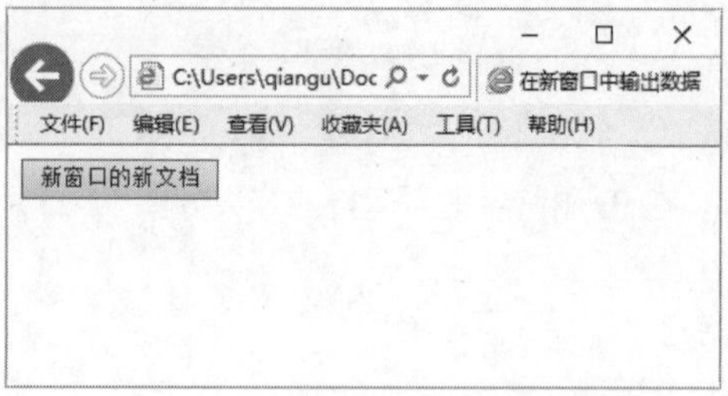

图 12-24　在新窗口中输出数据

图 12-25　在新窗口中输出新数据

12.3　DOM 及 DOM 技术简介

文档对象模型是表示文档（如 HTML 和 XML）和访问、操作构成文档的各种元素的应用程序接口（API），支持 JavaScript 的所有浏览器都支持 DOM。

12.3.1　DOM 简介

DOM 将整个 HTML 页面文档规划成由多个相互连接的节点级构成的文档，文档中的每个部分都可以看作是一个节点的集合，这个节点集合可以看作是一个文档树（Tree），通过这个文档，开发者可以通过 DOM 十分方便地对文档的内容和结构进行遍历、添加、删除、修改和替换节点等操作。如图 12-26 所示为 DOM 模型被构造为对象的树。

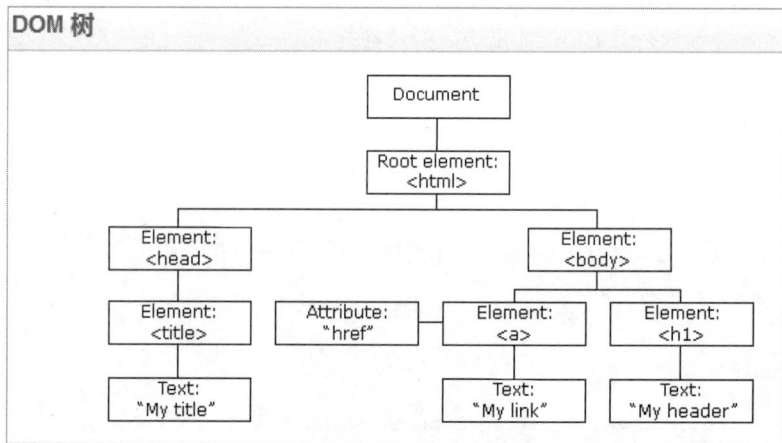

图 12-26　DOM 模型树结构

通过可编程的对象模型，JavaScript 获得了足够的能力来创建动态的 HTML，可以改变页面中的所有 HTML 元素、CSS 样式、HTML 属性以及可以对页面中的所有事件做出反应。可以说，DOM 是一种与浏览器、平台、语言无关的接口。

另外，通过 DOM 可以很好地解决 Netscape 的 JavaScript 和 Microsoft 的 Jscript 之间的冲突，给予 Web 设计师和开发者一个标准的方法，可以方便地访问站点中的数据、脚本和表现层对象。

12.3.2　DOM 技术的简单应用

下面给出一个简单的实例，该实例主要是利用 JavaScript 中的 document.body.bgColor 来修改背景颜色。

【例 12-17】（实例文件：ch12\Chap12.17.html）修改背景颜色。

```
<!DOCTYPE html>
<html>
<head>
<title>修改背景颜色</title>
<script type="text/JavaScript">
function ChangeBackgroundColor()
{
    document.body.bgColor="green";
}
</script>
</head>
<body onclick="ChangeBackgroundColor()">
单击改变背景颜色！
</body>
</html>
```

相关的代码示例请参考 Chap12.17.html 文件，然后双击该文件，在 IE 浏览器里面运行的结果如图 12-27 所示。

在页面中单击鼠标，即可改变页面的背景颜色，如图 12-28 所示。

图 12-27　修改背景颜色

图 12-28　修改背景颜色为绿色

12.3.3　基本的 DOM 方法

DOM 方法很多，这里只介绍基本的一些方法，包括直接引用节点、间接引用节点、获得节点信息、处理节点信息、处理文本节点以及改变文档层次结构等。

1. 直接引用节点

有两种方式可以直接引用节点。

（1）document.getElementById(id) 方法：在文档里通过 id 来找节点，返回找到的节点对象且只有一个。

（2）document.getElementsByTagName(tagName) 方法：通过 HTML 的标签名称在文档里面查找，返回满足条件的数组对象。

【例 12-18】（实例文件：ch12\Chap12.18.html）获取节点信息。

```
<!DOCTYPE html>
<html>
<head>
<title>获取节点信息</title>
<script>
    function start() {
```

```
                    //1. 获得所有的 body 元素列表（此处只有一个）
                    myDocumentElements=document.getElementsByTagName("body");
                    //2. body 元素是这个列表的第一个元素
                    myBody=myDocumentElements.item(0);
                    //3. 获得 body 的子元素中所有的 p 元素
                    myBodymyBodyElements=myBody.getElementsByTagName("p");
                    //4. 获得是这个列表中的第二个单元元素
                    myP=myBodyElements.item(1);
            }
</script>
</head>
<body onload="start()">
<p>你好！</p>
<p>欢迎光临！</p>
</body>
</html>
```

相关的代码示例请参考 Chap12.18.html 文件，然后双击该文件，在 IE 浏览器里面运行的结果如图 12-29 所示。

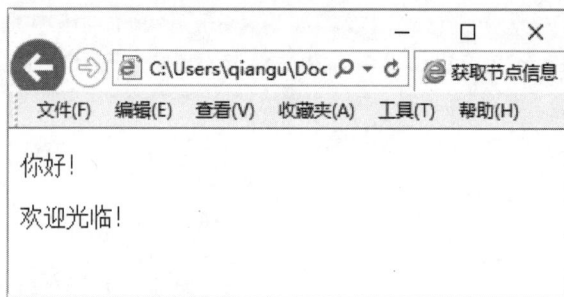

图 12-29　获取节点信息

在上述代码中，设置变量 myP 指向 DOM 对象 body 中的第二个 p 元素。首先，使用下面的代码获得所有的 body 元素的列表，因为在任何合法的 HTML 文档中都只有一个 body 元素，所以这个列表是只包含一个单元的。

```
document.getElementsByTagName("body");
```

下一步，取得列表的第一个元素，它本身就是 body 元素对象。

```
myBody=myDocumentElements.item(0);
```

然后，通过下面代码获得 body 的子元素中所有的 p 元素。

```
myBodyElements=myBody.getElementsByTagName("p");
```

最后，从列表中取第二个单元元素。

```
myP=myBodyElements.item(1);
```

2. 间接引用节点

间接引用节点主要包括对节点的子节点、父节点以及兄弟节点的访问。

（1）element.parentNode 属性：引用父节点。

（2）element.childNodes 属性：返回所有的子节点的数组。

（3）element.nextSibling 属性和 element.nextPreviousSibling 属性：分别是对下一个兄弟节点和上一个兄弟节点的引用。

3. 获得节点信息

获得节点信息主要包括节点名称、节点类型、节点值的获取。

（1）nodeName 属性：获得节点名称。

（2）nodeType 属性：获得节点类型。

（3）nodeValue 属性：获得节点的值。

（4）hasChildNodes()：判断是否有子节点。

（5）tagName 属性：获得标签名称。

4. 处理节点信息

除了通过"元素节点 . 属性名称"的方式访问外，还可以通过 setAttribute() 和 getAttribute() 方法设置和获取节点属性。

（1）elementNode.setAttribute(attributeName,attributeValue)：设置元素节点的属性。

（2）elementNode.getAttribute(attributeName)：获取属性值。

5. 处理文本节点

处理文本节点主要有 innerHTML 和 innerText 两个属性。

（1）innerHTML 属性：设置或返回节点开始和结束标签之间的 HTML。

（2）innerText 属性：设置或返回节点开始和结束标签之间的文本，不包括 HTML 标签。

6. 文档层级结构相关

（1）document.createElement() 方法：创建元素节点。

（2）document.createTextNode() 方法：创建文本节点。

（3）appendChild(childElement) 方法：添加子节点。

（4）insertBefore(newNode,refNode)：插入子节点，newNode 为插入的节点，refNode 为将插入的节点插入到这之前。

（5）replaceChild(newNode,oldNode) 方法：取代子节点，oldNode 必须是 parentNode 的子节点。

（6）cloneNode(includeChildren) 方法：复制节点，includeChildren 为 bool，表示是否复制其子节点。

（7）removeChild(childNode) 方法：删除子节点。

下面给出一个实例，用于演示创建节点、创建文本节点并添加到其他节点的过程。

【例 12-19】（实例文件：ch12\Chap12.19.html）创建节点、创建文本节点并添加。

```
<!DOCTYPE html>
<html>
<head>
<title> 创建节点示例 </title>
<script type="text/JavaScript">
    function createMessage() {
        var oP = document.createElement("p");
        var oText = document.createTextNode("HelloJavaScript!");
        oP.appendChild(oText);
        document.body.appendChild(oP);
    }
</script>
</head>
<body onload="createMessage()">
</body>
</html>
```

相关的代码示例请参考 Chap12.19.html 文件，然后双击该文件，在 IE 浏览器里面运行的结果如图 12-30 所示。

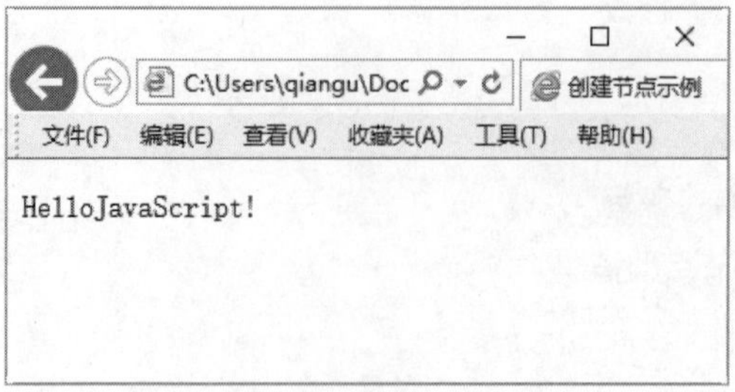

图 12-30　创建节点示例

运行上述代码并载入页面后，创建节点 oP，并创建一个文本节点 oText，oText 通过 appendChild() 方法附加在 oP 节点上，为了实际显示出来，将 oP 节点通过 appendChild() 方法附加在 body 节点上，此例子将显示"Hello JavaScript!"。

12.3.4　网页中的 DOM 框架

为了便于理解网页中的 DOM 框架，下面以一个简单的 HTML 页面为例展开介绍。

【例 12-20】 （实例文件：ch12\Chap12.20.html）网页中的 DOM 框架示例。

```
<!DOCTYPE html>
<html>
<head>
<title>DOM 示例 </title>
</head>
<body>
<h1> 我的标题 </h1>
<a href="#"> 我的链接 </a>
</body>
</html>
```

相关的代码示例请参考 Chap12.20.html 文件，然后双击该文件，在 IE 浏览器里面运行的结果如图 12-31 所示。

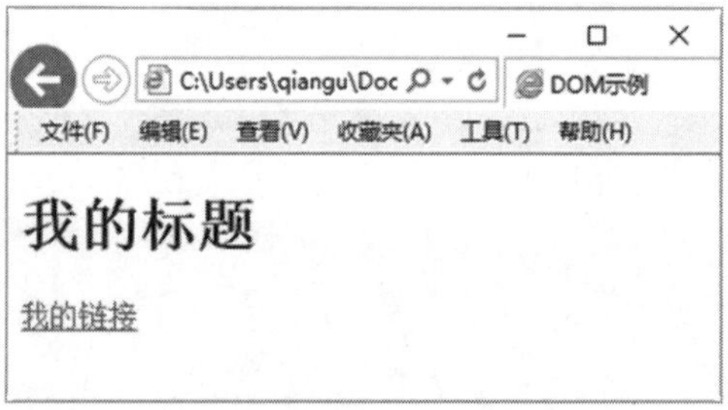

图 12-31　DOM 示例

上述实例对应的 DOM 节点层次模型如图 12-32 所示。

在这个树状图中，每一个对象都可以称为一个节点，下面介绍几种节点的概念。

（1）根节点：在最顶层的 <html> 节点，称之为根节点。

（2）父节点：一个节点之上的节点是该节点的父节点，例如，<html> 就是 <head> 和 <body> 的父节点，<head> 是 <title> 的父节点。

（3）子节点：位于一个节点之下的节点就是该节点的子节点，例如，<head> 和 <body> 就是 <html> 的子节点，<title> 是 <head> 的子节点。

（4）兄弟节点：如果多个节点在同一个层次，并拥有相同的父节点，这些节点就是兄弟节点，例如，

<head> 和 <body> 就是兄弟节点。

（5）后代节点：一个节点的子节点的结合可以称为是该节点的后代，例如，<head> 和 <body> 就是 <html> 的后代。

（6）叶子节点：在树形结构最底层的节点称为叶子节点，例如，"我的标题""我的链接"以及自己的属性都属于叶子节点。

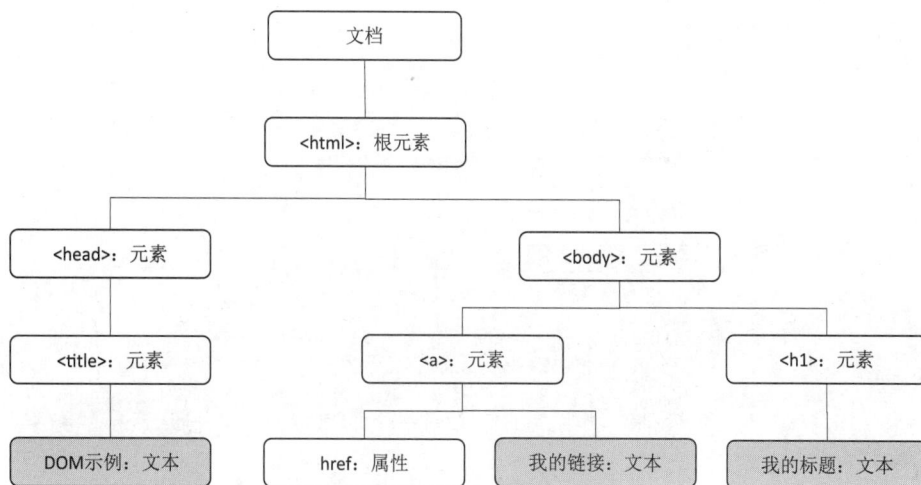

图 12-32　DOM 节点层次模型

12.4　DOM 中的节点

在 DOM 中有 3 种节点，它们分别是元素节点、属性节点和文本节点，下面分别进行介绍。

12.4.1　元素节点

可以说整个 DOM 都是由元素节点构成的。元素节点可以包含其他的元素，例如 <li> 可以包含在 <ul> 中，唯一没有被包含的就只有根元素 HTML。

【例 12-21】（实例文件：ch12\Chap12.21.html）元素节点示例。

```
<!DOCTYPE html>
<html>
<head>
<title>元素节点示例</title>
<script type="text/JavaScript">
function getNodeProperty()
{
    var d = document.getElementById("Will");
    alert(d.nodeType);
    alert(d.nodeName);
    alert(d.nodeValue);
}
</script>
</head>
<body>
<table border=1>
<tr>
```

```
<td id="Will" name="myname">Will</td>
<td id="smith">Smith</td>
</tr>
</table>
<br />
<input type="button" onclick="getNodeProperty()" value="单击获取元素节点属性值" />
</body>
</html>
```

相关的代码示例请参考 Chap12.21.html 文件，然后双击该文件，在 IE 浏览器里面运行的结果如图 12-33 所示。

图 12-33　元素节点示例

单击"单击获取元素节点属性值"按钮，即可弹出一个信息提示框，显示运行的结果，如图 12-34 所示。

再连续两次单击"确定"按钮，将弹出另外两个信息提示框，显示运行的结果，如图 12-35 所示。

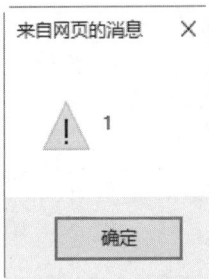

图 12-34　信息提示框 2

图 12-35　运行结果 6

提示：运行结果的 3 个属性的值分别为：
- nodeType：1，是 ELEMENT_NODE。
- nodeName：TD，元素标签名。
- nodeValue：null。

12.4.2　文本节点

在 HTML 中，文本节点是向用户展示内容，例如下面一段代码：

```
<a href="http://www.hao123.com" title="我的主页">我的主页</a>
```

其中，"我的主页"就是一个文本节点。

【例 12-22】（实例文件：ch12\Chap12.22.html）文本节点示例。

```
<!DOCTYPE html>
```

```
<html>
<head>
<title> 文本节点示例 </title>
<script type="text/JavaScript">
function getNodeProperty()
{
    var d = document.getElementsByTagName("td")[0].firstChild;
    alert(d.nodeType);
    alert(d.nodeName);
    alert(d.nodeValue);
}
</script>
</head>
<body>
<table border=1>
<tr>
<td id="Will" name="myname">Will</td>
<td id="smith">Smith</td>
</tr>
</table>
<br />
<input type="button" onclick="getNodeProperty()" value=" 单击获取文本节点属性值 " />
</body>
</html>
```

相关的代码示例请参考 Chap12.22.html 文件，然后双击该文件，在 IE 浏览器里面运行的结果如图 12-36 所示。

图 12-36　文本节点示例

单击"单击获取文本节点属性值"按钮，即可弹出一个信息提示框，显示运行的结果，如图 12-37 所示。再连续两次单击"确定"按钮，将弹出另外两个信息提示框，显示运行的结果，如图 12-38 所示。

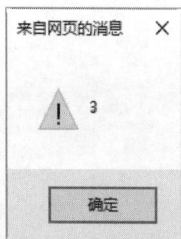

图 12-37　信息提示框 3

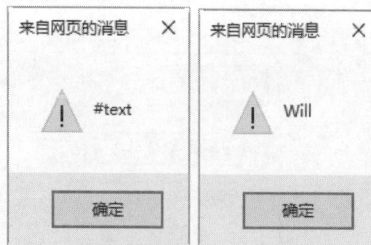

图 12-38　运行结果 7

提示：运行结果的 3 个属性的值分别为：
- nodeType：3，TEXT_NODE。
- nodeName：#text。
- nodeValue：Will，文本内容。

12.4.3　属性节点

页面中的元素，或多或少都会有一些属性，例如，几乎所有的元素都有 title 属性。可以利用这些属性，对包含在元素里的对象做出更准确的描述。例如下面一段代码：

```
<a href="http://www.hao123.com" title=" 我的主页 "> 我的主页 </a>
```

其中，href="http://www.hao123.com" 和 title=" 我的主页 " 就分别是两个属性节点。

【例 12-23】（实例文件：ch12\Chap12.23.html）属性节点示例。

```
<!DOCTYPE html>
<html>
<head>
<title> 属性节点示例 </title>
<script type="text/JavaScript">
function getNodeProperty()
{
    var d = document.getElementById("Will").getAttributeNode("name");
    alert(d.nodeType);
    alert(d.nodeName);
    alert(d.nodeValue);
}
</script>
</head>
<body>
<table border=1>
<tr>
<td id="Will" name="myname">Will</td>
<td id="smith">Smith</td>
</tr>
</table>
<br />
<input type="button" onclick="getNodeProperty()" value=" 单击获取属性节点属性值 " />
</body>
</html>
```

相关的代码示例请参考 Chap12.23.html 文件，然后双击该文件，在 IE 浏览器里面运行的结果如图 12-39 所示。

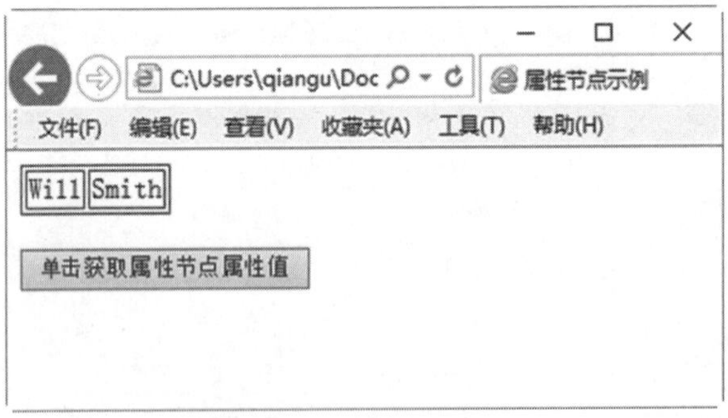

图 12-39　属性节点示例

单击"单击获取属性节点属性值"按钮，即可弹出一个信息提示框，显示运行的结果，如图 12-40 所示。

再连续两次单击"确定"按钮，将弹出另外两个信息提示框，显示运行的结果，如图 12-41 所示。

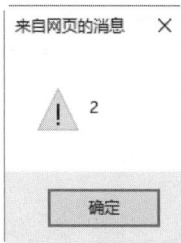

图 12-40 信息提示框 4   图 12-41 运行结果 8

提示：运行结果的 3 个属性的值分别为：

- nodeType：2，ATTRIBUTE_NODE。
- nodeName：name，属性名。
- nodeValue：myname，属性值。

12.5 操作 DOM 中的节点

在 DOM 中通过使用节点属性与方法可以操作 DOM 中的节点，如访问节点、创建节点、插入节点等。

12.5.1 访问节点

使用 getElementById() 方法可以访问指定 id 的节点，并用 nodeName 属性、nodeType 属性和 nodeValue 属性来显示出该节点的名称、节点类型和节点的值。

下面给出一个实例，该实例在页面弹出的提示框中，显示了指定节点的名称、节点的类型和节点的值。

【例 12-24】（实例文件：ch12\Chap12.24.html）访问节点示例。

```html
<!DOCTYPE html>
<html>
<head>
<title>访问指定节点</title>
</head>
<body id="b1">
<h3 >个人主页</h3>
<b>我的小店</b>
<script language="JavaScript">
    var by=document.getElementById("b1");
    var str;
    str="节点名称："+by.nodeName+"\n";
    str+="节点类型："+by.nodeType+"\n";
    str+="节点值："+by.nodeValue+"\n";
    alert(str);
</script>
</body>
</html>
```

相关的代码示例请参考 Chap12.24.html 文件，然后双击该文件，在 IE 浏览器里面运行的结果如图 12-42 所示。

图 12-42　访问指定节点

12.5.2　创建节点

　　创建新的节点首先需要通过使用文档对象中的 **createElement()** 方法和 **createTextNode()** 方法，生成一个新元素，并生成文本节点，再通过使用 appendChild() 方法将创建的新节点添加到当前节点的末尾处。appendChild() 方法将新的子节点添加到当前节点末尾处的语法格式如下：

```
node.appendChild(node)
```

【例 12-25】（实例文件：ch12\Chap12.25.html）创建节点示例。

```
<!DOCTYPE html>
<html>
<head>
<title>创建节点</title>
</head>
<body>
<ul id="myList"><li>咖啡</li><li>红茶</li></ul>
<p id="demo">单击按钮将项目添加到列表中，从而创建一个节点</p>
<button onclick="myFunction()">创建节点</button>
<script>
function myFunction(){
    var node=document.createElement("LI");
    var textnode=document.createTextNode("开水");
    node.appendChild(textnode);
    document.getElementById("myList").appendChild(node);
}
</script>
<p><strong>注意:</strong><br>首先创建一个节点,<br>然后创建一个文本节点,<br>然后将文本节点添加到LI
节点上。<br>最后将节点添加到列表中。</p>
</body>
</html>
```

　　相关的代码示例请参考 Chap12.25.html 文件，然后双击该文件，在 IE 浏览器里面运行的结果如图 12-43 所示。

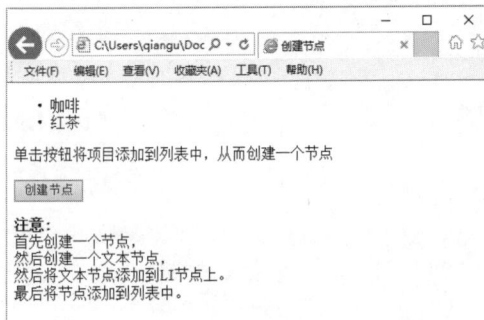

图 12-43　创建节点

单击"创建节点"按钮，即可在列表中添加项目，从而创建一个节点，如图 12-44 所示。

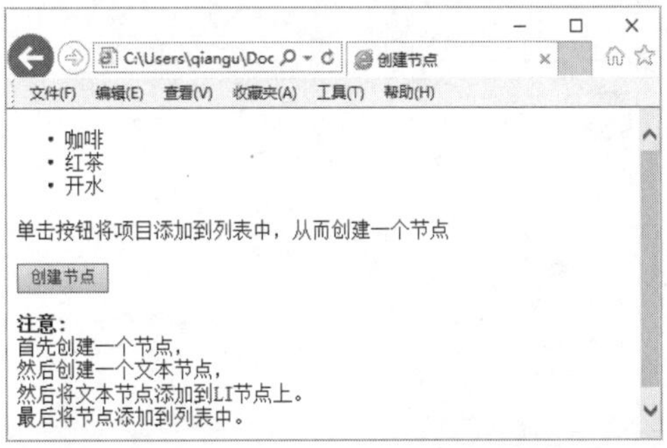

图 12-44 添加项目并创建节点

12.5.3 插入节点

通过使用 insertBefore() 方法可在已有的子节点前插入一个新的子节点。语法格式如下：

```
node.insertBefore(newnode,existingnode)
```

【例 12-26】（实例文件：ch12\Chap12.26.html）插入节点示例。

```
<!DOCTYPE html>
<html>
<head>
<title>插入节点</title>
</head>
<body>
<ul id="myList1"><li>咖啡</li><li>红茶</li></ul>
<ul id="myList2"><li>开水</li><li>牛奶</li></ul>
<p id="demo">单击该按钮将一个项目从一个列表移动到另一个列表，从而完成插入节点的操作</p>
<button onclick="myFunction()">插入节点</button>
<script>
function myFunction(){
    var node=document.getElementById("myList2").lastChild;
    var list=document.getElementById("myList1");
    list.insertBefore(node,list.childNodes[0]);
}
</script>
</body>
</html>
```

相关的代码示例请参考 Chap12.26.html 文件，然后双击该文件，在 IE 浏览器里面运行的结果如图 12-45 所示。

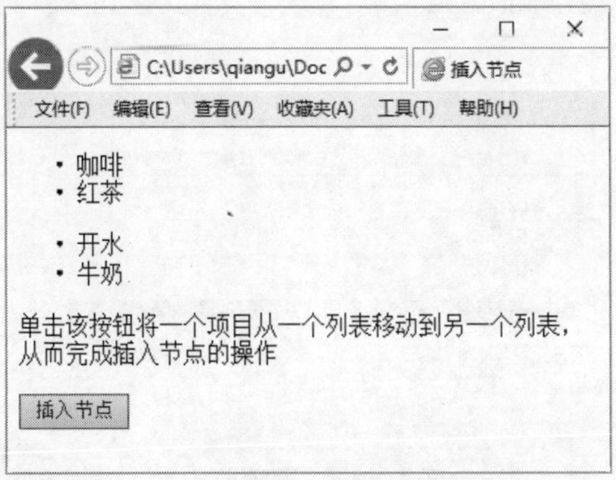

图 12-45 插入节点

单击"插入节点"按钮，即可将一个项目从一个列表移动到另一个列表，从而插入节点，如图 12-46 所示。

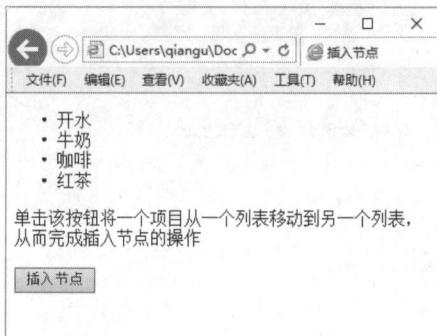

图 12-46　移动项目到另一列表

12.5.4　删除节点

使用 removeChild() 方法可从子节点列表中删除某个节点，如果删除成功，此方法可返回被删除的节点，如果失败，则返回 NULL。具体的语法格式如下：

```
node.removeChild(node)
```

【例 12-27】（实例文件：ch12\Chap12.27.html）删除节点示例。

```
<!DOCTYPE html>
<html>
<head>
<title> 删除节点 </title>
</head>
<body>
<ul id="myList"><li> 咖啡 </li><li> 红茶 </li><li> 牛奶 </li></ul>
<p id="demo"> 单击按钮移除列表的第一项，从而完成删除节点操作 </p>
<button onclick="myFunction()"> 删除节点 </button>
<script>
function myFunction(){
    var list=document.getElementById("myList");
    list.removeChild(list.childNodes[0]);
}
</script>
</body>
</html>
```

相关的代码示例请参考 Chap12.27.html 文件，然后双击该文件，在 IE 浏览器里面运行的结果如图 12-47 所示。

图 12-47　删除节点

单击"删除节点"按钮，即可从子节点列表中删除某个节点，从而完成删除节点的操作，如图 12-48 所示。

图 12-48　通过按钮删除列表第一项

12.5.5　复制节点

使用 cloneNode() 方法可创建指定的节点的精确副本，cloneNode() 方法复制所有属性和值。该方法将复制并返回调用它的节点的副本。如果传递给它的参数是 true，它还将递归复制当前节点的所有子孙节点，否则，它只复制当前节点。语法格式如下：

```
node.cloneNode(deep)
```

【例 12-28】（实例文件：ch12\Chap12.28.html）复制节点示例。

```
<!DOCTYPE html>
<html>
<head>
<title>复制节点</title>
</head>
<body>
<ul id="myList1"><li>咖啡</li><li>红茶</li></ul>
<ul id="myList2"><li>开水</li><li>牛奶</li></ul>
<p id="demo">单击按钮将项目从一个列表复制到另一个列表中</p>
<button onclick="myFunction()">复制节点</button>
<script>
function myFunction(){
    var itm=document.getElementById("myList2").lastChild;
    var cln=itm.cloneNode(true);
    document.getElementById("myList1").appendChild(cln);
}
</script>
</body>
</html>
```

相关的代码示例请参考 Chap12.28.html 文件，然后双击该文件，在 IE 浏览器里面运行的结果如图 12-49 所示。

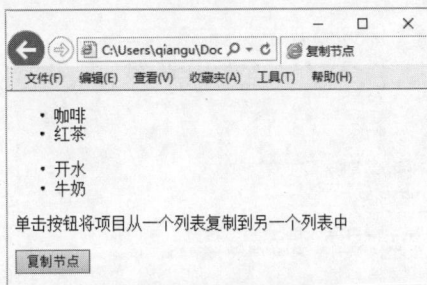

图 12-49　复制节点

单击"复制节点"按钮，即可将项目从一个列表复制到另一个列表中，从而完成复制节点的操作，如图 12-50 所示。

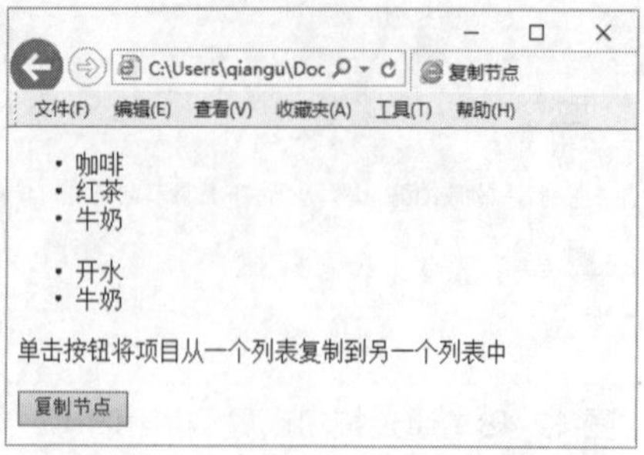

图 12-50　复制项目到第一个列表中

12.5.6　替换节点

使用 replaceChild() 方法可将某个子节点替换为另一个，这个新节点可以是文本中已存在的，或者是用户自己新创建的。语法格式如下：

```
node.replaceChild(newnode,oldnode)
```

【例 12-29】（实例文件：ch12\Chap12.29.html）替换节点示例。

```
<!DOCTYPE html>
<html>
<head>
<title> 替换节点 </title>
</head>
<body>
<ul id="myList"><li> 咖啡 </li><li> 红茶 </li><li> 牛奶 </li></ul>
<p id="demo"> 单击按钮替换列表中的第一项。</p>
<button onclick="myFunction()"> 替换节点 </button>
<script>
function myFunction(){
    var textnode=document.createTextNode(" 开水 ");
    var item=document.getElementById("myList").childNodes[0];
    item.replaceChild(textnode,item.childNodes[0]);
}
</script>
<p> 首先创建一个文本节点。<br> 然后替换第一个列表中的第一个子节点。</p>
</body>
</html>
```

相关的代码示例请参考 Chap12.29.html 文件，然后双击该文件，在 IE 浏览器里面运行的结果如图 12-51 所示。

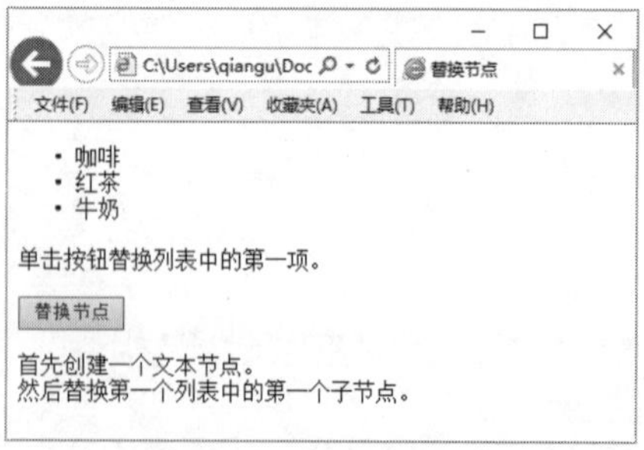

图 12-51　替换节点

278

单击"替换节点"按钮，即可替换列表中的第一项，从而完成替换节点的操作，如图 12-52 所示。

图 12-52　替换列表中的第一项

注意：这个例子只将文本节点的"咖啡"替换为"开水"，而不是整个 LI 元素，这也是替换节点的一种方法。

12.6　使用非标准 DOM innerHTML 属性

HTML 文档中每一个元素节点都有 innerHTML 这个属性，通过对这个属性的访问可以获取或者设置这个元素节点标签内的 HTML 内容。

【例 12-30】（实例文件：ch12\Chap12.30.html）innerHTML 属性使用示例。

```
<!DOCTYPE html>
<html>
<head>
<title>innerHTML 属性 </title>
<script language="JavaScript">
function myDOMInnerHTML(){
    var myDiv=document.getElementById("myTest");
    alert(myDiv.innerHTML);          // 直接显示 innerHTML 的内容
    // 修改 innerHTML，可直接添加代码
    myDiv.innerHTML="<img src='02.jpg' title=' 美丽风光 '>";
}
</script>
</head>
<body onload="myDOMInnerHTML()">
<div id="myTest">
<span> 图库 </span>
<p> 这是一行用于测试的文字 </p>
</div>
</body>
</html>
```

相关的代码示例请参考 Chap12.30.html 文件，然后双击该文件，在 IE 浏览器里面运行的结果如图 12-53 所示。

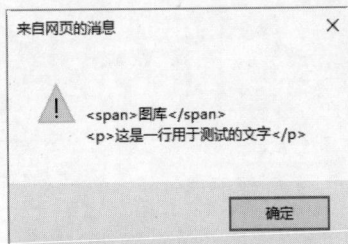

图 12-53　信息提示框 5

单击"确定"按钮，即可在页面中显示相关效果，如图 12-54 所示。

图 12-54　显示运行结果

提示：上述代码中首先获取 "myTest"，然后显示出来其中所有的 innerHTML，最后将 myTest 的 innerHTML 修改为图片，并显示出来。

12.7　DOM 与 CSS

DOM 允许 JavaScript 改变 HTML 元素的 CSS 样式，下面详细介绍改变 CSS 样式的方法。

12.7.1　改变 CSS 样式

通过 JavaScritp 和 HTML DOM 可以方便地改变 HTML 元素的 CSS 样式。语法格式如下：

```
document.getElementById(id).style.property= 新样式
```

【例 12-31】（实例文件：ch12\Chap12.31.html）DOM 与 CSS 改变样式示例。

```
<!DOCTYPE html>
<html>
<head>
<title>DOM 与 CSS 示例</title>
<script type="text/JavaScript">
function changeStyle()
{
    document.getElementById("p2").style.color="blue";
    document.getElementById("p2").style.fontFamily="Arial";
    document.getElementById("p2").style.fontSize="larger";
}
</script>
</head>
<body>
<p id="p1"> 一望二三里 </p>
<p id="p2"> 烟村四五家 </p>
<br />
<input type="button" onclick="changeStyle()" value=" 修改段落 2 样式 " />
</body>
</html>
```

相关的代码示例请参考 Chap12.31.html 文件，然后双击该文件，在 IE 浏览器里面运行的结果如图 12-55 所示。

单击"修改段落 2 样式"按钮，即可修改段落 2 "烟村四五家"的颜色、字体以及字号，运行之后效果如图 12-56 所示。

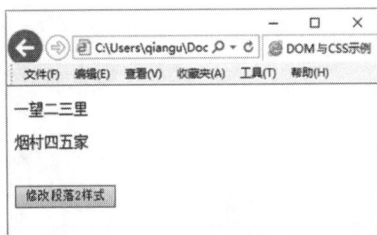

图 12-55　DOM 与 CSS 改变样式示例　　　　图 12-56　修改段落样式的结果

12.7.2　三位一体的页面

网页的内容可以分为结构层、表现层和行为层 3 部分，下面分别进行介绍。

- 结构层：由 HTML 或 XHTML 之类的标记语言负责创建，元素（标签）对页面各个部分的含义做出描述，例如 <ul> 元素表示这是一个项目列表。
- 表现层：由 CSS 来创建，即如何显示这些内容，如采用蓝色、Arial 字体显示。
- 行为层：负责内容应该如何对事件做出反应，由 JavaScript 和 DOM 所完成。

页面的表现层和行为层总是存在的，即使没有明确地给出具体的定义和指令它们也依然存在。因为 Web 浏览器会把它的默认样式和默认事件加载到网页的结构层上。如浏览器会在呈现文本的地方留出页边距，会在用户把鼠标指针移动到某个元素上方时弹出 title 属性提示框，等等。

提示：当然这 3 层技术也是存在重叠的，如用 DOM 来改变页面的结构层、createElement() 等，CSS 中也有 hover 这样的伪属性来控制鼠标指针滑过某个元素的样式。

12.7.3　使用 className 属性

之前的 DOM 都是与结构层打交道，如查找、添加节点等，而 DOM 还有一个非常实用的 className 属性，可以修改节点的 CSS 样式。

【例 12-32】（实例文件：ch12\Chap12.32.html）className 属性示例。

```
<!DOCTYPE html>
<html>
<head>
<title>className 属性 </title>
    <style type="text/css">
        .myUL1{
        Color:#0000FF;
        Font-family:Arial;
        Font-weight:bold;
        }
        .myUL2{
        Color:#FF0000;
        Font-family:Georgia, "Times New Roman"Times,serif;
```

```
        Font-size:large;
        }
    </style>
    <script language="JavaScript">
    function changeStyleClassName(){
        var oMy=document.getElementsByTagName("ul")[0];
        oMy.className="myUL2";
    }
    </script>
</head>
<body>
<ul class="myUL1">
    <li> 旧时王谢堂前燕 </li>
    <li>飞入寻常百姓家 </li>
</ul>
</br>
<input type="button" onclick="changeStyleClassName();" value=" 修改 CSS 样式 " />
</body>
</html>
```

相关的代码示例请参考 Chap12.32.html 文件，然后双击该文件，在 IE 浏览器里面运行的结果如图 12-57 所示。

单击"修改 CSS 样式"按钮，即可对文本样式进行修改，并显示修改后结果，如图 12-58 所示。

提示：上述代码在单击列表时将 <ul> 标签的 className 属性进行了修改，用 myUL2 覆盖了 myUL1 的样式。

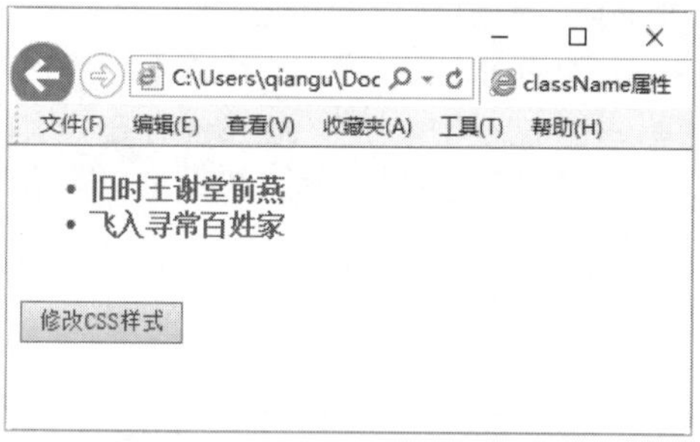

图 12-57　ClassName 属性的应用

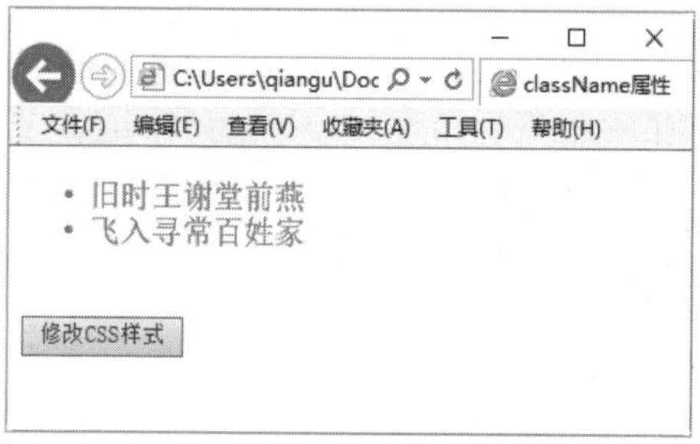

图 12-58　显示修改后的结果

12.7.4　通过 className 添加 CSS

前面介绍了通过修改 className 属性可以替换 CSS 样式，实际上修改 className 属性是对 CSS 样式进行替换，而不是添加，但很多时候并不希望将原有的 CSS 样式覆盖，这时完全可以采取追加的方法，前提是保证追加的 CSS 类别中的各个属性与原来的属性不重复，代码如下：

```
oMy.className+="myUL2";// 追加 CSS 类
```

12.8　典型案例——制作树形导航菜单

树形导航菜单是网页设计中最常用的菜单之一，下面制作一个树形菜单。

第一步：设计 HTML 框架。具体代码如下：

```
<!DOCTYPE html>
<html >
<head>
<title> 制作树形导航菜单 </title>
</head>
<body>
<ul id="menu_zzjs_net">
 <li>
  <label><a href="JavaScript:;"> 泽惠果蔬配送中心 </a></label>
  <ul class="two">
   <li>
    <label><a href="JavaScript:;"> 水果分类 </a></label>
    <ul class="two">
     <li>
      <label><input type="checkbox" value="123456"><a href="JavaScript:;"> 苹果类 </a></label>
      <ul class="two">
       <li><label><input type="checkbox" value="123456"><a href="JavaScript:;"> 青苹果 </a></label></li>
       <li>
         <label><input type="checkbox" value="123456"><a href="JavaScript:;"> 红苹果 </a></label>
         <ul class="two">
          <li>
           <label><input type="checkbox" value="123456"><a href="JavaScript:;"> 红富士苹果 </a></label>
           <ul class="two">
            <li><label><input type="checkbox" value="123456"><a href="JavaScript:;"> 水晶红富士苹果 </a></label></li>
            <li><label><input type="checkbox" value="123456"><a href="JavaScript:;"> 优质红富士苹果 </a></label></li>
           </ul>
          </li>
          <li><label><input type="checkbox" value="123456"><a href="JavaScript:;"> 冰糖心苹果 </a></label></li>
         </ul>
        </li>
      </ul>
     </li>
    </ul>
   </li>
   <li>
    <label><a href="JavaScript:;"> 蔬菜分类 </a></label>
    <ul class="two">
     <li><label><input type="checkbox" value="123456"><a href="JavaScript:;"> 西红柿 </a></label></li>
     <li><label><input type="checkbox" value="123456"><a href="JavaScript:;"> 西兰花 </a></label></li>
    </ul>
   </li>
  </ul>
 </li>
</ul>
</body>
</html>
```

相关的代码示例请参考 Chap12.33.html 文件，然后双击该文件，在 IE 浏览器里面运行的结果如图 12-59 所示。

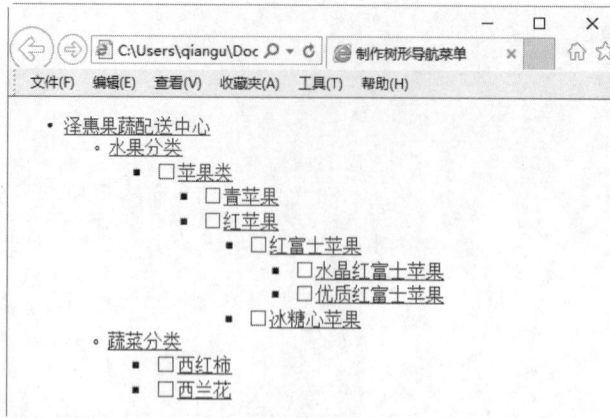

图 12-59　制作树形导航菜单框架

第二步：在页面中添加 JavaScript 代码，实现单击展开效果。具体代码如下：

```JavaScript
<script type="text/JavaScript" >
 function addEvent(el,name,fn){// 绑定事件
  if(el.addEventListener) return el.addEventListener(name,fn,false);
  return el.attachEvent('on'+name,fn);
 }
 function nextnode(node){// 寻找下一个兄弟节点并剔除空的文本节点
  if(!node)return ;
  if(node.nodeType == 1)
   return node;
  if(node.nextSibling)
   return nextnode(node.nextSibling);
 }
 function prevnode(node){// 寻找上一个兄弟节点并剔除空的文本节点
  if(!node)return ;
  if(node.nodeType == 1)
   return node;
  if(node.previousSibling)
   return prevnode(node.previousSibling);
 }
 function parcheck(self,checked){// 递归寻找父元素，并找到 input 元素进行操作
  var par =  prevnode(self.parentNode.parentNode.parentNode.previousSibling),parspar;
  if(par&&par.getElementsByTagName('input')[0]){
   par.getElementsByTagName('input')[0].checked = checked;
   parcheck(par.getElementsByTagName('input')[0],sibcheck(par.getElementsByTagName('input')[0]));
  }
 }
 function sibcheck(self){// 判断兄弟节点是否已经全部选中
  var sbi = self.parentNode.parentNode.parentNode.childNodes,n=0;
  for(var i=0;i<sbi.length;i++){
   if(sbi[i].nodeType != 1)// 由于孩子节点中包括空的文本节点，所以这里累计长度的时候也要算上去
    n++;
   else if(sbi[i].getElementsByTagName('input')[0].checked)
    n++;
  }
  return n==sbi.length?true:false;
 }
addEvent(document.getElementById('menu_zzjs_net'),'click',function(e){
                              // 绑定 input 单击事件，使用 menu_zzjs_net 根元素代理
 e = e||window.event;
 var target = e.target||e.srcElement;
```

```
   var tp = nextnode(target.parentNode.nextSibling);
  switch(target.nodeName){
   case 'A'://单击A标签展开和收缩树形目录，并改变其样式会选中checkbox
    if(tp&&tp.nodeName == 'UL'){
     if(tp.style.display != 'block' ){
      tp.style.display = 'block';
      prevnode(target.parentNode.previousSibling).className = 'ren'
     }else{
      tp.style.display = 'none';
      prevnode(target.parentNode.previousSibling).className = 'add'
     }
    }
    break;
   case 'SPAN'://单击图标只展开或者收缩
    var ap = nextnode(nextnode(target.nextSibling).nextSibling);
    if(ap.style.display != 'block' ){
     ap.style.display = 'block';
     target.className = 'ren'
    }else{
     ap.style.display = 'none';
     target.className = 'add'
    }
    break;
   case 'INPUT'://单击checkbox,父元素选中，则孩子节点中的checkbox也同时选中，孩子节点取消父元素随之取消
    if(target.checked){
     if(tp){
      var checkbox = tp.getElementsByTagName('input');
      for(var i=0;i<checkbox.length;i++)
       checkbox[i].checked = true;
     }
    }else{
     if(tp){
      var checkbox = tp.getElementsByTagName('input');
      for(var i=0;i<checkbox.length;i++)
       checkbox[i].checked = false;
     }
    }
    parcheck(target,sibcheck(target));
           //当孩子节点取消选中的时候调用该方法递归其父节点的checkbox逐一取消选中
    break;
  }
 });
 window.onload = function(){//页面加载时给有孩子节点的元素动态添加图标
  var labels = document.getElementById('menu_zzjs_net').getElementsByTagName('label');
  for(var i=0;i<labels.length;i++){
   var span = document.createElement('span');
   span.style.cssText ='display:inline-block;height:18px;vertical-align:middle;width:16px;cursor:pointer;';
   span.innerHTML = ' '
   span.className = 'add';
   if(nextnode(labels[i].nextSibling)&&nextnode(labels[i].nextSibling).nodeName == 'UL')
    labels[i].parentNode.insertBefore(span,labels[i]);
   else
    labels[i].className = 'rem'
  }
 }
</script>
```

相关的代码示例请参考 Chap12.33.html 文件，然后双击该文件，在 IE 浏览器里面运行的结果如图 12-60 所示。

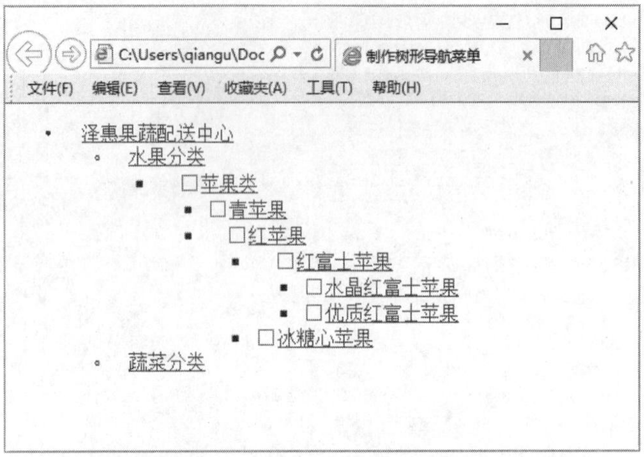

图 12-60　添加 JavaScript 代码

第三步：在网页中添加 CSS 代码，对菜单进行风格设置。具体代码如下：

```
<style type="text/css">
body{margin:0;padding:0;font:12px/1.5 Tahoma,Helvetica,Arial,sans-serif;}
ul,li,{margin:0;padding:0;}
ul{list-style:none;}
#menu_zzjs_net{margin:10px;width:200px;overflow:hidden;}
#menu_zzjs_net li{line-height:25px;}
#menu_zzjs_net .rem{padding-left:16px;}
#menu_zzjs_net .add{background:url(/img/tree_20110125zzjs_net.gif) -4px -31px no-repeat;}
#menu_zzjs_net .ren{background:url(/img/tree_20110125zzjs_net.gif) -4px -7px no-repeat;}
#menu_zzjs_net li a{color:#666666;padding-left:5px;outline:none;blr:expression(this.
onFocus=this.blur());}
#menu_zzjs_net li input{vertical-align:middle;margin-left:5px;}
#menu_zzjs_net .two{padding-left:20px;display:none;}
</style>
```

相关的代码示例请参考 Chap12.33.html 文件，然后双击该文件，在 IE 浏览器里面运行的结果如图 12-61 所示。

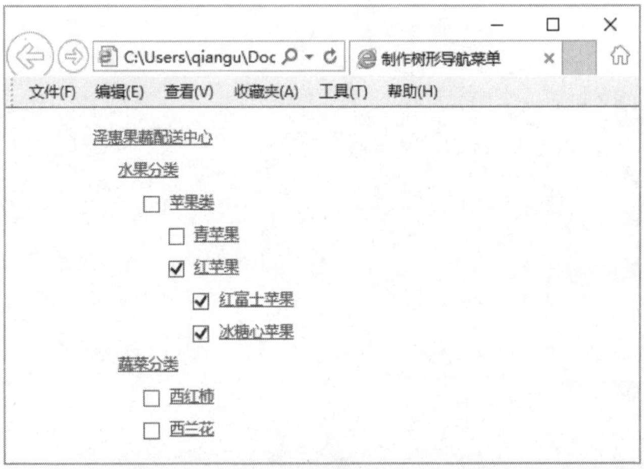

图 12-61　添加 CSS 代码修改文字样式

12.9　就业面试技巧与解析

12.9.1　面试技巧与解析（一）

面试官：你是怎样看待自己的失败的？

应聘者：我相信大部分人都不是十全十美的，如果有第二次机会，我相信我会改正错误的。

12.9.2　面试技巧与解析（二）

面试官：在工作中什么会让你有成就感？

应聘者：为我所在公司竭力效劳，尽我所能，成功完成一个项目。

第13章
JavaScript 事件机制

◎ 本章教学微视频：22 个　59 分钟

学习指引

　　事件是在文档或者浏览器窗口中发生的特定的交互瞬间，是用户或浏览器自身执行的某种动作，如 click、load 和 mouseover 都是事件的名字，可以说事件是 JavaScript 和 DOM 之间交互的桥梁，事件发生时，调用它的处理函数执行相应的 JavaScript 代码并给出响应。本章将介绍 JavaScript 的事件机制。

重点导读

- 了解事件的含义。
- 掌握 JavaScript 事件的调用方式。
- 掌握 JavaScript 常用事件的使用方法。
- 掌握 JavaScript 处理事件的方式。
- 掌握操作事件对象 Event 的方法。
- 掌握事件模拟的方法。

13.1　什么是事件

　　JavaScript 的事件可以用于处理表单验证、用户输入、用户行为及浏览器动作，如页面加载时触发事件、页面关闭时触发事件、用户单击按钮执行动作、验证用户输入内容的合法性等。

　　在早期支持 JavaScript 脚本的浏览器中，事件处理程序是作为 HTML 标签的附加属性加以定义的，其形式如下：

```
<input type="button" name="MyButton" value="Test Event" onclick="MyEvent()">
```

　　目前，JavaScript 的大部分事件命名都是描述性的，如 click、submit、mouseover 等，通过其名称就可以知道其含义，一般情况下，在事件名称之间添加前缀，如对于 click 事件，其处理器名为 onclick。

　　另外，JavaScript 的事件不仅仅局限于鼠标和键盘操作，也包括浏览器的状态的改变，如绝大部分浏览器支持类似 resize 和 load 这样的事件等。load 事件在浏览器载入文档时被触发，如果某事件要在文档载入时被触发，一般应该在 <body> 标签中加入如下语句：

```
"onload="MyFunction()"";
```

事件可以发生在很多场合，包括浏览器本身的状态和页面中的按钮、链接、图片、层等。同时根据 DOM 模型，文本也可以作为对象，并响应相关的动作，如单击鼠标、文本被选择等。

13.2　JavaScript 事件的调用方式

事件通常与函数配合使用，这样就可以通过发生的事件来驱动函数执行。在 JavaScript 中，事件调用的方式有两种，下面分别进行介绍。

13.2.1　在 <script> 标签中调用

在 <script> 标签中调用事件是 JavaScript 事件调用方式当中比较常用的一种方式，在调用的过程中，首先需要获取要处理对象的引用，然后将要执行的处理函数赋值给对应的事件。

下面给出一个实例，通过单击按钮显示当前系统的时间。

【例 13-1】（实例文件：ch13\Chap13.1.html）显示系统时间。

```
<!DOCTYPE html>
<html>
<head>
<title> 在 <script> 标签中调用 </title>
</head>
<body>
<p> 单击按钮执行 <em>displayDate()</em> 函数，显示当前时间信息 </p>
<button id="myBtn"> 显示时间 </button>
<script>
document.getElementById("myBtn").onclick=function(){displayDate()};
function displayDate(){
    document.getElementById("demo").innerHTML=Date();
}
</script>
<p id="demo"></p>
</body>
</html>
```

相关的代码示例请参考 Chap13.1.html 文件，然后双击该文件，在 IE 浏览器里面运行的结果如图 13-1 所示。单击"显示时间"按钮，即可在页面中显示出当前系统的日期和时间信息，如图 13-2 所示。

图 13-1　程序运行结果 1

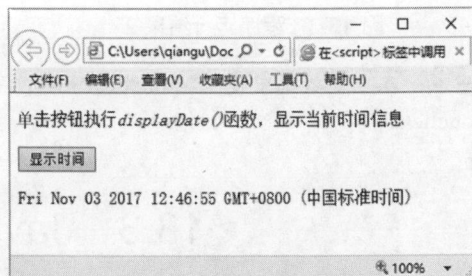

图 13-2　日期和时间信息 1

注意：在上述代码中使用了 onclick 事件，可以看到该事件处于 script 标签中，另外，在 JavaScript 中指定事件处理程序时，事件名称必须小写，才能正确响应事件。

13.2.2 在元素中调用

在 HTML 元素中调用事件处理程序时，只需要在该元素中添加响应的事件，并在其中指定要执行的代码或者函数名即可。

下面给出一个实例，也是用于显示当前系统的日期和时间的，读者可以和例 13.1 的相关代码进行对比，虽然实现的功能一样，但是代码却是不一样的。

【例 13-2】（实例文件：ch13\Chap13.2.html）显示系统时间。

```html
<!DOCTYPE html>
<html>
<head>
<title>在元素中调用</title>
</head>
<body>
<p>单击按钮执行 <em>displayDate()</em> 函数，显示当前时间信息</p>
<button onclick="displayDate()">显示时间</button>
<script>
function displayDate(){
    document.getElementById("demo").innerHTML=Date();
}
</script>
<p id="demo"></p>
</body>
</html>
```

相关的代码示例请参考 Chap13.2.html 文件，然后双击该文件，在 IE 浏览器里面运行的结果如图 13-3 所示。

单击"显示时间"按钮，即可在页面中显示出当前系统的日期和时间信息，如图 13-4 所示。

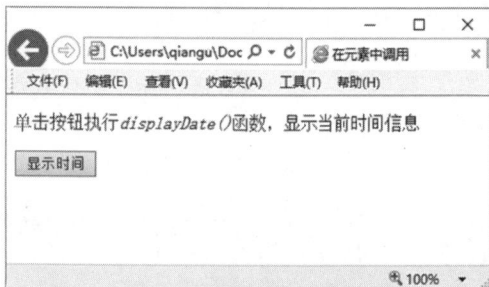

图 13-3 程序运行结果 2

图 13-4 日期和时间信息 2

注意：在上述代码中使用了 onclick 事件，可以看到该事件处于 button 元素之间，这就是向按钮元素分配了 onclick 事件。

13.3 JavaScript 常用事件

JavaScript 的常用事件有很多，如鼠标键盘事件、表单事件、网页相关事件等，JavaScript 的相关事件如表 13-1 所示。

表 13-1　JavaScript 的相关事件

分　　类	事　　件	说　　明
鼠标 键盘 事件	onkeydown	某个键盘的键被按下时触发此事件
	onkeypress	某个键盘的键被按下或按住时触发此事件
	onkeyup	某个键盘的键被松开时触发此事件
	onclick	鼠标单击某个对象时触发此事件
	ondblclick	鼠标双击某个对象时触发此事件
	onmousedown	某个鼠标按键被按下时触发此事件
	onmousemove	鼠标被移动时触发此事件
	onmouseout	鼠标从某元素移开时触发此事件
	onmouseover	鼠标被移到某元素之上时触发此事件
	onmouseup	某个鼠标按键被松开时触发此事件
	onmouseleave	当鼠标指针移出元素时触发此事件
	onmouseenter	当鼠标指针移动到元素上时触发此事件
	oncontextmenu	在用户右击打开快捷菜单时触发此事件
页面 相关 事件	onload	某个页面或图像被完成加载时触发此事件
	onabort	图像加载被中断时触发此事件
	onerror	当加载文档或图像发生某个错误时触发此事件
	onresize	当浏览器的窗口大小被改变时触发此事件
	onbeforeunload	当前页面的内容将要被改变时触发此事件
	onunload	当前页面将被改变时触发此事件
	onhashchange	该事件在当前 URL 的锚部分发生修改时触发
	onpageshow	该事件在用户访问页面时触发
	onpagehide	该事件在用户离开当前网页跳转到另外一个页面时触发
	onscroll	当文档被滚动时发生的事件
表单 相关 事件	onreset	当重置按钮被单击时触发此事件
	onblur	当元素失去焦点时触发此事件
	onchange	当元素失去焦点并且元素的内容发生改变时触发此事件
	onsubmit	当"提交"按钮被单击时触发此事件
	onfocus	当元素获得焦点时触发此事件
	onfocusin	元素即将获取焦点时触发

分　类	事　件	说　明
表单相关事件	onfocusout	元素即将失去焦点时触发
	oninput	元素获取用户输入时触发
	onsearch	用户向搜索域输入文本时触发（<input="search">）
	onselect	用户选取文本时触发（<input> 和 <textarea>）
拖动相关事件	ondrag	该事件在元素正在拖动时触发
	ondragend	该事件在用户完成元素的拖动时触发
	ondragenter	该事件在拖动的元素进入放置目标时触发
	ondragleave	该事件在拖动元素离开放置目标时触发
	ondragover	该事件在拖动元素在放置目标上时触发
	ondragstart	该事件在用户开始拖动元素时触发
	ondrop	该事件在拖动元素放置在目标区域时触发
编辑相关事件	onselect	当文本内容被选择时触发此事件
	onselectstart	当文本内容的选择将开始发生时触发此事件
	oncopy	当页面当前的被选择内容被复制后触发此事件
	oncut	当页面当前的被选择内容被剪切时触发此事件
	onpaste	当内容被粘贴时触发此事件
打印事件	onafterprint	该事件在页面已经开始打印，或者打印窗口已经关闭时触发
	onbeforeprint	该事件在页面即将开始打印时触发

13.3.1　鼠标相关事件

鼠标事件是在页面操作中使用最频繁的操作，可以利用鼠标事件在页面中实现鼠标移动、单击时的特殊效果。

1. 鼠标单击事件

鼠标单击事件（onclick）是在鼠标单击时被触发的事件，单击是指鼠标停留在对象上、按下鼠标键、在没有移动鼠标的同时松开鼠标键的这一完整过程。

下面给出一个实例，通过单击按钮，动态变换背景的颜色，当用户再次单击按钮时，页面背景将以不同的颜色进行显示。

【例 13-3】（实例文件：ch13\Chap13.3.html）动态改变背景颜色。

```
<!DOCTYPE html>
<html>
<head>
<title> 通过按钮变换背景颜色 </title>
</head>
```

```
<body>
<script language="JavaScript">
var Arraycolor=new Array("teal","red","blue","navy","lime","green","purple","gray","yellow",
"white");
var n=0;
function turncolors(){
    if (n==(Arraycolor.length-1)) n=0;
    n++;
    document.bgColor = Arraycolor[n];
}
</script>
<form name="form1" method="post" action="">
<p>
    <input type="button" name="Submit" value=" 变换背景颜色 " onclick="turncolors()">
</p>
    <p>使用按钮动态变换背景颜色 </p>
</form>
</body>
</html>
```

相关的代码示例请参考 Chap13.3.html 文件，然后双击该文件，在 IE 浏览器里面运行的结果如图 13-5
所示。

单击"变换背景颜色"按钮，即可改变页面的背景颜色，如图 13-6 所示背景的颜色为红色。

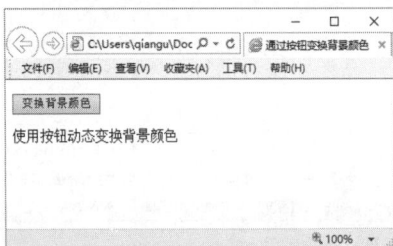

图 13-5　程序运行结果 3

图 13-6　背景的颜色为红色

提示：鼠标事件一般应用于 button 对象、checkBox 对象、image 对象、link 对象、radio 对象、reset 对
象和 submit 对象，其中，button 对象一般只会用到 onclick 事件处理程序，因为该对象不能从用户那里得到
任何信息，如果没有 onclick 事件处理程序，按钮对象将不会有任何作用。

2. 鼠标按下与松开事件

鼠标的按下事件为 onmousedown 事件。在 onmousedown 事件中，用户把鼠标放在对象上，按下鼠标键
时触发。例如在应用中，有时需要获取在某个 div 元素上鼠标按下时的鼠标位置（*X*、*Y* 坐标）并设置鼠标
的样式为"手形"。

鼠标的松开事件为 onmouseup 事件。在 onmouseup 事件中，用户把松鼠标放在对象上，鼠标键被按下
的情况下，放开鼠标键时触发。如果接收鼠标键按下事件的对象与鼠标键松开时的对象不是同一个对象，那
么 onmouseup 事件不会触发。onmousedown 事件与 onmouseup 事件有先后顺序，在同一个对象上前者在先，
后者在后。onmouseup 事件通常与 onmousedown 事件共同使用来控制同一对象的状态改变。

【例 13-4】（实例文件：ch13\Chap13.4.html）按下鼠标改变超链接文本颜色。

```
<!DOCTYPE html>
<html>
<head>
<title>改变超链接文本颜色 </title>
<script>
function myFunction(elmnt,clr){
    elmnt.style.color=clr;
```

```
    }
    </script>
    </head>
    <body>
    <p onmousedown="myFunction(this,'red')" onmouseup="myFunction(this,'green')">
    <u> 按下鼠标改变超链接文本颜色 </u>
    </p>
    </body>
    </html>
```

相关的代码示例请参考 Chap13.4.html 文件，然后双击该文件，在 IE 浏览器里面运行的结果如图 13-7 所示。

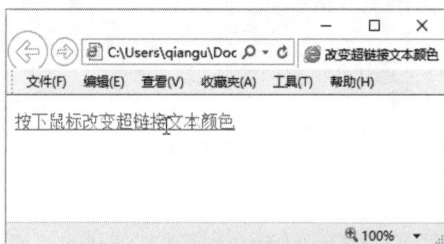

图 13-7　程序运行结果 4

单击网页中的文本即可改变文本的颜色，这里文本的颜色变为红色，结果如图 13-8 所示。

松开鼠标后，文本的颜色将变成绿色，如图 13-9 所示。

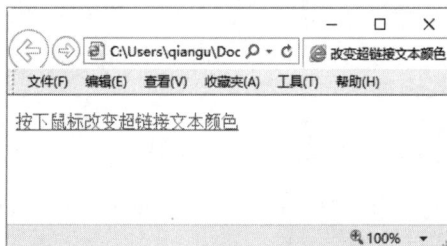

图 13-8　文本的颜色变为红色　　　　　　　　图 13-9　文本的颜色将变成绿色

2. 鼠标移入与移出事件

鼠标移入事件为 onmouseover 事件。onmouseover 事件在鼠标进入对象范围（移到对象上方）时触发。具体示例代码如下：

```
<td onmouseover="modStyle(this)" onmouseout="recoverStyle(this)">
```

当鼠标进入单元格时，触发 onmouseover 事件，调用名称为 omdStyle() 的事件处理函数，完成对单元格样式的更改。onmouseover 事件可以应用在所有的 HTML 页面元素中，例如，鼠标经过文字上方时，显示效果为"鼠标曾经过上面。"，鼠标离开后，显示效果为"鼠标没有经过上面。"。其实现方法如下：

```
<font size="20" color="#FF0000"
    onmouseover="this.color='#000000';this.innerText=' 鼠标曾经过上面。'">
    鼠标没有经过上面
</font>
```

鼠标移出事件为 onmouseout 事件。onmouseout 事件在鼠标离开对象时触发。onmouseout 事件通常与 onmouseover 事件共同使用来改变对象的状态。

例如，当鼠标移到一段文字上方时，文字颜色显示为红色，当鼠标离开文字时，文字恢复原来的黑色，其实现代码如下：

```
<font onmouseover ="this.style.color='red'" onmouseout="this.style.color="black"">文字颜色改变 </font>
```

【例 13-5】（实例文件：ch13\Chap13.5.html）鼠标移动时改变图片大小。

```
<!DOCTYPE html>
<html>
<head>
<title>改变图片大小 </title>
<script>
function bigImg(x){
    x.style.height="64px";
    x.style.width="64px";
}
function normalImg(x){
    x.style.height="32px";
    x.style.width="32px";
}
</script>
</head>
<body>
<img onmouseover="bigImg(this)" onmouseout="normalImg(this)" border="0" src="smiley.gif"
alt="Smiley" width="32" height="32">
</body>
</html>
```

相关的代码示例请参考 Chap13.5.html 文件，然后双击该文件，在 IE 浏览器里面运行的结果如图 13-10
所示。

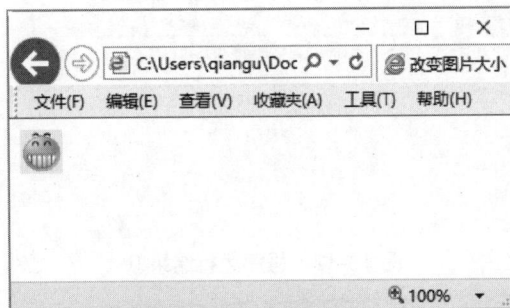

图 13-10　程序运行结果 5

将鼠标移动到笑脸图片上，即可将笑脸图片变大显示，如图 13-11 所示。

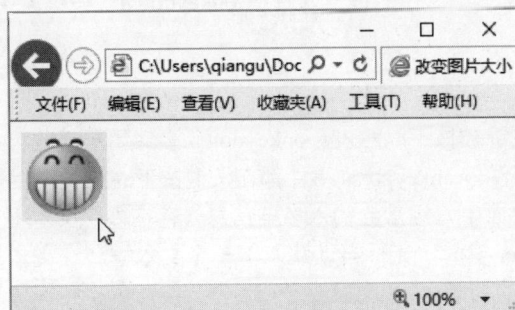

图 13-11　笑脸图片变大显示

3. 鼠标移动事件

鼠标移动事件（onmousemove）是鼠标在页面上进行移动时触发事件处理程序，下面给出一个实例，在状态栏中显示鼠标在页面中的当前位置，该位置使用坐标进行表示。

【例 13-6】（实例文件：ch13\Chap13.6.html）显示鼠标在页面中的位置。

```
<!DOCTYPE html>
<html>
<head>
<title>显示鼠标在页面中的当前位置</title>
</head>
<body>
<script language="JavaScript">
var x=0,y=0;
function MousePlace()
{
    x=window.event.x;
    y=window.event.y;
    window.status="X: "+x+"  "+"Y: "+y;
}
document.onmousemove=MousePlace;
</script>
在状态栏中显示了鼠标在页面中的当前位置。
</body>
</html>
```

相关的代码示例请参考 Chap13.6.html 文件，然后双击该文件，在 IE 浏览器里面运行的结果如图 13-12 所示。移动鼠标，可以看到状态栏中鼠标的坐标数值也发生了变化。

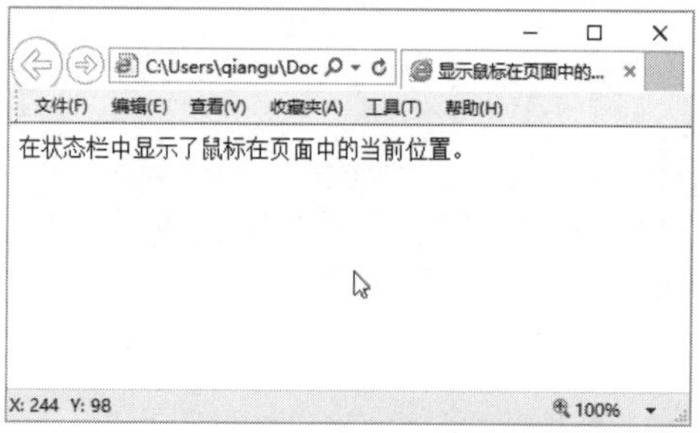

图 13-12 程序运行结果 6

13.3.2 键盘相关事件

键盘事件是指键盘状态的改变，常用的键盘事件有 onkeydown（按键）事件、onkeypress（按下键）事件和 onkeyup（松开键）事件。

1. onkeydown 事件

onkeydown 事件在键盘的按键被按下时触发。onkeydown 事件用于接收键盘的所有按键（包括功能键）被按下时的事件。onkeydown 事件与 onkeypress 事件都在按键按下时触发，但是两者是有区别的。

例如，在用户输入信息的界面中，经常会输入多条信息（存在多个文本框）的情况出现。为方便用户使用，通常情况下，当用户按 Enter 键时，光标自动跳入下一个文本框。在文本框中使用如下所示代码，即可实现按 Enter 键跳入下一文本框的功能。

```
<input type="text" name="txtInfo" onkeydown="if(event.keyCode==13) event.keyCode=9">
```

【例 13-7】（实例文件：ch13\Chap13.7.html）onkeydown 事件应用示例。

```
<!DOCTYPE html>
<html>
<head>
<title>onkeydown 事件应用示例</title>
<script>
function myFunction(){
    alert(" 你在文本框内按下一个键 ");
}
</script>
</head>
<body>
<p> 当你在文本框内按下一个按键时，弹出一个信息提示框 </p>
<input type="text" onkeydown="myFunction()">
</body>
</html>
```

相关的代码示例请参考 Chap13.7.html 文件，然后双击该文件，在 IE 浏览器里面运行的结果如图 13-13 所示。

图 13-13　程序运行结果 7

将鼠标定位在页面中的文本框内，按下键盘上的空格键，将弹出一个信息提示框，如图 13-14 所示。

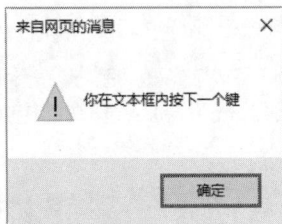

图 13-14　信息提示框 1

2. onkeypress 事件

onkeypress 事件在键盘的按键被按下时触发。onkeypress 事件与 onkeydown 事件两者有先后顺序，onkeypress 事件是在 onkeydown 事件之后发生的。此外，当按下键盘上的任何一个键时，都会触发 onkeydown 事件；但是 onkeypress 事件只在按下键盘的任一字符键（如 A ～ Z、数字键）时触发，但单独按下功能键（F1 ～ F12）、Ctrl 键、Shift 键、Alt 键等，不会触发 onkeypress 事件。

【例 13-8】（实例文件：ch13\Chap13.8.html）onkeypress 事件应用示例。

```
<!DOCTYPE html>
<html>
<head>
<title>onkeypress 事件应用示例</title>
```

```
<script>
function myFunction(){
    alert(" 你在文本框内按下一个键 ");
}
</script>
</head>
<body>
<p> 当你在文本框内按下一个按键时，弹出一个信息提示框 </p>
<input type="text" onkeypress="myFunction()">
</body>
</html>
```

相关的代码示例请参考 Chap13.8.html 文件，然后双击该文件，在 IE 浏览器里面运行的结果如图 13-15 所示。

将鼠标定位在页面中的文本框内，按下键盘上的任意字符键，这里按下 A 键，将弹出一个信息提示框，如图 13-16 所示。如果单独按下功能键，将不会弹出信息提示框。

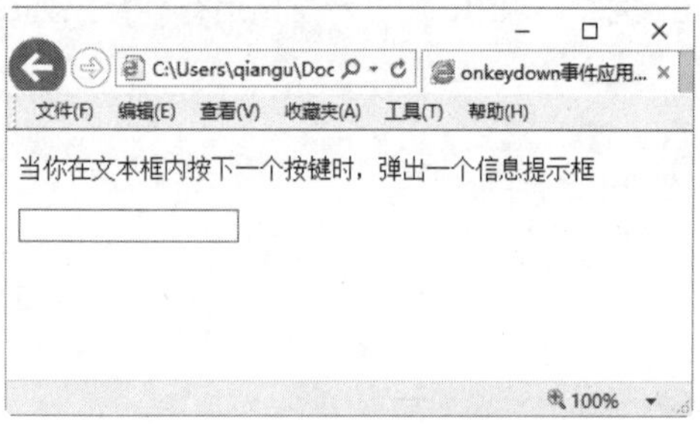

图 13-15　程序运行结果 8 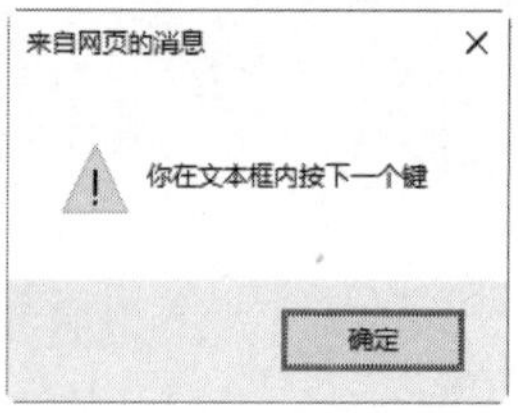　　　　　　　图 13-16　信息提示框 2

3. onkeyup 事件

onkeyup 事件中键盘的按键被按下然后松开时触发。例如，当页面中要求用户输入数字信息时，使用 onkeyup 事件，对用户输入的信息进行判断，具体代码为：

```
<input type="text" name="txtNum" onkeyup="if(isNaN(value))execCommand ('undo');">。
```

【例 13-9】（实例文件：ch13\Chap13.9.html）onkeyup 事件应用示例。

```
<!DOCTYPE html>
<html>
<head>
<title>onkeyup 事件应用示例 </title>
<script>
function myFunction(){
    var x=document.getElementById("fname");
    x.value=x.value.toUpperCase();
}
</script>
</head>
<body>
<p> 当用户在输入字段释放一个按键时触发函数，该函数将字符转换为大写。</p>
请输入你的英文名字：<input type="text" id="fname" onkeyup="myFunction()">
</body>
</html>
```

相关的代码示例请参考 Chap13.9.html 文件，然后双击该文件，在 IE 浏览器里面运行的结果如图 13-17 所示。

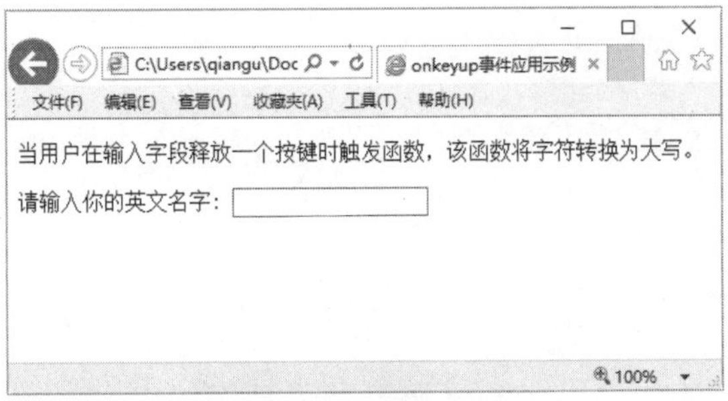

图 13-17　程序运行结果 9

将鼠标定位在页面中的文本框内，输入英文名字，这里输入 TOM，然后按下空格键，即可将小写英文名字修改为大写，结果如图 13-18 所示。

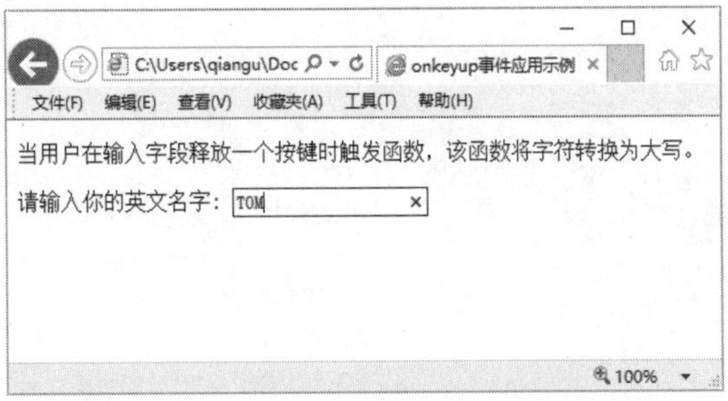

图 13-18　将小写英文名字修改为大写

为了让读者更好地使用键盘事件对网页的操作进行控制，下面给出一个综合示例，即限制网页文本框的输入。

【例 13-10】（实例文件：ch13\Chap13.10.html）限制文本框的输入。

```
<!DOCTYPE html>
<html>
<head>
<title> 限制文本框的输入 </title>
</head>
<body>
<table width="650" height="34"  border="0" align="center" cellpadding="0" cellspacing="0"
background="top_03.jpg" bgcolor="#B3CAEE">
    <tr class="font_white">
     <td height="22" align="center"><span class="style1">======  用户注册信息    ======
</span></td>
    </tr></table>
                <td width="436" valign="top"><br>
                  <br>
                <table width="90%"  border="0" align="center" cellpadding="-2" cellspacing="-2">
                  <tr>
                    <td><form name="form1">
                      <table width="100%"  border="0" align="center" cellspacing="-2"
                      cellpadding="-2">
                      <tr>
                       <td width="18%" height="30" align="center"> 用户名：</td>
                                <td width="82%"><input name="UserName" type="text"
                                id="UserName4" maxlength="20">
                          </td>
                      </tr>
                      <tr>
                       <td height="28" align="center"> 真实姓名：</td>
```

```
                    <td height="28"><input name="TrueName" type="text" id="TrueName4"
                    maxlength="10" onkeydown="Clavier(1)">
                        </td>
                  </tr>
                  <tr>
                    <td height="28" align="center"> 年 龄: </td>
                     <td><input name="Age" type="text" id="Age" onkeydown="Clavier(0)"></
                    td>
                  </tr>
                  <tr>
                    <td height="28" align="center"> 证件号码: </td>
                    <td class="word_grey"><input name="pcard" type="text" id="Tel"
                    onkeydown="Clavier(0)">  </td>
                  </tr>
                  <tr>
                    <td height="28" align="center"> 联系电话: </td>
                    <td><input name="tel" type="text" id="Tel"></td>
                  </tr>
                  <tr>
                    <td height="28" align="center" style="padding-left:10px">Email: </td>
                        <td class="word_grey"><input name="Email" type="text"
                        id="PWD224" size="35">
                      </td>
                  </tr>
                  <tr>
                    <td height="28" align="center"> 个人主页: </td>
                        <td class="word_grey"><input name="homepage" type="text"
                        id="homepage" size="35"></td>
                  </tr>
                  <tr>
                    <td height="34"> </td>
                        <td class="word_grey"><input name="Button" type="button"
                    class="btn_grey" value=" 确定保存 ">
                            <input name="Submit2" type="reset" class="btn_grey"
                            value=" 重新填写 "></td>
                  </tr>
                </table>
              </form>
<script language="JavaScript">
var T=true;
function Clavier(n)
{
    var k=window.event.keyCode;
    if (n==1)
    {
        if (k>=65 && k<=90)
            T=true;
        else
            T=false;
    }
    else if (n==0)
    {
        if ((k>=48 && k<=57)||(k>=96 && k<=105))
        {
            T=true;
            if (k&&window.event.shiftKey)
                    T=false;
        }
        else
            T=false;
    }
    if ((k==37)||(k==39)||(k==8)||(k==46))
        T=true;
    if (T==false)
```

```
        return window.event.returnValue=T;
}
</script>
</body>
</html>
```

相关的代码示例请参考 Chap13.10.html 文件，然后双击该文件，在 IE 浏览器里面运行的结果如图 13-19 所示。

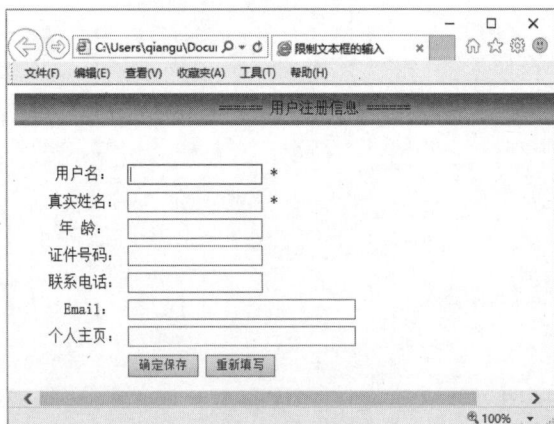

图 13-19　程序运行结果 10

根据提示，可以在用户注册信息页面输入注册信息，并可以在文本框中使用键盘来移动或删除注册信息，如图 13-20 所示。

图 13-20　使用键盘来移动或删除注册信息

13.3.3　表单相关事件

表单事件实际上就是对元素获得或失去焦点的动作进行控制，可以利用表单事件来改变获得或失去焦点的元素样式，这里的元素可以是同一类型，也可以是多种不同的类型元素。

1. 获得焦点与失去焦点事件

onfocus（获得焦点）事件是当某个元素获得焦点时触发事件处理程序，onblur（失去焦点）事件是当前元素失去焦点时触发事件处理程序。一般情况下，onfocus 事件与 onblur 事件结合使用，例如可以结合使用

onfocus 事件与 onblur 事件控制文本框中获得焦点时改变样式，失去焦点时恢复原来样式。

下面给出一个实例，设置文本框的背景颜色。本实例是用户在选择页面的文本框时，文本框的背景颜色发生变化，如果选择其他文本框时，原来选择的文本框的颜色恢复为原始状态。

【例 13-11】（实例文件：ch13\Chap13.11.html）设置文本框的背景颜色。

```html
<!DOCTYPE html>
<html>
<head>
<title>设置文本框的背景颜色</title>
</head>
<script language="JavaScript">
function txtfocus(event){
        var e=window.event;
        var obj=e.srcElement;
        obj.style.background="#F00066";
}
function txtblur(event){
var e=window.event;
var obj=e.srcElement;
 obj.style.background="FFFFF0";
}
</script>
<body>
<table align="center" width="360" height="228" border="0">
  <tr>
    <td width="188">登录名:</td>
    <td width="226"><form name="form1" method="post" action="">
      <input type="text" name="textfield" onfocus="txtfocus()" onblur="txtblur()">
    </form></td>
  </tr>
  <tr>
    <td>密码:</td>
    <td><form name="form2" method="post" action="">
      <input type="text" name="textfield2" onfocus="txtfocus()" onblur="txtblur()">
    </form></td>
  </tr>
  <tr>
    <td>姓名:</td>
    <td><form name="form3" method="post" action="">
      <input type="text" name="textfield3" onfocus="txtfocus()" onblur="txtblur()">
    </form></td>
  </tr>
  <tr>
    <td>性别:</td>
    <td><form name="form4" method="post" action="">
      <input type="text" name="textfield5" onfocus="txtfocus()" onblur="txtblur()">
    </form></td>
  </tr>
  <tr>
    <td>联系方式：</td>
    <td><form name="form5" method="post" action="">
      <input type="text" name="textfield4" onfocus="txtfocus()" onblur="txtblur()">
    </form></td>
  </tr>
</table>
</body>
</html>
```

相关的代码示例请参考 Chap13.11.html 文件，然后双击该文件，在 IE 浏览器里面运行的结果如图 13-21 所示。

图 13-21　程序运行结果 11

选择文本框输入内容时，即可发现文本框的背景色发生了变化，本实例主要是通过获得焦点事件（onfocus）和失去焦点事件（onblur）来完成。其中 onfocus 事件是当某个元素获得焦点时发生的事件；onblur 事件是当前元素失去焦点时发生的事件，如图 13-22 所示。

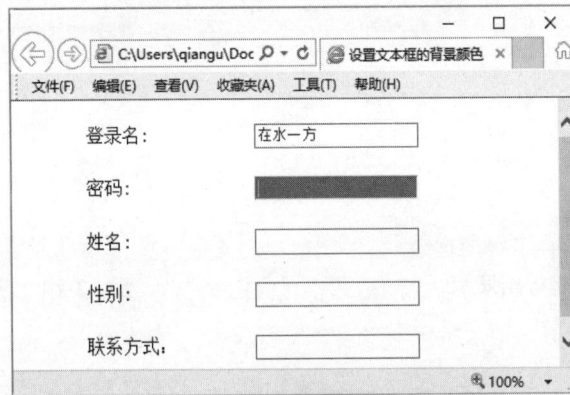

图 13-22　文本框的背景色发生了变化

2. 失去焦点修改事件

onchange（失去焦点修改）事件只在事件对象的值发生改变并且事件对象失去焦点时触发。该事件一般应用在下拉文本框中。

【例 13-12】（实例文件：ch13\Chap13.12.html）使用下拉列表框改变字体颜色。

```
<!DOCTYPE html>
<html>
<head>
<title>用下拉列表框改变字体颜色</title>
</head>
<body>
<form name="form1" method="post" action="">
  <input name="textfield" type="text" value="请选择字体颜色">
  <select name="menu1" onChange="Fcolor()">
    <option value="black">黑</option>
    <option value="yellow">黄</option>
    <option value="blue">蓝</option>
```

```
      <option value="green"> 绿 </option>
      <option value="red"> 红 </option>
      <option value="purple"> 紫 </option>
   </select>
</form>
<script language="JavaScript">
function Fcolor()
{
   var e=window.event;
   var obj=e.srcElement;
   form1.textfield.style.color=obj.options[obj.selectedIndex].value;
}
</script>
</body>
</html>
```

相关的代码示例请参考 Chap13.12.html 文件，然后双击该文件，在 IE 浏览器里面运行的结果如图 13-23 所示。

单击颜色"黑"右侧的下拉按钮，在弹出的下拉列表中选择文本的颜色，如图 13-24 所示。

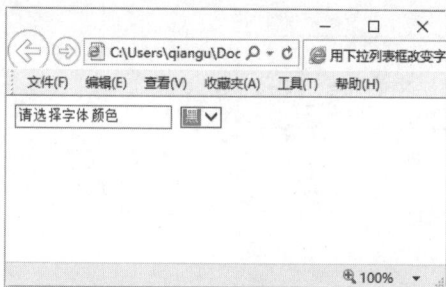

图 13-23　程序运行结果 12

图 13-24　选择文本的颜色

3. 表单提交与重置事件

onsubmit（表单提交）事件在表单提交时触发，该事件可以用来验证表单输入项的正确性；onreset（表单重置）事件在表单被重置后触发，一般用于清空表单中的文本框。

【例 13-13】（实例文件：ch13\Chap13.13.html）表单提交的验证。

```
<!DOCTYPE html>
<html>
<head>
<title> 表单提交的验证 </title>
</head>
<body style="font-size:12px">
<table width="486" height="333" border="0" align="center" cellpadding="0" cellspacing="0">
   <tr>
     <td align="center" valign="top"><br>
        <br>
        <br>
        <br>   <br>  <table width="86%" border="0" align="center" cellpadding="2" cellspacing=
"1" bgcolor="#6699CC">
        <form name="form1" onReset="return AllReset()" onsubmit="return AllSubmit()">
          <tr bgcolor="#FFFFFF">
            <td height="22" align="right"> 所属类别:</td>
            <td height="22" align="left">
             <select name="txt1" id="txt1">
```

```
                <option value=" 蔬菜水果 "> 蔬菜水果 </option>
                <option value=" 干果礼盒 "> 干果礼盒 </option>
                <option value=" 礼品工艺 "> 礼品工艺 </option>
                </select>
                  <select name="txt2" id="txt2">
                    <option value=" 西红柿 "> 西红柿 </option>
                    <option value=" 红富士 "> 红富士 </option>
                  </select></td>
            </tr>
            <tr bgcolor="#FFFFFF">
              <td height="22" align="right"> 商品名称:</td>
                <td height="22" align="left"><input name="txt3" type="text" id="txt3" size="30"
maxlength="50"></td>
              </tr>
            <tr bgcolor="#FFFFFF">
              <td height="22" align="right"> 会员价:</td>
                <td height="22" align="left"><input name="txt4" type="text" id="txt4" size="10"></td>
              </tr>
            <tr bgcolor="#FFFFFF">
              <td height="22" align="right"> 提供厂商:</td>
                <td height="22" align="left"><input name="txt5" type="text" id="txt5" size="30"
maxlength="50"></td>
              </tr>
            <tr bgcolor="#FFFFFF">
              <td height="22" align="right"> 商品简介:</td>
                <td height="22" align="left"><textarea name="txt6" cols="35" rows="4" id="txt6"></
textarea></td>
              </tr>
            <tr bgcolor="#FFFFFF">
              <td height="22" align="right"> 商品数量:</td>
                <td height="22" align="left"><input name="txt7" type="text" id="txt7" size="10"></td>
              </tr>
            <tr bgcolor="#FFFFFF">
                  <td height="22" colspan="2" align="center"><input name="sub" type="submit"
id="sub2" value=" 提交 ">
     
              <input type="reset" name="Submit2" value=" 重 置 ">            </td>
              </tr>
          </form>
        </table></td>
    </tr>
</table>
<script language="JavaScript">
function AllReset()
{
    if (window.confirm(" 是否进行重置? "))
        return true;
    else
        return false;
}
function AllSubmit()
{
    var T=true;
    var e=window.event;
    var obj=e.srcElement;
    for (var i=1;i<=7;i++)
    {
        if (eval("obj."+"txt"+i).value=="")
```

```
        {
            T=false;
            break;
        }
    }
    if (!T)
    {
        alert(" 提交信息不允许为空 ");
    }
    return T;
}
</script>
</body>
</html>
```

相关的代码示例请参考 Chap13.13.html 文件，然后双击该文件，在 IE 浏览器里面运行的结果如图 13-25 所示。

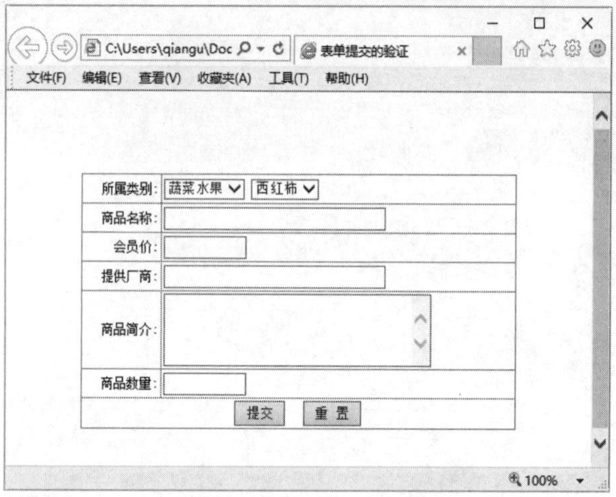

图 13-25　程序运行结果 13

在 "商品名称" 文本框中输入名称，然后单击 "提交" 按钮，将会弹出一个信息提示框，提示用户提交的信息不允许为空，结果如图 13-26 所示。

图 13-26　信息提示框 3

　　如果信息输入有误，单击"重置"按钮，将弹出一个信息提示框，提示用户是否进行重置，结果如图 13-27 所示。

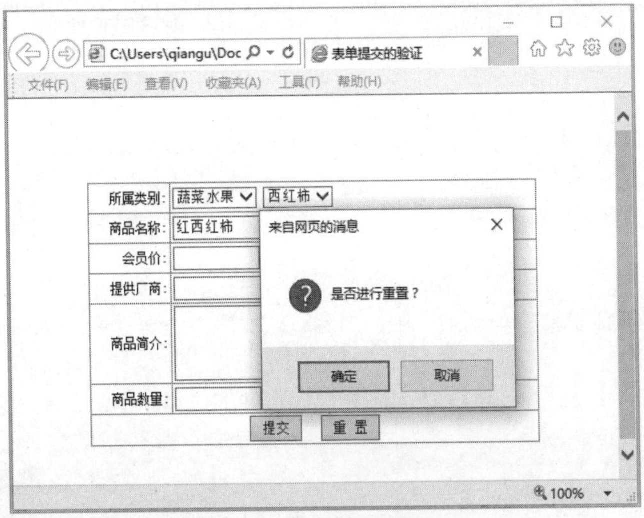

图 13-27　重置信息提示框

13.3.4　文本编辑事件

　　文本编辑事件是在浏览器中的内容被修改时所执行的相关事件，它主要是对浏览器中被选择的内容进行复制、剪切、粘贴时的触发事件。

1. 复制事件

　　复制事件（oncopy）是在浏览器中复制被选中的部分或全部内容时触发事件处理程序，oncopy 事件在用户复制元素上的内容时触发。

　　【例 13-14】（实例文件：ch13\Chap13.14.html）复制事件的应用示例。

```
<!DOCTYPE html>
<html>
<head>
<title>oncopy 事件应用示例</title>
</head>
<body>
<p oncopy="myFunction()">oncopy 复制事件的应用</p>
<script>
function myFunction() {
    alert("你复制了文本！");
}
</script>
</body>
</html>
```

　　相关的代码示例请参考 Chap13.14.html 文件，然后双击该文件，在 IE 浏览器里面运行的结果如图 13-28 所示。

　　选中网页中的文本进行复制，即可弹出一个信息提示框，提示用户复制了文本内容，如图 13-29 所示。

图 13-28　程序运行结果 14

图 13-29　信息提示框 4

2. 剪切事件

剪切事件（oncut）是在浏览器中剪切被选中的内容时触发事件处理程序，oncut 事件在用户剪切元素的内容时触发。

【例 13-15】（实例文件：ch13\Chap13.15.html）剪切事件的应用示例。

```
<!DOCTYPE html>
<html>
<head>
<title>oncut 事件应用示例</title>
</head>
<body>
<p contenteditable="true" oncut="myFunction()">oncut 剪切事件的应用</p>
<script>
function myFunction() {
    alert("你剪切了文本！");
}
</script>
</body>
</html>
```

相关的代码示例请参考 Chap13.15.html 文件，然后双击该文件，在 IE 浏览器里面运行的结果如图 13-30 所示。

选中网页中的文本进行剪切，即可弹出一个信息提示框，提示用户剪切了文本内容，如图 13-31 所示。

图 13-30　程序运行结果 15

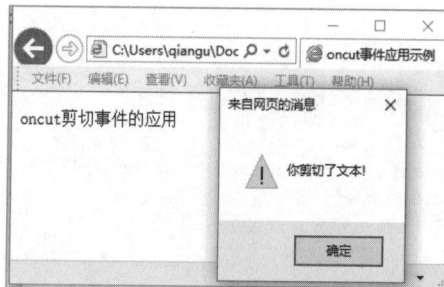

图 13-31　信息提示框 5

3. 粘贴事件

粘贴事件（onpaste）在用户向元素中粘贴文本时触发。

【例 13-16】（实例文件：ch13\Chap13.16.html）粘贴事件的应用示例。

```
<!DOCTYPE html>
<html>
```

```
<head>
<title>onpaste 事件应用示例 </title>
</head>
<body>
<input type="text" onpaste="myFunction()" value=" 尝试在此处粘贴文本 " size="40">
<p id="demo"></p>
<script>
function myFunction() {
    document.getElementById("demo").innerHTML = " 你粘贴了文本！";
}
</script>
</body>
</html>
```

相关的代码示例请参考 Chap13.16.html 文件，然后双击该文件，在 IE 浏览器里面运行的结果如图 13-32 所示。

将光标定位在网页中的文本框，然后粘贴文本内容到文本框中，这时会在文本框的下方显示你粘贴了文本信息，如图 13-33 所示。

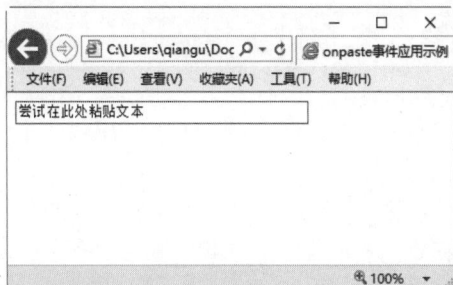

图 13-32　程序运行结果 16

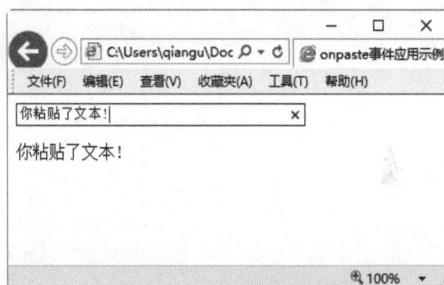

图 13-33　粘贴了文本信息

4. 选择事件

选择事件（onselect）是当文本内容被选择时触发事件处理程序，当使用本事件时，只能在相应的文本中选择一个字符或是一个汉字后触发本事件，并不是用鼠标选择文本后，松开鼠标时触发。

【例 13-17】（实例文件：ch13\Chap13.17.html）显示选择的文本。

```
<!DOCTYPE html>
<html>
<head>
<title> 显示选择的文本 </title>
<script>
function myFunction(){
    alert(" 你选中了一些文本 ");
}
</script>
</head>
<body>
一些文本： <input type="text" value="Hello JavaScript!" onselect="myFunction()">
</body>
</html>
```

相关的代码示例请参考 Chap13.17.html 文件，然后双击该文件，在 IE 浏览器里面运行的结果如图 13-34 所示。

图 13-34　程序运行结果 17

在网页文本框中选择需要的文本，这时会弹出一个信息提示框，提示用户选中了一些文本内容，如图13-35 所示。

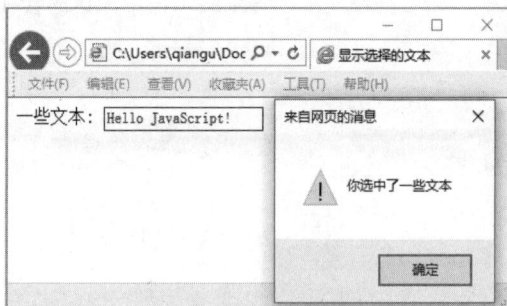

图 13-35　信息提示框 6

13.3.5　页面相关事件

页面事件是在页面加载或改变浏览器大小、位置，以及对页面中的滚动条进行操作时，所触发的事件处理程序。

1. 页面加载事件

页面加载事件（onload）会在页面或图像加载完成后触发相应的事件处理程序，具体来讲，使用 onload 事件可以在页面加载完成后对网页中的表格样式、字体、背景颜色等进行设置。

【例 13-18】（实例文件：ch13\Chap13.18.html）网页加载时缩小图片。

```html
<!DOCTYPE html>
<html>
<head>
<title>网页加载时缩小图片</title>
</head>
<body onunload="pclose()">
<img src="01.jpg" name="img1" onload="blowup(this)" onmouseout="blowup()"
onmouseover="reduce()">
<script language="JavaScript">
var h=img1.height;
var w=img1.width;
function blowup()
{
    if (img1.height>=h)
    {
```

```
        img1.height=h-100;
        img1.width=w-100;
    }
}
function reduce()
{
    if (img1.height<h)
    {
        img1.height=h;
        img1.width=w;
    }
}
</script>
</body>
</html>
```

相关的代码示例请参考 Chap13.18.html 文件，然后双击该文件，在 IE 浏览器里面运行的结果如图 13-36 所示，图片以缩小方式显示。

图 13-36　程序运行结果 18

移动鼠标到图片上，图片以原始大小显示，如图 13-37 所示。

图 13-37　图片以原始大小显示

2. 页面大小事件

页面大小事件（onresize）是页面大小事件，该事件是用户改变浏览器的大小时触发的事件处理程序，主要用于固定浏览器的窗口大小。

【例 13-19】（实例文件：ch13\Chap13.19.html）固定浏览器窗口的大小。

```html
<!DOCTYPE html>
<html>
<head>
<title> 固定浏览器的大小 </title>
</head>
<body>
<center><img src="01.jpg" width="544" height="327"></center>
<script language="JavaScript">
function fastness(){
    window.resizeTo(600,450);
}
document.body.onresize=fastness;
document.body.onload=fastness;
</script>
</body>
</html>
```

相关的代码示例请参考 Chap13.19.html 文件，然后双击该文件，在 IE 浏览器里面运行的结果如图 13-38 所示，浏览器窗口以固定大小方式显示。

3. 页面关闭事件

页面关闭事件（onbeforeunload）在即将离开当前页面（刷新或关闭）时触发。该事件可用于弹出对话框，提示用户是继续浏览页面还是离开当前页面。对话框默认的提示信息根据不同的浏览器会有所不同，标准的信息如"确定要离开此页吗？"，该信息不能删除，但用户可以自定义一些消息提示与标准信息一起显示在对话框。

图 13-38　程序运行结果 19

【例 13-20】（实例文件：ch13\Chap13.20.html）关闭页面弹出提示框。

```html
<!DOCTYPE html>
<html>
```

```
<head>
<title> 关闭页面弹出提示框 </title>
</head>
<body onbeforeunload="return myFunction()">
<p> 关闭当前窗口，触发 onbeforeunload 事件。</p>
<script>
function myFunction() {
    return " 我在这写点东西 ...";
}
</script>
</body>
</html>
```

相关的代码示例请参考 Chap13.20.html 文件，然后双击该文件，在 IE 浏览器里面运行的结果如图 13-39 所示。

图 13-39　程序运行结果 20

关闭当前窗口，弹出一个信息提示框，如图 13-40 所示。

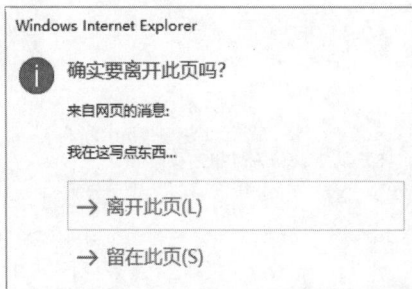

图 13-40　信息提示框 7

13.3.6　拖动相关事件

JavaScript 为用户提供的拖动事件有两类：一类是拖动对象事件；另一类是放置目标事件。

1. 拖动对象事件

拖动对象事件包括 ondragstart 事件、ondrag 事件、ondragend 事件。
- ondragstart 事件：用户开始拖动元素时触发。
- ondrag 事件：元素正在被拖动时触发。
- ondragend 事件：用户完成元素拖动后触发。

注意：在对对象进行拖动时，一般都要使用 ondragend 事件，用来结束对象的拖动操作。

2. 放置目标事件

放置目标事件包括 ondragenter 事件、ondragover 事件、ondragleave 事件和 ondrop 事件。

- ondragenter 事件：当被鼠标拖动的对象进入其容器范围内时触发此事件。
- ondragover 事件：当被拖动的对象在另一对象容器范围内被拖动时触发此事件。
- ondragleave 事件：当被鼠标拖动的对象离开其容器范围内时触发此事件。
- ondrop 事件：在一个拖动过程中，松开鼠标键时触发此事件。

注意：在拖动元素时，每隔 350 毫秒会触发 ondrag 事件。

【例 13-21】（实例文件：ch13\Chap13.21.html）来回拖动文本。

```html
<!DOCTYPE html>
<html>
<head>
<title> 来回拖动文本 </title>
<style>
.droptarget {
    float: left;
    width: 100px;
    height: 35px;
    margin: 15px;
    padding: 10px;
    border: 1px solid #aaaaaa;
}
</style>
</head>
<body>
<p> 在两个矩形框中来回拖动文本:</p>
<div class="droptarget">
    <p draggable="true" id="dragtarget"> 拖动我 !</p>
</div>
<div class="droptarget"></div>
<p style="clear:both;">
<p id="demo"></p>
<script>
/* 拖动时触发 */
document.addEventListener("dragstart", function(event) {
    // dataTransfer.setData() 方法设置数据类型和拖动的数据
    event.dataTransfer.setData("Text", event.target.id);
    // 拖动 p 元素时输出一些文本
    document.getElementById("demo").innerHTML = " 开始拖动文本 ";
    // 修改拖动元素的透明度
    event.target.style.opacity = "0.4";
});
// 在拖动 p 元素的同时 , 改变输出文本的颜色
document.addEventListener("drag", function(event) {
    document.getElementById("demo").style.color = "red";
});
// 当拖完 p 元素输出一些文本元素和重置透明度
document.addEventListener("dragend", function(event) {
    document.getElementById("demo").innerHTML = " 完成文本的拖动 ";
    event.target.style.opacity = "1";
});
/* 拖动完成后触发 */
// 当 p 元素完成拖动进入 droptarget, 改变 div 的边框样式
document.addEventListener("dragenter", function(event) {
    if ( event.target.className == "droptarget" ) {
        event.target.style.border = "3px dotted red";
    }
});
// 默认情况下 , 数据 / 元素不能在其他元素中被拖放。对于 drop 必须防止元素的默认处理
document.addEventListener("dragover", function(event) {
```

```
        event.preventDefault();
});
// 当可拖放的 p 元素离开 droptarget, 重置 div 的边框样式
document.addEventListener("dragleave", function(event) {
    if ( event.target.className == "droptarget" ) {
        event.target.style.border = "";
    }
});
/* 对于 drop, 防止浏览器的默认处理数据（在 drop 中链接是默认打开）
复位输出文本的颜色和 DIV 的边框颜色
利用 dataTransfer.getData() 方法获得拖放数据
拖拖的数据元素 id("drag1")
拖曳元素附加到 drop 元素 */
document.addEventListener("drop", function(event) {
    event.preventDefault();
    if ( event.target.className == "droptarget" ) {
        document.getElementById("demo").style.color = "";
        event.target.style.border = "";
        var data = event.dataTransfer.getData("Text");
        event.target.appendChild(document.getElementById(data));
    }
});
</script>
</body>
</html>
```

相关的代码示例请参考Chap13.21.html文件，然后双击该文件，在IE浏览器里面运行的结果如图13-41所示。

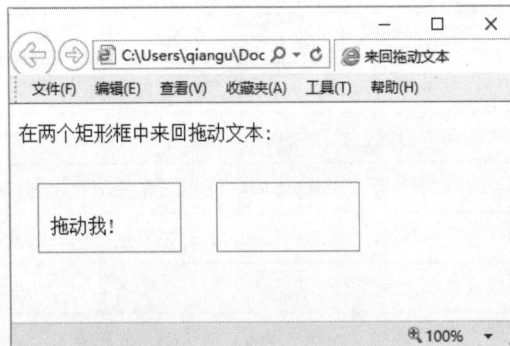

图 13-41　程序运行结果 21

选中第一个矩形框中的文本，按下鼠标左键不放进行拖动，这时会在页面中显示"开始拖动文本"的信息提示，结果如图 13-42 所示。

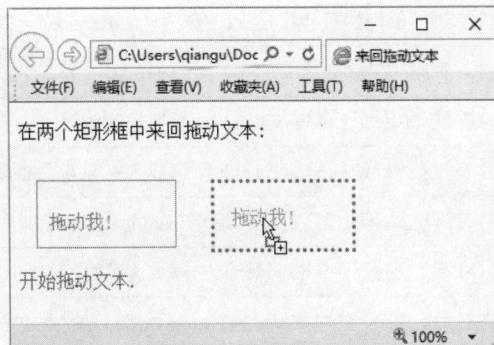

图 13-42　显示"开始拖动文本"的信息提示

315

拖动完成后，松开鼠标左键，页面中提示信息为"完成文本的拖动"，如图 13-43 所示。

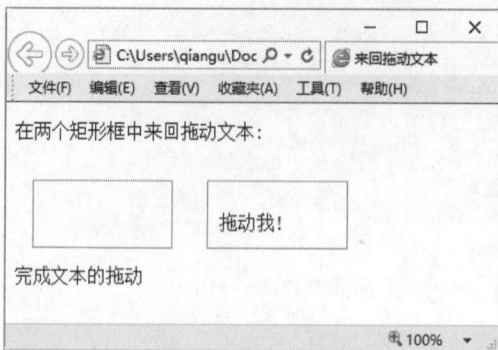

图 13-43　提示信息为"完成文本的拖动"

13.3.7　多媒体相关事件

JavaScript 多媒体事件主要是在视频/音频（audio/video）播放的过程中触发事件程序，如在视频/音频（audio/video）终止加载时触发、在开始播放时触发等，JavaScript 的多媒体事件如表 13-2 所示。

表 13-2　JavaScript 的多媒体（media）事件

事　　件	描　　述
onabort	事件在视频/音频（audio/video）终止加载时触发
oncanplay	事件在用户可以开始播放视频/音频（audio/video）时触发
oncanplaythrough	事件在视频/音频（audio/video）可以正常播放且无须停顿和缓冲时触发
ondurationchange	事件在视频/音频（audio/video）的时长发生变化时触发
onemptied	当期播放列表为空时触发
onended	事件在视频/音频（audio/video）播放结束时触发
onerror	事件在视频/音频（audio/video）数据加载期间发生错误时触发
onloadeddata	事件在浏览器加载视频/音频（audio/video）当前帧时触发
onloadedmetadata	事件在指定视频/音频（audio/video）的元数据加载后触发
onloadstart	事件在浏览器开始寻找指定视频/音频（audio/video）时触发
onpause	事件在视频/音频（audio/video）暂停时触发
onplay	事件在视频/音频（audio/video）开始播放时触发
onplaying	事件在视频/音频（audio/video）暂停或者在缓冲后准备重新开始播放时触发
onprogress	事件在浏览器下载指定的视频/音频（audio/video）时触发
onratechange	事件在视频/音频（audio/video）的播放速度发生改变时触发
onseeked	事件在用户重新定位视频/音频（audio/video）的播放位置后触发
onseeking	事件在用户开始重新定位视频/音频（audio/video）时触发

事　件	描　述
onstalled	事件在浏览器获取媒体数据，但媒体数据不可用时触发
onsuspend	事件在浏览器读取媒体数据中止时触发
ontimeupdate	事件在当前的播放位置发生改变时触发
onvolumechange	事件在音量发生改变时触发
onwaiting	事件在视频由于要播放下一帧而需要缓冲时触发

13.4　JavaScript 处理事件的方式

JavaScript 处理事件的常用方式包括通过匿名函数、通过显式声明、通过手工触发等，下面分别进行详细介绍。

13.4.1　通过匿名函数处理

匿名函数处理的方式是通过 Function 对象构造匿名函数，并将其方法复制给事件，此时匿名函数就成为该事件的事件处理器。

【例 13-22】（实例文件：ch13\Chap13.22.html）通过匿名函数处理实例。

```
<!DOCTYPE html>
<html>
<head>
<title> 通过匿名函数处理事件 </title>
</head>
<body>
<center>
<br>
<p> 通过匿名函数处理事件 </p>
<form name=MyForm id=MyForm>
    <input type=button name=MyButton id=MyButton value=" 测试 ">
</form>
<script language="JavaScript" type="text/JavaScript">
document.MyForm.MyButton.onclick=new Function()
{
    alert(" 已经单击该按钮 !");
}
</script>
</center>
</body>
</html>
```

在上面的代码中包含一个匿名函数，其具体内容如下：

```
document.MyForm.MyButton.onclick=new Function()
{
    alert(" 已经单击该按钮 !");
}
```

相关的代码示例请参考 Chap13.22.html 文件，然后双击该文件，在 IE 浏览器里面运行的结果如图 13-44 所示。

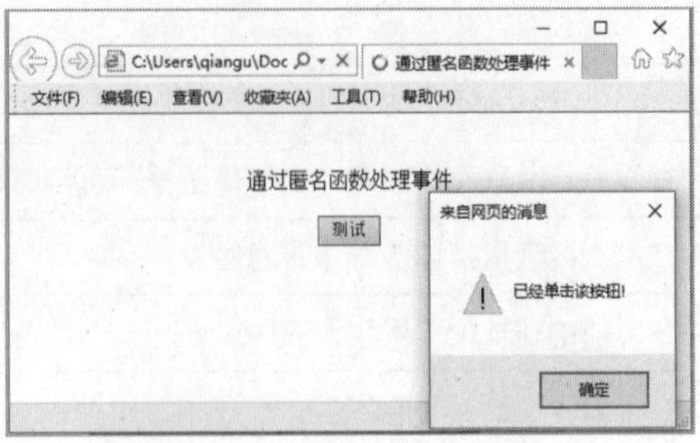

图 13-44　程序运行结果 22

上述代码是将名为 MyButton 的 button 元素的 click 动作的事件处理器设置为新生成的 Function 对象的匿名实例，即匿名函数。

13.4.2　通过显式声明处理

在设置时间处理器时，也可以不使用匿名函数，而将该事件的处理器设置为已经存在的函数。例如，当鼠标移出图片区域时，可以实现图片的转换，从而扩展为多幅图片定式轮番播放的广告模式，首先在 <head> 和 </head> 标签对之间嵌套 JavaScript 脚本定义两个函数：

```
function MyImageA()
{
    document.all.MyPic.src="fengjing1.jpg";
}
function MyImageB()
{
    document.all.MyPic.src="fengjing2.jpg";
}
```

再通过 JavaScript 脚本代码将 <img> 标签元素的 onmouseover 事件的处理器设置为已定义的函数 MyImageA()，onmouseout 事件的处理器设置为已定义的函数 MyImageB()：

```
document.all.MyPic.onmouseover=MyImageA;
document.all.MyPic.onmouseout=MyImageB;
```

【例 13-23】（实例文件：ch13\Chap13.23.html）通过使用鼠标变换图片。

```
<!DOCTYPE html>
<html>
<head>
<title>通过使用鼠标变换图片</title>
<script language="JavaScript" type="text/JavaScript">
function MyImageA()
{
    document.all.MyPic.src="01.jpg";
}
function MyImageB()
{
    document.all.MyPic.src="02.jpg";
}
</script>
</head>
<body>
<center>
<p>在图片内外移动鼠标，图片轮换</p>
<img name="MyPic" id="MyPic" src="01.jpg" width=300 height=200></img>
<script language="JavaScript" type="text/JavaScript">
```

```
document.all.MyPic.onmouseover=MyImageA;
document.all.MyPic.onmouseout=MyImageB;
</script>
</center>
</body>
</html>
```

相关的代码示例请参考 Chap13.23.html 文件，然后双击该文件，在 IE 浏览器里面运行的结果如图 13-45 所示。

当鼠标移动在图片区域时，图片就会发生变化，如图 13-46 所示。

图 13-45　程序运行结果 23

图 13-46　图片发生变化

提示：不难看出，通过显式声明的方式定义事件的处理器则代码紧凑、可读性强，其对显式声明的函数没有任何限制，还可以将该函数作为其他事件的处理器。

13.4.3　通过手工触发处理

手工触发处理事件的元素很简单，即通过其他元素的方法来触发一个事件而不需要通过用户的动作来触发该事件。如果某个对象的事件有其默认的处理器，此时再设置该事件的处理器，将可能出现意外情况。

【例 13-24】（实例文件：ch13\Chap13.24.html）使用手工触发的方式处理事件。

```
<!DOCTYPE HTML >
<html>
<head>
<title> 使用手工触发的方式处理事件 </title>
<script language="JavaScript" type="text/JavaScript">
function MyTest()
{
var msg=" 通过不同的方式返回不同的结果: \n\n";
msg+=" 单击 "测试" 按钮，即可直接提交表单 \n";
msg+=" 单击 "确定" 按钮，即可触发 onsubmit() 方法，然后才提交表单 \n";
    alert(msg);
}
</script>
</head>
<body>
<br>
<center>
<form name=MyForm1 id=MyForm1 onsubmit ="MyTest()" method=post action="haapyt.asp">
  <input type=button value=" 测试 " onclick="document.all.MyForm1.submit();">
  <input type=submit value=" 确定 ">
</center>
</body>
</html>
```

相关的代码示例请参考 Chap13.24.html 文件，然后双击该文件，在 IE 浏览器里面运行的结果如图 13-47 所示。

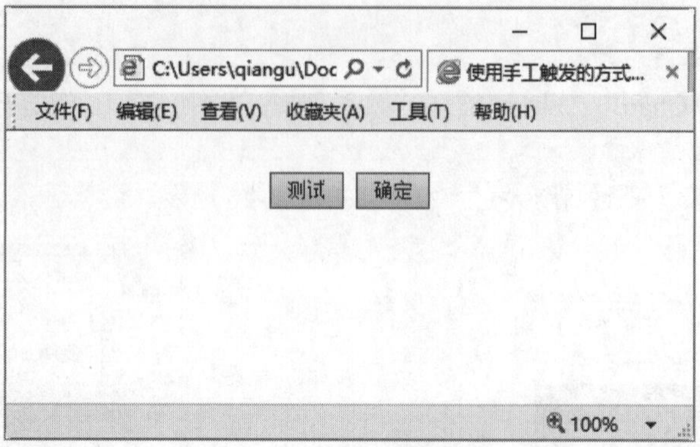

图 13-47　程序运行结果 24

单击"测试"按钮，即可触发表单的提交事件，并且直接将表单提交给目标页面 haapyt.asp；如果单击默认触发提交事件的"确定"按钮，则弹出的信息提示框如图 13-48 所示。

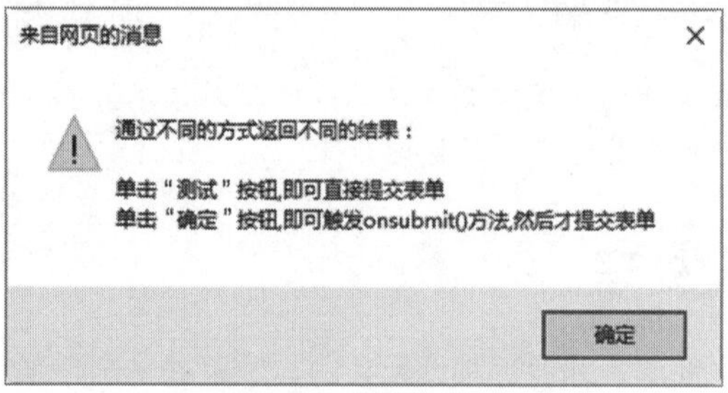

图 13-48　提示信息框 8

此时单击"确定"按钮，即可将表单提交给目标页面 haapyt.asp，所以当事件在事实上已包含导致事件发生的方法时，该方法不会调用有问题的事件处理器，而会导致与该方法对应的行为发生。

13.5　事件对象 Event

JavaScript 的 Event 对象用来描述 JavaScript 的事件。Event 代表事件的状态，如事件发生的元素、键盘状态、鼠标位置和鼠标按钮状态。一旦事件发生，便会生成 Event 对象，如单击一个按钮，浏览器的内存中就产生相应的 Event 对象。

13.5.1　在 IE 中引用 Event 对象

在 IE4 以上版本中，Event 对象作为 window 属性访问，具体格式如下：

```
window.event
```

其中，引用的 window 部分是可选的．因此脚本就像全局引用一样来对待 Event 对象，具体格式如下：

```
event.propertyName
```

13.5.2　事件对象 Event 的属性

Event 是 JavaScript 中的重要对象，Event 代表事件的状态，专门负责对事件的处理，其属性能帮助用户完成很多和用户交互的操作，下面介绍 Event 对象的主要属性，如表 13-3 所示。

表 13-3　JavaScript 中事件对象 Event 的主要属性

属　　性	描　　述
type	返回当前 Event 对象表示的事件的名称
altLeft	该属性设置或获取左 Alt 键的状态，检索左 Alt 键的当前状态。返回值为 true 时，表示关闭；返回值为 false 时，表示不关闭
ctrlLeft	该属性设置或获取左 Ctrl 键的状态，检索左 Ctrl 键的当前状态。返回值为 true 时，表示关闭；返回值为 false 时，表示不关闭
shiftLeft	该属性设置或获取左 Shift 键的状态，检索左 Shift 键的当前状态。返回值为 true 时，表示关闭；返回值为 false 时，表示不关闭
srcElement	该属性设置或获取触发事件的对象
button	该属性设置或获取事件发生时用户所按的鼠标键
clientX	该属性获取鼠标在浏览器窗口中的 X 坐标。它是一个只读属性，即只能获取鼠标的当前位置；不能改变鼠标的位置
clientY	该属性获取鼠标在浏览器窗口中的 Y 坐标。它是一个只读属性，即只能获取鼠标的当前位置，不能改变鼠标的位置
offsetX	发生事件的地点在事件源元素的坐标系统中的 X 坐标
offsetY	发生事件的地点在事件源元素的坐标系统中的 Y 坐标
altKey	返回当事件被触发时，Alt 键是否被按下，返回的值是一个布尔值
ctrlKey	返回当事件被触发时，Ctrl 键是否被按下，返回的值是一个布尔值
shiftKey	返回当事件被触发时，Shift 键是否被按下，返回的值是一个布尔值
cancelBubble	该属性检测是否接受上层元素的事件的控制。如果该属性的值为 false，则允许被上层元素的事件控制，否则值为 true，则不被上层元素的事件控制
Bubbles	返回布尔值，指示事件是否是起泡事件类型
Cancelable	返回布尔值，指示事件是否可拥有取消的默认动作
currentTarget	返回其事件监听器触发该事件的元素
eventPhase	返回事件传播的当前阶段
target	返回触发此事件的元素（事件的目标节点）
timestamp	返回事件生成的日期和时间
Location	返回按键在设备上的位置
charCode	返回 onkeypress 事件触发键值的字母代码

续表

属　　性	描　　述
key	在按下按键时返回按键的标识符
keyCode	返回 onkeypress 事件触发的键的值的字符代码，或者 onkeydown 或 onkeyup 事件的键的代码
Which	返回 onkeypress 事件触发的键的值的字符代码，或者 onkeydown 或 onkeyup 事件的键的代码
metaKey	返回当事件被触发时，Meta 键是否被按下
relatedTarget	返回与事件的目标节点相关的节点

针对事件对象的属性，下面给出一个具体示例，即网页中的图片跟随鼠标移动而移动。

【例 13-25】（实例文件：ch13\Chap13.25.html）随鼠标移动的图片。

```
<!DOCTYPE html>
<html >
<head>
<title> 随鼠标移动的图片 </title>
</head>
<body>
<script type="text/JavaScript">
function badAD(html){
    var ad=document.body.appendChild(document.createElement('div'));
     ad.style.cssText="border:1px solid #000;background:#FFF;position:absolute;padding:4px
4px 4px 4px;font: 12px/1.5 verdana;";
    ad.innerHTML=html||'This is bad idea!';
    var c=ad.appendChild(document.createElement('span'));
    c.innerHTML="×";
    c.style.cssText="position:absolute;right:4px;top:2px;cursor:pointer";
    c.onclick=function (){
        document.onmousemove=null;
        this.parentNode.style.left='-99999px'
    };
    document.onmousemove=function (e){
        e=e||window.event;
        var x=e.clientX,y=e.clientY;
        setTimeout(function() {
            if(ad.hover)return;
            ad.style.left=x+5+'px';
            ad.style.top=y+5+'px';
        },120)
    }
    ad.onmouseover=function (){
        this.hover=true
    };
    ad.onmouseout=function (){
        this.hover=false
    }
}
badAD('<img src="smiley.gif">')
</script>
</body>
</html>
```

相关的代码示例请参考 Chap13.25.html 文件，然后双击该文件，在 IE 浏览器里面运行的结果如图 13-49
所示，网页中的图片跟随鼠标移动而移动，在上述代码中应用了 Event 对象中的 clientX 和 clientY 属性获取
鼠标在当前工作区中的位置。

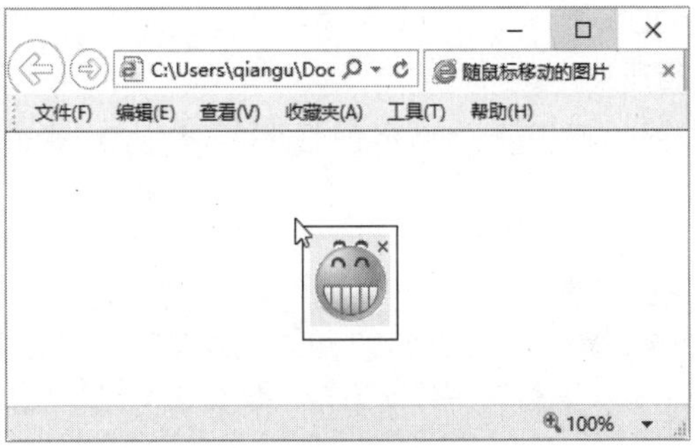

图 13-49　程序运行结果 25

13.5.3　事件对象 Event 的方法

事件对象的方法主要用于创建新的事件对象、初始化新创建对象属性等，事件对象 Event 的主要方法如表 13-4 所示。

表 13-4　JavaScript 中事件对象 Event 的主要方法

方　　法	描　　述
createEvent()	创建新的事件对象
initEvent()	初始化新创建的 Event 对象的属性
preventDefault()	通知浏览器不要执行与事件关联的默认动作
stopPropagation()	不再派发事件
addEventListener()	允许在目标事件中注册监听事件
dispatchEvent()	允许发送事件到监听器上
removeEventListener()	运行一次注册在事件目标上的监听事件
handleEvent()	把任意对象注册为事件处理程序
initMouseEvent()	初始化鼠标事件对象的值
initKeyboardEvent()	初始化键盘事件对象的值

13.6　事件模拟

事件通常被认为是在用户和浏览器进行交互时被触发的，其实不然，通过 JavaScript 可以在任何时间触发特定的事件。这就意味着会有适当的事件冒泡，并且浏览器会执行分配的事件处理程序。这种能力在测试 Web 应用程序时非常有用，因此，在 DOM 3 级规范中提供了一些方法来模拟特定的事件。

13.6.1　DOM 事件模拟

可以通过 document 上的 createEvent() 方法，在任何时候创建事件对象。此方法只接受一个参数，即要创建事件对象的事件字符串，在 DOM 2 级规范上所有的字符串都是复数形式，在 DOM 3 级事件上所有的字符串都采用单数形式。所有的字符串如下。

- UIEvents：通用的 UI 事件，鼠标事件键盘事件都是继承自 UI 事件，在 DOM 3 级上使用的是 UIEvent。
- MouseEvents：通用的鼠标事件，在 DOM 3 级上使用的是 MouseEvent。
- MutationEvents：通用的突变事件，在 DOM 3 级上使用的是 MutationEvent。
- HTMLEvents：通用的 HTML 事件，在 DOM 3 级上还没有等效的 HTMLEvent。

注意： IE 9 是唯一支持 DOM 3 级键盘事件的浏览器，但其他浏览器也提供了其他可用的方法来模拟键盘事件。

一旦创建了一个事件对象，就要初始化这个事件的相关信息，每一种类型的事件都有特定的方法来初始化，在创建完事件对象之后，通过 dispatchEvent() 方法来将事件应用到特定的 DOM 节点上，以便其支持该事件。这个 dispatchEvent() 事件，支持一个参数，就是用户创建的 Event 对象。

13.6.2 鼠标事件模拟

鼠标事件可以通过创建一个鼠标事件对象（Mouse Event Object）来模拟，并且授予它一些相关信息，创建一个鼠标事件通过传给 createEvent() 方法一个字符串 "MouseEvents"，来创建鼠标事件对象，之后通过 iniMouseEvent() 方法来初始化返回的事件对象。iniMouseEvent() 方法接受 15 种参数如下。

- type string 类型：要触发的事件类型，例如 click。
- bubbles boolean 类型：表示事件是否应该冒泡，针对鼠标事件模拟，该值应该被设置为 true。
- cancelable bool 类型：表示该事件是否能够被取消，针对鼠标事件模拟，该值应该被设置为 true。
- view 抽象视图：事件授予的视图，这个值几乎全是 document.defaultView。
- detail int 类型：附加的事件信息，初始化时一般应该默认为 0。
- screenX int 类型：事件距离屏幕左边的 X 坐标。
- screenY int 类型：事件距离屏幕上边的 Y 坐标。
- clientX int 类型：事件距离可视区域左边的 X 坐标。
- clientY int 类型：事件距离可视区域上边的 Y 坐标。
- ctrlKey boolean 类型：代表 Ctrl 键是否被按下，默认为 false。
- altKey boolean 类型：代表 Alt 键是否被按下，默认为 false。
- shiftKey boolean 类型：代表 Shift 键是否被按下，默认为 false。
- metaKey boolean 类型：代表 Meta 键是否被按下，默认为 false。
- button int 类型：表示被按下的鼠标键，默认是零。
- relatedTarget (object)：事件的关联对象，只有在模拟 mouseover 和 mouseout 时用到。

值得注意的是，initMouseEvent() 的参数直接与 Event 对象相映射，其中前 4 个参数是由浏览器用到，只有事件处理函数用到其他的参数，当事件对象作为参数传给 dispatch() 方法时，target 属性将会自动被赋值。下面是具体定义的相关代码示例：

```
var btn = document.getElementById("myBtn");
var event = document.createEvent("MouseEvents");
event.initMouseEvent("click", true, true, document.defaultView, 0, 0, 0, 0, 0,false, false,
false, false, 0, null);
btn.dispatchEvent(event);
```

在 DOM 实现的浏览器中，所有其他的事件都包括 dbclick，都可以通过相同的方式来实现。

13.6.3　键盘事件模拟

在 DOM 3 级事件中创建一个键盘事件对象，该对象是通过 createEvent() 方法，并传入 KeyBoardEvent 字符串作为参数，对返回的 Event 对象，调用 initKeyBoadEvent() 方法初始化，初始化键盘事件的参数有以下几个。

- type (string)：要触发的事件类型，例如"keydown"。
- bubbles (boolean)： 代表事件是否应该冒泡。
- cancelable (boolean)：代表事件是否可以被取消。
- view (AbstractView)：被授予事件的是图，通常值为 document.defaultView。
- key (string)：按下的键对应的代码。
- location (integer)：按下键所在的位置。0：默认键盘；1：左侧位置；2：右侧位置；3：数字键盘区；4：虚拟键盘区；5：游戏手柄
- modifiers (string)：一个由空格分开的修饰符列表。
- repeat (integer)：一行中某个键被按下的次数。

请注意的是，在 DOM 3 级事件中，废掉了 keypress 事件，因此按照下面的方式，用户只能模拟键盘上的 keydown 和 keyup 事件。

```
var textbox = document.getElementById("myTextbox"),event;
if (document.implementation.hasFeature("KeyboardEvents", "3.0")){
event = document.createEvent("KeyboardEvent");
event.initKeyboardEvent("keydown", true, true, document.defaultView, "a",0, "Shift", 0);
}
textbox.dispatchEvent(event);
```

13.6.4　其他事件模拟

鼠标事件和键盘事件是在浏览器中最常被模拟的事件，但是某些时候同样需要模拟突变事件和 HTML 事件。这时可以用 createEvent('MutationEvents') 来创建一个突变事件对象，可以采用 initMutationEvent() 来初始化这个事件对象，参数包括 type、bubbles、cancelable、relatedNode、prevValue、newValue、attrName 和 attrChange。

用户可以采用下面的方式来模拟一个突变事件：

```
var event = document.createEvent('MutationEvents');
event.initMutationEvent("DOMNodeInserted", true, false, someNode, "","","",0);
target.dispatchEvent(event);
```

对于 HTML 事件，直接采用下面的代码。

```
var event = document.createEvent("HTMLEvents");
event.initEvent("focus", true, false);
target.dispatchEvent(event);
```

对于突变事件和 HTML 事件是很少在浏览器中用到，因为它们受应用程序的限制。

13.6.5　IE 中的事件模拟

从 IE 8，以及更早版本的 IE，都在模仿 DOM 模拟事件的方式：首先创建事件对象；然后初始化事件信息；最后触发事件。

不过，IE 完成这几个步骤的过程是不同的，首先不同于 DOM 中创建 Event 对象的方法，IE 采用

document.createEventObject() 方法，并且没有参数，返回一个通用的事件对象。

其次，要对返回的 Event 对象赋值，此时 IE 并没有提供初始化函数，用户只能采用物理方法一个一个地赋值；最后，在目标元素上调用 fireEvent() 方法，参数为两个：事件处理的名称和创建的事件对象。当 fireEvent() 方法被调用的时候，Event 对象的 srcElement 和 type 属性将会被自动赋值，其他将需要手动赋值。具体代码如下：

```
var btn = document.getElementById("myBtn");
var event = document.createEventObject();
event.screenX = 100;
event.screenY = 0;
event.clientX = 0;
event.clientY = 0;
event.ctrlKey = false;
event.altKey = false;
event.shiftKey = false;
event.button = 0;
btn.fireEvent("onclick", event);
```

上述示例中创建了一个事件对象，之后通过一些信息初始化该事件对象，注意事件属性的赋值是无序的，对于事件对象来说这些属性值不是很重要，因为只有事件句柄对应的处理函数会用到它们。对于创建鼠标事件、键盘事件还是其他事件的事件对象之间是没有区别的，因为一个通用的事件对象，可以被任何类型的事件触发。

值得注意的是，在 DOM 的键盘事件模拟中，一个 keypress 模拟事件的结果不会作为字符出现在 textbox 中，即使对应的事件处理函数已经触发。

13.7 典型案例——制作可关闭的窗体对象

很多 DOM 对象都有原生的事件支持，例如 div 中就有 click、mouseover 等事件，事件机制可以为类的设计带来很大的灵活性。不过，随着 Web 技术发展，使用 JavaScript 自定义对象愈发频繁，让自己创建的对象也有事件机制，通过事件对外通信，能够极大提高开发效率。下面通过制作一个可关闭的窗体对象，来学习事件的综合应用。

第一步：设计 HTML 框架。具体代码如下：

```
<!DOCTYPE html>
<html>
<head>
<title>创建可关闭的窗体对象</title>
</head>
<body>
    <div id="pageCover" class="pageCover"></div>
    <input type="button" value="窗体对象" onclick="openDialog();"/>
    <div id="dlgTest" class="dialog">
        <img class="close" alt="" src="close.png">
        <div class="title">窗体对象</div>
        <div class="content">
        </div>
    </div>
</body>
<html>
```

相关的代码示例请参考 Chap13.26.html 文件，然后双击该文件，在 IE 浏览器里面运行的结果如图 13-50 所示。

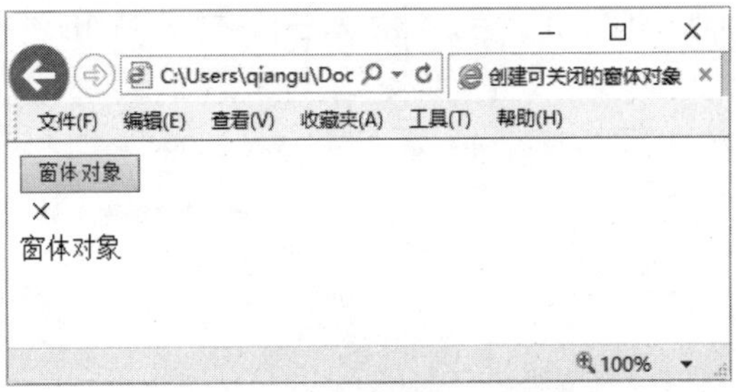

图 13-50　程序运行结果 26

第二步：在页面中添加 CSS 代码，定义网页的样式。具体代码如下：

```css
<style type="text/css" >
html,body
{
  height:100%;
  width:100%;
  padding:0;
  margin:0;
  }
.dialog
{
  position:fixed;
  width:300px;
  height:300px;
  top:50%;
  left:50%;
  margin-top:-200px;
  margin-left:-200px;
  box-shadow:2px 2px 4px #ccc;
  background-color:#f1f1f1;
  z-index:30;
  display:none;
}
.dialog .title
{
  font-size:16px;
  font-weight:bold;
  color:#fff;
  padding:4px;
  background-color:#404040;
}
.dialog .close
{
  width:20px;
  height:20px;
  margin:3px;
  float:right;
  cursor:pointer;
}
.pageCover
{
  width:100%;
  height:100%;
  position:absolute;
  z-index:10;
  background-color:#666;
  opacity:0.5;
  display:none;
}
</style>
```

相关的代码示例请参考 Chap13.26.html 文件，然后双击该文件，在 IE 浏览器里面运行的结果如图 13-51 所示。

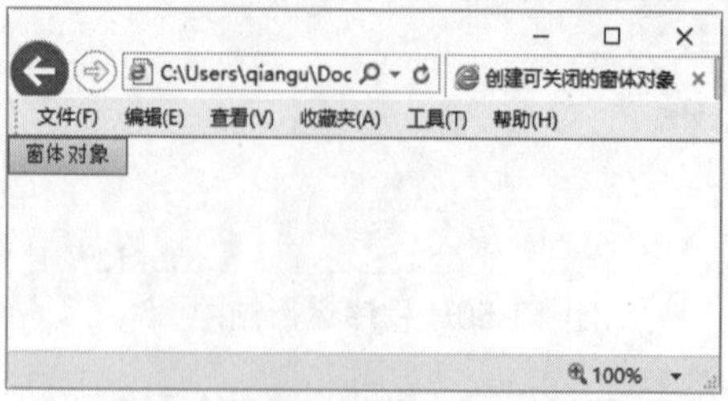

图 13-51　程序运行结果 27

第三步：在页面中添加 JavaScript 代码，实现窗体的打开与关闭。具体代码如下：

```JavaScript
<script type="text/JavaScript">
    function EventTarget(){
        this.handlers={};
    }
    EventTarget.prototype={
        constructor:EventTarget,
        addHandler:function(type,handler){
            if(typeof this.handlers[type]=='undefined'){
                this.handlers[type]=new Array();
            }
            this.handlers[type].push(handler);
        },
        removeHandler:function(type,handler){
            if(this.handlers[type] instanceof Array){
                var handlers=this.handlers[type];
                for(var i=0,len=handlers.length;i<len;i++){
                    if(handler[i]==handler){
                        handlers.splice(i,1);
                        break;
                    }
                }
            }
        },
        trigger:function(event){
            if(!event.target){
                event.target=this;
            }
            if(this.handlers[event.type] instanceof Array){
                var handlers=this.handlers[event.type];
                for(var i=0,len=handlers.length;i<len;i++){
                    handlers[i](event);
                }
            }
        }
    }
    function extend(subType,superType){
        var prototype=Object(superType.prototype);
        prototype.constructor=subType;
        subType.prototype=prototype;
    }
    function Dialog(id){
        EventTarget.call(this)
        this.id=id;
        var that=this;
        document.getElementById(id).children[0].onclick=function(){
            that.close();
```

```
            }
        }
        extend(Dialog,EventTarget);
        Dialog.prototype.show=function(){
            var dlg=document.getElementById(this.id);
            dlg.style.display='block';
            dlg=null;
        }
        Dialog.prototype.close=function(){
            var dlg=document.getElementById(this.id);
            dlg.style.display='none';
            dlg=null;
            this.trigger({type:'close'});
        }
        function openDialog(){
            var dlg=new Dialog('dlgTest');
            dlg.addHandler('close',function(){
                document.getElementById('pageCover').style.display='none';
            });
            document.getElementById('pageCover').style.display='block';
            dlg.show();
        }
    </script>
```

相关的代码示例请参考 Chap13.26.html 文件，然后双击该文件，在 IE 浏览器里面运行的结果如图 13-52 所示。

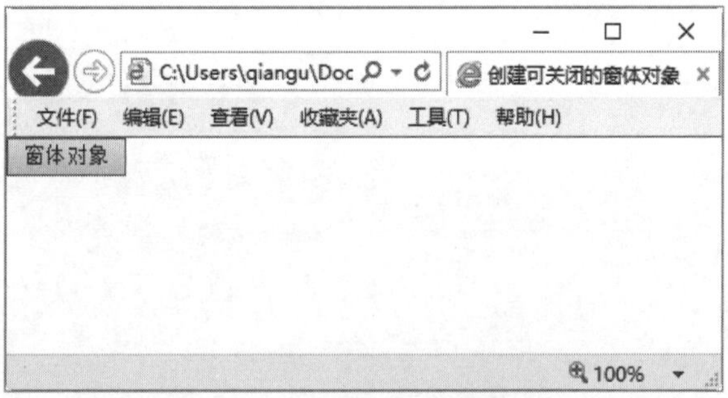

图 13-52　程序运行结果 28

单击"窗体对象"按钮，即可在页面中打开一个窗体对象，单击窗体对象上的"关闭"按钮，即可关闭窗体对象，结果如图 13-53 所示。

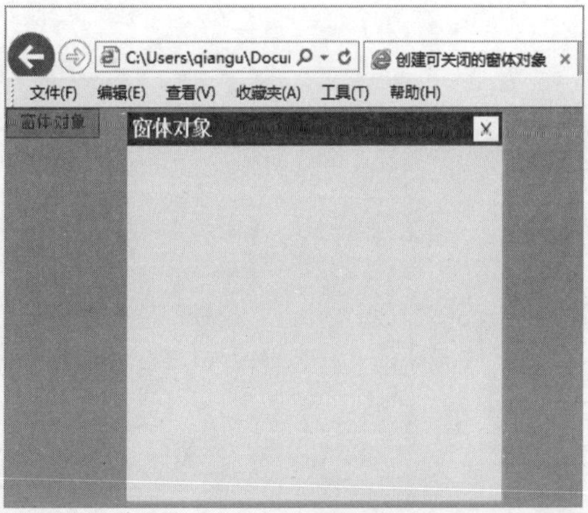

图 13-53　关闭窗体对象

13.8　就业面试技巧与解析

13.8.1　面试技巧与解析（一）

面试官：谈谈你的家庭情况吧。

应聘者：我很爱我的家庭，我的家庭一向很和睦，虽然我的父亲和母亲都是普通人。从小，我就看到我父亲起早贪黑，每天特别勤劳，他的行动无形中培养了我认真负责的态度和勤劳的精神。我母亲为人善良，对人热情，特别乐于助人，所以在单位人缘很好，她的一言一行也一直在影响我做人。

13.8.2　面试技巧与解析（二）

面试官：你想要申请这个职位，你认为你除了具备相关专业知识外，还欠缺什么？

应聘者：对于这个职位和我的能力来说，我相信自己是可以胜任的，只是缺乏经验，这个问题我想我可以进入公司以后以最短的时间来解决。我的学习能力很强，我相信可以很快融入公司的企业文化，进入工作状态。

第14章
正则表达式

◎ 本章教学微视频：12 个 43 分钟

学习指引

正则表达式（Regular Expression）是一种可以用于模式匹配和替换的强有力的工具，是由一系列普通字符和特殊字符组成的能明确描述文本字符的文字匹配模式，在代码中常简写为 regex、regexp 或 RE。本章就来学习 JavaScript 正则表达式的基本语法及简单应用。

重点导读

- 熟悉正则表达式的概念。
- 掌握正则表达式的基础知识。
- 掌握 RegExp 对象的使用方法。
- 掌握验证表单元素输入的正确性的方法。

14.1　什么是正则表达式

正则表达式是由一个字符序列形成的搜索模式，即当用户在文本中搜索数据时，可以用搜索模式来描述用户要查询的内容。正则表达式可以是一个简单的字符，或一个更复杂的模式。另外，正则表达式可用于所有文本搜索和文本替换的操作。

14.1.1　正则表达式的基本结构

一个正则表达式就是由普通字符以及特殊字符组成的文字模式，该模式描述在查找文字主体时待匹配的一个或多个字符串。正则表达式作为一个模板，将某个字符模式与所搜索的字符串进行匹配，语法结构如下：

```
/正则表达式主体/修饰符（可选）。
```

其中，修饰符是可选的。下面给出一个示例代码：

```
var patt = /runoob/i
```

/runoob/i 就是一个正则表达式。runoob 是一个正则表达式主体，主要用于检索；i 是一个修饰符，在搜索时不区分大小写。

14.1.2　正则表达式的作用

当给定一个正则表达式和另一个字符串，用户可以达到如下目的。

- 测试字符串的某个模式，例如，可以对一个输入字符串进行测试，测试该字符串是否存在一个移动电话号码模式或邮箱地址模式，这也被称为数据有效性验证。
- 替换文本，可以在文档中使用正则表达式来标识特定文字，然后可以将其全部搜索出来，或替换成别的文字。
- 查找文本，可以通过正则表达式，从字符串中获取用户想要的特定部分。

14.2　正则表达式基础知识

正则表达式的基础知识包括修饰符、表达式、元字符以及量词等的应用，本节将介绍正则表达式的相关基础知识。

14.2.1　修饰符

修饰符用于执行区分大小写和全局匹配，正则表达式中的修饰符如表 14-1 所示。

表 14-1　正则表达式中的修饰符

修　饰　符	描　　述
i	执行对大小写不敏感的匹配
g	执行全局匹配（查找所有匹配而非在找到第一个匹配后停止）
m	执行多行匹配

1. i 修饰符

i 修饰符用于执行对大小写不敏感的匹配。语法结构如下：

```
new RegExp("regexp","i")
```

更简单的方式为：

```
/regexp/i
```

【例 14-1】（实例文件：ch14\Chap14.1.html）i 修饰符的应用示例。

```
<!DOCTYPE html>
<html>
<head>
<title> i 修饰符的应用示例 </title>
</head>
<body>
<script>
var str = "Hello JavaScript";
var patt1 =/JavaScript/i;
document.write(str.match(patt1));
</script>
</body>
</html>
```

相关的代码示例请参考 Chap14.1.html 文件，然后双击该文件，在 IE 浏览器里面运行的结果如图 14-1 所示。

从返回的结果中可以看出，正则表达式匹配时不区分大小写。

图 14-1　程序运行结果 1

2. g 修饰符

g 修饰符用于执行全局匹配（查找所有匹配而非在找到第一个匹配后停止）。语法结构如下：

```
new RegExp("regexp","g")
```

更简单的方式为：

```
/regexp/g
```

【例 14-2】（实例文件：ch14\Chap14.2.html）g 修饰符的应用示例。

```
<!DOCTYPE html>
<html>
<head>
<title> g 修饰符的应用示例 </title>
</head>
<body>
<script>
var str="Hello JavaScript！ hello JavaScript！ Hello JavaScript！ ";
var patt1=/Hello/gi;
document.write(str.match(patt1));
</script>
</body>
</html>
```

相关的代码示例请参考 Chap14.2.html 文件，然后双击该文件，在 IE 浏览器里面运行的结果如图 14-2 所示。从返回的结果中可以看出，正则表达式匹配时不区分大小写，这是因为在修饰符 g 后添加了 i 修饰符的原因。

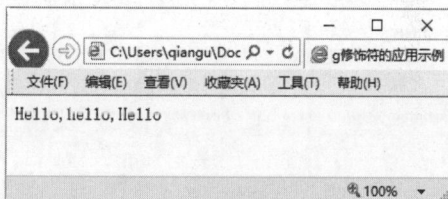

图 14-2　程序运行结果 2

3. m 修饰符

m 修饰符执行多行匹配，/m 代表多行模式 multiline，如果目标字符串中不含有换行符 n，即只有一行，那么 /m 修饰符没有任何意义，如果正则表达式中不含有 ^ 或 $ 匹配字符串的开头或结尾，那么 /m 修饰符也没有任何意义。

只有当目标字符串含有 n，而且正则表达式中含有 ^ 或 $ 的时候，/m 修饰符才有作用。如果 multiline 为

false，那么 ^ 与字符串的开始位置相匹配，而 $ 与字符串的结束位置相匹配。如果 multiline 为 true，那么 ^ 与字符串开始位置以及 n 或 r 之后的位置相匹配，而 $ 与字符串结束位置以及 n 或 r 之前的位置相匹配。

【例 14-3】 （实例文件：ch14\Chap14.3.html）m 修饰符的应用示例。

```
<!DOCTYPE html>
<html>
<head>
<title>m 修饰符的应用示例 </title>
</head>
<body>
<script>
var mutiline = /^abc/m;
var singleline = /^abc/;
var target = "ef\r\nabcd";
alert(mutiline.test(target));     //true
alert(singleline.test(target));   //false
</script>
</body>
</html>
```

相关的代码示例请参考 Chap14.3.html 文件，然后双击该文件，在 IE 浏览器里面运行的结果如图 14-3 所示，可看出弹出一个信息提示框，返回匹配的结果。

图 14-3　true 信息提示框

单击"确定"按钮，将弹出另外一个信息提示框，返回匹配的结果，结果如图 14-4 所示。

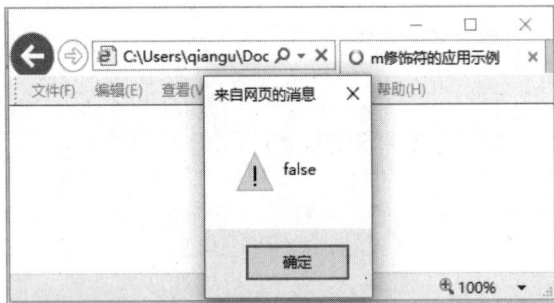

图 14-4　false 信息提示框

14.2.2　表达式

正则表达式中的方括号表达式，主要用于查找某个范围内的字符，如表 14-2 所示。

表 14-2　正则表达式中的方括号表达式

表 达 式	描 述
[abc]	查找方括号之间的任何字符
[^abc]	查找任何不在方括号之间的字符
[0-9]	查找任何从 0 ～ 9 的数字
[a-z]	查找任何从小写 a ～ z 的字符
[A-Z]	查找任何从大写 A ～ Z 的字符
[A-z]	查找任何从大写 A 到小写 z 的字符
[adgk]	查找给定集合内的任何字符
[^adgk]	查找给定集合外的任何字符
(red|blue|green)	查找任何指定的选项

[abc] 表达式用于查找方括号之间的任何字符，方括号内的字符可以是任何字符或字符范围。语法结构如下：

```
new RegExp("[abc]")
```

更简单的方式为：

```
/[abc]/
```

【例 14-4】（实例文件：ch14\Chap14.4.html）[abc] 表达式的应用示例。

```
<!DOCTYPE html>
<html>
<head>
<title>[abc] 表达式的应用示例 </title>
</head>
<body>
<script>
var str="Hello JavaScript！";
var patt1=/[a-h]/g;
document.write(str.match(patt1));
</script>
</body>
</html>
```

相关的代码示例请参考 Chap14.4.html 文件，然后双击该文件，在 IE 浏览器里面运行的结果如图 14-5 所示，返回匹配的结果。

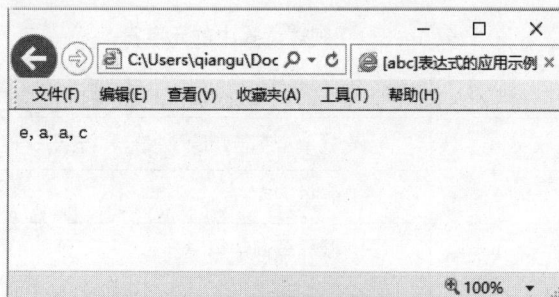

图 14-5　程序运行结果 3

[^abc] 表达式用于查找任何不在方括号之间的字符。方括号内的字符可以是任何字符或字符范围。语法结构如下：

```
new RegExp("[^xyz]")
```

更简单的方式为：

```
/[^xyz]/
```

【例 14-5】（实例文件：ch14\Chap14.5.html）[^abc] 表达式的应用示例。

```
<!DOCTYPE html>
<html>
<head>
<title>[^abc] 表达式的应用示例</title>
</head>
<body>
<script>
var str="Hello JavaScript！";
var patt1=/[^a-h]/g;
document.write(str.match(patt1));
</script>
</body>
</html>
```

相关的代码示例请参考 Chap14.5.html 文件，然后双击该文件，在 IE 浏览器里面运行的结果如图 14-6 所示，返回匹配的结果。

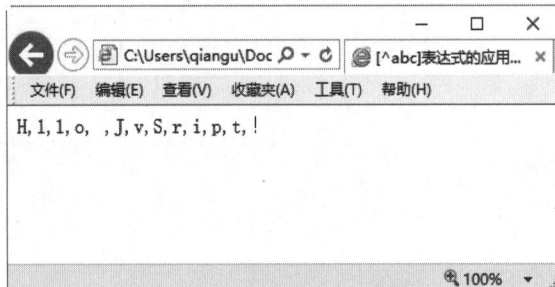

图 14-6　程序运行结果 4

14.2.3　元字符

元字符（Metacharacter）是拥有特殊含义的字符。使用元字符可以查找字符串符合条件的字符，并返回查找结果，这一过程就是字符匹配。正则表达式中的元字符如表 14-3 所示。

表 14-3　正则表达式中的元字符

元　字　符	描　　述
.	查找单个字符，除了换行和行结束符
\w	查找单词字符
\W	查找非单词字符
\d	查找数字

元　字　符	描　　述
\D	查找非数字字符
\s	查找空白字符
\S	查找非空白字符
\b	匹配单词边界
\B	匹配非单词边界
\0	查找 NULL 字符
\n	查找换行符
\f	查找换页符
\r	查找回车符
\t	查找制表符
\v	查找垂直制表符
\xxx	查找以八进制数 xxx 规定的字符
\xdd	查找以十六进制数 dd 规定的字符
\uxxxx	查找以十六进制数 xxxx 规定的 Unicode 字符

1. 圆点元字符的使用

圆点（.）元字符用于查找单个字符，除了换行和行结束符。语法结构如下：

```
new RegExp("regexp.")
```

更简单的方式为：

```
/regexp./
```

【例 14-6】（实例文件：ch14\Chap14.6.html）圆点（.）元字符的应用示例。

```html
<!DOCTYPE html>
<html>
<head>
<title> 圆点（.）元字符 </title>
</head>
<body>
<script>
var str="That's hot!";
var patt1=/h.t/g;
document.write(str.match(patt1));
</script>
</body>
</html>
```

相关的代码示例请参考 Chap14.6.html 文件，然后双击该文件，在 IE 浏览器里面运行的结果如图 14-7 所示，返回匹配的结果。

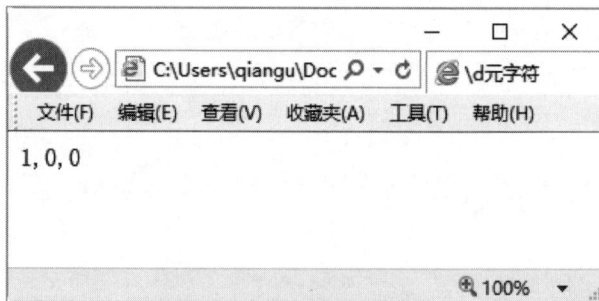

图 14-7　程序运行结果 5

2. \d 元字符的使用

\d 元字符用于查找数字字符。语法结构如下：

```
new RegExp("\d")
```

更简单的方式为：

```
/\d/
```

【例 14-7】（实例文件：ch14\Chap14.7.html）\d 元字符的应用示例。

```
<!DOCTYPE html>
<html>
<head>
<title>\d 元字符</title>
</head>
<body>
<script>
var str="Give 100%!";
var patt1=/\d/g;
document.write(str.match(patt1));
</script>
</body>
</html>
```

相关的代码示例请参考 Chap14.7.html 文件，然后双击该文件，在 IE 浏览器里面运行的结果如图 14-8 所示，返回查找的结果，该结果为字符串的数字信息。

图 14-8　程序运行结果 6

14.2.4　量词

使用正则表达式中的量词可以进行重复匹配，JavaScript 中正则表达式中的量词如表 14-4 所示。

表 14-4　正则表达式中的量词

n+	匹配任何包含至少一个 n 的字符串。例如，/a+/ 匹配 "candy" 中的 "a"，"caaaaaaandy" 中所有的 "a"
n*	匹配任何包含零个或多个 n 的字符串。例如，/bo*/ 匹配 "A ghost booooed" 中的 "boooo"，"A bird warbled" 中的 "b"，但是不匹配 "A goat grunted"
n?	匹配任何包含零个或一个 n 的字符串。例如，/e?le?/ 匹配 "angel" 中的 "el"，"angle" 中的 "le"
n{X}	匹配包含 X 个 n 的序列的字符串。例如，/a{2}/ 不匹配 "candy," 中的 "a"，但是匹配 "caandy," 中的两个 "a"，且匹配 "caaandy." 中的前两个 "a"
n{X,}	X 是一个正整数。前面的模式 n 连续出现至少 X 次时匹配。例如，/a{2,}/ 不匹配 "candy" 中的 "a"，但是匹配 "caandy" 和 "caaaaaaandy." 中所有的 "a"
n{X,Y}	X 和 Y 为正整数。前面的模式 n 连续出现至少 X 次，至多 Y 次时匹配。例如，/a{1,3}/ 不匹配 "cndy"，匹配 "candy," 中的 "a"，"caandy," 中的两个 "a"，匹配 "caaaaaaandy" 中的前面三个 "a"。注意，当匹配 "caaaaaaandy" 时，即使原始字符串拥有更多的 "a"，匹配项也是 "aaa"
n$	匹配任何结尾为 n 的字符串
^n	匹配任何开头为 n 的字符串
?=n	匹配任何其后紧接指定字符串 n 的字符串
?!n	匹配任何其后没有紧接指定字符串 n 的字符串

1. n+ 量词的使用

n+ 量词匹配包含至少一个 n 的任何字符串。语法结构如下：

```
new RegExp("n+")
```

更简单的方式为：

```
/n+/
```

【例 14-8】（实例文件：ch14\Chap14.8.html）n+ 量词的应用示例。

```
<!DOCTYPE html>
<html>
<head>
<title>n+ 量词的应用示例 </title>
</head>
<body>
<script>
var str="Hello World! Hello World! Hello World!";
var patt1=/\w+/g;
document.write(str.match(patt1));
</script>
</body>
</html>
```

相关的代码示例请参考 Chap14.8.html 文件，然后双击该文件，在 IE 浏览器里面运行的结果如图 14-9 所示，返回查找的结果，显示了表达式获得的匹配位置。

图 14-9　程序运行结果 7

2. n{X,Y} 量词的使用

n{X,Y} 量词匹配包含至少 X 最多 Y 个 n 的序列的字符串，X 和 Y 必须是数字。语法结构如下：

```
new RegExp("n{X,Y}")
```

更简单的方式为：

```
/n{X,Y}/
```

【例 14-9】 （实例文件：ch14\Chap14.9.html）n{X,Y} 量词的应用示例。

```
<!DOCTYPE html>
<html>
<head>
<title> n{X,Y} 量词的应用示例 </title>
</head>
<body>
<script>
var str="100, 1000 or 10000?";
var patt1=/\d{3,4}/g;
document.write(str.match(patt1));
</script>
</body>
</html>
```

相关的代码示例请参考 Chap14.9.html 文件，然后双击该文件，在 IE 浏览器里面运行的结果如图 14-10 所示，对包含 3 位或 4 位数字序列的字符串进行全局搜索，并返回搜索结果。

3. n* 量词的使用

n* 量词匹配包含零个或多个 n 的任何字符串。语法结构如下：

```
new RegExp("n*")
```

更简单的方式为：

```
/n*/
```

【例 14-10】 （实例文件：ch14\Chap14.10.html）n* 量词的应用示例。

```
<!DOCTYPE html>
<html>
<head>
<title> n* 量词的应用示例 </title>
</head>
<body>
<script>
var str="Hello World! Hello JavaScript!";
var patt1=/lo*/g;
document.write(str.match(patt1));
</script>
</body>
```

```
</html>
```

相关的代码示例请参考 Chap14.10.html 文件，然后双击该文件，在 IE 浏览器里面运行的结果如图 14-11
所示，对 "1" 进行全局搜索，包括其后紧跟的一个或多个 "o"，并返回搜索结果。

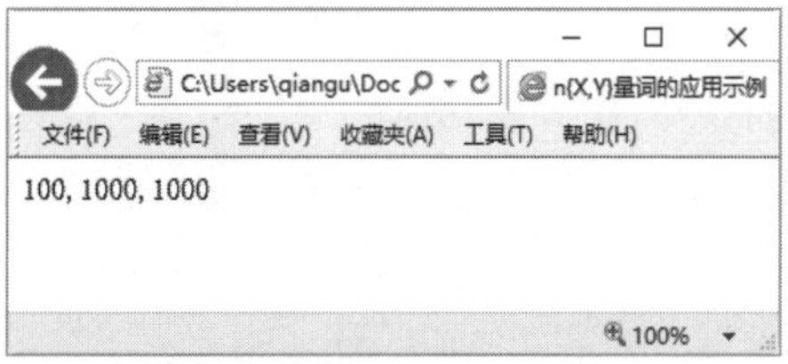

图 14-10　程序运行结果 8

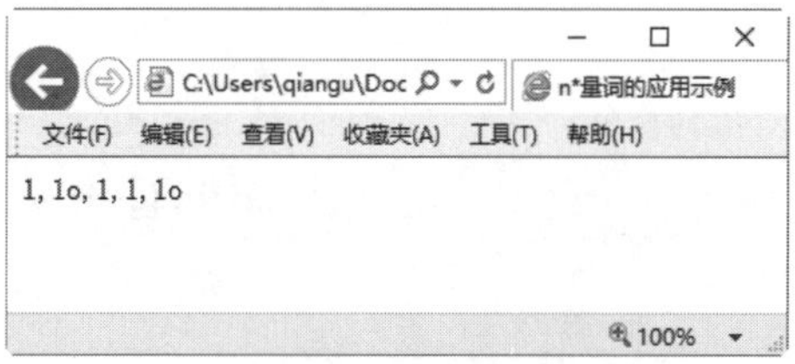

图 14-11　程序运行结果 9

14.2.5　字符定位

在进行数据验证时，可以使用一些符号来限制字符出现的位置，以方便匹配，这就是字符定位。在正则
表达式中，有以下几个用于字符定位的字符，如表 14-5 所示。

表 14-5　正则表达式中的字符定位符

字　　符	描　　述
^	匹配目标字符串的开始位置，如果设置了 RegExp 对象的 Multiline 属性，^ 也匹配 '\n' 或 '\r' 之后的位置
$	匹配目标字符串的结尾位置，如果设置了 RegExp 对象的 Multiline 属性，$ 也匹配 '\n' 或 '\r' 之前的位置
\b	匹配一个字边界，也就是指单词和空格间的位置
\B	匹配非字边界

1. ^ 字符

使用 ^ 字符匹配目标字符串的开始位置时，匹配必须发生在目标字符串的开头处，^ 必须出现在表达式
的最前面才具有定位符作用。

【例 14-11】（实例文件：ch14\Chap14.11.html）字符 ^ 的使用。

```
<!DOCTYPE html>
<html>
<head>
<title> 字符 ^ 的使用 </title>
</head>
<body>
    <h3> 行首匹配字符 ^ 的使用 </h3>
    <script language="JavaScript">
        var reg_expression = /^mi/;                        // 使用行首元字符
        var textString="microsoft";
        var result=reg_expression.test(textString);        // 匹配时返回 true, 否则 false
        document.write("<font size='+1'>"+result+"<br>");
        if(result){
            document.write(" 正则表达式 /^mi/ 匹配字符串 \""+ textString +"\".<br>");
        }
        else{
            alert(" 未找到匹配的模式 !");
        }
    </script>
</body>
```

```
</html>
```

相关的代码示例请参考 Chap14.11.html 文件，然后双击该文件，在 IE 浏览器里面运行的结果如图 14-12 所示。

图 14-12　程序运行结果 10

将如下代码：

```
var reg_expression = /^mi/;                              // 使用行首元字符
```

修改为如下代码：

```
var reg_expression = /^min/;                             // 使用行首元字符
```

相关的代码示例请参考 Chap14.11.html 文件，然后双击该文件，在 IE 浏览器里面运行的结果如图 14-13 所示，提示用户未找到匹配的模式，并返回 false。

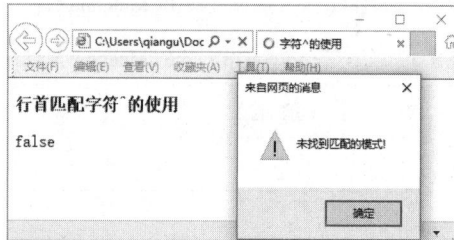

图 14-13　提示用户未找到匹配的模式

2. $ 字符

使用 $ 字符匹配目标字符串的结尾位置时，匹配必须发生在目标字符串的结尾处，$ 必须出现在表达式的最后面才具有定位符作用。

【例 14-12】（实例文件：ch14\Chap14.12.html）字符 $ 的使用。

```
<!DOCTYPE html>
<html>
<head>
<title> 字符 $ 的使用 </title>
</head>
<body>
    <h3> 行尾匹配字符 $ 的使用 </h3>
    <script language="JavaScript">
    <!--
        var reg_expression =/ft$/;
        var textString="microsoft";
        var result=reg_expression.test(textString);   // 匹配时返回 true, 否则 false
        document.write("<font size='+1'>"+result+"<br>");
        if(result){
            document.write(" 正则表达式 /ft$/ 匹配字符串 \""+ textString +"\".<br>");
```

```
    }
    else{
        alert(" 未找到匹配的模式 !");
    }
    // -->
    </script>
</body>
</html>
```

相关的代码示例请参考 Chap14.12.html 文件，然后双击该文件，在 IE 浏览器里面运行的结果如图 14-14 所示，返回匹配的结果。

图 14-14　程序运行结果 11

将如下代码：

```
var reg_expression =/ft$/;
```

修改为如下代码：

```
var reg_expression = /f$/;
```

相关的代码示例请参考 Chap14.12.html 文件，然后双击该文件，在 IE 浏览器里面运行的结果如图 14-15 所示，提示用户未找到匹配的模式，并返回 false。

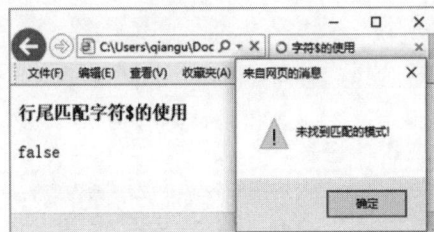

图 14-15　提示用户未找到匹配的模式

3. \b 字符

\b 包含了字与空格间的位置，以及目标字符串的开始或结束位置等，例如 er\b 匹配 order to 中的 er，但不匹配 verb 中的 er。

【例 14-13】（实例文件：ch14\Chap14.13.html）字符 \b 的使用。

```
<!DOCTYPE html>
<html>
<head>
<title> 字符 \b 的使用 </title>
</head>
<body>
<script>
var str="Hello JavaScript!";
```

343

```
var patt1=/\bJavaScript/;
document.write(str.match(patt1));
</script>
</body>
</html>
```

相关的代码示例请参考 Chap14.13.html 文件，然后双击该文件，在 IE 浏览器里面运行的结果如图 14-16 所示，返回匹配的结果。

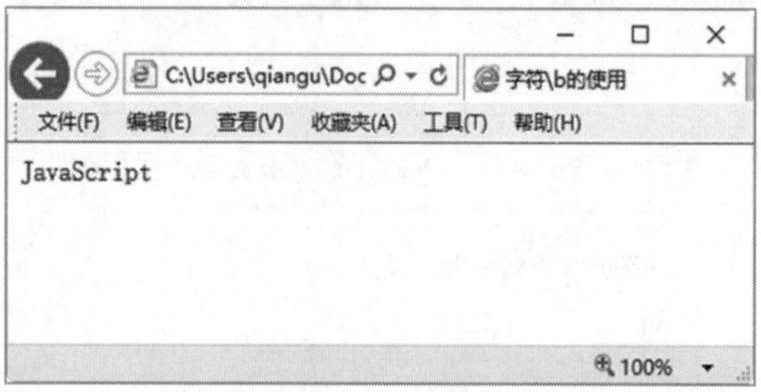

图 14-16   程序运行结果 12

4. \B 字符

\B 匹配非单词边界，例如 er\B 匹配 verb 中的 er，但不匹配 order 中的 er。匹配位置的上一个和下一个字符的类型是相同的，即必须同时是单词，或必须同时是非单词字符。字符串的开头和结尾处被视为非单词字符，如果未找到匹配，则返回 null。

【例 14-14】（实例文件：ch14\Chap14.14.html）字符 \B 的使用。

```
<!DOCTYPE html>
<html>
<head>
<title> 字符 \B 的使用 </title>
</head>
<body>
<script>
var str="Hello JavaScript!";
var patt1=/\Bva/;
document.write(str.match(patt1));
</script>
</body>
</html>
```

相关的代码示例请参考 Chap14.14.html 文件，然后双击该文件，在 IE 浏览器里面运行的结果如图 14-17 所示，返回匹配的结果。

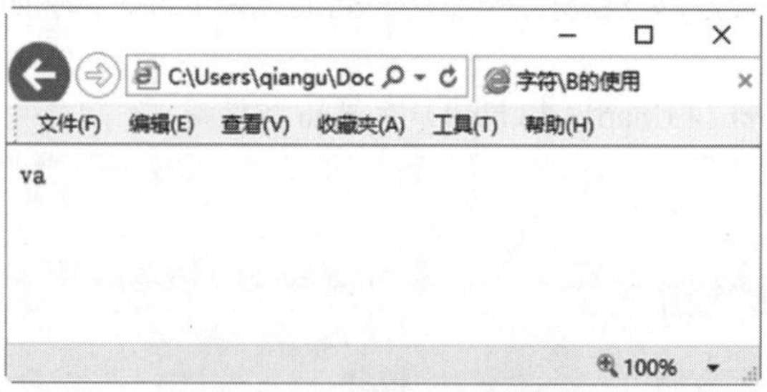

图 14-17   程序运行结果 13

14.2.6 转义匹配

在表达式中用到的一些元字符不再表示原来的字面意义，如果要匹配这些有特殊意义的元字符，必须使用 \ 将这些字符转义为原义字符，再进行匹配。需要转义的特殊字符如表 14-6 所示。

表 14-6 正则表达式中需要转义的特殊字符

特 殊 字 符	说　　明
()	标记一个子表达式的开始和结束位置。子表达式可以获取这些位置供以后使用。要匹配这些字符，请使用 \(和 \)
*	匹配前面的子表达式零次或多次。要匹配 * 字符，请使用 *
+	匹配前面的子表达式一次或多次。要匹配 + 字符，请使用 \+
.	匹配除换行符 \n 之外的任何单字符。要匹配 .，请使用 \.
[	标记一个方括号表达式的开始。要匹配 [，请使用 \[
]	标记一个方括号表达式的结束。要匹配]，请使用 \]
?	匹配前面的子表达式零次或一次，或指明一个非贪婪限定符。要匹配 ? 字符，请使用 \?
\	将下一个字符标记为或特殊字符，或原义字符，或后向引用，或八进制转义符。例如，'n' 匹配字符 "n"，'\n' 匹配换行符，序列 '\\' 匹配 "\"
/	将上一个字符标记为或特殊字符，或原义字符，或后向引用，或八进制转义符。例如，'n' 匹配字符 "n"，序列 '/' 匹配 "/"，而 '(/' 则匹配 "("
{	标记限定符表达式的开始。要匹配 {，请使用 \{
}	标记限定符表达式的结束。要匹配 }，请使用 \}
|	指明两项之间的一个选择。要匹配 |，请使用 \\|

\ 的作用是将下一个字符标记为特殊字符、原义字符、反向引用和八进制转义符，因此，要匹配字面意义的 \，需要使用 \\ 来表示。

【例 14-15】（实例文件：ch14\Chap14.15.html）转义匹配应用示例。

```
<!DOCTYPE html>
<html>
<head>
<title>转义匹配应用示例</title>
</head>
<body>
<p>
    判断输入字符串是否全部为字母
</p>
<script>
val = "123456"
var isletter = /^[a-zA-Z]+$/.test(val);
document.write(isletter);
document.write("<br>");
val2 = "asaaa"
var isletter2 = /^[a-zA-Z]+$/.test(val2);
document.write(isletter2);
</script>
</body>
```

```
</html>
```

相关的代码示例请参考 Chap14.15.html 文件，然后双击该文件，在 IE 浏览器里面运行的结果如图 14-18 所示。

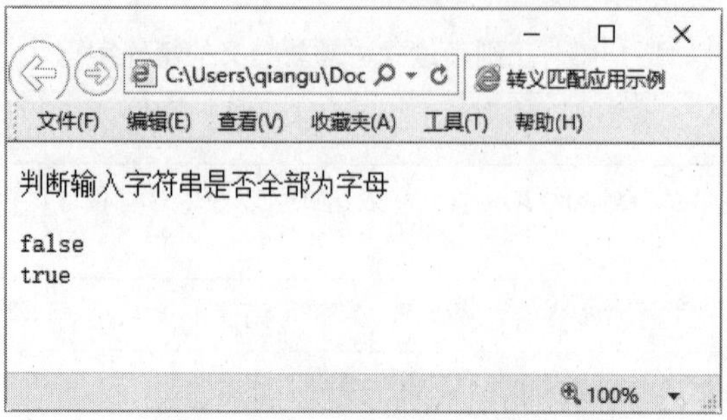

图 14-18　程序运行结果 14

14.2.7　运算符的优先级

正则表达式从左到右进行计算，并遵循优先级顺序，这与算术表达式非常类似。相同优先级的运算符按从左到右进行运算，不同优先级的运算符按先高后低进行计算。表 14-7 所示从最高到最低说明了各种正则表达式运算符的优先级顺序。

表 14-7　运算符的优先级

运　算　符	描　述
\	转义符
()，(?:)，(?=)，[]	圆括号和方括号
*，+，?，{n}，{n,}，{n,m}	限定符
^，$，\	定位点和序列（即位置和顺序）
|	替换，" 或 " 操作字符具有高于替换运算符的优先级，使得 "m|food" 匹配 "m" 或 "food"。 若要匹配 "mood" 或 "food"，请使用圆括号创建子表达式，从而产生 "(m|f)ood"。

14.3　RegExp 对象

RegExp 是正则表达式（Regular Expression）的简写，它描述了字符的模式对象。当用户检索某个文本时，可以使用一种模式来描述要检索的内容，RegExp 就是这种模式。

14.3.1　创建 RegExp 对象

在 JavaScript 中，正则表达式是由一个 RegExp 对象来表示的，利用 RegExp 对象可以完成有关正则表达式的操作和功能。创建 RegExp 对象的语法结构如下：

```
new RegExp(pattern, attributes);
```

参数介绍如下：

- pattern 参数：是一个字符串，指定了正则表达式的模式或其他正则表达式。
- attributes 参数：是一个可选的字符串，包含属性 "g" "i" 和 "m"，分别用于指定全局匹配、区分大小写的匹配和多行匹配。如果 pattern 是正则表达式，而不是字符串，则必须省略该参数。

对于返回值，一个新的 RegExp 对象具有指定的模式和标志。如果参数 pattern 是正则表达式而不是字符串，那么 RegExp() 构造函数将用与指定的 RegExp 相同的模式和标志创建一个新的 RegExp 对象。

如果不用 new 运算符，而将 RegExp() 作为函数调用，那么它的行为与用 new 运算符调用时一样，只是当 pattern 是正则表达式时，它只返回 pattern，而不再创建一个新的 RegExp 对象。

【例 14-16】（实例文件：ch14\Chap14.16.html）创建 RegExp 对象。

```
<!DOCTYPE html>
<html>
<head>
<title> 创建 RegExp 对象 </title>
<script language = "JavaScript">
    var myString=" 如何创建 RegExp 对象 ";
    var myregex = new RegExp(" 创建 ");                          // 创建 RegExp 对象
    if (myregex.test(myString)){
        alert(" 已创建 RegExp 对象 , 并找到了指定的模式 ! ");
    }
    else{
        alert(" 已创建 RegExp 对象 , 但未找到匹配的模式。");
    }
</script>
</head>
<body>
</body>
</html>
```

相关的代码示例请参考 Chap14.16.html 文件，然后双击该文件，在 IE 浏览器里面运行的结果如图 14-19 所示，提示用户已经创建了 RegExp 对象，并找到了指定的模式。

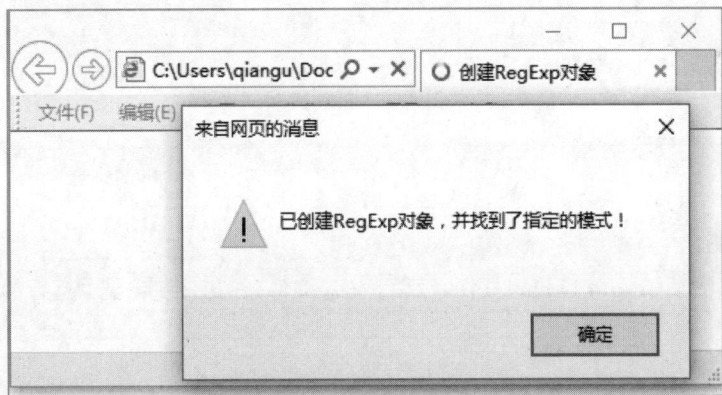

图 14-19　程序运行结果 15

14.3.2　RegExp 对象的方法

RegExp 对象为用户提供了多种方法，如表 14-8 所示。

表 14-8　RegExp 对象的方法

方　　法	描　　述
compile()	编译正则表达式
exec()	检索字符串中指定的值。若有匹配的值则返回找到的值，并确定其位置
test()	检索字符串中指定的值。若有匹配的值，则返回 true 或 false
search()	检索与正则表达式相匹配的值
match()	找到一个或多个正则表达式的匹配
replace()	替换与正则表达式匹配的子串
split()	把字符串分割为字符串数组

1. compile() 方法

compile() 方法用于在脚本执行过程中编译正则表达式，也可用于改变和重新编译正则表达式。语法结构如下：

```
RegExpObject.compile(regexp,modifier)
```

参数介绍如下：

- regexp 为正则表达式。
- modifier 为规定匹配的类型。

下面给出一个实例，在字符串中全局搜索 man，并用 person 替换。然后通过 compile() 方法，改变正则表达式，用 person 替换 man 或 woman。

【例 14-17】（实例文件：ch14\Chap14.17.html）compile() 方法应用示例。

```html
<!DOCTYPE html>
<html>
<head>
<title> compile() 方法应用示例 </title>
</head>
<body>
<script>
var str="Every man in the world! Every woman on earth!";
var patt=/man/g;
var str2=str.replace(patt,"person");
document.write(str2+"<br>");
patt=/(wo)?man/g;
patt.compile(patt);
str2=str.replace(patt,"person");
document.write(str2);
</script>
</body>
</html>
```

相关的代码示例请参考 Chap14.17.html 文件，然后双击该文件，在 IE 浏览器里面运行的结果如图 14-20 所示。

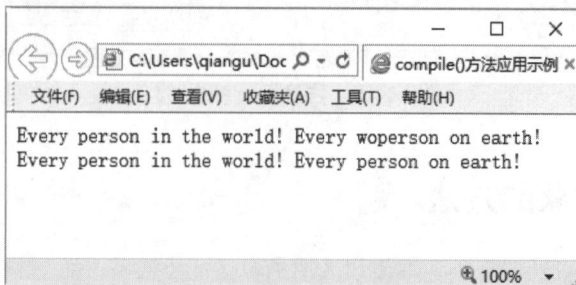

图 14-20　程序运行结果 16

2. exec() 方法

exec() 方法用于检索字符串中的正则表达式的匹配。如果字符串中有匹配的值则返回该匹配值，否则返回 null。语法结构如下：

```
RegExpObject.exec(string)
```

参数介绍如下：string 为必选项，要在其中执行查找的 string 对象或字符串文字。

【例 14-18】（实例文件：ch14\Chap14.18.html）exec() 方法应用示例。

```
<!DOCTYPE html>
<html>
<head>
<title>exec()方法应用示例</title>
</head>
<body>
<script>
var str="Hello JavaScript!";
// 查找 "Hello"
var patt=/Hello/g;
var result=patt.exec(str);
document.write(" 返回值： " +  result);
// 查找 "JavaScript"
patt=/JavaScript/g;
result=patt.exec(str);
document.write("<br>返回值： " +  result);
</script>
</body>
</html>
```

相关的代码示例请参考 Chap14.18.html 文件，然后双击该文件，在 IE 浏览器里面运行的结果如图 14-21 所示。

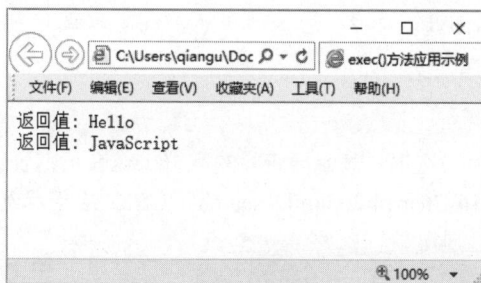

图 14-21　程序运行结果 17

3. test() 方法

test() 方法用于检测一个字符串是否匹配某个模式，如果字符串中有匹配的值返回 true，否则返回 false。语法结构如下

```
RegExpObject.test(string)
```

参数介绍如下：string 为必选项，要在其中执行查找的 string 对象或字符串文字。

【例 14-19】（实例文件：ch14\Chap14.19.html）test () 方法应用示例。

```
<!DOCTYPE html>
<html>
<head>
<title>test()方法应用示例</title>
</head>
```

```
<body>
<script>
var str="Hello JavaScript!";
// 查找 "Hello"
var patt=/Hello/g;
var result=patt.test(str);
document.write(" 返回值: " +  result);
// 查找 "World"
patt=/World/g;
result=patt.test(str);
document.write("<br> 返回值: " +  result);
</script>
</body>
</html>
```

相关的代码示例请参考 Chap14.19.html 文件，然后双击该文件，在 IE 浏览器里面运行的结果如图 14-22 所示。

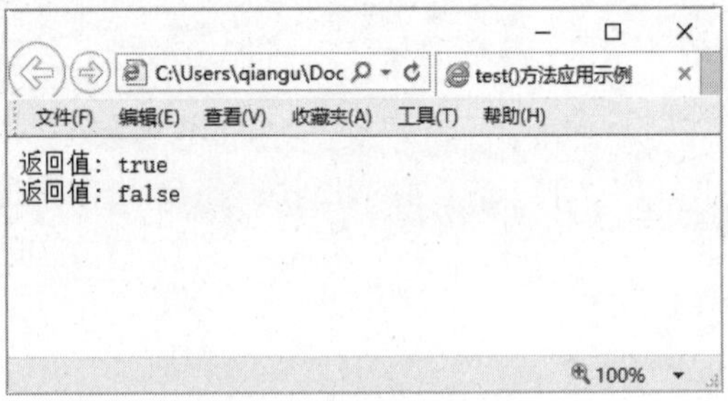

图 14-22　程序运行结果 18

4. search() 方法

search() 方法用于检索字符串中指定的子字符串，或检索与正则表达式相匹配的子字符串。如果没有找到任何匹配的子串，则返回 −1。语法结构如下：

```
string.search(searchvalue)
```

参数介绍如下：searchvalue 为必选项，表示要查找的字符串或者正则表达式。

【例 14-20】（实例文件：ch14\Chap14.20.html）search() 方法的应用示例。

```
<!DOCTYPE html>
<html>
<head>
<title> search() 方法的应用示例 </title>
</head>
<body>
<p id="demo"> 单击显示查找的位置 </p>
<button onclick="myFunction()"> 查找 </button>
<script>
function myFunction(){
    var str="Hello JavaScript!";
    var n=str.search("JavaScript");
    document.getElementById("demo").innerHTML=n;
}
</script>
</body>
</html>
```

相关的代码示例请参考 Chap14.20.html 文件，然后双击该文件，在 IE 浏览器里面运行的结果如图 14-23 所示。

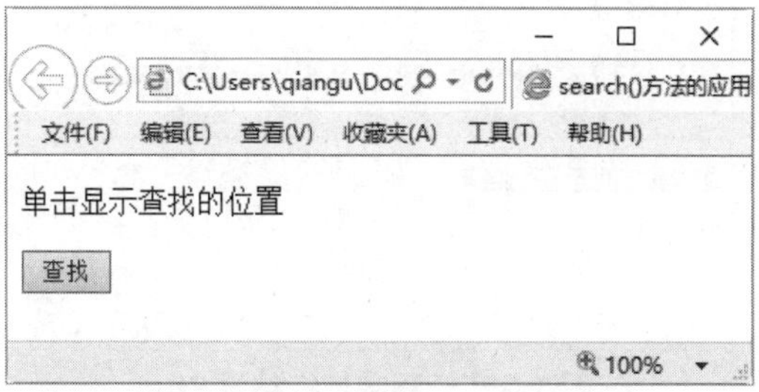

图 14-23　程序运行结果 19

单击"查找"按钮，即可显示 JavaScript 字符串中第一个字符串的位置数，如图 14-24 所示。

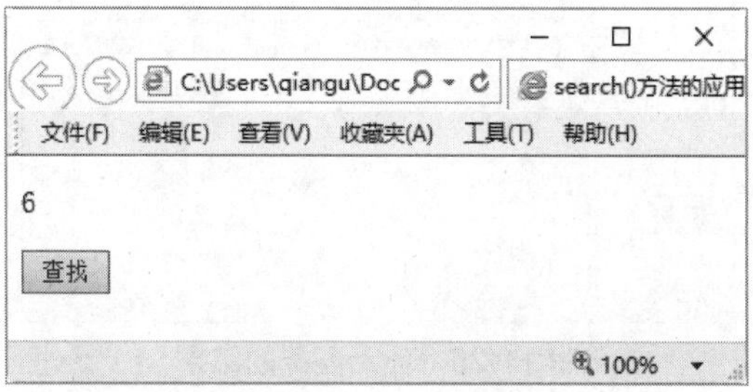

图 14-24　显示第一个字符串的位置数

5. match() 方法

match() 方法可在字符串内检索指定的值，或找到一个或多个正则表达式的匹配。如果没有找到任何匹配的文本，match() 将返回 null。否则，它将返回一个数组，其中存放了与它找到的匹配文本有关的信息。语法结构如下：

```
string.match(regexp)
```

参数介绍如下：regexp 为必选项，规定要匹配的模式的 RegExp 对象。如果该参数不是 RegExp 对象，则需要首先把它传递给 RegExp 构造函数，将其转换为 RegExp 对象。

【例 14-21】（实例文件：ch14\Chap14.21.html）match() 方法应用示例。

```
<!DOCTYPE html>
<html>
<head>
<title> match()方法应用示例 </title>
</head>
<body>
<p id="demo"> 单击按钮显示匹配结果。</p>
<button onclick="myFunction()"> 显示 </button>
<script>
function myFunction(){
    var str = "I am a good BOY,but not boys";
    var n=str.match(/boy/gi);
    document.getElementById("demo").innerHTML=n;
}
</script>
</body>
</html>
```

相关的代码示例请参考 Chap14.21.html 文件，然后双击该文件，在 IE 浏览器里面运行的结果如图 14-25 所示。

图 14-25　程序运行结果 20

单击"显示"按钮，即可显示匹配的结果，如图 14-26 所示。

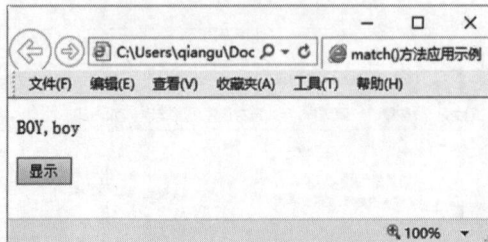

图 14-26　显示匹配的结果

注意：match() 方法将检索字符串 stringObject，以找到一个或多个与 RegExp 匹配的文本。这个方法的行为在很大程度上取决于 RegExp 是否具有标志 g。如果 RegExp 没有标志 g，那么 match() 方法就只能在 stringObject 中执行一次匹配。

6. replace() 方法

replace() 方法用于在字符串中用一些字符替换另一些字符，或替换一个与正则表达式匹配的子字符串。语法结构如下：

```
string.replace(searchvalue,newvalue)
```

参数介绍如下：

- searchvalue 为必选项，规定子字符串或要替换的模式的 RegExp 对象。请注意，如果该值是一个字符串，则将它作为要检索的直接量文本模式，而不是首先被转换为 RegExp 对象。
- newvalue 为必选项，一个字符串值，规定了替换文本或生成替换文本的函数。

【例 14-22】（实例文件：ch14\Chap14.22.html）replace() 方法应用示例。

```
<!DOCTYPE html>
<html>
<head>
<title> replace()方法应用示例 </title>
</head>
<body>
<p> 单击按钮将段落中所有 "JavaScript" 替换成 "World": </p>
<p id="demo">Hello JavaScript! Hello JavaScript! Hello JavaScript!</p>
<button onclick="myFunction()"> 替换 </button>
<script>
String.prototype.replaceAll = function(search, replacement) {
    var target = this;
    return target.replace(new RegExp(search, 'g'), replacement);
};
function myFunction() {
    var str=document.getElementById("demo").innerHTML;
    var n=str.replaceAll("JavaScript","World");
```

```
    document.getElementById("demo").innerHTML=n;
}
</script>
</body>
</html>
```

相关的代码示例请参考 Chap14.22.html 文件，然后双击该文件，在 IE 浏览器里面运行的结果如图 14-27 所示。

图 14-27　程序运行结果 21

单击"替换"按钮，即可将段落中的所有 JavaScript 替换成 World，如图 14-28 所示。

图 14-28　将 JavaScript 替换成 World

7. split() 方法

split() 方法用于把一个字符串分割成字符串数组，如果把空字符串（""）用作分割，那么 stringObject 中的每个字符之间都会被分割。语法结构如下：

```
string.split(separator,limit)
```

参数介绍如下：

- separator 为可选项，为字符串或正则表达式，从该参数指定的地方分割 stringObject。
- limit 也为可选项。该参数可指定返回的数组的最大长度。如果设置了该参数，返回的子字符串不会多于这个参数指定的数组。如果没有设置该参数，整个字符串都会被分割，不考虑它的长度。

【例 14-23】（实例文件：ch14\Chap14.23.html）split() 方法应用示例。

```
<!DOCTYPE html>
<html>
<head>
<title> split()方法应用示例</title>
</head>
<body>
<p id="demo">单击按钮显示分割后的数组</p>
<button onclick="myFunction()">显示</button>
<script>
function myFunction(){
    var str="How are you doing today?";
```

```
    var n=str.split(" ",3);
    document.getElementById("demo").innerHTML=n;
}
</script>
</body>
</html>
```

相关的代码示例请参考 Chap14.23.html 文件，然后双击该文件，在 IE 浏览器里面运行的结果如图 14-29 所示。

图 14-29　程序运行结果 22

单击"显示"按钮，即可显示分割后的数组，如图 14-30 所示。

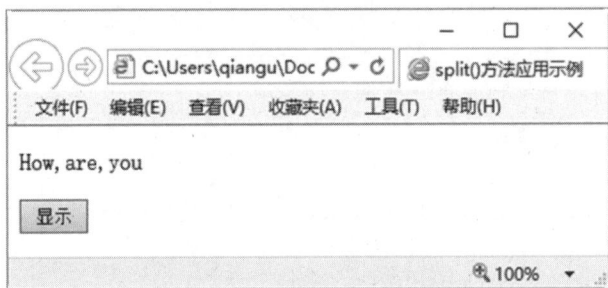

图 14-30　显示分割后的数组

注意：split() 方法不改变原始字符串，只是以分割后的方式显示。

14.4　典型案例——验证表单元素输入的正确性

JavaScript 中的正则表达式被广泛应用到表单元素验证上，下面给出一个具体实例，来验证表单元素输入的正确性。

第一步：设计 HTML 框架。具体代码如下：

```
<!DOCTYPE html>
<html>
<head>
<title>表单验证</title>
</head>
<body>
<form name="myform" action="" onsubmit="return fun1()">
<div align="center">
<table border="1" width="60%" >
```

```
<tr>
  <td colspan=2 align=center> <h3>学生信息管理</td>
</tr>
<tr>
  <td height="39" width="463" bgcolor="#006699">
  <font color="#FFFF00">
  学生编号: <input type="text" maxlength=10 id="sno" value="12345678">(8位数字)</td>
  <td height="39" width="463" bgcolor="#006699">
  <font color="#FFFF00">
  学生名字: <input type="text" maxlength=10 id="username" value="刘天佑">(中文)</td>
<tr>
  <td height="39" width="463" bgcolor="#006699">
  <font color="#FFFF00">
  邮箱地址: <input type="text" maxlength=10 id="email" value="625948078@qq.com"></td>
  <td height="39" width="463" bgcolor="#006699">
  <font color="#FFFF00">
  电话号码: <input type="text" maxlength=11 id="tel" value="13312345678"></td>
  <tr><td height="53" width="985" bgcolor="#006699" colspan="2" align=center>
  <input type="submit" value="使用submit按钮提交表单">
  </td>
</tr>
</table>
</body>
</html>
```

相关的代码示例请参考 Chap14.24.html 文件，然后双击该文件，在 IE 浏览器里面运行的结果如图 14-31 所示，这时单击"使用 submit 按钮提交表单"按钮，不能给出反馈结果。

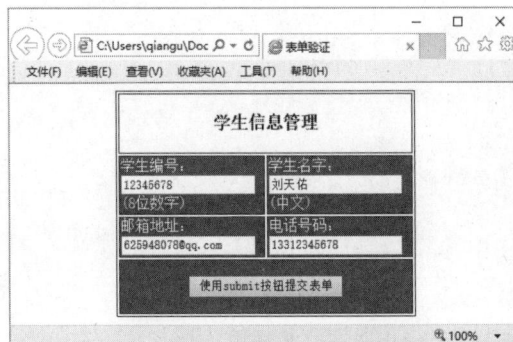

图 14-31　程序运行结果 23

第二步：在页面中添加 JavaScript 代码，实现表单元素的验证功能。具体代码如下：

```
<script>
 /* 是否带有小数 */
function    isDecimal(strValue)  {
   var  objRegExp= /^\d+\.\d+$/;
   return  objRegExp.test(strValue);
}
/* 校验是否中文名称组成 */
function ischina(str) {
   var reg=/^[\u4E00-\u9FA5]{2,4}$/;        /* 定义验证表达式 */
   return reg.test(str);                    /* 进行验证 */
}
/* 校验是否全由 8 位数字组成 */
function isStudentNo(str) {
```

```
        var reg=/^[0-9]{8}$/;                        /* 定义验证表达式 */
        return reg.test(str);                        /* 进行验证 */
}
/* 校验电话码格式 */
function isTelCode(str) {
    var reg= /^((0\d{2,3}-\d{7,8})|(1[3584]\d{9}))$/;
    return reg.test(str);
}
/* 校验邮件地址是否合法 */
function IsEmail(str) {
    var reg=/^([a-zA-Z0-9_-])+@([a-zA-Z0-9_-])+(\.[a-zA-Z0-9_-])+/;
    return reg.test(str);
}
function  fun1(){
    if(!isStudentNo(document.getElementById("sno").value)){
        alert("学生编号是 8 位数字");
        document.getElementById("sno").focus();
        return false;
    }
    if(!ischina(document.getElementById("username").value)){
        alert("学生姓名必须填写中文");
        document.getElementById("username").focus();
        return false;
    }
    if(!IsEmail(document.getElementById("email").value)){
        alert("邮箱地址错误");
        document.getElementById("email").focus();
        return false;
    }
    if(!isTelCode(document.getElementById("tel").value)){
        alert("电话号码不对");
        document.getElementById("tel").focus();
        return false;
    }
    /* 运行到这里说明验证通过返回 true,submit 按钮起作用提交表单 */
    alert("提交成功")
    return true;
}
</script>
```

相关的代码示例请参考 Chap14.25.html 文件，然后双击该文件，在 IE 浏览器里面运行，这时单击"使用 submit 按钮提交表单"按钮，如果输入的信息正确，则弹出一个信息提示框，提示用户提交成功，结果如图 14-32 所示。

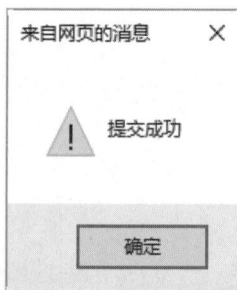

图 14-32　信息提示框

如果输入的学生编号或姓名不正确或不符合要求，则会给出相应的提示信息，结果如图 14-33 和图 14-34 所示。

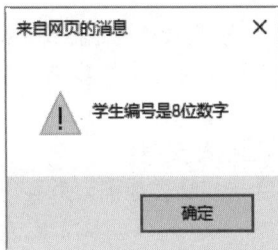

图 14-33　学生编号不符合要求

图 14-34　学生姓名不符合要求

如果输入的邮箱地址或电话号码不正确或不符合要求，也会给出相应的提示信息，如图 14-35 和图 14-36 所示。

图 14-35　邮箱地址不正确或不符合要求

图 14-36　电话号码不正确或不符合要求

14.5　就业面试技巧与解析

14.5.1　面试技巧与解析（一）

面试官：你为什么愿意到我们公司来工作？

应聘者：公司本身的高技术开发环境很吸引我。你们公司一直都稳定发展，近几年来在市场上很有竞争力。我认为贵公司能够给我提供一个与众不同的发展道路。（注：尽量回答详细些，都显示出你已经做了一些调查，也说明你对自己的未来有了较为具体的远景规划）。

14.5.2　面试技巧与解析（二）

面试官：假如你到我们公司部门工作了，一天一个客户来找你解决问题，你努力想让他满意，可是始终达不到应有的效果，他投诉你们部门工作效率低，这个时候你怎么办？

应聘者：首先，我会保持冷静。作为一名工作人员，在工作中遇到各种各样的问题是正常的，关键是如何认识它，积极应对，妥善处理。

其次，我会反思一下客户不满意的原因。一是看是否是自己在解决问题上的确有考虑不周的地方；二是看是否是客户不太了解相关的服务规定而提出超出规定的要求；三是看是否是客户了解相关的规定，但是提出的要求不合理。

再次，根据原因采取相应的对策。如果确实是自己有不周到的地方，按照服务规定做出合理的安排，并向客户做出解释；如果是客户不太了解政策规定而造成的误解，我会向他做出进一步的解释，消除他的误会；如果是客户提出的要求不符合政策规定，我会明确地向他指出。

最后，我会把整个事情的处理情况向领导做出说明，希望得到他的理解和支持。

总之，我不会因为客户投诉了我而丧失工作的热情和积极性，而是会一如既往地牢记为客户服务的宗旨，争取早日成为一名领导信任、公司放心、客户满意的员工。

第 3 篇

核心技术

在本篇中，将通过案例示范学习 JavaScript 在前端开发中的一些核心技术，例如客户端开发技术、服务器端开发技术、数据库存储技术、错误和异常处理以及安全策略等。

- 第 15 章　JavaScript 客户端开发技术
- 第 16 章　JavaScript 服务器端开发技术
- 第 17 章　JavaScript 数据存储技术
- 第 18 章　JavaScript 中的错误和异常处理
- 第 19 章　JavaScript 的安全策略

第15章
JavaScript 客户端开发技术

◎ 本章教学微视频：13 个　28 分钟

学习指引

目前，绝大多数浏览器中都嵌入了某个版本的 JavaScript 解释器，当 JavaScript 被嵌入客户端浏览器后，就形成了客户端的 JavaScript。大多数人提到的 JavaScript 通常指的是客户端的 JavaScript。本章来介绍 JavaScript 客户端开发的相关技术。

重点导读

· 了解客户端 JavaScript 的重要性。
· 掌握在 HTML 中调入 JavaScript 的 5 种方法。
· 掌握 JavaScript 的线程模型技术的应用方法。
· 掌握客户端 JavaScript 的应用案例中的技术。

15.1　客户端 JavaScript 的重要性

在大多数用户看来，JavaScript 的应用环境是 Web 浏览器，这的确是该语言最早的设计目标。然而从很早开始，JavaScript 语言就已经在其他的复杂应用环境中使用，并受这些应用环境的影响而发展出新的语言特性。本节主要介绍客户端 JavaScript 的重要性。

15.1.1　JavaScript 应用环境的组成

JavaScript 的应用环境主要由宿主环境和运行期环境构成。其中，宿主环境是指外壳程序（Shell）和 Web 浏览器等，而运行期环境则是由 JavaScript 引擎内建的环境。

宿主环境一般由外壳程序创建和维护，它不仅仅为 JavaScript 语言提供服务，往往一个宿主环境中可能运行很多种脚本语言。宿主环境一般会创建一套公共对象系统，这套对象系统对所有脚本语言开放，并允许它们自由访问。同时，宿主环境还会提供公共接口，用来装载不同的脚本语言引擎。这样可以在同一个宿主环境中装载不同的脚本引擎，并允许它们共享宿主对象。

运行期环境是由宿主环境通过脚本引擎创建的，实际上就是由 JavaScript 引擎创建的一个代码解析初始化环境。初始化内容主要包括如下几点。

- 一套与宿主环境相联系的规则。
- JavaScript 引擎内核（基本语法规范、逻辑、命令和算法）。
- 一组内置对象和 API。

当然，不同的 JavaScript 引擎定义的初始化环境是不同的，这就形成了所谓的浏览器兼容问题，因为不同的浏览器使用不同的 JavaScript 引擎。不同 JavaScript 引擎在解析相同 JavaScript 代码时，实现的逻辑和算法可能存在分歧，当然运行的结果也会迥异。

15.1.2　客户端 JavaScript 主要作用

提起客户端那么就一定有相应的服务器端，而 JavaScript 主要是应用在客户端，JavaScript 服务器端最早实现动态网页的技术是 CGI（Common Gateway Interface，通用网关接口）技术，它可以根据用户的 HTTP 请求从 Web 服务器返回请求页面。

当用户从 Web 页面提交 HTML 请求数据后，Web 浏览器发送用户的请求到 Web 服务器上，服务器运行 CGI 程序，后者提取 HTTP 请求数据中的内容初始化设置，同时与服务器端的数据库交互，然后将运行结果返回 Web 服务器端，Web 服务器根据用户请求的地址将结果返回该地址的浏览器。从整个过程来讲，CGI 程序运行在服务器端，同时需要与数据库交换数据，这需要开发者拥有相当的技巧，同时拥有服务器端网站开发工具。程序的编写、调试和维护过程十分复杂。

同时，由于整个处理过程全部在服务器端处理，无疑是服务器处理能力的一大硬伤，而且客户端页面的反应速度不容乐观。基于此，客户端脚本语言应运而生，它可直接嵌入到 HTML 页面中，及时响应用户的事件，大大提高页面反应速度。

脚本分为客户端脚本和服务器端脚本，两者的主要区别如表 15-1 所示。

表 15-1　客户端脚本与服务器端脚本的区别

脚 本 类 型	运 行 环 境	优　缺　点	主 要 语 言
客户端脚本	客户端浏览器	当用户通过客户端浏览器发送 HTTP 请求时，Web 服务器将 HTML 文档部分和脚本部分返回客户端浏览器，在客户端浏览器中解释执行并及时更新页面，脚本处理工作全部在客户端浏览器端完成，减轻服务器负荷，同时加快页面的反应速度，但浏览器差异性导致的页面差异问题不容忽视	JavaScript、JScript、VBScript 等
服务器端脚本	Web 服务器	当用户通过客户端浏览器发送 HTTP 请求时，Web 服务器运行脚本，并将运行结果与 Web 页面的 HTML 部分结合返回至客户端浏览器，脚本处理工作全部在服务器端完成，增加了服务器的负荷，同时客户端反应速度慢，但减少了由于浏览器差异带来的运行结果差异，提高了页面的稳定性	PHP、JSP、ASP、Perl、LiveWire 等

客户端脚本与服务器端脚本各有其优缺点，在不同需求层次上得到了广泛的应用。JavaScript 作为一种客户端脚本，在页面反应速度、减轻服务器负荷等方面效果非常明显，但由于浏览器对其支持的程度不同导致的页面差异性问题也不容小觑。

15.1.3　其他环境中的 JavaScript

除了 Web 应用的相关领域之外，JavaScript 还能够在多种不同的环境中运行。在早期，Microsoft 已经在 Windows 系统中支持一种 HTA 应用，这可以看作是由 JavaScript +HTML 编写的类似 GUI 的应用程序，类似这样的情况还有很多，这里不再详述。

15.1.4　客户端的 JavaScript：网页中的可执行内容

当一个 Web 浏览器嵌入了 JavaScript 解释器时，它就允许可执行的内容以 JavaScript 的形式在客户端浏览器中运行。

JavaScript 当然不仅仅是用来简单地向 HTML 文档输出文本内容的，事实上它可以控制大部分与浏览器相关的对象，浏览器为 JavaScript 提供了强大的控制能力，使得它不仅能够控制 HTML 文档的内容，而且能够控制这些文档元素的行为。

15.2　HTML 与 JavaScript

创建好 JavaScript 脚本后，还需要结合 HTML 代码，才能发挥 JavaScript 的强大编码功能，下面就来介绍如何在 HTML 中使用 JavaScript 脚本。

15.2.1　在 HTML 头部嵌入 JavaScript 代码

如果不是通过 JavaScript 脚本生成 HTML 网页的内容，JavaScript 脚本一般放在 HTML 头部的 <head> 与 </head> 标签对之间。这样，不会因为 JavaScript 影响整个网页的显示结果。

【例 15-1】（实例文件：ch15\Chap15.1.html）在 HTML 头部嵌入 JavaScript 代码。

```html
<!DOCTYPE html>
<html>
<head>
  <script language = "JavaScript">
     document.write("欢迎来到 JavaScript 动态世界");
  </script>
</head>
<body>
   <p>学习 JavaScript！！！
</body>
</html>
```

相关的代码示例请参考 Chap15.1.html 文件，然后双击该文件，在 IE 浏览器里面运行的结果如图 15-1 所示，可以看到网页输出了两句话，其中第一句就是 JavaScript 中的输出语句。

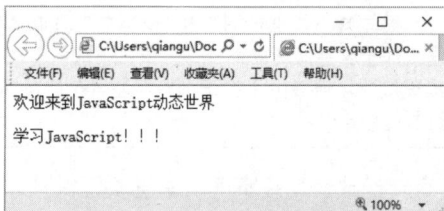

图 15-1　程序运行结果 1

15.2.2　在网页中嵌入 JavaScript 代码

当需要使用 JavaScript 脚本生成 HTML 网页内容时，如某些 JavaScript 实现的动态树，就需要把 JavaScript 放在 HTML 网页主题部分的 <body> 与 </body> 标签对中。

【例 15-2】（实例文件：ch15\Chap15.2.html）在 HTML 网页中嵌入 JavaScript 代码。

```
<!DOCTYPE html>
<html>
<head>
</head>
<body>
    <p>学习 JavaScript！！！ </p>
    <script language = "JavaScript">
        document.write(" 欢迎来到 JavaScript 动态世界 ");
    </script>
</body>
</html>
```

相关的代码示例请参考 Chap15.2.html 文件，然后双击该文件，在 IE 浏览器里面运行的结果如图 15-2 所示，可以看到网页输出了两句话，其中第二句就是 JavaScript 中的输出语句。

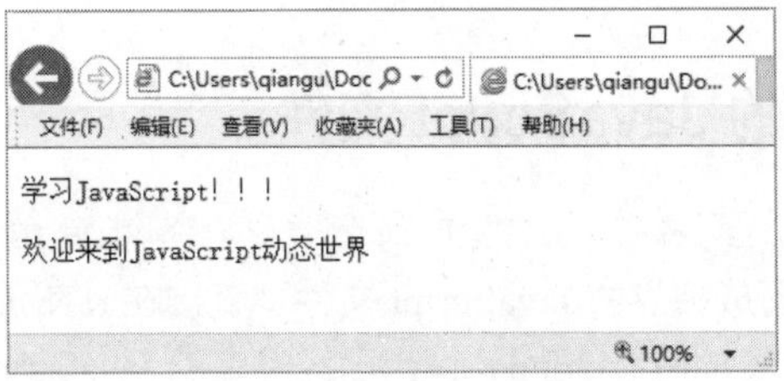

图 15-2　程序运行结果 2

15.2.3　在元素事件中嵌入 JavaScript 代码

当需要对 HTML 网页中的元素进行事件处理时（验证用户输入的值是否有效），如果事件处理的 JavaScript 代码量较少，就可以直接在对应的 HTML 网页的元素事件中嵌入 JavaScript 代码。

【例 15-3】（实例文件：ch15\Chap15.3.html）在网页元素事件中嵌入 JavaScript 代码。

```
<!DOCTYPE html>
<html>
<head>
<title> 判断文本框是否为空 </title>
<script language="JavaScript">
function validate()
{
  var _txtNameObj = document.all.txtName;
  var _txtNameValue = _txtNameObj.value;
  if((_txtNameValue == null) || (_txtNameValue.length < 1))
  {
    window.alert(" 文本框内容为空，请输入内容 ");
_txtNameObj.focus();
return;
  }
}
</script>
</head>
<body>
<form method=post action="#">
<input type="text" name="txtName">
<input type="button" value=" 确定 " onclick="validate()">
</form>
</body>
</html>
```

相关的代码示例请参考 Chap15.3.html 文件，然后双击该文件，在 IE 浏览器里面运行的结果如图 15-3 所示。

如果不在文本框中输入任何内容，直接单击"确定"按钮，即可看到"文本框内容为空，请输入内容"的提示信息，如图 15-4 所示。

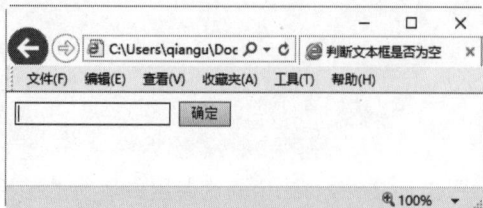

图 15-3　程序运行结果 3

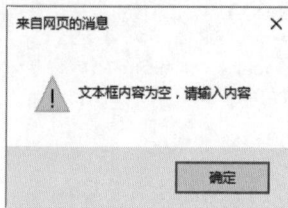

图 15-4　信息提示框 1

15.2.4　调用已经存在的 JavaScript 文件

如果 JavaScript 的内容较长，或者多个 HTML 网页中都调用相同的 JavaScript 程序，可以将较长的 JavaScript 或者通用的 JavaScript 写成独立的 JavaScript 文件，直接在 HTML 网页中调用。

【例 15-4】（实例文件：ch15\Chap15.4.html）调用已经存在的 JavaScript 文件。

```
<!DOCTYPE html>
<html>
<head>
<title>使用外部文件</title>
<script src = "hello.js"></script>
</head>
<body>
<p>此处引用了一个 JavaScript 文件
</body>
</html>
```

hello.js 文件的内容如下

```
alert("欢迎大家学习 JavaScript");
```

相关的代码示例请参考 Chap15.4.html 文件，然后双击该文件，在 IE 浏览器里面运行的结果如图 15-5 所示。

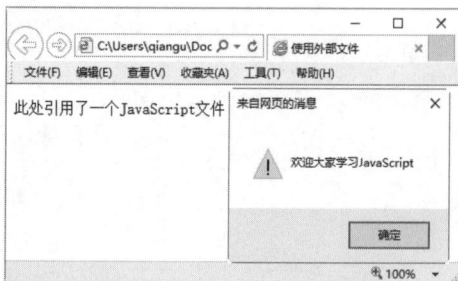

图 15-5　程序运行结果 4

15.2.5　使用伪 URL 地址引入 JavaScript 脚本代码

在多数支持 JavaScript 脚本的浏览器中，可以通过 JavaScript 的伪 URL 地址调用语句来引入 JavaScript

脚本代码。伪 URL 地址的一般格式如下。

```
JavaScript:alert(" 已单击文本框！")
```

由以上可知，伪 URL 地址语句一般以 JavaScript 开始，后面就是要执行的操作。

【例 15-5】（实例文件：ch15\Chap15.5.html）使用伪 URL 地址引入 JavaScript 脚本代码。

```
<!DOCTYPE html>
<html>
<head>
<title> 伪 URL 地址引入 JavaScript 脚本代码 </title>
</head>
<body>
<center>
<p> 使用伪 URL 地址引入 JavaScript 脚本代码 </p>
<form name="Form1">
  <input type=text name="Text1" value=" 单击 "
         onclick="JavaScript:alert(' 已经用鼠标单击文本框！')">
</form>
</center>
</body>
</html>
```

相关的代码示例请参考 Chap15.5.html 文件，然后双击该文件，在 IE 浏览器里面运行，用鼠标单击其中的文本框，就会看到"已经用鼠标单击文本框！"的提示信息，其显示结果如图 15-6 所示。

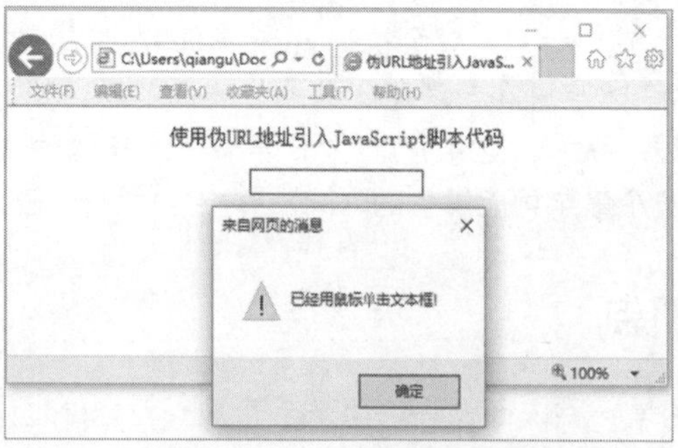

图 15-6　程序运行结果 5

15.3　JavaScript 的线程模型技术

客户端 JavaScript 采用单线程模型技术。所谓单线程模型是指 JavaScript 只在一个线程上运行。也就是说，JavaScript 同时只能执行一个任务，其他任务都必须在后面排队等待。

15.3.1　单线程模型技术

JavaScript 只在一个线程上运行，不代表 JavaScript 引擎只有一个线程。事实上，JavaScript 引擎有多个线程，单个脚本只能在一个线程上运行，其他线程都是在后台配合。JavaScript 之所以采用单线程，而不是多线程，跟历史有关。

JavaScript 从诞生起就是单线程，原因是不想让浏览器变得太复杂，因为多线程需要共享资源，且有可能修改彼此的运行结果，对于一种网页脚本语言来说，这就太复杂了。例如，假定 JavaScript 同时有两个线程，一个线程在某个 DOM 节点上添加内容，另一个线程删除了这个节点，这时浏览器应该以哪个线程为准？所以，为了避免复杂性，从一诞生，JavaScript 就是单线程，这已经成了这门语言的核心特征，将来也不会改变。

为了利用多核 CPU 的计算能力，HTML5 提出 Web Worker 标准，允许 JavaScript 脚本创建多个线程，但是子线程完全受主线程控制，且不得操作 DOM。所以，这个新标准并没有改变 JavaScript 单线程的本质。

不过，单线程模型也给用户带来了一些问题，主要是新的任务被加在队列的尾部，只有前面的所有任务运行结束，才会轮到它执行。如果有一个任务特别耗时，后面的任务都会停在那里等待，造成浏览器失去响应，又称"假死"。为了避免"假死"，当某个操作在一定时间后仍无法结束，浏览器就会弹出提示框，询问用户是否要强行停止脚本运行。

15.3.2　消息队列运行方式

JavaScript 运行时，除了一个运行线程，引擎还提供一个消息队列（Message Queue），里面是各种需要当前程序处理的消息。新的消息进入队列的时候，会自动排在队列的尾端运行线程，只要发现消息队列不为空，就会取出排在第一位的那个消息，执行它对应的回调函数。等到执行完，再取出排在第二位的消息，不断循环，直到消息队列变空为止。

每条消息与一个回调函数相联系，也就是说，程序只要收到这条消息，就会执行对应的函数。另外，进入消息队列的消息必须有对应的回调函数，否则这个消息就会遗失，不会进入消息队列。例如，鼠标单击就会产生一条消息，报告 click 事件发生了。如果没有回调函数，这个消息就会遗失；如果有回调函数，这个消息进入消息队列，等到程序收到这个消息，就会执行 click 事件的回调函数。

另一种情况是 setTimeout 会在指定时间向消息队列添加一条消息。如果此时在消息队列之中没有其他消息，这条消息会立即得到处理；否则，这条消息会不得不等到其他消息处理完，才得到处理。因此，setTimeout 指定的执行时间只是一个最早可能发生的时间，并不能保证一定会在那个时间发生。

15.3.3　Event Loop 机制

所谓 Event Loop 机制，指的是一种内部循环，用来一轮又一轮地处理消息队列之中的消息，即执行对应的回调函数。下面是一些常见的 JavaScript 任务。

- 执行 JavaScript 代码。
- 对用户的输入（包含鼠标单击、键盘输入等）做出反应。
- 处理异步的网络请求。

所有任务可以分成两种：一种是同步任务（Synchronous）；另一种是异步任务（Asynchronous）。

同步任务指的是在 JavaScript 执行进程上排队执行的任务，只有前一个任务执行完毕，才能执行后一个任务；异步任务指的是不进入 JavaScript 执行进程而进入任务队列（Task Queue）的任务，只有任务队列通知主进程某个异步任务可以执行了，该任务（采用回调函数的形式）才会进入 JavaScript 进程执行。

也就是说，虽然 JavaScript 只有一个进程用来执行，但是并行的还有其他进程（如处理定时器的进程、处理用户输入的进程、处理网络通信的进程等）。这些进程通过向任务队列添加任务，实现与 JavaScript 进程的通信。

15.4　典型案例——客户端 JavaScript 的简单应用

本例是一个简单的 JavaScript 程序，主要实现的功能为：当页面打开时，显示"尊敬的客户，欢迎您光临本网站"窗口，关闭页面时弹出信息提示框"欢迎下次光临！"。

【例 15-6】（实例文件：ch15\Chap15.6.html）客户端 JavaScript 的简单应用。

第一步：设计 HTML 框架。具体代码如下：

```
<!DOCTYPE html>
<html>
<head>
<title> 客户端 JavaScript 的简单应用 </title>
</head>
<body>
</body>
</html>
```

相关的代码示例请参考 Chap15.6.html 文件，然后双击该文件，在 IE 浏览器里面运行的结果如图 15-7 所示。

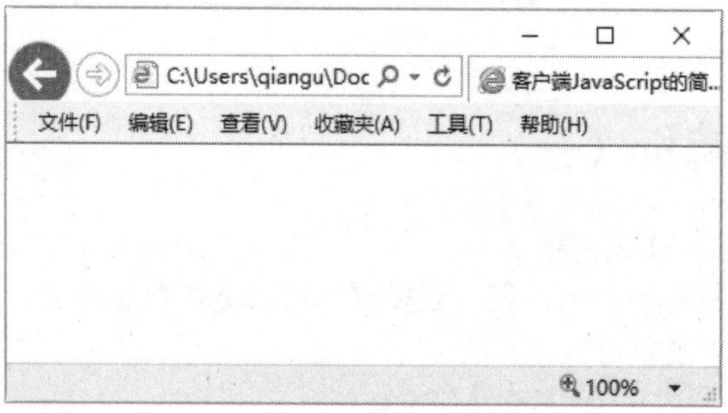

图 15-7　程序运行结果 6

第二步：在页面头部添加 JavaScript 代码，实现网页交互功能。具体代码如下：

```
<script>
<script>
    // 页面加载时执行的函数
    function showEnter(){
        alert(" 尊敬的客户，欢迎您光临本网站 ");
    }
    // 页面关闭时执行的函数
    function showLeave(){
        alert(" 欢迎下次光临！ ");
    }
    // 页面加载事件触发时调用函数
    window.onload=showEnter;
    // 页面关闭载事件触发时调用函数
    window.onbeforeunload=showLeave;
</script>
```

相关的代码示例请参考 Chap15.6.html 文件，然后双击该文件，在 IE 浏览器里面运行的结果如图 15-8 所示。

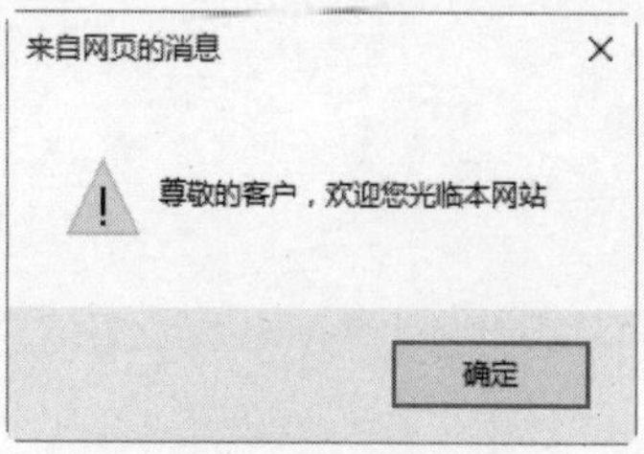

图 15-8　程序运行结果 7

关闭网页窗口时，这时会弹出一个信息提示框，提示用户"欢迎下次光临！"，如图 15-9 所示。

图 15-9　信息提示框 2

15.5　就业面试技巧与解析

15.5.1　面试技巧与解析（一）

面试官：你希望与什么样的上级共事？

应聘者：作为一名刚步入社会的新人，我应该多要求自己尽快熟悉环境、适应环境，而不应该对环境提出什么要求，只要能发挥我的专长就可以了。

15.5.2　面试技巧与解析（二）

面试官：你工作经验欠缺，如何能胜任这项工作？

应聘者：作为应届毕业生，在工作经验方面的确会有所欠缺，因此在读书期间我一直利用各种机会在这个行业里做兼职。我也发现，实际工作远比书本知识丰富、复杂。但我有较强的责任心、适应能力和学习能力，而且比较勤奋，所以在兼职中能圆满完成各项工作，从中获取的经验也令我受益匪浅。请贵公司放心，学校所学及兼职的工作经验使我一定能胜任这个职位。

第 16 章
JavaScript 服务器端开发技术

◎ 本章教学微视频：12 个　16 分钟

学习指引

JavaScript 本身是一门脚本语言，脚本语言通常用来调用接口和功能，本身也具有高级语言的特性，所以可以在服务器端使用。本章就来学习 JavaScript 服务器端的相关开发技术与知识。

重点导读

- 了解服务器端 JavaScript 的应用技术。
- 理解浏览器端和服务器端技术的不同。
- 掌握 JavaScript 与数据库连接的方法。
- 掌握 JavaScript 时钟的实例。

16.1　认识服务器端 JavaScript

16.1.1　服务器端 JavaScript 的由来

目前，几乎所有的主流浏览器都将它作为标准语言，可以说 JavaScript 已经成为世界上最受欢迎的编程语言。它是网页的通用语言，虽然网页开发师有各自喜好和首选的动态语言，但回到浏览器端，大家会不约而同地选择 JavaScript。

既然能在浏览器中使用 JavaScript，为什么不能在服务器里使用呢？单种语言贯穿全线减少了工程师既要编写服务器端脚本又要编写客户端脚本的烦恼。为此，1996 年，在发布了首个版本的浏览器两年之后，NetScape 公司推出了服务器端 JavaScript，不过，当时它的影响力远不及客户端 JavaScript，于是这个概念很快隐退，JavaScript 便主要应用在浏览器上。

现在，随着浏览器之间的激烈竞争，JavaScript 的性能快速提升，除浏览器以外的应用，服务器端 JavaScript 是最吸引人的选择。服务器端 JavaScript 可以同 NoSQL 数据库进行良好契合，这些数据库倾向于使用 HTTP 进行通信，在某些情况下采用 JSON（JavaScript Object Notation）作为消息格式，JavaScript 库已经包括对此类交互形式的支持，一些 NoSQL 系统超越了数据存续的层面，进入了成熟的 JavaScript 应用环境。

16.1.2　运行服务器端 JavaScript 的方法

运行服务器端 JavaScript 最简单的办法是将 JavaScript 引擎植入网页服务器中。有许多开源项目可选，由于不同项目所采用的编程语言不同，因此影响到它可以运行的环境，以及常见的性能和支持方面的问题。例如，许多 JavaScript 平台运行在 Rhino 引擎上，而 Rhino 构建于 Java，这意味着它们更容易同 Java 部件集成。因而，用户可以在 JavaScript 中构建完整的用户界面，包括在服务器之上的用户界面层，而且还可以由常见的企业级 Java 栈做支撑。

一旦在网页服务器中安装 JavaScript 引擎，就可以像使用其他语言一样，撰写简单的 CGI 脚本来读取请求、回写响应。在实际应用中，还需要良好的库支持。某些环境默认带有库，这时用户可以利用为浏览器端 JavaScript 而开发的库。

16.1.3　服务器端 JavaScript 的运行环境

服务器端 JavaScript 的运行环境是 Node.js。简单地说，Node.js 就是运行在服务端的 JavaScript，是一个基于 Chrome JavaScript 运行时建立的平台，还是一个事件驱动 I/O 服务端 JavaScript 运行环境。该环境基于 Google 的 V8 引擎，V8 引擎执行 JavaScript 的速度非常快，性能非常好，由于 Node.js 的非阻塞与支持，高并发的特性已经被广泛应用在服务器端。

16.1.4　JavaScript 在网站开发中的作用

JavaScript 在网站开发中的主要作用之一就是用于特效制作，例如，在网页中将鼠标放到链接上，然后单击一下就出现一个登录框，还有就是验证文本框中有没有输入内容等，这些都是由 JavaScript 来实现的。

JavaScript 对于程序员来说使用它可以减轻后台处理逻辑的负担，对于使用者来说可以增强使用体验。要想使网页能够具有交互性，能够包含更多活跃的元素，就有必要在网页中嵌入其他技术，如 JavaScript、VBScript、DOM、Layers 和 CSS（Cascading Style Sheets，层叠样式表）等。

在 HTML 基础上，使用 JavaScript 可以开发交互式 Web 网页。JavaScript 的出现使得网页和用户之间实现了一种实时性的、动态的、交互性的关系，使网页包含更多活跃的元素和更加精彩的内容。运用 JavaScript 编写的程序需要能支持 JavaScript 语言的浏览器。Netscape 公司 Navigator 3.0 以上版本的浏览器都能支持 JavaScript 程序，Microsoft 公司 Internet Explorer 3.0 以上版本的浏览器基本上都支持 JavaScript。

总之，JavaScript 可以使网页增加互动性，使有规律的重复的 HTML 代码简化，减少下载时间，还能及时响应用户的操作，对提交的表单做即时检查，无须浪费时间交由 CGI 验证。

16.2　浏览器端与服务器端

通过在服务器端应用 JavaScript，可以使用户在浏览器端查看具体的用户体现。下面介绍浏览器端与服务器端的相关技术与特点。

16.2.1　什么是 B/S 技术

B/S 是 Browser/Server（浏览器 / 服务器）的缩写，客户机上只要安装一个浏览器（Browser），如 Netscape Navigator 或 Internet Explorer，服务器上安装 Oracle、Sybase、Informix 或 SQL Server 等数据库。在

这种结构下，用户界面完全通过 WWW 浏览器实现，一部分事务逻辑在前端实现，但是主要事务逻辑在服务器端实现，浏览器通过 Web 服务器同数据库进行数据交互。

16.2.2　B/S 技术特点

B/S 最大的技术特点就是可以在任何地方进行操作而不用安装任何专门的软件，只要有一台能上网的计算机就能使用，客户端零安装、零维护。系统的扩展非常容易。B/S 结构的使用越来越多，特别是推动了 Ajax 技术的发展，它的程序也能在客户端计算机上进行部分处理，从而大大地减轻了服务器的负担，并增加了交互性，能进行局部实时刷新。

16.3　JavaScript 与数据库的连接

JavaScript 可以与数据库连接，下面以 JavaScript 中 Node.js 库文件连接 MySQL 数据库为例，来介绍连接数据库的方法。连接好数据库后，还可以操作数据库，如查询数据、插入数据、更新数据、删除数据等。

16.3.1　JavaScript 连接数据库

在进行连接数据库操作前，用户需要将 SQL 文件 websites.sql 导入到 MySQL 数据库中。这里连接的 MySQL 用户名为 root，密码为 123456，数据库为 test，不过，这可以根据自己配置情况修改。连接数据库的具体代码如下：

```
var mysql= require('mysql');
var connection = mysql.createConnection({
  host : 'localhost',
  user : 'root',
  password : '123456',
  database : 'test'
});
connection.connect();
connection.query('SELECT 1 + 1 AS solution', function (error, results, fields) {
  if (error) throw error;
  console.log('The solution is: ', results[0].solution);
});
```

执行上述代码后，输出的结果为：

```
$ node test.js
The solution is: 2
```

16.3.2　查询数据库数据

查询数据库数据的具体代码如下：

```
var mysql  = require('mysql');
var connection = mysql.createConnection({
  host     : 'localhost',
  user     : 'root',
  password : '123456',
  port: '3306',
  database: 'test',
});
```

```
connection.connect();
var  sql = 'SELECT * FROM websites';
//查
connection.query(sql,function (err, result) {
        if(err){
           console.log('[SELECT ERROR] - ',err.message);
           return;
        }
      console.log('--------------------------SELECT----------------------------');
      console.log(result);
      console.log('----------------------------------------------------------------\n\n');
});
connection.end();
```

执行上述代码后，输出的结果为：

```
$ node test.js
--------------------------SELECT----------------------------
[ RowDataPacket {
    id: 1,
    name: 'Google',
    url: 'https://www.google.cm/',
    alexa: 1,
    country: 'USA' },
  RowDataPacket {
    id: 2,
    name: '淘宝',
    url: 'https://www.taobao.com/',
    alexa: 13,
    country: 'CN' },
  RowDataPacket {
    id: 3,
    name: '菜鸟教程',
    url: 'http://www.runoob.com/',
    alexa: 4689,
    country: 'CN' },
  RowDataPacket {
    id: 4,
    name: '微博',
    url: 'http://weibo.com/',
    alexa: 20,
    country: 'CN' },
  RowDataPacket {
    id: 5,
    name: 'Facebook',
    url: 'https://www.facebook.com/',
    alexa: 3,
    country: 'USA' } ]
----------------------------------------------------------------
```

16.3.3 插入数据库数据

可以向数据库中插入数据，具体代码如下：

```
var mysql  = require('mysql');
var connection = mysql.createConnection({
  host     : 'localhost',
  user     : 'root',
  password : '123456',
  port: '3306',
  database: 'test',
});
connection.connect();
```

```
var  addSql = 'INSERT INTO websites(Id,name,url,alexa,country) VALUES(0,?,?,?,?)';
var  addSqlParams = ['菜鸟工具', 'https://c.runoob.com','23453', 'CN'];
//增
connection.query(addSql,addSqlParams,function (err, result) {
        if(err){
          console.log('[INSERT ERROR] - ',err.message);
          return;
         }
       console.log('--------------------------INSERT----------------------------');
       //console.log('INSERT ID:',result.insertId);
       console.log('INSERT ID:',result);
       console.log('-----------------------------------------------------------------\n\n');
});
connection.end();
```

执行上述代码后，输出的结果为：

```
$ node test.js
--------------------------INSERT----------------------------
INSERT ID: OkPacket {
  fieldCount: 0,
  affectedRows: 1,
  insertId: 6,
  serverStatus: 2,
  warningCount: 0,
  message: '',
  protocol41: true,
  changedRows: 0 }
----------------------
```

16.3.4   更新数据库数据

也可以对数据库中的数据进行修改与更新，具体代码如下：

```
var mysql  = require('mysql');
var connection = mysql.createConnection({
  host     : 'localhost',
  user     : 'root',
  password : '123456',
  port: '3306',
  database: 'test',
});
connection.connect();
var modSql = 'UPDATE websites SET name = ?,url = ? WHERE Id = ?';
var modSqlParams = ['菜鸟移动站', 'https://m.runoob.com',6];
// 改
connection.query(modSql,modSqlParams,function (err, result) {
   if(err){
         console.log('[UPDATE ERROR] - ',err.message);
         return;
   }
  console.log('--------------------------UPDATE----------------------------');
  console.log('UPDATE affectedRows',result.affectedRows);
  console.log('-----------------------------------------------------------------\n\n');
});
connection.end();
```

执行上述代码后，输出的结果为：

```
--------------------------UPDATE----------------------------
UPDATE affectedRows 1
-----------------------------------------------------------------
```

16.3.5　删除数据库数据

删除数据之前，需要设置数据的 id 数，这里删除 id 为 6 的数据，具体代码如下：

```
var mysql  = require('mysql');

var connection = mysql.createConnection({
  host     : 'localhost',
  user     : 'root',
  password : '123456',
  port: '3306',
  database: 'test',
});
connection.connect();
var delSql = 'DELETE FROM websites where id=6';
// 删
connection.query(delSql,function (err, result) {
    if(err){
       console.log('[DELETE ERROR] - ',err.message);
       return;
     }

    console.log('--------------------------DELETE----------------------------');
    console.log('DELETE affectedRows',result.affectedRows);
    console.log('----------------------------------------------------------------\n\n');
});

connection.end();
```

执行上述代码后，输出的结果为：

```
--------------------------DELETE----------------------------
DELETE affectedRows 1
----------------------------------------------------------------
```

16.4　典型案例——制作网页版时钟

使用 JavaScript 的技术和 HTML5 中新增的画布 canvas 可以轻松制作网页版时钟特效。在画布上绘制时钟，需要绘制表盘、时针、分针、秒针和中心圆等图形，然后将这几个图形组合起来，构成一个时钟界面，最后使用 JavaScript 代码，根据时间确定秒针、分针和时针。具体步骤如下。

第一步：创建 HTML 页面。

```
<!DOCTYPE html>
<html>
<head>
<title> 制作网页版时钟 </title>
</head>
<body>
<canvas id="canvas" width="200" height="200" style="border:1px solid #000;">您的浏览器不支持
Canvas。</canvas>
</body>
</html>
```

相关的代码示例请参考 ch16 下的制作网页版时钟 .html 文件，然后双击该文件，在 IE 浏览器里面运行的结果如图 16-1 所示。

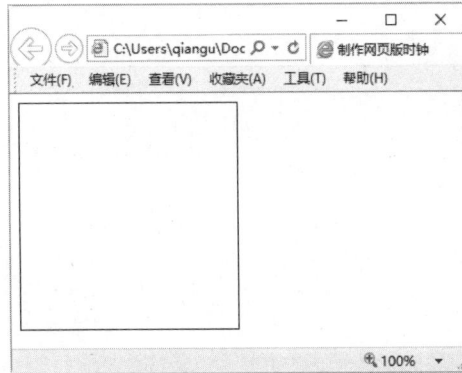

图 16-1　程序运行结果

第二步：添加 JavaScript 语句，绘制时钟特效。

```
<script type="text/JavaScript" language="JavaScript" charset="utf-8">
 var canvas = document.getElementById('canvas');
 var ctx = canvas.getContext('2d');
 if(ctx){
  var timerId;
  var frameRate = 60;
  function canvObject(){
   this.x = 0;
   this.y = 0;
   this.rotation = 0;
   this.borderWidth = 2;
   this.borderColor = '#000000';
   this.fill = false;
   this.fillColor = '#ff0000';
   this.update = function(){
    if(!this.ctx)throw new Error(' 你没有指定ctx对象。');
    var ctx = this.ctx
    ctx.save();
    ctx.lineWidth = this.borderWidth;
    ctx.strokeStyle = this.borderColor;
    ctx.fillStyle = this.fillColor;
    ctx.translate(this.x, this.y);
    if(this.rotation)ctx.rotate(this.rotation * Math.PI/180);
    if(this.draw)this.draw(ctx);
    if(this.fill)ctx.fill();
    ctx.stroke();
    ctx.restore();
   }
  };
  function Line(){};
  Line.prototype = new canvObject();
  Line.prototype.fill = false;
  Line.prototype.start = [0,0];
  Line.prototype.end = [5,5];
  Line.prototype.draw = function(ctx){
   ctx.beginPath();
   ctx.moveTo.apply(ctx,this.start);
   ctx.lineTo.apply(ctx,this.end);
   ctx.closePath();
  };

  function Circle(){};
  Circle.prototype = new canvObject();
  Circle.prototype.draw = function(ctx){
   ctx.beginPath();
   ctx.arc(0, 0, this.radius, 0, 2 * Math.PI, true);
   ctx.closePath();
```

```
    };

    var circle = new Circle();
    circle.ctx = ctx;
    circle.x = 100;
    circle.y = 100;
    circle.radius = 90;
    circle.fill = true;
    circle.borderWidth = 6;
    circle.fillColor = '#ffffff';

    var hour = new Line();
    hour.ctx = ctx;
    hour.x = 100;
    hour.y = 100;
    hour.borderColor = "#000000";
    hour.borderWidth = 10;
    hour.rotation = 0;
    hour.start = [0,20];
    hour.end = [0,-50];

    var minute = new Line();
    minute.ctx = ctx;
    minute.x = 100;
    minute.y = 100;
    minute.borderColor = "#333333";
    minute.borderWidth = 7;
    minute.rotation = 0;
    minute.start = [0,20];
    minute.end = [0,-70];

    var seconds = new Line();
    seconds.ctx = ctx;
    seconds.x = 100;
    seconds.y = 100;
    seconds.borderColor = "#ff0000";
    seconds.borderWidth = 4;
    seconds.rotation = 0;
    seconds.start = [0,20];
    seconds.end = [0,-80];

    var center = new Circle();
    center.ctx = ctx;
    center.x = 100;
    center.y = 100;
    center.radius = 5;
    center.fill = true;
    center.borderColor = ' green ';
     for(var i=0,ls=[],cache;i<12;i++){
      cache = ls[i] = new Line();
      cache.ctx = ctx;
      cache.x = 100;
      cache.y = 100;
      cache.borderColor = " green ";
      cache.borderWidth = 2;
      cache.rotation = i * 30;
      cache.start = [0,-70];
      cache.end = [0,-80];
    }

    timerId = setInterval(function(){
     // 清除画布
     ctx.clearRect(0,0,200,200);
     // 填充背景色
     ctx.fillStyle = 'green';
     ctx.fillRect(0,0,200,200);
     // 表盘
```

```
    circle.update();
    // 刻度
    for(var i=0;cache=ls[i++];)cache.update();
    // 时针
    hour.rotation = (new Date()).getHours() * 30;
    hour.update();
    // 分针
    minute.rotation = (new Date()).getMinutes() * 6;
    minute.update();
    // 秒针
    seconds.rotation = (new Date()).getSeconds() * 6;
    seconds.update();
    // 中心圆
    center.update();
  },(1000/frameRate)|0);
 }else{
  alert('您的浏览器不支持Canvas,无法预览时钟!');
 }
</script>
```

相关的代码示例请参考 ch16 下的制作网页版时钟 .html 文件，然后双击该文件，在 IE 浏览器里面运行的结果如图 16-2 所示，可以看到页面中出现了一个时钟，其秒针在不停地移动。

图 16-2　时钟效果

16.5　就业面试技巧与解析

16.6.1　面试技巧与解析（一）

面试官：你认为面试中最重要的是什么？

应聘者：我认为面试中最重要的就是守时。守时是职业道德的一个基本要求。提前 10 ～ 15 分钟到达面试地点，可熟悉一下环境，稳定一下心神。提前半小时以上会被面试官认为没有时间观念，而面试时迟到或是匆匆忙忙赶到更是致命的，这会被面试官认为应聘者缺乏自我管理和约束能力，即缺乏职业能力。不管什么理由，迟到会影响自身的形象，这是一个对他人、对自己尊重的问题。

16.6.2　面试技巧与解析（二）

面试官：在面试的过程中，如果有人给你打电话，你该怎么办？

应聘者：对于我个人来说，这种情况是不可能出现的，我会在进入面试前，把手机关机或调成静音，这是对面试官的尊重，也会避免面试时造成尴尬局面。

第 17 章
JavaScript 数据存储技术

◎ 本章教学微视频：11 个　25 分钟

学习指引

　　数据存储是 JavaScript 的核心功能，这种技术并不是那种像页面滑动、幻灯片展示、淡入淡出等吸引人眼球的特效，不过，适当地存储好数据，有利于用户组织良好的数据结构，又能使应用程序访问这些内容更加容易。本章就来介绍 JavaScript 的数据存储技术。

重点导读

- 了解 JavaScript 的概述。
- 掌握 JavaScript 的应用初体验。
- 掌握网页执行 JavaScript 的方法。
- 掌握 JavaScript 清新体验的实例。

17.1　Web Storage

　　Web Storage 是由 HTML5 定义的本地存储规范，由两部分组成：一部分是 sessionStorage；另一部分是 localStorage，二者的差异主要是数据的保存时长及数据的共享方式。

17.1.1　sessionStorage

　　sessionStorage 用于本地存储一个会话（Session）中的数据，这些数据只有在同一个会话中的页面才能访问并且当会话结束后数据也随之销毁。因此 sessionStorage 不是一种持久化的本地存储，仅仅是会话级别的存储，即数据在浏览器关闭后自动删除。

　　创建一个 sessionStorage 方法的基本语法格式如下：

```
<script type="text/JavaScript">
sessionStorage.abc=" ";
</script>
```

【例 17-1】（实例文件：ch17\Chap17.1.html）sessionStorage 的应用示例。

```
<!DOCTYPE html>
```

```
<html>
<body>
<script type="text/JavaScript">
sessionStorage.name=" 明日复明日，明日何其多。";
document.write(sessionStorage.name);
</script>
</body>
</html>
```

　　相关的代码示例请参考 Chap17.1.html 文件，然后双击该文件，在火狐浏览器里面运行的结果如图 17-1 所示。

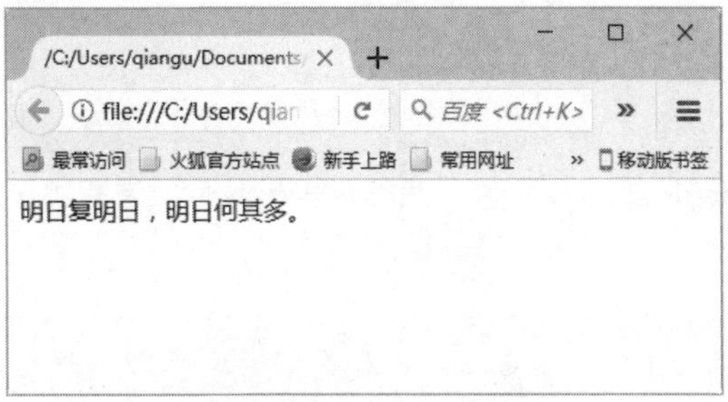

图 17-1　程序运行结果 1

17.1.2　localStorage

　　localStorage 一直存储在本地，数据存储是永久的，除非用户或程序对其进行删除操作；localStorage 对象存储的数据没有时间限制，第二天、第二周或下一年之后，数据依然可用。其主要特点如下。

- 域内安全、永久保存。即客户端或浏览器中来自同一域名的所有页面都可访问 localStorage 数据，这些数据除了删除能消失，否则永久保存，但客户端或浏览器之间的数据相互独立。
- 数据不会随着 HTTP 请求发送到后台服务器。
- 存储数据的大小不用考虑，因为在 HTML5 的标准中要求浏览器至少要支持到 4MB。

localStorage 提供了 4 个方法来辅助用户进行对本地存储做相关操作。

　　（1）localStorage.setItem（键名，键值）：在本地客户端存储一个字符串类型的数据，其中，第一个参数"键名"代表了该数据的标识符，而第二个参数"键值"为该数据本身。具体示例代码如下：

```
localStorage.setItem("name", " 张三 ");      // 存储键名为 name 和键值为 " 张三 " 的数据到本地
localStorage.setItem("age", "28");           // 存储键名为 age 和键值为 "28" 的数据到本地
```

　　（2）localStorage.getItem（键名）：读取已存储在本地的数据，通过键名作为参数读取出对应键名的数据。具体示例代码如下：

```
var data = localStorage.getItem("name");
alert(data);// 张三
```

　　（3）localStorage.removeItem（键名）：移除已存储在本地的数据，通过键名作为参数删除对应键名的数据。具体示例代码如下：

```
var data2 = localStorage.removeItem("name");// 从本地存储中移除键名为 name 的数据
alert(data2); // 无定义
```

　　（4）localStorage.clear()：移除本地存储所有数据。具体示例代码如下：

```
localStorage.clear(); // 保存的 "age/28" 和 "name/ 张三 " 的键/值对也被移除了，所有本地数据消失
```

创建一个 localStorage 方法的基本语法格式如下：

```
<script type="text/JavaScript">
localStorage.abc=" ";
</script>
```

【例 17-2】（实例文件：ch17\Chap17.2.html）localStorage 的应用示例。

```
<!DOCTYPE html>
<html>
<body>
<script type="text/JavaScript">
localStorage.name=" 明日复明日，明日何其多。";
document.write(localStorage.name);
</script>
</body>
</html>
```

相关的代码示例请参考 Chap17.2.html 文件，然后双击该文件，在火狐浏览器里面运行的结果如图 17-2 所示。

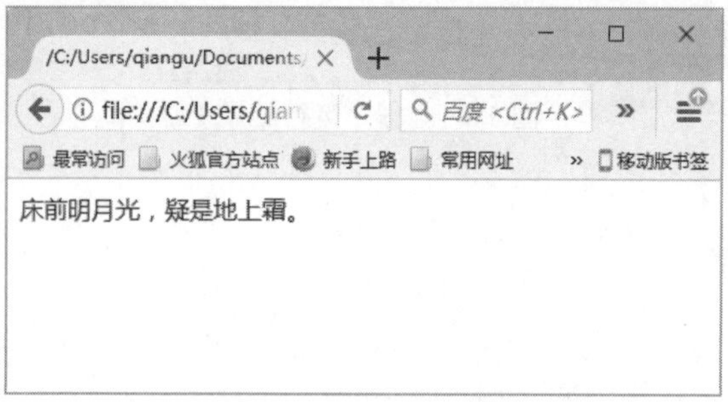

图 17-2　程序运行结果 2

17.1.3　二者的区别

下面实例使用 sessionStorage 方法，主要制作一个记录用户访问网站次数的计数器。

【例 17-3】（实例文件：ch17\Chap17.3.html）使用 sessionStorage 方法记录用户访问网站次数。

```
<!DOCTYPE html>
<html>
<body>
<script type="text/JavaScript">
if (sessionStorage. count)
{
sessionStorage.count=Number(sessionStorage.count) +1;
}
else
{
sessionStorage. count=1;
}
document.write(" 您访问该网站的次数为: " + sessionStorage.count);
</script>
</body>
</html>
```

相关的代码示例请参考 Chap17.3.html 文件，然后双击该文件，在火狐浏览器里面运行的结果如图 17-3 所示。如果用户刷新一次页面，计数器的数值将进行加 1。

图 17-3　程序运行结果 3

如果用户关闭浏览器窗口，再次打开该网页，计数器将重置为 1，如图 17-4 所示。

图 17-4　计数器将重置为 1

下面使用 localStorage 方法来制作记录用户访问网站次数的计数器。用户可以清楚地看到 localStorage 方法和 sessionStorage 方法的区别。

【例 17-4】（实例文件：ch17\Chap17.4.html）使用 localStorage 方法记录用户访问网站次数。

```
<!DOCTYPE html>
<html>
<body>
<script type="text/JavaScript">
if (localStorage.count)
{
localStorage.count=Number(localStorage.count) +1;
}
else
{
localStorage.count=1;
 }
document.write("您访问该网站的次数为: " + localStorage.count);
</script>
</body>
</html>
```

相关的代码示例请参考 Chap17.4.html 文件，然后双击该文件，在火狐浏览器里面运行的结果如图 17-5 所示。如果用户刷新一次页面，计数器的数值将进行加 1。

图 17-5　程序运行结果 4

如果用户关闭浏览器窗口，再次打开该网页，计数器会继续上一次计数，而不会重置为 1，如图 17-6 所示。

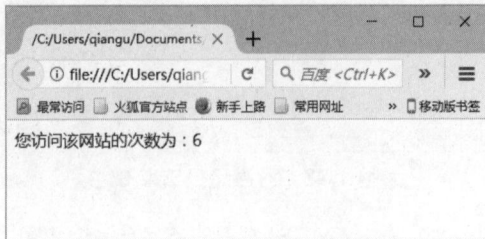

图 17-6　计数器不会重置

17.2　Indexed Database

Indexed Database 简称为 IndexedDB，是 Web 客户端存储结构化数据的规范之一，在 2009 年由 Oracle 公司提出。

17.2.1　认识 Indexed Database

随着浏览器的处理能力不断增强，越来越多的网站开始考虑将大量数据储存在客户端，这样可以减少用户等待从服务器获取数据的时间。

现有的浏览器端数据储存方案都不适合储存大量数据：Cookie 不超过 4KB，且每次请求都会发送回服务器端；LocalStorage 为 2.5 ~ 10MB。所以，需要一种新的解决方案，这就是 IndexedDB 诞生的背景。

通俗地说，IndexedDB 就是浏览器端数据库，可以被网页脚本程序创建和操作。它允许储存大量数据，提供查找接口，还能建立索引。这些都是 LocalStorage 所不具备的。就数据库类型而言，IndexedDB 不属于关系型数据库（不支持 SQL 查询语句），更接近 NoSQL 数据库。

17.2.2　Indexed Database 的特点

IndexedDB 具有以下特点。

（1）键值对储存。IndexedDB 内部采用对象仓库（Object Store）存放数据。所有类型的数据都可以直接存入，包括 JavaScript 对象。在对象仓库中，数据以"键值对"的形式保存，每一个数据都有对应的键名，键名是独一无二的，不能有重复，否则会抛出一个错误。

（2）异步性。IndexedDB 操作时不会锁死浏览器，用户依然可以进行其他操作，这与 LocalStorage 形成对比，后者的操作是同步的。异步设计是为了防止大量数据的读写。

（3）支持事务。IndexedDB 支持事务（Transaction），这意味着一系列操作步骤之中，只要有一步失败，整个事务就都取消，数据库回到事务发生之前的状态，不存在只改写一部分数据的情况。

（4）同域限制。IndexedDB 也受到同域限制，每一个数据库对应创建该数据库的域名。来自不同域名的网页，只能访问自身域名下的数据库，而不能访问其他域名下的数据库。

（5）储存空间大。IndexedDB 的储存空间比 LocalStorage 大得多，一般来说不少于 250MB。IE 的储存上限是 250MB，Chrome 和 Opera 是剩余空间的某个百分比，Firefox 则没有上限。

（6）支持二进制储存。IndexedDB 不仅可以储存字符串，还可以储存二进制数据。

17.2.3　连接数据库

浏览器原生提供 indexedDB 对象，作为开发者的操作接口。indexedDB.open() 方法用于连接或打开数据库。具体代码格式如下：

```
var openRequest = indexedDB.open("test",1);
```

该方法的第一个参数是数据库名称，格式为字符串，不可省略；第二个参数是数据库版本，是一个大于 0 的正整数（0 将报错）。上面代码表示打开一个名为 test、版本为 1 的数据库。如果该数据库不存在，则会新建该数据库。如果省略第二个参数，则会自动创建版本为 1 的该数据库。

打开数据库结果时，有可能触发 4 种事件，分别如下。

- success：打开成功。
- error：打开失败。
- upgradeneeded：第一次打开该数据库，或者数据库版本发生变化。
- blocked：上一次的数据库连接还未关闭。

第一次打开数据库时，会先触发 onupgradeneeded 事件，然后触发 onsuccess 事件。根据不同的需要，对上面 4 种事件设立回调函数。代码如下：

```
var openRequest = indexedDB.open("test",1);
var db;
openRequest.onupgradeneeded = function(e) {
    console.log("Upgrading...");
}

openRequest.onsuccess = function(e) {
    console.log("Success!");
    db = e.target.result;
}

openRequest.onerror = function(e) {
    console.log("Error");
    console.dir(e);
}
```

上面代码有两个地方需要注意。首先，indexedDB.open() 方法返回的是一个对象（openRequest），回调函数定义在这个对象上面。其次，回调函数接受一个事件对象 event 作为参数，它的 target.result 属性就指向打开的 IndexedDB 数据库。

17.2.4　对象存储的创建

使用 createObjectStore() 方法可以创建用于存放数据的对象仓库，类似于传统关系型数据库的表格。具体格式如下：

```
db.createObjectStore("firstOS");
```

上面代码创建了一个名为 firstOS 的对象仓库，如果该对象仓库已经存在，就会抛出一个错误。为了避免出错，需要用到 objectStoreNames 属性，来检查已有哪些对象仓库。objectStoreNames 属性返回一个 DOMStringList 对象，里面包含了当前数据库所有"对象仓库"的名称。可以使用 DOMStringList 对象的 contains() 方法，检查数据库是否包含某个"对象仓库"。具体代码如下：

```
if(!db.objectStoreNames.contains("firstOS")) {
    db.createObjectStore("firstOS");
}
```

上面代码先判断某个对象仓库是否存在，如果不存在就创建该对象仓库。

另外，createObjectStore() 方法还可以接受第二个对象参数，用来设置对象仓库的属性。具体格式如下：

```
db.createObjectStore("test", { keyPath: "email" });
db.createObjectStore("test2", { autoIncrement: true });
```

上面代码中的 keyPath 属性表示所存入对象的 email 属性用作每条记录的键名（由于键名不能重复，所以存入之前必须保证数据的 email 属性值都是不一样的），默认值为 null；autoIncrement 属性表示是否使用自动递增的整数作为键名（第一个数据为 1，第二个数据为 2，依次类推），默认为 false。一般来说，keyPath 和 autoIncrement 属性只要使用一个就够了，如果两个同时使用，表示键名为递增的整数，且对象不得缺少指定属性。

17.2.5 数据库事务

在向数据库添加数据之前，必须先创建数据库事务。使用 transaction() 方法可以创建一个数据库事务。具体代码格式如下：

```
var t = db.transaction(["firstOS"],"readwrite");
```

transaction() 方法接受两个参数：第一个参数是一个数组，里面是所涉及的对象仓库，通常是只有一个；第二个参数是一个表示操作类型的字符串。目前，操作类型只有两种：readonly（只读）和 readwrite（读写）。添加数据使用 readwrite，读取数据使用 readonly。

另外，使用 transaction() 方法还可以返回一个事务对象，该对象的 objectStore() 方法用于获取指定的对象仓库。具体代码格式如下：

```
var t = db.transaction(["firstOS"],"readwrite");
var store = t.objectStore("firstOS");
```

transaction 方法有 3 个事件，可以用来定义回调函数，分别如下。

- abort：事务中断。
- complete：事务完成。
- error：事务出错。

具体应用代码如下：

```
var transaction = db.transaction(["note"], "readonly");
transaction.oncomplete = function(event) {
};
```

17.2.6 操作数据库数据

使用事务对象的方法，可以操作数据，如添加数据、读取数据、更新数据、删除数据、遍历数据等。

1 添加数据

获取对象仓库以后，就可以用 add() 方法往数据库中添加数据了，具体代码如下：

```
var store = t.objectStore("firstOS");
var o = {p: 123};
var request = store.add(o,1);
```

add() 方法的第一个参数是所要添加的数据，第二个参数是这条数据对应的键名（Key），上面代码将对象 o 的键名设为 1。如果在创建数据仓库时，对键名做了设置，这里也可以不指定键名。

add() 方法是异步的，有自己的 onsuccess 和 onerror 事件，可以对这两个事件指定回调函数。具体代码如下：

```
var request = store.add(o,1);
request.onerror = function(e) {
    console.log("Error",e.target.error.name);
}
request.onsuccess = function(e) {
    console.log("数据添加成功！");
}
```

2. 读取数据

使用 get() 方法可以读取数据，它的参数是数据的键名，具体代码如下：

```
var t = db.transaction(["test"], "readonly");
var store = t.objectStore("test");
var ob = store.get(x);
```

get() 方法也是异步的，会触发自己的 onsuccess 和 onerror 事件，可以对它们指定回调函数，具体代码如下：

```
var ob = store.get(x);
ob.onsuccess = function(e) {
    // ...
}
```

从创建事务到读取数据，所有操作方法也可以写成下面的链式形式，具体代码如下：

```
db.transaction(["test"], "readonly")
  .objectStore("test")
  .get(X)
  .onsuccess = function(e){}
```

3. 更新记录

使用 put() 方法可以更新数据记录，put() 方法的用法与 add() 方法相近，具体代码如下：

```
var o = { p:456 };
var request = store.put(o, 1);
```

4. 删除记录

使用 delete() 方法可以删除数据记录，具体代码如下：

```
var t = db.transaction(["people"], "readwrite");
var request = t.objectStore("people").delete(thisId);
```

delete() 方法的参数是数据的键名。另外，delete 也是一个异步操作，可以为它指定回调函数。

5. 遍历数据

使用 openCursor() 方法可以遍历数据，它会在当前对象仓库里面建立一个读取光标（Cursor），然后遍历数据，具体代码如下：

```
var t = db.transaction(["test"], "readonly");
var store = t.objectStore("test");
var cursor = store.openCursor();
```

openCursor() 方法也是异步的，有自己的 onsuccess 和 onerror 事件，可以对它们指定回调函数，具体代码如下：

```
cursor.onsuccess = function(e) {
    var res = e.target.result;
    if(res) {
```

```
        console.log("Key", res.key);
        console.dir("Data", res.value);
        res.continue();
    }
}
```

回调函数接受一个事件对象作为参数，该对象的 target.result 属性指向当前数据对象。当前数据对象的 key 和 value 分别返回键名和键值（即实际存入的数据）。continue() 方法将光标移到下一个数据对象，如果当前数据对象已经是最后一个数据，则光标指向 null。

另外，openCursor() 方法还可以接受第二个参数，表示遍历方向，默认值为 next，其他可能的值为 prev、nextunique 和 prevunique。后两个值表示如果遇到重复值，会自动跳过。

17.2.7　索引的创建

使用 createIndex() 方法可以创建索引。假定对象仓库中的数据对象都是下面 person 类型的。具体代码如下：

```
var person = {
    name:name,
    email:email,
    created:new Date()
}
```

这样就可以指定这个数据对象的某个属性来建立索引。具体代码如下：

```
var store = db.createObjectStore("people", { autoIncrement:true });
store.createIndex("name","name", {unique:false});
store.createIndex("email","email", {unique:true});
```

createIndex() 方法接受 3 个参数：第一个是索引名称；第二个是建立索引的属性名；第三个是参数对象，用来设置索引特性。unique 表示索引所在的属性是否有唯一值，上面代码表示 name 属性不是唯一值，email 属性是唯一值。

17.3　典型案例——制作一个计算器

JavaScript、CSS 与 HTML 技术相结合，可以制作一个简单的计算器，具体步骤如下。

第一步：构建 HTML 页面。创建 HTML 页面，完成基本框架的创建。其代码如下所示：

```
<!DOCTYPE html>
<html>
<head>
<title> 制作计算器 </title>
</head>
<body>
<div class="center">
    <h1>JavaScript 计算器 </h1>
    <a href="https://github.com/guuibayer/simple-calculator" target="_blank"><i class="fa
fa-github"></i></a>
    <form name="calculator">
        <input type="button" id="clear" class="btn other" value="C">
        <input type="text" id="display">
            <br>
        <input type="button" class="btn number" value="7" onclick="get(this.value);">
        <input type="button" class="btn number" value="8" onclick="get(this.value);">
        <input type="button" class="btn number" value="9" onclick="get(this.value);">
        <input type="button" class="btn operator" value="+" onclick="get(this.value);">
            <br>
```

```
            <input type="button" class="btn number" value="4" onclick="get(this.value);">
            <input type="button" class="btn number" value="5" onclick="get(this.value);">
            <input type="button" class="btn number" value="6" onclick="get(this.value);">
            <input type="button" class="btn operator" value="*" onclick="get(this.value);">
                <br>
            <input type="button" class="btn number" value="1" onclick="get(this.value);">
            <input type="button" class="btn number" value="2" onclick="get(this.value);">
            <input type="button" class="btn number" value="3" onclick="get(this.value);">
            <input type="button" class="btn operator" value="-" onclick="get(this.value);">
                <br>
            <input type="button" class="btn number" value="0" onclick="get(this.value);">
            <input type="button" class="btn operator" value="." onclick="get(this.value);">
            <input type="button" class="btn operator" value="/" onclick="get(this.value);">
            <input type="button" class="btn other" value="=" onclick="calculates();">
        </form>
    </div>
</body>
</html>
```

相关的代码示例请参考 ch17 下的制作计算器 .html 文件，然后双击该文件，在 IE 浏览器里面运行的结果如图 17-7 所示。

图 17-7　程序运行结果 5

第二步：添加 CSS，控制计算器的外观样式。其代码如下所示：

```
<style>
* {
    border: none;
    font-family: 'Open Sans', sans-serif;
    margin: 0;
    padding: 0;
}
body {
}
.center {
    background-color: #fff;
    border-radius: 50%;
    height: 600px;
    margin: auto;
    width: 600px;
}
h1 {
    color: #495678;
    font-size: 30px;
    margin-top: 20px;
    padding-top: 50px;
    display: block;
```

```css
        text-align: center;
        text-decoration: none;
    }
    a {
        color: #495678;
        font-size: 30px;
        display: block;
        text-align: center;
        text-decoration: none;
        padding-top: 20px;
    }
    form {
        background-color: #495678;
        box-shadow: 4px 4px #3d4a65;
        margin: 40px auto;
        padding: 40px 0 30px 40px;
        width: 280px;
    }
    .btn {
        outline: none;
        cursor: pointer;
        font-size: 20px;
        height: 45px;
        margin: 5px 0 5px 10px;
        width: 45px;
    }
    .btn:first-child {
        margin: 5px 0 5px 10px;
    }
    .btn, #display, form {
        border-radius: 25px;
    }
    #display {
        outline: none;
        background-color: #98d1dc;
        box-shadow: inset 6px 6px 0px #3facc0;
        color: #dededc;
        font-size: 20px;
        height: 47px;
        text-align: right;
        width: 165px;
        padding-right: 10px;
        margin-left: 10px;
    }
    .number {
        background-color: #72778b;
        box-shadow: 0 5px #5f6680;
        color: #dededc;
    }
    .number:active {
        box-shadow: 0 2px #5f6680;
        -webkit-transform: translateY(2px);
        -ms-transform: translateY(2px);
        -moz-tranform: translateY(2px);
        transform: translateY(2px);
    }
    .operator {
        background-color: #dededc;
        box-shadow: 0 5px #bebebe;
        color: #72778b;
    }
    .operator:active {
        box-shadow: 0 2px #bebebe;
        -webkit-transform: translateY(2px);
```

```
    -ms-transform: translateY(2px);
    -moz-tranform: translateY(2px);
    transform: translateY(2px);
}
.other {
    background-color: #e3844c;
    box-shadow: 0 5px #e76a3d;
    color: #dededc;
}
.other:active {
    box-shadow: 0 2px #e76a3d;
    -webkit-transform: translateY(2px);
    -ms-transform: translateY(2px);
    -moz-tranform: translateY(2px);
    transform: translateY(2px);
}
</style>
```

相关的代码示例请参考 ch17 下的制作计算器 .html 文件，然后双击该文件，在 IE 浏览器里面运行的结果如图 17-7 所示，可以看出该计算器还不具备计算功能。

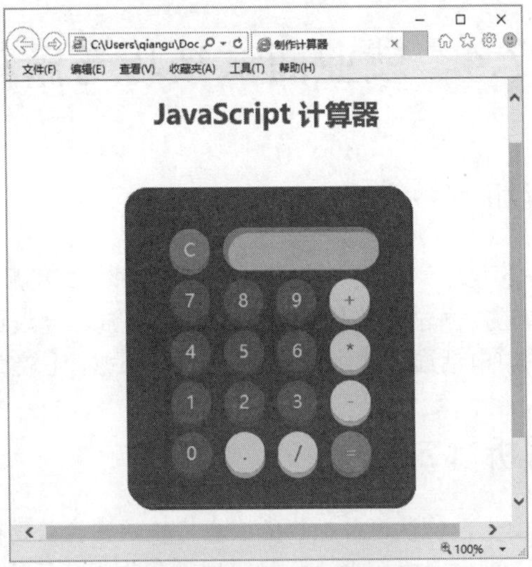

图 17-8　美化计算器的外观

第三步：添加 JavaScript 代码，实现计算器的计算功能。其代码如下所示：

```
<script>
document.getElementById("clear").addEventListener("click", function() {
    document.getElementById("display").value = "";
});
function get(value) {
    document.getElementById("display").value += value;
}
function calculates() {
    var result = 0;
    result = document.getElementById("display").value;
    document.getElementById("display").value = "";
    document.getElementById("display").value = eval(result);
};
</script>
```

相关的代码示例请参考 ch17 下的制作计算器 .html 文件，然后双击该文件，在 IE 浏览器里面运行的结果如图 17-9 所示，可以看出该计算器具备了计算功能。

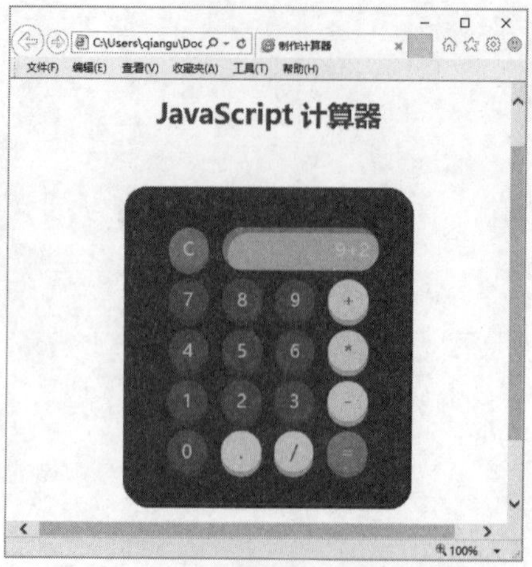

图 17-9　计算器具备了计算功能

17.4　就业面试技巧与解析

17.4.1　面试技巧与解析（一）

面试官：如果你能成为我们公司人事部的一员，你认识面试的方式有哪些？

应聘者：常用的面试方式有常规面试、情景面试、分阶段面试、会议面试、电话面试、视频面试等。对于不在本地的应聘者，可以采用电话面试或视频面试方式。不过，比较直接和常用的面试是常规面试。

17.4.2　面试技巧与解析（二）

面试官：如果你在面试一位女士，你认识什么样的衣着打扮更适合公司前台职位？

应聘者：针对衣着，我认为一般的女性职业装扮就可以了。作为公司的前台职位，我认为气质出众的女性更适合，如说话不卑不亢、做事落落大方、谈吐文雅自然等，那样可以提升公司的整体形象，给客户一个良好的印象。

第 18 章
JavaScript 中的错误和异常处理

◎ 本章教学微视频：19 个　26 分钟

学习指引

　　JavaScript 是一种编译语言，在使用的过程中，总会出现一些令人困惑的错误信息，为了避免出现这样的问题，从 JavaScript 3.0 版本以后，就添加了异常处理机制。用户可以采用从 Java 语言中移植过来的模型，使用 try…catch 等关键字处理代码中的异常，也可以使用 onerror 事件处理异常的产生。本章就来学习 JavaScript 中的错误与异常处理，以及如何优化 JavaScript 代码。

重点导读

- 了解 JavaScript 常见的错误和异常。
- 掌握常见错误和异常处理的方法。
- 掌握使用浏览器调试器的方法。
- 掌握 JavaScript 优化的方法。

18.1　常见的错误和异常

　　错误和异常是编写程序中经常出现的问题，一般来讲，错误在编译的时候就可以发现，而异常是在执行过程中发生的意外，通常是由潜在的错误概率导致的。本节就来介绍在编写 JavaScript 程序时常见的一些错误和异常。

18.1.1　拼写错误

　　拼写错误是编程人员非常容易也经常犯的错误，例如编写代码时容易把 getElementById() 写成 getElementByID()，这种错误比较不容易发现。因此，避免这种错误就需要开发者在编码时非常细心，并且出现这种错误时一定要耐心地去检查。

　　另外，还有大小写的问题也一定要注意，例如将 if 写成了 If，将 Array 写成了 array，这些都会导致语法错误。

18.1.2　访问不存在的变量

在 JavaScript 中，通常变量都需要先声明再使用，并且声明变量时需要指定变量的类型，且需要在变量前使用关键字 var。不过，因为 JavaScript 对变量类型的约束比较弱，所以它也允许省略关键字直接定义变量，但是，在实际操作的过程中，不提倡这样做，因为这种做法会在无形中给错误检查增加麻烦。

另外，声明一个变量后，在引用该变量时一定要注意前后的一致性，也就说在引用时不要把变量的名字拼写错误，从而导致出现访问不存在的变量这样的错误。如以下代码：

```
var usrname = "天天";
document.write("用户名为: "+username);
```

这样就会出现 username 变量没有定义这样的错误，因为前面声明的变量名是 usrname，而后面调用的却是 username。

18.1.3　括号不匹配

括号不匹配也是编程中常出现的一个错误。经常会在嵌套语句比较多的时候出现花括号 "{" 和 "}" 个数不匹配，或者 "（" "）" 个数不匹配，这些错误最容易在修改或删除了括号里面的代码后出现，所以除了要养成良好的编程习惯外，需要输入括号时先输入一对括号，然后再在括号里书写其他内容。

另外，编写代码有时需要输入中文字符，编程人员容易在输完中文字符后忘记切换输入法，从而导致输入的小括号、分号或者引号等出现错误。如下一段代码，出现的括号就不一致，前面是英文状态下的括号，后面是中文状态下的括号。

```
alert("用户名为: " + user + "密码为: " + psw)
```

18.1.4　字符串和变量连接错误

在 JavaScript 中，当想要一次输出多个字符串和变量时，需要使用加号和引号来连接这些字符串和变量。字符串和变量相连时要注意字符串需要加双引号，而变量不需要加引号。代码如下：

```
var user = document.getElementById ("txt1").text;
var psw = document.getElementById ("txt2").text;
alert("用户名为: " + user + "密码为: " + psw);
```

在这种情况下，由于引号、加号、冒号比较多，所以很容易出错，如将 alert 语句写成：

```
alert("用户名为: " + user + "密码为: + psw);
```

又或者写成：

```
alert("用户名为: " + user  "密码为: " + psw);
```

第一种错误写法是在写连接第二个字符串 "密码为："时少了后引号，第二种错误写法是在第一个变量 user 连接第二个字符串 "密码为："时没有用加号连接。

18.1.5　等号与赋值混淆

等号与赋值符号混淆的错误一般较常出现在 if 语句中，而且这种错误在 JavaScript 中不会产生错误信息，所以在查找错误时往往不容易被发现。例如：

```
if(s = 0)
  alert("没有找到相关信息");
```

上面的代码在逻辑上是没有问题的，它的运行结果是将 0 赋值给了 s，如果成功则弹出对话框，而不是对 s 和 0 进行比较，这不符合开发者的本意。

18.2　错误和异常处理

如果是一小段代码，用户可以通过仔细检查来排除错误，但如果程序稍微复杂点儿，调试 JavaScript 就变得困难了。在 JavaScript 中，提供了一些能够帮助编程人员解决部分错误的方法。

18.2.1　用 alert() 和 document.write() 方法监视变量值

在 JavaScript 中调试错误的方法中，alert() 和 document.write() 是比较常用并且简单有效的方法。alert() 方法在弹出对话框显示变量值的同时，会停止代码的继续运行，直到用户单击"确定"按钮。一般，如果要中断代码的运行、监视变量的值，则使用 alert() 方法；document.write() 方法是在输出值后还会继续运行代码，当需要查看的值很多时，则使用 document.write() 方法，这样能够避免反复单击"确定"按钮。如下面的代码：

```
<script type="text/JavaScript">
var a=["bag","bad","egg"];
function show(){
    var b=new Array("");
    for(var i=0;i<a.length;i++){
        if(a[i].indexOf("b")!=0){
            b.push(a[i]);
}
    }
}
</script>
```

上面的代码是要将数组 a 中以 b 开头的字符串添加到数组 b 中。要想检测添加到数组 b 中的值的话，可以在 if 语句中根据加入数组中值的多少来选择 alert() 语句或 document.write() 语句，代码如 Chap18.1.html 所示。

【例 18-1】（实例文件：ch18\Chap18.1.html）用 document.write() 方法监视变量值。

```
<!DOCTYPE html>
<head>
<title>alert 和 document.write 方法监视变量值</title>
<script type="text/JavaScript">
var a=["bag","bird","egg","bit","cake"];
function show(){
    var b=new Array("");
    for(var i=0;i<a.length;i++){
        if(a[i].indexOf("b")==0)
            document.write(a[i]+" ");
            b.push(a[i]);
    }
}
</script>
</head>
<body>
<input type="button"  value=" 检测数据 "  onclick="show()"/>
</body>
</html>
```

相关的代码示例请参考 Chap18.1.html 文件，然后双击该文件，在 IE 浏览器里面运行的结果如图 18-1 所示。

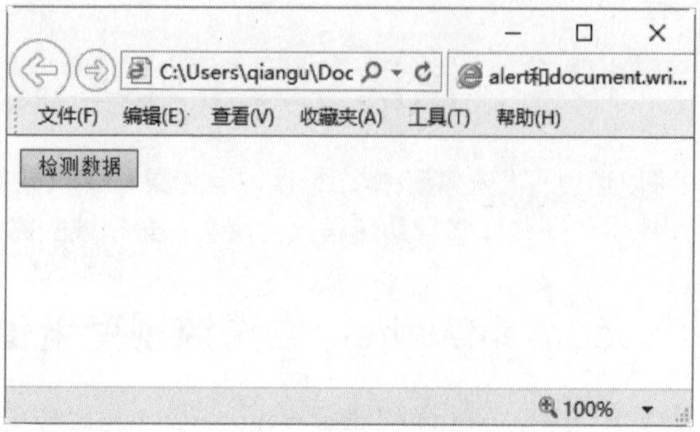

图 18-1　程序运行结果 1

单击"检测数据"按钮，即可在页面中显示检测结果，如图 18-2 所示。

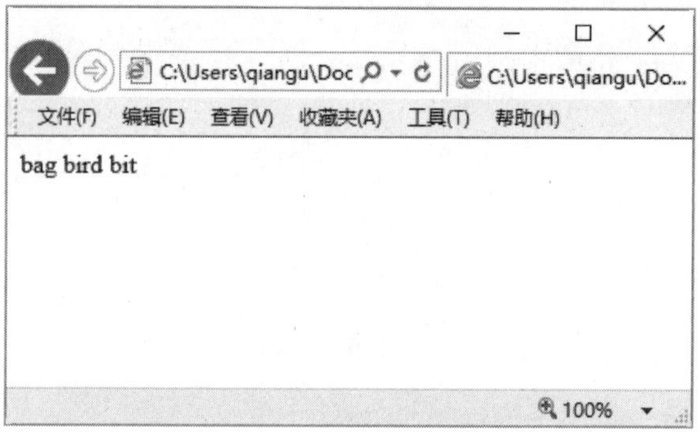

图 18-2　检测结果

18.2.2　用 onerror 事件找到错误

当在 JavaScript 中产生异常时就会在 window 对象上触发 onerror 事件，如果需要使用 onerror 事件，就必须创建一个处理错误的函数，该处理函数提供了 3 个参数来确认错误信息。

【例 18-2】（实例文件：ch18\Chap18.2.html）使用 onerror 事件处理错误。

```
<!DOCTYPE html>
<head>
<title>使用 onerror 事件处理错误</title>
<script language="JavaScript">
window.onerror = function(sMessage,sUrl,sLine){
    alert("出错了! \n" + sMessage + "\nUrl: " + sUrl + "\n出错行: " + sLine);
    return true;    // 屏蔽系统事件
}
</script>
</head>
<body onload="aa();">
</body>
</html>
```

相关的代码示例请参考 Chap18.2.html 文件，然后双击该文件，在 IE 浏览器里面运行的结果如图 18-3 所示。

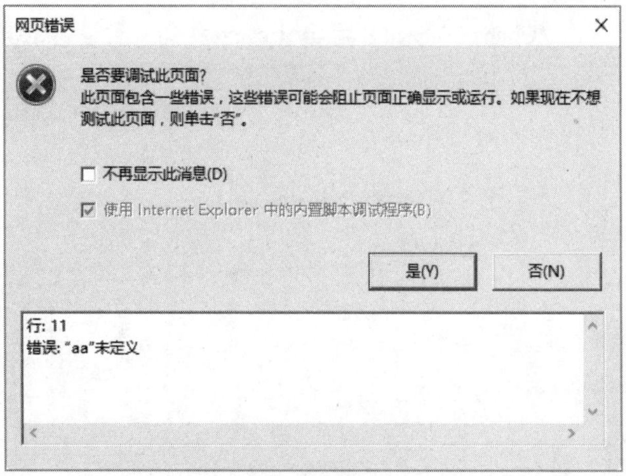

图 18-3　程序运行结果 2

单击"否"按钮，弹出一个信息提示框，提示用户出错了，如图 18-4 所示。从代码中可以看到，body
的 onload 事件调用了一个未声明的方法 aa()，导致页面出现错误，从而会触发 onerror 事件显示出错误信息。

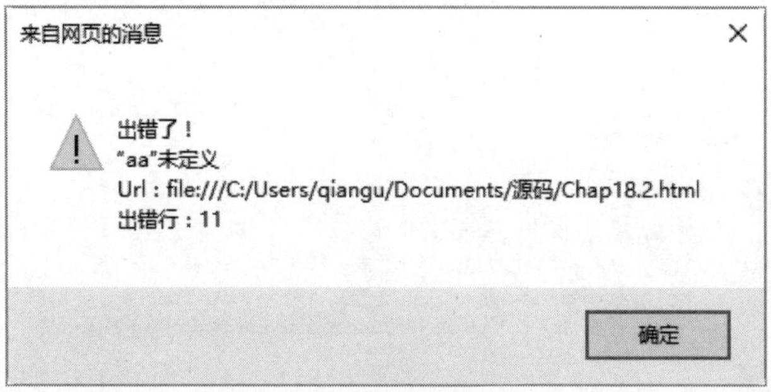

图 18-4　显示出错信息 1

18.2.3　用 try…catch 语句找到错误处理异常

在 JavaScript 中，try…catch 语句可以用来捕获程序中某个代码块中的错误，同时不影响代码的运行。该
语句首先运行 try 代码块，代码中任何一个语句发生异常，try 代码块就结束运行，此时 catch 代码块开
始运行，如果最后还有 finally 语句块，那么无论 try 代码块是否有异常，该代码块都会被执行。该语句的
语法如下：

```
try {
tryStatements
}
 catch(exception){
catchStatements
}
 finally {
    finallyStatements
}
```

其中，catch 语句中的参数是一个局部变量，用来指向 Error 对象或其他抛出错误的对象。另外，在一个 try 语句块之后，可以有多个 catch 语句块来处理不同的错误对象。

【例 18-3】（实例文件：ch18\Chap18.3.html）用 try…catch 语句找到错误处理异常。

```html
<!DOCTYPE html>
<head>
<title>try…catch 语句 </title>
<script language="JavaScript">
try{
    document.write(str);
}catch(e){
    var myError = "";
    for(var i in e){
        myError += i + ":" + e[i] + "\n";
    }
    alert(myError);
}
</script>
</head>
<body>
</body>
</html>
```

相关的代码示例请参考 Chap18.3.html 文件，然后双击该文件，在 IE 浏览器里面运行的结果如图 18-15 所示。从代码中可以看到，在 try 语句块中输出一个未定义的变量 str，引发异常的出现，从而运行 catch 语句块来显示错误信息。

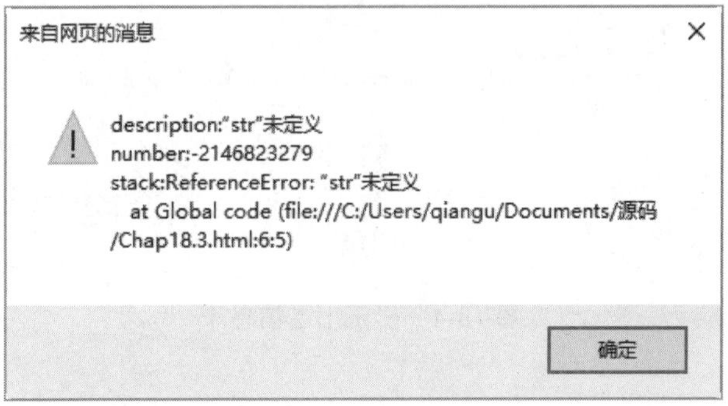

图 18-5　显示出错信息 2

18.3　使用浏览器调试器

尽管在 JavaScript 中可以编写简单的代码脚本来处理一些错误，但是对于复杂的程序脚本，就需要借助一些调试工具。虽然 JavaScript 没有自带调试的功能，但是在 Firefox 和 Internet Explorer 浏览器中，可以使用相关的调试器对 JavaScript 程序进行调试。

18.3.1　火狐浏览器调试

在火狐中可以使用自带的 JavaScript 调试器，即控制台，来对 JavaScript 程序进行调试，选择"工具"→"Web 开发者"→"Web 控制台"菜单命令，如图 18-6 所示。

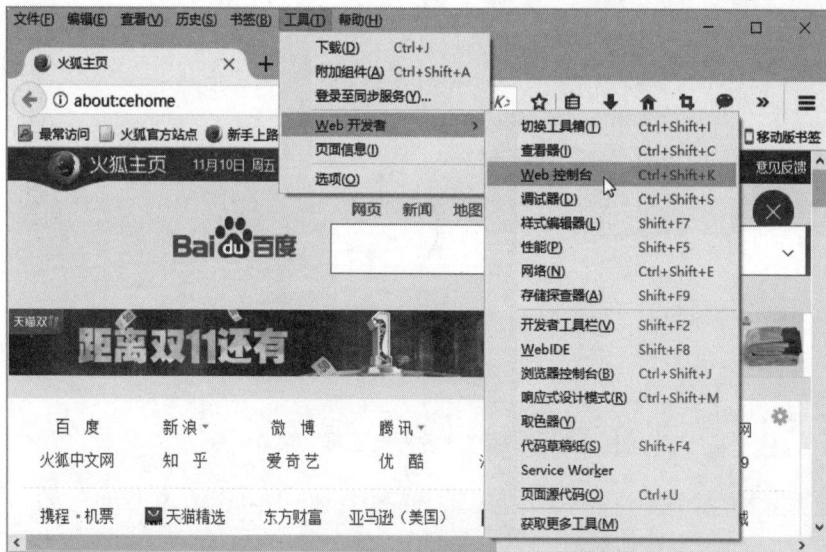

图 18-6　选择"Web 控制台"菜单命令

打开火狐的控制台，在其中可以看出，控制台中显示了所有在浏览器中运行过的程序出现的错误和警告，并且单击相应的错误或警告链接可以打开相应的代码，如图 18-7 所示。

图 18-7　火狐控制台

18.3.2　360 安全浏览器调试

360 安全浏览器自带"开发人员工具"功能，使用该功能可以对 JavaScript 代码进行调试，在浏览器窗口中选择"打开菜单"→"工具"→"开发人员工具"菜单命令，如图 18-8 所示。

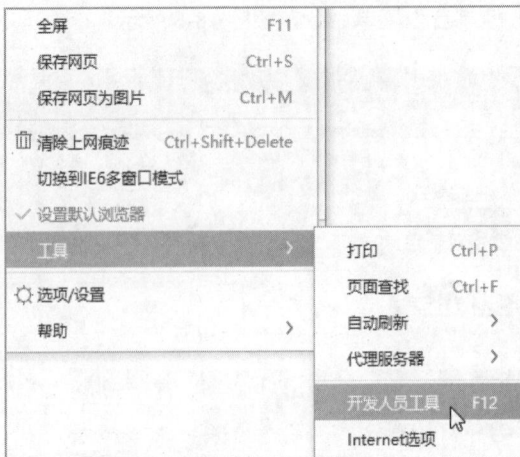

图 18-8　选择"开发人员工具"菜单命令

打开 360 安全浏览器的调试窗口，在其中可以对代码进行调试，如图 18-9 所示。

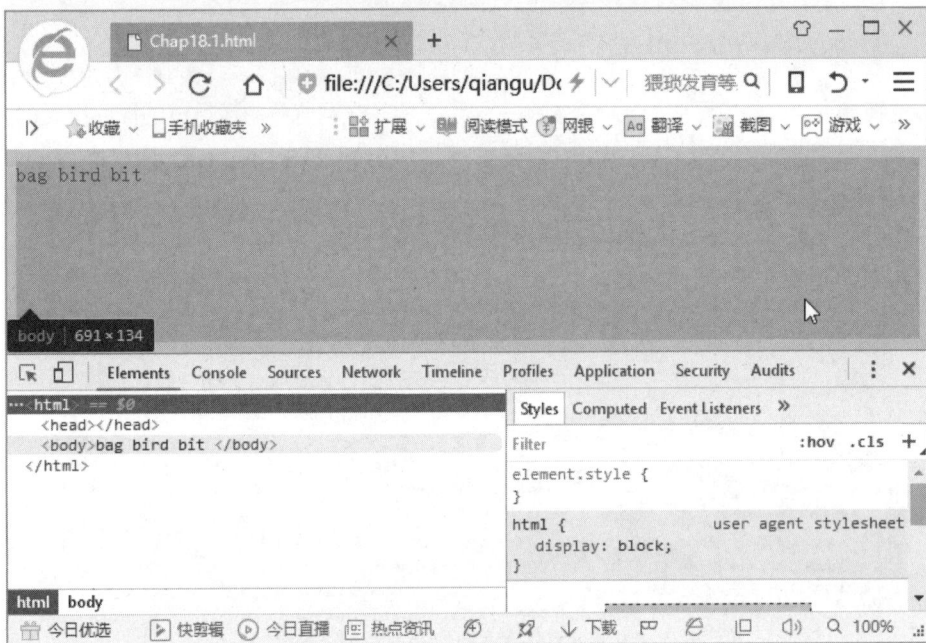

图 18-9　360 安全浏览器调试窗口

18.3.3　Internet Explorer 浏览器调试

在 Internet Explorer（以下简称 IE）浏览器中，可以使用自带的调试器来对 JavaScript 程序进行调试。打开方法为：打开 IE 浏览器，然后选择"Internet 选项"命令，在弹出的"Internet 选项"对话框中选择弹出的"高级"选项卡，在打开的列表框中取消"禁用脚本调试（Internet Explorer）""禁用脚本调试（其他）"复选框的选中状态，如图 18-10 所示。

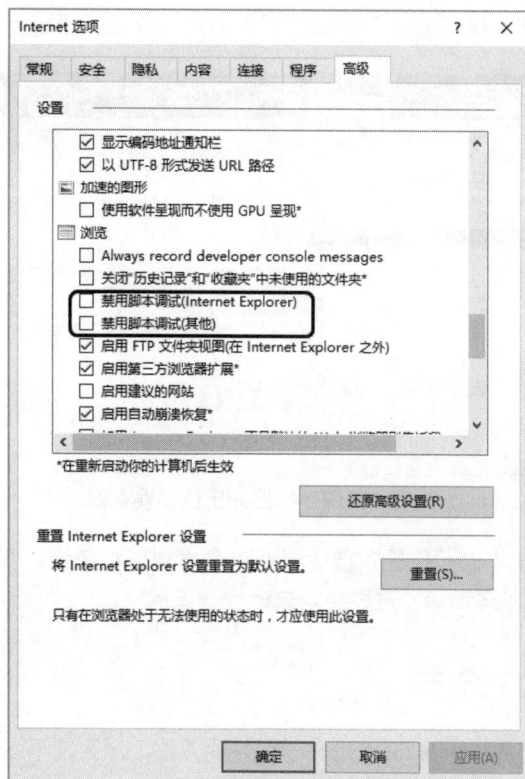

图 18-10　撤销复选框的选中状态

例如对下面这段代码进行调试：

```
<script language="JavaScript">
window.onload=function(){
    alert(str);
}
</script>
```

可以看到程序中使用了一个未声明的变量 str，在 IE 浏览器中运行上面的这段程序，会弹出一个对话框，如图 18-11 所示。

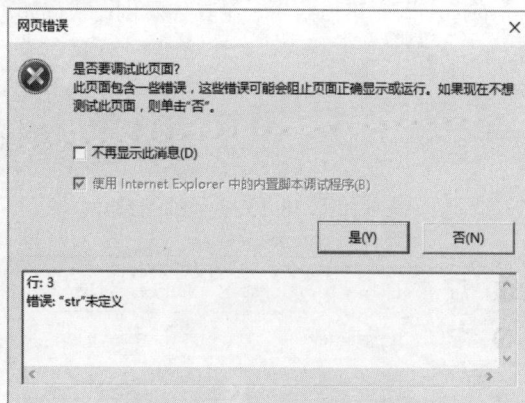

图 18-11　"网页错误"对话框

在对话框中单击"是"按钮，IE 浏览器的调试工具就会指出并定位错误，如图 18-12 所示。

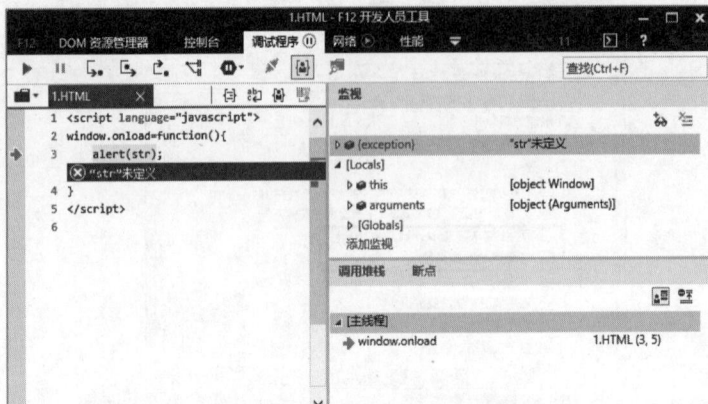

图 18-12　指出并定位错误

另外，在调试复杂的程序脚本时，往往需要设置断点来发现解决错误，在 IE 浏览器的调试工具中可以按 F9 键来设置断点，并且还可以逐语句、逐过程地去运行调试程序。

18.3.4　console.log( ) 方法

对于 JavaScript 程序的调试，console.log() 是一种很好的方法，原因在于 console.log() 仅在控制台中打印相关信息，而不会阻断 JavaScript 程序的执行，从而造成副作用。

在具备调试功能的浏览器上，window 对象中会注册一个名为 console 的成员变量，指代调试工具中的控制台。通过调用该 console 对象的 log() 函数，可以在控制台中打印信息。如以下代码将在控制台中打印 Sample log：

```
window.console.log("Sample log");
```

上述代码可以忽略 window 对象而直接简写为：

```
console.log("Sample log");
```

console.log() 可以接受任何字符串、数字和 JavaScript 对象。与 alert() 函数类似，console.log() 也可以接受换行符 \n 以及制表符 \t。console.log() 语句所打印的调试信息可以在浏览器的调试控制台中看到，不同的浏览器中 console.log() 行为可能会有所不同。下面给出一个具体示例，代码如下：

```
<script type="text/JavaScript">
var a=6;
a*=5;
console.log(a);
</script>
```

使用火狐浏览器运行上述代码，可以得到如图 18-13 所示的结果。

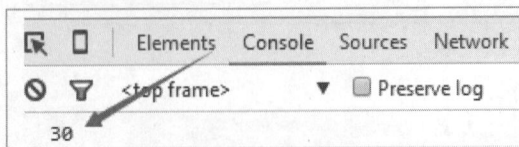

图 18-13　程序运行结果 3

18.3.5 debugger 关键字的使用

debugger 关键字一般是用来设置断点，即停止执行 JavaScript，调用调试函数。debugger 关键字与在调试工具中设置断点的效果是一样的。这种方法很简单，只需要在进行调试的地方加入 debugger 关键字，然后当浏览器运行到这个关键字的时候，就会提示是否打开调试，如图 18-14 所示，单击"是"按钮即可。

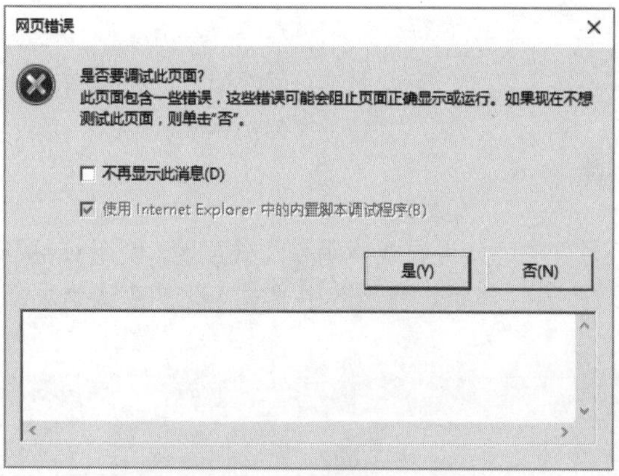

图 18-14 提示是否打开调试

下面给出一个具体示例，代码如下：

```
<script type="text/JavaScript">
var a=6;
a*=5;
debugger;
console.log(a);
</script>
```

18.4 JavaScript 优化

JavaScript 优化主要优化的是脚本程序代码的下载时间和执行效率，因为 JavaScript 运行前不需要进行编译而直接在客户端运行，所以代码的下载时间和执行效率直接决定了网页的打开速度，从而影响着客户端的用户体验效果。本节主要介绍 JavaScript 优化的一些原则方法。

18.4.1 尽量简化代码

给 JavaScript 代码进行"减肥"是简化代码的一个非常重要的原则。给代码"减肥"就是在将工程上传到服务器前，尽量缩短代码的长度，去除不必要的字符，包括注释、不必要的空格、换行等。如下面的代码：

```
function getUsersMessage(){
    for(var i=0;i<10;i++){
        if(i%2==0){
            document.write(i+" ");
        }
    }
}
```

上面的代码可以优化为如下所示的代码：

```
function getUsersMessage(){for(var i=0;i<10;i++){if(i%2==0){document.write(i+" ");}}}
```

此外，在使用布尔值 true 和 false 时，可以分别用 1 和 0 来替换它们；在一些条件非语句中，可以使用逻辑非操作符"！"来替换；定义数组时使用的 new array() 可以用"[]"替换等。这样都可以节省不少空间。如下面的代码：

```
if(str != null){//}
var myarray=new Array(1,2);
```

上面的代码可以使用如下代码替换：

```
if(!str){//}
var myarray=[1,2];
```

18.4.2 合理声明变量

在 JavaScript 中，变量的声明方式可分为显式声明和隐式声明，使用 var 关键字进行的声明就是显式声明，而没有使用 var 关键字的声明就是隐式声明。在函数中显式声明的变量为局部变量，隐式声明的变量为全局变量。如下代码所示：

```
function test1(){
    var a=0;
    b=1;
}
```

变量 a 声明时使用了 var 关键字，为显式声明，所以 a 为局部变量；而声明变量 b 时没有使用 var 关键字，为隐式声明，所以 b 为全局变量。

在 JavaScript 中，局部变量只在其所在函数执行时生成的调用对象中存在，当其所在函数执行完毕时局部变量就立即被销毁了，而全局变量在整个程序的执行过程中都存在，直到浏览器关闭后才被销毁。如上面的函数执行完毕后，再分别执行函数 test2() 和 test3()：

```
function test2(){
    alert(a);
}
function test3(){
    alert(b);
}
```

这时会发现 test2() 函数运行时会报错，浏览器会提示变量 a 未声明，而 test3() 函数可以顺利地执行。这说明在执行了 test1() 函数后，局部变量 a 立即被销毁了，而全局变量 b 还存在。所以为了节省系统资源，当不需要全局变量时，在函数体中都要使用 var 关键字来声明变量。

18.4.3 尽量使用内置函数

与 C、Java 等语言一样，JavaScript 也有自己的函数库，函数库里有很多内置函数，用户可以直接调用这些函数。当然，开发人员也可以自己去编写那些函数，但是 JavaScript 中的内置函数的属性、方法都是经过 C、C++ 等语言编译的，而开发者自己编写的函数在运行前还要进行编译，所以在运行速度上 JavaScript 的内置函数要比自己编写的函数快很多。

18.4.4 合理书写 if 语句

在编写大的程序时几乎都要用到 if 语句，为了提高代码的运行速度，在写 if 语句和 else 语句时可以把各种情况按其可能性从高到低排列，这样就可以在运行时相对地减少判断的次数。

18.4.5　最小化语句数量

最小化语句数量的一个最典型例子就是当在一个页面中需要声明多个变量时，就可以使用一次 var 关键字来定义这些变量。如下代码所示：

```
var name = "zhangsan"
var age = 22;
var sex = " 男 ";
var myDate = new Date();
```

上面的代码使用了 4 次 var 关键字声明了 4 个变量，浪费了系统资源。可以将这段代码用如下代码替换：

```
var name = "zhangsan", age = 22, sex = " 男 ", myDate = new Date();
```

18.5　典型案例——加载图像时的错误提示

在打开网页时，有时会弹出一个提示框，提示用户图像加载错误，这是因为在网页中定义了一个图像，但没有定义图像的源文件所引起的。

【例 18-4】（实例文件：ch18\Chap18.4.html）加载图像时的错误提示。

```
<!DOCTYPE html>
<html>
<head>
<title> 加载图像时的错误提示 </title>
<script language="JavaScript">
function ImgLoad(){
document.images[0].onerror=function(){
    alert(" 您调用的图像并不存在 \n");
};
document.images[0].src="test.gif";
}
</script>
</head>
<body onload="ImgLoad()">
<img/>
</body>
</html>
```

相关的代码示例请参考 Chap18.4.html 文件，然后双击该文件，在 IE 浏览器里面运行的结果如图 18-15 所示。

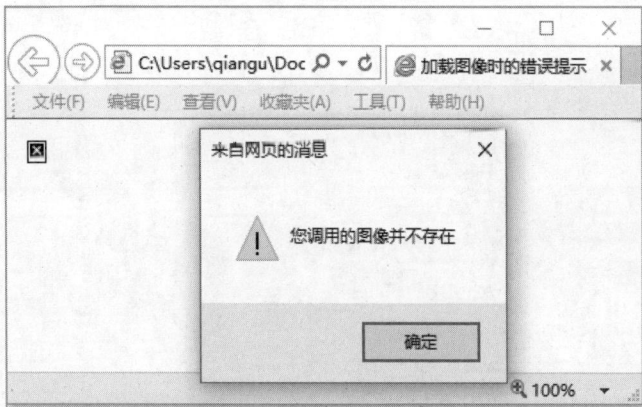

图 18-15　程序运行结果 4

18.6　就业面试技巧与解析

18.6.1　面试技巧与解析（一）

面试官： 您在前一家公司的离职原因是什么？

应聘者： 我离职是因为这家公司倒闭。我在公司工作了三年多，对公司有较深的感情。从去年开始，由于市场形势突变，公司的局面急转直下。到眼下这一步我觉得很遗憾，但还要面对现实，重新寻找能发挥我能力的舞台。

18.6.2　面试技巧与解析（二）

面试官： 如果你在这次面试中没有被录用，你怎么打算？

应聘者： 现在的社会是一个竞争的社会，从这次面试中也可看出这一点。有竞争就必然有优劣，有成功必定就会有失败。往往成功的背后有许多的困难和挫折，如果这次失败了也仅仅是一次而已，只有经过经验的积累才能塑造出一个完全的成功者。我会从以下几个方面来正确看待这次失败。

① 要敢于面对。面对这次失败不气馁，接受已经失去了这次机会就不会回头这个现实。要有自信，相信自己经历了这次之后经过努力一定能行，能够超越自我。

② 善于反思。对于这次面试，要认真总结经验，思考剖析，能够从自身的角度找差距。正确对待自己，实事求是地评价自己，辩证地看待自己的长短得失，做一个明白人。

③ 走出阴影。要克服这一次失败带给自己的心理压力，时刻牢记自己的弱点，防患于未然，加强学习，提高自身素质。

第 19 章
JavaScript 的安全策略

◎ 本章教学微视频：14 个　20 分钟

学习指引

为提高 JavaScript 的安全性，JavaScript 为用户提供了多种方法，例如，从 JavaScript 本身这个角度考虑，设置了同源策略，即不允许用户从同源的窗口进行相互访问；从浏览器角度考虑，设置了一套结构化安全规则。本章就来学习 JavaScript 的安全策略。

重点导读

- 了解安全策略的类别。
- 掌握使用 Internet Explorer 安全区域的方法。
- 掌握 JavaScript 常用的安全策略代码。
- 掌握 JavaScript 加密和解密的方法。

19.1　安全策略

在 JavaScript 中，同源策略是 JavaScript 的主要安全策略之一，本节就来学习 JavaScript 中的安全策略。

19.1.1　JavaScript 的同源策略

同源策略是 JavaScript 的重要安全度量标准，它可以防止从一个站点载入的脚本获取或设置另一个站点的文档的属性。例如在一个浏览器中，打开一个银行网站和一个恶意网站，如果没有同源策略，这个恶意网站就有可能获取另一个浏览器窗口中的银行信息，这是很危险的。那么如何判断两个 URL 是否属于同一个源呢？下面给出 3 个条件。

- 协议相同。
- 端口相同。
- 域名相同。

当两个 URL 以上 3 个条件都满足时，才属于同一源，才能进行相互访问，如果这 3 个条件中有任何一个条件不满足，就不允许两个脚本进行交互，可以认为这两个 URL 属于不同源。

另外，针对浏览器的同源策略，它限制了来自不同源的脚本信息。在浏览器中，<script>、<img>、<iframe>、<link> 等标签都可以加载跨域资源，同源策略只对网页的 HTML 文档做了限制，对加载的其他静态资源，如 JavaScript、css、图片等仍然认为属于同一源。

19.1.2 实现跨域请求的方法

有时候在自己的网站需要去别人的网站请求一些数据，这个时候就需要跨域正常请求。能够实现跨域请求的方法有多种，下面介绍几种常用的方法。

1. 跨域资源共享（CORS）

很多天气、IP 地址查询的网站就采用了这样的方法，允许其他网站对其请求数据，例如 IP location，可以在自己网站的 JavaScript 代码里面向它发一个 get 请求，具体代码如下：

```
var url = "https://ipinfo.io/54.169.237.109/json?token=iplocation.net";
document.cookie = "version=1;";
$.ajax({ url: url })
```

运行该段代码后，就会返回 IP 地址信息，同时不会被浏览器拦截。在浏览器的调试工具窗口中可以发现头部添加了一个字段：Access-Control-Allow-Origin，这个字段就是所谓的资源共享了，它的值表示允许任意网站向这个接口请求数据，也可以设置成指定的域名，如：

```
response.writeHead(200, { "Access-Control-Allow-Origin": "http://yoursite.com"});
```

添加指定域名后，只有 http://yoursite.com 能够正常地进行跨域请求，其他则不能。

2. JSONP 方法

JSONP 方法的原理是客户端告诉服务一个回调函数的名称，服务在返回的 <script> </script> 里面调用这个回调函数，同时传进客户端需要的数据，这样返回的代码就在浏览器执行了。

例如，800 端口要向 900 端口请求数据，在 800 端口的页面文件中定义一个回调函数 writeDate()，将 writeDate() 写在 script 的 src 的参数里，这个 script 标签向 900 端口发出请求，具体代码如下：

```
<script>
    function writeDate(_date){
        document.write(_date);
    }
</script>
<script src="http://192.168.0.103:900/getDate?callback=writeDate"></script>
```

服务端返回一个脚本，在这个脚本里面执行 writeDate() 函数，代码如下：

```
function getDate(response, callback){
    response.writeHead(200, {"Content-Type": "text/JavaScript"});
    var data = "2016-2-19";
    response.end(callback + "('" + data + "')");
}
```

浏览器就执行了这个 script 片段，就会实现跨域效果。JSONP 方法和 CORS 方法相比较，缺点是只支持 get 类型，无法支持 post 等其他类型，而且必须完全信任提供服务的第三方，优点是兼容性较好。

3. 子域跨父域

子域跨父域是支持的，但是需要显式将子域的域名改成父域的，例如 mail.mysite.com 要请求 mysite.com 的数据，那么在 mail.mysite.com 脚本里需要执行如下代码段：

```
document.domain = "mysite.com";
```

这样，这两个文档中的脚本就可以进行交互，且不受同源策略的约束。默认情况下，domain 属性存放的是装载文档的服务器的主机名，设置这一属性时，需要使用有效的字符串，在字符串中最少需要拥有一个点符号（.）。

19.1.3　规避浏览器安全漏洞

在计算机领域，几乎任何一款产品都存在有这样或那样的安全漏洞，浏览器也不例外。浏览器漏洞存在是由于编程人员的能力、经验和当时安全技术所限，在程序中难免会有不足之处。在使用浏览器编写与调试 JavaScript 代码的过程中，应尽量规避浏览器的安全漏洞。

针对浏览器的安全漏洞，用户可以使用浏览器修复安全工具来及时修复这些漏洞，常用的浏览器安全工具有 IE 浏览器修复专家、IE 修复大师等。

19.1.4　建立数据安全模型

数据是描述事物的符号记录；模型是现实世界的抽象，数据模型是数据特征的抽象。那么优秀安全的数据模型应该是怎么样的呢？优秀安全的数据模型应该满足以下 4 个基本要求。

（1）能够比较真实地模拟现实事物。

（2）容易被理解。

（3）便于在计算机上实现。

（4）具有高度安全的逻辑结构。

19.1.5　结构化安全规则

一些浏览器为用户提供了结构化安全规则，如 Mozilla Firefox 浏览器，该浏览器提供了先进的安全规则设置，用户可以将已命名的规则应用于 Web 站点列表。例如，可以创建一个名为 Internet 的规则，并将其用于公司内部站点中的页面，可以创建一个包含 Web 站点列表的名为"受信站点"的规则；用于对列表中的站点赋予某些特殊权限，对于不属于这个列表的站点，将使用默认的安全规则。图 19-1 所示为 Mozilla Firefox 浏览器的安全规则设置界面。

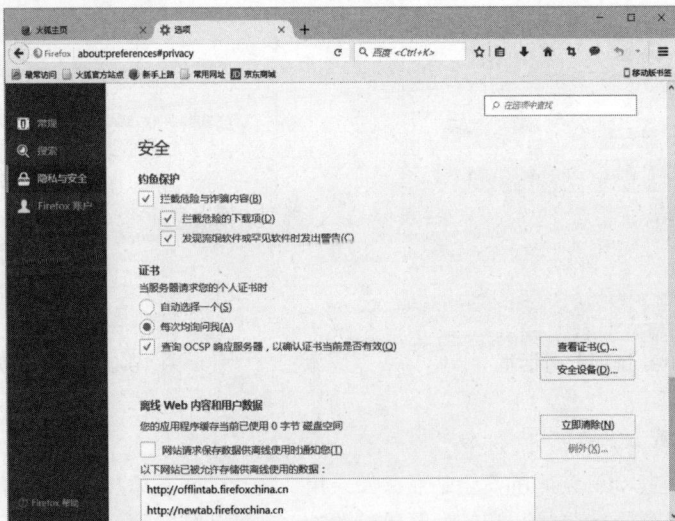

图 19-1　Mozilla Firefox 浏览器的安全规则设置界面

19.2　使用 Internet Explorer 安全区域

JavaScript 的安全问题并不限于运行时的错误，在不违反安全规则的情况下，脚本也可以通过很多途径来危害用户的运行环境，本节就来介绍如何使用 Internet Explorer 安全区域。

19.2.1　Internet Explorer 安全区域

IE 浏览器支持对不同站点设置类似的安全规则，为此，IE 浏览器从 4.0 版本以后为用户提供了 4 个安全区域，在 IE 浏览器窗口中选择"工具"→"Internet 选项"菜单命令，即可打开"Internet 选项"对话框，选择"安全"选项卡，在其中可以看到为用户提供的 4 个安全区域，下面分别进行介绍。

1. Internet 区域

该区域包括所有 Web 上的网站，默认安全级别为"中－高"，如图 19-2 所示。

2. 本地 Internet 区域

该区域包括所有本地服务器上的网站，默认安全级别为"中低"，如图 19-3 所示。

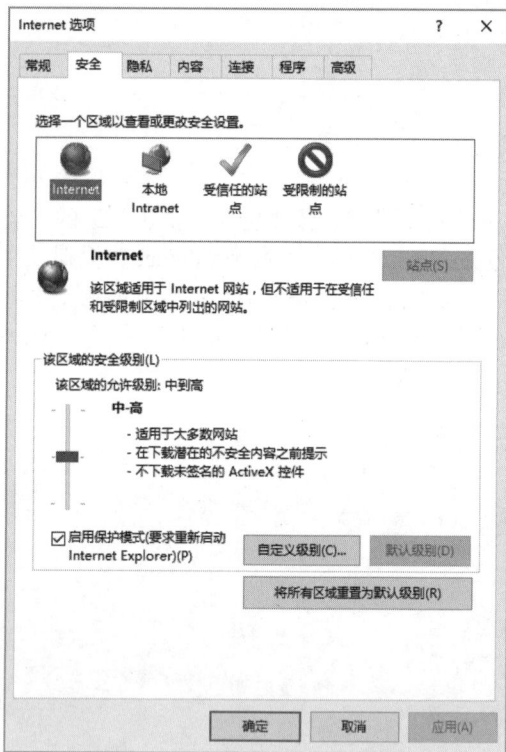

图 19-2　"Internet 选项"对话框

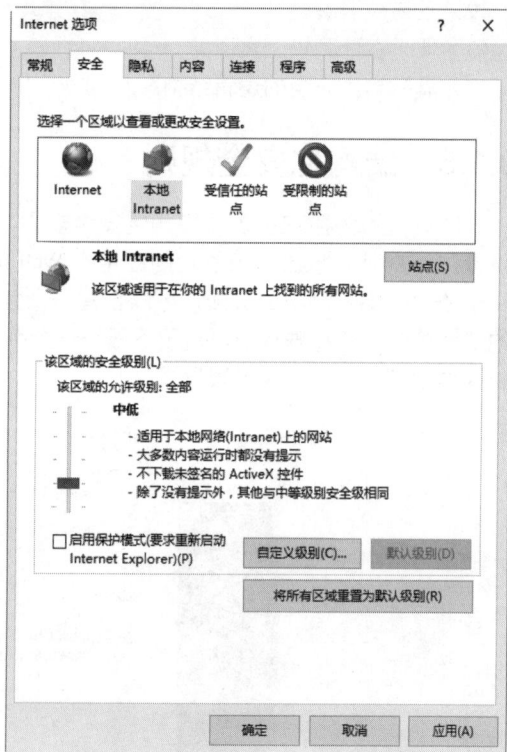

图 19-3　本地 Internet 区域

3. 受信任的站点区域

受信任的站点区域是指允许访问的安全站点。如果用户将一个网站添加到"受信任的站点"区域，则表明该网站下载或运行的文件不会损坏用户的计算机或数据。在默认情况下，没有任何网站被分配到"受信任的站点"区域，其安全级别设置为"中"，如图 19-4 所示。

4. 受限制的站点区域

明确指出不受信任的站点。如果用户将某个网站添加到"受限制的站点"区域，则表明该网站下载或运行的文件可能会损坏当前的计算机或数据。在默认情况下，没有任何网站被分配到"受限制的站点"区域，其安全级别设置为"高"，如图 19-5 所示。

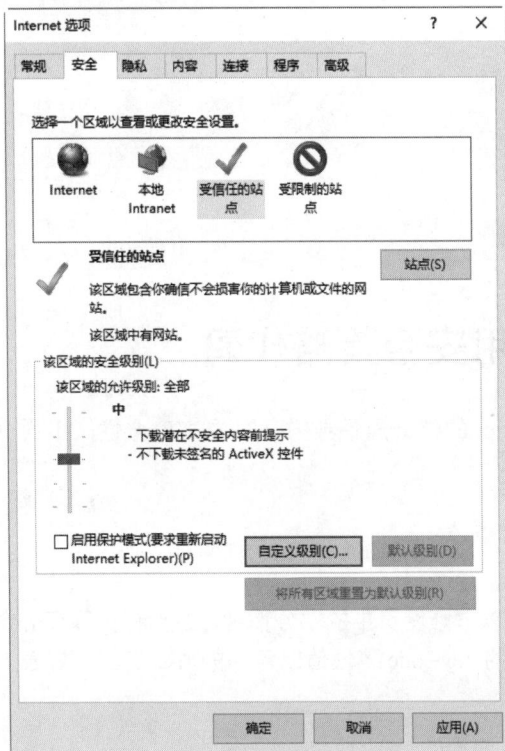

图 19-4　受信任的站点区域

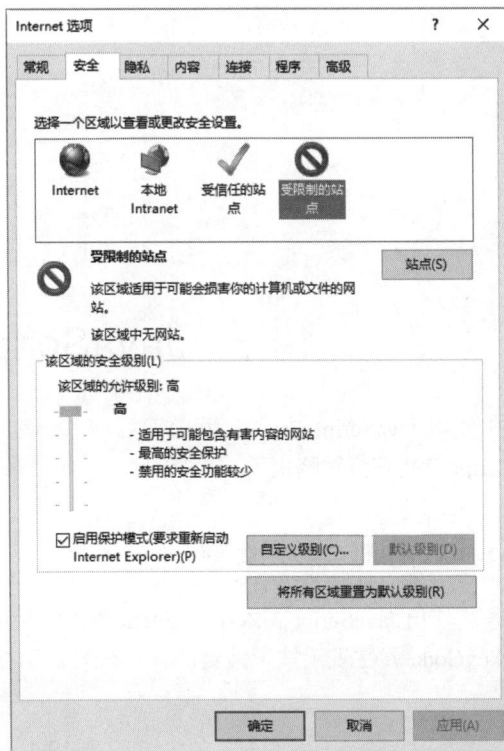

图 19-5　受限制的站点区域

19.2.2　浏览器使用 JavaScript 的安全问题

由于系统资源有限，因此，不管是有意设计，还是意外差错，都很容易写出使浏览器崩溃的 JavaScript 代码。运行下面几个例子中的任何一段代码，都可能造成浏览器甚至操作系统崩溃。

1. 无线循环

当退出循环的条件永远不成立时，这个循环将会被称为死循环。死循环会造成系统资源慢慢地被浪费掉，使系统变得缓慢或系统崩溃。下面给出一段代码，这段代码会造成死循环。

```
<script>
while(true);
</script>
```

2. 内存消耗

内存消耗殆尽会使浏览器崩溃。下面给出一段代码，会在死循环中使字符串不断地增长，造成系统在几秒钟内崩溃。

```
<script>
var str="hello,JavaScript";
```

```
while(true);
str+=str;
</script>
```

3. 使用浏览器方法

使用浏览器方法的函数进行自我调用，会无休止地循环存取文档，造成浏览器过于繁忙而无法载入显示用户界面事件，从而无法完成相应的动作。

```
<script>
function danger()
{
alert("hello!");
danger();
}
danger();
</script>
```

19.3　JavaScript 常用安全策略代码

在使用 JavaScript 进行开发程序时，可以使用 JavaScript 的部分属性或方法来提高安全性，下面介绍 JavaScript 常用安全策略代码。

19.3.1　屏蔽部分按键

通过使用 JavaScript 脚本中的 Event 对象的相关属性可以屏蔽网页中的部分按键，从而保护网页安全。其中 keyCode 属性表示按下按键的数字代号，下面将常用的 keyCode 属性值以表格的形式列出，如表 19-1 所示。

表 19-1　KeyCode 属性值

值	描　　　述
8	退格键
13	回车键（Enter 键）
116	F5 键（刷新键）
37	Alt+ 方向键←或方向键→
78	Ctrl+N 组合键新建 IE 窗口
121	Shift+F10 组合键
46	删除键（Delete 键）

【例 19-1】（实例文件：ch19\Chap19.1.html）屏蔽部分按键。

```
<!DOCTYPE html>
<html>
<head>
<title> 屏蔽部分按键 </title>
<script language=JavaScript>
function keydown(){
    if(event.keyCode==8){
```

```
        event.keyCode=0;
        event.returnValue=false;
        alert(" 当前设置不允许使用退格键 ");
    }if(event.keyCode==13){
        event.keyCode=0;
        event.returnValue=false;
        alert(" 当前设置不允许使用回车键 ");
    }if(event.keyCode==116){
        event.keyCode=0;
        event.returnValue=false;
        alert(" 当前设置不允许使用 F5 刷新键 ");
    }if((event.altKey)&&((window.event.keyCode==37)||(window.event.keyCode==39))){
        event.returnValue=false;
        alert(" 当前设置不允许使用 Alt+ 方向键←或方向键→ ");
    }if((event.shiftKey)&&(event.keyCode==121)){
        event.returnValue=false;
        alert(" 当前设置不允许使用 shift+F10");
    }
}
</script>
</head>
<body onkeydown="keydown()">
 <img src="01.jpg" >
</body>
</html>
```

相关的代码示例请参考 Chap19.1.html 文件，在 IE 浏览器里面运行，这时按下 Enter 键，页面会给出相应的提示信息，如图 19-6 所示。

图 19-6　程序运行结果 1

19.3.2　屏蔽鼠标右键

用户在浏览网站时，可以利用鼠标右键菜单进行一些快捷操作，如查看网页源文件、图片另存为等，但是某些网站并不想让用户执行这些操作，这时就需要屏蔽鼠标的右键操作。使用 JavaScript 中的鼠标事件可以屏蔽鼠标右键。

【例 19-2】（实例文件：ch19\Chap19.2.html）屏蔽鼠标右键。

```
<!DOCTYPE html>
<head>
```

```
<title>屏蔽鼠标右键</title>
<script language=JavaScript>
  function click() {
    event.returnValue=false;
    alert("当前设置不允许使用右键！");
  }
  document.oncontextmenu=click;
</script>
</head>
<body >
 <img src="01.jpg" >
</body>
</html>
```

相关的代码示例请参考 Chap19.2.html 文件，在 IE 浏览器里面运行，这时右击鼠标，页面会给出相应的提示信息，提示用户不允许使用右键菜单，如图 19-7 所示。

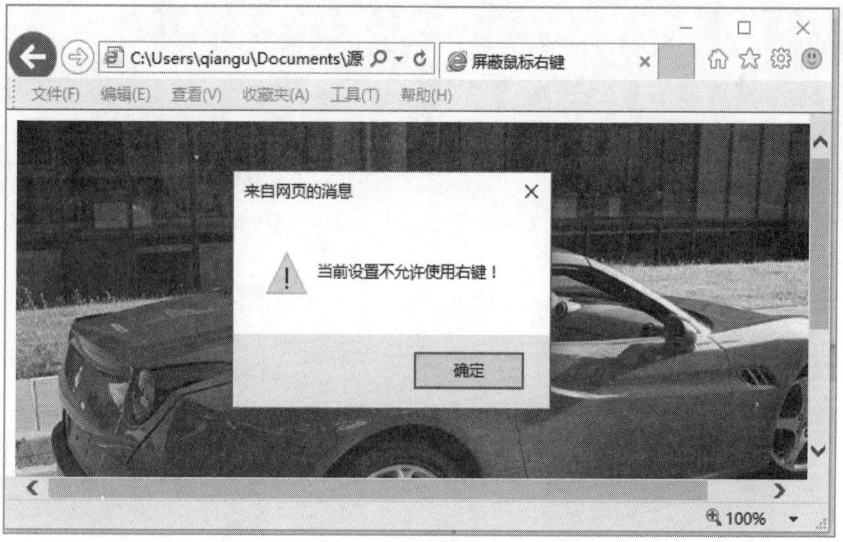

图 19-7　程序运行结果 2

19.3.3　禁止网页另存为

有些网站只对用户提供浏览功能，而不能进行下载或将网页另存为。使用 JavaScript 脚本中的 <noscript> 标签可以防止网页被另存为。

【例 19-3】（实例文件：ch19\Chap19.3.html）禁止网页另存为。

```
<!DOCTYPE html>
<head>
<title>禁止网页另存为</title>
</head>
<body>
<a href="">欢迎光临我的站点</a><hr>
<noscript>
<iframe scr="*.htm"></iframe>
</noscript>
</body>
</html>
```

相关的代码示例请参考 Chap19.3.html 文件，在 IE 浏览器里面运行的结果如图 19-8 所示。

选择"文件"→"另存为"菜单命令，打开"另存为"对话框，然后单击"确定"按钮，将弹出一个提示对话框，显示"无法保存此网页。"，如图 19-9 所示。

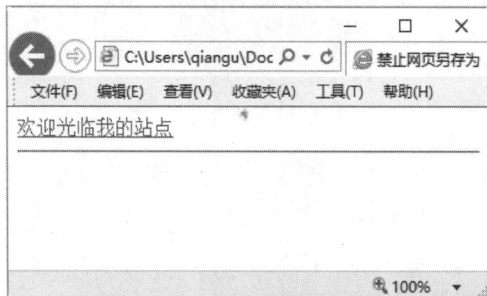

图 19-8　程序运行结果 3

图 19-9　提示对话框

19.3.4　禁止复制网页内容

在浏览网页时，有些网页中信息只供用户浏览，不允许进行复制或粘贴操作。使用 \<body\> 中的相关事件可以禁止用户复制网页中的信息。

【例 19-4】（实例文件：ch19\Chap19.4.html）禁止复制网页内容。

```html
<!DOCTYPE html>
<head>
<title> 禁止复制网页内容 </title>
</head>
<body>
<a href=""> 欢迎光临我的站点 </a><hr>
<body oncopy="alert(' 对不起，禁止复制！ ');return false;">
</body>
</html>
```

相关的代码示例请参考 Chap19.4.html 文件，在 IE 浏览器里面运行结果如图 19-10 所示。

选中网页种信息，然后按下 Ctrl+C 组合键进行复制操作，这时会弹出相应的提示信息，如图 19-11 所示。

图 19-10　程序运行结果 4

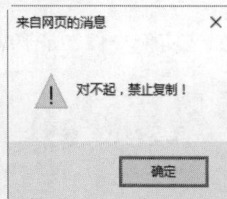

图 19-11　提示信息框

19.4　JavaScript 加密与解密

对 JavaScript 进行加密与解密操作，可以保护 JavaScript 的代码安全，从而增大复制的难度。使用 JavaScript 中的 escape() 和 unescape() 函数可以进行加密与解密操作。

19.4.1　JavaScript 代码加密

escape() 函数可对字符串进行编码，这样就可以在所有的计算机上读取该字符串，输出的结果是加密后的代码。

【例 19-5】（实例文件：ch19\Chap19.5.html）JavaScript 代码加密。

```
<!DOCTYPE html>
<html>
<head>
<title>JavaScript 代码加密</title>
</head>
<body>
<script>
document.write(escape("Hello JavaScript!I love you!!"));
</script>
</body>
</html>
```

相关的代码示例请参考 Chap19.5.html 文件，在 IE 浏览器里面运行的结果如图 19-12 所示。

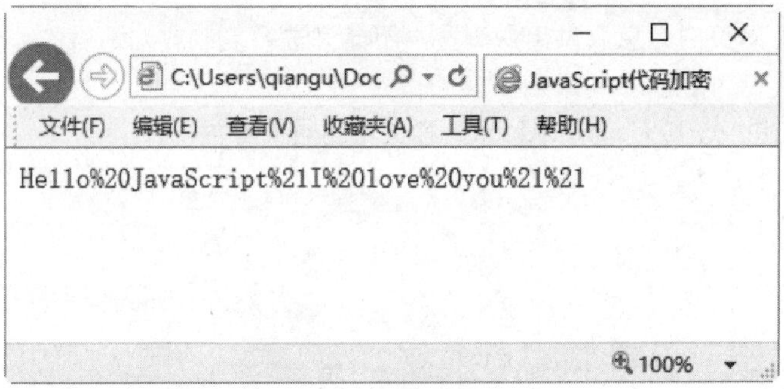

图 19-12　程序运行结果 5

19.4.2　JavaScript 代码解密

使用 escape() 函数加密后的代码是不能直接运行的，必须使用 unescape() 函数对加密后的代码进行解密操作。

【例 19-6】（实例文件：ch19\Chap19.6.html）JavaScript 代码解密。

```
<!DOCTYPE html>
<html>
<head>
<title>JavaScript 代码解密</title>
</head>
<body>
<script>
var str="Hello JavaScript!I love you!!";
var str_esc=escape(str);
document.write(str_esc + "<br>")
document.write(unescape(str_esc))
</script>
</body>
</html>
```

相关的代码示例请参考 Chap19.6.html 文件，在 IE 浏览器里面运行的结果如图 19-13 所示。

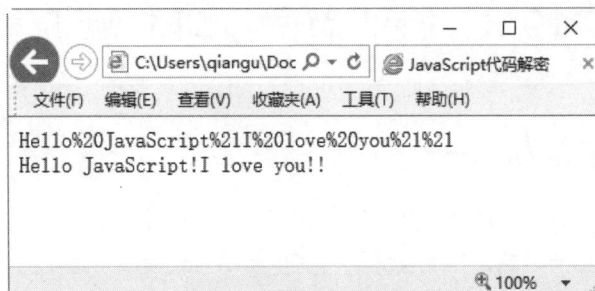

图 19-13　程序运行结果 6

19.5　典型案例——禁止新建 IE 窗口

有时需要使用 Ctrl+N 快捷键新建 IE 窗口，以方便浏览页面。不过有时也需要禁止新建 IE 窗口，使用 JavaScript 代码，可以轻松实现禁止新建 IE 窗口的操作。

【例 19-7】（实例文件：ch19\Chap19.7.html）禁止新建 IE 窗口。

```
<!DOCTYPE html>
<html>
<head>
<title> 禁止新建 IE 窗口 </title>
<script language=JavaScript>
function keydown(){
    if((event.ctrlKey)&&(event.keyCode==78)){
        event.returnValue=false;
        alert(" 当前设置不允许使用 Ctrl+N 新建 IE 窗口 ");
    }
}
</script>
</head>
<body onkeydown="keydown()">
 <img src="01.jpg" >
</body>
</html>
```

相关的代码示例请参考 Chap19.7.html 文件，在 IE 浏览器里面，然后按下 Ctrl+N 组合键，即可弹出一个信息提示框，提示用户当前不允许使用 Ctrl+N 新建 IE 窗口，运行结果如图 19-14 所示。

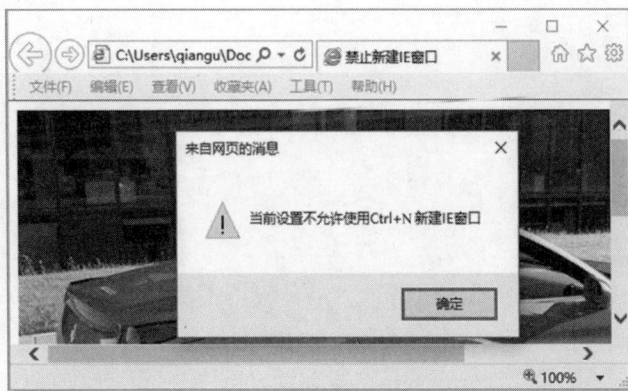

图 19-14　程序运行结果 7

19.6　就业面试技巧与解析

19.6.1　面试技巧与解析（一）

面试官： 假如你晚上要去送一个出国的同学去机场，可单位临时有事非你办不可，你怎么办？

应聘者： 我觉得工作是第一位的，但朋友间的情谊也是不能偏废的，这个问题我觉得要按照当时具体的情况来决定。

（1）如果我的朋友晚上 9 点的飞机，而我的加班八点就能够完成的话，那就最理想了，干完工作去机场，皆大欢喜。

（2）如果说工作不是很紧急，加班仅仅是为了明天上班的时候能把报告交到办公室，那完全可以跟领导打声招呼，先去机场然后回来加班，晚点睡就是了。

（3）如果工作很紧急，在两者不可能兼顾的情况下，我觉得可以有两种选择。一种是：如果不是全单位都加班的话，是不是可以要其他同事来代替以下工作，自己去机场，哪怕就是代替你离开的那一会儿。另一种情况是：如果连这一点都做不到的话，那只好忠义不能两全了，打电话给朋友解释一下，相信他会理解，毕竟工作做完了就完了，朋友还是可以再见面的。

19.6.2　面试技巧与解析（二）

面试官： 为什么我们要在众多的面试者中选择你？

应聘者： 根据我对贵公司的了解，以及我在这份工作上所积累的专业、经验及人脉，相信正是贵公司所找寻的人才。而我在工作态度上，也有圆融、成熟的一面，相信可以和主管、同事合作愉快。

第4篇

高级应用

在本篇中，将详细介绍 jQuery 的应用。通过本篇的学习，读者将学会 jQuery 的基本应用、使用 jQuery 控制页面技术、jQuery 的动画与特效技术、jQuery 的事件处理、jQuery 与 Ajax 的综合应用以及 jQuery 插件的应用与开发等。学好 jQuery 可以极大地简化 JavaScript 编程流程。

第 20 章
jQuery 应用入门

◎ 本章教学微视频：18 个　33 分钟

学习指引

伴随着 JavaScript、CSS、DOM、Ajax 等先进技术的不断发展进步，程序员开始将越来越多的功能进行封装，以便后人在遇到相同问题时可以直接使用，一系列 JavaScript 库也蓬勃发展起来，jQuery 就是其中之一。jQuery 有效地简化了 JavaScript 和 Ajax 的编程。本章就来学习 jQuery 的相关基础知识。

重点导读

- 了解 jQuery 的概述。
- 掌握 jQuery 选择器的使用方法。
- 掌握 jQuery 伪类选择器的使用方法。
- 熟悉 jQuery 的常用开发工具。
- 熟悉 jQuery 的调试工具。

20.1　认识 jQuery

jQuery 是一个 JavaScript 库，极大地简化了 JavaScript 编程，如今 jQuery 已经发展到集 JavaScript、CSS、DOM 和 Ajax 于一体的优秀框架。与 JavaScript 库（如 Prototype、Scriptaculous 和 DWR）相比，jQuery 最大的优点就是简洁实用。

20.1.1　jQuery 是什么

jQuery 的原理是独一无二的，它的目的就是保证代码的简洁并可重用。不管你是网页设计师、后台开发者、业余爱好者还是项目管理员，也不管你是 JavaScript 菜鸟还是 JavaScript 高手，你都有理由学习 jQuery。下面将介绍 jQuery 目前的主要优势。

（1）轻量级。jQuery 非常轻巧，压缩后只有 30KB 的大小。

（2）开源性。jQuery 是开源的产品，任何人下载后都可以自由使用。

（3）强大的选择器。由于 jQuery 出色的封装 DOM 操作，大大简化了 DOM 模型中获取页面中某个节点或者某一类节点的操作，同时，可以让使用者使用从 CSS1 到 CSS3 几乎所有的选择器。

（4）简单修改页面的表现（Presstation）。由于不同的浏览器对 CSS 的支持程度不同，所以 jQuery 通过封装 JavaScript 代码，使浏览器很好地使用 CSS 标准，从而很好地解决了这类问题。

（5）增添页面动画。我们都知道，要想在页面中添加动画需要大量的 JavaScript 代码，jQuery 提供了很多动画效果，大大简化了这个过程。

（6）更改页面内容。jQuery 通过 API 很方便地修改页面内容，包括文本内容、表单选项、插入图片，甚至整个框架。

（7）出色的浏览器兼容性。jQuery 能够在 IE 6.0+，FF 2+，Safari 2.0+ 和 Opera 9.0+ 下正常运行。jQuery 对事件的响应使开发人员不再担心浏览器的兼容问题。

（8）完善的 Ajax。jQuery 将大量的 Ajax 操作封装到一个函数中，从而大大简化了代码的编写，方便了异步交互的开发使用。

20.1.2　jQuery 的技术优势

在实际工作过程中，经常会遇到各种各样以表格形式出现的数据，当数据量很大或者表格格式过于一致时，工作人员常常通过奇偶行异色来达到使数据一目了然的效果。下面我们就通过"隔行变色"来说明 jQuery 的优势。

对于 JavaScript，要实现隔行变色的效果，需要用 for 循环遍历所有行，当行数为偶数的时候，添加不同类别即可。

【例 20-1】（实例文件：ch20\Chap20.1.html）JavaScript 表格奇偶行异色。

```html
<!DOCTYPE html>
<html>
<head>
<title>JavaScript 表格奇偶行异色</title>
<style>
<!--
.datalist{
    border:1px solid #007108;              /* 表格边框 */
    font-family:Arial;
    border-collapse:collapse;              /* 边框重叠 */
    background-color:#d999dc;              /* 表格背景色：紫色 */
    font-size:14px;
}
.datalist th{
    border:1px solid #007108;              /* 行名称边框 */
    background-color:#000000;              /* 行名称背景色：黑色 */
    color:#FFFFFF;                         /* 行名称颜色：白色 */
    font-weight:bold;
    padding-top:4px; padding-bottom:4px;
    padding-left:12px; padding-right:12px;
    text-align:center;
}
.datalist td{
    border:1px solid #007108;              /* 单元格边框 */
    text-align:left;
    padding-top:4px; padding-bottom:4px;
    padding-left:10px; padding-right:10px;
}
.datalist tr.altrow{
    background-color:#a5e5ff;              /* 隔行变色：蓝色 */
}
-->
</style>
```

```
<script language="JavaScript">
window.onload = function(){
    var oTable = document.getElementById("Table");
    for(var i=0;i<Table.rows.length;i++){
        if(i%2==0)                              // 偶数行时
            Table.rows[i].className = "altrow";
    }
}
</script>
</head>
<body>
<table class="datalist" id="Table">
    <tr>
        <th scope="col"> 姓名 </th>
        <th scope="col"> 性别 </th>
        <th scope="col"> 出生年月 </th>
        <th scope="col"> 移动电话 </th>

    </tr>
    <tr>
        <td> 刘一诺 </td>
        <td> 女 </td>
        <td>1984 年 10 月 20 日 </td>
        <td>13112345678</td>
    </tr>
     <tr>
        <td> 李青莲 </td>
        <td> 女 </td>
        <td>1990 年 2 月 5 日 </td>
        <td>13012345678</td>
    </tr>
    <tr>
        <td> 王占青 </td>
        <td> 男 </td>
        <td>1988 年 12 月 1 日 </td>
        <td>13801234678</td>
    </tr>
    <tr>
        <td> 李飞翔 </td>
        <td> 男 </td>
        <td>1998 年 5 月 12 日 </td>
        <td>13312345678</td>
    </tr>
</table>
</body>
</html>
```

相关的代码示例请参考 Chap20.1.html 文件，在 IE 浏览器里面运行的结果如图 20-1 所示。

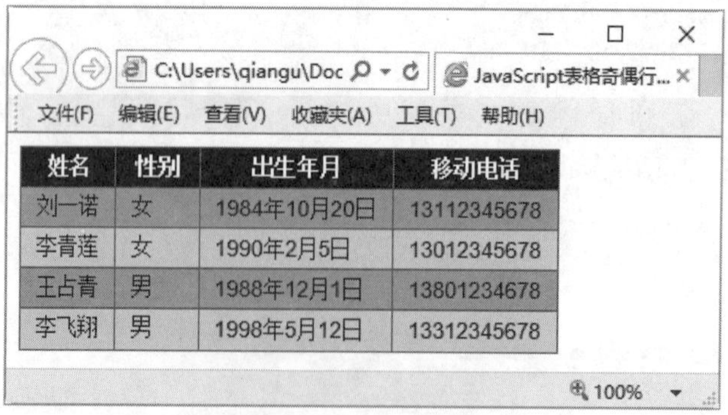

图 20-1　程序运行结果 1

当引入 jQuery 使用时，jQuery 的选择器会自动选择奇偶行。

【例 20-2】（实例文件：ch20\Chap20.2.html）jQuery 实现表格奇偶行异色。

```
<script language="JavaScript" src="jquery.min.js">
</script>
<script language="JavaScript">
$(function(){
    $("table.datalist tr:nth-child(odd)").addClass("altrow");
});
</script>
```

相关的代码示例请参考 Chap20.2.html 文件，运行结果与 JavaScript 的结果完全一样，但是代码量减少，语法也十分简单，如图 20-2 所示。

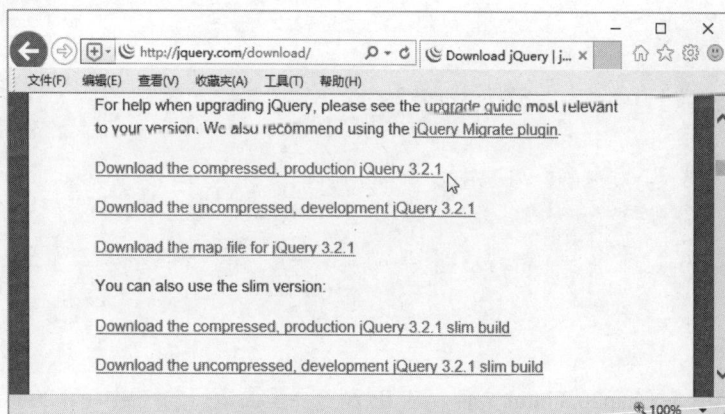

图 20-2　表格奇偶行异色

20.1.3　下载与使用 jQuery

jQuery 是一个 .js 文件，所有的 jQuery 功能都由它提供。它不需要安装，仅仅把 .js 文件用 <script> 标签导入自己的页面即可，导入 jQuery 框架后，直接按照语法规则就可以使用了。

jQuery 的官方网站 http://jquery.com/download/，提供了最新的 jQuery 框架，用户可以直接下载，如图 20-3 所示。

图 20-3　程序运行结果 2

20.2　jQuery 选择器

选择器是 jQuery 最基础的东西，它允许用户对 HTML 元素组或单个元素进行操作，而且所有选择器都以美元符号 $() 开头，本节就来介绍 jQuery 选择器的应用。

20.2.1　基础选择器

jQuery 的基础选择器包括 id 选择器、class 选择器等，具体介绍如表 20-1 所示。

表 20-1　jQuery 基础选择器

选 择 器	描 述
id 选择器	指定 ID 元素
class 选择器	遍历 CSS 类元素
element 选择器	遍历 HTML 元素
* 选择器	遍历所有元素
并列选择器	这类选择器将每一个选择器匹配到的元素合并后一起返回

【例 20-3】（实例文件：ch20\Chap20.3.html）#id 选择器的应用示例。

```
<!DOCTYPE html>
<html>
<head>
  <title>#id选择器的应用 </title>
  <style>
  div {
    width: 90px;
    height: 90px;
    float: left;
    padding: 5px;
    margin: 5px;
    background-color: #eee;
  }
  </style>
  <script src=" jquery.min.js"></script>
</head>
<body>
<div id="notMe"><p>id="notMe"</p></div>
<div id="myDiv">id="myDiv"</div>
<script>
$( "#myDiv" ).css( "border", "3px solid red" );
</script>
</body>
</html>
```

相关的代码示例请参考 Chap20.3.html 文件，在 IE 浏览器里面运行的结果如图 20-4 所示。

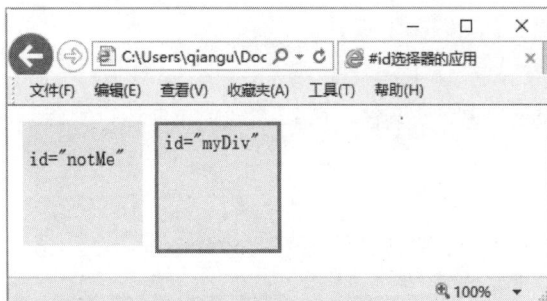

图 20-4   程序运行结果 3

20.2.2   层级选择器

层级选择器是根据页面 DOM 元素之间的父子关系作为匹配筛选条件的选择器，jQuery 为用户提供了 ancestor descendant 选择器、parent>child 选择器、prev+next 选择器和 prev~siblings 选择器，如表 20-2 所示。

表 20-2   jQuery 层级选择器

选 择 器	描 述
ancestor descendant	在给定的祖先元素下匹配所有的后代元素，作为参数的 ancestor 代表任何有效的选择器，而 descendant 则用以匹配元素的选择器，并且它是第一个选择器的后代
parent>child	在给定的父元素下匹配所有的子元素
prev+next	匹配所有紧接在 prev 元素后的 next 元素
prev~siblings	匹配 prev 元素之后的所有 siblings 元素

【例 20-4】（实例文件：ch20\Chap20.4.html）parent>child 选择器的应用示例。

```
<!DOCTYPE html>
<html>
<head>
  <title> parent>child选择器的应用 </title>
  <style>
  body {
    font-size: 14px;
  }
   </style>
  <script src=" jquery.min.js"></script>
</head>
<body>
<ul class="topnav">
  <li>Item 1</li>
  <li>Item 2
    <ul>
    <li>Nested item 1</li>
    <li>Nested item 2</li>
    <li>Nested item 3</li>
    </ul>
  </li>
  <li>Item 3</li>
</ul>
<script>
$( "ul.topnav > li" ).css( "border", "3px double red" );
```

```
</script>
</body>
</html>
```

相关的代码示例请参考 Chap20.4.html 文件，在 IE 浏览器里面运行的结果如图 20-5 所示。

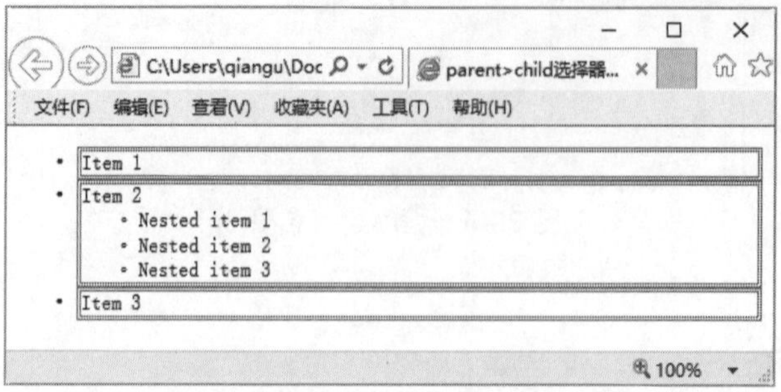

图 20-5　程序运行结果 4

20.2.3　属性选择器

属性选择器是通过元素的属性作为过滤条件进行筛选对象，jQuery 的属性选择器如表 20-3 所示。

表 20-3　jQuery 属性选择器

名　　称	说　　明
[attribute]	匹配包含给定属性的元素。例如，查找所有含有 id 属性的 div 元素：$("div[id]")
[attribute=value]	匹配给定的属性是某个特定值的元素。例如：查找所有 name 属性是 newsletter 的 input 元素：$("input[name='newsletter']").attr("checked",true);
[attribute!=value]	匹配给定的属性是不包含某个特定值的元素。例如，查找所有 name 属性不是 newsletter 的 input 元素：$("input[name!='newsletter']").attr("checked",true);
[attribute^=value]	匹配给定的属性是以某些值开始的元素。例如，$("input[name^='news']")
[attribute$=value]	匹配给定的属性是以某些值结尾的元素。例如，查找所有 name 以 'letter' 结尾的 input 元素：$("input[name$='letter']")
[attribute*=value]	匹配给定的属性是以包含某些值的元素。例如，查找所有 name 包含 'man' 的 input 元素：$("input[name*='man']")
[attributeFilter1] [attributeFilter2] [attributeFilterN]	复合属性选择器，需要同时满足多个条件时使用。例如，找到所有含有 id 属性，并且它的 name 属性是以 man 结尾的：$("input[id][name$='man']")

【例 20-5】（实例文件：ch20\Chap20.5.html）[attribute=value] 属性选择器的应用示例。

```
<!DOCTYPE html>
<html>
<head>
  <title>[attribute=value] 属性选择器 </title>
  <script src=" jquery.min.js"></script>
</head>
<body>
<div>
```

```
  <input type="radio" name="newsletter" value="Hot Fuzz">
  <span>name is newsletter</span>
</div>
<div>
  <input type="radio" value="Cold Fusion">
  <span>no name</span>
</div>
<div>
  <input type="radio" name="accept" value="Evil Plans">
  <span>name is accept</span>
</div>
<script>
$( "input[name!='newsletter']" ).next().append( "<b>; not newsletter</b>" );
</script>
</body>
</html>
```

相关的代码示例请参考 Chap20.5.html 文件，在 IE 浏览器里面运行的结果如图 20-6 所示。

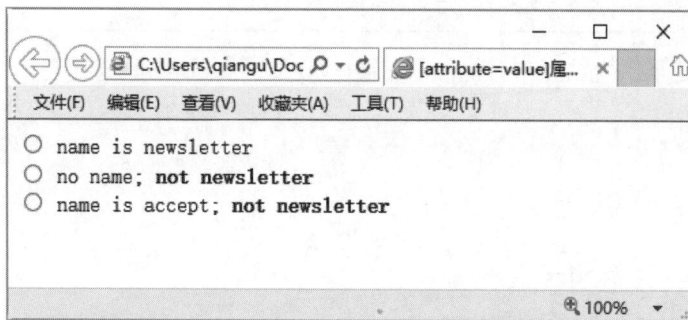

图 20-6　程序运行结果 5

20.3　jQuery 伪类选择器

伪类选择器，可以看成是一种特殊的选择器。伪类选择器都是以英文冒号 ":" 开头。jQuery 伪类选择器是参考 CSS3 伪类选择器的形式来设计的。在 jQuery 中，常见的伪类选择器分为 6 种，下面进行详细介绍。

20.3.1　简单伪类选择器

在 jQuery 中，最常用的伪类选择器称为简单伪类选择器，如表 20-4 所示。

表 20-4　jQuery 简单伪类选择器

伪类选择器	说　　明
:not(selector)	选择除了某个选择器之外的所有元素
:first 或 first()	选择某元素的第一个元素（非子元素）
:last 或 last()	选择某元素的最后一个元素（非子元素）
:odd	选择某元素的索引值为奇数的元素

伪类选择器	说　　明
:even	选择某元素的索引值为偶数的元素
:eq(index)	选择给定索引值的元素，索引值 index 是一个整数，从 0 开始
:lt(index)	选择所有小于索引值的元素，索引值 index 是一个整数，从 0 开始
:gt(index)	选择所有大于索引值的元素，索引值 index 是一个整数，从 0 开始
:header	选择 h1~h6 的标题元素
:animated	选择所有正在执行动画效果的元素
:root	选择页面的根元素
:target	选择当前活动的目标元素（锚点）

【例 20-6】（实例文件：ch20\Chap20.6.html）:odd 选择器的应用示例。

```html
<!DOCTYPE html>
<html>
<head>
  <title>:odd 选择器的应用 </title>
  <style>
  table {
    background: #f3f7f5;
  }
  </style>
  <script src="jquery.min.js"></script>
</head>
<body>
<table border="1">
  <tr><td>Row with Index #0</td></tr>
  <tr><td>Row with Index #1</td></tr>
  <tr><td>Row with Index #2</td></tr>
  <tr><td>Row with Index #3</td></tr>
</table>
<script>
$( "tr:odd" ).css( "background-color", "#bbbbff" );
</script>
</body>
</html>
```

相关的代码示例请参考 Chap20.6.html 文件，在 IE 浏览器里面运行的结果如图 20-7 所示。

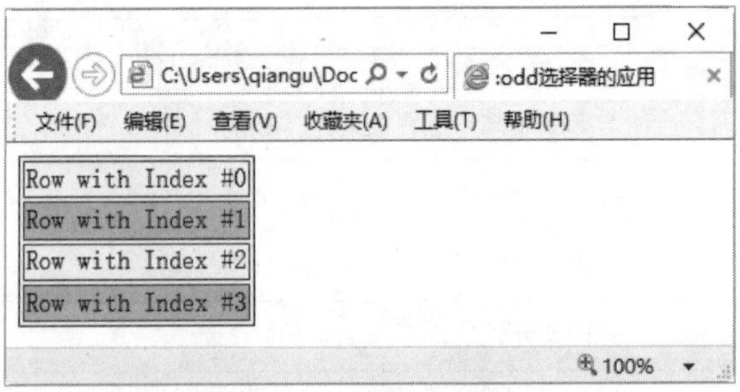

图 20-7　程序运行结果 6

20.3.2　子元素伪类选择器

子元素伪类选择器，就是选择某一个元素下面的子元素的方式。在 **jQuery** 中，子元素伪类选择器分为两大类。其中，第一类选择器不分元素类型，如表 20-5 所示；第二类选择器区分元素类型，如表 20-6 所示。第二类选择器只是比第一类选择器多了一层 type（元素类型）的限制。

表 20-5　jQuery 子元素伪类选择器

选　择　器	说　　明
:first-child	选择父元素的第一个子元素
:last-child	选择父元素的最后一个子元素
:nth-child(n)	选择父元素下的第 *n* 个元素或奇偶元素，*n* 的值为"整数 |odd|even"
:only-child	选择父元素中唯一的子元素（该父元素只有一个子元素）

表 20-6　jQuery 子元素伪类选择器

选　择　器	说　　明
:first-of-type	选择同元素类型的第一个同级兄弟元素
:last-of-type	选择同元素类型的最后一个同级兄弟元素
:nth-of-type	选择同元素类型的第 *n* 个同级兄弟元素，*n* 的值可以是"整数 |odd|even"
:only-of-type	匹配父元素中特定类型的唯一子元素（但是父元素可以有多个子元素）

【例 20-7】（实例文件：ch20\Chap20.7.html）:first-child 选择器的应用示例。

```
<!DOCTYPE html>
<html>
<head>
  <title>:first-child选择器的应用 </title>
  <style>
  span {
    color: #008;
  }
  span.sogreen {
    color: green;
    font-weight: bolder;
  }
  </style>
  <script src=" jquery.min.js"></script>
</head>
<body>
<div>
  <span> 苹果 </span>
  <span> 香蕉 </span>
  <span> 梨子 </span>
</div>
<div>
  <span> 西红柿 </span>
  <span> 西兰花 </span>
  <span> 小油菜 </span>
</div>
<script>
$( "div span:first-child" )
```

```
    .css( "text-decoration", "underline" )
    .hover(function() {
      $( this ).addClass( "sogreen" );
    }, function() {
      $( this ).removeClass( "sogreen" );
    });
</script>
</body>
</html>
```

相关的代码示例请参考 Chap20.7.html 文件，在 IE 浏览器里面运行的结果如图 20-8 所示。

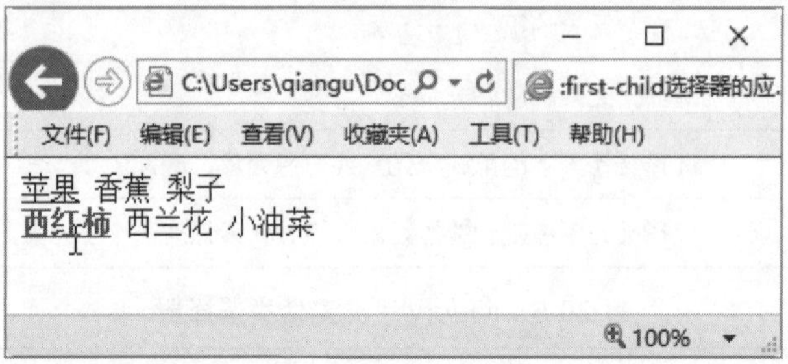

图 20-8　程序运行结果 7

20.3.3　可见性伪类选择器

可见性伪类选择器，就是根据元素的"可见"与"不可见"这两种状态来选取元素，如表 20-7 所示。

表 20-7　jQuery 可见性伪类选择器

选 择 器	说　　明
:hidden	选取所有不可见元素
:visible	选取所有可见元素，与":hidden"相反

":hidden"选择器选择的不仅包括样式为 display:none 所有元素，而且还包括属性 type="hidden" 和样式为 visibility:hidden 的所有元素。在 jQuery 中，可见性伪类选择器用得比较少，了解一下即可。

20.3.4　内容伪类选择器

内容伪类选择器，就是根据元素中的文字内容或所包含的子元素特征来选择元素，其文字内容可以模糊或绝对匹配进行元素定位，如表 20-8 所示。

表 20-8　jQuery 内容伪类选择器

选 择 器	说　　明
:contains(text)	选择包含给定文本内容的元素
:has(selector)	选择含有选择器所匹配元素的元素

续表

选　择　器	说　　明
:empty	选择所有不包含子元素或者不包含文本的元素
:parent	选择含有子元素或者文本的元素（跟 ":empty" 相反）

【例 20-8】（实例文件：ch20\Chap20.8.html）:contains(text) 选择器的应用示例。

```
<!DOCTYPE html>
<html>
<head>
  <title>:contains(text) 选择器的应用 </title>
  <script src="jquery.min.js"></script>
</head>
<body>
<div> 刘一诺 </div>
<div> 马浩然 </div>
<div> 刘天佑 </div>
<div> 刘俏俏 </div>
<script>
$( "div:contains(' 刘 ')" ).css( "text-decoration", "underline" );
</script>
</body>
</html>
```

相关的代码示例请参考 Chap20.8.html 文件，在 IE 浏览器里面运行的结果如图 20-9 所示。

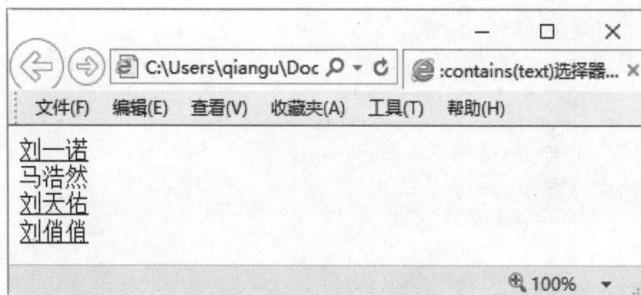

图 20-9　程序运行结果 8

20.3.5　表单伪类选择器

表单伪类选择器，指的是根据表单类型来选择的伪类选择器。jQuery 的表单伪类选择器如表 20-9 所示。

表 20-9　jQuery 表单伪类选择器

选　择　器	说　　明
:input	选择所有 input 元素
:button	选择所有普通按钮，即 type="button" 的 input 元素

选　择　器	说　　　明
:submit	选择所有提交按钮，即 type="submit" 的 input 元素
:reset	选择所有重置按钮，即 type="reset" 的 input 元素
:text	选择所有单行文本框
:textarea	选择所有多行文本框
:password	选择所有密码文本框
:radio	选择所有单选按钮
:checkbox	选择所有复选框
:image	选择所有图像域
:hidden	选择所有隐藏域
:file	选择所有文件域

【例 20-9】（实例文件：ch20\Chap20.9.html）:input 选择器的应用示例。

```
<!DOCTYPE html>
<html>
<head>
<title>:input 选择器的应用示例</title>
<script src="jquery.min.js">
</script>
<script>
$(document).ready(function(){
  $(":input").css("background-color","green");
});
</script>
</head>
<body>
<form action="">
用户名：<input type="text" name="user"><br>
密码：<input type="password" name="password"><br>
<button type="button"> 注册 </button>
<input type="button" value=" 清空 "><br>
<input type="reset" value=" 重置 ">
<input type="submit" value=" 提交 "><br>
</form>
</body>
</html>
```

相关的代码示例请参考 Chap20.9.html 文件，在 IE 浏览器里面运行的结果如图 20-10 所示。

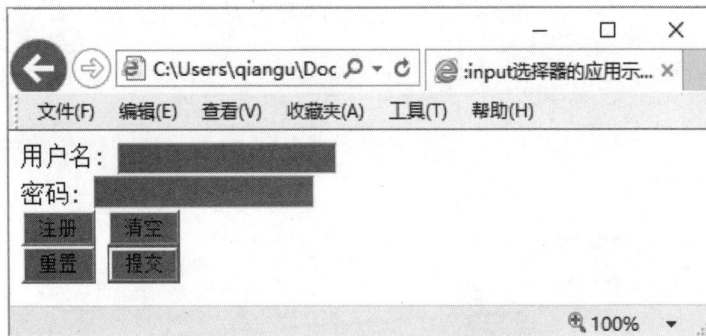

图 20-10　程序运行结果 9

20.3.6　表单属性伪类选择器

表单属性伪类选择器，就是根据表单元素的标签属性来选取某一类表单元素。jQuery 表单属性伪类选择器如表 20-10 所示。

表 20-10　jQuery 表单属性伪类选择器

选　择　器	说　　明
:checked	选择所有被选中的表单元素，一般用于 radio 和 checkbox
option:selected	选择所有被选中的 option 元素
:enabled	选择所有可用元素，一般用于 input、select 和 textarea
:disabled	选择所有不可用元素，一般用于 input、select 和 textarea
:read-only	选择所有只读元素，一般用于 input 和 textarea
:focus	选择获得焦点的元素，常用于 input 和 textarea

【例 20-10】（实例文件：ch20\Chap20.10.html）:checked 选择器的应用示例。

```
<!DOCTYPE html>
<html>
<head>
  <title>:checked 选择器的应用示例 </title>
  <style>
  input, label {
    line-height: 1.5em;
  }
  </style>
  <script src="jquery.min.js"></script>
</head>
<body>
<form>
  <div>
    <input type="radio" name="fruit" value=" 橘子 " id="orange">
    <label for="orange"> 橘子 </label>
  </div>
  <div>
    <input type="radio" name="fruit" value=" 苹果 " id="apple">
```

```
    <label for="apple"> 苹果 </label>
  </div>
  <div>
    <input type="radio" name="fruit" value=" 香蕉 " id="banana">
    <label for="banana"> 香蕉 </label>
  </div>
  <div id="log"></div>
</form>
<script>
$( "input" ).on( "click", function() {
  $( "#log" ).html( $( "input:checked" ).val() + " 被选中！" );
});
</script>
</body>
</html>
```

相关的代码示例请参考 Chap20.10.html 文件，在 IE 浏览器里面运行的结果如图 20-11 所示。

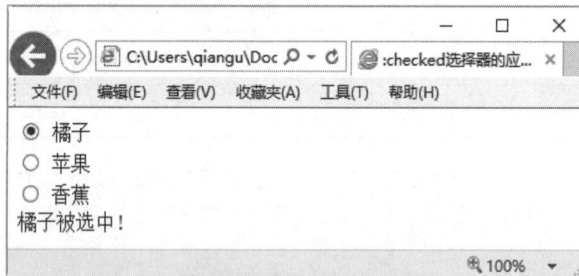

图 20-11　程序运行结果 10

选中任意一个单选按钮，在页面的下方会提示选中的信息内容，如图 20-12 所示。

图 20-12　选中单选按钮

20.4　jQuery 常用开发工具

适合开发 jQuery 的工具很多，常用的有 JavaScript Editor Pro、Dreamweaver、文本编辑器 UltraEdit 等。其实，最普通的文本编辑器就可以用来作为 jQuery 的开发工具。

20.4.1　JavaScript Editor Pro

JavaScript Editor Pro 是一款功能齐全好用的 JavaScript 编写工具，它除了支持多种网页脚本语言编辑

（JavaScript、HTML、CSS、VBScript、PHP 和 ASP.NET 语法标注等）和内嵌的预览功能，还提供了大量的 HTML 标签、属性、事件和 JavaScript 事件、功能、属性、语句、动作等代码库，让使用者只需要鼠标单击选择就可以直接插入相应位置，而不需要再从键盘输入，如图 20-13 所示。

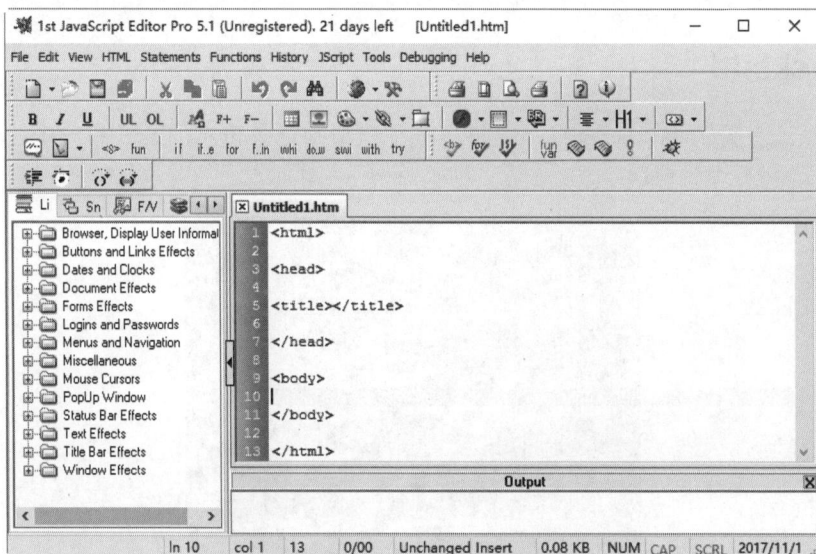

图 20-13　JavaScript Editor Pro

20.4.2　Dreamweaver

Dreamweaver 可以开发 jQuery，不过需要在 Dreamweaver 中安装一个名为 jQuery_API_for_dw4.mxp 的插件，具体安装步骤如下。

在 Dreamweaver 中选择"命令"→"扩展管理"菜单命令，弹出 Adobe Extension Manager 工作界面，在其中选择 jQuery_API_for_dw4.mxp，安装成功后重启 Dreamweaver，就可以让 Dreamweaver 拥有 jQuery 自动提示代码功能，如图 20-14 所示。

图 20-14　Dreamweaver 软件

20.5　jQuery 的调试工具

jQuery 的调试工具常用的主要有 Blackbird、Visual Studio 和 jQueryPad 等。

20.5.1　Blackbird

Blackbird 是一个开源的 JavaScript 库，提供了一种简单的记录日志的方式和一个控制台窗口，如图 20-15 所示是 Blackbird 控制台窗口。

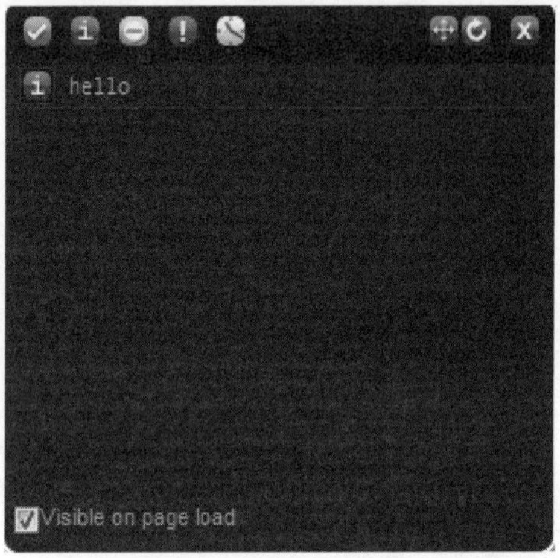

图 20-15　Blackbird 控制台窗口

Blackbird 支持当前的主流浏览器，如 IE 6+，Firefox 2+，Safari 2+，Opera 9.5 等，并支持快捷键操作。

- F2：显示和隐藏控制台。
- Shift + F2：移动控制台。
- Alt + Shift + F2：清空控制台信息。

另外，Blackbird 还提供了多个公共 API。

- log.toggle()：显示或隐藏 Blackbird。
- log.move()：移动。
- log.resize()：修改 Blackbird 窗口显示大小。
- log.clear()：清空信息。
- log.debug(message)：调试信息。
- log.info(message)：一般消息。
- log.warn(message)：警告信息。
- log.error(message)：错误信息。
- log.profile(label)：计算消耗时间。

使用方法也很简单，如想在 JavaScript 代码里调用 Blackbird，代码如下：

```
log.debug( 'this is a debug message' );
log.info( 'this is an info message' );
log.warn( 'this is a warning message' );
log.error( 'this is an error message' );
```

20.5.2　Visual Studio 2017

Visual Studio 2017 可支持 C#、C++、Python、Visual Basic、Node.js、HTML、JavaScript 等编程语言，不仅可编写 Windows 10 UWP 通用程序，甚至还能开发 iOS、Android 移动平台应用。

Visual Studio 2017 提供了高级开发工具、调试功能、数据库功能和创新功能，帮助在各种平台上快速创建当前最先进的应用程序。Visual Studio 2017 对 JavaScript 提供了良好的智能感知提示，随着 jQuery 的流行和 Microsoft 将把 jQuery 传送到 Visual Studio 中，jQuery.com 发布了对 Visual Studio 2017 的智能感知提示文档。用户可以在 http://docs.jquery.com/ Downloading_jQuery #Download_ jQuery 下载。

将 jQuery 的 js 文件和 vsdoc.js 文件添加到页面的 script 块中引用即可。加入 script 块后，输入 jQuery 代码时就可以利用 intellisense 功能了，如图 20-16 所示。

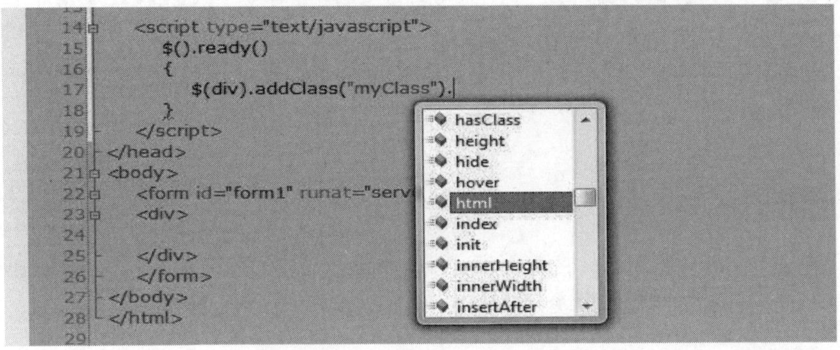

图 20-16　intellisense 功能

20.5.3　jQueryPad

jQueryPad 是一个方便快捷的 JavaScript/HTML 编辑调试器。启动后，在左边输入要操作的 HTML 代码，在右侧输入 jQuery 代码，按下 F5 键，就可以看到结果。如图 20-17 所示，左边是 HTML 代码，右边是 jQuery 代码。

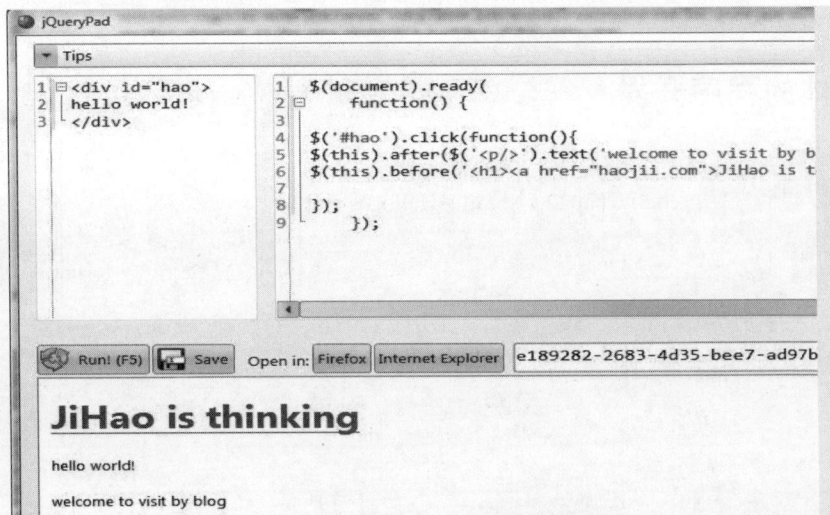

图 20-17　jQueryPad 编辑器

435

这款软件的基本原理是：在调试时，将 HTML 和 JavaScript 代码复制到一个文件中（当然，这个文件加载了 jQuery 框架，所有 jQuery 函数都可用），然后显示。

我们都知道，对于网页程序员来说，在代码编辑器和浏览器之间不停地按 Alt+Tab 键是家常便饭：修改了代码之后，切换到浏览器测试。而 jQueryPad 是一个整合 HTML/jQuery 代码编辑与测试的小软件，让用户摆脱了不停地按 Alt+Tab 键。

不过，jQueryPad 也存在一些明显的问题：它没有任何帮助使用文档和基本的提示功能；跟 Fireworks 相比，也无法设断点 debug。但是总体来讲，jQueryPad 算是一款方便实用的 jQuery 开发调试工具。

20.6　典型案例——我的第一个 jQuery 程序

开发 jQuery 程序其实很简单，需要做的就是引入 jQuery 库，然后调用即可，下面举一个简单的示例来引导大家如何使用 jQuery。

20.6.1　开发前的准备工作

由于 jQuery 是一个免费开源项目，任何人都可以在 jQuery 的官方网站 http://jquery.com 下载到最新版本的 jQuery 库文件。jQuery 库文件有两种类型：完整版和压缩版。前者主要用于测试开发，后者主要用于项目应用。

下载完 jQuery 库之后，将其放置在具体的项目目录下即可，在 HTML 页面引入该 jQuery 库文件的代码如下：

```
<script language="JavaScript" src="../jquery.min.js"></script>
```

可以看出，在 HTML 页面上引入 jQuery 库文件和引入外部的 JavaScript 程序文件，形式上没有任何区别。同时，在 HTML 页面直接插入 jQuery 代码或引入外部 jQuery 程序文件，需要符合的格式也跟 JavaScript 一样。值得一提的是，外部 jQuery 程序文件是不同页面共享相同 jQuery 代码的一种高效方式。这样当修改 jQuery 代码时，只需要编辑一个外部文件，操作更为方便。此外，一旦载入某个外部 jQuery 文件，它就会存储在浏览器的缓存中，因此不同页面重复使用它时无须再次下载，从而加快了网页的访问速度。

20.6.2　具体的程序开发

环境配置好之后，下面就可以开始编写 jQuery 程序了。

【例 20-11】（实例文件：ch20\Chap20.11.html）Hello World!。

```
<!DOCTYPE html>
<head>
<title> 第一个实例 </title>
<script language="JavaScript" src="jquery.min.js"></script>
<script language="JavaScript">
$(document).ready(function(){
alert("Hello World!");});
</script>
</head>
<body/>
</html>
```

相关的代码示例请参考 Chap20.11.html 文件，在 IE 浏览器里面运行的结果如图 20-18 所示。

图 20-18　程序运行结果 11

20.7　就业面试技巧与解析

20.7.1　面试技巧与解析（一）

面试官：你并非毕业于名牌院校，你认为你和名牌院校的毕业生相比，有哪些优势？

应聘者：是否毕业于名牌院校不重要，重要的是有能力完成您交给我的工作。我接受了相关知识的职业培训，掌握的技能完全可以胜任贵公司现在的工作，而且我比一些名牌院校的应届毕业生的动手能力还要强，我想我更适合贵公司这个职位。

20.7.2　面试技巧与解析（二）

面试官：你希望这个职务能给你带来什么？

应聘者：希望能借此发挥我的所学及专长，同时也会吸收贵公司在这方面的经验，就公司、我个人而言，可以缔造"双赢"的局面。

第 21 章
jQuery 控制页面

◎ 本章教学微视频：11 个　29 分钟

学习指引

jQuery 是一个简洁快速的 JavaScript 脚本库，通过它可以控制页面元素，能够让用户在网页上简单地操作文档、处理事件、运行动画效果以及添加异步交互等。本章就来学习如何使用 jQuery 控制页面。

重点导读

- 掌握操作元素内容和值的方法。
- 掌握操作元素的 CSS 样式的方法。
- 掌握获取与编辑 DOM 节点的方法。
- 掌握制作多级菜单的实例。

21.1　操作元素内容和值

jQuery 提供了对元素内容和值以及属性进行操作的方法，其中，元素的值是元素的唯一属性，大部分元素的值都对应 value 属性。元素的内容是指定义元素的起始标签和结束标签中间的内容，可分为文本内容和 HTML 内容。

21.1.1　对文本内容进行操作

jQuery 提供了两种方法用于对文本内容进行操作，分别是 text() 方法和 text(val) 方法，其中 text() 方法用于获取全部匹配元素的文本内容，text(val) 方法用于设置全部匹配元素的文本内容。

【例 21-1】（实例文件：ch21\Chap21.1.html）text() 方法获取文本内容。

```
<!DOCTYPE html>
<html>
<head>
<title>获取文本内容</title>
<script src="jquery.min.js">
</script>
```

```
<script>
$(document).ready(function(){
    $("button").click(function(){
        alert($("p").text());
    });
});
</script>
</head>
<body>
<button>获取所有 p 元素的文本内容</button>
<p>清明时节雨纷纷,</p>
<p>路上行人欲断魂。</p>
</body>
</html>
```

相关的代码示例请参考 Chap21.1.html 文件，在 IE 浏览器里面运行的结果如图 21-1 所示。

单击"获取所有 p 元素的文本内容"按钮，即可弹出一个信息提示框，显示所有 p 元素的内容，如图 21-2 所示。

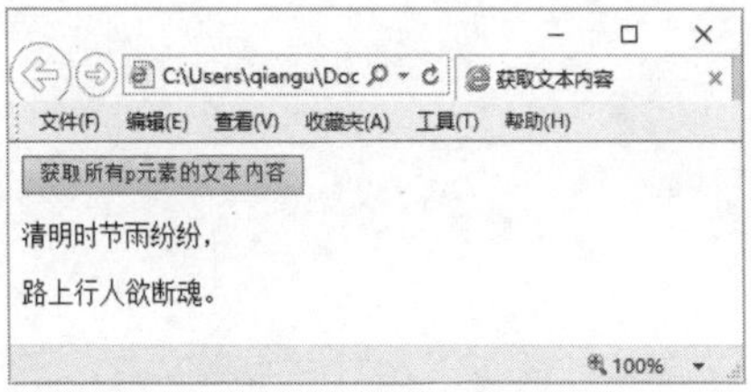

图 21-1　程序运行结果 1

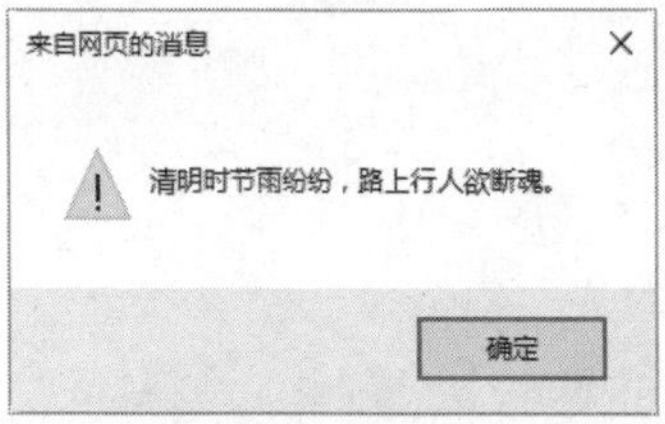

图 21-2　提示信息框 1

【例 21-2】（实例文件：ch21\Chap21.2.html）text(val) 方法设置文本内容。

```
<!DOCTYPE html>
<html>
<head>
<title>设置文本内容</title>
<script src="jquery.min.js">
</script>
<script>
$(document).ready(function(){
    $("button").click(function(){
        $("p").text("Hello jQuery!");
    });
});
</script>
</head>
<body>
<button>设置所有 p 元素的文本内容</button>
<p>清明时节雨纷纷,</p>
<p>路上行人欲断魂。</p>
</body>
</html>
```

相关的代码示例请参考 Chap21.2.html 文件，在 IE 浏览器里面运行的结果如图 21-3 所示。

单击"设置所有 p 元素的文本内容"按钮，即可更换所有 p 元素的内容为新内容，如图 21-4 所示。

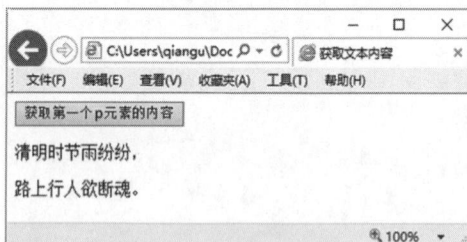

图 21-3　程序运行结果 2　　　　　　　　　　图 21-4　更换所有 p 元素的内容

21.1.2　对 HTML 内容进行操作

jQuery 提供了两种方法用于对 HTML 内容进行操作，分别是 html() 方法和 html(val) 方法，其中 html() 方法用于获取第一个匹配元素的 HTML 内容，html(val) 方法用于设置全部匹配元素的 HTML 内容。

【例 21-3】（实例文件：ch21\Chap21.3.html）html() 方法获取第一个 HTML 内容。

```
<!DOCTYPE html>
<html>
<head>
<title> 获取文本内容 </title>
<script src="jquery.min.js">
</script>
<script>
$(document).ready(function(){
    $("button").click(function(){
        alert($("p").html());
    });
});
</script>
</head>
<body>
<button> 获取第一个 p 元素的内容 </button>
<p> 清明时节雨纷纷 ,</p>
<p> 路上行人欲断魂。</p>
</body>
</html>
```

相关的代码示例请参考 Chap21.3.html 文件，在 IE 浏览器里面运行的结果如图 21-5 所示。

单击"获取第一个 p 元素的内容"按钮，即可获取第一个 p 元素的内容，如图 21-6 所示。

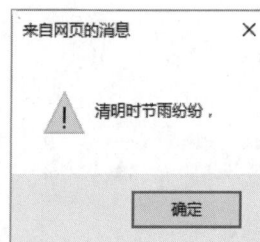

图 21-5　程序运行结果 3　　　　　　　　　　图 21-6　提示信息框 2

【例 21-4】（实例文件：ch21\Chap21.4.html）html(val) 方法设置 HTML 内容。

```
<!DOCTYPE html>
<html>
<head>
```

```
<title>设置 HTML 内容 </title>
<script src="jquery.min.js">
</script>
<script>
$(document).ready(function(){
    $("button").click(function(){
        $("p").html("Hello <b>jQuery!</b>");
    });
});
</script>
</head>
<body>
<button> 设置所有 p 元素的内容 </button>
<p> 清明时节雨纷纷, </p>
<p> 路上行人欲断魂。</p>
</body>
</html>
```

相关的代码示例请参考 Chap21.4.html 文件，在 IE 浏览器里面运行的结果如图 21-7 所示。

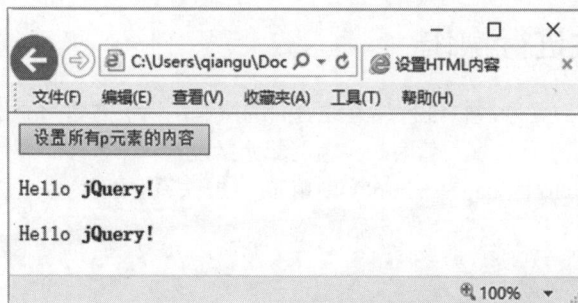

图 21-7　程序运行结果 4

单击"设置所有 p 元素的内容"按钮，即可更换所有 p 元素的内容为新内容，如图 21-8 所示。

图 21-8　更换所有 p 元素的内容

21.1.3　对元素的值进行操作

在 jQuery 中，使用 val() 方法返回或设置被选元素的 value 属性。当用于返回值时，该方法返回第一个匹配元素的 value 属性的值；当用于设置值时，该方法设置所有匹配元素的 value 属性的值。

注意：val() 方法通常与 HTML 表单元素一起使用。

【例 21-5】（实例文件：ch21\Chap21.5.html）val() 方法返回第一个匹配元素的当前值。

```
<!DOCTYPE html>
```

```
<html>
<head>
<title> 返回当前元素的值 </title>
<script src="jquery.min.js">
</script>
<script>
$(document).ready(function(){
    $("button").click(function(){
        alert($("input:text").val());
    });
});
</script>
</head>
<body>
姓氏：<input type="text" name="fname" value=" 刘 "><br>
名字：<input type="text" name="lname" value=" 天佑 "><br><br>
<button> 返回第一个输入字段的值 </button>
</body>
</html>
```

相关的代码示例请参考 Chap21.5.html 文件，在 IE 浏览器里面运行的结果如图 21-9 所示。
单击"返回第一个输入字段的值"按钮，即可弹出一个信息提示框，如图 21-10 所示。

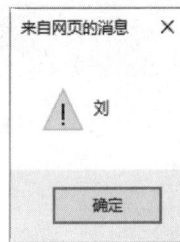

图 21-9 程序运行结果 5

图 21-10 提示信息框 3

21.1.4 对元素属性进行操作

jQuery 提供了 attr() 方法对元素属性进行设置或返回的操作，当该方法用于返回属性值时，则返回第一个匹配元素的值；当该方法用于设置属性值时，则为匹配元素设置一个或多个属性/值对。

【例 21-6】（实例文件：ch21\Chap21.6.html）使用 attr() 方法设置图片大小属性值。

```
<!DOCTYPE html>
<html>
<head>
<title> 设置图片宽度与高度 </title>
<script src="jquery.min.js">
</script>
<script>
$(document).ready(function(){
    $("button").click(function(){
        $("img").attr({width:"250",height:"150"});
    });
});
</script>
</head>
<body>
<img src="01.jpg" width="284" height="213">
<br>
<button> 设置图片宽度与高度 </button> .
</body>
```

```
</html>
```

相关的代码示例请参考 Chap21.6.html 文件，在 IE 浏览器里面运行的结果如图 21-11 所示。

图 21-11　程序运行结果 6

单击"设置图片宽度与高度"按钮，即可改变图片的高度与宽度属性值，如图 21-12 所示。

图 21-12　改变图片的高度与宽度

另外，jQuery 还为用户提供了对元素属性进行移除的方法，即 removeAttr() 方法，使用该方法可以从被选元素移除一个或多个属性。

【例 21-7】（实例文件：ch21\Chap21.7.html）使用 removeAttr() 方法移除段落属性。

```
<!DOCTYPE html>
<html>
<head>
<title>对元素属性进行移除</title>
<script src="jquery.min.js">
</script>
<script>
$(document).ready(function(){
    $("button").click(function(){
        $("p").removeAttr("id class");
    });
});
```

```
</script>
<style type="text/css">
#p1{
    color:white;
    background-color:green;
    font-size:20px;
    padding:5px;
}
.blue{
    color:white;
    background-color:blue;
    font-size:20px;
    padding:5px;
}
</style>
</head>
<body>
<h1> 静夜思 </h1>
<p id="p1"> 床前明月光,</p>
<p class="blue"> 疑是地上霜。</p>
<button> 移除所有 p 元素的属性 </button>
</body>
</html>
```

相关的代码示例请参考 Chap21.7.html 文件，在 IE 浏览器里面运行的结果如图 21-13 所示。

单击"移除所有 p 元素的属性"按钮，即可移除段落的属性值，包括文字的颜色、大小等，如图 21-14 所示。

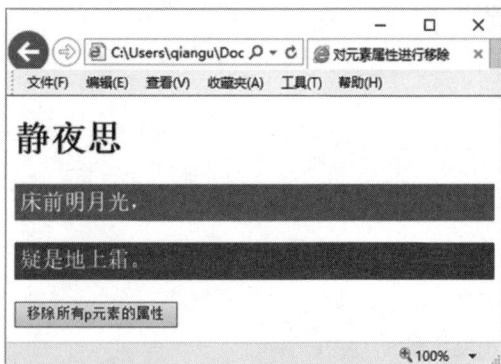

图 21-13　程序运行结果 7

图 21-14　移除段落的属性值

21.2　操作元素的 CSS 样式

在 jQuery 中，对元素的 CSS 样式操作可以通过修改 CSS 类或 CSS 的属性来实现。其中，CSS 类用于改变一个元素的整体效果，CSS 属性用于获取或修改一个元素的具体样式。

21.2.1　CSS 类别操作

jQuery 为用户提供了三种 CSS 类别操作方法，包括添加 CSS 类别、移除 CSS 类别与切换 CSS 类别，如表 21-1 所示。

表 21-1　CSS 类别操作方法

addClass()	向被选元素添加一个或多个类名
removeClass()	从被选元素移除一个或多个类
toggleClass()	在被选元素中添加 / 移除的一个或多个类之间切换

使用 addClass() 方法可以在 CSS 中添加类别，同样，当我们需要给一个元素添加多个类别时，也可以用 addClass() 方法，只需在不同类别之间加上空格即可。

【例 21-8】（实例文件：ch21\Chap21.8.html）添加 CSS 类别。

```
<!DOCTYPE html>
<html>
<head>
<script language="JavaScript" src="jquery.min.js"></script>
<script language="JavaScript">
$(document).ready(function(){
        $("button").click(function(){
                $("p:first").addClass("one two");
          });
});
</script>
<style type="text/css">
.one
{
font-size:120%;
color:blue;
}
.two
{
background-color:yellow;
}
</style>
</head>
<body>
<p>朱雀桥边野草花,</p>
<p>乌衣巷口夕阳斜。</p>
<button>向第一个 p 元素添加两个类 </button>
</body>
</html>
```

相关的代码示例请参考 Chap21.8.html 文件，在 IE 浏览器里面运行的结果如图 21-15 所示。

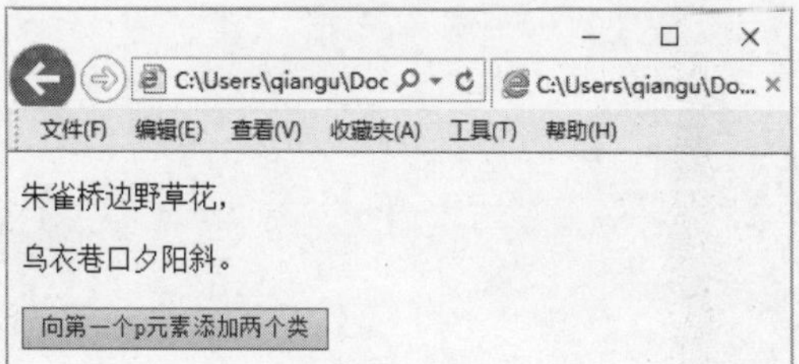

图 21-15　程序运行结果 8

单击"向第一个 p 元素添加两个类"按钮，即可向第一段添加"one""two"两个 CSS 类别，如图
21-16 所示。

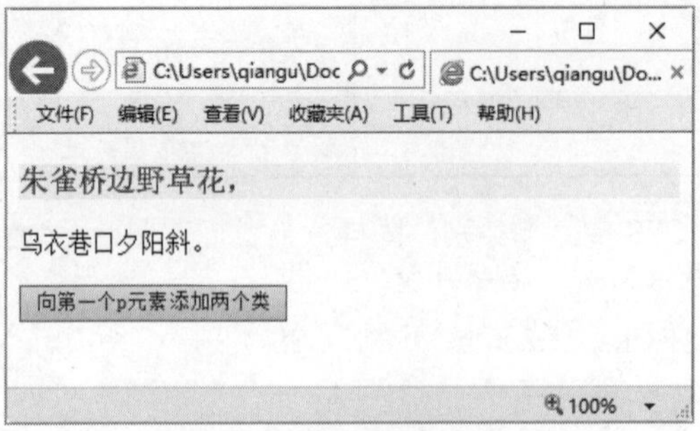

图 21-16　添加两个 CSS 类别

使用 removeClass() 方法可以删除元素类别，如果要删除多个类别，可以在不同类别之间使用空格即可。
需要注意的是，removeClass() 方法的参数可选，如果不输入参数则移除全部的 CSS 类。

【例 21-9】（实例文件：ch21\Chap21.9.html）移除 CSS 类别。

```
<!DOCTYPE html>
<html>
<head>
<title> 移除 CSS 类别 </title>
<script src="jquery.min.js">
</script>
<script>
$(document).ready(function(){
    $("button").click(function(){
        $("p,h1").removeClass("head intro main");
    });
});
</script>
<style type="text/css">
.head{
    font-size:2em;
    color:green;
}
.intro{
    font-size:120%;
    color:red;
}
.main{
    font-size:20px;
    color:blue;
}
</style>
</head>
<body>
<h1 class="head"> 春晓 </h1>
<p class="intro"> 春眠不觉晓 ,</p>
<p class="main"> 处处闻啼鸟。</p>
<button> 移除选择元素的 CSS 类 </button>
</body>
</html>
```

相关的代码示例请参考 Chap21.9.html 文件，在 IE 浏览器里面运行的结果如图 21-17 所示。

图 21-17　程序运行结果 9

单击"移除选择元素的 CSS 类"按钮，即可移除选择元素的 CSS 类，如图 21-18 所示。

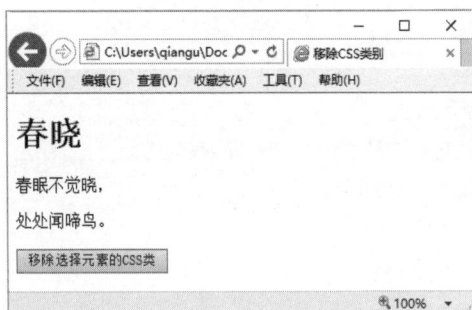

图 21-18　移除选择元素的 CSS 类

jQuery 中有一个 toggleClass() 方法，它的作用是对设置或移除被选元素的一个或多个类进行切换。该方法检查每个元素中指定的类，如果不存在则添加类，如果已设置则删除。这就是所谓的切换效果。不过，通过使用 switch 参数，用户能够规定只删除或只添加类。

【例 21-10】（实例文件：ch21\Chap21.10.html）动态切换 CSS 类别。

```html
<!DOCTYPE html>
<html>
<head>
<title> toggleClass() 方法 </title>
<script src="jquery.min.js">
</script>
<script>
$(document).ready(function(){
    $("button").click(function(){
        $("p").toggleClass("main");
    });
});
</script>
<style>
.main{
    font-size:120%;
    color:red;
}
</style>
</head>
<body>
<p> 旧时王谢堂前燕 ,</p>
<p class="main"> 飞入寻常百姓家。</p>
<button> 转换 p 元素的 "main" 类 </button>
</body>
```

```
</html>
```

相关的代码示例请参考 Chap21.10.html 文件，在 IE 浏览器里面运行的结果如图 21-19 所示。

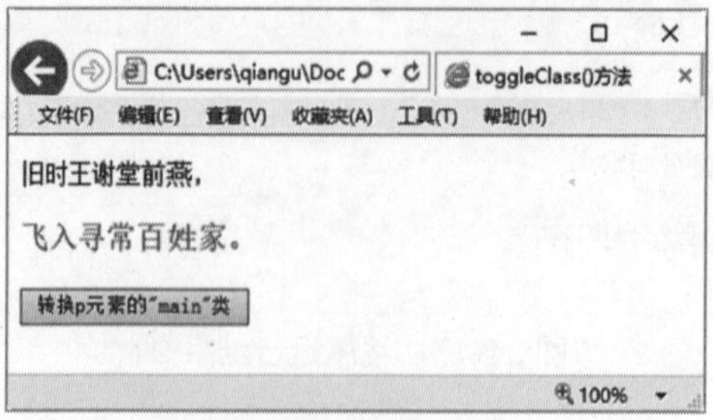

图 21-19　程序运行结果 10

单击"转换 p 元素的 "main" 类"按钮，即可切换元素的 CSS 类，如图 21-20 所示。

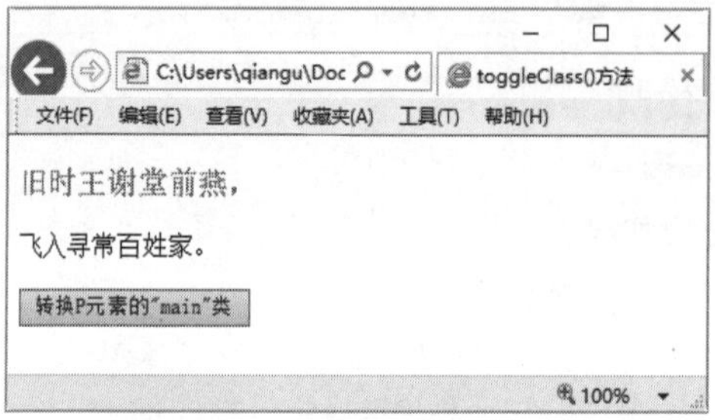

图 21-20　切换元素的 CSS 类

21.2.2　CSS 属性操作

jQuery 提供 css( ) 方法，用来获取或设置匹配的元素的一个或多个样式属性。这个方法与 attr() 大致相同，通过 css(name) 来获得某种样式的值，通过 css(name,value) 来设置元素的样式。

【例 21-11】（实例文件：ch21\Chap21.11.html）设置元素的 CSS 属性样式。

```
<!DOCTYPE html>
<html>
<head>
<title>设置 CSS 属性样式 </title>
<script src="jquery.min.js">
</script>
<script>
$(document).ready(function(){
    $("button").click(function(){
        $("p").css("color","red");
    });
});
</script>
</head>
<body>
<button>设置所有 p 元素的颜色属性 </button>
<p> 旧时王谢堂前燕 ,</p>
<p> 飞入寻常百姓家。</p>
</body>
</html>
```

相关的代码示例请参考 Chap21.11.html 文件，在 IE 浏览器里面运行的结果如图 21-21 所示。

图 21-21　程序运行结果 11

单击"设置所有 p 元素的颜色属性"按钮，即可更改段落的颜色属性，如图 21-22 所示。

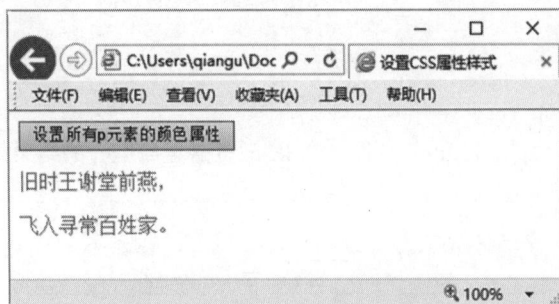

图 21-22　更改段落的颜色属性

21.3　获取与编辑 DOM 节点

为简化开发人员的工作，jQuery 为用户提供了对 DOM 节点进行操作的方法，下面进行详细介绍。

21.3.1　插入节点

在 jQuery 中，插入节点可以分为在元素内部插入和在元素外部插入两种，下面分别进行介绍。

1. 在元素内部插入节点

在元素内部插入节点就是向一个元素中添加子元素和内容，如表 21-2 所示为在元素内部插入节点的方法。

表 21-2　在元素内部插入节点的方法

append()	在被选元素的结尾插入内容
appendTo()	在被选元素的结尾插入 HTML 元素
prepend()	在被选元素的开头插入内容
prependTo()	在被选元素的开头插入 HTML 元素

【例 21-12】（实例文件：ch21\Chap21.12.html）appendTo() 方法应用示例。

```
<!DOCTYPE html>
<html>
<head>
<title>在 p 元素结尾处插入新元素</title>
<script src="jquery.min.js">
</script>
<script>
$(document).ready(function(){
    $("button").click(function(){
        $("<span>Hello jQuery!</span>").appendTo("p");
    });
});
</script>
</head>
<body>
<button>插入节点</button>
<p>夜来风雨声,</p>
<p>花落知多少。</p>
</body>
</html>
```

相关的代码示例请参考 Chap21.12.html 文件，在 IE 浏览器里面运行的结果如图 21-23 所示。

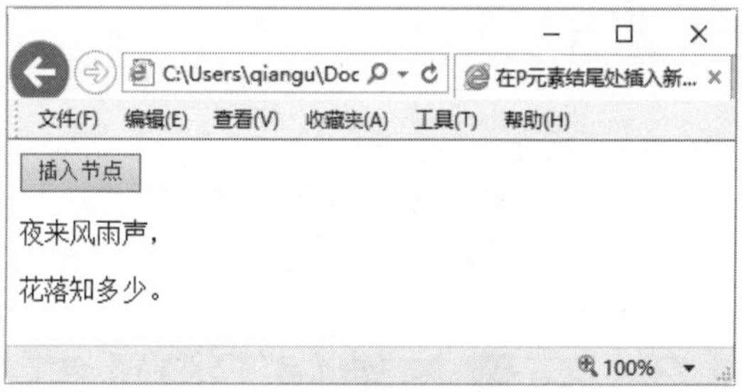

图 21-23　程序运行结果 12

单击 "插入节点" 按钮，即可在每个 p 元素结尾插入 span 元素，即 "Hello jQuery！"，如图 21-24 所示。

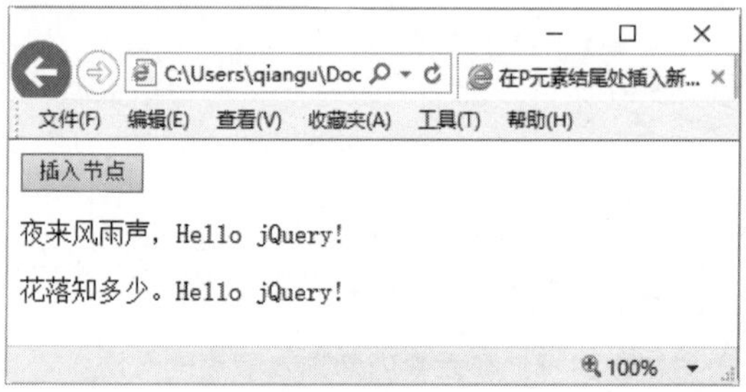

图 21-24　插入 span 元素

2. 在元素外部插入节点

在元素外部插入就是将要添加的内容添加到元素之前或之后，如表 21-3 所示为在元素外部插入节点的方法。

表 21-3　在元素外部插入节点的方法

after()	在被选元素后插入内容
insertAfter()	在被选元素后插入 HTML 元素
before()	在被选元素前插入内容
insertBefore()	在被选元素前插入 HTML 元素

【例 21-13】（实例文件：ch21\Chap21.13.html）after() 方法应用示例。

```
<!DOCTYPE html>
<html>
<head>
<title> 在被选元素后插入内容 </title>
<script src="jquery.min.js">
</script>
<script>
$(document).ready(function(){
  $("button").click(function(){
    $("p").after("<p>Hello jQuery!</p>");
  });
});
</script>
</head>
<body>
<button> 插入节点 </button>
<p> 夜来风雨声 ,</p>
<p> 花落知多少。</p>
</body>
</html>
```

相关的代码示例请参考 Chap21.13.html 文件，在 IE 浏览器里面运行的结果如图 21-25 所示。

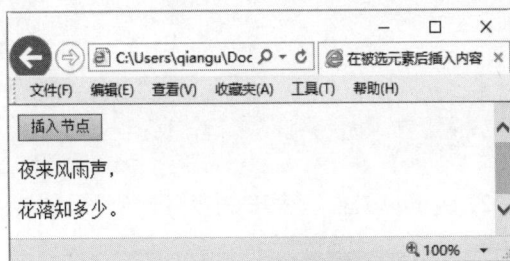

图 21-25　程序运行结果 13

单击"插入节点"按钮，即可在每个 p 元素后插入内容，即"Hello jQuery！"，如图 21-26 所示。

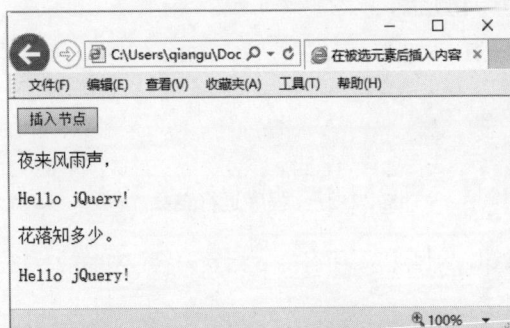

图 21-26　在每个 P 元素后插入内容

21.3.2　删除节点

jQuery 为用户提供了两种删除节点的方法，如表 21-4 所示。

表 21-4　删除节点的方法

方　　法	描　　述
remove()	移除被选元素（不保留数据和事件）
detach()	移除被选元素（保留数据和事件）
empty()	从被选元素移除所有子节点和内容

【例 21-14】（实例文件：ch21\Chap21.14.html）remove() 方法应用示例。

```
<!DOCTYPE html>
<html>
<head>
<title> remove()方法应用示例 </title>
<script src="jquery.min.js">
</script>
<script>
$(document).ready(function(){
    $("button").click(function(){
        $("p").remove();
    });
});
</script>
</head>
<body>
<p>秦时明月汉时关 ,</p>
<p>万里长征人未还。</p>
<button>移除所有 p 元素 </button>
</body>
</html>
```

相关的代码示例请参考 Chap21.14.html 文件，在 IE 浏览器里面运行的结果如图 21-27 所示。

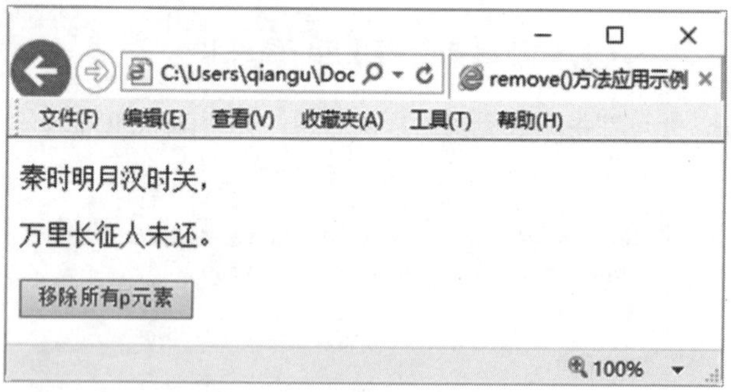

图 21-27　程序运行结果 14

单击"移除所有 p 元素"按钮，即可移除所有的 p 元素内容，如图 21-28 所示。

图 21-28　移除所有的 p 元素内容

在 jQuery 中，使用 empty() 方法可以直接删除元素的所有子元素。

【例 21-15】（实例文件：ch21\Chap21.15.html）empty() 方法应用示例。

```
<!DOCTYPE html>
<html>
<head>
<title> 删除元素的所有子元素 </title>
<script src="jquery.min.js">
</script>
<script>
$(document).ready(function(){
    $("button").click(function(){
        $("div").empty();
    });
});
</script>
</head>
<body>
<div style="height:100px;background-color:yellow">
div 块中的内容
<p> div 块中的内容。</p>
</div>
<p>div 块外部的内容。</p>
<button> 删除 div 块中的内容 </button>
</body>
</html>
```

相关的代码示例请参考 Chap21.15.html 文件，在 IE 浏览器里面运行的结果如图 21-29 所示。
单击 "删除 div 块中的内容" 按钮，即可删除 div 块中的相关内容，如图 21-30 所示。

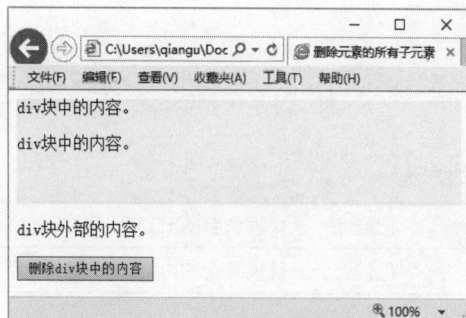

图 21-29　程序运行结果 15

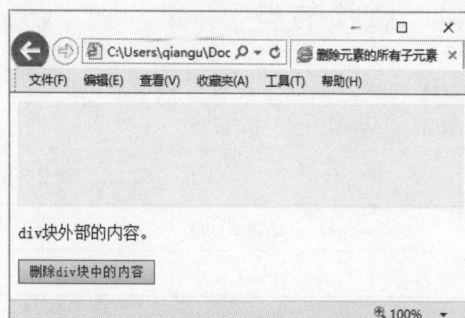

图 21-30　删除 div 块中的相关内容

453

21.3.3 复制节点

jQuery 提供的 clone() 方法，可以轻松完成复制节点操作。

【例 21-16】（实例文件：ch21\Chap21.16.html）clone() 方法应用示例。

```
<!DOCTYPE html>
<html>
<head>
<title> 复制节点 </title>
<script src="jquery.min.js">
</script>
<script>
$(document).ready(function(){
    $("button").click(function(){
        $("p").clone().appendTo("body");
    });
});
</script>
</head>
<body>
<p> 月落乌啼霜满天,</p>
<p> 江枫渔火对愁眠。</p>
<button> 复制 </button>
</body>
</html>
```

相关的代码示例请参考 Chap21.16.html 文件，在 IE 浏览器里面运行的结果如图 21-31 所示。

单击"复制"按钮，即可复制所有 p 元素，并在 body 元素中插入它们，如图 21-32 所示。

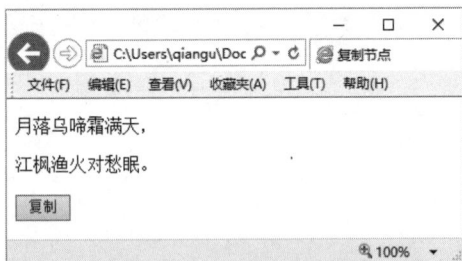

图 21-31　程序运行结果 16

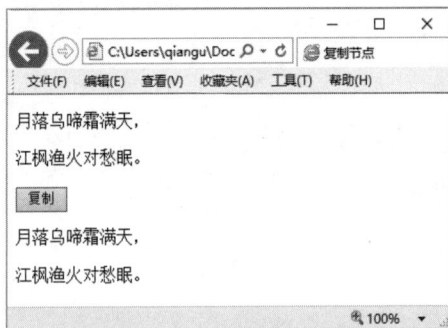

图 21-32　复制所有 p 元素

21.3.4 替换节点

jQuery 为用户提供了两种替换节点的方法，如表 21-5 所示。两种方法的功能相关，只是两者的表达形式不一样。

表 21-5　替换节点的方法

replaceAll()	把被选元素替换为新的 HTML 元素
replaceWith()	把被选元素替换为新的内容

【例 21-17】（实例文件：ch21\Chap21.17.html）replaceAll() 方法应用示例。

```
<!DOCTYPE html>
```

```
<html>
<head>
<title> replaceAll()方法应用示例 </title>
<script src="jquery.min.js">
</script>
<script>
$(document).ready(function(){
    $("button").click(function(){
        $("<span><b>Hello world!</b></span>").replaceAll("p:last");
    });
});
</script>
</Head>
<body>
<button> 替换（replaceAll() 方法）</button><br>
<p> 孤帆远影碧空尽,</p>
<p> 唯见长江天际流。</p>
</body>
</html>
```

相关的代码示例请参考 Chap21.17.html 文件，在 IE 浏览器里面运行的结果如图 21-33 所示。

单击"替换（replaceAll() 方法）"按钮，即可用一个 span 元素替换最后一个 p 元素，如图 21-34 所示。

图 21-33　程序运行结果 17　　　　图 21-34　用一个 span 元素替换最后一个 p 元素

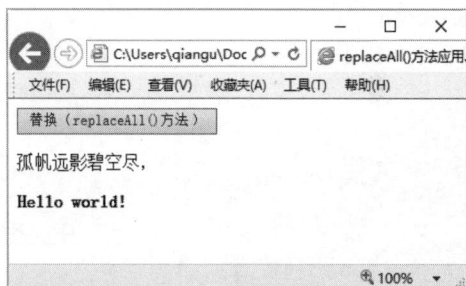

【例 21-18】（实例文件：ch21\Chap21.18.html）replaceWith() 方法应用示例。

```
<!DOCTYPE html>
<html>
<head>
<title>replaceWith()方法应用示例 </title>
<script src="jquery.min.js">
</script>
<script>
$(document).ready(function(){
    $("button").click(function(){
        $("p:first").replaceWith("Hello world!");
    });
});
</script>
</head>
<body>
<p> 孤帆远影碧空尽,</p>
<p> 唯见长江天际流。</p>
<button> 替换（replaceWith() 方法）</button>
</body>
</html>
```

相关的代码示例请参考 Chap21.18.html 文件，在 IE 浏览器里面运行的结果如图 21-35 所示。

单击"替换（replaceWith() 方法）"按钮，即可使用新文本替换第一个 p 元素，如图 21-36 所示。

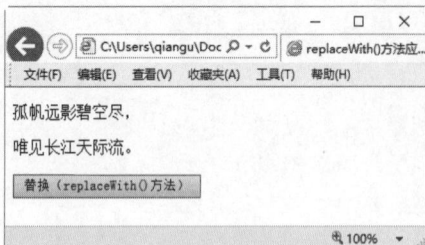

图 21-35　程序运行结果 18

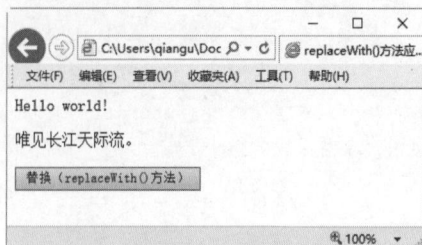

图 21-36　使用新文本替换第一个 p 元素

21.4　典型案例——制作多级菜单

多级菜单是由多个 `<li><ul>` 相互嵌套实现的，譬如一个菜单下面还有一级菜单，那么这个 `<li>` 里面就会嵌套一个 `<ul>`。所以 jQuery 选择器可以通过 `<li>` 找到那些包含 `<ul>` 的项目，至此，一个生动而轻便的多级导航就完成了。

【例 21-19】（实例文件：ch21\Chap21.19.html）制作多级菜单。

```
<!DOCTYPE html>
<html>
<head>
<title> 多级菜单 </title>
<style type="text/css">
<!--
ul{
    font-size:15px;
    font-family:Arial, Helvetica, sans-serif;
}
li{
    padding:1px; margin:0px;
}
-->
</style>
<script language="JavaScript" src="jquery.min.js"></script>
<script language="JavaScript">
$(function(){
    $("li:has(ul)").click(function(e){
        if(this==e.target){
            if($(this).children().is(":hidden")){
                // 如果子项是隐藏的则显示
                $(this).css("list-style-image","url(minus.gif)")
                .children().show();
            }else{
                // 如果子项是显示的则隐藏
                $(this).css("list-style-image","url(plus.gif)")
                .children().hide();
            }
        }
    }
```

```
        return false;         // 避免不必要的事件混绕
    }).css("cursor","pointer").click();   // 加载时触发单击事件
    // 对于没有子项的菜单，统一设置
    $("li:not(:has(ul))").css({
        "cursor":"default",
        "list-style-image":"none"
    });
});
</script>
</head>
<body>
<ul>
    <li>童装玩具
        <ul>
            <li>连衣裙 </li>
            <li>男童鞋 </li>
            <li>女童鞋 </li>
        </ul>
        </li>
    <li>孕产用品
        <ul>
            <li>月子服
                <ul>
                    <li>春季月子服 </li>
                    <li>夏季月子服 </li>
                    <li>冬季月子服 </li>
                </ul>
            </li>
            <li>孕妇裤 </li>
            <li>月子鞋 </li>
        </ul>
    </li>
    <li>奶粉辅食 </li>
    <li>婴儿用车 </li>
</ul>
</body>
</html>
```

相关的代码示例请参考 Chap21.19.html 文件，在 IE 浏览器里面运行的结果如图 21-37 所示。

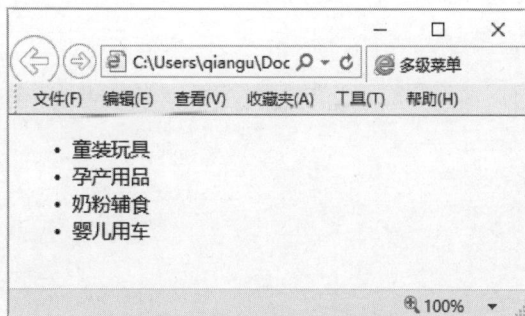

图 21-37　程序运行结果 19

单击"孕产用品"链接，即可展开多级菜单，如图 21-38 所示。

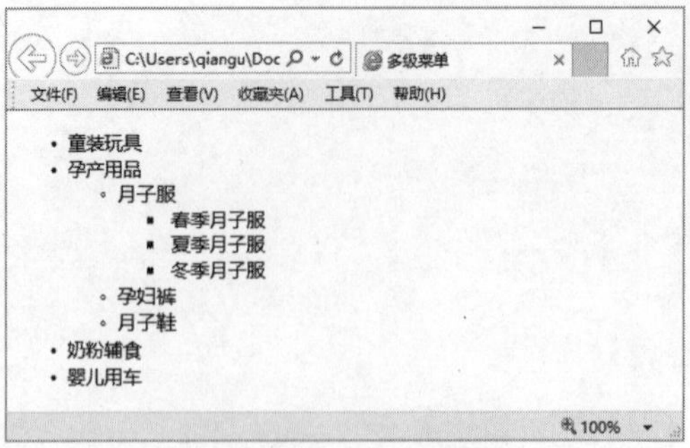

图 21-38　展开多级菜单

21.5　就业面试技巧与解析

21.5.1　面试技巧与解析（一）

面试官：你认为你能为我们公司带来什么？

应聘者：我已经接受过相关岗位近两年专业的培训，立刻就可以上岗工作，从而减少公司培训费用。就我个人能力，我可以做一个优秀的员工在组织中发挥能力，给组织带来高效率和更多的收益。

21.5.2　面试技巧与解析（二）

面试官：如果你做的一项工作受到上级领导的表扬，但你的主管领导却说是他做的，你该怎样？

应聘者：我首先不会找那位上级领导说明这件事，我会主动找我的主管领导来沟通，因为沟通是解决人际关系的最好办法，但结果会有两种：①我的主管领导认识到自己的错误，我想我会视具体情况决定是否原谅他。②他变本加厉地来威胁我，那我会毫不犹豫地找我的上级领导反映此事，因为他这样做会造成负面影响，对今后的工作不利。

第 22 章
jQuery 的动画与特效

◎ 本章教学微视频：18 个　34 分钟

学习指引

　　jQuery 能在页面上实现绚丽的动画效果，jQuery 本身对页面动态效果提供了一些有限的支持（如动态显示和隐藏页面的元素等），用户可以利用 jQuery 制作多种网页动画与特效。本章将通过实例，介绍使用 jQuery 制作动画与特效的方法。

重点导读

- 了解网页动画与特效概念。
- 掌握元素的显示和隐藏方法。
- 掌握元素的淡入与淡出的方法。
- 掌握元素的滑上与滑下的方法。
- 掌握自定义动画的方法。

22.1　网页动画与特效概念

　　动画是使元素从一种样式逐渐变化为另一种样式的效果。在动画变化的过程中，用户可以改变任意多的样式或任意多的次数，从而制作出多种多样的网页动画与特效。

22.1.1　通过 CSS3 实现特效

　　通过 CSS3，我们能够创建动画，实现网页特效，进而可以在许多网页中取代动画图片、Flash 动画以及 JavaScript 代码。CSS3 中的动画需要百分比来规定变化发生的时间，或用关键词 from 和 to，这等同于 0% 和 100%，0% 是动画的开始，100% 是动画的完成。为了得到最佳的浏览器支持，用户需要始终定义 0% 和 100% 选择器。

22.1.2　通过 jQuery 实现特效

基本的动画效果指的是元素的隐藏和显示。在 jQuery 中提供了两种控制元素隐藏和显示的方法：一种是分别隐藏和显示匹配元素；另一种是切换元素的可见状态，也就是如果元素是可见的，切换为隐藏，如果元素是隐藏的，切换为可见的。

22.2　元素的显示和隐藏

在 jQuery 核心中包含的页面动态效果主要用于控制页面元素的显示和隐藏，这些效果是通过不同的方法实现的。

22.2.1　使用 hide() 方法

使用 jQuery 中的 hide() 方法可以隐藏被选元素，而且隐藏的元素不会被完全显示（不再影响页面的布局）。

【例 22-1】（实例文件：ch22\Chap22.1.html）hide() 方法隐藏匹配元素。

```html
<!DOCTYPE html>
<html>
<head>
<title> hide()方法隐藏匹配元素 </title>
<script src="jquery.min.js"></script>
<script>
$(document).ready(function(){
  $(".ex .hide").click(function(){
    $(this).parents(".ex").hide("slow");
  });
});
</script>
<style type="text/css">
div.ex
{
    background-color:#e5eecc;
    padding:7px;
    border:solid 1px #c3c3c3;
}
</style>
</head>
<body>
<h3>《清明》</h3>
<div class="ex">
<button class="hide"> 隐藏 </button>
<p> 清明时节雨纷纷 ,<br>
路上行人欲断魂。<br>
借问酒家何处有 ,<br>
牧童遥指杏花村。<br> </p>
</div>
</body>
</html>
```

相关的代码示例请参考 Chap21.1.html 文件，在 IE 浏览器里面运行的结果如图 22-1 所示。

单击"隐藏"按钮，即可隐藏匹配的元素，如图 22-2 所示。

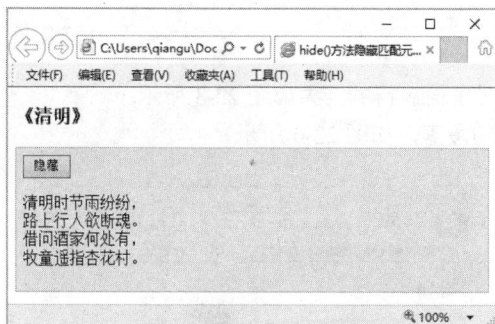

图 22-1　程序运行结果 1

图 22-2　隐藏匹配的元素

22.2.2　使用 show() 方法

使用 jQuery 中的 show() 方法可以显示被隐藏的元素，而且隐藏的元素不会被完全显示（不再影响页面的布局）。

【例 22-2】（实例文件：ch22\Chap22.2.html）show() 方法显示隐藏的匹配元素。

```html
<!DOCTYPE html>
<html>
<head>
<title>显示匹配元素</title>
<script src="jquery.min.js">
</script>
<script>
$(document).ready(function(){
    $(".btn1").click(function(){
        $("p").hide();
    });
    $(".btn2").click(function(){
        $("p").show();
    });
});
</script>
<style type="text/css">
div.ex
{
    background-color:#e5eecc;
    padding:7px;
    border:solid 1px #c3c3c3;
}
</style>
</head>
<body>
<h3>《清明》</h3>
<div class="ex">
<p>清明时节雨纷纷,<br>
路上行人欲断魂。<br>
借问酒家何处有,<br>
牧童遥指杏花村。<br> </p>
</div>
<button class="btn1">隐藏</button>
<button class="btn2">显示</button>
```

```
</body>
</html>
```

相关的代码示例请参考 Chap21.2.html 文件，在 IE 浏览器里面运行的结果如图 22-3 所示。

单击"隐藏"按钮，即可隐藏匹配的元素，这里隐藏诗句段落，如图 22-4 所示。

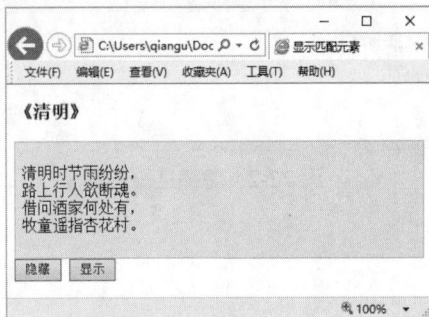

图 22-3　程序运行结果 2　　　　　　　　　　　　图 22-4　隐藏诗句段落

单击"显示"按钮，即可显示隐藏的元素，这里显示隐藏的诗句，如图 22-5 所示。

图 22-5　显示隐藏的诗句

22.2.3　使用 toggle() 方法

在 jQuery 中，可以使用 toggle() 方法切换元素的可见性。toggle() 接收两个监听函数，用于实现在单击操作时交替使用，如果 toggle() 方法不接收参数，系统会默认在 show() 和 hide() 方法之间进行切换。

【例 22-3】（实例文件：ch22\Chap22.3.html）toggle() 方法显示隐藏的匹配元素。

```
<!DOCTYPE html>
<html>
<head>
<title>toggle()自动显隐变幻 </title>
<script language="JavaScript" src="jquery.min.js"></script>
<script language="JavaScript">
$(document).ready(function(){
  $(".btn1").click(function(){
  $("p").toggle();
  });
});
</script>
```

```
</head>
<body>
<h3>《清明》</h3>
<p>清明时节雨纷纷,<br>
路上行人欲断魂。<br>
借问酒家何处有,<br>
牧童遥指杏花村。<br> </p>
<button class="btn1">显隐切换</button>
</body>
</html>
```

相关的代码示例请参考 Chap21.3.html 文件，在 IE 浏览器里面运行的结果如图 22-6 所示。

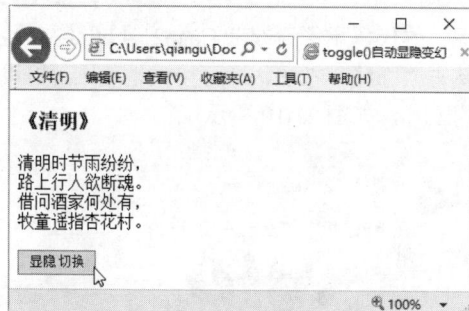

图 22-6　程序运行结果 3

单击"显隐切换"按钮，即可隐藏匹配的元素，这里隐藏诗句，如图 22-7 所示。

再次单击"显隐切换"按钮，即可显示隐藏的元素，这里显示隐藏的诗句，如图 22-8 所示。

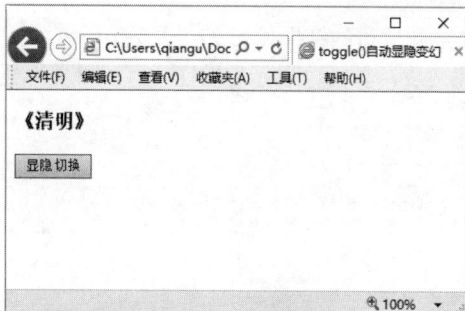

图 22-7　隐藏诗句

图 22-8　显示隐藏的诗句

22.3　元素的淡入与淡出

除了对元素进行显示与隐藏外，jQuery 还为用户提供了元素淡入与淡出的方法，以供用户控制元素的显隐过程。

22.3.1　使用 show() 和 hide() 方法

show() 方法除了直接显示隐藏页面的元素之外，还可以通过添加的参数控制显示隐藏的过程，语法结构如下：

```
show(speed,callback)
```

其中，speed 参数规定显示或隐藏的速度，可以设置为 "slow"、"fast"、"normal" 或直接填写数字（单位为毫秒）；callback 参数是在函数完成之后被执行的函数名称，即回调。

hide() 方法的使用类似于 show() 方法，具体语法格式如下：

```
hide(speed,callback)
```

【例 22-4】（实例文件：ch22\Chap22.4.html）show()、hide() 方法的应用示例。

```
<!DOCTYPE html>
<html>
<head>
<script language="JavaScript" src="jquery.min.js"></script>
<script language="JavaScript">
$(function(){
    $("input:first").click(function(){
        $("img").hide(3000);         // 逐渐隐藏
    });
    $("input:last").click(function(){
        $("img").show(2000);         // 逐渐显示
    });
});
</script>
</head>
<body>
  <p><img src="01.jpg"></p>
  <input type="button" value=" 隐藏 "> <input type="button" value=" 显示 ">
</body>
</html>
```

相关的代码示例请参考 Chap21.4.html 文件，在 IE 浏览器里面运行的结果如图 22-9 所示。

单击"隐藏"按钮，即可慢慢地将图片隐藏起来，隐藏完成后，单击"显示"按钮，可以慢慢地显示出隐藏的图片，如图 22-10 所示。

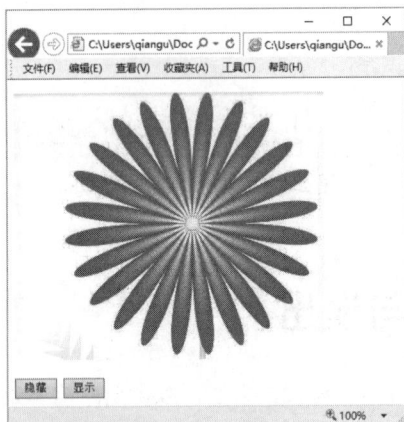

图 22-9　程序运行结果 4

图 22-10　隐藏和显示图片

22.3.2　使用 toggle() 方法

使用 toggle() 方法来切换 hide() 和 show() 方法，显示被隐藏的元素，并隐藏已显示的元素。

【例 22-5】（实例文件：ch22\Chap22.5.html）toggle() 方法的应用示例。

```
<!DOCTYPE html>
<html>
<head>
<script language="JavaScript" src="jquery.min.js"></script>
<script language="JavaScript">
$(document).ready(function(){
$(".flip").click(function(){
    $(".panel").toggle("slow");
  });
});
</script>
<style type="text/css">
div.panel,p.flip
{
padding:5px;
text-align:center;
background:#e5ee99;
border:solid 1px #c3c3c3;
}
div.panel
{
height:120px;
display:none;
}
</style>
</head>
<body>
<div class="panel">
<p>春花秋月何时了,</p>
<p>往事知多少？</p>
</div>
<p class="flip">请单击这里</p>
</body>
</html>
```

相关的代码示例请参考 Chap21.5.html 文件，在 IE 浏览器里面运行的结果如图 22-11 所示。

单击"请单击这里"信息，即可显示隐藏的内容，再次单击"请单击这里"可以隐藏显示的内容，从而实现显隐切换效果，如图 22-12 所示。

图 22-11　程序运行结果 5

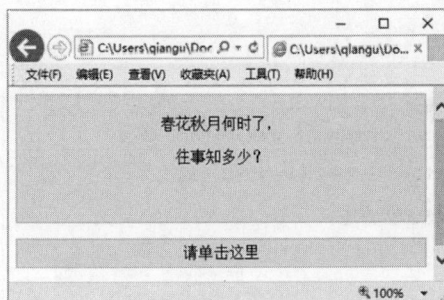

图 22-12　实现显隐切换效果

22.3.3 使用 fadeIn() 方法

jQuery 提供了通过不透明度的变化来实现所有匹配元素的淡出 / 淡入效果的功能，并在动画完成后触发一个回调函数，其中使用 fadeIn() 方法可以实现淡入效果，语法格式如下：

```
fadeIn(speed,callback)
```

其中，speed 跟 show() 函数的使用一样。有三种预定速度 "slow"、"normal"、"fast"，或者表示动画长度的数值（单位也是毫秒）；callback 为可选项，表示在动画结束后执行的函数。

【例 22-6】（实例文件：ch22\Chap22.6.html）fadeIn() 方法制作淡入效果。

```html
<!DOCTYPE html>
<html>
<head>
<script src="jquery.min.js">
</script>
<script>
$(document).ready(function(){
  $("button").click(function(){
    $("#div1").fadeIn();
    $("#div2").fadeIn("slow");
    $("#div3").fadeIn(3000);
  });
});
</script>
</head>
<body>
<p> fadeIn()方法使用了不同参数的淡入效果 </p>
<button> 单击淡入 div 元素 </button>
<br><br>
<div id="div1" style="width:80px;height:80px;display:none;background-color:red;"></div><br>
<div id="div2" style="width:80px;height:80px;display:none;background-color:green;"></div><br>
<div id="div3" style="width:80px;height:80px;display:none;background-color:blue;"></div>
</body>
</html>
```

相关的代码示例请参考 Chap21.6.html 文件，在 IE 浏览器里面运行的结果如图 22-13 所示。

单击"单击淡入 div 元素"按钮，即可以不同参数方式淡入不同颜色的正方形元素，如图 22-14 所示。

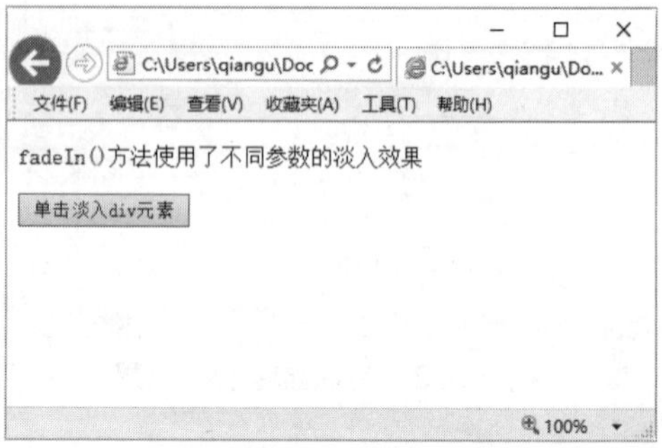

图 22-13 程序运行结果 6

图 22-14 淡入不同颜色的正方形元素

22.3.4　使用 fadeOut() 方法

使用 fadeOut() 方法可以实现淡出效果，语法格式如下：

```
fadeout(speed,callback)
```

【例 22-7】（实例文件：ch22\Chap22.7.html）fadeOut() 方法制作淡出效果。

```html
<!DOCTYPE html>
<html>
<head>
<script src="jquery.min.js">
</script>
<script>
$(document).ready(function(){
  $("button").click(function(){
    $("#div1").fadeOut();
    $("#div2").fadeOut("slow");
    $("#div3").fadeOut(3000);
  });
});
</script>
</head>
<body>
<p> fadeOut()使用了不同参数的淡出效果。</p>
<button> 单击淡出 div 元素。</button>
<br><br>
<div id="div1" style="width:80px;height:80px;background-color:red;"></div><br>
<div id="div2" style="width:80px;height:80px;background-color:green;"></div><br>
<div id="div3" style="width:80px;height:80px;background-color:blue;"></div>
</body>
</html>
```

相关的代码示例请参考 Chap21.7.html 文件，在 IE 浏览器里面运行的结果如图 22-15 所示。

单击 "单击淡出 div 元素" 按钮，即可以不同参数方式将正方形元素淡出页面，如图 22-16 所示。

图 22-15　程序运行结果 7

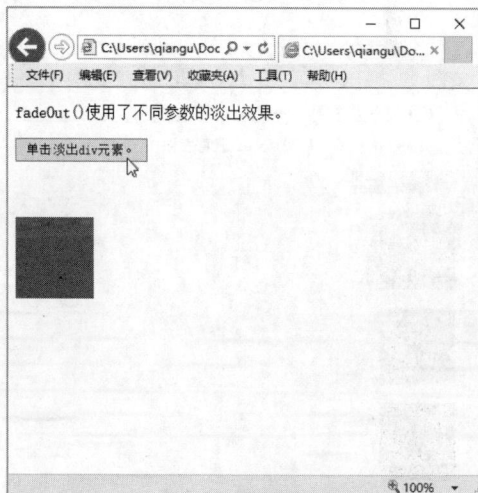

图 22-16　将正方形元素淡出页面

22.3.5 使用 fadeToggle() 方法

jQuery fadeToggle() 方法可以在 fadeIn() 与 fadeOut() 方法之间进行切换，如果元素已淡出，则 fadeToggle() 会向元素添加淡入效果。如果元素已淡入，则 fadeToggle() 会向元素添加淡出效果。

【例 22-8】（实例文件：ch22\Chap22.8.html）fadeToggle() 方法制作淡入/淡出效果。

```
<!DOCTYPE html>
<html>
<head>
<title>fadeToggle()方法</title>
<script src="jquery.min.js">
</script>
<script>
$(document).ready(function(){
    $("button").click(function(){
        $("#div1").fadeToggle();
        $("#div2").fadeToggle("slow");
        $("#div3").fadeToggle(3000);
    });
});
</script>
</head>
<body>
<p> fadeToggle()使用了不同的speed(速度) 参数 </p>
<button> 单击淡入 / 淡出 </button>
<br><br>
<div id="div1" style="width:80px;height:80px;background-color:red;"></div>
<br>
<div id="div2" style="width:80px;height:80px;background-color:green;"></div>
<br>
<div id="div3" style="width:80px;height:80px;background-color:blue;"></div>
</body>
</html>
```

相关的代码示例请参考 Chap21.8.html 文件，在 IE 浏览器里面运行的结果如图 22-17 所示。

单击"单击淡入/淡出"按钮，即可以不同参数方式淡入或淡出 div 元素，如图 22-18 所示。

图 22-17 程序运行结果 8

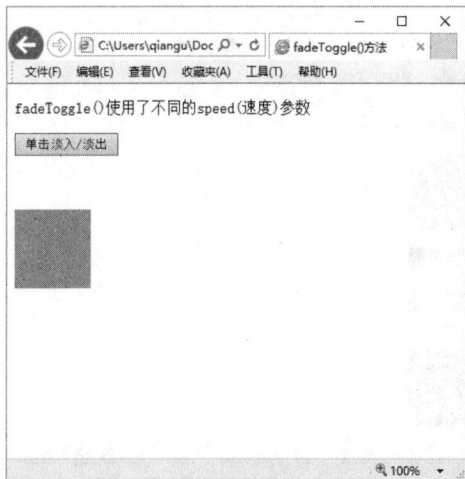

图 22-18 淡入或淡出 div 元素

22.3.6　使用 fadeTo() 方法

要想把所有匹配的不透明度以渐进的方式调整到指定的不透明度，并在动画结束后回调至一个函数，这时就需要用到 fadeTo() 方法，语法格式如下：

```
fadeTo(speed,opacity,callback)
```

其中，参数 speed 与 callback 的使用与前面的 show()、hide() 等方法相同；而 opacity 参数值为 0~1 的数字，表示要调整到的不透明度值。

【例 22-9】（实例文件：ch22\Chap22.9.html）fadeTo() 方法应用示例。

```html
<!DOCTYPE html>
<html>
<head>
<script language="JavaScript" src="jquery.min.js"></script>
<script language="JavaScript">
$(document).ready(function(){
  $("button").click(function(){
    $("#div1").fadeTo("slow",0.15);
    $("#div2").fadeTo("slow",0.4);
    $("#div3").fadeTo("slow",0.7);
  });
});
</script>
</head>
<body>
<p> 观察不同参数的淡出效果 </p>
<button> 单击使矩形淡出 </button>
<br><br>
<div id="div1" style="width:80px;height:80px;background-color:blue;"></div><br>
<div id="div2" style="width:80px;height:80px;background-color:blue;"></div><br>
<div id="div3" style="width:80px;height:80px;background-color:blue;"></div>
</body>
</html>
```

相关的代码示例请参考 Chap21.9.html 文件，在 IE 浏览器里面运行的结果如图 22-19 所示。

单击"单击使矩形淡出"按钮，即可以不同参数方式淡出矩形，如图 22-20 所示。

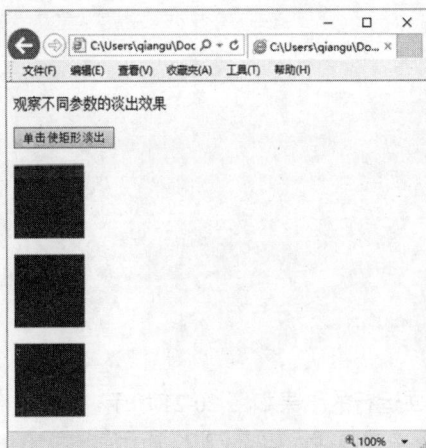

图 22-19　程序运行结果 9

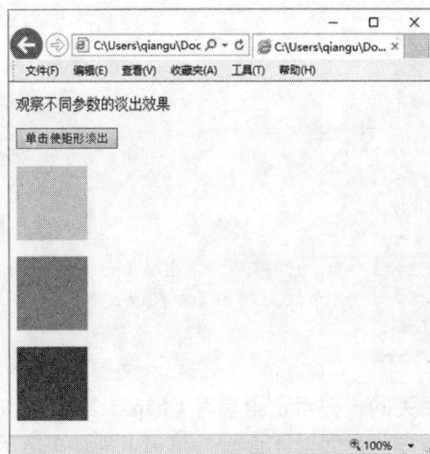

图 22-20　不同参数方式淡出矩形

22.4　元素的滑上与滑下

通过 jQuery，用户可以在元素上创建滑动效果。jQuery 拥有的滑动方法包括 slideDown() 方法、slideUp() 方法和 slideToggle() 方法。

22.4.1　使用 slideDown() 方法

jQuery slideDown() 方法用于向下滑动元素。语法格式如下：

```
$(selector).slideDown(speed,callback);
```

其中，可选的 speed 参数规定效果的时长，它可以取以下值："slow"、"fast" 或毫秒；可选的 callback 参数是滑动完成后所执行的函数名称。

【例 22-10】（实例文件：ch22\Chap22.10.html）slideDown() 方法应用示例。

```html
<!DOCTYPE html>
<html>
<head>
<script src="jquery.min.js">
</script>
<script>
$(document).ready(function(){
  $("#flip").click(function(){
    $("#panel").slideDown("slow");
  });
});
</script>
<style type="text/css">
#panel,#flip
{
    padding:5px;
    text-align:center;
    background-color:#e5eecc;
    border:solid 1px #c3c3c3;
}
#panel
{
    padding:50px;
    display:none;
}
</style>
</head>
<body>
<div id="flip">点我滑下面板</div>
<div id="panel">Hello jQuery!</div>
</body>
</html>
```

相关的代码示例请参考 Chap21.10.html 文件，在 IE 浏览器里面运行的结果如图 20-21 所示。
单击"点我滑下面板"信息，即可向下滑动面板，显示出面板中的内容，如图 22-22 所示。

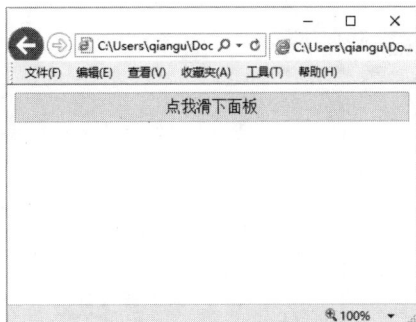

图 22-21　程序运行结果 10

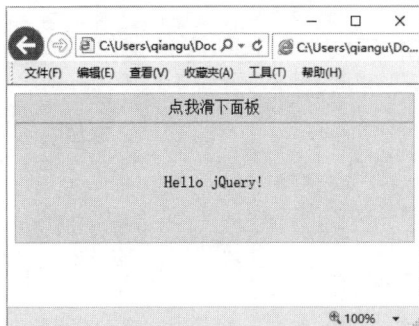

图 22-22　向下滑动面板

22.4.2　使用 slideUp() 方法

jQuery slideUp() 方法用于向上滑动元素。语法格式如下：

```
$(selector).slideUp(speed,callback);
```

【例 22-11】（实例文件：ch22\Chap22.11.html）slideUp() 方法应用示例。

```
<!DOCTYPE html>
<html>
<head>
<script src=" jquery.min.js">
</script>
<script>
$(document).ready(function(){
  $("#flip").click(function(){
    $("#panel").slideUp("slow");
  });
});
</script>
<style type="text/css">
#panel,#flip
{
    padding:5px;
    text-align:center;
    background-color:#e5eecc;
    border:solid 1px #c3c3c3;
}
#panel
{
    padding:50px;
}
</style>
</head>
<body>
<div id="flip"> 点我拉起面板 </div>
<div id="panel">Hello jQuery!</div>
</body>
</html>
```

相关的代码示例请参考 Chap21.11.html 文件，在 IE 浏览器里面运行的结果如图 22-23 所示。
单击"点我拉起面板"信息，即可向上拉起面板，并隐藏面板中的内容，如图 22-24 所示。

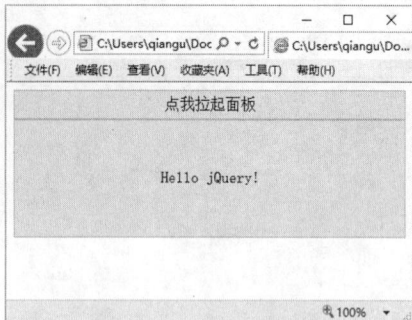

图 22-23　程序运行结果 11

图 22-24　向上拉起面板

22.4.3　使用 slideToggle() 方法

jQuery slideToggle() 方法可以在 slideDown() 与 slideUp() 方法之间进行切换。如果元素向下滑动，则 slideToggle() 可向上滑动它们；如果元素向上滑动，则 slideToggle() 可向下滑动它们。语法格式如下：

```
$(selector).slideToggle(speed,callback);
```

其中，可选的 speed 参数规定效果的时长，它可以取以下值："slow"、"fast" 或毫秒；可选的 callback 参数是滑动完成后所执行的函数名称。

【例 22-12】（实例文件：ch22\Chap22.12.html）slideToggle() 方法应用示例。

```
<!DOCTYPE html>
<html>
<head>
<script src=" jquery.min.js">
</script>
<script>
$(document).ready(function(){
  $("#flip").click(function(){
    $("#panel").slideToggle("slow");
  });
});
</script>
<style type="text/css">
#panel,#flip
{
    padding:5px;
    text-align:center;
    background-color:#e5eecc;
    border:solid 1px #c3c3c3;
}
#panel
{
    padding:50px;
    display:none;
}
</style>
</head>
<body>
<div id="flip">点我，显示或隐藏面板。</div>
<div id="panel">Hello jQuery!</div>
```

```
</body>
</html>
```

相关的代码示例请参考 Chap21.12.html 文件，在 IE 浏览器里面运行的结果如图 22-25 所示。

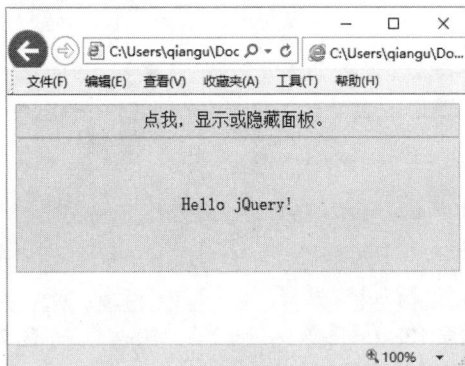

图 22-25　程序运行结果 12

单击"点我，显示或隐藏面板"信息，即可显示或隐藏面板，如图 22-26 所示为显示状态下的面板。

图 22-26　显示状态下的面板

22.5　自定义动画

jQuery animate() 方法允许用户创建自定义的动画。根据方法参数的不同，可以制作简单动画与复杂累积动画等。

22.5.1　简单动画

使用 animate() 方法创建简单对动画时，其参数设置比较简单，具体语法格式如下：

```
$(selector).animate({params},speed,callback);
```

其中，必需的 params 参数定义形成动画的 CSS 属性；可选的 speed 参数规定效果的时长，它可以取以下值："slow"、"fast" 或毫秒；可选的 callback 参数是动画完成后所执行的函数名称。

【例 22-13】（实例文件：ch22\Chap22.13.html）animate() 方法制作简单动画。

```
<!DOCTYPE html>
<html>
<head>
<script src="jquery.min.js">
</script>
<script>
$(document).ready(function(){
  $("button").click(function(){
    $("div").animate({left:'250px'});
  });
});
</script>
</head>
<body>
<button>开始动画</button>
<div style="background:#98bf21;height:100px;width:100px;position:absolute;">
</div>
</body>
</html>
```

相关的代码示例请参考 Chap21.13.html 文件，在 IE 浏览器里面运行的结果如图 22-27 所示。
单击"开始动画"按钮，即可以动画方式改变页面中的正方形位置，如图 22-28 所示。

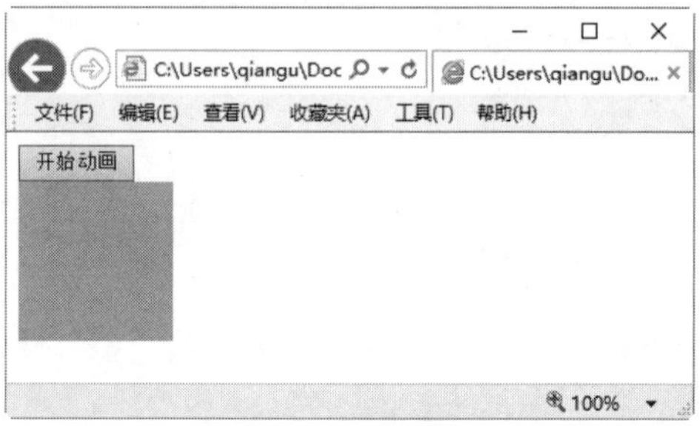

图 22-27　程序运行结果 13

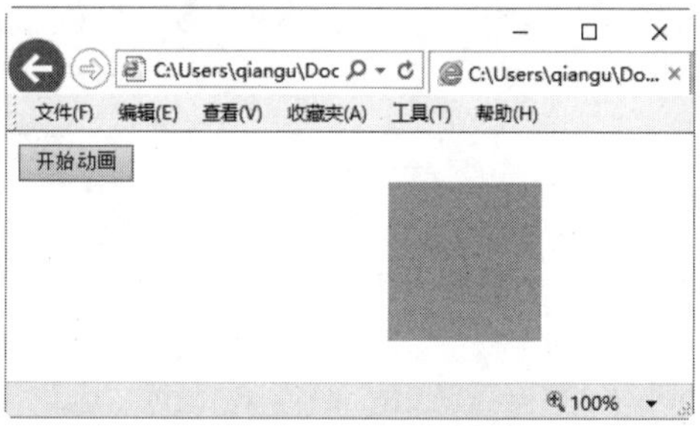

图 22-28　开始动画 1

注意：默认情况下，所有的 HTML 元素有一个静态的位置，且是不可移动的。如果需要改变，我们需要将元素的 position 属性设置为 relative、fixed 或 absolute。

22.5.2　累积动画

jQuery 为用户提供了针对动画的队列功能。这意味着如果用户在彼此之后编写多个 animate() 调用，jQuery 会创建包含这些方法调用的"内部"队列，然后逐一运行这些 animate() 调用，从而制作累积动画。

【例 22-14】（实例文件：ch22\Chap22.14.html）animate() 方法制作累积动画。

```
<!DOCTYPE html>
<html>
<head>
<script src="jquery.min.js">
</script>
<script>
$(document).ready(function(){
  $("button").click(function(){
    var div=$("div");
    div.animate({height:'300px',opacity:'0.4'},"slow");
    div.animate({width:'300px',opacity:'0.8'},"slow");
```

```
    div.animate({height:'100px',opacity:'0.4'},"slow");
    div.animate({width:'100px',opacity:'0.8'},"slow");
  });
});
</script>
</head>
<body>
<button> 开始动画 </button>
<div style="background:#98bf21;height:100px;width:100px;position:absolute;">
</div>
</body>
</html>
```

相关的代码示例请参考 Chap21.14.html 文件，在 IE 浏览器里面运行的结果如图 22-29 所示。

单击"开始动画"按钮，即可以动画方式改变页面中矩形的长度、宽度与高度，如图 22-30 所示。

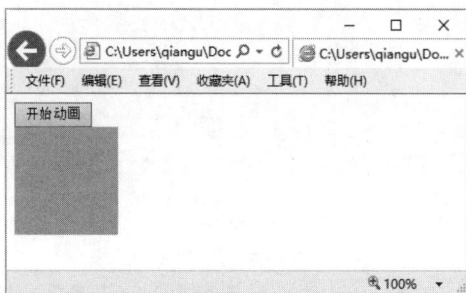

图 22-29　程序运行结果 14

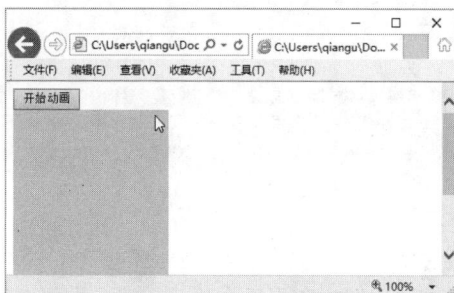

图 22-30　开始动画 2

22.5.3　停止动画

jQuery stop() 方法用于在动画或效果完成前对它们进行停止。stop() 方法适用于所有 jQuery 效果函数，包括滑动、淡入 / 淡出和自定义动画。语法结构如下：

```
$(selector).stop(stopAll,goToEnd);
```

其中，可选的 stopAll 参数规定是否应该清除动画队列，默认是 false，即仅停止活动的动画，允许任何排入队列的动画向后执行；可选的 goToEnd 参数规定是否立即完成当前动画，默认是 false。因此，默认地，stop() 会清除在被选元素上指定的当前动画。

【例 22-15】（实例文件：ch22\Chap22.15.html）animate() 方法制作累积动画。

```
<!DOCTYPE html>
<html>
<head>
<script src="jquery.min.js">
</script>
<script>
$(document).ready(function(){
  $("#flip").click(function(){
    $("#panel").slideDown(5000);
  });
  $("#stop").click(function(){
    $("#panel").stop();
  });
```

```
});
</script>
<style type="text/css">
#panel,#flip
{
    padding:5px;
    text-align:center;
    background-color:#e5eecc;
    border:solid 1px #c3c3c3;
}
#panel
{
    padding:50px;
    display:none;
}
</style>
</head>
<body>
<button id="stop">停止滑动 </button>
<div id="flip">点我向下滑动面板 </div>
<div id="panel">Hello jQuery!</div>
</body>
</html>
```

相关的代码示例请参考 Chap21.15.html 文件，在 IE 浏览器里面运行的结果如图 22-31 所示。

单击"点我向下滑动面板"信息，即可向下滑动面板，在滑动的过程中，如果单击"停止滑动"按钮，即可停止向下滑动的动画效果，如图 22-32 所示。

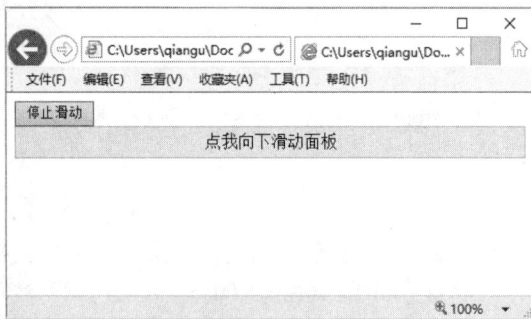

图 22-31　程序运行结果 15　　　　　　图 22-32　向下滑动的动画效果

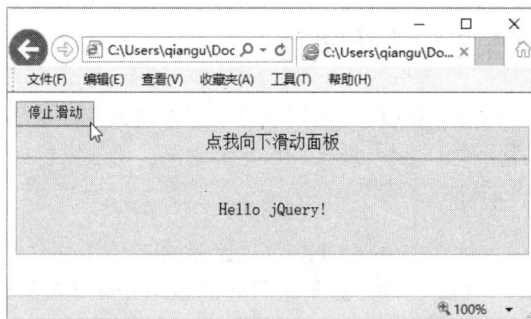

22.6　典型案例——制作伸缩的导航条

我们都知道，导航条是网站制作中常常用到的，并且界面友好的导航条不但使用方便，而且吸引用户。使用 jQuery 提供的 animate() 方法可以创建一个动态伸缩的导航条。具体实现步骤如下。

第一步：设计 HTML 框架。具体代码如下：

```
<!DOCTYPE html>
<html>
<title>伸缩的导航条 </title>
<body>
```

```
<div id="wrapper">
    <ul id="navigation">
        <li class="n0 current_page"><a href="#">主页 </a></li>
        <li class="n1"><a title=" 日志 " href="#"> 日志 </a></li>
        <li class="n2"><a title=" 相册 " href="#"> 相册 </a></li>
        <li class="n3"><a title=" 留言板 " href="#"> 留言板 </a></li>
        <li class="n4"><a title=" 说说 " href="#"> 说说 </a></li>
        <li class="n5"><a title=" 个人档 " href="#"> 个人档 </a></li>
        <li class="n6"><a title=" 音乐 " href="#"> 音乐 </a></li>
            <li class="n7"><a title=" 时光轴 " href="#"> 时光轴 </a></li>
              <li class="n8"><a title=" 更多 " href="#"> 更多 </a></li>
    </ul>
</div>
</body>
</html>
```

相关的代码示例请参考 Chap22.16.html 文件，然后双击该文件，在 IE 浏览器里面运行的结果如图 22-33 所示。

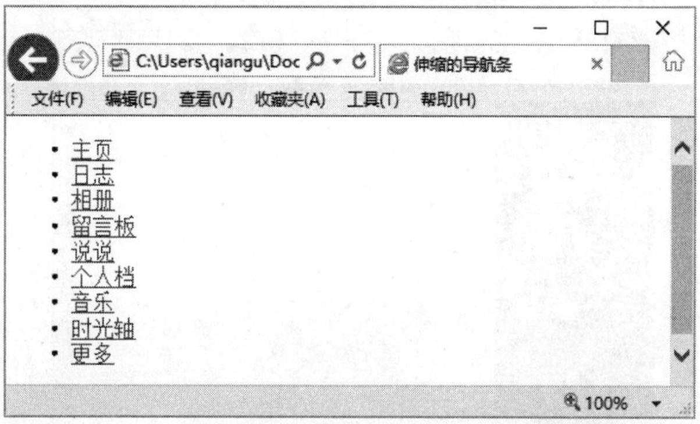

图 22-33　程序运行结果 16

第二步：在页面中添加 CSS 代码，定义网页的样式。具体代码如下：

```
<style type="text/css">
body{
    padding:0px; margin:0px;
    background:url(bg3.jpg) no-repeat;
}
#wrapper{min-height:600px;}
#navigation{
    position:absolute;
    top:0px; left:0px;
    margin:0px; padding:0px;
    width:120px; list-style:none;
}
#navigation li{
    position:relative;
    float:left;
    margin:0px; padding:0px;
    height:40px; width:120px;
}
#navigation li a{
    position:absolute;
    display:block;
    top:0px; left:0px;
```

```
    height:40px; width:120px;
    line-height:50px;
    text-align:center;
    color:#FFFFFF;
}
#navigation .n0 a{background:#F50065;}
#navigation .n1 a{background:#D60059;}
#navigation .n2 a{background:#B0004A;}
#navigation .n3 a{background:#F26B00;}
#navigation .n4 a{background:#D75F00;}
#navigation .n5 a{background:#B24F00;}
#navigation .n6 a{background:#007f9f;}
#navigation .n7 a{background:#006b87;}
#navigation .n8 a{background:#005065;}
</style>
```

相关的代码示例请参考 Chap22.16.html 文件，然后双击该文件，在 IE 浏览器里面运行的结果如图 22-34 所示。

图 22-34　程序运行结果 17

第三步：在页面中添加 JavaScript 代码，实现菜单的可伸缩功能。具体代码如下：

```
<script language="JavaScript" src="jquery.min.js"></script>
<script language="JavaScript">
$(function(){
    $('#navigation li').each(function(){
        if(this.className.indexOf("current_page")==-1) {
            $("a",this).css("left","-120px");        // 不是当前页的移动到页面左侧外
            $(this).hover(function(){
                    $("a",this).animate({left:"0px"}, "slow");
            },function(){
                    $("a",this).animate({left:"-120px"}, "slow");
            });
        }
    });
});
</script>
```

相关的代码示例请参考 Chap22.16.html 文件，然后双击该文件，在 IE 浏览器里面运行的结果如图 22-35 所示，即当鼠标滑动到时列表自动弹出，鼠标离开时列表被隐藏，这样，我们的伸缩导航条就制作完成了。

图 22-35　伸缩导航条

22.7　就业面试技巧与解析

22.7.1　面试技巧与解析（一）

面试官：jQuery 是一款强大的 JavaScript 库，提供了许多动态效果，当你在添加了事件的元素上移动鼠标时，为什么提示框会一直闪烁，若隐若现？

应聘者：就我所学的专业知识，jQuery 之所以会产生闪烁问题，其根本原因就在于事件被绑定到了同一个元素上面，这样鼠标在经过的时候鼠标焦点在不断变化，浏览器无法准确地判断鼠标所处的具体位置，从而导致了闪烁问题。要想解决这个问题，只要我们将事件绑定在不同的元素上即可。

22.7.2　面试技巧与解析（二）

面试官：在 jQuery 中，你知道 keydown、keypress、keyup 的区别吗？

应聘者：.keydown 在键盘上按下某键时发生，一直按着则会不断触发（Opera 浏览器除外），它返回的是键盘代码。keypress 在键盘上按下一个按键，并产生一个字符时发生，返回 ASCII 码。注意，Shift、Alt、Ctrl 等键按下并不会产生字符，所以监听无效，换句话说，只有按下能在屏幕上输出字符的按键时 keypress 事件才会触发，若一直按着某按键则会不断触发。keyup 在用户松开某一个按键时触发，与 keydown 相对，返回键盘代码。

第 23 章
jQuery 的事件处理

◎ 本章教学微视频：9 个　22 分钟

学习指引

　　事件使页面具有动态性和响应性，如果没有事件将很难完成页面与用户之间的交互。传统的 JavaScript 内置了一些事件响应方式，但是 jQuery 增强并优化了基本的事件处理机制。本章就来学习 jQuery 的事件处理。

重点导读

- 了解 jQuery 的事件处理方法。
- 掌握 jQuery 常用的事件方法。
- 掌握绑定与移除事件的方法。
- 掌握切换与触发事件的方法。
- 掌握制作外卖配送页面的方法。

23.1　认识 jQuery 的事件处理

　　页面对不同访问者的响应叫作事件。事件处理程序指的是当 HTML 中发生某些事件时所调用的方法。常见的事件处理有在元素上移动鼠标、选中单选按钮与单击元素等。

　　jQuery 的事件处理机制在 jQuery 框架中起着重要的作用，jQuery 的事件处理方法是 jQuery 中的核心函数。通过 jQuery 的事件处理机制可以创造自定义的行为，如改变样式、效果显示、提交等，使网页更加丰富。

　　使用 jQuery 事件处理比直接使用 JavaScript 本身内置的一些事件响应方式更加灵活，且不容易暴露在外，并且有更加简便的语法，大大减少了编写代码的工作量。

23.2　jQuery 常用的事件方法

　　jQuery 的常用事件方法主要包括一些鼠标、键盘操作事件以及页面加载、表单提交、获得失去焦点等事件。

23.2.1　鼠标操作事件

鼠标事件是用户常用到的事件，jQuery 中常用的和鼠标操作相关的事件方法如表 23-1 所示。

表 23-1　常用的鼠标操作事件

方　　法	描　　述
mousedown()	触发或将函数绑定到指定元素的 mousedown 事件（鼠标的键被按下）
mouseenter()	触发或将函数绑定到指定元素的 mouseenter 事件（当鼠标指针进入目标时）
mouseleave()	触发或将函数绑定到指定元素的 mouseleave 事件（当鼠标指针离开目标）
mousemove()	触发或将函数绑定到指定元素的 mousemove 事件（鼠标在目标的上方移动）
mouseout()	触发或将函数绑定到指定元素的 mouseout 事件（鼠标移出目标的上方）
mouseover()	触发或将函数绑定到指定元素的 mouseover 事件（鼠标移动到目标的上方）
mouseup()	触发或将函数绑定到指定元素的 mouseup 事件（鼠标的键被释放弹起）
click()	触发或将函数绑定到指定元素的 click 事件（单击鼠标的键）
dblclick()	触发或将函数绑定到指定元素的 double click 事件（双击鼠标的键）

下面以 mouseover 事件和 mouseout 事件为例，来介绍鼠标键盘事件的使用方法。

【例 23-1】（实例文件：ch23\Chap23.1.html）鼠标 mouseover 和 mouseout 事件。

```
<!DOCTYPE html>
<html>
<head>
<title>mouseover 和 mouseout 事件 </title>
<script type="text/JavaScript" src="jquery.min.js"></script>
<script type="text/JavaScript">
$(document).ready(function(){
  $("p").mouseover(function(){
    $("p").css("background-color","yellow");
  });
  $("p").mouseout(function(){
    $("p").css("background-color","#E9E9E4");
  });
});
</script>
</head>
<body>
<p style="background-color:#E9E9E4"> 请把鼠标指针移动到这个段落上 !</p>
</body>
</html>
```

相关的代码示例请参考 Chap23.1.html 文件，然后双击该文件，在 IE 浏览器里面运行的结果如图 23-1 所示。

当鼠标移动到段落上时，即可改变段落的背景颜色，显示结果如图 23-2 所示。

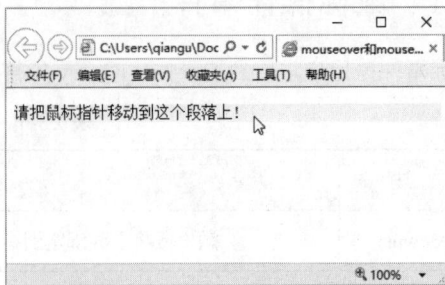

图 23-1　程序运行结果 1

图 23-2　改变段落的背景颜色

23.2.2　键盘操作事件

在日常的使用中，除了鼠标操作，最常用的就是键盘操作了，常用的键盘操作事件方法如表 23-2 所示。

表 23-2　常用的键盘操作事件方法

方　　法	描　　述
keydown()	触发或将函数绑定到指定元素的 keydown 事件（按下键盘上某个按键时触发）
keypress()	触发或将函数绑定到指定元素的 keypress 事件（按下某个按键并产生字符时触发）
keyup()	触发或将函数绑定到指定元素的 keyup 事件（释放某个按键的时候触发）

下面介绍键盘事件的使用和示例效果。

【例 23-2】（实例文件：ch23\Chap23.2.html）键盘 keydown 和 keyup 事件。

```
<!DOCTYPE html>
<html>
<head>
<title>键盘 keydown 和 keyup 事件</title>
<script type="text/JavaScript" src="jquery.min.js"></script>
<script language="JavaScript">
$(document).ready(function(){
  $("input").keydown(function(){
    $("input").css("background-color","red");
  });
  $("input").keyup(function(){
    $("input").css("background-color","yellow");
  });
});
</script>
</head>
<body>
请输入内容 <input type="text" />
<p>当发生 keydown 和 keyup 事件时，输入域会改变颜色！！</p>
</body>
</html>
```

相关的代码示例请参考 Chap23.2.html 文件，然后双击该文件，在 IE 浏览器里面运行的结果如图 23-3 所示。

当键盘按下时，输入框背景变为红色，显示结果如图 23-4 所示。

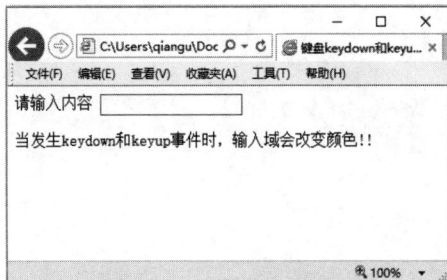

图 23-3　程序运行结果 2

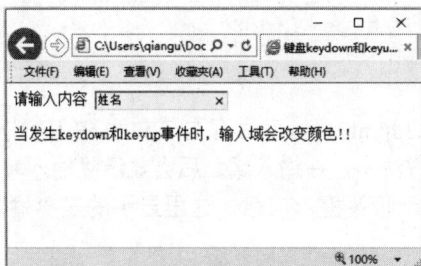

图 23-4　输入框背景变为红色

当释放鼠标时输入框背景变为黄色，显示结果如图 23-5 所示。

图 23-5　输入框背景变为黄色

23.2.3　其他常用事件

jQuery 事件除了常用的鼠标、键盘事件外，还有一些页面加载、表单提交、焦点触发等事件，其他常用的事件方法如表 23-3 所示。

表 23-3　其他常用事件方法

方　　法	描　　述
blur()	触发或将函数绑定到指定元素的 blur 事件（有元素或者窗口失去焦点时触发事件）
change()	触发或将函数绑定到指定元素的 change 事件（文本框内容改变时触发事件）
error()	触发或将函数绑定到指定元素的 error 事件（脚本或者图片加载错误、失败后触发事件）
resize()	触发或将函数绑定到指定元素的 resize 事件
scroll()	触发或将函数绑定到指定元素的 scroll 事件
focus()	触发或将函数绑定到指定元素的 focus 事件（有元素或者窗口获取焦点时触发事件）
select()	触发或将函数绑定到指定元素的 select 事件（文本框中的字符被选择之后触发事件）
submit()	触发或将函数绑定到指定元素的 submit 事件（表单提交之后触发事件）
load()	触发或将函数绑定到指定元素的 load 事件（页面加载完成后在 window 上触发，图片加载完在自身触发）
unload()	触发或将函数绑定到指定元素的 unload 事件（与 load 相反，即卸载完成后触发）

下面介绍其中的 select 事件的使用和示例效果。

【例 23-3】（实例文件：ch23\Chap23.3.html）select 事件应用示例。

```
<!DOCTYPE html>
<html>
<head>
<title>select 事件</title>
<script type="text/JavaScript" src="jquery.min.js"></script>
<script type="text/JavaScript">
$(document).ready(function(){
  $("input").select(function(){
    $("input").after("输入域中的内容被选中！");
  });
});
</script>
</head>
<body>
<input type="text" name="txtName" value="Hello jQuery!!!" />
<p>请选取输入域中的文本，看看会出现什么结果！</p>
</body>
</html>
```

相关的代码示例请参考Chap23.3.html文件，然后双击该文件，在IE浏览器里面运行的结果如图23-6所示。上述代码在input输入域的select()方法中，在输入域之后会显示"输入域中的内容被选中！"。

当选中文本框中的内容时，显示相关提示信息，这里显示的是"输入域中的内容被选中"，如图23-7所示。

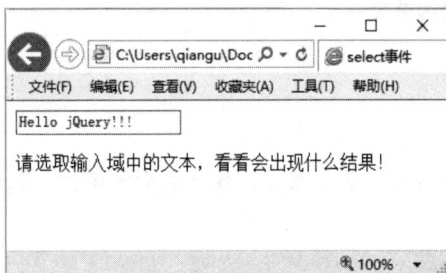

图 23-6　程序运行结果 3

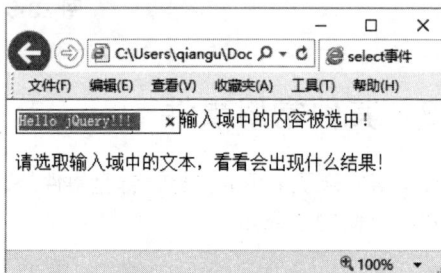

图 23-7　显示相关提示信息

23.3　绑定与移除事件

一个事件的本身可能实现为一个函数，但是真正想要使其得到实施，还需要将其与相应的元素动作绑定在一起。jQuery 可以对事件进行绑定或者多次绑定，甚至反绑定。

23.3.1　绑定事件

所谓的绑定就是将页面的元素事件类型与其在收到该事件之后期望进行的操作联系到一起。jQuery 中提供有强大的 API 执行事件的绑定操作，不但可以单纯地绑定事件的类型和处理函数，甚至还可以为处理函数传递参数数据。

在 jQuery 中，通过 bind() 函数进行绑定，其使用方法与标准 DOM 中的 addEventListener() 方法大致相同。

【例 23-4】（实例文件：ch23\Chap23.4.html）bind() 方法绑定事件。

```
<!DOCTYPE html>
```

```
<html>
<head>
<script language="JavaScript" src="jquery.min.js"></script>
<script language="JavaScript">
$(document).ready(function(){
  $("button").bind("click",function(){
    $("p").slideToggle();
  });
});
</script>
</head>
<body>
<p> 单击按钮后本行文字消失！</p>
<button> 请单击 </button>
</body>
</html>
```

相关的代码示例请参考 **Chap23.4.html** 文件，然后双击该文件，在 IE 浏览器里面运行的结果如图 23-8 所示。从上述代码可以看出，这个例子是对 <p> 绑定了一个 click 事件，slideToggle() 方法是用来切换元素的可见状态，即如果被选元素是可见的，则隐藏这些元素；如果被选元素是隐藏的，则显示这些元素。

单击"请单击"按钮，即可隐藏 p 元素中的段落文字，如图 23-9 所示。

图 23-8　程序运行结果 4　　　　　　　　图 23-9　隐藏 p 元素中的段落文字

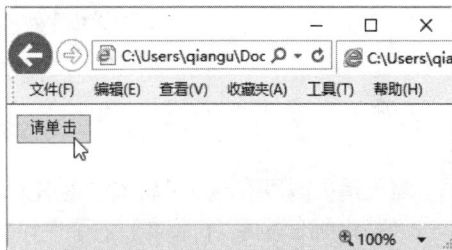

除了 bind() 方法，还可以用 one() 方法绑定事件，但是 one() 方法绑定的事件在触发一次之后就会自动删除，不再生效。读者可以自己练习并了解它的用法，这里不详细介绍。

23.3.2　移除绑定

在掌握了绑定事件监听的用法后，我们就需要知道移除事件监听的方法。jQuery 提供了 unbind() 方法移除事件监听，这个方法最多可以接受两个可选的参数，下面通过一个例子让我们了解一下 unbind() 的用法。

【例 23-5】（实例文件：ch23\Chap23.5.html）unbind() 方法移除事件。

```
<!DOCTYPE html>
<html>
<head>
<title> unbind()方法移除事件 </title>
<script src="jquery.min.js">
</script>
<script>
$(document).ready(function(){
  $("p").click(function(){
    $(this).slideToggle();
  });
  $("button").click(function(){
    $("p").unbind();
```

```
   });
});
</script>
</head>
<body>
<p> 清明时节雨纷纷,</p>
<p> 路上行人欲断魂。</p>
<p> 单击任意段落 (p元素)，该段落就会消失。</p>
<button> 移除所有段落 (p元素) 的事件句柄 </button>
</body>
</html>
```

相关的代码示例请参考 Chap23.5.html 文件，然后双击该文件，在 IE 浏览器里面运行的结果如图 23-10 所示。

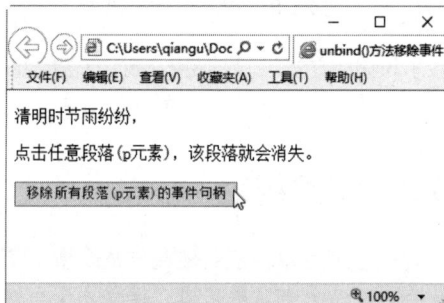

图 23-10　程序运行结果 5

单击需要消失的段落，即可将该段落消失，如图 23-11 所示。

单击"移除所有段落（p 元素）的事件句柄"按钮，即可将绑定的消失事件移除，如图 23-12 所示。

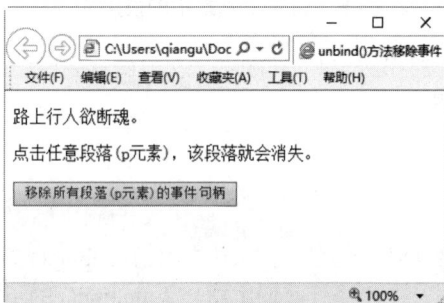

图 23-11　隐藏段落

图 23-12　移除消失事件

23.4　切换与触发事件

切换与触发事件也是 jQuery 事件处理中常用的事件，下面进行详细介绍。

23.4.1　切换事件

在 jQuery 中，有两个方法用于事件的切换；一个方法是 hover() 方法；另一个是 toggle() 方法。当需要设置鼠标悬停和鼠标移出的事件中进行切换时，使用 hover() 方法。

【例 23-6】（实例文件：ch23\Chap23.6.html）hover() 方法切换事件示例，即一个当鼠标悬停在文字上时，显示一段文字的效果。

```
<!DOCTYPE html>
<html>
<head>
<title>hover() 切换事件</title>
<script type="text/JavaScript" src="jquery.min.js"></script>
<script type="text/JavaScript">
$(function(){
    $(".clsTitle").hover(function(){
        $(".clsContent").show();
    },
    function(){
        $(".clsContent").hide();
    })
})
</script>
</head>
<body>
<div class="clsTitle">《九月九日忆山东兄弟》</div>
<div class="clsContent">独在异乡为异客，每逢佳节倍思亲。遥知兄弟登高处，遍插茱萸少一人。</div>
</body>
</html>
```

相关的代码示例请参考 Chap23.6.html 文件，然后双击该文件，在 IE 浏览器里面运行的结果如图 23-13 所示。

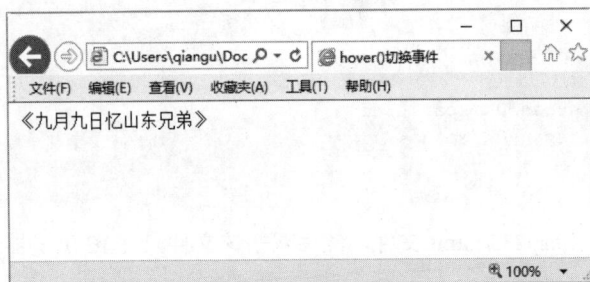

图 23-13　程序运行结果 6

当鼠标移动到"《九月九日忆山东兄弟》"文字上时，即可显示具体的诗句内容，运行结果如图 23-14 所示。

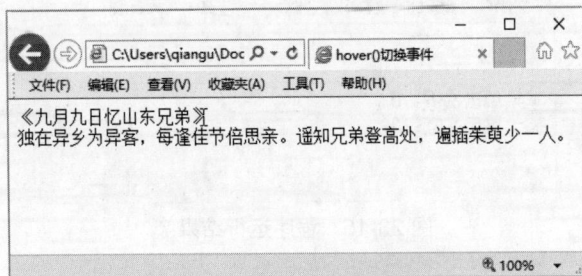

图 23-14　显示具体的诗句

23.4.2　触发事件

trigger(type,[data]) 函数是 jQuery 中提供的事件触发器之一，其作用是对页面上所有匹配的元素触发某一类型的事件。需要注意的是，这个函数也会导致与浏览器同名的默认行为的执行。例如，如果用 trigger() 触发一个 submit，同样会使浏览器提交表单。如果要阻止这种默认的行为，应返回 false。也可以触发由 bind() 注册的自定义事件。

【例 23-7】（实例文件：ch23\Chap23.7.html）trigger() 方法事件触发示例。

```html
<!DOCTYPE html>
<html>
<head>
<title> 事件触发 trigger()</title>
<script language="JavaScript" src="jquery.min.js"></script>
<script language="JavaScript">
function Counter(Span){
    var iNum = parseInt(Span.text());      // 获取 span 中本身的值
    Span.text(iNum + 1);                    // 单击次数加 1
}
$(function(){
    $("input:eq(0)").click(function(){
        Counter($("span:first"));
    });
    $("input:eq(1)").click(function(){
        Counter($("span:last"));
        $("input:eq(0)").trigger("click"); // 触发按钮 1 的单击事件
    });
});
</script>
</head>
<body>
    <input type="button" value=" 苹果 ">
    <input type="button" value=" 橘子 "><br><br>
    <div> 苹果单击次数: <span>0</span></div>
    <div> 橘子单击次数: <span>0</span></div>
</body>
</html>
```

相关的代码示例请参考 Chap23.7.html 文件，然后双击该文件，在 IE 浏览器里面运行的结果如图 23-15 所示。

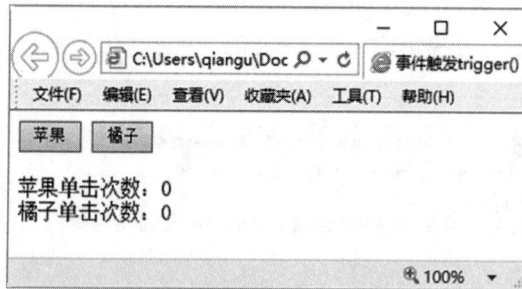

图 23-15　程序运行结果 7

单击"苹果"按钮，即可统计苹果单击的次数；单击"橘子"按钮，可以同时统计苹果与橘子的单击次数，运行结果如图 23-16 所示。

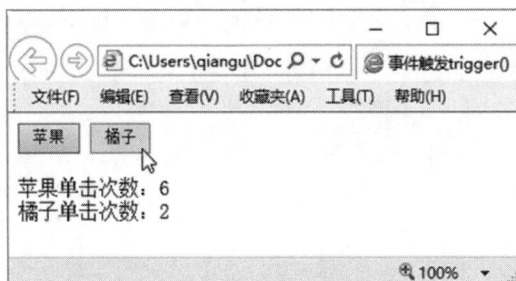

图 23-16　统计苹果与橘子的单击的次数

23.5　典型案例——制作外卖配送页面

本节制作一个外卖配送页面，从而学习 jQuery 对页面控制的相关知识，具体步骤如下。

第一步：设计 HTML 框架。具体代码如下：

```
<!DOCTYPE html>
<html>
<head>
</head>
<body>
<div>
1. <input type="checkbox" id="zhushi"><label for="zhushi"> 汉堡 </label>
<span price="5"><input type="text" class="quantity"> ￥<span></span> 元 </span>
    <div class="detail">
        <label><input type="radio" name="hanbao" checked="checked"> 牛肉堡 </label>
        <label><input type="radio" name="hanbao"> 超级鸡腿堡 </label>
        <label><input type="radio" name="hanbao"> 香辣鸡腿堡 </label>
        <label><input type="radio" name="hanbao"> 至珍七虾堡 </label>
    </div>
</div>
<div>
2. <input type="checkbox" id="xiaoshi"><label for="xiaoshi"> 小食 </label>
<span price="3"><input type="text" class="quantity"> ￥<span></span> 元 </span>
    <div class="detail">
        <label><input type="radio" name="xiaoshi" checked="checked"> 薯条 </label>
        <label><input type="radio" name="xiaoshi"> 甜甜圈 </label>
        <label><input type="radio" name="xiaoshi"> 布丁 </label>
    </div>
</div>
<div>
3. <input type="checkbox" id="HunCaiCheck"><label for="HunCaiCheck"> 肉类 </label>
<span price="4"><input type="text" class="quantity"> ￥<span></span> 元 </span>
    <div class="detail">
        <label><input type="radio" name="HunCai" checked="checked"/> 炸鸡腿 </label>
        <label><input type="radio" name="HunCai"> 炸鸡翅 </label>
        <label><input type="radio" name="HunCai"> 奥尔良烤鸡翅 </label>
        <label><input type="radio" name="HunCai"> 鸡米花 </label>
    </div>
</div>
<div>
4. <input type="checkbox" id="SoupCheck"><label for="SoupCheck"> 饮品 </label>
```

```
<span price="3"><input type="text" class="quantity"> ￥<span></span> 元 </span>
    <div class="detail">
        <label><input type="radio" name="Soup" checked="checked"/> 可乐 </label>
        <label><input type="radio" name="Soup"> 橙汁 </label>
        <label><input type="radio" name="Soup"> 咖啡 </label>
        <label><input type="radio" name="Soup"> 牛奶 </label>
    </div>
</div>
<div id="totalPrice"></div>
</body>
</html>
```

　　相关的代码示例请参考 Chap23.8.html 文件，然后双击该文件，在 IE 浏览器里面运行的结果如图 23-17 所示。通过上面的代码可以看出，每一种食品都处在一个大 <div> 中，下面又包括一个复选框跟一个子 <div>，每种单品都是 radio 类型，即为单选。最后计算出的总价钱会放在 totalPrice 中。

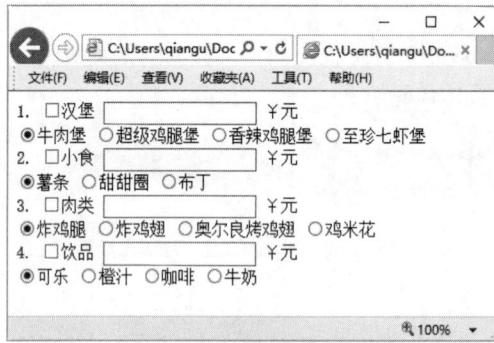

图 23-17　程序运行结果 8

　　第二步：添加事件，显示下级菜单。具体代码如下：

```
<script language="JavaScript" src="jquery.min.js"></script>
<script type="text/JavaScript">
function addTotal(){
    // 计算总价格的函数
    var fTotal = 0;
    // 对于选中了的复选项进行遍历
    $(":checkbox:checked").each(function(){
        // 获取每一个的数量
        var iNum = parseInt($(this).parent().find("input[type=text]").val());
        // 获取每一个的单价
        var fPrice = parseFloat($(this).parent().find("span[price]").attr("price"));
        fTotal += iNum * fPrice;
    });
    $("#totalPrice").html(" 合计￥"+fTotal+" 元 ");
}
$(function(){
    $(":checkbox").click(function(){
        var bChecked = this.checked;
        // 如果选中则显示子菜单
        $(this).parent().find(".detail").css("display",bChecked?"block":"none");
        $(this).parent().find("input[type=text]")
            // 每次改变选中状态，都将值重置为1，触发 change 事件，重新计算价格
            .attr("disabled", !bChecked).val(1).change()
            .each(function(){
                if(bChecked) this.focus();
```

```
        });
    });
    $("span[price] input[type=text]").change(function(){
        // 根据单价和数量计算价格
        $(this).parent().find("span").text( $(this).val() * $(this).parent().attr
("price") );
        addTotal(); // 计算总价格
    });
    // 加载页面完全后，统一设置输入文本框
    $("span[price] input[type=text]")
        .attr({      "disabled":true,        // 文本框为禁用
                     "value":"1",            // 表示份数为 1
                     "maxlength":"2"         // 不能超多 100 份（包括 100）
        }).change();                         // 触发 change 事件，让 span 都显示出价格
});
</script>
```

相关的代码示例请参考 Chap23.8.html 文件，然后双击该文件，在 IE 浏览器里面运行的结果如图 23-18
所示。

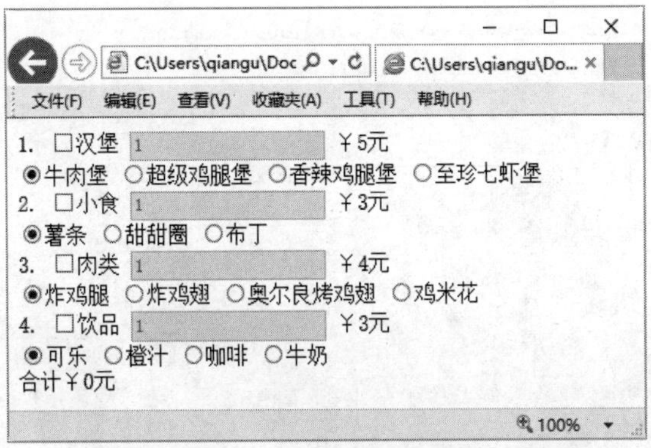

图 23-18　程序运行结果 9

第三步：设置样式风格，使用 CSS 对页面进行适当的美化。具体代码如下：

```
<style type="text/css">
<!--
body{
    padding:0px;
    margin:165px 0px 0px 160px;
    font-size:12px;
    font-family:Arial, Helvetica, sans-serif;
    color:#FFFFFF;
    background:#000000 no-repeat;
}
body > div{
    margin:5px; padding:0px;
}
div.detail{
    display:none;
    margin:3px 0px 2px 15px;
}
div#totalPrice{
    padding:10px 0px 0px 280px;
    margin-top:15px;
```

```
    width:85px;
    border-top:1px solid #FFFFFF;
}
input{
    font-size:12px;
    font-family:Arial, Helvetica, sans-serif;
}
input.quantity{
    border:1px solid #CCCCCC;
    background:#3f1415; color:#FFFFFF;
    width:15px; text-align:center;
    margin:0px 0px 0px 210px
}
-->
</style>
```

相关的代码示例请参考 Chap23.8.html 文件，然后双击该文件，在 IE 浏览器里面运行的结果如图 23-19 所示。

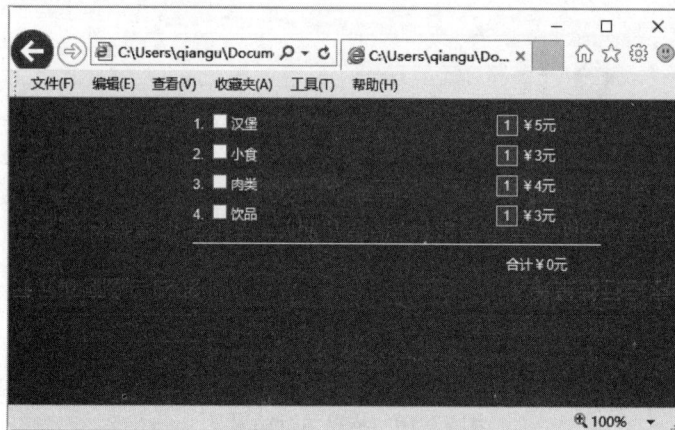

图 23-19　设置样式风格

根据需要，在页面中选中需要的内容，即可在下方显示合计金额，如图 23-20 所示。

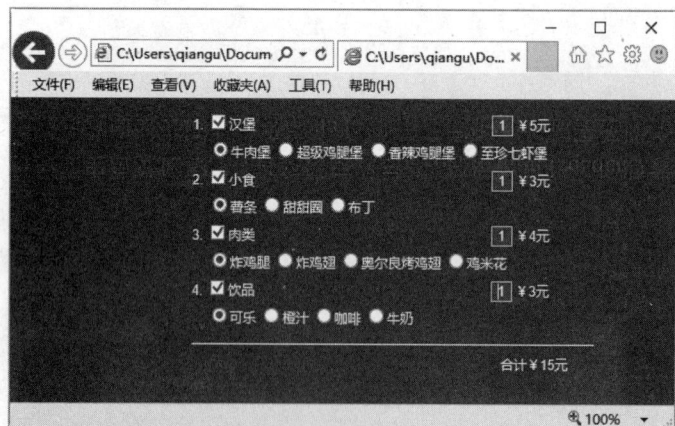

图 23-20　显示合计金额

23.6　就业面试技巧与解析

23.6.1　面试技巧与解析（一）

面试官： 在处理 jQuery 事件时，你知道应注意些什么吗？

应聘者： 实际进行事件编程时，需要把要实现的功能转化为对应事件。可以分为如下几个步骤，这样可以帮助大家有条理地实现相关功能。

（1）首先需要确定事件的源，需要选择实现起来最方便的源。如单击按钮事件，也可以通过鼠标单击事件来捕捉，但最方便的还是普通元素的 onclick 事件。

（2）了解事件提供的信息，并构思程序。具体事件提供的信息可查询相应的参考手册。

（3）当对大部分事件熟悉之后，会有助于你设计出更炫的事件响应程序。

23.6.2　面试技巧与解析（二）

面试官： 在 jQuery 中，mouseover 和 mouseenter 有什么区别？

应聘者： 在 jQuery 中，mouserover 和 mouseenter 都在鼠标进入元素时触发，唯一的区别是子元素中事件冒泡不同。在没有子元素时，mouserover 和 mouseenter 事件结果一致。如果元素内置有子元素，则二者出现了不同的结果。

第 24 章
jQuery 与 Ajax 的综合应用

◎ 本章教学微视频：16 个　35 分钟

学习指引

　　Ajax 是 Asynchronous JavaScript And XML 的缩写，意思是异步的 JavaScript 和 XML，Ajax 不是一种新的编程语言，而是基于 JavaScript 和 HTTP 请求的一种网页编程模式，其核心就是一个 JavaScript 对象和相关函数。本章就来学习 jQuery 与 Ajax 的综合应用。

重点导读

- 了解 Ajax 的概念。
- 掌握 Ajax 异步交互的方法。
- 掌握加载异步数据的方法。
- 掌握请求服务器数据的方法。
- 掌握 Ajax 中的全局事件使用的方法。

24.1　认识 Ajax

　　运行在浏览器上的 Ajax 应用程序，以一种异步的方式与 Web 服务器通信，并且只更新页面的一部分。通过利用 Ajax 技术，可以提供丰富的、基于浏览器的用户体验。

24.1.1　什么是 Ajax

　　Ajax 是一种 Web 应用程序客户机技术，它结合了 JavaScript、CSS、HTML 与 DOM 等多种技术。Ajax 借助 JavaScript 来实现浏览器和服务器之间的异步交互，在向服务器发送、接收请求时不需要加载整个页面。
　　Ajax 的工作原理相当于在用户和服务器之间加了一个中间层，改变了同步交互的过程，也就是说并不是所有的用户请求都提交给服务器，如一些表单数据验证和表单数据处理等都交给 Ajax 引擎来做，当需要从服务器读取新数据时会由 Ajax 引擎向服务器提交请求，从而使用户操作与服务器响应异步化。

24.1.2　Ajax 的组成部分

Ajax 主要由四种技术组成，分别是 JavaScript、DOM、CSS 和 XMLHttpRequest，其中 JavaScript、DOM 和 CSS 在前面章节都已经介绍过。下面详细介绍一下什么是 XMLHttpRequest。

XMLHttpRequest 是 Ajax 的核心机制。XMLHttpRequest 是在 IE 5 中首先引入的，是一种支持异步请求的技术，也就是说在 Ajax 应用程序中，XMLHttpRequest 对象负责将用客户端信息以异步通信的方式发送到服务器端，并接收服务器端返回的响应信息和数据。

在 Ajax 应用程序中，通过 XmlHttpRequest 对象向服务器发异步请求，从服务器获得数据，使用 JavaScript 来操作 DOM 元素来刷新页面及重组数据，依靠 CSS 来为应用程序提供一致的界面。

24.1.3　Ajax 的优缺点

对于 Ajax，可以毫不夸张地说做 Web 应用系统开发基本上没有不使用 Ajax 技术的，它拥有大量拥护者。下面就将介绍为什么要使用 Ajax，它有哪些优点。

1. Ajax 的优点

（1）减轻服务器负担，提高了 Web 性能。Ajax 使用异步方式与服务器通信，客户端数据是按照用户的需求向服务端提交获取的，而不是靠全页面刷新来重新获取整个页面数据，即按需发送获取数据，减轻了服务器负担，能在不刷新整个页面的前提下更新数据，大大提升了用户体验。

（2）不需要插件支持。Ajax 目前可以被绝大多数主流浏览器所支持，用户不需要下载插件或小程序，只需要允许 JavaScript 脚本在浏览器上执行。

（3）调用外部数据方便，容易达到页面与数据的分离。这样有利于技术人员和美工人员分工合作，减少了对页面修改造成的 Web 应用程序错误，提高了开发效率。

2. Ajax 的缺点

同其他事物一样，Ajax 有优点也有缺点，具体表现在以下几个方面。

（1）大量的 JavaScript 代码，不易维护。

（2）可视化设计上比较困难。

（3）会给搜索引擎带来困难。

24.2　Ajax 异步交互

Ajax 与传统 Web 应用最大的不同就是它的异步交互机制，这也是它最核心、最重要的特点。本节我们将对 Ajax 的异步交互进行简单的讲解，帮助大家更深入地了解 Ajax。

24.2.1　什么是异步交互

对 Ajax 来说，异步交互就是客户端和服务器进行交互时，如果只更新客户端的一部分数据，那么只有这部分数据与服务器进行交互，交互完成后把更新后的数据发送到客户端，而其他不需要更新的客户端数据就需要与服务器进行交互。

异步交互对于用户体验来说带来的最大好处就是实现了页面的无刷新。用户在提交表单后，只有表单数据被发送给了服务器并需要等待接收服务器的反馈，但是页面中表单以外的内容没有变化。所以与传统 Web

应用相比，用户在等待表单提交完成的过程中不会看到整个页面出现白屏，并且在这个过程中还可以浏览页面中表单以外的内容。

24.2.2　异步对象连接服务器

在 Web 中，与服务器进行异步通信的是 XMLHttpRequest 对象。它是在 IE 5 中首先引入的，目前几乎所有的浏览器都支持该异步对象，并且该对象可以接受任何形式的文档。在使用该异步对象之前必须先创建该对象，创建的代码如下：

```
var xmlhttp;
function createXMLHttpRequest(){
    if(window.ActiveXObject)
        xmlhttp= new ActiveXObject("Microsoft.XMLHTTP");
    else if (window.XMLHttpRequest)
        xmlhttp= new XMLHttpRequest();
}
```

创建完异步对象，利用该异步对象连接服务器时需要用到该对象的一些属性和方法，下面来简单介绍一下该对象提供的一系列十分有用的属性和方法。其中，属性如表 24-1 所示，方法如表 24-2 所示。

表 24-1　XMLHttpRequest 对象的属性

属　　性	描　　述
readyState	指定请求的状态。有 5 个可能值：0 表示未初始化；1 表示正在加载中；2 表示已加载完成；3 表示正在交互中；4 表示交互完成
onreadystatechange	指定当发生任何状态变化时（即 readyState 属性值改变时）的事件处理句柄
responseText	客户端接收到的 HTTP 响应的文本内容
responseXML	当接收到完整的 HTTP 响应时 (readyState 为 4) 描述 XML 响应
status	描述服务器返回的 HTTP 状态代码，如 200 对应 OK，404 对应 not found
statusText	描述了服务器返回的 HTTP 状态代码文本，如 OK、not found 等

表 24-2　XMLHttpRequest 对象的方法

方　　法	描　　述
abort()	停止当前请求
getAllResponseHeaders()	获取 HTTP 请求的所有响应的头部
getResponseHeader()	获取指定 HTTP 请求响应的头部
open(method,url)	初始化一个 XMLHttpRequest 对象，也可以说是创建一个请求 method 指定请求的类型，一般为 POST 或 GET 等，不区分大小写；url 参数可以是相对 url 或绝对 url
send()	向服务器发送请求
setRequestHeader()	设置请求的 HTTP 头部信息

在创建了异步对象后，需要使用 open() 方法初始化异步对象，即创建一个新的 HTTP 请求，并指定此请求的方法、URL 以及验证信息，语法如下：

```
xmlhttp.open(method, url, async, user, password);
```

其中，method 和 url 在前面已经介绍过了，另外三个参数为可选参数。async 指定了此请求是否为异步方式，为布尔类型，默认为 true；user 和 password 表示用户名和密码，如果服务器需要验证，则需要指定用户名和密码。

在创建了异步对象 xmlhttp 后，需要建立一个到服务器的新请求。代码如下：

```
xmlhttp.open("GET","10.1.aspx",true);
```

代码中指定了请求的类型为 GET，即在发送请求时将参数直接加到 url 地址中发送，请求地址为相对地址 a.aspx，请求方式为异步。

在初始化了异步对象后，需要调用 onreadystatechange 属性来指定发生状态改变时的事件处理句柄。代码如下：

```
xmlhttp.onreadystatechange = HandleStateChange();
```

在 HandleStateChange() 函数中需要根据请求的状态，有时还需要根据服务器返回的响应状态，来指定处理函数，所以需要调用 readyState 属性和 status 属性。如当数据接收成功时要执行某些操作，代码如下：

```
function HandleStateChange(){
    if(xmlhttp.readyState == 4 && xmlhttp.status ==200){
    }
}
```

在建立了请求并编写了请求状态发生变化时的处理函数之后，需要使用 send() 方法将请求发送给服务器。语法如下：

```
send(body);
```

参数 body 表示通过此请求要向服务器发送的数据，该参数为必选参数，如果不发送数据，则代码如下：

```
xmlhttp.secd(null);
```

需要注意的是，如果在 open() 中指定了请求的方法是 POST 的话，在请求发送之前必须设置 HTTP 的头部，代码如下：

```
xmlhttp.setRequestHeader("Content-Type","application/x-www-form-urlencoded");
```

客户端将请求发送给服务器后，服务器需要返回相应的结果。至此，整个异步连接服务器的过程就完成了，为了测试连接是否成功，我们会在页面中添加一个按钮。

下面给出一个示例，来测试异步连接服务器是否成功。

【例 24-1】（实例文件：ch24\Chap24.1.html）测试异步连接服务器。

```
<!DOCTYPE html>
<html>
<head>
<title>异步连接服务器</title>
<script language="JavaScript">
var xmlhttp;
function createXMLHttpRequest(){
    if(window.ActiveXObject)
        xmlhttp= new ActiveXObject("Microsoft.XMLHTTP");
    else if (window.XMLHttpRequest)
        xmlhttp= new XMLHttpRequest();
}
function HandleStateChange(){
    if(xmlhttp.readyState == 4 && xmlhttp.status ==200){
        alert("服务器返回的结果为: " + xmlhttp.responseText);
    }
}
```

```
function test(){
    createXMLHttpRequest();
    xmlhttp.open("GET","Chap24.1.aspx",true);
    HandleStateChange();
    xmlhttp.onreadystatechange = HandleStateChange();
    xmlhttp.send(null);

}
</script>
</head>
<body>
<input type="button" value="测试是否连接成功" onClick="test()" />
</body>
</html>
```

服务器端代码我们采用 ASP.NET 来完成，异步连接服务器示例服务器端代码（Chap24.1.aspx）如下：

```
<%@ Page Language="C#" ContentType="text/html" ResponseEncoding="gb2312" %>
<%@Import Namespace="System.Data"%>
<%
    Response.write("连接成功");
%>
```

相关的代码示例请参考Chap24.1.html文件，然后双击该文件，在IE浏览器里面运行的结果如图24-1所示。单击"测试是否连接成功"按钮，即可弹出一个信息提示框，提示用户连接成功，如图 24-2 所示。

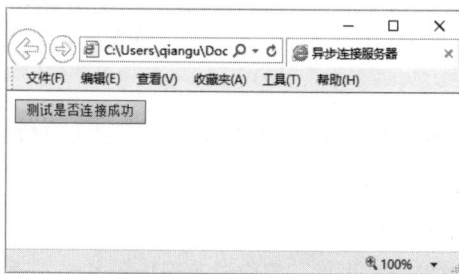

图 24-1　程序运行结果 1

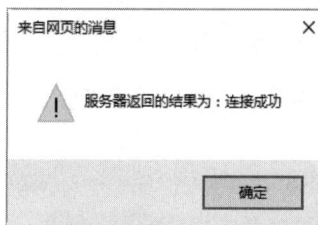

图 24-2　信息提示框 1

24.2.3　GET 和 POST 模式

客户端在向服务器发送请求时需要指定请求发送数据的方式，在HTML中通常有GET和POST两种方式。其中，GET 方式一般用来传送简单数据，大小一般限制在 1KB 以下，请求数据被转化成查询字符串并追加到请求的 url 之后发送；POST 方式可以传送的数据量比较大，可以达到 2MB，它是将数据放在 send() 方法中发送，在数据发送之前必须先设置 HTTP 请求的头部。

为了让大家更直观地看到 GET 和 POST 两种方式的区别，下面给出一个实例，在页面中设置一个文本框用来输入用户名，设置两个按钮分别用 GET 和 POST 来发送请求。

【例 24-2】（实例文件：ch24\Chap24.2.html）GET 和 POST 模式应用示例。

```
<!DOCTYPE html>
<head>
<title>GET 和 POST 模式</title>
<script language="JavaScript">
var xmlhttp;
var username;// = document.getElementById("username").value;
```

```
function createXMLHttpRequest(){
    // if(window.ActiveXObject)
    //     xmlhttp= new ActiveXObject("Microsoft.XMLHTTP");
    // else if (window.XMLHttpRequest)
    //     xmlhttp= new XMLHttpRequest();


    if(window.XMLHttpRequest){
            // code for IE 7+, Firefox, Chrome, Opera, Safari
            xmlhttp = new XMLHttpRequest();
        }else{
            // code for IE 5, IE 6
            xmlhttp = new ActiveXObject("Microsoft.XMLHTTP");
        }
}
// 使用 GET 方式发送数据
function doRequest_GET(){
    createXMLHttpRequest();
    username = document.getElementById("username").value;
    var url = " Chap24.2.aspx?username=" +encodeURIComponent(username);

    xmlhttp.onreadystatechange = function(){
        if(xmlhttp.readyState == 4 && xmlhttp.status ==200){
        alert("服务器返回的结果为: " + decodeURIComponent(xmlhttp.responseText));
        }
    }

    xmlhttp.open("GET",url);
    xmlhttp.send(null);
}
// 使用 POST 方式发送数据
function doRequest_POST(){
    createXMLHttpRequest();
    username = document.getElementById("username").value;
    var url=" Chap24.2.aspx?";
    var queryString = encodeURI("username="+encodeURIComponent(username));
    xmlhttp.open("POST",url,true);
    xmlhttp.onreadystatechange = function(){
        if(xmlhttp.readyState == 4 && xmlhttp.status ==200){
        alert("服务器返回的结果为: " + decodeURIComponent(xmlhttp.responseText));
        }
    }
    xmlhttp.setRequestHeader("Content-Type","application/x-www-form-urlencoded");
    xmlhttp.send(queryString);
}
</script>
</head>
<body>
<form>
用户名:
<input type="text" id="username" name="username"  />
<input type="button" id="btn_GET" value="GET发送 " onclick="doRequest_GET();" />
<input type="button" id="btn_POST"  value="POST发送 " onclick="doRequest_POST();" />
</form>
</body>
</html>
```

服务器端代码我们仍然采用 ASP.NET 来完成，GET 和 POST 模式示例服务器端代码（Chap24.2.aspx）

如下：

```
<%@ Page Language="C#" ContentType="text/html" ResponseEncoding="gb2312" %>
<%
    if(Request.HttpMethod=="GET")
        Response.Write("GET: "+ Request["username"]);
    else if(Request.HttpMethod=="POST")
        Response.Write("POST: "+ Request["username"]);
%>
```

相关的代码示例请参考 Chap24.2.html 文件，然后双击该文件，在 IE 浏览器里面运行的结果如图 24-3 所示，在 "用户名" 文本框中输入 "超人" 字样。

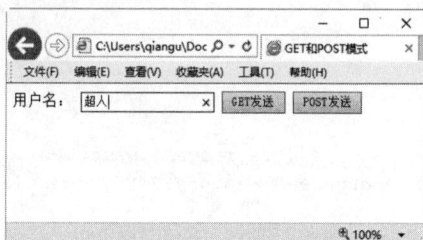

图 24-3　程序运行结果 2

单击 "GET 发送" 按钮，即可弹出一个信息提示框，在其中显示了 GET 模式运行的结果，如图 24-4 所示。单击 "POST 发送" 按钮，即可弹出一个信息提示框，在其中显示了 POST 模式运行的结果，如图 24-5 所示。

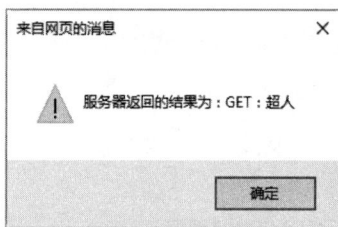

图 24-4　信息提示框 2

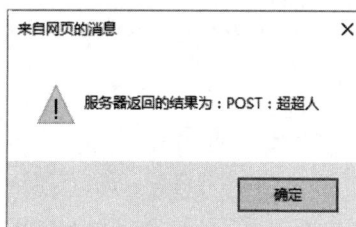

图 24-5　服务器返回的结果为 POST

24.2.4　服务器返回 XML

在 Ajax 中，服务器返回的可以是 DOC 文档、TXT 文档、HTML 文档或者 XML 文档等，下面我们主要讲解返回的是 XML 文档的情况。在 Ajax 中，可通过异步对象的 ResponseXML 属性来获取 XML 文档。如 Ajax 服务器返回了如例 24.3 所示的 XML 文档。

【例 24-3】（实例文件：ch24\Chap24.3.html）获取服务器返回的 XML 文档的示例。

```
<!DOCTYPE html>
<html>
<head>
<title>服务器返回 XML</title>
<script language="JavaScript">
var xmlhttp;
function createXMLHttpRequest(){
    if(window.XMLHttpRequest){
            //code for IE 7+, Firefox, Chrome, Opera, Safari
            xmlhttp = new XMLHttpRequest();
```

```
        }else{
            //code for IE 5, IE 6
            xmlhttp = new ActiveXObject("Microsoft.XMLHTTP");
        }
    }
function getXML(xmlUrl){
    var url=xmlUrl+"?timestamp=" + new Data();
    createXMLHttpRequest();
    xmlhttp.onreadystatechange = HandleStateChange;
    xmlhttp.open("GET",url);
    xmlhttp.send(null);
}
function HandleStateChange(){
    if(xmlhttp.readyState == 4 && xmlhttp.status ==200){
        DrawTable(xmlhttp.responseXML);
    }
}
function DrawTable(myXML){
    var objStudents = myXML.getElementsByTagName(student);
    var objStudent = "",stuID="",stuName="",stuChinese="",stuMaths="",stuEnglish="";
    for(var i=0;i<objStudents.length;i++){
        objStudent=objStudent[i];
        stuID=objStudent.getElementsByTagName("id")[0].firstChild.nodeValue;
        stuName=objStudent.getElementsByTagName("name")[0].firstChild.nodeValue;
        stuChinese=objStudent.getElementsByTagName("Chinese")[0].firstChild.nodeValue;
        stuMaths=objStudent.getElementsByTagName("Maths")[0].firstChild.nodeValue;
        stuEnglish=objStudent.getElementsByTagName("English")[0].firstChild.nodeValue;
        addRow(stuID,stuName,StuChinese,stuMaths,stuEnglish);
    }
}
function addRow(stuID,stuName,stuChinese,stuMaths,stuEnglish){
    var objTable = document.getElementById("score");
    var objRow = objTable.insertRow(objTable.rows.length);
    var stuInfo =  new Array();
    stuInfo[0] = document.createTextNode(stuID);
    stuInfo[1] = document.createTextNode(stuName);
    stuInfo[2] = document.createTextNode(stuChinese);
    stuInfo[3] = document.createTextNode(stuMaths);
    stuInfo[4] = document.createTextNode(stuEnglish);
    for(var i=0; i< stuInfo.length;i++){
        var objColumn = objRow.insertCell(i);
        objColumn.appendChild(stuInfo[i]);
    }
}
</script>
</head>
<body>
    <form>
<p>
<input type="button" id="btn" value=" 获取 XML 文档 "  onclick="getXML(Chap24.3.xml);"/>
</p>
<p>
<table id="score">
    <tr>
    <th> 学号 </th>
    <th> 姓名 </th>
    <th> 语文 </th>
    <th> 数学 </th>
    <th> 英语 </th>
    </tr>
    </table>
```

501

```
</p>
</form>
</body>
</html>
```

服务器端 XML 文档（Chap24.3.xml）代码如下：

```
<?xml version="1.0" encoding="gb2312"?>
<list>
    <caption>Score List</caption>
    <student>
        <id>001</id>
        <name>张三</name>
        <Chinese>80</Chinese>
        <Maths>85</Maths>
        <English>92</English>
    </student>
    <student>
        <id>002</id>
        <name>李四</name>
        <Chinese>86</Chinese>
        <Maths>91</Maths>
        <English>80</English>
    </student>
    <student>
        <id>003</id>
        <name>王五</name>
        <Chinese>77</Chinese>
        <Maths>89</Maths>
        <English>79</English>
    </student>
    <student>
        <id>004</id>
        <name>赵六</name>
        <Chinese>95</Chinese>
        <Maths>81</Maths>
        <English>88</English>
    </student>
</list>
```

相关的代码示例请参考 Chap24.3.html 文件，然后双击该文件，在 IE 浏览器里面运行的结果如图 24-6 所示。

单击"获取 XML 文档"按钮，即可获取服务器返回的 XML 文档运行结果，如图 24-7 所示。

图 24-6　程序运行结果 3

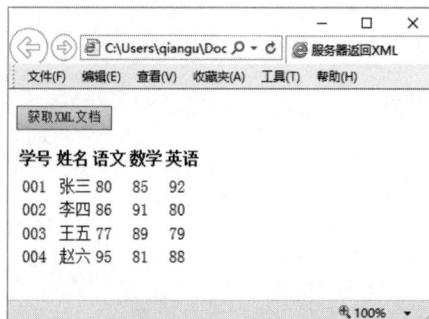

图 24-7　返回的 XML 文档

24.2.5　处理多个异步请求

之前示例，都是通过一个全局变量的 xmlhttp 对象对所有异步请求进行处理的，这样做会存在一些问题，如：当第一个异步请求尚未结束，很可能就已经被第二个异步请求所覆盖。解决的办法通常是将 xmlhttp 对象作为局部变量来处理，并且在收到服务器端的返回值后手动将其删除，多个异步请求的示例如下。

【例 24-4】（实例文件：ch24\Chap24.4.html）多个异步请求的示例。

```
<!DOCTYPE html>
<html>
<head>
<title> 多个异步对象请求示例 </title>
<script language="JavaScript">
function createQueryString(oText){
    var sInput = document.getElementById(oText).value;
    var queryString = "oText=" + sInput;
    return queryString;
}
function getData(oServer, oText, oSpan){
    var xmlhttp;     // 处理为局部变量
  if(window.XMLHttpRequest){
        // code for IE 7+, Firefox, Chrome, Opera, Safari
        xmlhttp = new XMLHttpRequest();
    }else{
        // code for IE 5, IE 6
        xmlhttp = new ActiveXObject("Microsoft.XMLHTTP");
    }

    var queryString = oServer + "?";
    queryString += createQueryString(oText) + "&timestamp=" + new Date().getTime();
    xmlhttp.onreadystatechange = function(){
        if(xmlhttp.readyState == 4 && xmlhttp.status == 200){
            var responseSpan = document.getElementById(oSpan);
            responseSpan.innerHTML = xmlhttp.responseText;
            delete xmlhttp;   // 收到返回结果后手动删除
            xmlhttp = null;
        }
    }
    xmlhttp.open("GET",queryString);
    xmlhttp.send(null);
}
function test(){
    // 同时发送两个不同的异步请求
    getData('Chap24.4.aspx','first','firstSpan');
    getData('Chap24.4.aspx','second','secondSpan');
}
</script>
</head>

<body>
<form>
    first: <input type="text" id="first">
    <span id="firstSpan"></span>
<br>
    second: <input type="text" id="second">
    <span id="secondSpan"></span>
<br>
```

```
        <input type="button" value=" 发送 " onclick="test()">
</form>
</body>
</html>
```

多个异步请求的示例服务器端代码（Chap24.4.aspx）如下：

```
<%@ Page Language="C#" ContentType="text/html" ResponseEncoding="gb2312" %>
<%@ Import Namespace="System.Data" %>
<%
    Response.Write(Request["oText"]);
%>
```

相关的代码示例请参考 Chap24.4.html 文件，然后双击该文件，在 IE 浏览器里面运行的结果如图 24-8 所示。

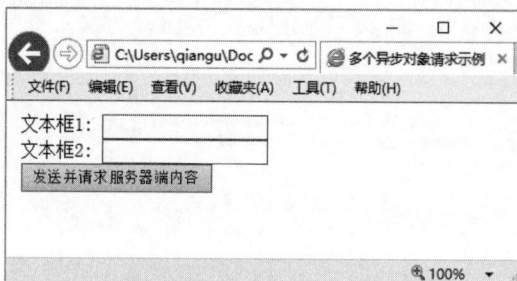

图 24-8　程序运行结果 4

单击"发送并请求服务器端内容"按钮，即可返回服务器端的内容，运行结果如图 24-9 所示。

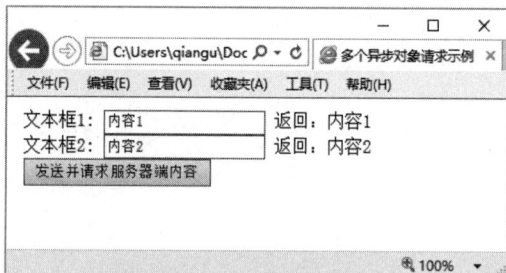

图 24-9　返回服务器端的内容

　　提示：由于函数中的局部变量是每次调用时单独创建的，函数执行完便自动销毁，此时测试多个异步请求便不会发生冲突。

24.3　加载异步数据

Ajax 中最常见并且最重要的一个用法就是加载异步数据，本节主要介绍 jQuery 中如何通过 Ajax 加载异步数据。

24.3.1　全局函数 getJSON()

getJSON() 方法使用 Ajax 的 HTTP GET 请求获取 JSON 数据。语法结构如下：

```
$(selector).getJSON(url,data,success(data,status,xhr))
```

getJSON() 函数发送 HTTP GET 请求，其中 url 为目标 url，data 为需要发送过去的数据，callback_success 为访问成功后需要调用的函数。

下面例子中通过 getJSON() 函数，获取服务器上的 JSON 格式数据，该 JSON 数据文本内容如下：

```
{
"when": "2020-1-1",
"where": "Bei Jing",
"what": "Play Game"
}
```

调用 getJSON() 时，指定了回调函数 callback_success，则函数的 data 参数即为成功解析的 JavaScript 对象，该对象有三个属性：where、what 和 when，三个属性分别可取得对应值。示例如下：

【例 24-5】（实例文件：ch24\Chap24.5.html）jQuery 中的函数 getJSON() 示例。

```
<!DOCTYPE html>
<html>
<head>
<script type="text/JavaScript" src="jquery.min.js"></script>
<script type="text/JavaScript">
$(document).ready(function () {
    $("#button1").click(function () {
        $.getJSON("Chap24.5.json", function (result) {
            $("#div1").append("where : " + result.where + "<br/>");
            $("#div1").append("what : " + result.what + "<br/>");
            $("#div1").append("when : " + result.when + "<br/>");
        });
    });
});
</script>
</head>
<body>
<button id="button1" type="button">获取 JSON 内容</button>
<div id="div1"><h2>JSON 结果显示: </h2></div>
</body>
</html>
```

相关的代码示例请参考 Chap24.5.html 文件，然后双击该文件，在 IE 浏览器里面运行的结果如图 24-10 所示。

单击"获取 JSON 内容"按钮，即可在下方显示 JSON 文件中的内容，如图 24-11 所示。

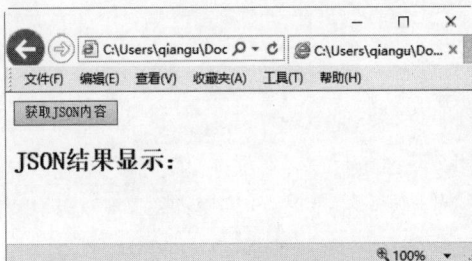

图 24-10 程序运行结果 5

图 24-11 显示 JSON 文件中的内容

24.3.2 全局函数 getScript()

jQuery 中，还可以通过 Ajax 函数 getScript() 动态载入 JavaScript 脚本，即在网页初始化时只载入必要文件，其他 JavaScript 文件在需要时才载入。语法格式如下：

```
$(selector).getScript(url,success(response,status))
```

其中，url 为目标 url；callback_success 为访问成功后需要调用的函数，一般不会用到。如下列中调用

```
$.getScript("./jquery.min.js ");
```

相当于

```
<script type="text/JavaScript" src="./jquery.min.js"></script>
```

下面例子中通过 getScript() 函数，获取服务器上一个简单脚本，载入后，该脚本中 JavaScript 语句得到执行，函数定义在载入成功后可以调用。

【例 24-6】（实例文件：ch24\Chap24.6.html）jQuery 中的函数 getScript () 示例。

```
<!DOCTYPE html>
<html>
<head>
<script type="text/JavaScript" src="jquery.min.js"></script>
<script type="text/JavaScript">
$(document).ready(function () {
    var is_loaded = false;
    $("#button1").click(function () {
        $.getScript("Chap24.6.js",function(response,status){
            if(status == 'success'){
                $('#div1').html('<h2> 脚本文件成功载入 </h2>');
                is_loaded = true;
            }
            else{
                $('#div1').html('<h2> 脚本文件载入失败 </h2>');
            }
        });
    });

    $("#button2").click(function () {
        if(is_loaded){
            function2();
        }
        else{
            alert(' 脚本文件未载入 ');
        }
    });
});
</script>
</head>
<body>
<button id="button1" type="button"> 载入外部脚本文件 </button>
<button id="button2" type="button"> 调用所载入脚本文件中的函数 </button>
<div id="div1"><h2> 文件未载入 </h2></div>
</body>
</html>
```

Chap24.6.js 文件的内容如下：

```
function function2(){
    alert("脚本文件载入成功！");
}
```

相关的代码示例请参考 Chap24.6.html 文件，然后双击该文件，在 IE 浏览器里面运行的结果如图 24-12 所示，这是载入前的状况。

因脚本未载入，单击"调用所载入脚本文件中的函数"按钮，会返回错误信息，如图 24-13 所示。

图 24-12　程序运行结果 6　　　　　　　　　　图 24-13　返回错误信息

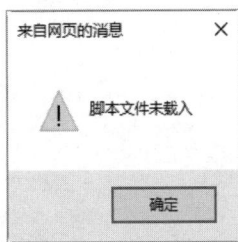

当单击"载入外部脚本文件"按钮后，会载入外部文件，并给出载入内容，如图 24-14 所示。

此时单击"调用所载入脚本文件中的函数"按钮，会显示载入成功信息，如图 24-15 所示。

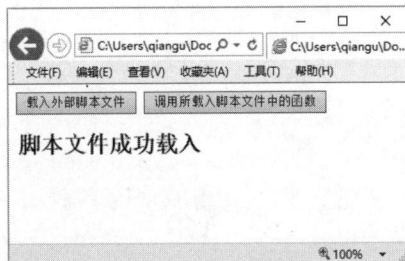

图 24-14　载入外部文件　　　　　　　　　图 24-15　调用所载入脚本文件中的函数

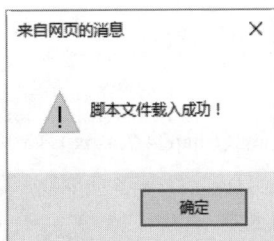

注意：getScript() 函数执行结束后，并不意味着载入成功，之后的脚本需要用一定的机制来检查是否已经载入成功，否则该脚本中的函数或变量仍然未定义。这里我们使用了变量 is_loaded。

24.4　请求服务器数据

在 jQuery 中可以通过 $.get() 和 $.post() 来请求服务器端数据，并对返回的数据进行处理。

24.4.1　$.get() 请求数据

在 jQuery 中可以通过 $.get() 方法向服务器发送异步请求，该函数的语法如下：

```
jQuery.get(url [,data] [,callback] [,type]);
```

其中，参数 url 为必选参数，指定了发送异步请求的 url 地址；参数 data 为可选参数，指定了要发送给服务器端的数据，以键/值对集合的形式表示；callback 也是可选参数，该参数指定了请求完成时要执行的回调函数，jQuery 会自动将请求结果和状态传递给该方法；type 参数也是可选参数，指定了返回内容的格式，默认为 HTML 格式。

【例 24-7】（实例文件：ch24\Chap24.7.html）使用 $.get() 函数来向服务器异步请求数据。

```
<!DOCTYPE html>
<html>
<head>
<title>$.get()请求数据 </title>
<script language="JavaScript" src="jquery.min.js"></script>
<script language="JavaScript">
function createQueryString(){
    var username = encodeURI($("#username").val());
    //组合成键/值对集合的形式
    var queryString = {username:username};
    return queryString;
}
function doRequest_GET(){
    $.get("Chap24.7.aspx",createQueryString(),
        function(data){
            $("#div1").html(decodeURI(data));
        }
    );
}
</script>
</head>
<body>
<form>
    用户名<input type="text" id="username" />
    <input type="button" value="GET 获取数据 " onclick="doRequest_GET();" />
</form>
<div id="div1"></div>
</body>
</html>
```

服务器端代码（Chap24.7.aspx）如下：

```
<%@ Page Language="C#" ContentType="text/html" ResponseEncoding="gb2312" %>
<%@ Import Namespace="System.Data" %>
<%
    Response.Write(" 使用 GET 方式获取用户名为: " + Request["username"]);
%>
```

相关的代码示例请参考 Chap24.7.html 文件，然后双击该文件，在 IE 浏览器里面运行的结果如图 24-16 所示，在 "用户名" 文本框中输入 "工大" 信息。

单击 "GET 获取数据" 按钮，即可在下方显示出获取的数据信息，如图 24-17 所示。

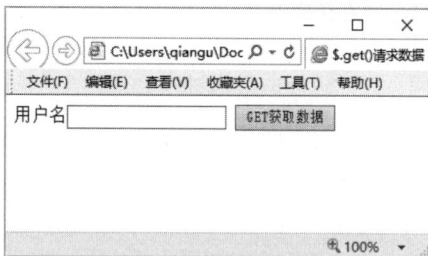

图 24-16　程序运行结果 7

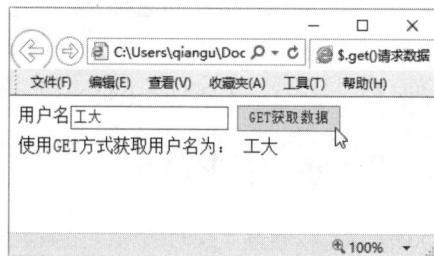

图 24-17　显示出获取的数据信息

24.4.2　$.post() 请求数据

在 jQuery 中可以通过 $.post() 使用 POST 方式来向服务器发送异步请求，该函数的语法如下：

```
jQuery.post(url [,data] [,callback] [,type]);
```

各个参数的说明可以参照 $.get() 函数。

【例 24-8】（实例文件：ch24\Chap24.8.html）使用 $.post() 函数来向服务器异步请求数据。

```
<!DOCTYPE html>
<html>
<head>
<title>$.post()请求数据 </title>
<script language="JavaScript" src="jquery.min.js"></script>
<script language="JavaScript">
function createQueryString(){
    var username = encodeURI($("#username").val());
    // 组合成键/值对集合的形式
    var queryString = {username:username};
    return queryString;
}
function doRequest_POST(){
    $.post("Chap24.8.aspx",createQueryString(),
        function(data){
            $("#div1").html(decodeURI(data));
        }
    );
}
</script>
</head>
<body>
<form>
    用户名 <input type="text" id="username" />
    <input type="button" value="POST 获取数据 " onclick="doRequest_POST();" />
</form>
<div id="div1"></div>
</body>
</html>
```

服务器端代码（Chap24.8.aspx）如下：

```
<%@ Page Language="C#" ContentType="text/html" ResponseEncoding="gb2312" %>
<%@ Import Namespace="System.Data" %>
<%
    Response.Write(" 使用 PSOT 方式获取用户名为: " + Request["username"]);
%>
```

相关的代码示例请参考 Chap24.8.html 文件，然后双击该文件，在 IE 浏览器里面运行的结果如图 24-18 所示，在"用户名"文本框中输入"post 用户名"信息。

单击"POST 获取数据"按钮，即可获取在下方显示出获取的数据信息，如图 24-19 所示。

图 24-18　程序运行结果 8

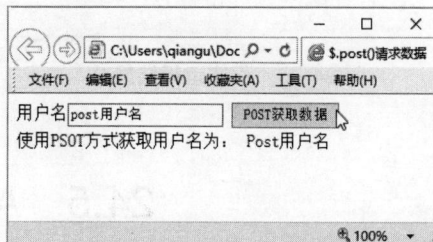

图 24-19　显示出获取的数据信息

24.4.3 serialize() 序列化表单

在 jQuery 中，可以使用 serialize() 函数将表单数据序列化为键/值对，创建 url 编码文本字符串进行提交。该函数的操作对象是代表表单元素集合的 jQuery 对象，语法如下：

```
$(selector).serialize();
```

【例 24-9】（实例文件：ch24\Chap24.9.html）serialize() 序列化表单示例。

```html
<!DOCTYPE html>
<html>
<head>
<title>serialize()序列化表单</title>
<script language="JavaScript" src="jquery.min.js"></script>
<script language="JavaScript">
$(document).ready(function(){
    $("#btn1").click(function(){
        alert($("#form1").serialize());
    });
});
</script>
</head>
<body>
<form id="form1">
  <div><input type="text" name="username" value="abc" id="usr" /></div>
  <div><input type="password" name="password" value="123" id="psw" /></div>
  <div><select name="career">
    <option value="student" selected="selected">student</option>
    <option value="teacher">teacher</option>
    <option value="doctor">doctor</option>
  </select>
  </div>
  <div>
    <input id="btn1" value=" 查看序列化结果 " type="button" />
  </div>
</form>
</body>
</html>
```

相关的代码示例请参考 Chap24.9.html 文件，然后双击该文件，在 IE 浏览器里面运行的结果如图 24-20 所示。单击"查看序列化结果"按钮，即可弹出一个对话框，显示出序列化表单的结果，如图 24-21 所示。

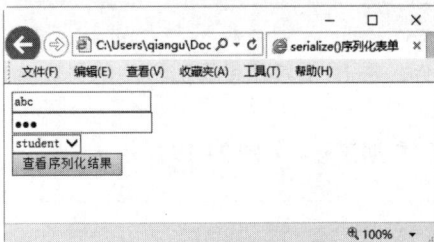

图 24-20　程序运行结果 9

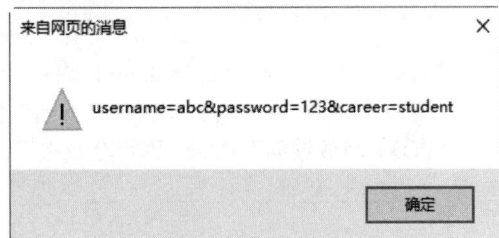

图 24-21　序列化表单

24.5　Ajax 中的全局事件

当调用 jQuery 的 Ajax 方法时，如前面已经介绍过的 $.load()、$.get()、$.post()、$.getJSON()、

$.getScript()、$.ajax()、$.ajaxsetup()，都会默认触发 Ajax 全局事件，全局函数在提高用户体验等方面都有非常重要的作用。

24.5.1　Ajax 全局事件的基本概念

Ajax 全局事件是一系列伴随 Ajax 请求发生的事件。这些全局事件会被默认地触发，如果希望某个 Ajax 请求发生时不触发全局事件，可以设置 $.ajax(options) 中的 globle 选项的值为 false。jQuery 提供了 6 个 Ajax 全局函数，分别是 ajaxStart、ajaxSend、ajaxSuccess、ajaxComplete、ajaxStop、ajaxError。下面主要介绍在 Ajax 请求开始时触发的 ajaxStart 和请求停止时触发的 ajaxStop 事件。

24.5.2　ajaxStart 与 ajaxStop 全局事件

ajaxStart 和 ajaxStop 两个全局事件在网页开发中非常有用，常常用它们显示页面等待进度，即当用 Ajax 加载但没有加载完成时，将自动调用 ajaxStart 提示页面正在加载，等页面的所有内容加载完成后调用 ajaxStop 隐藏该信息，这样就大大提升了用户体验。

【例 24-10】（实例文件：ch24\Chap24.10.html）ajaxStart 与 ajaxStop 全局事件示例。

```html
<!DOCTYPE html>
<html>
<head>
<title>ajaxStart 与 ajaxStop 全局事件 </title>
<script language="JavaScript" src="jquery.min.js"></script>
<script type="text/JavaScript">
function createQueryString(){
    var username = encodeURI($("#username").val());
    // 组合成键/值对集合的形式
    var queryString = {username:username};
    return queryString;
};
$(document).ready(function(){
    $("#div1").ajaxStart(function(){
        $(this).show();
    });
    $("#div1").ajaxStop(function(){
        $(this).hide();
    });
});
function doClick(){
    $.get("Chap24.10.aspx",createQueryString(),
      function(data){
          $("#div2").html(decodeURI(data));
    });
};
</script>
</head>
<body>
<form>
<input type="text"  id="username" value="abc" />
<input type="button" id="btn1" value=" 测试加载 " onclick="doClick();" />
<div id="div1" style="display:none"> 加载中 ...</div>
<div id="div2"></div>
</form>
```

```
</body>
</html>
```

服务器端代码（Chap24.10.aspx）如下：

```
<%@ Page Language="C#" ContentType="text/html" ResponseEncoding="gb2312" %>
<%@ Import Namespace="System.Data" %>
<%
   Response.CacheControl = "no-cache";
  Response.AddHeader("Pragma","no-cache");
  //delay
  for(int i=0;i<2000000000;i++);
  if(Request["username"]=="abc"){
      Response.Write("对不起，" + Request["username"] + "已经存在！");
  }
  else {
      Response.Write("恭喜您，" + Request["username"] +"可以使用！");
  }
%>
```

相关的代码示例请参考 Chap24.10.html 文件，然后双击该文件，在 IE 浏览器里面运行的结果如图 24-22 所示。

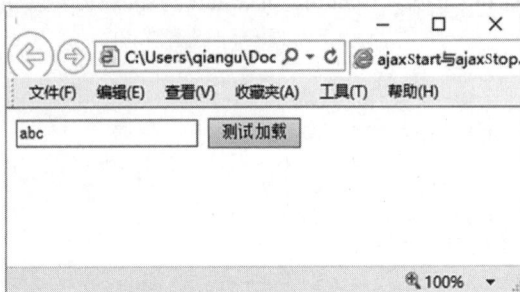

图 24-22　程序运行结果 10

单击"测试加载"按钮，即可开始加载测试结果，如图 24-23 所示。

加载完成后，会在下方显示出加载的结果，如图 24-24 所示。

图 24-23　加载测试结果

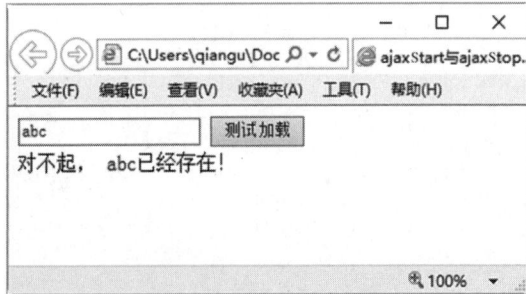

图 24-24　显示出加载的结果

24.6　典型案例——制作可自动校验的表单

在表单的实际应用中，常常需要实时地检查表单内容是否合法，如在注册页面中经常会检查用户名是否存在，或者是否与设置的正则表达式匹配等。Ajax 的出现使得这种功能的实现变得非常简单。下面介绍具体的制作步骤。

第一步：搭建框架。

本实例我们来制作一个表单来供用户注册使用，并要验证用户输入的用户是否存在，并给出提示，提示信息显示在用户名文本框后面的 span 标签中。为了方便布局，我们在表单中设置一个表格来存放表单元素，其 HTML 框架如下：

```html
<!DOCTYPE html>
<html>
<head>
<title>可自动校验的表单</title>
</head>
<body>
<form name="reg_Form">
<table >
  <tr>
   <td>用户名:</td>
   <td><input type="text" onblur="ifNull(this)" name="username"></td>
   <td><span id="check_usr"></span></td>
  </tr>
  <tr>
    <td>密码:</td>
   <td><input type="password" name="password1"></td>
  </tr>
  <tr>
    <td>确认密码:</td><td><input type="password" name="password2"></td>
  </tr>
  <tr>
    <td colspan="2" align="center">
     <input type="submit" value="注册">
       <input type="reset" value="重置">
    </td>
  </tr>
</table>
</form>
</body>
</html>
```

第二步：建立异步请求并显示异步查询结果。

```javascript
<script language="JavaScript">
var xmlhttp;
function createXMLHttpRequest(){
   if(window.XMLHttpRequest){
           //code for IE 7+, Firefox, Chrome, Opera, Safari
           xmlhttp = new XMLHttpRequest();
       }else{
           //code for IE 5, IE 6
           xmlhttp = new ActiveXObject("Microsoft.XMLHTTP");
       }
}
function show(result){
   var objSpan = document.getElementById("check_usr");
   objSpan.innerHTML = result;
   // 如果用户名已存在，提示信息显示为红色
   if(result.indexOf("sorry") >= 0)
      objSpan.style.color = "red";
```

```
        // 如果用户名不存在，提示信息显示为黑色
        else
            objSpan.style.color = "black";
}
function ifNull(objText){
        // 文本框为空的话返回并给出提示信息
        if(!objText.value){
            objText.focus();
            document.getElementById("check_usr").innerHTML = "用户名不能为空";
            return;
        }
        // 创建异步请求
        createXMLHttpRequest();
        var url = "Chap10.7.aspx?username=" + objText.value + "&timestamp=" + new Date().getTime();
        xmlhttp.open("GET",url,true);
        xmlhttp.onreadystatechange = function(){
            if(xmlhttp.readyState == 4 &&xmlhttp.status == 200)
                show(xmlhttp.responseText);
        }
        xmlhttp.send(null);
}
</script>
```

第三步：服务器端处理。

上面已经说过当用户名输入合法后会被提交到服务器端，然后需要服务器端对其进行处理并返回处理结果，在实际应用中在判断用户名是否存在时都需要与数据库建立连接然后进行匹配，在此我们不再使用数据库，为了方便演示我们简单地设置一个用户名 zhangsan，让客户端输入的用户与该用户名进行匹配。

可自动校验表单服务器端代码（Chap24.11.aspx）如下：

```
<%@ Page Language="C#" ContentType="text/html" ResponseEncoding="gb2312" %>
<%@ Import Namespace="System.Data" %>
<%
    Response.CacheControl = "no-cache";
    Response.AddHeader("Pragma","no-cache");

    if(Request["username"]=="zhangsan")
        Response.Write("sorry,该用户名已存在！");
    else
        Response.Write("该用户可以使用！");
%>
```

相关的代码示例请参考 Chap24.11.html 文件，然后双击该文件，在 IE 浏览器里面运行的结果如图 24-25 所示。

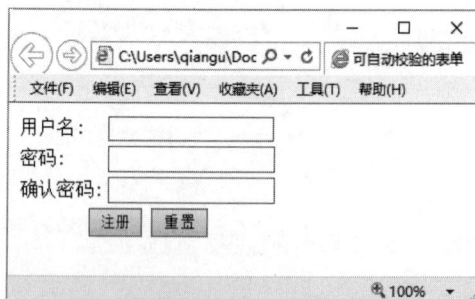

图 24-25　程序运行结果 11

如果在"用户名"文本框中什么也不输入，当单击"注册"按钮后，则会在右侧出现提示，如图 24-26 所示。

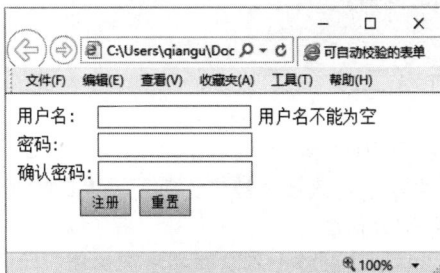

图 24-26　右侧出现提示

如果输入"测试用户"，然后在"用户名"文本框右侧就会给出提示"该用户可以使用"，告知输入的用户名可以注册，运行结果如图 24-27 所示。

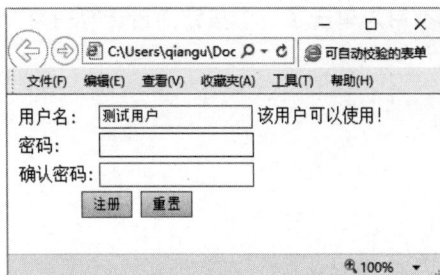

图 24-27　提示"该用户可以使用"

如果输入 zhangsan，然后在"用户名"文本框右侧就会给出提示"该用户已存在"，告知输入的用户名已经存在，运行结果如图 24-28 所示。

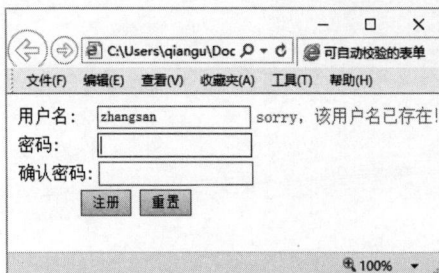

图 24-28　提示"该用户已存在"

24.7　就业面试技巧与解析

24.7.1　面试技巧与解析（一）

面试官：使用 Ajax 时，会出现 IE 缓存问题，你有什么解决方法吗？

应聘者：开始使用 Ajax，经常遇见的就是 IE 浏览器缓存问题，即 Ajax 调用返回的上次访问结果。解决方法有两种：一种是在 XMLHttpRequest 发送请求之前加上相关代码，即可有效解决这个问题；另一种是在请求 URL 后面添加随机数或者当前时间戳。

24.7.2　面试技巧与解析（二）

面试官： Ajax 为什么在游戏开发中被广泛应用？

应聘者： 由于 Ajax 具有以下优点，使得该技术被广泛应用于大量的网页游戏中，具体优点如下。

（1）不必更新全部网页，可更新部分页面。

（2）优化了浏览器和服务器之间的沟通，减少不必要的数据传输、时间及降低网络上数据流量。

（3）平衡了前、后端的负载，原本数据大多由后端负责处理，通过 Ajax 让客户端分担些工作，减低了后端的负载。

（4）对于一般网页，当单击某一按钮时，会刷新整个网页，虽然有时候这一过程很短，而 Ajax 很好地解决了这个问题，它是一种局部刷新的功能，只把你要加载的内容刷新，其他的还是不变。这会造成一种错觉，认为网页没有刷新过，用户也不用为单击了一个按钮而苦苦等待整个页面的重新加载。Ajax 在用户体验上是很棒的，尤其在网页游戏上。

第 25 章
jQuery 插件的应用与开发

◎ 本章教学微视频：10 个　24 分钟

学习指引

　　虽然 jQuery 库提供的功能满足了大部分的应用需求，但是对于一些特定的需求，需要自己定制一些通用性的功能，来扩充 jQuery 的库，这时就需要熟悉 jQuey 插件的开发。本章就来介绍 jQuery 插件的开发和应用。

重点导读

- 了解什么是 jQuery 插件。
- 理解几个好用的 jQuery 插件。
- 掌握编写 jQuery 插件的方法。
- 掌握编写一个简单插件的实例。

25.1　什么是 jQuery 插件

　　jQuery 插件，就是开发爱好者自己利用 jQuery 制作的特效，然后打包成 js 文件，发布到网上供大家使用的脚本集合。

25.1.1　jQuery 插件简介

　　jQuery 除了提供简单有效的 DOM、元素和各种脚本的管理方法外，还提供了添加方法和额外功能到核心模块的机制。由于这种机制，能够创建新的代码，然后在任何时候添加到应用中适当的地方。这样就可获取一个可重复使用的资源，在其他页面或项目中，我们就不需要再去编写它。使用这种结构创建的附加方法和功能可作为插件进行捆绑，通过插件开发者自己或其他人以某种方式发布后，它们便可在新的 jQuery 脚本中被使用。

　　随着 jQuery 的广泛使用，已经出现了大量 jQuery 插件，如 thickbox，iFX，jQuery-googleMap 等，简单地引用这些源文件就可以方便地使用这些插件。

25.1.2　如何使用插件

jQuery 插件其实就是 js 包，要使用它，首先要在 Head 部分引用 js 文件（通常除了插件文件之外，还有 jQuery 库文件）和 CSS 文件（如果有的话），然后在自己的 JavaScript 中使用就可以。

下面以常用的 jQuery Form 的插件为例，简单介绍如何使用插件。

（1）首先在自己的页面里面创建一个普通的 Form，代码如下所示：

```
<form id="myForm" action="comment.aspx" method="post">
    用户名: <input type="text" name="name" />
    评论: <textarea name="comment"></textarea>
    <input type="submit" value="Submit Comment" />
</form>
```

上述代码的 Form 和普通的页面里面的 Form 没有任何区别，也没有用到任何特殊的元素。

（2）在 Head 部分引入 jQuery 库和 Form 插件库文件，然后在合适的 JavaScript 区域使用插件提供的功能。

25.2　好用的 jQuery 插件

本节介绍几个好用的 jQuery 插件，包括 jQuery Form 插件、jQuery UI 插件以及 clueTip 插件。

25.2.1　jQuery Form 插件

jQuery Form 是一个优秀的 Ajax 表单插件，可以非常容易地使 HTML 表单支持 Ajax。jQuery Form 插件有两个核心方法：ajaxForm() 和 ajaxSubmit()，它们集合了从控制表单元素到决定如何管理提交进程的功能。

1. ajaxForm()

ajaxForm() 方法适用于以提交表单方式处理数据。需要在表单中标明表单的 action、id、method 属性，最好在表单中提供 submit 按钮。此方式大大简化了使用 Ajax 提交表单时的数据传递问题，不需要逐个地以 JavaScript 的方式获取每个表单属性的值，并且也不需要通过 url 重写的方式传递数据。

ajaxForm() 会自动收集当前表单中每个属性的值，然后以表单提交的方式提交到目标 url。这种方式提交数据较安全，并且使用简单，不需要冗余的 JavaScript 代码。使用时，需要在 document 的 ready() 函数中，使用 ajaxForm() 来为 Aiax 提交表单进行准备。

ajaxForm() 接受 0 个或一个参数。单个的参数既可以是一个回调函数，也可以是一个 Options 对象。代码如下：

```
<script>
    $(document).ready(function() {
        // 给 myFormId 绑定一个回调函数
        $('#myFormId').ajaxForm(function() {
            alert("成功提交!");
        });
    });
</script>
```

2. ajaxSubmit()

ajaxSubmit() 方法适用于以事件机制提交表单，如通过超链接、图片的 click 事件等提交表单。此方法作用与 ajaxForm() 类似，但更为灵活，因为它依赖于事件机制，只要有事件存在就能使用该方法。使用时只需要指定表单的 action 属性即可,不需提供 submit 按钮。

在使用 jQuery 的 Form 插件时,多数情况下调用 ajaxSubmit() 来对用户提交表单进行响应。ajaxSubmit() 接受 0 个或一个参数。这个单个的参数既可以是一个回调函数,也可以是一个 Options 对象。一个简单的例子如下:

```
$(document).ready(function(){
    $('#btn').click(function(){
            $('#registerForm').ajaxSubmit(function(data){
                alert(data);
            });
            return false;
    });
});
```

上述代码通过表单中 id 为 btn 的按钮的 click 事件触发,并通过 ajaxSubmit() 方法以异步 Ajax 方式提交表单到表单的 action 所指路径。

简单来说,通过 Form 插件的这两个核心方法,可以在不修改表单的 HTML 代码结构的情况下,轻易地将表单的提交方式升级为 Ajax 提交方式。当然,Form 插件还拥有很多方法,这些方法可以帮助用户很容易地管理表单数据和表单提交,读者可以参考 Form 插件的 API 介绍。

另外,插件还包括其他的一些方法,如 formToArray()、formSerialize0、fieldSerialize()、fieldValue()、clearForm()、clearFields() 和 resetForm() 等。

jQuery Form 插件的下载地址为 http://malsup.com/jquery/form/#download。在该界面中,读者可以下载该插件,并在该网站上查看简单上手说明、API、实例代码、文件上传说明和 FAQ 等。

25.2.2　jQuery UI 插件

jQuery UI 插件是一个基于 jQuery 的用户界面开发库,该 JavaScript 开发库提供了许多基于 jQuery 库的 UI 控件。jQuery UI 插件的下载地址为 http://jqueryui.com/download/。下面介绍两种常用的 jQuery UI 插件。

1. 鼠标拖曳页面板块

jQuery UI 提供的 API 极大地简化了拖曳功能的开发,只需要分别在拖曳源 (Source) 和目标 (Target) 上调用 draggable() 函数即可。

【例 25-1】(实例文件:ch25\Chap25.1.html) UI 插件实现鼠标拖曳。

```
<!DOCTYPE html>
<html>
<head>
<title>draggable()</title>
<style type="text/css">
<!--
.block{
    border:2px solid #760022;
    background-color:#ffb5bb;
    width:80px; height:25px;
    margin:5px; float:left;
    padding:20px; text-align:center;
    font-size:14px;

}
-->
</style>
<script language="JavaScript" src="jquery.ui/jquery-1.2.4a.js"></script>
```

```
<script language="JavaScript" src="jquery.ui/ui.base.min.js"></script>
<script language="JavaScript" src="jquery.ui/ui.draggable.min.js"></script>
<script language="JavaScript">
$(function(){
    for(var i=0;i<4;i++){   // 添加 4 个 <div> 块
            $(document.body).append($("<div class='block'>拖块 "+i.toString()+"</div>").css
("opacity",0.6));
    }
    $(".block").draggable();
});
</script>
</head>
<body>
</body>
</html>
```

相关的代码示例请参考Chap25.1.html 文件，然后双击该文件，在IE浏览器里面运行的结果如图25-1 所示。
选择需要拖曳的拖块，按下鼠标左键，即可拖动拖块，改变其位置，如图 25-2 所示。

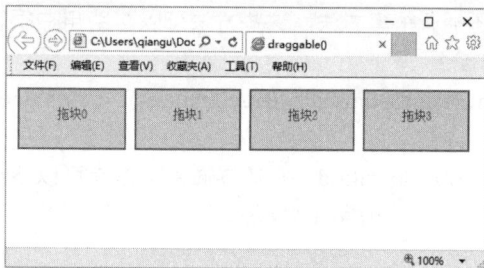

图 25-1　程序运行结果 1

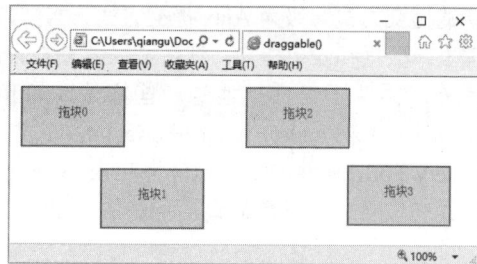

图 25-2　拖动拖块

draggable() 函数可以有很多参数，以完成不同的页面需求，如表 25-1 所示。

表 25-1　draggable() 参数表

参　　数	描　　述
helper	默认，即运行的是 draggable() 方法本身，当设置为 clone 时，以复制形式进行拖曳
handle	拖曳的对象是块中子元素
start	拖曳启动时的回调函数
stop	拖曳结束时的回调函数
drag	在拖曳过程中的执行函数
axis	拖曳的控制方向（例如，以 x,y 轴为方向）
containment	限制拖曳的区域
grid	限制对象移动的步长，如 grid[80,60] 表示横向每次移动 80 像素，纵向每次移动 60 像素
opacity	对象在拖曳过程中的透明度设置
revert	拖曳后自动回到原处，则设置为 true，否则为 false
dragPrevention	子元素不触发拖曳的元素

2. 实现拖入购物车功能

jQueryUI 插件除了提供 draggable() 来实现鼠标的拖曳功能，还提供一个 droppable() 方法实现接收容器。

【例 25-2】（实例文件：ch25\Chap25.2.html）UI 插件实现拖入购物车功能。

```html
<!DOCTYPE html>
<html>
<head>
<title>droppable()</title>
<style type="text/css">
<!--
.draggable{
    width:70px; height:40px;
    border:2px solid;
    padding:10px; margin:5px;
    text-align:center;
}
.green{
    background-color:#73d216;
    border-color:#4e9a06;
}
.red{
    background-color:#ef2929;
    border-color:#cc0000;
}
.droppable {
    position:absolute;
    right:20px; top:20px;
    width:400px; height:300px;
    background-color:#b3a233;
    border:3px double #c17d11;
    padding:5px;
    text-align:center;
}
-->
</style>
<script language="JavaScript" src="jquery-1.2.4a.js"></script>
<script language="JavaScript" src="ui.base.min.js"></script>
<script language="JavaScript" src="ui.draggable.min.js"></script>
<script language="JavaScript" src="ui.droppable.min.js"></script>
<script language="JavaScript">
$(function(){
    $(".draggable").draggable({helper:"clone"});
    $("#droppable-accept").droppable({
        accept: function(draggable){
            return $(draggable).hasClass("green");
        },
        drop: function(){
            $(this).append($("<div></div>")).html("接收一次！");
        }
    });
});
</script>
</head>
<body>
<div class="draggable red">draggable red</div>
<div class="draggable green">draggable green</div>
<div id="droppable-accept" class="droppable"> 购物车 <br></div>
```

```
</body>
</html>
```

相关的代码示例请参考 Chap25.2.html 文件，然后双击该文件，在 IE 浏览器里面运行的结果如图 25-3 所示。

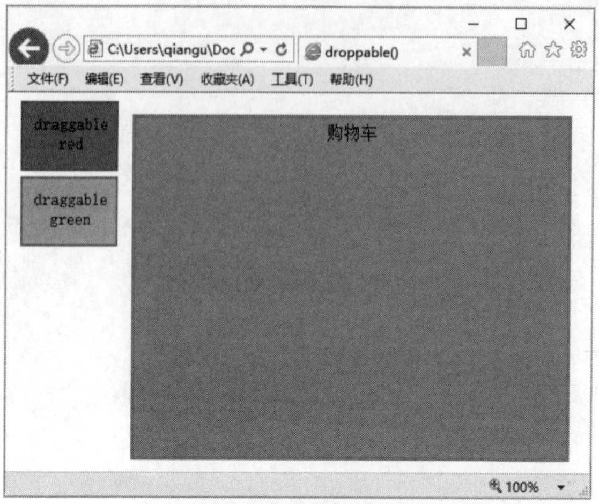

图 25-3　程序运行结果 2

选择需要拖曳的拖块，按下鼠标左键，将其拖曳到右侧的"购物车"区域，即可在下方显示接收的次数，如图 25-4 所示。

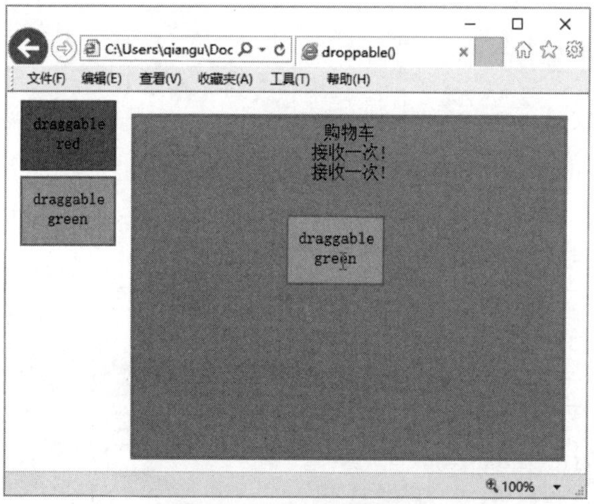

图 25-4　拖曳到购物车

droppable() 函数可以有很多参数，以完成不同的页面需求，如表 25-2 所示。

表 25-2　droppable() 参数表

参　　数	描　　述
accept	如果是函数，对页面中所有的 droppable() 对象执行，返回 true 值的允许接收；如果是字符串，允许接收 jQuery 选择器
activeClass	对象被拖曳时容器的 CSS 样式

参　　数	描　　述
hoverClass	对象进入容器时容器的 CSS 样式
tolerance	设置进入容器的状态（有 fit、intersect、pointer、touch）
active	对象开始被拖曳时调用的函数
deactive	当可接收对象不再被拖曳时调用的函数
over	当对象被拖曳出容器时用的函数
out	当对象被拖曳出容器时调用的函数
drop	当可以接收对象被拖曳进入容器时调用的函数

25.2.3　clueTip 插件

在网站开发过程中，有时想要实现对于一篇文章的关键词部分的提示，也就是当鼠标移动到这个关键词时，弹出相关的一段文字或图片的介绍。这就需要使用到 jQuery 的 clueTip 插件实现。

clueTip 是一个 jQuery 工具提示插件，可以方便为链接或其他元素添加 Tooltip 功能。当链接包括 title 属性时，它的内容将变成 clueTip 的标题。clueTip 中显示的内容可以通过 Ajax 获取，也可以从当前页面中的元素中获取。

具体的使用分为以下 3 个步骤。

第一步：引入 jQuery 库与 cluetip 插件的 js 文件。插件的下载地址为 http://plugins.learningjquery.com/cluetip/demo/。

js 文件如下：

```
<link rel="stylesheet" href="jquery.cluetip.css" type="text/css" />
<script src="jquery.min.js" type="text/JavaScript"></script>
<script src="jquery.cluetip.js" type="text/JavaScript"></script>
```

第二步：建立 HTML 结构，如下所示。

```
<!-- use ajax/ahah to pull content from fragment.html: -->
<p>
 <a class="tips" href="fragment.html" rel="fragment.html">show me the cluetip!</a>
</p>
<!-- use title attribute for clueTip contents, but don't include anything in the clueTip's heading
-->
<p>
<aid="houdini" href="houdini.html" title="|Houdini was an escape artist.|He was also adept
at prestidigitation.">Houdini</a>
</p>
```

第三步：初始化插件。

```
$(document).ready(function() {
  $('a.tips').cluetip();
$('#houdini').cluetip({
splitTitle: '|',          // 使用调用元素的 title 属性来填充 cluetip，在有 "|" 的地方将内容分裂成独立的 div
showTitle: false          // 隐藏 clueTip 的标题
});
});
```

25.3 编写 jQuery 插件

除使用 jQuery 内置的插件之外，用户还可以根据自己的需要编写 jQuery 插件，本节就来介绍有关编写 jQuery 插件的方法。

25.3.1 插件的种类

插件一般分为三类：封装对象方法插件、封装全局函数插件和选择器插件。

1. 封装对象方法插件

这种插件是将对象方法封装起来，用于对通过选择器获取的 jQuery 对象进行操作，是最常见的一种插件。此类插件可以发挥出 jQuery 选择器的强大优势，有相当一部分的 jQuery 的方法，都是在 jQuery 脚本库内部通过这种形式"插"在内核上的，例如 parent() 方法、appendTo() 方法等。

2. 封装全局函数插件

这种插件可以将独立的函数加到 jQuery 命名空间下。如常用的 jQuery.ajax() 方法、去首尾空格的 jQuery.trim() 方法，都是 jQuery 内部作为全局函数的插件附加到内核上去的。

3. 选择器插件

虽然 jQuery 的选择器十分强大，但在少数情况下，还是会需要用到选择器插件来扩充一些自己喜欢的选择器。

25.3.2 编写插件注意事项

了解插件的种类后，下面介绍编写插件中的一些注意事项。
- 插件的文件名推荐用 jquery.[插件名].js，避免与其他插件混淆。
- 所有的对象方法都应该附加到 jQuery.fn 对象上，而所有的全局函数都应当附加到 jQuery 对象本身上。
- 在插件内部，this 指向的是当前通过选择器获取的 jQuery 对象。
- 插件应该返回一个 jQuery 对象，以保证插件的可链式操作。
- 避免在插件内部使用 $ 作为 jQuery 对象的别名，而应使用完整的 jQuery 来表示，这样可以避免冲突。
- 插件的结尾都要以分号作为结束。
- 插件内部遍历每个元素时，使用 this.each() 方法。

25.3.3 jQuery 插件的机制

jQuery 插件的机制很简单，就是利用 jQuery 提供的 jQuery.fn.extend() 和 jQuery.extend() 方法，扩展 jQuery 的功能。知道了插件的机制之后，编写插件就容易了，只要按照插件的机制和功能要求编写代码，就可以实现自定义功能的插件。

25.3.4 编写 jQuery 插件

jQuery 插件的编写包括两种：一种是类级别的插件编写；另一种是对象级别的插件编写。

1. 类级别的插件编写：即给 jQuery 添加新的全局函数

此种编写相当于给 jQuery 类本身添加方法。典型的例子就是 $.Ajax() 这个函数，将函数定义于 jQuery 的命名空间中。可以采用添加新的全局函数、增加多个全局函数或者使用命名空间等形式进行扩展。使用方法如下：

```
jQuery.extend(object);  // 为扩展 jQuery 类本身添加新的方法
```

类级别的插件编写最直接的理解就是给 jQuery 类添加类方法，可以理解为添加静态方法。代码如下：

```
$.extend({
            add:function(a,b){return a+b;}
});
```

上述代码为 jQuery 添加一个为 add 的"静态方法"，之后便可以在引入 jQuery 的地方使用这个方法了，例如：

```
$.add(3,4);
```

2. 对象级别的插件开发：即给 jQuery 对象添加方法

所用方法为：

```
jQuery .fn. extend(object);
jQuery.fn = jQuery.prototype = {
init: function( selector, context ) {//....
//...
};
```

查看上面的 jQuery 代码，我们就不难发现：jQuery.fn = jQuery.prototype。虽然 JavaScript 没有明确的类的概念，但是用类来理解 prototype 会更方便。jQuery 便是一个封装得非常好的类，如用语句 $("#btn1") 会生成一个 jQuery 类的实例。

"jQuery.fn.extend(object);"是对 jQuery.prototype 进行的扩展，就是为 jQuery 类添加"成员函数"。jQuery 类的实例可以使用这个"成员函数"。

如要开发一个插件，做一个特殊的编辑框，当它被单击时，便提示当前编辑框中的内容。代码如下所示：

```
$.fn.extend({
    alertWhileClick:function(){
        $(this).click(function(){
            alert($(this).val());
        });
    }
});
$("#input1").alertWhileClick(); // 页面上为: <input id="input1" type="text"/>
```

简单地说，$("#input1") 为一个 jQuery 实例，当它调用成员方法 alertWhileClick 后，便实现了扩展，每次被单击时它会先弹出目前编辑框中的内容。

25.4　典型案例——编写一个简单的插件

这里编写一个简单的插件，实现的功能是：在列表元素中，当鼠标在列表项上移动时，其背景颜色会根据设定的颜色而改变。

【例 25-3】（实例文件：ch25\Chap25.3.html 和 Chap25.3.js）一个简单的插件示例。

```
/// <reference path="jquery.min.js"/>
```

```
/*-----------------------------------------------------------/
功能：设置列表中表项获取鼠标焦点时的背景色
参数：li_col "可选" 鼠标所在表项行的背景色
返回：原调用对象
示例：$("ul").focusColor("red");
/-----------------------------------------------------------*/
; (function($) {
    $.fn.extend({
        "focusColor": function(li_col) {
            var def_col = "#ccc"; // 默认获取焦点的色值
            var lst_col = "#fff"; // 默认丢失焦点的色值
            // 如果设置的颜色不为空，使用设置的颜色，否则为默认色
            li_col = (li_col == undefined) ? def_col : li_col;
            $(this).find("li").each(function() {  // 遍历表项 <li> 中的全部元素
                $(this).mouseover(function() {   // 获取鼠标焦点事件
                    $(this).css("background-color", li_col); // 使用设置的颜色
                }).mouseout(function() {          // 鼠标焦点移出事件
                    $(this).css("background-color", "#fff"); // 恢复原来的颜色
                })
            })
            return $(this);                       // 返回 jQuery 对象，保持链式操作
        }
    });
})(jQuery);
```

不考虑实际的处理逻辑时，该插件的框架如下：

```
; (function($) {
    $.fn.extend({
        "focusColor": function(li_col) {
            // 各种默认属性和参数的设置
            $(this).find("li").each(function() { // 遍历表项 <li> 中的全部元素
            // 插件的具体实现逻辑
            })
            return $(this); // 返回 jQuery 对象，保持链式操作
        }
    });
})(jQuery);
```

各种默认属性和参数的设置的处理中，创建颜色参数以允许用户设定自己的颜色值，并根据参数是否为空来设定不同的颜色值。代码如下：

```
var def_col = "#ccc"; // 默认获取焦点的色值
var lst_col = "#fff"; // 默认丢失焦点的色值
// 如果设置的颜色不为空，使用设置的颜色，否则为默认色
li_col = (li_col == undefined) ? def_col : li_col;
```

在遍历列表项时，针对鼠标移入事件 mouseover 设定对象的背景色，并且在鼠标移出事件 mouseout 中还原原来的背景色。代码如下：

```
$(this).mouseover(function() { // 获取鼠标焦点事件
    $(this).css("background-color", li_col); // 使用设置的颜色
}).mouseout(function() { // 鼠标焦点移出事件
    $(this).css("background-color", "#fff"); // 恢复原来的颜色
})
```

当调用此插件时，需要先引入插件的 js 文件，然后调用该插件中的方法。示例的 HTML 代码如下：

```
<!DOCTYPE html>
```

```
<html>
<head>
    <title> 简单的插件示例 </title>
    <script type="text/JavaScript" src="jquery.min.js"></script>
    <script type="text/JavaScript" src="Chap25.3.js"></script>
    <style type="text/css">
            body{font-size:12px}
            .divFrame{width:260px;border:solid 1px #666}
            .divFrame .divTitle{padding:5px;background-color:#eee;font-weight:bold}
            .divFrame .divContent{padding:8px;line-height:1.6em}
            .divFrame .divContent ul{padding:0px;margin:0px;list-style-type:none}
            .divFrame .divContent ul li span{margin-right:20px}
    </style>
    <script type="text/JavaScript">
        $(function() {
            $("#u1").focusColor("red");// 调用自定义的插件
        })
    </script>
</head>
<body>
    <div class="divFrame">
        <div class="divTitle">
            对象级别的插件
        </div>
        <div class="divContent">
            <ul id="u1">
                <li><span> 张三 </span><span> 男 </span></li>
                <li><span> 李四 </span><span> 女 </span></li>
                <li><span> 王五 </span><span> 男 </span></li>
            </ul>
        </div>
    </div>
</body>
</html>
```

相关的代码示例请参考 Chap25.3.html 文件，然后双击该文件，在 IE 浏览器里面运行的结果如图 25-5 所示。

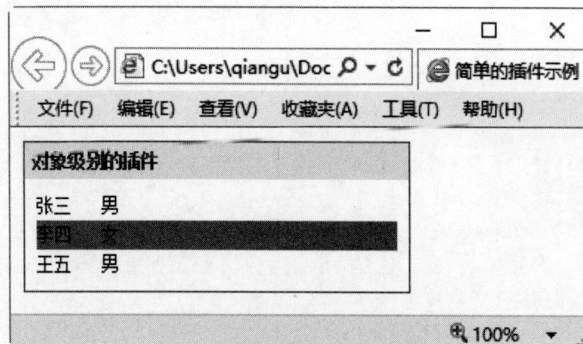

图 25-5　程序运行结果 3

25.5　就业面试技巧与解析

25.5.1　面试技巧与解析（一）

面试官：在 jQuery 中，插件编写框架时，应该注意哪些事项？

应聘者：无论编写的是对象级别的插件，还是类级别插件，都要严格遵守插件开发的要素，先搭建框架，然后进行开发，这样不容易出现错误，易于开发。并且要记住：不用的插件使用不用的扩展方法。

25.5.2　面试技巧与解析（二）

面试官：在 jQuery 中，Form 插件中的 options 对象有什么功能？

应聘者：Form 插件中的 ajaxForm() 和 ajaxSubmit() 方法中接受 0 个或一个参数。单个的参数既可以是一个回调函数，也可以是一个 options 对象，通过 options 对象可以实现更多的页面交互功能。

第 5 篇

行业应用

在本篇中，将贯通前面所学的各项知识和技能来学会 JavaScript 在不同行业开发中的应用技能。通过本篇的学习，读者将具备 JavaScript 在游戏开发行、金融理财、移动互联网、电子商务等行业开发的应用能力，并为日后进行软件开发积累下行业开发经验。

第26章
JavaScript 在游戏开发行业中的应用

◎ 本章教学微视频：4个　8分钟

学习指引

　　随着 JavaScript 语言的流行，以及游戏开发行业的兴盛，我们看到了两者的结合，在游戏中应用 JavaScript 语言，可以开发网页版动静结合的游戏。为了更好地使用 JavaScript 开发游戏，JavaScript 还为用户提供了一个游戏开发框架，允许开发者创建基于 HTML5 的游戏。本章就以一个飞机大战游戏为例，来介绍 JavaScript 在游戏开发行业中的应用。

重点导读

- 了解系统功能描述。
- 掌握系统功能分析及实现方法。

26.1　系统功能描述

　　本系统是一个网页版《飞机大战》小游戏，一共有开始游戏、暂停游戏、结束游戏、重新开始等功能操作，每一个功能都是通过鼠标单击对应的按钮来进行相关的操作。用户可以通过控制鼠标来控制飞机的移动，操作非常简单。

26.2　系统功能分析及实现

　　一个简单的游戏，应该具备游戏开始、游戏结束、暂停游戏等功能，本节就来分析游戏的功能以及实现的方法。

26.2.1　功能分析

　　本游戏主要由三个部分组成，分别如下。

（1）main.js 位于 js 文件夹中，主要是用来控制飞机的位置、子弹射出的速度、敌机的飞行速度。

（2）main.css 位于 css 文件夹中，主要是用来定义各个 div 的样式，字体的颜色，飞机的大小、样式等。

（3）index.html 是本案例的入口，只需要通过浏览器打开此文件就可以试玩此游戏。

26.2.2　功能实现

下面给出实现本系统功能的主要代码，HTML 的结构代码如下：

```html
<!-- 主体div-->
<div id="mysteryDiv">
  <!-- 首页  -->
    <div id="mysteryHomeDiv">
      <!-- "开始"按钮的单击事件   -->
        <button onclick="startGame()">开始游戏</button>
    </div>
    <!-- 游戏界面的div -->
    <div id="gameDiv">
      <!-- 得分的div -->
        <div id="scoreDiv">
            <label>得分：</label>
            <!-- 设置初始得分   -->
            <label id="initialScore">0</label>
        </div>
        <!-- 暂停 -->
        <div id="pauseDiv">
            <button>继续</button><br/>
            <button>结束游戏</button>
        </div>
        <!-- 结束的div -->
        <div id="endDiv">
          <!-- 最终的分数   -->
          <p class="lastScore">飞机大战分数</p>
          <p id="mysteryPlanScoreText">0</p>
          <!-- 再玩一次 -->
          <div><button onclick="tryAgain()">再玩一次</button></div>
        </div>
    </div>
</div>
```

js 控制代码如下：

```html
<script>
// 获得主界面
var gameDiv=document.getElementById("gameDiv");
// 获得开始界面
var mysteryHomeDiv=document.getElementById("mysteryHomeDiv");
// 获得游戏中分数显示界面
var scoreDiv=document.getElementById("scoreDiv");
// 获得分数界面
var scorelabel=document.getElementById("initialScore");
// 获得游戏暂停界面
var pauseDiv=document.getElementById("pauseDiv");
// 获得游戏结束界面
var endDiv=document.getElementById("endDiv");
// 获得游戏结束后分数统计界面
var mysteryPlanScoreText=document.getElementById("mysteryPlanScoreText");
// 初始化分数
var scores = 0;
```

```
    // 飞机
    function mysteryPlan(hp,X,Y,sizeX,sizeY,score,endTime,speed,trunkImage,imageUrl){
        this.mysteryPlanX=X;
        this.mysteryPlanY=Y;
        this.mysteryImageNode=null;
        this.mysteryPlanhp=hp;
        this.mysteryPlanScoreText=score;
        this.mysteryPlansizeX=sizeX;
        this.mysteryPlansizeY=sizeY;
        this.mysteryPlantrunkImage=trunkImage;
        this.mysteryPlanisDie=false;
        this.mysterymysteryPlanEndTimes=0;
        this.mysteryPlanEndTime=endTime;
        this.mysteryPlanSpeed=speed;

    // 飞机移动
        this.mysteryPlanMove=function(){
            if(scores<=50000){
                    this.mysteryImageNode.style.top=this.mysteryImageNode.offsetTop+this.
mysteryPlanSpeed+"px";
            }
            else if(scores>50000&&scores<=100000){
                    this.mysteryImageNode.style.top=this.mysteryImageNode.offsetTop+this.
mysteryPlanSpeed+1+"px";
            }
            else if(scores>100000&&scores<=150000){
                    this.mysteryImageNode.style.top=this.mysteryImageNode.offsetTop+this.
mysteryPlanSpeed+2+"px";
            }
            else if(scores>150000&&scores<=200000){
                    this.mysteryImageNode.style.top=this.mysteryImageNode.offsetTop+this.
mysteryPlanSpeed+3+"px";
            }
            else if(scores>200000&&scores<=300000){
                    this.mysteryImageNode.style.top=this.mysteryImageNode.offsetTop+this.
mysteryPlanSpeed+4+"px";
            }
            else{
                    this.mysteryImageNode.style.top=this.mysteryImageNode.offsetTop+this.
mysteryPlanSpeed+5+"px";
            }
        }
        this.init=function(){
            this.mysteryImageNode=document.createElement("img");
            this.mysteryImageNode.style.left=this.mysteryPlanX+"px";
            this.mysteryImageNode.style.top=this.mysteryPlanY+"px";
            this.mysteryImageNode.src=imageUrl;
            gameDiv.appendChild(this.mysteryImageNode);
        }
        this.init();
    }

    // 子弹
    function mysteryBullet(X,Y,sizeX,sizeY,imageUrl){
        this.mysteryBulletX=X;
        this.mysteryBulletY=Y;
        this.mysteryBulletimage=null;
```

```
        this.mysteryBulletAttach=1;
        this.mysterymysteryBulletsizeX=sizeX;
        this.mysterymysteryBulletsizeY=sizeY;

    // 子弹移动
        this.mysteryBulletMove=function(){
            this.mysteryBulletimage.style.top=this.mysteryBulletimage.offsetTop-20+"px";
        }
        this.init=function(){
            this.mysteryBulletimage=document.createElement("img");
            this.mysteryBulletimage.style.left= this.mysteryBulletX+"px";
            this.mysteryBulletimage.style.top= this.mysteryBulletY+"px";
            this.mysteryBulletimage.src=imageUrl;
            gameDiv.appendChild(this.mysteryBulletimage);
        }
        this.init();
    }

// 单行子弹
function mysteryOddBullet(X,Y){
    mysteryBullet.call(this,X,Y,6,14,"image/bullet1.png");
}

// 敌机
function mysteryEnemyPlan(hp,a,b,sizeX,sizeY,score,endTime,speed,trunkImage,imageUrl){
    mysteryPlan.call(this,hp,random(a,b),-100,sizeX,sizeY,score,endTime,speed,trunkImage,ima
geUrl);
}
// 创建随机数
function random(min,max){
    return Math.floor(min+Math.random()*(max-min));
}

// 本方飞机
function mysteryOurPlan(X,Y){
    var imageUrl="image/ 我的飞机 .gif";
    mysteryPlan.call(this,1,X,Y,66,80,0,660,0,"image/ 本方飞机爆炸 .gif",imageUrl);
    this.mysteryImageNode.setAttribute('id','mysteryOurPlan');
}

// 创建本方飞机
var mysterySelfPlan=new mysteryOurPlan(120,485);

// 移动事件
var mysteryOurPlan=document.getElementById('mysteryOurPlan');
var mysteryShift=function(){
    var mysteryOevent=window.cvent||arguments[0];
    var mysteryStart=mysteryOevent.srcElement||mysteryOevent.target;
    var selfmysteryPlanX=mysteryOevent.clientX-500;
    var selfmysteryPlanY=mysteryOevent.clientY;
    mysteryOurPlan.style.left=selfmysteryPlanX-mysterySelfPlan.mysteryPlansizeX/2+"px";
    mysteryOurPlan.style.top=selfmysteryPlanY-mysterySelfPlan.mysteryPlansizeY/2+"px";
}
// 暂停事件
var mysteryNumber=0;
var mysterySuspend=function(){
    if(mysteryNumber==0){
```

```
            pauseDiv.style.display="block";
            if(document.removeEventListener){
                gameDiv.removeEventListener("mousemove",mysteryShift,true);
                mysteryBodyObj.removeEventListener("mousemove",mysteryBoundary,true);
            }
            else if(document.detachEvent){
                gameDiv.detachEvent("onmousemove",mysteryShift);
                mysteryBodyObj.detachEvent("onmousemove",mysteryBoundary);
            }
            clearInterval(set);
            mysteryNumber=1;
        }
        else{
            pauseDiv.style.display="none";
            if(document.addEventListener){
                gameDiv.addEventListener("mousemove",mysteryShift,true);
                mysteryBodyObj.addEventListener("mousemove",mysteryBoundary,true);
            }
            else if(document.attachEvent){
                gameDiv.attachEvent("onmousemove",mysteryShift);
                mysteryBodyObj.attachEvent("onmousemove",mysteryBoundary);
            }
            set=setInterval(beginGame,20);
            mysteryNumber=0;
        }
    }
// 判断本方飞机是否移出边界，如果移出边界，则取消 mousemove 事件，反之加上 mousemove 事件
var mysteryBoundary=function(){
    var mysteryOevent=window.event||arguments[0];
    var mysteryBodyObjX=mysteryOevent.clientX;
    var mysteryBodyObjY=mysteryOevent.clientY;
    if(mysteryBodyObjX<505||mysteryBodyObjX>815||mysteryBodyObjY<0||mysteryBodyObjY>568){
        if(document.removeEventListener){
            gameDiv.removeEventListener("mousemove",mysteryShift,true);
        }
        else if(document.detachEvent){
            gameDiv.detachEvent("onmousemove",mysteryShift);
        }
    }
    else{
        if(document.addEventListener){
            gameDiv.addEventListener("mousemove",mysteryShift,true);
        }
        else if(document.attachEvent){
            gameDiv.attachEvent("nomousemove",mysteryShift);
        }
    }
}

var mysteryBodyObj=document.getElementsByTagName("body")[0];
if(document.addEventListener){
    // 为本方飞机添加移动和暂停
    gameDiv.addEventListener("mousemove",mysteryShift,true);
    // 为本方飞机添加暂停事件
    mysterySelfPlan.mysteryImageNode.addEventListener("click",mysterySuspend,true);
    // 为 body 添加判断本方飞机移出边界事件
    mysteryBodyObj.addEventListener("mousemove",mysteryBoundary,true);
    // 为暂停界面的 " 继续 " 按钮添加暂停事件
```

```
        pauseDiv.getElementsByTagName("button")[0].addEventListener("click",mysterySuspend,true);
        // 为暂停界面的"返回主页"按钮添加事件
        pauseDiv.getElementsByTagName("button")[1].addEventListener("click",tryAgain,true);
    }
    else if(document.attachEvent){
        // 为本方飞机添加移动
        gameDiv.attachEvent("onmousemove",mysteryShift);
        // 为本方飞机添加暂停事件
        mysterySelfPlan.mysteryImageNode.attachEvent("onclick",mysterySuspend);
        // 为 body 添加判断本方飞机移出边界事件
        mysteryBodyObj.attachEvent("onmousemove",mysteryBoundary);
        // 为暂停界面的"继续"按钮添加暂停事件
        pauseDiv.getElementsByTagName("button")[0].attachEvent("onclick",mysterySuspend);
        // 为暂停界面的"返回主页"按钮添加事件
        pauseDiv.getElementsByTagName("button")[1].attachEvent("click",tryAgain,true);
    }
    // 初始化隐藏本方飞机
    mysterySelfPlan.mysteryImageNode.style.display="none";

    // 敌机对象数组
    var mysteryEnemyPlans=[];

    // 子弹对象数组
    var mysteryBullets=[];
    var mark=0;
    var mark1=0;
    var backgroundPositionY=0;
    // 开始函数
    function beginGame(){
        gameDiv.style.backgroundPositionY=backgroundPositionY+"px";
        backgroundPositionY+=0.5;
        if(backgroundPositionY==568){
            backgroundPositionY=0;
        }
        mark++;
        // 创建敌方飞机
        if(mark==20){
            mark1++;
            // 中飞机
            if(mark1%5==0){
                mysteryEnemyPlans.push(new mysteryEnemyPlan(6,25,264,46,60,5000,360,random(1,3),
"image/ 中飞机爆炸 .gif","image/enemy3_fly_1.png"));
            }
            // 大飞机
            if(mark1==20){
                mysteryEnemyPlans.push(new mysteryEnemyPlan(12,57,210,110,164,30000,540,1,
"image/ 大飞机爆炸 .gif","image/enemy2_fly_1.png"));
                mark1=0;
            }
            // 小飞机
            else{
                mysteryEnemyPlans.push(new mysteryEnemyPlan(1,19,286,34,24,1000,360,random(1,4),
"image/ 小飞机爆炸 .gif","image/enemy1_fly_1.png"));
            }
            mark=0;
        }

        // 移动敌方飞机
```

```
        var mysteryEnemyPlanslen=mysteryEnemyPlans.length;
        for(var i=0;i<mysteryEnemyPlanslen;i++){
            if(mysteryEnemyPlans[i].mysteryPlanisDie!=true){
                mysteryEnemyPlans[i].mysteryPlanMove();
            }
//    如果敌机超出边界，删除敌机
            if(mysteryEnemyPlans[i].mysteryImageNode.offsetTop>568){
                gameDiv.removeChild(mysteryEnemyPlans[i].mysteryImageNode);
                mysteryEnemyPlans.splice(i,1);
                mysteryEnemyPlanslen--;
            }
            // 当敌机死亡标记为 true 时，经过一段时间后清除敌机
            if(mysteryEnemyPlans[i].mysteryPlanisDie==true){
                mysteryEnemyPlans[i].mysterymysteryPlanEndTimes+=20;
                 if(mysteryEnemyPlans[i].mysterymysteryPlanEndTimes==mysteryEnemyPlans[i].
mysteryPlanEndTime){
                    gameDiv.removeChild(mysteryEnemyPlans[i].mysteryImageNode);
                    mysteryEnemyPlans.splice(i,1);
                    mysteryEnemyPlanslen--;
                }
            }
        }

    // 创建子弹
        if(mark%5==0){
                    mysteryBullets.push(new mysteryOddBullet(parseInt(mysterySelfPlan.
mysteryImageNode.style.left)+31,parseInt(mysterySelfPlan.mysteryImageNode.style.top)-10));
        }

    // 移动子弹
        var mysteryBulletslen=mysteryBullets.length;
        for(var i=0;i<mysteryBulletslen;i++){
            mysteryBullets[i].mysteryBulletMove();
    // 如果子弹超出边界，删除子弹
            if(mysteryBullets[i].mysteryBulletimage.offsetTop<0){
                gameDiv.removeChild(mysteryBullets[i].mysteryBulletimage);
                mysteryBullets.splice(i,1);
                mysteryBulletslen--;
            }
        }

    // 碰撞判断
        for(var k=0;k<mysteryBulletslen;k++){
        for(var j=0;j<mysteryEnemyPlanslen;j++){
            // 判断碰撞本方飞机
            if(mysteryEnemyPlans[j].mysteryPlanisDie==false){
                if(mysteryEnemyPlans[j].mysteryImageNode.offsetLeft+mysteryEnemyPlans[j].
mysteryPlansizeX>=mysterySelfPlan.mysteryImageNode.offsetLeft&&mysteryEnemyPlans[j].
mysteryImageNode.offsetLeft<=mysterySelfPlan.mysteryImageNode.offsetLeft+mysterySelfPlan.
mysteryPlansizeX){
                    if(mysteryEnemyPlans[j].mysteryImageNode.offsetTop+mysteryEnemyPlans[j].
mysteryPlansizeY>=mysterySelfPlan.mysteryImageNode.offsetTop+40&&mysteryEnemyPlans[j].
mysteryImageNode.offsetTop<=mysterySelfPlan.mysteryImageNode.offsetTop-20+mysterySelfPlan.
mysteryPlansizeY){
                        // 碰撞本方飞机，游戏结束，统计分数
                        mysterySelfPlan.mysteryImageNode.src="image/ 本方飞机爆炸 .gif";
                        endDiv.style.display="block";
                        mysteryPlanScoreText.innerHTML=scores;
```

```
                    if(document.removeEventListener){
                        gameDiv.removeEventListener("mousemove",mysteryShift,true);
                        mysteryBodyObj.removeEventListener("mousemove",mysteryBoundary,true);
                    }
                    else if(document.detachEvent){
                        gameDiv.detachEvent("onmousemove",mysteryShift);
                        mysteryBodyObj.removeEventListener("mousemove",mysteryBoundary,true);
                    }
                    clearInterval(set);
                }
            }
            // 判断子弹与敌机碰撞
                if((mysteryBullets[k].mysteryBulletimage.offsetLeft+mysteryBullets[k].mys
terymysteryBulletsizeX>mysteryEnemyPlans[j].mysteryImageNode.offsetLeft)&&(mysteryBullets[k].
mysteryBulletimage.offsetLeft<mysteryEnemyPlans[j].mysteryImageNode.
offsetLeft+mysteryEnemyPlans[j].mysteryPlansizeX)){
                    if(mysteryBullets[k].mysteryBulletimage.offsetTop<=mysteryEnemyPlans[j].
mysteryImageNode.offsetTop+mysteryEnemyPlans[j].mysteryPlansizeY&&mysteryBullets[k].
mysteryBulletimage.offsetTop+mysteryBullets[k].mysterymysteryBulletsizeY>=mysteryEnemyPlans[j].
mysteryImageNode.offsetTop){
                        // 敌机血量减子弹攻击力
                            mysteryEnemyPlans[j].mysteryPlanhp=mysteryEnemyPlans[j].
mysteryPlanhp-mysteryBullets[k].mysteryBulletAttach;
                        // 敌机血量为 0，敌机图片换为爆炸图片，死亡标记为 true，计分
                        if(mysteryEnemyPlans[j].mysteryPlanhp==0){
                            scores=scores+mysteryEnemyPlans[j].mysteryPlanScoreText;
                            scorelabel.innerHTML=scores;
                             mysteryEnemyPlans[j].mysteryImageNode.src=mysteryEnemyPlans[j].
mysteryPlantrunkImage;
                            mysteryEnemyPlans[j].mysteryPlanisDie=true;
                        }
                        // 删除子弹
                        gameDiv.removeChild(mysteryBullets[k].mysteryBulletimage);
                            mysteryBullets.splice(k,1);
                            mysteryBulletslen--;
                            break;
                    }
                }
            }
        }
    }
}
// "开始游戏"按钮单击事件
var set;
function startGame(){

    mysteryHomeDiv.style.display="none";
    gameDiv.style.display="block";
    mysterySelfPlan.mysteryImageNode.style.display="block";
    scoreDiv.style.display="block";
    // 调用开始函数
    set=setInterval(beginGame,20);
}
// 游戏结束后单击"继续"按钮事件
function tryAgain(){
    location.reload(true);
}
</script>
```

26.2.3　程序运行

游戏开发完成后，双击主文件 index.html，即可打开游戏首页，如图 26-1 所示。

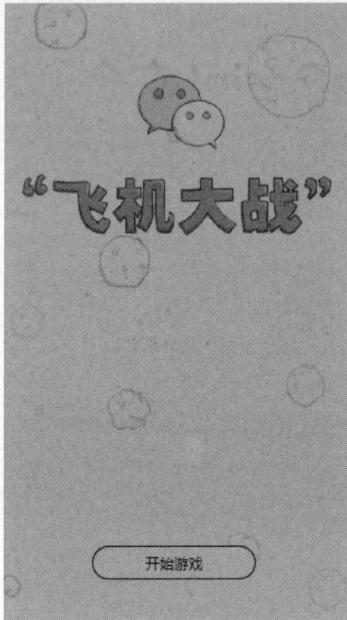

图 26-1　游戏首页

单击"开始游戏"按钮，即可开始游戏，并进入游戏界面，如图 26-2 所示。

在游戏的过程中，单击游戏界面，可以暂停游戏，如图 26-3 所示。

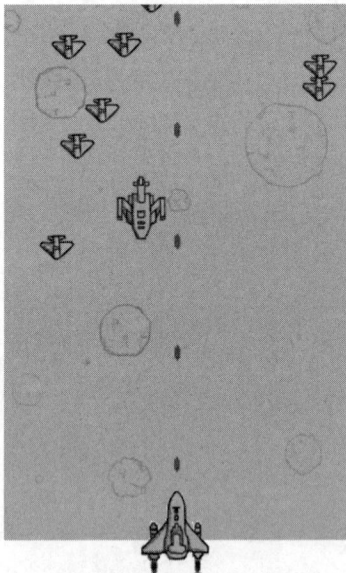

图 26-2　游戏界面

图 26-3　暂停游戏

在游戏暂停界面中，单击"结束游戏"按钮，即可结束游戏，从而返回游戏首页。

第 27 章
JavaScript 在金融理财行业开发中的应用

◎ 本章教学微视频：4 个　8 分钟

学习指引

JavaScript 在金融理财行业也被广泛地应用，如常见的理财产品购买、查询等系统都是通过 JavaScript 来实现具体功能的。本章就以一个简单的金融理财购买系统为例，来介绍 JavaScript 在金融理财行业开发中的应用。

重点导读

- 了解系统功能描述。
- 掌握系统功能分析及实现方法。

27.1　系统功能描述

该案例介绍一款基于 JavaScript 中的 jQuery 技术开发的网页版金融理财平台系统，通过模拟用户、购买产品等功能实现理财平台数据的动态展示及数据的增加及修改。

程序入口为用户登录界面，数据文件中一共设置了三个账户（两个个人账户和一个企业账户），用户需要输入正确的用户名和密码方可进行登录，如图 27-1 所示。

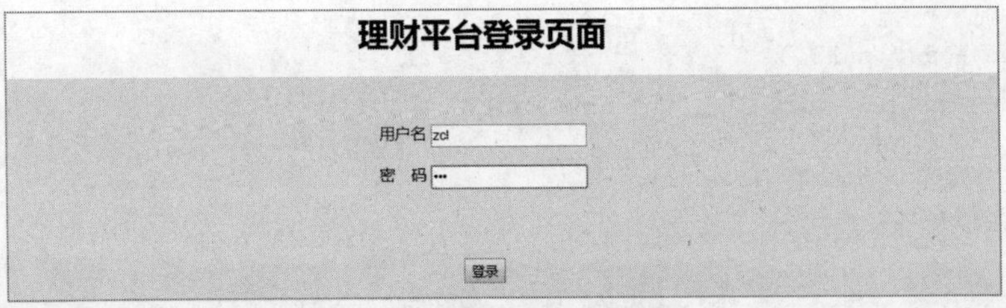

图 27-1　理财平台登录页面

用户登录成功后进入理财平台主界面，有购买理财产品、查询我的理财、在线风险评估三块功能，如图 27-2 所示。

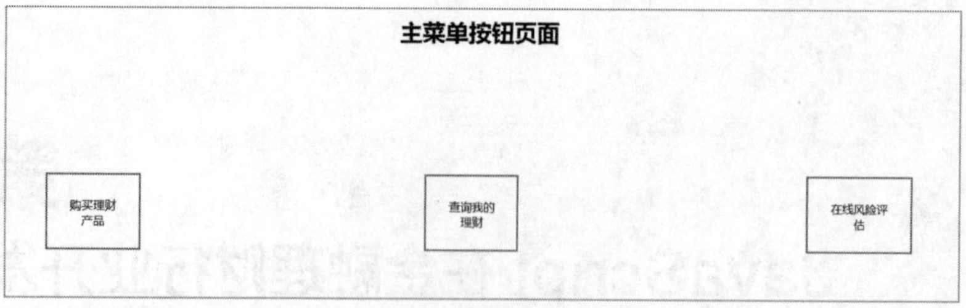

图 27-2　理财平台主界面

27.2　系统功能分析及实现

一个简单的金融理财产品系统，包括登录页面、产品信息页面、购买产品页面等。本节就来分析金融理财系统的功能以及实现方法。

27.2.1　功能分析

设计理财平台主要涉及理财产品列表以及购买、查看个人持有产品、风险评估等方面，在购买的过程中需要校验的内容有很多，包括校验风险等级、校验账户类型、校验余额信息、校验认购上限、校验起购金额、校验产品余额、校验登录密码、执行交易并进行缓存数据修改等。

27.2.2　功能实现

首先开发的是登录功能，由于是纯前端项目，就不涉及数据库等其他元素，所以设计过程中打算运用浏览器的缓存机制读取提前写好的 JSON 数据文件并放入缓存中，这些数据包括个人信息及理财产品信息两块。用户信息代码如下：

```
"users": [
    {
        "name": "zhangsan",
        "id": "10001",
        "pwd": "a12345",
        "balance": "1000000",
        "riskLevel": "1",
        "tran_pwd":"111111",
        "haveFinances":null,
        "personalOrCompany":"0",
        "sex":"b"
    }
```

理财产品信息代码如下：

```
"finances": [
    {
        "prd_name": " 稳赚一号 ",
        "prd_code": "9856",
        "prd_qgje": "50000",
        "prd_yqnhsyl": "5.70%",
        "prd_riskLevel": "1",
```

```
            "prd_kssj": "2017-10-10",
            "prd_sqsyl": "5.00%",
            "prd_qmgmrs": "560",
            "prd_tzlb": "个人投资 / 企业投资 ",
            "prd_bz": "人民币 ",
            "prd_tzqx": "一年 ",
            "prd_rgsx": "250000",
            "prd_AMT":"2000000",
            "prd_jssj":"2018-10-10"
        },
```

JSON 数据字段描述代码如下：

```
"users": [// 包含所有用户
    {
        "name": "zhangsan", // 用户名
        "id": "10001",// 用户 id 唯一性
        "pwd": "a12345",// 用户登录密码
        "balance": "1000000",// 用户余额
        "riskLevel": "1",// 风险等级：1 稳健型 ,2 平衡性 ,3 增长型
        "tran_pwd":"111111",// 交易密码
        "haveFinances":null,// 包含用户所有持有的产品
        "personalOrCompany":"0",// 账户类别：0 个人 ,1 企业
        "sex":"b"// 性别：b 男 ,g 女
    },
"finances": [// 包含所有产品
    {
        "prd_name": "稳赚一号 ",// 产品名称
        "prd_code": "9856",// 产品代码 , 唯一性
        "prd_qgje": "50000",// 起购金额
        "prd_yqnhsyl": "5.70%",// 预期年化收益率
        "prd_riskLevel": "1",// 产品风险等级
        "prd_kssj": "2017-10-10",// 开始日期
        "prd_sqsyl": "5.00%",// 上期收益率
        "prd_qmgmrs": "560",// 目前购买人数
        "prd_tzlb": "个人投资 / 企业投资 ",// 投资类别
        "prd_bz": "人民币 ",// 币种
        "prd_tzqx": "一年 ",// 投资期限
        "prd_rgsx": "250000",// 认购上限
        "prd_AMT":"2000000",// 产品余额
        "prd_jssj":"2018-10-10"// 结束时间
    },
```

开发的第二部分即是登录之后的三大块理财功能主菜单页面，并在每一个菜单按钮加上单击事件跳转至相应功能。具体代码如下：

```
<script>
    function showFinanceList(){
        window.location.href = "financeList.html";
    }
    function showMyFinanceList(){
        window.location.href = "myFinance.html";
    }
    function showRiskAssessment(){
        window.location.href = "riskAssessment.html";
    }
</script>
```

理财列表页面展示中，表头主要展示几个主要属性，通过单击"点我购买"按钮跳转至购买页面。具体

JavaScript 从入门到项目实践（超值版）

代码如下：

```
<script>
    /*
    * 页面初始化 加载所有产品的列表
    * */
    $(document).ready(function(){
        var sessionData = strToJson(window.localStorage.getItem("sessionData"));
        var str = "";
        var riskType = ""
        $.each(sessionData.finances, function (i, value) {
            if (value.prd_riskLevel == "1") {
                riskType = '<td>稳健型</td>'
            } else if (value.prd_riskLevel == "2") {
                riskType = '<td>平衡型</td>'
            } else if (value.prd_riskLevel == "3") {
                riskType = '<td>增长型</td>'
            } else {
                riskType = '<td>无</td>'
            }
            str += '<tr>' +
                    '<td>' + value.prd_name + '</td>' +
                    '<td>' + value.prd_yqnhsyl + '</td>' +
                    '<td>' + fmtMoney(value.prd_qgje) + '</td>' +
                    riskType +
                    '<td>'+value.prd_kssj+'</td>' +
                        '<td><a style="color: blue" onclick="qeuryFinanceDetail('+value.prd_
code+')">点我购买</a></td>' +
                    '</tr>'
        });
        $("#financeList").append(str);
    });
    /*
    * 单击"点我购买"跳转至下一个页面
    * */
    function qeuryFinanceDetail(val){
        window.localStorage.setItem("prd_code",val);
        window.location.href = "financeDetail.html";
    }
</script>
```

理财购买校验中，校验风险等级、校验账户类型、校验余额信息、校验认购上限、校验起购金额、校验产品余额、校验登录密码、执行交易并进行缓存数据修改，具体代码如下：

```
        if (checkRiskLevel()) {
            if (checkAccountType(accountType)) {
                if (checkSelfMoney(buyNUm)) {
                    if (checkRGXE(buyNUm)) {
                        if (checkQGJE(buyNUm)) {
                            if (checkPrdBalance(buyNUm)) {
                                if (checkTranPwd(tranPwd)) {
                                    doTran(buyNUm);
                                } else {
                                    alert("交易密码错误，请重新输入");
                                }
                            } else {
                                alert("该产品所剩额度已不足，请适当减少购买份额！");
                            }
```

```
            } else {
                alert("个人 / 企业账户单次购买金额不能低于起购金额，请重新输入购买份额！")
            }
        } else {
            alert("个人 / 企业账户持有份额总数不能超过认购限额，请重新输入购买份额！")
        }
    } else {
        alert("您的余额不足，请重新输入购买份额！")
    }
} else {
    alert("该产品不支持当前账户类型！");
}
}
else {
    alert("您的风险等级低于该产品风险等级，请进入风险评估功能重新评估！")
}
}
```

具体方法可参照 Chap28 源代码 js 文件夹中的 coreSystemCheck.js 文件。

持有理财产品列表展示购买过的理财产品，具体代码如下：

```javascript
$(document).ready(function () {
        var idcard = window.localStorage.getItem("id_card");
        var sessionData = strToJson(window.localStorage.getItem("sessionData"));
        var str = "";
        var detailArr = new Array();
        $("#form").empty();
        $.each(sessionData.users, function (i, value) {
            console.log("id  " + value.id)
            console.log("idcard    " + idcard)
            if (idcard == value.id) {
                if (sessionData.users[i].haveFinances != null) {
                    $.each(sessionData.users[i].haveFinances, function (i1, value1) {
                        $.each(sessionData.finances, function (i2, value2) {
                            if (value1.finance.prd_code == value2.prd_code) {
                                detailArr[0] = value2.prd_name;
                                detailArr[1] = value2.prd_code;
                                detailArr[2] = value1.finance.hasNum;
                                detailArr[3] = value2.prd_AMT;
                                detailArr[4] = value2.prd_jssj;
                                str += '<div class="border" onclick="showMyfinanceDetail1(\''
+ value2.prd_code + '\',\'' + detailArr + '\')">' +
                                        '<div class="inline">' +
                                        '<div>' + value2.prd_name + '</div>' +
                                        '<div>' +
                                        '<label>预期年利率 :</label>' +
                                        '<span>' + value2.prd_yqnhsyl + '</span>' +
                                        '</div>' +
                                        '<div>' +
                                        '<label>持有份额 :</label>' +
                                        '<span>' + value1.finance.hasNum + '</span>' +
                                        '</div>' +
                                        '</div>' +
                                        '<div class="arrow-right"></div>' +
                                        '</div>'
                            }
                        });
                    });
```

说明：通过用户 id 找到该用户，并找到该用户持有的产品进行遍历展示。

风险评估的具体代码如下：

```javascript
function getRiskRes(obj){
    var cfg = $(obj).closest("body").find(".checked");
    var score=null;
    $.each(cfg,function(i,dom){
        var a = $(dom).attr("data-value");
        console.log($(dom).attr("data-value"));
        score = parseInt(a) + score;
        if(cfg.length-1 == i){
            if(score>15){
                $.each(sessionData.users, function (i, value) {
                    if(idcard==value.id){
                        console.log(" 本次评级分数为: "+score);
                        sessionData.users[i].riskLevel="3";
                        var b = confirm(" 风险评估成功，您的风险等级为三级增长型，是否重新进行评估? ")
                        if(b==true){
                            window.location.href = "riskAssessment.html";
                        }else{
                            window.location.href = "menuMain.html";
                        }
                    }
                })
            }
            if(10<score && score<=15){
                $.each(sessionData.users, function (i, value) {
                    if(idcard==value.id){
                        console.log(" 本次评级分数为: "+score);
                        sessionData.users[i].riskLevel="2";
                        var b = confirm(" 风险评估成功，您的风险等级为二级平衡型，是否重新进行评估? ");
                        if(b==true){
                            window.location.href = "riskAssessment.html";
                        }else{
                            window.location.href = "menuMain.html";
                        }
                    }
                })
            }
            if(score<=10){
                $.each(sessionData.users, function (i, value) {
                    if(idcard==value.id){
                        console.log(" 本次评级分数为: "+score);
                        sessionData.users[i].riskLevel="1";
                        var b = confirm(" 风险评估成功，您的风险等级为一级稳健型，是否重新进行评估? ");
                        if(b==true){
                            window.location.href = "riskAssessment.html";
                        }else{
                            window.location.href = "menuMain.html";
                        }
                    }
                })
            }
        }
    })
}
```

说明：通过对所有包含 checked 的类进行遍历，来获取每个选项对应的分数，求和来获取评估后所对应的风险等级，最后通过用户 id 找到用户的风险等级字段名并修改其风险等级。

27.2.3　程序运行

（1）进入购买理财产品功能。

单击进入购买理财产品页面会显示理财列表，各理财产品展示在页面上，如图 27-3 所示。

图 27-3　购买理财产品功能

单击某一商品进行购买则跳转至该产品的详情页面，并展示近 6 个月实际收益率和预期收益率的折线图（静态数据），如图 27-4 所示。

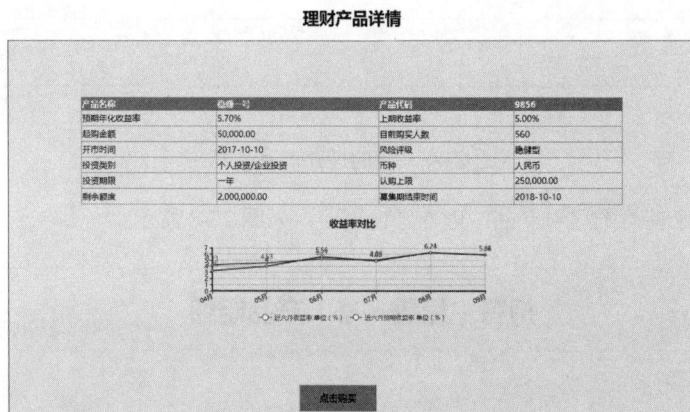

图 27-4　理财产品详情

单击"点我购买"按钮后进入购买页面，下方填写购买份额及交易密码，输入正确后确认购买即可成功，如图 27-5 所示。

图 27-5　购买理财产品

单击"确认购买"按钮，即可弹出一个信息提示框，单击"确定"按钮，即可继续产品的购买操作，如图 27-6 所示。

图 27-6　信息提示框

（2）进入我的理财产品功能。

进入我的理财页面，则刚刚购买的产品会出现在持有理财列表内，如图 27-7 所示。

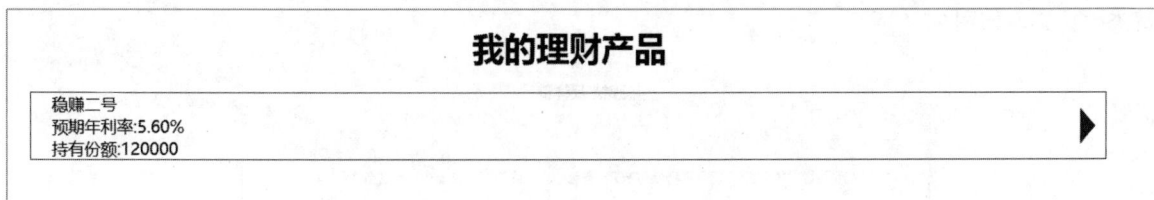

图 27-7　我的理财产品功能

这时可以单击某一个持有的理财产品，进入详情页面，如图 27-8 所示。

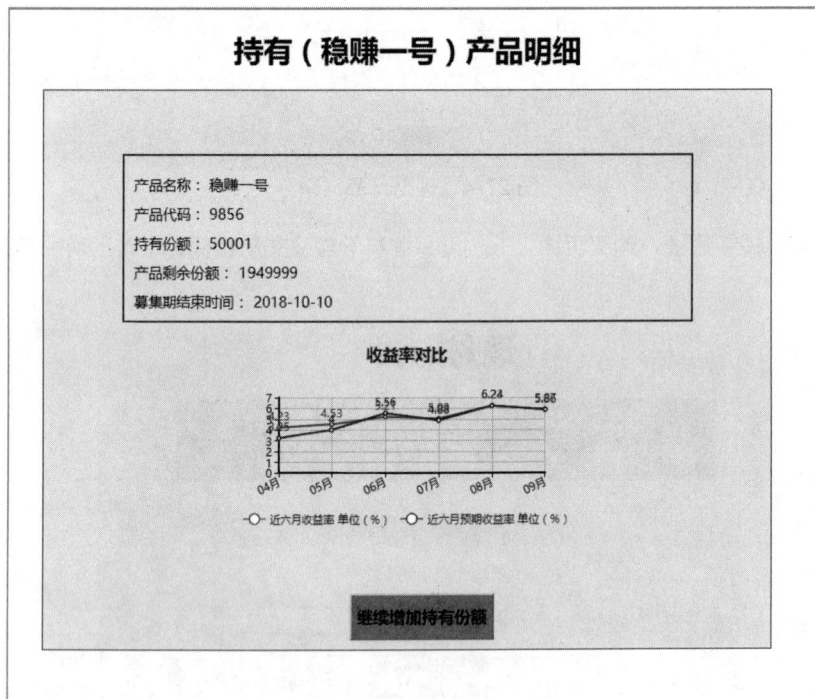

图 27-8　理财产品详情页面

单击"继续增加持有份额"可以对该产品继续进行购买，如图 27-9 所示。

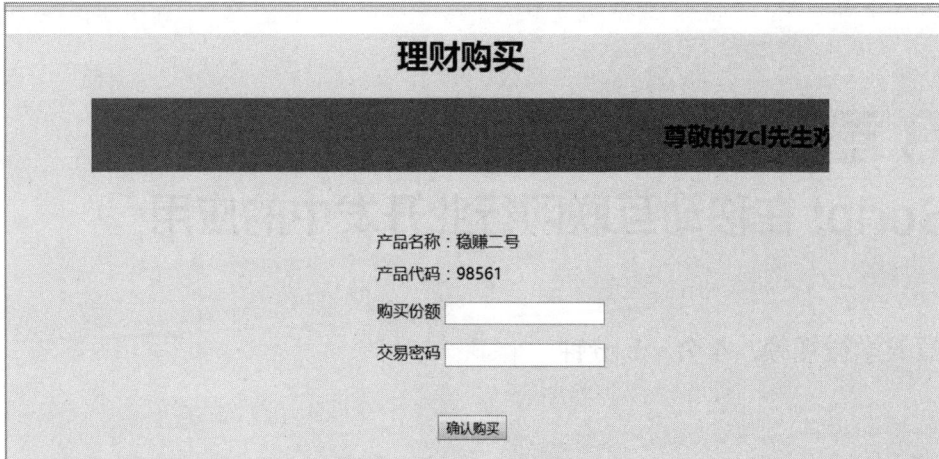

图 27-9　再次购买理财产品

（3）进入在线风险评估页面。

可以直接进行选项的选择，然后提交评分，如图 27-10 所示。

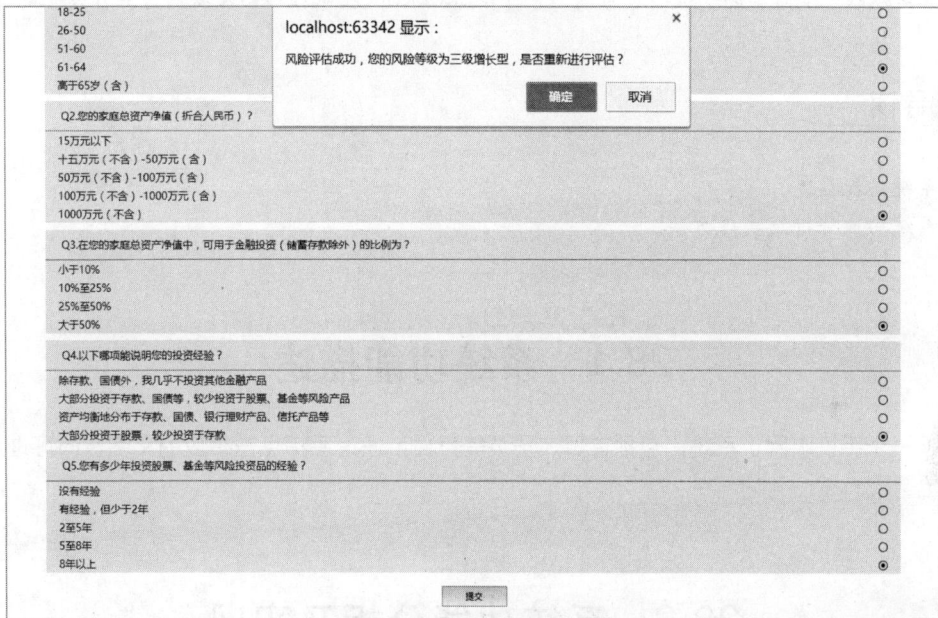

图 27-10　在线风险评估页面

第 28 章
JavaScript 在移动互联网行业开发中的应用

◎ 本章教学微视频：4 个　5 分钟

学习指引

　　移动互联网是移动通信和互联网融合的产物，它继承了移动随时随地随身和互联网分享、开放、互动的优势，是整合二者优势的"升级版本"。目前，随着移动互联网技术的发展，各种新技术不断涌现，JavaScript 也不例外。本章就以一个简单的手机网页为例，来介绍 JavaScript 技术在移动互联网行业开发中的应用。

重点导读

- 了解系统功能描述。
- 掌握系统功能分析及实现方法。

28.1　系统功能描述

　　本系统是一个手机版网页系统，包括首页、子页等页面，通过手指点击相应的文字，即可进入此页面，操作非常简单。

28.2　系统功能分析及实现

　　一个简单的手机网页系统，需要加入 JavaScript 的不同库，才能使手机版网页系统运行正常。本节就来分析手机网页系统的功能以及实现方法。

28.2.1　功能分析

　　本手机版网页系统主要由两部分组成，分别介绍如下。

　　（1）jQuery Mobile 库：用于创建移动 Web 应用的前端开发框架，结合 HTML5 和 CSS3，可以开发与移动互联网技术相关的技术，如手机版网页、手机 APP 程序等。

（2）index.html：本案例的入口，只需要通过手机浏览器打开此文件就可以预览网页效果。

28.2.2　功能实现

下面给出实现本系统功能的主要代码，HTML 的结构代码如下：

```html
<!DOCTYPE html>
<html>
  <head>
   <title> 我的菜谱 </title>
  </head>
  <body>
   <div data-role="page" id="home">
     <div data-role="header" data-position="fixed">
        <h1> 好逗菜谱 </h1>
     </div>
     <div data-role="content">
      <img src="piece.jpg" width="100%">
       <a href="#story" data-rel="dialog" data-role="button" data-icon="arrow-r"> 川味菜系 </a>
       <a href="#role" data-role="button" data-icon="arrow-r"> 家常菜系 </a>
       <a href="#jiangnan" data-rel="external" data-role="button" data-icon="arrow-r"> 江南风
味 </a>
     </div>
   </div>

   <div data-role="page" id="story">
     <div data-role="header">
        <h1> 菜系介绍 </h1>
     </div>
     <div data-role="content">
        <p> 川菜作为中国汉族传统的四大菜系之一、中国八大菜系之一，取材广泛，调味多变，菜式多样，口味清鲜醇浓
并重，以善用麻辣调味著称。</p>
     </div>
   </div>

   <div data-role="page" id="role">
     <div data-role="header">
        <h1> 菜谱介绍 </h1>
     </div>
     <div data-role="content">
        <img id="roleimg" src="piece1.jpg" width="100%">
        <p id="rolemsg">" 西红柿炒鸡蛋 "——又名番茄炒蛋，是许多百姓家庭中一道普通的大众菜肴。烹调方法简单易
学，营养搭配合理。</p>
     </div>
     <div data-role="footer" data-position="fixed">
        <div data-role="navbar">
          <ul>
            <li><a href="#home" class="ui-btn-active ui-state-persist"> 回首页 </a></li>
            <li><a href="JavaScript:prev();"> 上一个 </a></li>
            <li><a href="JavaScript:next();"> 下一个 </a></li>
          </ul>
        </div>
     </div>
   </div>
  </body>
</html>
```

JavaScript 控制代码如下：

```
    <link rel="stylesheet" href="http://code.jquery.com/mobile/1.4.5/jquery.mobile-1.4.5.min.
css" />
    <script src="http://code.jquery.com/jquery-1.11.2.min.js"></script>
    <script src="http://code.jquery.com/mobile/1.4.5/jquery.mobile-1.4.5.min.js"></script>
    <meta name="viewport" content="width=device-width, initial-scale=1">
    <script>
      var i = 0;
      var img = new Array("piece1.jpg", "piece2.jpg", "piece3.jpg");
      var msg = new Array("" 西红柿炒鸡蛋 "——又名番茄炒蛋，是许多百姓家庭中一道普通的大众菜肴。烹调方法
简单易学，营养搭配合理。",
         "" 酸辣土豆丝 "——是一道人见人爱的家常菜，制作原料有土豆、辣椒、白醋等。",
         "" 红烧狮子头 "——汉族特色名菜，是中国逢年过节常吃的一道菜，也称四喜丸子。");
      function prev(){
        i--;
        if (i < 0) {i = 2;};
        $("#roleimg").attr("src", img[i]);
        $("#rolemsg").text(msg[i]);
      }
      function next(){
        i++;
        if (i > 2) {i = 0;};
        $("#roleimg").attr("src", img[i]);
        $("#rolemsg").text(msg[i]);
      }
    </script>
```

28.2.3　程序运行

手机版网页系统开发完成后，在手机浏览器打开主文件 index.html，即可打开首页，如图 28-1 所示。

图 28-1　首页

使用手机点击"川味菜系"按钮，即可进入子页面 1，如图 28-2 所示。

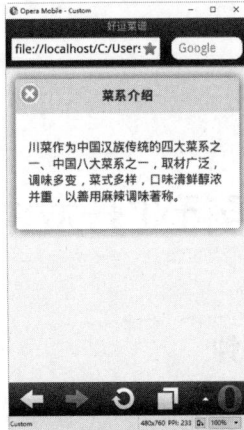

图 28-2　子页面 1

在首页中点击"家常菜系"按钮，即可进入子页面 2，如图 28-3 所示。

图 28-3　子页面 2

点击"下一个"按钮，即可进入下一页页面，如图 28-4 所示。在该页面中还有"回首页"与"上一个"按钮等，用户可以在手机中随意翻阅页面，并查看相关信息。

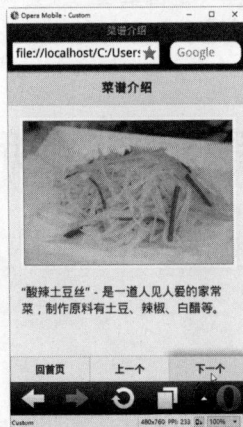

图 28-4　下一页页面

第 29 章
JavaScript 在电子商务行业开发中的应用

◎ 本章教学微视频：4 个　7 分钟

学习指引

电子商务的兴起，带动了越来越多的商家将传统的销售渠道转向网络营销，大型 B2C 模式的电子商务网站也越来越多。通常来说，网站用户的体验效果直接关系到网站的访问量、点击率、回头率等技术指标，对电子商务网站来说网站的用户流量与订单量有密切关系。本章以一个电子商务网站为例，来介绍 JavaScript 在电子商务行业开发中的应用。

重点导读

- 了解系统功能描述。
- 掌握系统功能分析及实现方法。

29.1　系统功能描述

京东商城（http://www.jd.com）是中国 B2C 市场较大的综合型网购商城，是中国电子商务领域具有影响力的电子商务网站之一，无论在访问量、点击率、销售量及行业影响力上，均在国内 B2C 网购平台中首屈一指，下面就以京东网站为例，来介绍 JavaScript 在电子商务行业开发中的应用。

29.2　系统功能分析及实现

京东商城的网站设计充分体现了"以用户为中心"的设计理念，前台网站的用户体验设计非常经典，用户界面表现重点突出，布局合理。

29.2.1　功能分析

从京东网站的导航结构来看，京东网栏目设计包括秒杀、优惠券、闪购、拍卖、京东服饰、京东超市、生鲜、全球购、京东金融等，如图 29-1 所示。

| 秒杀 | 优惠券 | 闪购 | 拍卖 | 京东服饰 | 京东超市 | 生鲜 | 全球购 | 京东金融 |

图 29-1　京东网站的导航结构

从京东网站的功能来看，京东网站可以分为商品内容展示区与用户会员中心两部分。这里以网站首页布局为例来对京东网站进行分析。从京东网站首页重点展示的内容来划分，可以将首页布局分为以下几个部分。

第一部分作为首页的核心展示区，采用目前比较流行的左、中、右结构设计，依次为商品分类导航区、网站导航及核心广告区、网站公告区，如图 29-2 所示。

图 29-2　首页的核心展示区

第二部分是京东秒杀促销商品展示区，采用左、右设计模式。左边重点展示每日精选的性价比优良的促销商品，右边设计为首发产品和团购产品的推广区，如图 29-3 所示。

图 29-3　京东秒杀促销商品展示区

第三部分是分类商品展示区，京东首页商品分类展示采用通栏设计模式，突出分类的商品特点。这种通栏布局的表现效果能更清晰地划分每一层的内容。这里以"电脑数码"为例来说明这部分 UI 设计的特点。通过红色分割线使该层次区域内形成了一个内部导航效果，小导航的下方是"电脑数码"商品二级分类，中间部分是促销商品展示区，小导航的最下方是该分类下商品品牌展示区，如图 29-4 所示。

图 29-4　分类商品展示区

29.2.2　功能实现

京东网站界面整体风格朴素、简洁，表现重点突出，技术上通过 JavaScript 特效更好地表现出了突出展示的部分，吸引用户的眼球。关键的功能分析如下。

1. 商品分类菜单

jQuery 实现京东网站商品分类菜单功能，该功能通常应用于购物网站实现商品分类的功能。jQuery 代码如下：

```
<script src="script/jquery1.4.2.min.js" type="text/JavaScript"></script>
<link href="css/category.css" rel="stylesheet" type="text/css" />
<script type="text/JavaScript"/>
    $(document).ready(function(){
        $(".h2_cat").mousemove(function(){
            $(this).addClass("h2_cat active_cat");
        }).mouseout(function(){
            $(this).removeClass("active_cat");
        });
    });
</script>
```

页面 HTML 代码如下：

```
<div class="my_left_category">
<h1> 全部分类 </h1>
<div class="my_left_cat_list">
<h2><a href="#"> 图书、音像 </a></h2>
<div class="h2_cat">
<h3><a href="#"> 人文社科 </a></h3>
<div class="h3_cat">
```

```
<div class="shadow">
<div class="shadow_border">
<ul>
<li><a href="#"> 历史 </a></li>
<li><a href="#"> 心理学 </a></li>
<li><a href="#"> 政治 </a></li>
<li><a href="#"> 军事 </a></li>
<li><a href="#"> 社会科学 </a></li>
</ul>
</div>
</div>
</div>
</div>
<div class="h2_cat">
<h3><a href="#"> 管理励志 </a></h3>
略……
```

2. 首页或二级频道界面幻灯图片切换

jQuery 实现幻灯图片切换。该功能通常应用于网站首页界面或二级频道界面中来表现焦点广告，如图 29-5 所示。

图 29-5   jQuery 实现幻灯图片切换

jQuery 代码如下：

```
    <script type="text/JavaScript" src="http://ajax.googleapis.com/ajax/libs/jquery/1.9.1/
jquery.min.js"></script>
    <script type="text/JavaScript" src="script/jquery.sudoSlider.min.js"> </script>
    <script type="text/JavaScript">
      $(document).ready(function(){
        var sudoSlider = $("#slider").sudoSlider({
            numeric: true,
            continuous:true,
    auto:true
        });
```

```
        });
    </script>
HTML 代码:
<body>
<div id="container">
    <div style="position:relative;">
        <div id="slider">
        <ul>
                    <li data-effect="boxRainGrow" data-speed="1000"><img src="images/slider01.
jpg" alt="image description"/></li>
                //…
        </div>
    </div>
    </body>
```

3. 单排图文上下间歇滚动

jQuery 实现单排图文上下间歇滚动效果。该功能在网站中通常应用在需要表现内容较多，但希望应用版面较小的板块内容。

```
<!DOCTYPE html>
<html>
<head>
<meta http-equiv="Content-Type" content="text/html; charset=utf-8" />
<title>jQuery 单排文字上下间歇滚动 </title>
<script type="text/JavaScript" src="script/jquery1.4.2.min.js"></script>
</head>
<body>
<div class="headeline"></div>
<!-- 演示内容开始 -->
<style type="text/css">
*{margin:0;padding:0;list-style-type:none;}
a,img{border:0;}
body{font:12px/180% Arial,Lucida,Verdana," 宋 体 ",Helvetica,sans-serif;color:#333;background:
#fff;}
    .scrolltext{width:229px;height:287px;overflow:hidden;background:url(images/bground-scroll.
png) no-repeat;margin:20px auto;}
#quotation{width:190px;height:227px;overflow:hidden;margin:44px auto 0 auto;}
#quotation li{line-height:28px;padding-bottom:35px;}
#quotation li .a-r{text-align:right;}
#quotation li span{color:#999;margin:0 0 0 10px;}
</style>
<div class="scrolltext">
    <div id="quotation">
        <ul>
            <li>
            <p>百度搜索，百度一下，你就知道 ...</p>
            <p class="a-r"><a href="http://www.baidu.com/" class="stress">百 度 介 绍 </a><span>2013-
01-10</span></p>
            </li>
            <li>
```

```
            <p><img src='http://misc.360buyimg.com/lib/img/e/logo-2013.png' width="100"
height='50'/>jd购物商城,...</p>
            <p class="a-r"><a href="http://www.jd.com/" class="stress">jd购物商城</a><span>
2013-03-09</span></p>
        </li>
        <li>
            <p><img src='http://script.suning.cn/images/logo/snlogo.png' width="100"
height='50'/>苏宁e购,苏宁云商...</p>
            <p class="a-r"><a href="http://www.suning.com/" class="stress">苏宁e购</a><span>
2013-04-10</span></p>
        </li>
        <li>
            <p><img src='http://img01.taobaocdn.com/tps/i1/T1Kz0pXzJdXXXIdnjb-146-58.png'
width="100" height='50'/>淘宝...</p>
            <p class="a-r"><a href="http://www.taobao.com/" class="stress">taobao.com</
a><span>2013-04-09</span></p>
        </li>
    </ul>
</div>
</div>
<script type="text/JavaScript">
$(function(){
    var scrtime;
    $("#quotation").hover(function(){
        clearInterval(scrtime);
    },function(){
    scrtime = setInterval(function(){
        var $ul = $("#quotation ul");
        var liHeight = $ul.find("li:last").height();
        $ul.animate({marginTop : liHeight + 35 + "px"},1000,function(){
        $ul.find("li:last").prependTo($ul)
        $ul.find("li:first").hide();
        $ul.css({marginTop:0});
        $ul.find("li:first").fadeIn(1000);
        });
    },4000);
    }).trigger("mouseleave");
});
</script>
<!-- 演示内容结束 -->
</body>
</html>
```

29.2.3　程序运行

这里以浏览京东商城网站为例，介绍程序完成后的程序运行。在 IE 浏览器的地址栏中输入京东商城的网址 https://www.jd.com，即可打开京东网站首页，如图 29-6 所示。

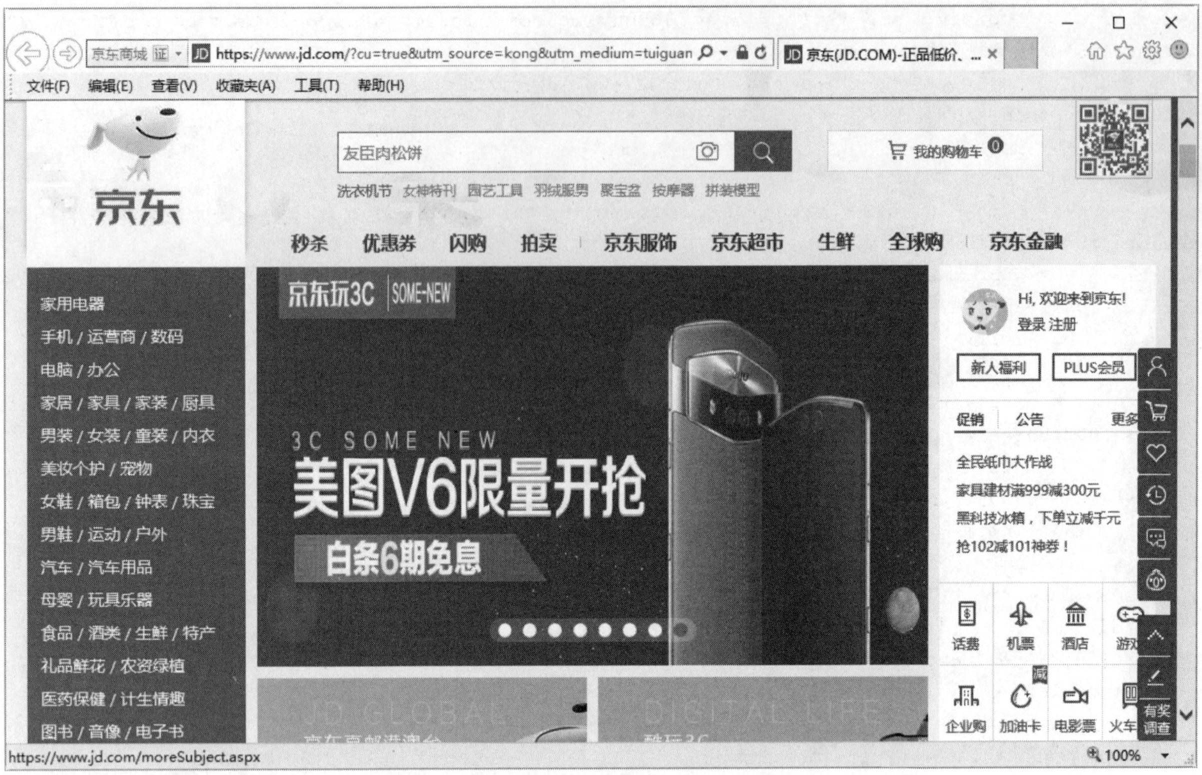
京东商城
https://www.jd.com/?cu=true&utm_source=kong&utm_medium=tuiguan
京东(JD.COM)-正品低价、...
文件(F) 编辑(E) 查看(V) 收藏夹(A) 工具(T) 帮助(H)
京东
友臣肉松饼
我的购物车
洗衣机节 女神特刊 园艺工具 羽绒服男 聚宝盆 按摩器 拼装模型
秒杀 优惠券 闪购 拍卖 京东服饰 京东超市 生鲜 全球购 京东金融
家用电器
手机 / 运营商 / 数码
电脑 / 办公
家居 / 家具 / 家装 / 厨具
男装 / 女装 / 童装 / 内衣
美妆个护 / 宠物
女鞋 / 箱包 / 钟表 / 珠宝
男鞋 / 运动 / 户外
汽车 / 汽车用品
母婴 / 玩具乐器
食品 / 酒类 / 生鲜 / 特产
礼品鲜花 / 农资绿植
医药保健 / 计生情趣
图书 / 音像 / 电子书
京东玩3C SOME-NEW
3C SOME NEW
美图V6限量开抢
白条6期免息
Hi, 欢迎来到京东!
登录 注册
新人福利 PLUS会员
促销 公告 更多
全民纸巾大作战
家具建材满999减300元
黑科技冰箱，下单立减千元
抢102减101神券！
话费 机票 酒店 游戏
企业购 加油卡 电影票 火车
有奖调查
https://www.jd.com/moreSubject.aspx
100%

图 29-6　京东网站首页

第 6 篇

项目实践

在本篇中，将综合前面所学的各种知识技能以及高级开发技巧来开发酷炫的特效项目，包括 3D 文字球、酷炫动画、酷炫菜单、企业门户网站以及游戏大厅网站等。通过本篇的学习，读者将对 JavaScript 编程在项目开发中的实际应用拥有切身的体会，为日后进行前端开发积累下项目管理及实践开发经验。

第 30 章
项目实践统筹阶段——项目开发与规划

◎ 本章教学微视频：20 个　34 分钟

一个项目系统从无到有，要经历策划、分析、开发、测试和维护等阶段，具体来讲，包括设计软件的功能和实现的算法与方法、软件的总体结构设计和模块设计、编程和调试、程序联调和测试以及编写、提交程序等一系列操作，这样的一个过程称为项目的生命周期。

30.1　项目开发流程

每一个项目的开发都不是一帆风顺的。为了避免软件开发过程中的混乱，也为了提高软件的质量，需要按照项目开发的流程操作。下面阐述在项目开发过程中各阶段的主要任务。

30.1.1　策划阶段

项目策划草案和风险管理策划往往作为一个项目的开始。当确定项目开发之后，则需要制订项目开发计划、人员组织结构定义及配备、过程控制计划等。

1. 项目策划草案

项目策划草案应包括产品简介、产品目标及功能说明、开发所需的资源、开发时间等。

2. 风险管理计划

风险管理计划也就是把有可能出错或现在还不能确定的东西列出来，并制定出相应的解决方案。风险发现得越早对项目越有利。

3. 软件开发计划

软件开发计划的目的是收集控制项目时所需的所有信息。项目经理根据项目策划来安排资源需求，并根据时间表跟踪项目进度。项目团队成员则根据项目策划，以了解自己的工作任务、工作时间以及所要依赖的其他活动。

除此之外，软件开发计划还应包括项目的验收标准及验收任务（包括确定需要制订的测试用例）。

4. 人员组织结构定义及配备

常见的人员组织结构有垂直方案、水平方案和混合方案 3 种。垂直方案中每个成员会充当多重角色，水平方案中每个成员会充当一至两个角色，混合方案包括经验丰富的人员与新手的相互融合。具体方案应根据公司人员的实际技能进行选择。

5. 过程控制计划

过程控制计划的目的是收集项目计划正常执行所需的所有信息，用来指导项目进度的监控、计划的调整，以确保项目能按时完成。

30.1.2　需求分析阶段

需求分析是指理解用户的需求，就软件的功能与客户达成一致，估计软件风险和评估项目代价，最终形成开发计划的一个复杂过程。需求分析阶段主要完成以下任务。

1. 需求获取

需求获取是指开发人员与用户多次沟通并达成协议，对项目所要实现的功能进行详细说明。需求获取过程是进行需求分析过程的基础和前提，其目的在于产生正确的用户需求说明书，从而保证需求分析过程产生正确的软件需求规格说明书。

需求获取工作做得不好，会导致需求的频繁变更，影响项目的开发周期，严重的可导致整个项目的失败。开发人员应首先制订访谈计划，然后准备提问单进行用户访谈，获取需求，并记录访谈内容以形成用户需求说明书。

2. 需求分析

需求分析过程主要是对所获取的需求信息进行分析，及时排除错误和弥补不足，确保需求文档正确地反映用户的真实意图，最终将用户的需求转化为软件需求，形成软件需求规格说明书。同时，针对软件需求规格说明书中的界面需求以及功能需求，制作界面原型。

所形成的界面原型，可以有 3 种表示方法：图纸（以书面形式）、位图（以图片形式）和可执行文件（交互式）。在进行设计之前，应当对开发人员进行培训，以使开发人员能更好地理解用户的业务流程和产品的需求。

30.1.3　设计阶段

设计阶段的主要任务就是将软件项目分解成各个细小的模块，这里的模块是指能实现某个功能的数据和程序说明、可执行程序的程序单元等。具体来说可以是一个函数、过程、子程序、一段带有程序说明的独立程序和数据，也可以是可组合、可分解和可更换的功能单元等。

30.1.4　开发阶段

软件开发阶段是指具体实现项目目标的一个阶段。项目开发阶段可分为以下两个阶段。

1. 软件概要设计

设计人员在软件需求规格说明书的指导下，需完成以下任务。

（1）通过软件需求规格说明书，对软件功能需求进行体系结构设计，确定软件结构及组成部分，编写《体系结构设计报告》。

（2）进行内部接口和数据结构设计，编写《数据库设计报告》。

（3）编写《软件概要设计说明书》。

2. 软件详细设计

软件详细设计阶段的任务如下。

（1）通过《软件概要设计说明书》，了解软件的结构。

（2）确定软件部分各组成单元，进行详细的模块接口设计。

（3）进行模块内部数据结构设计。

（4）进行模块内部算法设计，例如可采用流程图、伪代码等方式详细描述每一步的具体加工要求及种种实现细节，编写《软件详细设计说明书》。

30.1.5 编码阶段

编码阶段的主要任务有两个，分别如下。

1. 编写代码

开发人员通过《软件详细设计说明书》，对软件结构及模块内部数据结构和算法进行代码编写，并保证编译通过。

2. 单元测试

代码编写完成后可对代码进行单元测试、集成测试，记录、发现并修改其中的问题。

30.1.6 系统测试阶段

系统测试的目的在于发现软件的问题，通过与系统定义的需求做比较，发现软件与系统定义不符合或与其矛盾的地方。系统测试过程一般包括制订系统测试计划，进行测试方案设计、测试用例开发，并进行测试，最后对测试活动和结果进行评估。

1. 测试的时间安排

测试中各阶段的实施时间如下。

（1）系统测试计划在项目计划阶段完成。

（2）测试方案设计、测试用例开发和项目开发活动同时开展。

（3）编码结束之后对软件进行系统测试。

（4）完成测试后要对整个测试活动和软件产品质量进行评估。

2. 测试注意事项

测试应注意以下几个方面。

（1）系统测试人员应根据《软件需求规格说明书》设计系统测试方案，编写《系统测试用例》，进行系统测试，反馈缺陷问题，完成系统测试报告。如需要进行相应的回归测试，则开展回归测试的相关活动。

（2）系统测试是反复迭代的过程，软件经过缺陷更正、功能改动、需求增加后，均需反复进行系统测试，包括专门针对软件版本的功能改动或增加部分而撰写的文档等，以此进行回归测试来验证修改后的系统或产品的功能是否符合规格说明。

（3）测试人员对问题记录并通知开发组。

30.1.7 系统验收阶段

系统验收阶段是指从系统测试完毕到客户验收签字的阶段。在该阶段，双方相互配合确认软件已达到合同的要求，并要求客户在《客户验收报告》上签字。

30.1.8 系统维护阶段

系统维护是指在已完成对项目的研制（分析、设计、编码和测试）工作并交付使用以后，对项目产品所开展的一些项目工程的活动。即根据软件运行的情况，对软件进行适当的修改，以适应新的要求，以及纠正运行中发现的错误等。同时，还需要编写软件问题报告和软件修改报告。

30.2　项目开发团队

应根据实际项目来组建项目团队，一般应控制在 5~7 人，尽量做到少而精。组建项目团队时首先需要定岗，就是确定项目需要完成什么目标，完成这些目标需要哪些职能岗位，然后选择合适的人员。

30.2.1　项目团队组成

项目团队主要有以下几个角色。

1. 项目经理

项目经理要具有领导才能，主要负责团队的管理，对出现的问题能正确而迅速地做出决定，能充分利用各种渠道和方法来解决问题，能跟踪任务，有良好的日程观念，能在压力下工作。

2. 系统分析师

系统分析师主要负责系统分析，了解用户需求，写出《软件需求规格说明书》，建立用户界面原型等。担任系统分析师的人员应该善于协调，并且具有良好的沟通技能。担任此角色的人员必须要具备业务和技术领域知识。

3. 设计员

设计员主要负责系统的概要设计、详细设计和数据库设计，要求其熟悉分析与设计技术，熟悉系统的架构。

4. 程序员

程序员负责按项目的要求进行编码和单元测试，要求其有良好的编程和测试技术。

5. 测试人员

测试人员负责进行测试，描述测试结果，提出问题解决方案，要求其了解要测试的系统，具备诊断和解决问题的能力。

6. 其他人员

一个成功的项目团队是一个高效、协作的团队。除具有一些软件开发人员外，还需要一些其他人员，如美工、文档管理人员等。

30.2.2　项目团队要求

一个高效的软件开发团队是需要建立在合理的开发流程及团队成员密切合作的基础之上的。每一个成员共同迎接挑战，有效地计划、协调和管理各自的工作以完成明确的目标。高效的开发团队具有以下几个特征。

1. 具有明确且有挑战性的共同目标

一个具有明确且有挑战性共同目标的团队，其工作效率会很高。因为通常情况下，技术人员往往会为完成了某个具有挑战性的任务而感到自豪，而反过来技术人员为了获得这种自豪的感觉，会更加积极地工作，从而带来团队开发的高效率。

2. 具有很强的凝聚力

在一个高效的软件开发团队中，成员的凝聚力表现为相互支持、相互交流和相互尊重，而不是相互推卸责任、保守、指责。例如，某个成员明明知道另外的模块中需要用到一段与自己已经编写完成且有些难度的程序代码，但他就是不愿拿出来给其他成员共享，也不愿与系统设计人员交流，这样就会为项目的顺利开展带来不良的影响。

3. 具有融洽的交流环境

在一个开发团队中，每个开发小组人员行使各自的职责，例如系统设计人员做系统概要设计和详细设计，需求分析人员制定需求规格说明，项目经理配置项目开发环境并且制订项目计划等。但是由于种种原因，每个组员的工作不可能一次性做到位，如系统概要设计的文档可能有个别地方会词不达意，这样在做详细设计的时候就有可能会造成误解。因此高效的软件开发团队是具有融洽的交流环境的，而不是那种简单的命令执行式的。

4. 具有共同的工作规范和框架

高效软件开发团队具有工作的规范性及共同框架，对于项目管理具有规范的项目开发计划，对于分析设计具有规范和统一框架的文档及审评标准，对于代码具有程序规范条例，对于测试有规范且可推理的测试计划及测试报告，等等。

5. 采用合理的开发过程

软件项目的开发不同于一般商品的研发和生产，开发过程中面临着各种难以预测的风险，例如客户需求的变化、人员的流失、技术的瓶颈、同行的竞争，等等。高效的软件开发团队往往会采用合理的开发过程去控制开发过程中的风险，提高软件的质量，降低开发的费用等。

30.3 项目的实际运作

软件开发一般是按照软件生命周期分阶段进行的，开发阶段的运作过程一般如下。

30.3.1 可行性分析

做可行性分析，从而确定项目目标和范围。开发一个新项目或新版本时，首先是和用户一起确认需求，进行项目的范围规划。当用户对项目进度的要求和优先级高的时候，往往要缩小项目范围，对用户需求进行优先级排序，排除优先级低的需求。

30.3.2 确定项目进度

项目的目标和范围确定后，接下来开始确定项目的过程，如项目整个过程中采用何种生命周期模型，项目过程是否需要对组织级定义的标准过程进行裁剪等。项目过程定义是进行 WBS（Work Breakdown Structure，工作分解结构）分解前必须确定的一个环节。WBS 就是把一个项目按一定的原则分解成任务，把任务再分解成一项项工作，再把一项项工作分配到每个人的日常活动中，直到分解不下去为止。

30.3.3 项目风险分析

风险管理是项目管理的一个重要知识领域，整个项目管理的过程就是不断地去分析、跟踪和减轻项目风险的过程。风险分析的一个重要内容就是分析风险的根源，然后根据根源去制定专门的应对措施。风险管理贯穿整个项目管理过程，需要定期对风险进行跟踪和重新评估，对于转变成了问题的风险还需要事先制订相关的应急计划。

30.3.4　确定开发项目

确定项目开发过程中需要使用的方法、技术和使用的工具。一个项目中除了使用到常用的开发工具外，还会使用到需求管理、设计建模、配置管理、变更管理、IM 沟通（及时沟通）等诸多工具，使用到面向对象分析和设计、开发语言、数据库、测试等多种技术，在这里都需要对它们分析和定义，这将成为后续技能评估和培训的一个重要依据。

30.3.5　项目开发阶段

应根据开发计划进度进行开发。项目经理跟进开发进度，严格控制项目需求变动的情况。项目开发过程中不可避免地会出现需求变更的情况，在需求发生变更时，可根据实际情况实施严格的需求变更管理。

30.3.6　项目测试验收

测试验收阶段主要是在项目投入使用前查找项目中的运行错误。在需求文档基础之上核实每个模块能否正常运行，核实需求是否被正确实施。根据测试计划，由项目经理安排测试人员，根据项目开发计划分配进行项目的测试工作。通过测试，确保项目的质量。

30.3.7　项目过程总结

测试验收完成后紧接着应开展项目过程的总结，主要是对项目开发过程的工作成果进行总结，以及进行相关文件的归档、备份等。

30.4　项目规划常见问题及解决

项目的开发并不是一天两天就可以做好的。对于一个复杂的项目来说，其开发过程更是充满了曲折和艰辛，其问题也是层出不穷，接连不断。

30.4.1　如何满足客户需求

满足客户的需求也就是在项目开发流程中所提到的需求分析。如果一个项目经过大量的人力、物力、财力和时间的投入后，所开发出的软件没人要，这种遭遇是很让人痛心疾首的。

需求分析之所以重要，就因为它具有决策性、方向性和策略性的作用，它在软件开发的过程中占据着举足轻重的地位。在一个大型软件系统的开发中，它的作用要远远大于程序设计。那么该如何做才能满足客户的需求呢？

1. 了解客户业务目标

只有在需求分析时充分了解客户的业务目标，才能使产品更好地满足需求。充分了解客户业务目标将有助于程序开发人员设计出真正满足客户需要并达到期望的优秀软件。

2. 撰写高质量的需求分析报告

需求分析报告是分析人员对从客户那里获得的所有信息进行整理而成，它主要用以区分业务需求及规范、功能需求、质量目标、解决方法和其他信息，它使程序开发人员和客户之间针对要开发的产品内容达成了共识和协议。

需求分析报告应以一种客户认为易于翻阅和理解的方式组织编写，同时程序分析师可能会采用多种图表作为文字性需求分析报告的补充说明，虽然这些图表很容易让客户理解，但是客户可能对此并不熟悉，因此，对需求分析报告中的图表进行详细的解释说明也是很有必要的。

3. 使用符合客户语言习惯的表达方式

在与客户进行需求交流时，要尽量站在客户的角度去使用术语，而客户却不需要懂得计算机行业方面的术语。

4. 要多尊重客户的意见

客户与程序开发人员，偶尔也会碰到一些难以沟通的问题。如果客户与开发人员之间产生了不能相互理解的问题，要尽量多听听客户方的意见，能满足客户的需求时，就要尽可能地满足客户的需求，如果实在因为某些技术方面的原因而无法实现，应当向客户说明。

5. 划分需求的优先级

绝大多数项目没有足够的时间或资源实现功能性上的每一个细节。如果需要对哪些特性是必要的，哪些是重要的等问题做出决定，那么最好询问一下客户所设定的需求优先级。程序开发人员不可以猜测客户的观点去决定需求的优先级。

30.4.2　如何控制项目进度

大量的软件错误通常只有到了项目后期，在进行系统测试时才会被发现，解决此类问题所花的时间也是很难预料的，经常导致项目进度无法控制。同时在整个软件开发过程中，由于项目管理人员缺乏对软件质量状况的了解和控制，也加大了项目管理的难度。

面对这种情况，较好的解决方法是尽早进行测试，当软件的第一个过程结束后，测试人员要马上基于它进行测试脚本的实现，按项目计划中的测试目的执行测试用例，对测试结果做出评估报告。这样，就可以通过各种测试指标实时监控项目质量状况，提高对整个项目的控制和管理能力。

30.4.3　如何控制项目预算

在整个项目开发的过程中，错误发现得越晚，单位错误修复成本就会越高，错误的延迟解决必然会导致整个项目成本的急剧增加。

解决这个问题的较好方法是采取多种测试手段，尽早发现潜在的问题。

第 31 章
项目实践入门阶段——制作 3D 文字球

◎ 本章教学微视频：6 个　8 分钟

学习指引

本案例是比较简单的有意思的 3D 文字球动画，希望初学者可以通过本案例初步了解 JavaScript、HTML5、CSS3。通过本章的学习，初学者可以制作自己感兴趣的相似的 3D 动画文字旋转球。

重点导读

- 了解项目代码结构。
- 掌握项目代码实现。
- 熟悉项目总结的方法。

31.1　项目代码结构

本案例的代码清单包括 JavaScript、CSS、HTML 页面 3 个部分。
（1）main.js 位于 js 文件夹中，主要是用来控制 3D 旋转球的转速、位置等。
（2）main.css 位于 css 文件夹中，主要是用来定义各个 div 的样式、字体的颜色等。
（3）index.html 是本案例的入口，只需要通过浏览器打开此案例就可看到实现的效果。

31.2　项目代码实现

31.2.1　样式的设计

使用 CSS 可以设计网页整体样式，也可以设计具体文字样式，具体代码如下：

```
<style type="text/css">
.mysteryBall{width:800px;height:800px;margin:50px auto;position:relative;}
.mystery{display:block;position:absolute;left:0px;top:0px;color:#000;text-decoration:none;font-size:15px;font-family:" 微软雅黑 ";font-weight:bold;}
.mystery:hover{border:1px solid #666;}
</style>
```

31.2.2 文字设计

3D 文字球效果，最主要的内容就是文字的设计，下面给出相关文字设计的代码。

```html
<div class="mysteryBall">
<a class="mystery"    > 我爱你 </a>
<a class="mystery"    > 你好 </a>
<a class="mystery"    > 谢谢 </a>
<a class="mystery"    >I LOVE YOU</a>
<a class="mystery"    > 不用客气 </a>
<a class="mystery"    > 你好漂亮 </a>
<a class="mystery"    > 要小心那些一无所有的人 </a>
<a class="mystery"    > 么么哒 </a>
<a class="mystery"    > 欧巴，哥哥 </a>
<a class="mystery"    > 我们不受岁月左右 </a>
<a class="mystery"    > 不要害怕未知的事物 </a>
<a class="mystery"    > 外表可是具有欺骗性的 </a>
<a class="mystery"    > 若想解决纷争，必先陷入纷争 </a>
<a class="mystery"    > 死亡如风，常伴吾身 </a>
<a class="mystery"    > 体型并不能说明一切 </a>
<a class="mystery"    > 真正的意志是不会被击败的 </a>
<a class="mystery"    > 无论刮风还是下雨，太阳照常升起 </a>
<a class="mystery"    > 正义，要么靠法律，要么靠武力 </a>
<a class="mystery"    > 你们知道最强的武器是什么 没错就是补丁 </a>
<a class="mystery"    > 国王们来来去去，但留下的只有金币 </a>
<a class="mystery"    > 真正的大师永远都怀着一颗学徒的心 </a>
<a class="mystery"    > 不要错把仁慈当作弱小 </a>
<a class="mystery"    > 太阳不会揭露真相。它的光芒只会让人灼伤和致盲 </a>
<a class="mystery"    > 顺我者昌，逆我者亡，此乃天意 </a>
<a class="mystery"    > 有时候 你需要亲手打开一扇门 </a>
<a class="mystery"    > 即使你没有脊梁骨，你也要站起来捍卫自己 </a>
<a class="mystery"    > 人固有一死，而有些人则需要一点小小的帮助 </a>
<a class="mystery"    > 均衡存乎万物之间 </a>
<a class="mystery"    > 无形之刃，最为致命 </a>
<a class="mystery"    > 一点寒芒先到，随后枪出如龙 </a>
<a class="mystery"    > 如果暴力不是为了杀戮，那将毫无意义了 </a>
<a class="mystery"    > 只有蠢货才会犹豫不决 </a>
<a class="mystery"    > 千军万马一将在，探囊取物有何难 </a>
<a class="mystery"    > 你们不能逮捕我，我爹是瓦罗兰的抗把子 </a>
<a class="mystery"    > 断剑重铸之日，其势归来之时 </a>
<a class="mystery"    > 永远不要低估自己的能力 </a>
<a class="mystery"    > 他们越强大，我越要打得他们落花流水 </a>
<a class="mystery"    > 吾虽浪迹天涯，却未迷失本心 </a>
<a class="mystery"    > 仁义道德，也是一种奢侈 </a>
<a class="mystery"    > 落叶的一生，只是为了归根么 </a>
<a class="mystery"    > 且听风吟，御剑于心 </a>
<a class="mystery"    > 想要再来一发吗? 我可不会留下任何悬念 </a>
<a class="mystery"    > 规则就是用来打破的 </a>
<a class="mystery"    > 哼，一个能打的都没有 </a>
<a class="mystery"    > 想攻击我? 先试试和影子玩拳击吧 </a>
<a class="mystery"    > 不要测试你的运气，召唤师 </a>
</div>
```

31.2.3 JavaScript 控制代码

球体是滚动的，在 3D 文字球中，可以使用 JavaScript 控制文字球的滚动效果。具体代码如下：

```
<script type="text/JavaScript">
// 元素的定义
var mysteryElement = "querySelectorAll" in document ? document.querySelectorAll(".mystery")
: mysteryGetClass("mystery"),
    mysteryPaper = "querySelectorAll" in document ? document.querySelector(".mysteryBall") :
mysteryGetClass("mysteryBall")[0];
    RADIUS =300,
    // 焦距
    mysteryFallLength = 500,
    mysterys=[],
    // x、y 轴角度
    lavenderX = Math.PI/500,
    lavenderY = Math.PI/500,
    CX = mysteryPaper.offsetWidth/2,
    CY = mysteryPaper.offsetHeight/2,
     EX = mysteryPaper.offsetLeft + document.body.scrollLeft + document.documentElement.
scrollLeft,
     EY = mysteryPaper.offsetTop + document.body.scrollTop + document.documentElement.
scrollTop;

// 获得样式
function mysteryGetClass(className){
    // 获得所有的 class 的对象
    var lavenderEle = document.getElementsBymysteryName("*");
    var classElement = [];
    for(var i=0;i<lavenderEle.length;i++){
      var temp = lavenderEle[i].className;
      if(temp === className){
        classElement.push(lavenderEle[i]);
      }
    }
    return classElement;
}

// 初始化
function mysteryInit(){
    for(var i=0;i<mysteryElement.length;i++){
      var a , b;
      var c = (2*(i+1)-1)/mysteryElement.length - 1;
      var a = Math.acos(c);
      var b = a*Math.sqrt(mysteryElement.length*Math.PI);
      // x、y、z 轴的坐标
      var x = RADIUS * Math.sin(a) * Math.cos(b);
      var y = RADIUS * Math.sin(a) * Math.sin(b);
      var z = RADIUS * Math.cos(a);
      // 给每个元素设置坐标位置
      var temp = new mystery(mysteryElement[i] , x , y , z);
       mysteryElement[i].style.color = "rgb("+parseInt(Math.random()*255)+","+parseInt(Math.
random()*255)+","+parseInt(Math.random()*255)+")";
      mysterys.push(temp);
      temp.move();
    }
}

Array.prototype.forEach = function(result){
    for(var i=0;i<this.length;i++){
      result.call(this[i]);
    }
}
```

```javascript
// 滚动方法
function roll(){
  // 周期性调用函数
  setInterval(function(){
    mysteryRotateX();
    mysteryRotateY();
    mysterys.forEach(function(){
      this.move();
    })
  } , 17)
}

// 向指定元素添加事件
if("addEventListener" in window){
  // 添加鼠标移出事件
  mysteryPaper.addEventListener("mousemove" , function(event){
    var x = event.clientX - EX - CX;
    var y = event.clientY - EY - CY;
    lavenderY = x*0.0001;
    lavenderX = y*0.0001;
  });
}
else {
  // 添加鼠标移入事件
  mysteryPaper.attachEvent("onmousemove" , function(event){
    var x = event.clientX - EX - CX;
    var y = event.clientY - EY - CY;
    lavenderY = x*0.0001;
    lavenderX = y*0.0001;
  });
}

// x 轴循环
function mysteryRotateX(){
  var cos = Math.cos(lavenderX);
  var sin = Math.sin(lavenderX);
  mysterys.forEach(function(){
    var y1 = this.y * cos - this.z * sin;
    var z1 = this.z * cos + this.y * sin;
    this.y = y1;
    this.z = z1;
  })

}
// y 轴循环
function mysteryRotateY(){
  var cos = Math.cos(lavenderY);
  var sin = Math.sin(lavenderY);
  mysterys.forEach(function(){
    var x1 = this.x * cos - this.z * sin;
    var z1 = this.z * cos + this.x * sin;
    this.x = x1;
    this.z = z1;
  })
}
// 设置元素位置
var mystery = function(lavenderEle , x , y , z){
  this.lavenderEle = lavenderEle;
  this.x = x;
  this.y = y;
  this.z = z;
```

```
}
// 添加元素配置
mystery.prototype = {
  move:function(){
    // 设置比例
    var mysteryScale = mysteryFallLength/(mysteryFallLength-this.z);
    // 初始值
    var mysteryAlpha = (this.z+RADIUS)/(2*RADIUS);
    // 字体大小
    this.lavenderEle.style.fontSize = 15 * mysteryScale + "px";
    this.lavenderEle.style.opacity = mysteryAlpha+0.5;
    this.lavenderEle.style.filter = "mysteryAlpha(opacity = "+(mysteryAlpha+0.5)*100+")";
    this.lavenderEle.style.zIndex = parseInt(mysteryScale*100);
    this.lavenderEle.style.left = this.x + CX - this.lavenderEle.offsetWidth/2 +"px";
    this.lavenderEle.style.top = this.y + CY - this.lavenderEle.offsetHeight/2 +"px";
  }
}
// 初始化
mysteryInit();
// 滚动效果
roll();
</script>
```

31.2.4　项目演示

项目设计完成后，下面就可以预览 3D 文字球效果了，双击制作的主文件 index.html，即可打开制作的 3D 文字球网页内容，在其中可以看到文字在不停地滚动，如图 31-1 所示。

在文字球上移动鼠标，可以改变文字球的滚动方向以及滚动速度，如图 31-2 所示。

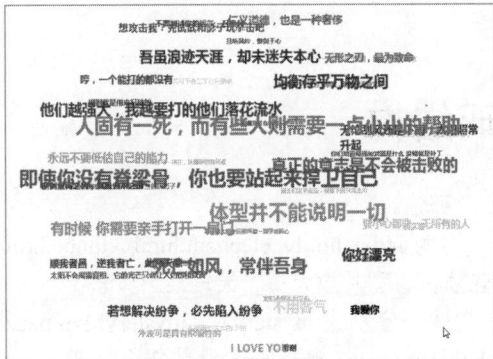

图 31-1　3D 文字球效果

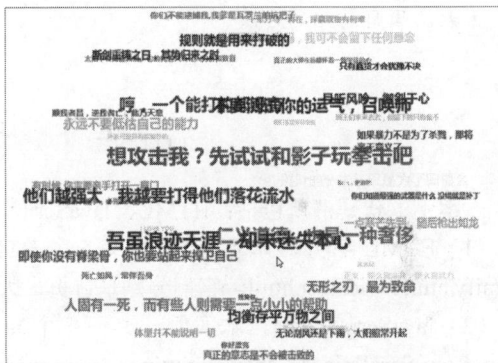

图 31-2　在文字球上移动鼠标

31.3　项目总结

本案例的文字大部分都是采用当下比较流行的游戏 LOL 中的台词，这样也可使本案例更加充满趣味性。本案例主要是设置主体的文字 div，然后通过 JavaScript 控制这些文字进行旋转，通过样式的设计来给各个文字设置颜色。

初学者只需要把控制对应 div 的 JavaScript 代码方法学会，就可以自己完成自己想要的 3D 效果案例。

第 32 章
项目实践提高阶段——制作酷炫动画

◎ 本章教学微视频：7 个　12 分钟

学习指引

　　该案例是几个比较有意思的动画效果的集合体，主要有 4 个模块，分别是菜单的效果、大象动画、轮播图片、天气动画。本章就来介绍如何制作酷炫动画项目。

重点导读

- 了解项目代码结构。
- 掌握项目代码实现。
- 熟悉项目总结的方法。

32.1　项目代码结构

　　本案例的代码清单包括：HTML、JavaScript、CSS 页面三个部分。

　　（1）HTML 部分。本案例一共有 5 个 HTML 文件，分别为 index.html、elephant.html、lunbo.html、magnify.html、weather.html。它们分别是首页、大象动画页、轮播页、图片放大页、天气动画页。

　　（2）JavaScript 部分。本案例一共有 7 个 JavaScript 代码文件，分别为 mystery.js、mysteryMzp-packed.js、mysteryScrollpic.js、snap.svg-min.js、TweenMax.min.js、weatherIndex.js、zbvakw.js。前 3 个主要负责轮播图片和放大图片，后面 4 个主要是负责首页和各个动画效果的渲染。

　　（3）CSS 部分。本案例一共有 7 个 CSS 代码文件，分别为 elephantStyles.css、magiczoomplus.css、magnifyStyle.css、mystery.css、mysteryMagiczoomplus.css、style.css、weatherStyle.css。它们分别对应着大象的样式、图片轮播样式、图片放大样式、首页样式、天气样式等。

32.2　项目代码实现

　　下面来分析酷炫动画系统的代码是如何实现的。

32.2.1　设计首页菜单栏

首页菜单栏在首页正中心，是一个简洁的按钮，用户可以通过单击它来打开菜单栏。首页菜单栏主要有两个功能：一个是单击首页中的按钮展开选项；另一个是单击 3 个对应的按钮跳转到对应的页面。其余的样式、颜色等是由 CSS 来进行页面的渲染。具体代码如下：

```
<div class="menu">
  <div class="btn target">
    <span class="line"></span>
  </div>
    <!-- goTo 方法是页面跳转的方法 -->
    <div class="rotater">
      <div class="btn btn-icon" onclick="goTo('elephant.html');">
        <i class="fa"> 大象 </i>
      </div>
    </div>
    <div class="rotater">
      <div class="btn btn-icon" onclick="goTo('lunbo.html');">
        <i class="fa"> 轮播 </i>
      </div>
    </div>
    <div class="rotater">
      <div class="btn btn-icon" onclick="goTo('weather.html');">
        <i class="fa"> 天气 </i>
      </div>
    </div>
  </div>
</div>

<script>
  // 菜单栏单击事件，加载 3 个选项
  $(document).ready(function() {
    $(".target").click(function() {
      $(".menu").toggleClass("active");
    });
  });
  // 页面跳转方法
  function goTo(target){
    window.location.href = target;
  }
</script>
```

运行本案例的主页文件 index.html，即可预览首页效果，如图 32-1 所示。

单击页面中间的 ≡ 按钮，即可展开页面其他功能按钮，如图 32-2 所示。

图 32-1　首页效果

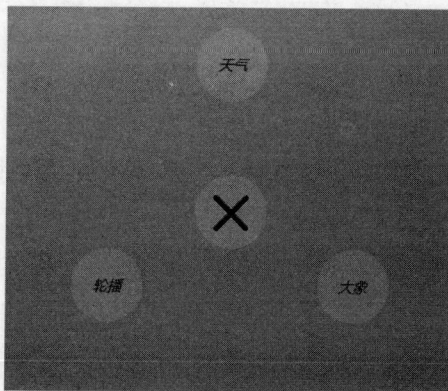

图 32-2　展开页面其他功能按钮

32.2.2　设计菜单栏样式

除了设计菜单栏的功能外，还需要设计菜单栏的样式，这里可以使用 CSS 设计菜单栏的样式，具体代码如下：

```
<!-- 确定菜单栏的数量和位置 -->
.rotater:nth-child(1){
  -webkit-transform: rotate(-0deg);
          transform: rotate(-0deg);
}

.menu.active .rotater:nth-child(1) .btn-icon {
  -webkit-transform: translateY(-10em) rotate(0deg);
          transform: translateY(-10em) rotate(0deg);
}

.rotater:nth-child(2){
  -webkit-transform: rotate(120deg);
          transform: rotate(120deg);
}

.menu.active .rotater:nth-child(2) .btn-icon {
  -webkit-transform: translateY(-10em) rotate(-120deg);
          transform: translateY(-10em) rotate(-120deg);
}

.rotater:nth-child(3){
  -webkit-transform: rotate(240deg);
          transform: rotate(240deg);
}

.menu.active .rotater:nth-child(3) .btn-icon {
  -webkit-transform: translateY(-10em) rotate(-240deg);
          transform: translateY(-10em) rotate(-240deg);
}
.rotater:nth-child(4){
    -webkit-transform: rotate(360deg);
    transform: rotate(360deg);
}

.menu.active .rotater:nth-child(4) .btn-icon {
    -webkit-transform: translateY(-10em) rotate(-360deg);
    transform: translateY(-10em) rotate(-360deg);
}
```

32.2.3　大象动画效果

大象动画主要是显示一头可爱的大象行走的画面。该动画主要由对应的 div 来确定大象的骨架，动画效果、颜色等样式则是由 CSS 来完成。具体代码如下：

```
<!-- 大象构成骨架 -->
<div class="elephant-container">
  <div class="elephant-wrapper">
  <div class="elephant-tail"></div>
  <div class="elephant-body">
    <div class="elephant-head">
```

```
    <div class="elephant-eyebrows"></div>
    <div class="elephant-eyes"></div>
    <div class="elephant-mouth"></div>
    <div class="elephant-fang-front"></div>
    <div class="elephant-fang-back"></div>
    <div class="elephant-ear"></div>
    </div>
  </div>

  <!-- 大象的腿 -->
  <div class="ele-leg-1 ele-leg-back">
    <div class="ele-foot"></div>
  </div>
  <div class="ele-leg-2 ele-leg-front">
    <div class="ele-foot"></div>
  </div>
  <div class="ele-leg-3 ele-leg-back">
    <div class="ele-foot"></div>
  </div>
  <div class="ele-leg-4 ele-leg-front">
    <div class="ele-foot"></div>
  </div>
  </div>

// 大象主体的颜色等设置
  .elephant-body {
  -webkit-animation: body-movement 1s infinite cubic-bezier(0.63, 0.15, 0.49, 0.93);
          animation: body-movement 1s infinite cubic-bezier(0.63, 0.15, 0.49, 0.93);
  background: -webkit-linear-gradient(top, #cfcfcf 0%, #FFAEB9 70%);
  background: linear-gradient(to bottom, #cfcfcf 0%, #FFAEB9 70%);
  border: 1px solid  #FFB6C1;
  border-radius: 100px 50px 70px 60px;
  height: 165px;
  position: relative;
  width: 100%;
  z-index: 1;
}

// 大象的耳朵样式设置
.elephant-ear {
  -webkit-animation: ear-movement 1s infinite linear;
          animation: ear-movement 1s infinite linear;
  background: -webkit-linear-gradient(right, #FFB6C1 10%, darkgray 100%);
  background: linear-gradient(to left, #FFB6C1 10%, darkgray 100%);
  border-bottom: 1px solid #FFB6C1;
  border-left: 1px solid #FFB6C1;
  border-top: 1px solid #FFB6C1;
  border-radius: 60px 0 0 50%;
  height: 110px;
  left: -22px;
  position: absolute;
  top: 25px;
  -webkit-transform: rotateZ(-10deg);
          transform: rotateZ(-10deg);
  width: 60px;
}
```

在主页中单击"大象"按钮，即可进入大象动画页面，在其中可以查看到大象的动画效果，如图 32-3 所示。

图 32-3　大象动画页面

32.2.4　设计天气动画

天气动画主要有 5 种状态，分别是下雪、刮风、下雨、闪电、晴天。每选择一种样式，图中就会显示对应的特效。该动画主要是由 svg 进行动画渲染，页面主要由 HTML5 进行展示、CSS3 进行美化。具体代码如下：

```
<!-- 天气的 5 种按钮 -->
<ul>
    <li><a id="button-snow" class="active"><i class="wi wi-snow"></i></a></li>
    <li><a id="button-wind"><i class="wi wi-strong-wind"></i></a></li>
    <li><a id="button-rain"><i class="wi wi-rain"></i></a></li>
    <li><a id="button-thunder"><i class="wi wi-lightning"></i></a></li>
    <li><a id="button-sun"><i class="wi wi-day-sunny"></i></a></li>
</ul>

<div id="card" class="weather">
    <svg id="inner">
        <defs>
                <path id="leaf" d="M41.9,56.3l0.1-2.5c0,0,4.6-1.2,5.6-2.2c1-1,3.6-13,12-
15.6c9.7-3.1,19.9-2
            ,26.1-2.1c2.7,0-10,23.9-20.5,25 c-7.5,0.8-17.2-5.1-17.2-5.1L41.9,56.3z"/>
        </defs>
        <circle id="sun" style="fill: #F7ED47" cx="0" cy="0" r="50"/>
        <g id="layer3"></g>
        <g id="cloud3" class="cloud"></g>
        <g id="layer2"></g>
        <g id="cloud2" class="cloud"></g>
        <g id="layer1"></g>
        <g id="cloud1" class="cloud"></g>
    </svg>

    <!-- 详情展示 -->
    <div class="details">
        <div class="temp">22<span>c</span></div>
        <div class="right">
            <div id="date">八月十五 中秋节 </div>
            <div id="summary"></div>
        </div>
    </div>

    </div>
</div>
```

在主页中单击"天气"按钮，即可进入天气动画页面，在其中可以查看到天气的动画效果，如图32-4所示。

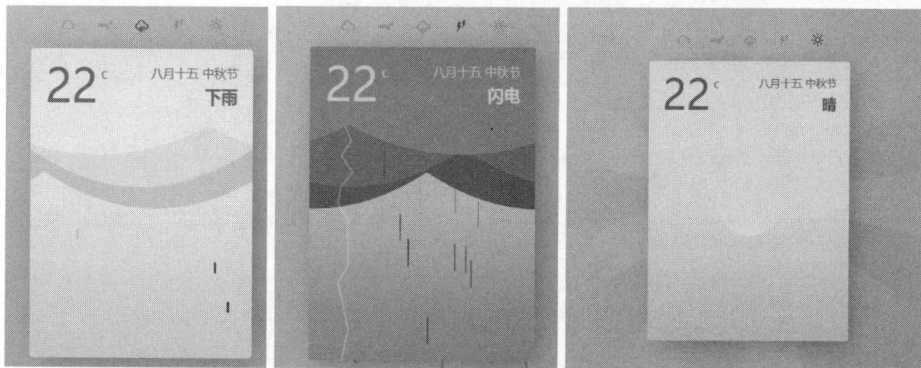

图 32-4 天气动画页面

32.2.5 设计轮播图片效果

一般网站首页都有一些图片轮播或新闻轮播，本案例是介绍了轮播的图片。具体代码如下：

```
<!-- 引用图片 -->
<div class="mysterywrap" style="left: -600px;">
  <a href="magnify.html"><img src="./images/img05.jpg" alt=""></a>
  <a href="magnify.html"><img src="./images/img01.jpg" alt=""></a>
  <a href="magnify.html"><img src="./images/img02.jpg" alt=""></a>
  <a href="magnify.html"><img src="./images/img08.jpg" alt=""></a>
  <a href="magnify.html"><img src="./images/img04.jpg" alt=""></a>
  <a href="magnify.html"><img src="./images/img06.jpg" alt=""></a>
  <a href="magnify.html"><img src="./images/img07.jpg" alt=""></a>
</div>
// 拿到引用图片的对象
  var mysterywrap = document.querySelector(".mysterywrap");
  var next = document.querySelector(".arrow_right");
  var prev = document.querySelector(".arrow_left");
  next.onclick = function () {
    next_pic();
  }
  // 单击事件
  prev.onclick = function () {
    prev_pic();
  }
  function next_pic () {
    index++;
    if(index > 4){
      index = 0;
    }
    showCurrentDot();
    var newLeft;
    if(mysterywrap.style.left === "-3600px"){
      newLeft = -1200;
    }else{
      newLeft = parseInt(mysterywrap.style.left)-600;
    }
    mysterywrap.style.left = newLeft + "px";
```

```
}
function prev_pic () {
  index--;
  if(index < 0){
    index = 4;
  }
  showCurrentDot();
  var newLeft;
  if(mysterywrap.style.left === "0px"){
    newLeft = -2400;
  }else{
    newLeft = parseInt(mysterywrap.style.left)+600;
  }
  mysterywrap.style.left = newLeft + "px";
}
var timer = null;
function autoPlay () {
  timer = setInterval(function () {
    next_pic();
  },2000);
}
autoPlay();

var mysterycontainer = document.querySelector(".mysterycontainer");
mysterycontainer.onmouseenter = function () {
  clearInterval(timer);
}
// 鼠标移动时
mysterycontainer.onmouseleave = function () {
  autoPlay();
}
var index = 0;
var dots = document.getElementsByTagName("span");
function showCurrentDot () {
  for(var i = 0, len = dots.length; i < len; i++){
    dots[i].className = "";
  }
  dots[index].className = "mysteryon";
}
for (var i = 0, len = dots.length; i < len; i++){
  (function(i){
    dots[i].onclick = function () {
      var dis = index - i;
      if(index == 4 && parseInt(mysterywrap.style.left)!==-3000){
        dis = dis - 5;
      }
        // 和使用 prev 和 next 相同，最开始的照片 5 和最终的照片 1 在使用时会出现问题，导致符号和位数的出
        // 错，做相应的处理即可
      if(index == 0 && parseInt(mysterywrap.style.left)!== -600){
        dis = 5 + dis;
      }
      mysterywrap.style.left = (parseInt(mysterywrap.style.left) + dis * 600)+"px";
      index = i;
      showCurrentDot();
    }
  })(i);
}
```

```
// 放大图片时
function $(e) {
    return document.getElementById(e);
}


// 根据class获得对应的对象
document.getElementsByClassName = function(cl) {
    var retnode = [];
    var myclass = new RegExp('\\b' + cl + '\\b');
    var elem = this.getElementsByTagName('*');
    for (var i = 0; i < elem.length; i++) {
        var classes = elem[i].className;
        if (myclass.test(classes)) retnode.push(elem[i]);
    }
    return retnode;
}
var MyMar;
var speed = 1; // 速度，越大越慢
var spec = 1;  // 每次滚动的间距，越大滚动越快
var ipath = 'images/'; // 图片路径
var thumbs = document.getElementsByClassName('thumb_img');
for (var i = 0; i < thumbs.length; i++) {
    thumbs[i].onmouseover = function() {
        $('mysterymain_img').src = this.rel;
        $('mysterymain_img').link = this.link;
    };
    thumbs[i].onclick = function() {
        location = this.link
    }
}


// 图片单击事件
$('mysterymain_img').onclick = function() {
    location = this.link;
}
// 鼠标移动事件
$('gotop').onmouseover = function() {
    this.src = ipath + 'gotop2.gif';
    MyMar = setInterval(gotop, speed);
}
// 鼠标移出事件
$('gotop').onmouseout = function() {
    this.src = ipath + 'gotop.gif';
    clearInterval(MyMar);
}

$('gobottom').onmouseover = function() {
    this.src = ipath + 'gobottom2.gif';
    MyMar = setInterval(gobottom, speed);
}
$('gobottom').onmouseout = function() {
    this.src = ipath + 'gobottom.gif';
    clearInterval(MyMar);
}
function gotop() {
    $('mysteryshowArea').scrollTop -= spec;
}
function gobottom() {
```

```
    $('mysteryshowArea').scrollTop += spec;
}
```

在主页中单击"轮播"按钮，即可进入图片轮播页面，在其中可以查看到图片轮播效果，如图 32-5 所示。

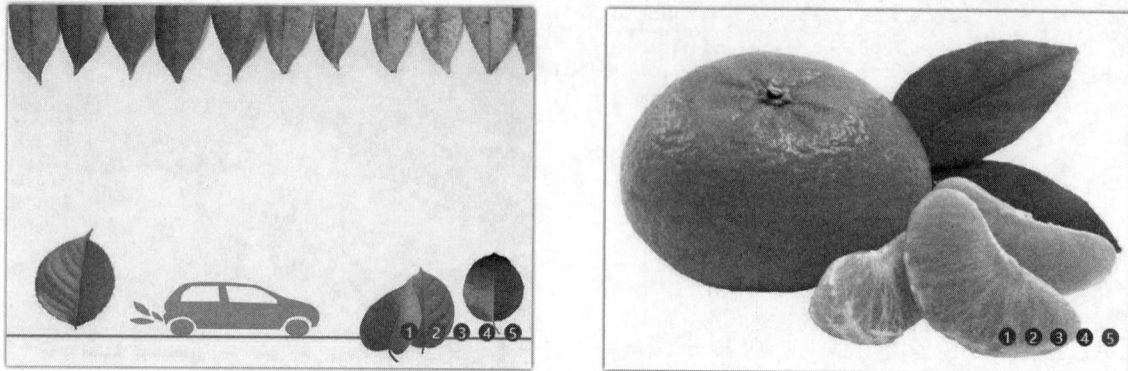

图 32-5　图片轮播效果

32.3　项目总结

案例中虽然一些 JavaScript 代码和 CSS3 样式看起来多而杂，但是只要掌握了核心的代码，知晓如何调试就可以了。

在开发中有时候就会想要做一些看起来比较酷炫的页面，此时如果你要自己独立地设计并书写所有的页面代码和样式，这是极其浪费时间和精力的，这时候你只需要在网上找一些能满足你功能需求的 demo，然后根据需求自己改动即可。

针对本案例，初学者要认识到，做一个酷炫有意思的页面，不需要你完成所有的功能代码，只需要你能掌握核心的代码块，并且知晓如何改动就行了，稍稍地改动就可以完成符合你自己需求的页面。

第33章
项目实践高级阶段——制作酷炫菜单

◎ **本章教学微视频：7 个　14 分钟**

学习指引

该项目是在开发中可能会用到的几个美观的页面效果图，主要有首页酷炫选择图、图片选择特效、图片复古特效、萤火虫动画、翻书动画等元素，本章就来介绍制作酷炫菜单项目。

重点导读

- 了解项目代码结构。
- 掌握项目代码实现。
- 熟悉项目总结的方法。

33.1　项目代码结构

本项目是基于 HTML5、CSS3、JavaScript 的案例程序，案例主要通过 HTML5 确定框架、CSS 确定样式、JavaScript 来完成调度，三者合作来实现网页的动态化，案例所用的图片全部保存在 images 文件夹中。

本案例的代码清单包括 HTML、JavaScript、CSS 页面 3 个部分。

（1）HTML 部分。本案例一共有 5 个 HTML 文件，分别为 index.html、book.html、firefly.html、render.html、select.html。它们分别是首页、翻书动画页、萤火虫动画页、图片复古页、图片选择效果页。

（2）JavaScript 部分。本案例一共有 3 个 JavaScript 代码文件，分别为：index.js、prefixfree.min.js、selectIndex.js，分别对应首页、萤火虫、图片选择。

（3）CSS 部分。本案例一共有 5 个 CSS 代码文件，分别为 bookStyle.css、renderStyle.css、reset.css、selectStyle.css、style.css。它们分别对应翻书的样式、复古特效样式、萤火虫样式、图片选择样式、首页样式。

33.2　项目代码实现

下面来分析酷炫菜单系统的代码是如何实现的。

33.2.1　设计酷炫菜单首页

首页是有些像霓虹灯的酷炫页面，实现该效果的主要代码如下：

```
<div class="menu">
  <div class='center'>
    <!-- 中心圆 -->
    <div class='centre'></div>

    <!-- 中心圆外的第一个圆 -->
    <div class='centre_outer_circle_one'>
      <!-- 每一个圆的组成 -->
      <div class='circle_one_style'></div>
      <div class='circle_one_style'></div>
      ....
    </div>

    <!-- 中心圆外的第二个圆 -->
    <div class='centre_outer_circle_two'>
      <div class='circle_two_style'></div>
      ....

    </div>

    <!-- 最外圈的圆的上半部分 -->
    <div class='outer_circle_top'>
      <div class='circle_top_style'></div>
      <div class='circle_top_style'></div>
      ....
    </div>

    <!-- 最外圈的圆的下半部分的最外层 -->
    <div class='outer_circle_below_outer'>
      <div class='outer_circle_outer_style'></div>
      <div class='outer_circle_outer_style'></div>
      ....
    </div>
    <!-- 最外圈的圆的下半部分的内层 -->
    <div class='outer_circle_below_inner'>
      <div class='outer_circle_inner_style'></div>
      ....
    </div>

    <!-- 最外层选择项 -->
    <div class='select_option'>
      <!-- 最外层选择项的有文字部分 -->
      <div class='select_option_text' onclick="goTo('select.html');">
        <span> 图片选择特效 </span>
        <div class='line'></div>
        <div class='tip'>
        </div>
      </div>
      <div class='select_option_text' onclick="goTo('render.html');">
        <span> 图片复古特效 </span>
```

```
        <div class='line'></div>
        <div class='tip'>
        </div>
    </div>
    <div class='select_option_text' onclick="goTo('firefly.html');">
        <span> 萤火虫动画 </span>
        <div class='line'></div>
        <div class='tip'>
        </div>
    </div>
    <div class='select_option_text' onclick="goTo('book.html');">
        <span> 翻书动画 </span>
        <div class='line'></div>
        <div class='tip'>
        </div>
    </div>

    </div>
  </div>

// 首页跳转方法
  function goTo(target){
    window.location.href = target;
}
```

运行本案例的主页文件 index.html，即可预览首页效果，如图 33-1 所示。

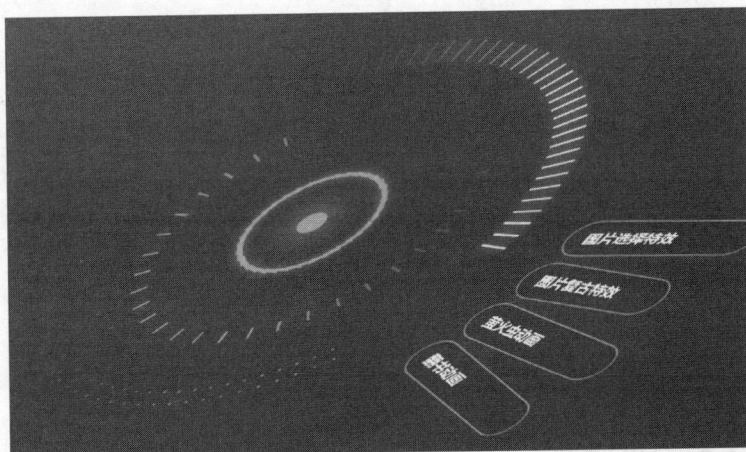

图 33-1　首页效果

33.2.2　设计翻书动画效果

翻书动画效果是模拟翻书的动画，实现代码如下：

```
<div class="book_component">
    <ul class="book_align">
        <li>
            <figure class='book'>
                <!-- 书的前面 -->
                <ul class='book_front'>
```

```
                    <li>
                        <a class="mark" href="#"> 翻书动画 </br> 创作: mystery</a>
                    </li>
                    <li></li>
                </ul>
                <!-- 书的页面 -->
                <ul class='book_page'>
                    <li></li>
                    <li></li>
                    <li></li>
                    <li></li>
                    <li></li>
                </ul>
                <!-- 合上书本 -->
                <ul class='book_back'>
                    <li></li>
                    <li></li>
                </ul>

                <!-- 书的枝干 -->
                <ul class='book_limb'>
                    <li></li>
                    <li></li>
                </ul>
                <figcaption>
                    <h1> 翻书动画 </h1>
                    <span> 创作 : mystery 2017-10-19 </span>
                </figcaption>
            </figure>
        </li>
    </ul>
</div>
```

在主页中单击"翻书动画"按钮，即可进入翻书动画页面，如图 33-2 所示。

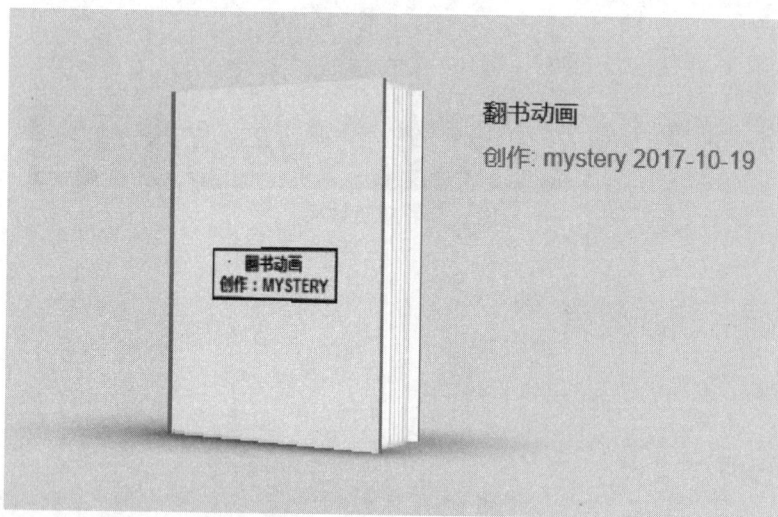

图 33-2　进入翻书动画页面

移动鼠标至书上，即可预览翻书效果，如图 33-3 所示。

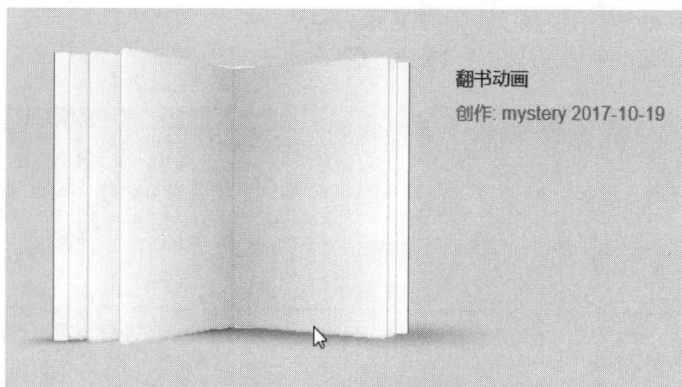

图 33-3　预览翻书效果

33.2.3　设计萤火虫发光动画

萤火虫动画是比较有趣的模拟萤火虫效果图。具体代码如下：

```html
<div class="checkbox-wrap">
    <input class="checkbox" id="checkbox" type="checkbox" />
    <label class="firefly" for="checkbox">
        <!-- 萤火虫腹部 -->
        <div class="fire_fly_abdomen">
            <!-- 胸腔 -->
            <div class="fire_fly_thorax">
                <!-- 头部 -->
                <div class="fire_fly_head">
                    <!-- 眼睛 -->
                    <div class="fire_fly_eyes"></div>

                    <!-- 触角 -->
                    <div class="fire_fly_antennae"></div>
                </div>
            </div>
            <!-- 萤火虫翅膀 -->
            <div class="fire_fly_wings">
                <div class="wing wing-up"></div>
                <div class="wing wing-blow"></div>
            </div>
        </div>
    </label>
</div>

// 萤火虫身体的样式
body {
    display: flex;
    align-items: center;
    justify-content: center;
    flex-direction: column;
    height: 100vh;
    background: radial-gradient(#0a2a43 30%, #09243a);
    font-family: 'Asap', sans-serif;
}
```

在主页中单击"萤火虫动画"按钮，即可进入萤火虫动画页面，如图 33-4 所示。

单击萤火虫的尾部，即可预览萤火虫发光动画效果，如图 33-5 所示。

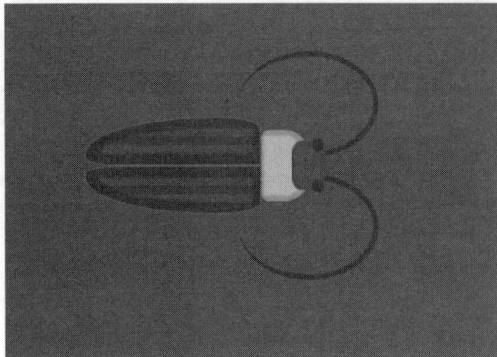

图 33-4 萤火虫动画页面

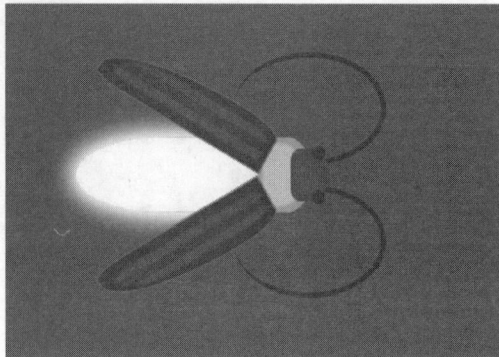

图 33-5 萤火虫发光动画效果

33.2.4 设计图片选择效果

在选择图片时会显示一些特效来表示被选中，这里出现的是对号标志。具体代码如下：

```
<!-- 选中的图片效果 -->
  <div class="select_top">
      <button class="select"> </button>
      <h1>选择照片 </h1>
      <button class="mark " data-counter="0">&#10004;</button>
  </div>

  <!-- 可以通过更改 src 的地址来更换图片 -->
  <ul>
    <li><img src="image/01.jpg" /></li>
    <li><img src="image/02.jpg" /></li>
    <li><img src="image/03.jpg" /></li>
    <li><img src="image/04.jpg /></li>
    <li><img src="image/05.jpg" /></li>
    <li><img src="image/06.jpg" /></li>
    <li><img src="image/07.jpg" /></li>
    <li><img src="image/08.jpg" /></li>
  </ul>
<!-- 选中的图片效果 -->
</body>

// 图片单击事件
$('li').click(function () {
  $(this).toggleClass('selected');
  if ($('li.selected').length == 0)
    $('.select').removeClass('selected');
  else
    $('.select').addClass('selected');
  counter();
});

// 全选单击事件
$('.select').click(function () {
  if ($('li.selected').length == 0) {
    $('li').addClass('selected');
    $('.select').addClass('selected');
```

```
  }
  else {
    $('li').removeClass('selected');
    $('.select').removeClass('selected');
  }
  counter();
});

// 单个的图片单击事件
function counter() {
  if ($('li.selected').length > 0)
    $('.mark').addClass('selected');
  else
    $('.mark').removeClass('selected');
  $('.mark').attr('data-counter',$('li.selected').length);
}
```

在主页中单击"选择照片"按钮，即可进入图片选择页面，如图 33-6 所示。

单击"选中所有"按钮，即可选择全部图片，并显示选择图片的张数，如图 33-7 所示。

图 33-6　进入图片选择页面

图 33-7　选择图片的张数

33.2.5　设计图片复古效果

鼠标在从图片外移动到图片中时会显示复古的效果，具体代码如下：

```
<style>
```

```
    <!-- 定义图片的状态 -->
    figure {
        box-shadow:inset 0 0 100px rgba(0,0,20,.7), 0 5px 15px rgba(0,0,0,.5);
                background:-webkit-linear-gradient(top, rgba(255,145,0,0.2)
0%,rgba(255,230,48,0.2) 60%), -webkit-linear-gradient(20deg, rgba(255,0,0,0.5)
0%,rgba(255,0,0,0) 35%);
        width:100%; height:100%; }

    figure img {
        -webkit-filter:sepia(0.2) brightness(1.1) contrast(1.3);
        transition:-webkit-filter 0.3s ease-in-out;
        position:relative; z-index:-1; }

    figure:hover { background:none; }
    figure:hover img { -webkit-filter:sepia(0) brightness (1) contrast(1); }

    body { background:url(http://media.apecoding.com/apc_59e8520453f3c.png) repeat; }
    <!-- 确定图片的边框位置 -->
    figure { margin:1px; }
</style>

<!-- 可通过更改该 src 的地址更换图片 -->
<figure>
 <img src="image/10.jpg" alt="">
</figure>
```

在主页中单击"图片复古特效"按钮，即可进入图片复古特效页面，如图 33-8 所示。

图 33-8　复古特效页面

33.3　项目总结

　　本案例选择的都是在开发中很有可能要使用的页面效果，初学者可以通过注释自己手动更改一些属性来进行熟悉和了解。

　　这些页面的构造和效果，本案例涉及的 JavaScript 方法也是常用的 onclick() 方法和 jQuery 的 id 选择器，这也是开发中必须要会的知识。

　　对于本案例中的一些动画效果，初学者不必完全掌握，只需要学会查看最重要的一些代码模块就好了，知道在何处修改、如何修改即可。掌握了这两点，初学者完全可以根据本案例完成自己的页面设计。

第34章
项目实践综合案例 1——制作企业门户网站

◎ 本章教学微视频：8 个　15 分钟

学习指引

　　该项目是制作一个企业门户网站，包括网站首页、公司简介、产品介绍、新闻中心、联系我们等企业模板页面，本章就来介绍制作企业门户网站。

重点导读

- 了解项目代码结构。
- 掌握项目代码实现。
- 熟悉项目总结的方法。

34.1　项目代码结构

　　本项目是基于 HTML5、CSS3、JavaScript 的案例程序，案例主要通过 HTML5 确定框架、CSS3 确定样式、JavaScript 来完成调度，三者合作来实现网页的动态化，案例所用的图片全部保存在 images 文件夹中。

　　本案例的代码清单包括 HTML、JavaScript、CSS 页面 3 个部分。

　　（1）HTML 部分。本案例包括多个 HTML 文件，主要文件为 index.html、about.html、news.html、products.html、contact.html。它们分别是首页页面、"公司简介"页面、"新闻中心"页面、"产品分类"页面、"联系我们"页面等。

　　（2）JavaScript 部分。本案例一共有 3 个 JavaScript 代码文件，分别为 main.js、jquery.min.js、bootstrap.min.js。

　　（3）CSS 部分。本案例一共有 2 个 CSS 代码文件，分别为 main.css、bootstrap.min.css。

34.2　项目代码实现

　　下面来介绍企业门户网站各个页面的实现过程及相关代码。

34.2.1　设计企业门户网站首页

企业门户网站的首页用于展示企业的基本信息，包括企业介绍、产品分类、产品介绍等。实现首页的主要代码如下：

```html
<!DOCTYPE html>
<html lang="zh-cn">
    <head>
        <title></title>
        <meta charset="utf-8" />
        <meta name="viewport" content="width=device-width, initial-scale=1">
        <link rel="stylesheet" type="text/css" href="static/css/bootstrap.min.css" />
        <link rel="stylesheet" type="text/css" href="static/css/main.css" />
    </head>

<body class="bodypg">
    <div class="top-intr">
        <div class="container">
                <p class="pull-left">
                        北京置顶化工有限公司
                </p>
                <p class="pull-right">
                        <a><i class="glyphicon glyphicon-earphone"></i>联系电话: 021-12345678 </a>
                </p>
        </div>
    </div>
    <nav class="navbar-default">
        <div class="container">
                <div class="navbar-header">
                        <!--<button type="button" class="navbar-toggle" data-toggle=
"collapse" data-target="#bs-example-navbar-collapse">
                                <span class="sr-only">Toggle navigation</span>
                                <span class="icon-bar"></span>
                                <span class="icon-bar"></span>
                                <span class="icon-bar"></span>
                        </button>-->
                        <a href="index.html">
                                <h1>北京置顶化工 </h1>
                                <p>KUN YU CO.,LTD.</p>
                        </a>
                </div>
                <div class="pull-left search">
                        <input type="text" placeholder="输入搜索的内容 "/>
                        <a><i class="glyphicon glyphicon-search"></i>搜索 </a>
                </div>
                <div class="nav-list"><!--class="collapse navbar-collapse" id="bs-example-
navbar-collapse"-->
                        <ul class="nav navbar-nav">
                                <li class="active hidden-xs">
                                        <a href="index.html">网站首页 </a>
                                </li>
                                <li>
                                        <a href="about.html">关于昆玉 </a>
                                </li>
                                <li>
                                        <a href="products.html">产品介绍 </a>
                                </li>
                                <li>
                                        <a href="news.html">新闻中心 </a>
```

```
                                </li>
                                <li>
                                        <a href="contact.html">联系我们 </a>
                                </li>
                        </ul>
                </div>
        </div>
</nav>
<div class="fl hidden-lg hidden-md hidden-sm">
        <ul>
                <li>
                        <a href="index.html">
                                <p><i class="glyphicon glyphicon-home"></i>
                                网站首页 </p>
                        </a>
                </li>
                <li>
                        <a href="tel:18112651385" >
                                <p><i class="glyphicon glyphicon-earphone"></i>
                                拨号联系 </p>
                        </a>
                </li>
                <li>
                        <a href="contact.html#message">
                                <p><i class="glyphicon glyphicon-comment"></i>
                                在线留言 </p>
                        </a>
                </li>
        </ul>
</div>
<!--banner-->
<div id="carousel-example-generic" class="carousel slide " data-ride="carousel">
        <!-- Indicators -->
        <ol class="carousel-indicators">
                <li data-target="#carousel-example-generic" data-slide-to="0" class="active"></li>
                <li data-target="#carousel-example-generic" data-slide-to="1"></li>
                <li data-target="#carousel-example-generic" data-slide-to="2"></li>
        </ol>

        <!-- Wrapper for slides -->
        <div class="carousel-inner" role="listbox">
                <div class="item active">
                        <img src="static/images/banner/banner2.jpg">
                </div>
                <div class="item">
                        <img src="static/images/banner/banner3.jpg">
                </div>
                <div class="item">
                        <img src="static/images/banner/banner1.jpg">
                </div>
        </div>

        <!-- Controls -->
        <a class="left carousel-control" href="#carousel-example-generic" role="button"
data-slide="prev">
                <span class="glyphicon glyphicon-chevron-left" aria-hidden="true"></span>
                <span class="sr-only">Previous</span>
        </a>
        <a class="right carousel-control" href="#carousel-example-generic" role="button"
data-slide="next">
                <span class="glyphicon glyphicon-chevron-right" aria-hidden="true"></span>
```

```html
                    <span class="sr-only">Next</span>
        </a>
    </div>
    <!--main-->
    <div class="main container">
        <div class="row">
            <div class="col-sm-3 col-xs-12">
                <div class="pro-list">
                    <div class="list-head">
                        <h2> 产品分类 </h2>
                        <a href="products.html"> 更多 +</a>
                    </div>
                    <dl>
                        <dt> 净洗剂 </dt>
                        <dd><a href="products-detail.html">6501</a></dd>
                        <dt> 酸度调节剂 </dt>
                        <dd><a href="products-detail1.html"> 一水柠檬酸 / 无水
柠檬酸 </a></dd>
                        <dt> 防腐剂 </dt>
                        <dd><a href="products-detail2.html"> 苯甲酸钠 </a></dd>
                        <dt> 磷酸盐 </dt>
                        <dd><a href="products-detail3.html">96%/98% 磷酸三钠
</a></dd>
                        <dd><a href="products-detail4.html"> 三聚磷酸钠 </a></dd>
                        <dt> 其他醚 </dt>
                        <dd><a href="products-detail5.html"> 二乙二醇己醚 </
a></dd>
                        <dd><a href="products-detail6.html"> 二丙二醇丙醚 </
a></dd>
                        <dd><a href="products-detail7.html"> 三丙二醇甲醚 </
a></dd>
                    </dl>
                </div>

            </div>
            <div class="col-sm-9 col-xs-12">
                <div class="about-list row">
                    <div class="col-md-9 col-sm-12">
                        <div class="about">
                            <div class="list-head">
                                <h2> 公司简介 </h2>
                                <a href="about.html"> 更多 +</a>
                            </div>
                            <div class=" about-con row">
                                <div class="col-sm-6 col-xs-12">
                                    <img src="static/images/ab.jpg"/>
                                </div>
                                <div class="col-sm-6 col-xs-12">
                                    <h3> 北京置顶化工有限公司 </h3>
                                    <p>
                                                经销批发的丙二醇、乙二醇、
甘油、油酸、胺类、硬脂酸畅销消费者市场，在消费者当中享有较高的地位，公司与多家零售商和代理商建立了长期稳定的合作关系。
                                    </p>
                                </div>
                            </div>
                        </div>
                    </div>
            </div>
            <div class="col-md-3 col-sm-12">
                <div class="con-list">
                <div class="list-head">
                    <h2> 联系我们 </h2>
```

```
            </div>
            <div class="con-det">
                    <a href="contact.html"><img src="static/images/listcon.jpg"/></a>
                    <ul>
                    <li>公司地址：江苏省上海市昆玉区产业园 </li>
                    <li>固定电话：<br/>021-12345678 </li>
                    <li>联系邮箱：Kunyu@job.com</li>
                    </ul>
            </div>
            </div>
</div>
</div>
<div class="pro-show">
<div class="list-head">
        <h2>产品展示 </h2>
        <a href="products.html">更多 +</a>
</div>
<ul class="row">
        <li class="col-sm-3 col-xs-6">
        <a href="products-detail.html">
                <img src="static/images/products/pro1.jpg"/>
                <p>6501</p>
        </a>
        </li>
        <li class="col-sm-3 col-xs-6">
        <a href="products-detail1.html">
                <img src="static/images/products/pro2.jpg"/>
                <p>一水柠檬酸 / 无水柠檬酸 </p>
        </a>
        </li>
        <li class="col-sm-3 col-xs-6">
        <a href="products-detail2.html">
                <img src="static/images/products/pro3.jpg"/>
                <p>苯甲酸钠 </p>
        </a>
        </li>
        <li class="col-sm-3 col-xs-6">
        <a href="products-detail3.html">
                <img src="static/images/products/pro4.jpg"/>
                <p>96%/98% 磷酸三钠 </p>
        </a>
        </li>
        <li class="col-sm-3 col-xs-6">
        <a href="products-detail4.html">
                <img src="static/images/products/pro5.jpg"/>
                <p>三聚磷酸钠 </p>
        </a>
        </li>
        <li class="col-sm-3 col-xs-6">
        <a href="products-detail5.html">
                <img src="static/images/products/pro6.jpg"/>
                <p>二乙二醇己醚 </p>
        </a>
        </li>
        <li class="col-sm-3 col-xs-6">
        <a href="products-detail6.html">
                <img src="static/images/products/pro7.jpg"/>
                <p>二丙二醇丙醚 </p>
        </a>
        </li>
        <li class="col-sm-3 col-xs-6">
```

```
                    <a href="products-detail7.html">
                            <img src="static/images/products/pro8.jpg"/>
                            <p>三丙二醇甲醚 </p>
                    </a>
                </li>
            </ul>
        </div>
    </div>
    </div>
</div>
<a class="move-top">
    <p><i class="glyphicon glyphicon-chevron-up"></i></p>
</a>
<footer>
    <div class="footer02">
    <div class="container">
        <div class="col-sm-4 col-xs-12 footer-address">
        <h4>北京置顶化工有限公司 </h4>
        <ul>
            <li><i class="glyphicon glyphicon-home"></i>公司地址: 上海市昆玉区产业园 1 号 </li>
            <li><i class="glyphicon glyphicon-phone-alt"></i>固定电话: 021-12345678 </li>
            <li><i class="glyphicon glyphicon-phone"></i>移动电话: 13021210000</li>
            <li><i class="glyphicon glyphicon-envelope"></i>联系邮箱: Kunyu@job.com</li>
        </ul>
        </div>
        <ul class="footerlink col-sm-4 hidden-xs">
        <li>
            <a href="about.html">关于我们 </a>
        </li>
        <li>
            <a href="products.html">产品介绍 </a>
        </li>
        <li>
            <a href="news.html">新闻中心 </a>
        </li>
        <li>
            <a href="contact.html">联系我们 </a>
        </li>
        </ul>
        <div class="gw col-sm-4 col-xs-12">
        <p>关注我们: </p>
        <img src="static/images/wx.jpg"/>
        <p>客服热线: Kunyu@job.com</p>
                </div>
            </div>
            <div class="copyright text-center">
                    <span>copyright © 2018 </span>
                    <span>北京置顶化工有限公司 </span>
            </div>
        </div>
    </footer>
    <script src="static/js/jquery.min.js" type="text/JavaScript" charset="utf-8"></script>
    <script src="static/js/bootstrap.min.js" type="text/JavaScript" charset="utf-8"></script>
    <script src="static/js/main.js" type="text/JavaScript" charset="utf-8"></script>
    </body>
</html>
```

　　运行本案例的主页文件 index.html，即可预览首页效果。如图 34-1 所示为首页的顶部模块，包括网页菜单、Banner（网页广告条）等；如图 34-2 所示为首页的中间模块，包括产品分类、公司简介、联系我们、产品展示等模块；如图 34-3 所示为首页的底部模块，包括联系方式和一个微信图片。

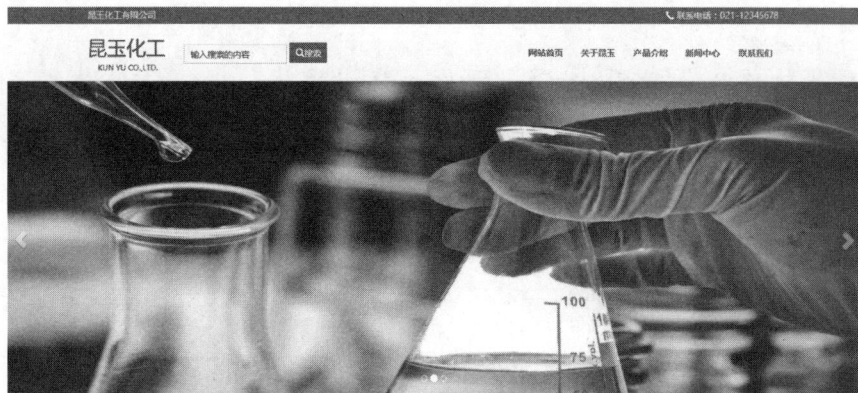

图 34-1　首页顶部模块

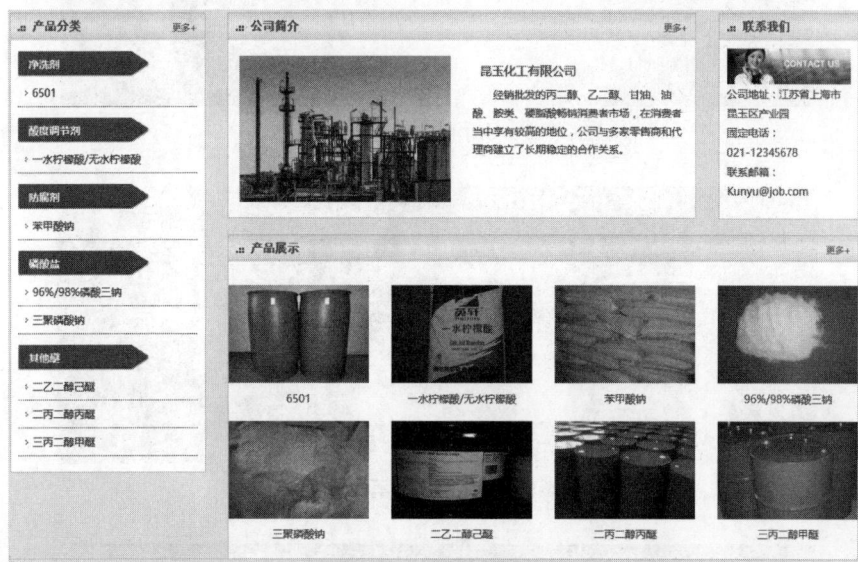

图 34-2　首页中间模块

图 34-3　首页底部模块

34.2.2　设计 Banner 动态效果

网站页面中的 Banner 图片一般是自动滑动运行的，用户可以使用 JavaScript 代码来实现自动滑动运行效果。用于控制整个网站首页 Banner 图片自动运行动态效果的 JavaScript 代码如下：

```
$(function(){
```

```
$(".move-top").click(function () {
    var speed=200;// 滑动的速度
    $('body,html').animate({ scrollTop: 0 }, speed);
    return false;
});
})
```

运行之后，网站首页 Banner 以 200ms 的速度滑动。如图 34-4 所示为 Banner 的第一个图片；如图 34-5 所示为 Banner 的第二个图片；如图 34-6 所示为 Banner 的第三个图片。

图 34-4　Banner 的第一个图片

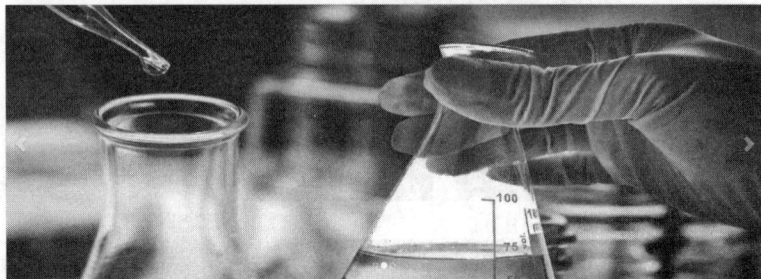

图 34-5　Banner 的第二个图片

图 34-6　Banner 的第三个图片

34.2.3　设计"公司简介"页面

"公司简介"页面用于介绍公司的基本情况，包括经营状况、产品内容等。实现页面功能的主要代码如下：

```
<!DOCTYPE html>
<html lang="zh-cn">
    <head>
        <title></title>
```

```
        <meta charset="utf-8" />
        <meta name="viewport" content="width=device-width, initial-scale=1">
        <link rel="stylesheet" type="text/css" href="static/css/bootstrap.min.css" />
        <link rel="stylesheet" type="text/css" href="static/css/main.css" />
    </head>

<body>
    <div class="top-intr">
        <div class="container">
            <p class="pull-left">
                    北京置顶化工有限公司
            </p>
            <p class="pull-right">
                    <a><i class="glyphicon glyphicon-earphone"></i>联系电话: 021-12345678</a>
            </p>
        </div>
    </div>
    <nav class="navbar-default">
        <div class="container">
            <div class="navbar-header">
                <!--<button type="button" class="navbar-toggle" data-
toggle="collapse" data-target="#bs-example-navbar-collapse">
                        <span class="sr-only">Toggle navigation</span>
                        <span class="icon-bar"></span>
                        <span class="icon-bar"></span>
                        <span class="icon-bar"></span>
                </button>-->
                <a href="index.html">
                        <h1>北京置顶化工</h1>
                        <p>KUN YU CO.,LTD.</p>
                </a>
            </div>
            <div class="pull-left search">
                <input type="text" placeholder="输入搜索的内容"/>
                    <a><i class="glyphicon glyphicon-search"></i>搜索</a>
            </div>
            <div class="nav-list"><!--class="collapse navbar-collapse" id="bs-example-
navbar-collapse"-->
                <ul class="nav navbar-nav">
                    <li class=" hidden-xs">
                            <a href="index.html">网站首页</a>
                    </li>
                    <li class="active">
                            <a href="about.html">关于昆玉</a>
                    </li>
                    <li>
                            <a href="products.html">产品介绍</a>
                    </li>
                    <li>
                            <a href="news.html">新闻中心</a>
                    </li>
                    <li>
                            <a href="contact.html">联系我们</a>
                    </li>
                </ul>
            </div>
        </div>
    </nav>
```

```html
        <div class="fl hidden-lg hidden-md hidden-sm">
     <ul>
          <li>
               <a href="index.html">
                    <p><i class="glyphicon glyphicon-home"></i>
                    网站首页 </p>
               </a>
          </li>
          <li>
               <a href="tel:0512-57995109" >
                    <p><i class="glyphicon glyphicon-earphone"></i>
                    拨号联系 </p>
               </a>
          </li>
          <li>
               <a href="contact.html#message">
                    <p><i class="glyphicon glyphicon-comment"></i>
                    在线留言 </p>
               </a>
          </li>
     </ul>
</div>
<!--banner-->
<div id="carousel-example-generic" class="carousel slide " data-ride="carousel">
     <!-- Indicators -->
     <ol class="carousel-indicators">
          <li data-target="#carousel-example-generic" data-slide-to="0"
class="active"></li>
          <li data-target="#carousel-example-generic" data-slide-to="1"></li>
          <li data-target="#carousel-example-generic" data-slide-to="2"></li>
     </ol>

     <!-- Wrapper for slides -->
     <div class="carousel-inner" role="listbox">
          <div class="item active">
               <img src="static/images/banner/banner2.jpg">
          </div>
          <div class="item">
               <img src="static/images/banner/banner3.jpg">
          </div>
          <div class="item">
               <img src="static/images/banner/banner1.jpg">
          </div>
     </div>

     <!-- Controls -->
     <a class="left carousel-control" href="#carousel-example-generic" role="button"
data-slide="prev">
          <span class="glyphicon glyphicon-chevron-left" aria-hidden="true"></span>
          <span class="sr-only">Previous</span>
     </a>
     <a class="right carousel-control" href="#carousel-example-generic" role="button"
data-slide="next">
          <span class="glyphicon glyphicon-chevron-right" aria-hidden="true"></
span>
          <span class="sr-only">Next</span>
     </a>
```

```
        </div>
        <!--main-->

        <div class="abpg container">
            <div class="">
                <!--<div class="col-md-3">
                    <div class="model-title theme">
                            关于我们
                    </div>
                    <div class="model-list">
                        <ul class="list-group">
                            <li class="list-group-item ">
                                <a href="about.html">关于昆玉 </a>
                            </li>
                        </ul>
                    </div>
                </div>-->
                <div class="col-md-12 serli">
                    <ol class="breadcrumb">
                        <li><i class="glyphicon glyphicon-home"></i><a href="index.
html">主页 </a></li>
                        <li class="active">关于昆玉 </li>
                    </ol>
                    <div class="abdetail">
                        <img src="static/images/ab.jpg"/>
                        <p>
                                北京置顶化工有限公司  经销批发的丙二醇、乙二醇、甘油、油酸、胺
类、硬脂酸畅销消费者市场，在消费者当中享有较高的地位，公司与多家零售商和代理商建立了长期稳定的合作关系。北京置顶化
工有限公司经销的丙二醇、乙二醇、甘油、油酸、胺类品种齐全、价格合理。北京置顶化工有限公司实力雄厚，重信用、守合同、
保证产品质量，以多品种经营特色和薄利多销的原则，赢得了广大客户的信任。
                        </p>
                    </div>
                    <ul class="rec clearfix">
                        <li>
                                <a href="contact.html" class="btn btn-danger">联 系
我们 </a>
                        </li>
                    </ul>
                </div>
            </div>
        </div>
        <a class="move-top">
            <p><i class="glyphicon glyphicon-chevron-up"></i></p>
        </a>
        <footer>
            <div class="footer02">
                <div class="container">
                    <div class="col-sm-4 col-xs-12 footer-address">
                        <h4>北京置顶化工有限公司 </h4>
                        <ul>
                            <li><i class="glyphicon glyphicon-home"></i> 公司地址:
上海市昆玉区产业园 1 号 </li>
                            <li><i class="glyphicon glyphicon-phone-alt"></i> 固
定电话: 021-12345678</li>
                            <li><i class="glyphicon glyphicon-phone"></i> 移动电
话: 13021210000</li>
                            <li><i class="glyphicon glyphicon-envelope"></i> 联
系邮箱: Kunyu@job.com</li>
```

```
                                    </ul>
                                </div>
                                <ul class="footerlink col-sm-4 hidden-xs">
                                    <li>
                                        <a href="about.html">关于我们</a>
                                    </li>
                                    <li>
                                        <a href="products.html">产品介绍</a>
                                    </li>
                                    <li>
                                        <a href="news.html">新闻中心</a>
                                    </li>
                                    <li>
                                        <a href="contact.html">联系我们</a>
                                    </li>
                                </ul>
                                <div class="gw col-sm-4 col-xs-12">
                                    <p>关注我们：</p>
                                    <img src="static/images/wx.jpg"/>
                                    <p>客服热线：021-12345678</p>
                                </div>
                            </div>
                            <div class="copyright text-center">
                                <span>copyright © 2017 </span>
                                <span>北京置顶化工有限公司 </span>
                            </div>
                        </div>
                </footer>
            <script src="static/js/jquery.min.js" type="text/JavaScript" charset="utf-8"></script>
            <script src="static/js/bootstrap.min.js" type="text/JavaScript" charset="utf-8"></script>
            <script src="static/js/main.js" type="text/JavaScript" charset="utf-8"></script>
        </body>
    </html>
```

运行本案例的主页文件 index.html，然后单击首页中的"关于昆玉"超链接，即可进入"关于昆玉"页面，如图 34-7 所示。

昆玉化工有限公司经销批发的丙二醇、乙二醇、甘油、钛酸、胺类、硬脂酸畅销消费者市场，在消费者当中享有较高的地位，公司与多家零售商和代理商建立了长期稳定的合作关系。昆玉化工有限公司经销的丙二醇、乙二醇、甘油、钛酸、胺类品种齐全、价格合理。昆玉化工有限公司实力雄厚，重信用、守合同、保证产品质量，以多品种经营特色和薄利多销的原则，赢得了广大客户的信任。

联系我们

图 34-7 "关于昆玉"页面

34.2.4 设计"产品介绍"页面

"产品介绍"页面中的主要内容包括产品分类、产品图片等,当单击某个产品图片时,可以进入下一级页面,在打开的页面中查看具体的产品介绍信息。下面给出"产品介绍"页面的主要代码。

```html
<!DOCTYPE html>
<html lang="zh-cn">
    <head>
        <title></title>
        <meta charset="utf-8" />
        <meta name="viewport" content="width=device-width, initial-scale=1">
        <link rel="stylesheet" type="text/css" href="static/css/bootstrap.min.css" />
        <link rel="stylesheet" type="text/css" href="static/css/main.css" />
    </head>
<body>
    <div class="top-intr">
        <div class="container">
                <p class="pull-left">
                            北京置顶化工有限公司
                </p class="pull-right">
                        <a><i class="glyphicon glyphicon-earphone"></i>联系电话: 021-12345678</a>
                </p>
        </div>
    </div>
    <nav class="navbar-default">
        <div class="container">
                <div class="navbar-header">
                        <!--<button type="button" class="navbar-toggle" data-
toggle="collapse" data-target="#bs-example-navbar-collapse">
                                <span class="sr-only">Toggle navigation</span>
                                <span class="icon-bar"></span>
                                <span class="icon-bar"></span>
                                <span class="icon-bar"></span>
                        </button>-->
                        <a href="index.html">
                                <h1>北京置顶化工 </h1>
                                <p>KUN YU CO.,LTD.</p>
                        </a>
                </div>
                <div class="pull-left search">
                        <input type="text" placeholder=" 输入搜索的内容 "/>
                        <a><i class="glyphicon glyphicon-search"></i> 搜索 </a>
                </div>
                <div class="nav-list"><!--class="collapse navbar-collapse" id="bs-example-
navbar-collapse"-->
                        <ul class="nav navbar-nav">
                                <li class=" hidden-xs">
                                        <a href="index.html"> 网站首页 </a>
                                </li>
                                <li>
                                        <a href="about.html"> 关于昆玉 </a>
                                </li>
                                <li class="active">
                                        <a href="products.html"> 产品介绍 </a>
                                </li>
                                <li>
                                        <a href="news.html"> 新闻中心 </a>
                                </li>
```

```
                                        <li>
                                                <a href="contact.html"> 联系我们 </a>
                                        </li>
                                </ul>
                        </div>
                </div>
        </nav>
        <div class="fl hidden-lg hidden-md hidden-sm">
                <ul>
                        <li>
                                <a href="index.html">
                                        <p><i class="glyphicon glyphicon-home"></i>
                                        网站首页 </p>
                                </a>
                        </li>
                        <li>
                                <a href="tel:0512-57995109" >
                                        <p><i class="glyphicon glyphicon-earphone"></i>
                                        拨号联系 </p>
                                </a>
                        </li>
                        <li>
                                <a href="contact.html#message">
                                        <p><i class="glyphicon glyphicon-comment"></i>
                                        在线留言 </p>
                                </a>
                        </li>
                </ul>
        </div>
        <!--banner-->
        <div id="carousel-example-generic" class="carousel slide " data-ride="carousel">
                <!-- Indicators -->
                <ol class="carousel-indicators">
                        <li data-target="#carousel-example-generic" data-slide-to="0" class="active">
</li>
                        <li data-target="#carousel-example-generic" data-slide-to="1"></li>
                        <li data-target="#carousel-example-generic" data-slide-to="2"></li>
                </ol>

                <!-- Wrapper for slides -->
                <div class="carousel-inner" role="listbox">
                        <div class="item active">
                                <img src="static/images/banner/banner2.jpg">
                        </div>
                        <div class="item">
                                <img src="static/images/banner/banner3.jpg">
                        </div>
                        <div class="item">
                                <img src="static/images/banner/banner1.jpg">
                        </div>
                </div>

                <!-- Controls -->
                <a class="left carousel-control" href="#carousel-example-generic" role="button"
data-slide="prev">
                        <span class="glyphicon glyphicon-chevron-left" aria-hidden="true"></span>
                        <span class="sr-only">Previous</span>
                </a>
                <a class="right carousel-control" href="#carousel-example-generic" role="button"
data-slide="next">
```

```
                <span class="glyphicon glyphicon-chevron-right" aria-hidden="true"></
span>
                <span class="sr-only">Next</span>
        </a>
    </div>
    <!--main-->

    <div class="abpg container">
        <div class="">
            <!--<div class="col-md-3">
                <div class="model-title theme">
                    产品介绍
                </div>
                <div class="model-list">
                    <ul class="list-group">
                        <li class="list-group-item ">
                            <a href="about.html">产品介绍 </a>
                        </li>
                    </ul>
                </div>
            </div>-->
            <div class="serli ">
                <ol class="breadcrumb">
                    <li><i class="glyphicon glyphicon-home"></i>
                        <a href="index.html">主页 </a>
                    </li>
                    <li class="active"><a href="products.html">产品介绍 </a></li>
                </ol>
                <div class="caseMenu clearfix">
                    <ul class=" caseList">
                        <li class=" col-sm-2 col-xs-6 active">
                            <div>
                                <a href="products.html">全部 </a>
                            </div>
                        </li>

                        <li class=" col-sm-2 col-xs-6">
                            <div>
                                <a href="products.html">净洗剂 (1)</a>
                            </div>
                        </li>
                        <li class=" col-sm-2 col-xs-6">
                            <div>
                                <a href="products.html">酸度调节剂 (1)</a>
                            </div>
                        </li>
                        <li class=" col-sm-2 col-xs-6">
                            <div>
                                <a href="products.html">防腐剂 (1)</a>
                            </div>
                        </li>
                        <li class=" col-sm-2 col-xs-6">
                            <div>
                                <a href="products.html">磷酸盐 (2)</a>
                            </div>
                        </li>
                        <li class=" col-sm-2 col-xs-6">
                            <div>
                                <a href="products.html">其他醚 (3)</a>
                            </div>
                        </li>
```

```
<li class=" col-sm-2 col-xs-6">
        <div>
                <a href="products.html">环氧树脂 (1)</a>
        </div>
</li>
<li class=" col-sm-2 col-xs-6">
        <div>
                <a href="products.html">氯化物 (1)</a>
        </div>
</li>
<li class=" col-sm-2 col-xs-6">
        <div>
                <a href="products.html">亚硫酸盐 (1)</a>
        </div>
</li>
<li class=" col-sm-2 col-xs-6">
        <div>
                <a href="products.html">其他羧酸 (1)</a>
        </div>
</li>
<li class=" col-sm-2 col-xs-6">
        <div>
                <a href="products.html">碳酸盐 (1)</a>
        </div>
</li>
<li class=" col-sm-2 col-xs-6">
        <div>
                <a href="products.html">三元醇 (2)</a>
        </div>
</li>
<li class=" col-sm-2 col-xs-6">
        <div>
                <a href="products.html">一元醇 (1)</a>
        </div>
</li>
<li class=" col-sm-2 col-xs-6">
        <div>
                <a href="products.html">壬二酸 (1)</a>
        </div>
</li>
<li class=" col-sm-2 col-xs-6">
        <div>
                <a href="products.html">油酸 (1)</a>
        </div>
</li>
<li class=" col-sm-2 col-xs-6">
        <div>
                <a href="products.html">硬脂酸 (1)</a>
        </div>
</li>

<li class=" col-sm-2 col-xs-6">
        <div>
                <a href="products.html">二元醇 (7)</a>
        </div>
</li>
<li class=" col-sm-2 col-xs-6">
        <div>
                <a href="products.html">羧酸盐 (1)</a>
        </div>
</li>
```

```
                            <li class=" col-sm-2 col-xs-6">
                                    <div>
                                            <a href="products.html">硫代硫酸盐 (1)</a>
                                    </div>
                            </li>
                            <li class=" col-sm-2 col-xs-6">
                                    <div>
                                            <a href="products.html">其他醇类 (1)</a>
                                    </div>
                            </li>
                            <li class=" col-sm-2 col-xs-6">
                                    <div>
                                            <a href="products.html">己酸 (1)</a>
                                    </div>
                            </li>
                            <li class=" col-sm-2 col-xs-6">
                                    <div>
                                            <a href="products.html">丁醚 (1)</a>
                                    </div>
                            </li>
                    </ul>
            </div>
            <div class="pro-det clearfix">
                    <ul>
                            <li class="col-sm-3 col-xs-6">
                                    <div>
                                            <a href="products-detail.html">
                                                    <img src="static/images/
products/pro1.jpg"/>
                                                    <p>6501</p>
                                            </a>
                                    </div>
                            </li>
                            <li class="col-sm-3 col-xs-6">
                                    <div>
                                            <a href="products-detail1.html">
                                                    <img src="static/images/
products/pro2.jpg"/>
                                                    <p>一水柠檬酸 / 无水柠檬酸 </p>
                                            </a>
                                    </div>
                            </li>
                            <li class="col-sm-3 col-xs-6">
                                    <div>
                                            <a href="products-detail2.html">
                                                    <img src="static/images/
products/pro3.jpg"/>
                                                    <p>苯甲酸钠 </p>
                                            </a>
                                    </div>
                            </li>
                            <li class="col-sm-3 col-xs-6">
                                    <div>
                                            <a href="products-detail3.html">
                                                    <img src="static/images/
products/pro4.jpg"/>
                                                    <p>96%/98% 磷酸三钠 </p>
                                            </a>
                                    </div>
                            </li>
                            <li class="col-sm-3 col-xs-6">
```

```
                                                <div>
                                                        <a href="products-detail4.html">
                                                                <img src="static/images/
products/pro5.jpg"/>

                                                                <p>三聚磷酸钠</p>
                                                        </a>
                                                </div>
                                        </li>
                                        <li class="col-sm-3 col-xs-6">
                                                <div>
                                                        <a href="products-detail5.html">
                                                                <img src="static/images/
products/pro6.jpg"/>

                                                                <p>二丙二醇丙醚</p>
                                                        </a>
                                                </div>
                                        </li>
                                        <li class="col-sm-3 col-xs-6">
                                                <div>
                                                        <a href="products-detail6.html">
                                                                <img src="static/images/
products/pro7.jpg"/>

                                                                <p>三丙二醇甲醚</p>
                                                        </a>
                                                </div>
                                        </li>
                                        <li class="col-sm-3 col-xs-6">
                                                <div>
                                                        <a href="products-detail7.html">
                                                                <img src="static/images/
products/pro8.jpg"/>

                                                                <p>二丙二醇丙醚</p>
                                                        </a>
                                                </div>
                                        </li>
                                </ul>
                        </div>
                        <nav aria-label="Page navigation" class=" text-center">
                                <ul class="pagination ">
                                        <li>
                                                <a href="#" aria-label="Previous">
                                                        <span aria-hidden="true">«</span>
                                                </a>
                                        </li>
                                        <li>

                                                <a href="#">1</a>
                                        </li>
                                        <li>

                                                <a href="#">2</a>
                                        </li>
                                        <li>

                                                <a href="#">3</a>
                                        </li>
                                        <li>

                                                <a href="#">4</a>
                                        </li>
                                        <li>

                                                <a href="#">5</a>
                                        </li>
                                        <li>

                                                <a href="#" aria-label="Next">
```

```
                                                    <span aria-hidden="true">»</span>
                                        </a>
                                </li>
                        </ul>
                </nav>
            </div>
        </div>
    </div>
    <a class="move-top">
        <p><i class="glyphicon glyphicon-chevron-up"></i></p>
    </a>
    <footer>
        <div class="footer02">
            <div class="container">
                <div class="col-sm-4 col-xs-12 footer-address">
                    <h4> 北京置顶化工有限公司 </h4>
                    <ul>
                        <li><i class="glyphicon glyphicon-home"></i>
                        公司地址：上海市昆玉区产业园 1 号 </li>
                        <li><i class="glyphicon glyphicon-phone-alt"></i>
                        固定电话：021-12345678 </li>
                        <li><i class="glyphicon glyphicon-phone"></i>
                        移动电话：13021210000</li>
                        <li><i class="glyphicon glyphicon-envelope"></i>
                        联系邮箱：Kunyu@job.com</li>
                    </ul>
                </div>
                <ul class="footerlink col-sm-4 hidden-xs">
                    <li>
                        <a href="about.html"> 关于我们 </a>
                    </li>
                    <li>
                        <a href="products.html"> 产品介绍 </a>
                    </li>
                    <li>
                        <a href="news.html"> 新闻中心 </a>
                    </li>
                    <li>
                        <a href="contact.html"> 联系我们 </a>
                    </li>
                </ul>
                <div class="gw col-sm-4 col-xs-12">
                    <p> 关注我们： </p>
                    <img src="static/images/wx.jpg"/>
                    <p> 客服热线：021-12345678</p>
                </div>
            </div>
            <div class="copyright text-center">
                <span>copyright © 2018 </span>
                <span> 北京置顶化工有限公司 </span>
            </div>
        </div>
    </footer>
    <script src="static/js/jquery.min.js" type="text/JavaScript" charset="utf-8"></script>
    <script src="static/js/bootstrap.min.js" type="text/JavaScript" charset="utf-8"></script>
    <script src="static/js/main.js" type="text/JavaScript" charset="utf-8"></script>
</body>
</html>
```

运行本案例的主页文件 index.html，然后单击首页中的"产品介绍"超链接，即可进入"产品介绍"页面，如图 34-8 所示。

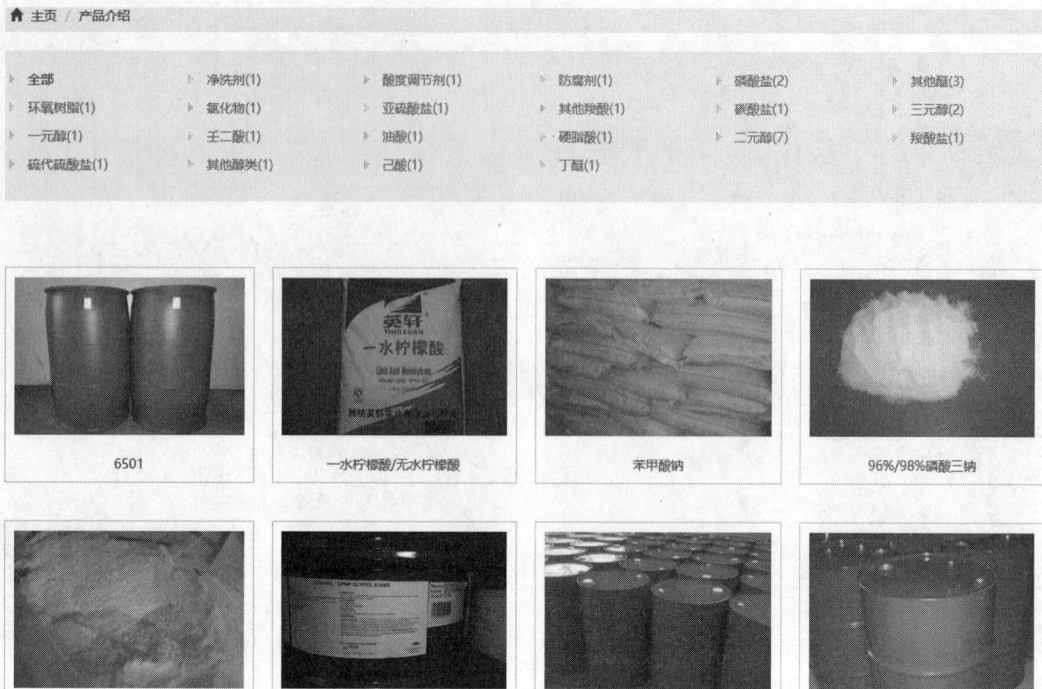

图 34-8 "产品介绍"页面

34.2.5 设计"新闻中心"页面

一个企业门户网站需要有一个"新闻中心"页面，在该页面中可以查看有关企业的最新信息，以及一些和本企业经营相关的政策和新闻等。下面给出企业门户网站有关"新闻中心"页面的代码。

```html
<!DOCTYPE html>
<html lang="zh-cn">

    <head>
        <title></title>
        <meta charset="utf-8" />
        <meta name="viewport" content="width=device-width, initial-scale=1">
        <link rel="stylesheet" type="text/css" href="static/css/bootstrap.min.css" />
        <link rel="stylesheet" type="text/css" href="static/css/main.css" />
    </head>

    <body>
        <div class="top-intr">
            <div class="container">
                    <p class="pull-left">
                            北京置顶化工有限公司
                    </p>
                    <p class="pull-right">
                            <a><i class="glyphicon glyphicon-earphone"></i>联系电话：021-12345678</a>
                    </p>
            </div>
        </div>
        <nav class="navbar-default">
            <div class="container">
                    <div class="navbar-header">
```

```html
					<!--<button type="button" class="navbar-toggle" data-toggle=
"collapse" data-target="#bs-example-navbar-collapse">
							<span class="sr-only">Toggle navigation</span>
							<span class="icon-bar"></span>
							<span class="icon-bar"></span>
							<span class="icon-bar"></span>
					</button>-->
					<a href="index.html">
							<h1>北京置顶化工</h1>
							<p>KUN YU CO.,LTD.</p>
					</a>
			</div>
			<div class="pull-left search">
					<input type="text" placeholder="输入搜索的内容"/>
					<a><i class="glyphicon glyphicon-search"></i>搜索</a>
			</div>
			<div class="nav-list"><!--class="collapse navbar-collapse" id="bs-example-
navbar-collapse"-->

					<ul class="nav navbar-nav">
							<li class=" hidden-xs">
									<a href="index.html">网站首页</a>
							</li>
							<li>
									<a href="about.html">关于昆玉</a>
							</li>
							<li>
									<a href="products.html">产品介绍</a>
							</li>
							<li class="active">
									<a href="news.html">新闻中心</a>
							</li>
							<li>
									<a href="contact.html">联系我们</a>
							</li>
					</ul>
			</div>
		</div>
</nav>
<div class="fl hidden-lg hidden-md hidden-sm">
	<ul>
			<li>
					<a href="index.html">
							<p><i class="glyphicon glyphicon-home"></i>
						网站首页</p>
					</a>
			</li>
			<li>
					<a href="tel:021-12345678" >
							<p><i class="glyphicon glyphicon-earphone"></i>
						拨号联系</p>
					</a>
			</li>
			<li>
					<a href="contact.html#message">
							<p><i class="glyphicon glyphicon-comment"></i>
						在线留言</p>
					</a>
			</li>
	</ul>
</div>
<!--banner-->
<div id="carousel-example-generic" class="carousel slide " data-ride="carousel">
```

```
                    <!-- Indicators -->
                    <ol class="carousel-indicators">
                            <li data-target="#carousel-example-generic" data-slide-to="0"
class="active"></li>
                            <li data-target="#carousel-example-generic" data-slide-to="1"></li>
                            <li data-target="#carousel-example-generic" data-slide-to="2"></li>
                    </ol>

                    <!-- Wrapper for slides -->
                    <div class="carousel-inner" role="listbox">
                            <div class="item active">
                                    <img src="static/images/banner/banner2.jpg">
                            </div>
                            <div class="item">
                                    <img src="static/images/banner/banner3.jpg">
                            </div>
                            <div class="item">
                                    <img src="static/images/banner/banner1.jpg">
                            </div>
                    </div>

                    <!-- Controls -->
                    <a class="left carousel-control" href="#carousel-example-generic" role="button"
data-slide="prev">
                            <span class="glyphicon glyphicon-chevron-left" aria-hidden="true"></span>
                            <span class="sr-only">Previous</span>
                    </a>
                    <a class="right carousel-control" href="#carousel-example-generic" role="button"
data-slide="next">
                            <span class="glyphicon glyphicon-chevron-right" aria-hidden="true"></span>
                            <span class="sr-only">Next</span>
                    </a>
            </div>
            <!--main-->

            <div class="abpg container">
                    <div>
                            <!--<div class="col-md-3">
                                    <div class="model-title theme">
                                            关于我们
                                    </div>
                                    <div class="model-list">
                                            <ul class="list-group">
                                                    <li class="list-group-item ">
                                                            <a href="about.html">关于昆玉</a>
                                                    </li>
                                            </ul>
                                    </div>
                            </div>-->
                            <div class="serli">
                                    <ol class="breadcrumb">
                                            <li><i class="glyphicon glyphicon-home"></i>
                                                    <a href="index.html">主页</a>
                                            </li>
                                            <li class="active">新闻中心</li>
                                    </ol>
                                    <div class="news-liebiao clearfix news-list-xiug">
                                            <div class="row clearfix news-xq">
                                                    <div class="col-md-2 new-time">
                                                            <span class="glyphicon glyphicon-time
timetubiao"></span>
                                                            <span class="nqldDay">2</span>
```

```
                                                <div class="shuzitime">
                                                        <div>Jun</div>
                                                        <div>2017</div>
                                                </div>
                                        </div>
                                        <div class="col-md-10 clearfix">
                                                <div class="col-md-3">
                                                        <img src="static/images/news/news1.
jpg" class="new-img">
                                                </div>
                                                <div class="col-md-9">
                                                        <h4>
                                                                <a href="news-detail.html">
炼化业创新技术应对产业变革 </a>
                                                        </h4>
                                                        <p> 中化新网讯  6 月 15 ～ 16 日，由中国石化
联合会主办的 2017 亚洲炼油和石化科技大会在京举行。会议指出，在全球油气行业阶段性动荡和变革、国内成品油需求结构明显
改变的形势下，传统炼化行业正在通过创新技术探寻发展机遇。</p>
                                                </div>
                                        </div>
                                </div>
                                <div class="row clearfix news-xq">
                                        <div class="col-md-2 new-time">
                                                <span class="glyphicon glyphicon-time
timetubiao"></span>
                                                <span class="nqldDay">5</span>
                                                <div class="shuzitime">
                                                        <div>Jun</div>
                                                        <div>2017</div>
                                                </div>
                                        </div>
                                        <div class="col-md-10 clearfix">
                                                <div class="col-md-3">
                                                        <img src="static/images/news/news2.
jpg" class="new-img">
                                                </div>
                                                <div class="col-md-9">
                                                        <h4>
                                                                <a href="news-detail1.html">
氯碱行业直面三大挑战 </a>
                                                        </h4>
                                                        <p> 今年以来，随着开工率不断提升，氯碱企业
效益稳步增长。但与此同时，行业面临着新建产能受控、汞污染防治压力大以及下游市场将缩减等新挑战，只有提升创新能力，提
高节能环保水平，才能保持行业持续健康稳定发展。</p>
                                                </div>
                                        </div>
                                </div>
                                <div class="row clearfix news-xq">
                                        <div class="col-md-2 new-time">
                                                <span class="glyphicon glyphicon-time
timetubiao"></span>
                                                <span class="nqldDay">7</span>
                                                <div class="shuzitime">
                                                        <div>Jun</div>
                                                        <div>2017</div>
                                                </div>
                                        </div>
                                        <div class="col-md-10 clearfix">
                                                <div class="col-md-3">
                                                        <img src="static/images/news/news3.
jpg" class="new-img">
```

```
                                        </div>
                                        <div class="col-md-9">
                                            <h4>
                                                <a href="news-detail2.html">
二氯甲烷竟"逃过"联合国监管</a>
                                            </h4>
                                            <p>中化新网讯 英国《自然·通讯》杂志27日
发表的一项环境科学研究表明，一种此前"被忽视的化学物质"——二氯甲烷可能正在推动臭氧层的消耗。根据二氯甲烷排放情形
来看，近年来它的增加可能使南极臭氧层的恢复进程放缓5年至30年</p>
                                        </div>
                                    </div>
                                    <div class="row clearfix news-xq">
                                        <div class="col-md-2 new-time">
                                            <span class="glyphicon glyphicon-time
timetubiao"></span>
                                            <span class="nqldDay">11</span>
                                            <div class="shuzitime">
                                                <div>Jun</div>
                                                <div>2017</div>
                                            </div>
                                        </div>
                                        <div class="col-md-10 clearfix">
                                            <div class="col-md-3">
                                                <img src="static/images/news/news4.
jpg" class="new-img">
                                            </div>
                                            <div class="col-md-9">
                                                <h4>
                                                    <a href="news-detail3.html">
国内首个风电制氢工业应用项目制氢站开工</a>
                                                </h4>
                                                <p>中化新网讯 近日，国内首个风电制氢工业应
用项目沽源风电制氢项目制氢站开工建设。沽源风电制氢项目由河北建投集团投资建设，制氢站规划建设容量为10MW电解水制氢
系统及氢气综合利用系统。项目建成后，可实现年产纯度为99.999%的氢气700.8万立方米。</p>
                                            </div>
                                        </div>
                                    </div>

                                </div>
                                <nav class=" text-center">
                                    <ul class="pagination ">
                                        <li>
                                            <a href="#" aria-label="Previous">
                                                <span aria-hidden="true">«</span>
                                            </a>
                                        </li>
                                        <li>
                                            <a href="#">1</a>
                                        </li>
                                        <li>
                                            <a href="#">2</a>
                                        </li>
                                        <li>
                                            <a href="#">3</a>
                                        </li>
                                        <li>
                                            <a href="#">4</a>
                                        </li>
                                        <li>
                                            <a href="#">5</a>
                                        </li>
```

```
                                          <li>
                                              <a href="#" aria-label="Next">
                                                  <span aria-hidden="true">»</span>
                                              </a>
                                          </li>
                                      </ul>
                                  </nav>
                          </div>
                      </div>
                  </div>
                  <a class="move-top">
                      <p><i class="glyphicon glyphicon-chevron-up"></i></p>
                  </a>
                  <footer>
                      <div class="footer02">
                          <div class="container">
                              <div class="col-sm-4 col-xs-12 footer-address">
                                  <h4>北京置顶化工有限公司 </h4>
                                  <ul>
                                      <li><i class="glyphicon glyphicon-home"></i>公 司 地
址：上海市昆玉区产业园 1 号 </li>
                                      <li><i class="glyphicon glyphicon-phone-alt"></i>固
定电话：021-12345678 </li>
                                      <li><i class="glyphicon glyphicon-phone"></i>移 动 电
话：13021210000</li>
                                      <li><i class="glyphicon glyphicon-envelope"></i>联
系邮箱：Kunyu@job.com</li>
                                  </ul>
                              </div>
                              <ul class="footerlink col-sm-4 hidden-xs">
                                  <li>
                                      <a href="about.html">关于我们 </a>
                                  </li>
                                  <li>
                                      <a href="products.html">产品介绍 </a>
                                  </li>
                                  <li>
                                      <a href="news.html">新闻中心 </a>
                                  </li>
                                  <li>
                                      <a href="contact.html">联系我们 </a>
                                  </li>
                              </ul>
                              <div class="gw col-sm-4 col-xs-12">
                                  <p>关注我们：</p>
                                  <img src="static/images/wx.jpg"/>
                                  <p>客服热线：021-12345678</p>
                              </div>
                          </div>
                          <div class="copyright text-center">
                              <span>copyright © 2018 </span>
                              <span>北京置顶化工有限公司 </span>
                          </div>
                      </div>
                  </footer>
                  <script src="static/js/jquery.min.js" type="text/JavaScript" charset="utf-8"></
script>
                  <script src="static/js/bootstrap.min.js" type="text/JavaScript" charset="utf-8"></
script>
                  <script src="static/js/main.js" type="text/JavaScript" charset="utf-8"></script>
              </body>
          </html>
```

运行本案例的主页文件 index.html，然后单击首页中的"新闻中心"超链接，即可进入"新闻中心"页面，如图 34-9 所示。

图 34-9　"新闻中心"页面

34.2.6　设计"联系我们"页面

几乎每个企业都会在网站的首页中添加自己的联系方式，以方便客户查询。下面给出"联系我们"页面的代码。

```html
<!DOCTYPE html>
<html lang="zh-cn">
   <head>
      <title></title>
      <meta charset="utf-8" />
      <meta name="viewport" content="width=device-width, initial-scale=1">
      <link rel="stylesheet" type="text/css" href="static/css/bootstrap.min.css" />
      <link rel="stylesheet" type="text/css" href="static/css/main.css" />
   </head>

<body>
   <div class="top-intr">
      <div class="container">
            <p class="pull-left">
                  北京置顶化工有限公司
            </p>
            <p class="pull-right">
                  <a><i class="glyphicon glyphicon-earphone"></i>联系电话：021-12345678</a>
            </p>
      </div>
   </div>
   <nav class="navbar-default">
      <div class="container">
            <div class="navbar-header">
                  <!--<button type="button" class="navbar-toggle" data-toggle="collapse" data-target="#bs-example-navbar-collapse">
                        <span class="sr-only">Toggle navigation</span>
                        <span class="icon-bar"></span>
```

```
                        <span class="icon-bar"></span>
                        <span class="icon-bar"></span>
                </button>-->
                <a href="index.html">
                        <h1>北京置顶化工</h1>
                        <p>KUN YU CO.,LTD.</p>
                </a>
        </div>
        <div class="pull-left search">
                <input type="text" placeholder="输入搜索的内容"/>
                <a><i class="glyphicon glyphicon-search"></i>搜索</a>
        </div>
        <div class="nav-list"><!--class="collapse navbar-collapse" id="bs-example-
navbar-collapse"-->
                <ul class="nav navbar-nav">
                        <li class=" hidden-xs">
                                <a href="index.html">网站首页</a>
                        </li>
                        <li>
                                <a href="about.html">关于昆玉</a>
                        </li>
                        <li>
                                <a href="products.html">产品介绍</a>
                        </li>
                        <li>
                                <a href="news.html">新闻中心</a>
                        </li>
                        <li class="active">
                                <a href="contact.html">联系我们</a>
                        </li>
                </ul>
        </div>
</div>
</nav>
<div class="fl hidden-lg hidden-md hidden-sm">
        <ul>
                <li>
                        <a href="index.html">
                                <p><i class="glyphicon glyphicon-home"></i>
                                网站首页</p>
                        </a>
                </li>
                <li>
                        <a href="tel:0512-57995109" >
                                <p><i class="glyphicon glyphicon-earphone"></i>
                                拨号联系</p>
                        </a>
                </li>
                <li>
                        <a href="contact.html#message">
                                <p><i class="glyphicon glyphicon-comment"></i>
                                在线留言</p>
                        </a>
                </li>
        </ul>
</div>
<!--banner-->
<div id="carousel-example-generic" class="carousel slide " data-ride="carousel">
        <!-- Indicators -->
        <ol class="carousel-indicators">
                <li data-target="#carousel-example-generic" data-slide-to="0"
class="active"></li>
                <li data-target="#carousel-example-generic" data-slide-to="1"></li>
```

```html
                    <li data-target="#carousel-example-generic" data-slide-to="2"></li>
        </ol>

        <!-- Wrapper for slides -->
        <div class="carousel-inner" role="listbox">
                <div class="item active">
                        <img src="static/images/banner/banner2.jpg">
                </div>
                <div class="item">
                        <img src="static/images/banner/banner3.jpg">
                </div>
                <div class="item">
                        <img src="static/images/banner/banner1.jpg">
                </div>
        </div>

        <!-- Controls -->
        <a class="left carousel-control" href="#carousel-example-generic" role="button"
data-slide="prev">
                <span class="glyphicon glyphicon-chevron-left" aria-hidden="true"></span>
                <span class="sr-only">Previous</span>
        </a>
        <a class="right carousel-control" href="#carousel-example-generic" role="button"
data-slide="next">
                <span class="glyphicon glyphicon-chevron-right" aria-hidden="true"></span>
                <span class="sr-only">Next</span>
        </a>
    </div>
    <!--main-->

    <div class="abpg container">
        <div class="">
                <!--<div class="col-md-3">
                        <div class="model-title theme">
                                关于我们
                        </div>
                        <div class="model-list">
                                <ul class="list-group">
                                        <li class="list-group-item ">
                                                <a href="about.html">关于昆玉 </a>
                                        </li>
                                </ul>
                        </div>
                </div>-->
                <div class="col-md-12 serli">
                        <ol class="breadcrumb">
                                <li><i class="glyphicon glyphicon-home"></i>
                                        <a href="index.html">主页 </a>
                                </li>
                                <li class="active">联系我们 </li>
                        </ol>
                        <div class="row mes">
                                <div class="address col-sm-6 col-xs-12">
                                        <ul>
                                                <li>公司地址：上海市昆玉区产业园 1 号 </li>
                                                <li>固定电话：021-12345678</li>
                                                <li>移动电话：13021210000</li>
                                                <li>联系邮箱：Kunyu@job.com</li>
                                        </ul>
                                        <img src="static/images/c.jpg"/>
                                </div>
                                <div class="letter col-sm-6 col-xs-12">
                                        <form id="message">
```

```
                                        <input type="text" placeholder=" 姓名 "/>
                                        <input type="text" placeholder=" 联系电话 "/>
                                        <textarea rows="6" placeholder=" 消息 "></
textarea>
                                </form>
                                <a class="btn btn-primary">发送 </a>
                        </div>
                    </div>
                </div>
            </div>
            <a class="move-top">
                <p><i class="glyphicon glyphicon-chevron-up"></i></p>
            </a>
            <footer>
                <div class="footer02">
                    <div class="container">
                        <div class="col-sm-4 col-xs-12 footer-address">
                            <h4>北京置顶化工有限公司 </h4>
                            <ul>
                                <li><i class="glyphicon glyphicon-home"></i>公 司 地
址: 上海市昆玉区产业园1号 </li>
                                <li><i class="glyphicon glyphicon-phone-alt"></i>固
定电话: 021-12345678 </li>
                                <li><i class="glyphicon glyphicon-phone"></i>移 动 电
话: 13021210000</li>
                                <li><i class="glyphicon glyphicon-envelope"></i>联
系邮箱: Kunyu@job.com</li>
                            </ul>
                        </div>
                        <ul class="footerlink col-sm-4 hidden-xs">
                            <li>
                                <a href="about.html">关于我们 </a>
                            </li>
                            <li>
                                <a href="products.html">产品介绍 </a>
                            </li>
                            <li>
                                <a href="news.html">新闻中心 </a>
                            </li>
                            <li>
                                <a href="contact.html">联系我们 </a>
                            </li>
                        </ul>
                        <div class="gw col-sm-4 col-xs-12">
                            <p>关注我们: </p>
                            <img src="static/images/wx.jpg"/>
                            <p>客服热线: 021-12345678</p>
                        </div>
                    </div>
                    <div class="copyright text-center">
                        <span>copyright © 2018</span>
                        <span>北京置顶化工有限公司 </span>
                    </div>
                </div>
            </footer>
            <script src="static/js/jquery.min.js" type="text/JavaScript" charset="utf-8"></script>
            <script src="static/js/bootstrap.min.js" type="text/JavaScript" charset="utf-8"></script>
            <script src="static/js/main.js" type="text/JavaScript" charset="utf-8"></script>
        </body>
</html>
```

运行本案例的主页文件 index.html，然后单击首页中的"联系我们"超链接，即可进入"联系我们"页面，在其中查看公司地址、联系方式以及邮箱地址等信息，如图 34-10 所示。

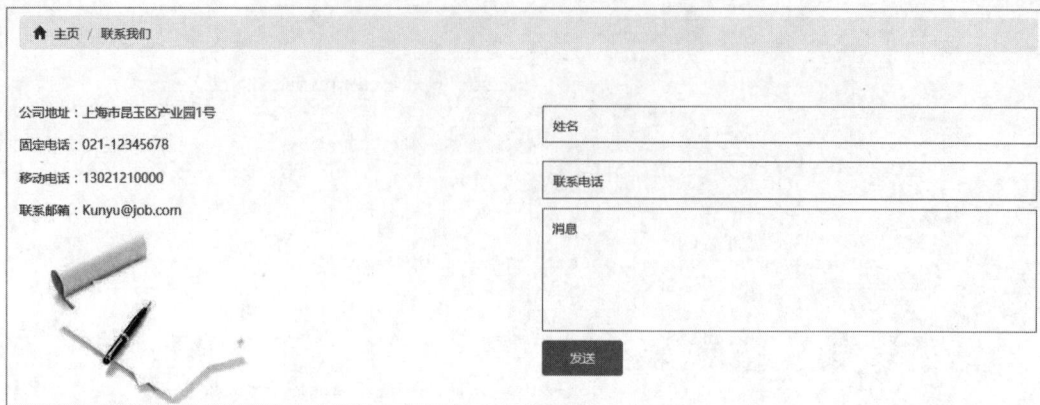

图 34-10 "联系我们"页面

34.3 项目总结

本实例是模拟制作一个化工企业的门户网站，该网站的主体颜色为蓝色，给人一种明快的感觉，网站包括首页、公司简介、产品简介、新闻中心以及联系我们等超链接，这些功能可以使用 HTML5 来实现。

对于首页中的 Banner 图片以及左侧的"产品分类"模块，均使用 JavaScript 来实现简单的动态消息。如图 34-11 所示为左侧的"产品分类"模块；当鼠标放置在某个产品信息上时，该文字会向右移动一个字节，鼠标以手形样式显示，如图 34-12 所示。

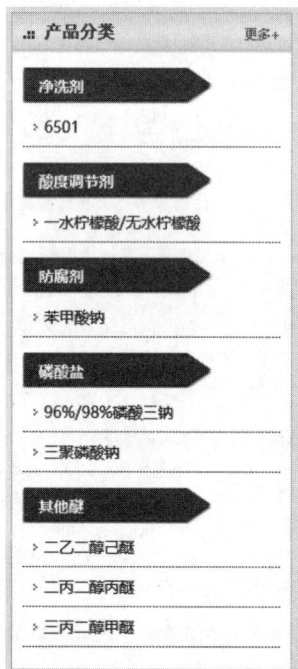

图 34-11 "产品分类"模块

图 34-12 动态显示产品分类

第35章
项目实践综合案例 2——制作游戏大厅网站

◎ 本章教学微视频：8 个　13 分钟

学习指引

　　该项目是制作一个游戏大厅专题网站，包括官网首页、下载中心、账号充值、新闻动态、道具商城等游戏主题页面，本章就来介绍制作游戏大厅网站。

重点导读

- 了解项目代码结构。
- 掌握项目代码实现。
- 熟悉项目总结的方法。

35.1　项目代码结构

　　本项目是基于 HTML5、CSS3、JavaScript 的案例程序，案例主要通过 HTML5 确定框架、CSS 确定样式、JavaScript 来完成调度，三者合作来实现网页的动态化，案例所用的图片全部保存在 images 文件夹中。

　　本案例的代码清单包括 HTMl、JavaScript、CSS 页面 3 个部分。

　　（1）HTML 部分。本案例多个 HTML 文件，分别为 index.html、Down.html、Mall.html、News.html、Pay.html、Register.html 等，它们分别是"官网首页"页面、"下载中心"页面、"道具商城"页面、"新闻中心"页面、"账户充值"页面、"用户注册"页面等，如图 35-1 所示。

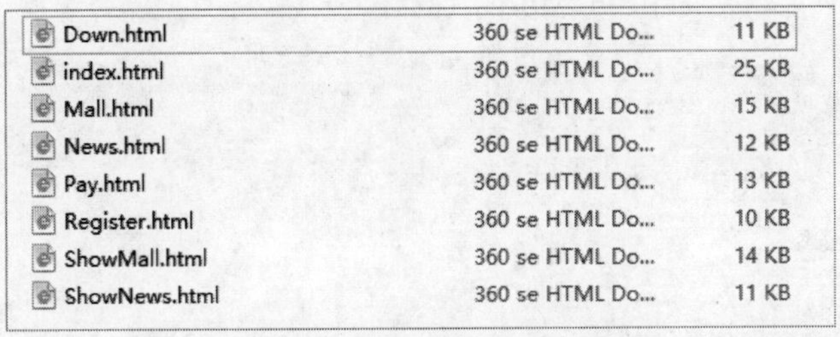

Down.html	360 se HTML Do....	11 KB
index.html	360 se HTML Do....	25 KB
Mall.html	360 se HTML Do....	15 KB
News.html	360 se HTML Do....	12 KB
Pay.html	360 se HTML Do....	13 KB
Register.html	360 se HTML Do....	10 KB
ShowMall.html	360 se HTML Do....	14 KB
ShowNews.html	360 se HTML Do....	11 KB

图 35-1　HTML 文件列表

（2）JavaScript 部分。本案例一共有 5 个 JavaScript 代码文件，分别为 FastReg.js、HtmlValidateImg.js、jquery.js、lrtk.js 和 public.js，如图 35-2 所示。

名称	类型	大小
FastReg.js	JavaScript 文件	3 KB
HtmlValidateImg.js	JavaScript 文件	20 KB
jquery.js	JavaScript 文件	50 KB
lrtk.js	JavaScript 文件	2 KB
public.js	JavaScript 文件	48 KB

图 35-2　JavaScript 文件列表

（3）CSS 部分。本案例一共有 2 个 CSS 代码文件，分别为 lrtk.css、layout.css，如图 35-3 所示。

lrtk.css	层叠样式表文档	2 KB
layout.css	层叠样式表文档	36 KB

图 35-3　CSS 文件列表

35.2　项目代码实现

下面来分析游戏大厅网站各个页面的代码是如何实现的。

35.2.1　设计游戏大厅首页

游戏大厅网站的首页用于展示网游的基本信息，以及其他小网游的基本情况，还需要包括用户注册内容，只有注册了会员的用户才能下载并开始玩游戏。实现首页的主要代码如下：

```
<!DOCTYPE html PUBLIC "-//W3C//DTD XHTML 1.0 Transitional//EN" "http://www.w3.org/TR/xhtml1/
DTD/xhtml1-transitional.dtd">
<html xmlns="http://www.w3.org/1999/xhtml">
<head>
<meta http-equiv="Content-Type" content="text/html; charset=utf-8" />
<!-- 样式 -->
<link href="Css/layout.css" type="text/css" rel="stylesheet" />
<link type="text/css" href="Css/lrtk.css" rel="stylesheet" />
<script type="text/JavaScript" src="Js/jquery.js"></script>
<script type="text/JavaScript" src="Js/lrtk.js"></script>
<!--[if IE 6]>
<script src="js/DD_belatedPNG_0.0.8a.js" type="text/JavaScript" ></script>
<script type="text/JavaScript">
DD_belatedPNG.fix(' ');
</script>
<![endif]-->
<!-- banner -->
<style type="text/css">
.nav_bg .nav ul li .i_home{ color:#b5954d;}
</style>
<meta name="Keywords" />
<meta name="Description" />
<title> 紫金游 </title>
</head>
```

```html
<body>
<!-- warp start -->
<div class="warp">
  <!-- top -->
  <!-- top -->
  <div class="top_bg" id="topLoginIn">
    <div class="top">您好，欢迎光临紫金游 <a href="#">请登录</a> | <a href="Register.html">注册
</a></div>
  </div>
  <div class="top_bg" id="topLoginOut">
    <div class="top">欢迎您，<a href="#">个人中心</a>  <a href="#">退出</a></div>
  </div>
  <script type="text/JavaScript">
var nameuser = ''
if (nameuser == "") {
$("#topLoginOut").hide();
$("#topLoginIn").show();
} else {
$("#topLoginOut").show();
$("#topLoginIn").hide();
}
</script>
  <!-- nav -->
  <!-- nav -->
  <div class="nav_bg">
    <div class="nav">
      <ul>
        <li><a href="index.html" class="i_home">官网首页</a><br />
          <span>HOME</span></li>
        <li><a href="Down.html" >下载中心</a><br />
          <span>DOWNLOAD</span></li>
        <li><a href="Pay.html" >账号充值</a><br />
          <span>ACCOUNT SERVICES</span></li>
        <li class="nav_logo">紫金游</li>
        <li><a href="News.html" >新闻动态</a><br />
          <span>NEWS</span></li>
        <li><a href="Mall.html" >道具商城</a><br />
          <span>ITEM SHOP</span></li>
        <li><a href="Mall.html">奖品乐园</a><br />
          <span>PRIZES PARADISE</span></li>
      </ul>
      <p class="clear"></p>
    </div>
    <div class="logo"><a href="/"><img src="images/logo.png" /></a></div>
  </div>
  <script type="text/JavaScript">
$(function () {
if (index) {
$(".nav ul a").removeClass().parent().eq(index - 1).find("a").addClass("i_home");
}
})
</script>
  <!-- main -->
  <div class="main_bg">
    <div class="main">
      <div class="m_lf">
        <div class="m_download"> <a href="#"> <img src="images/down_load.jpg" width="248"
height="109" alt="游戏下载" /> </a> </div>
        <div class="m_reg"> <a href="Register.html">快速注册</a> </div>
        <div class="fast_track">
          <h2>快速通道</h2>
          <ul>
            <li><a href="#">个人中心</a></li>
            <li><a href="/Popularize.aspx">推广赚金</a></li>
```

```
            <li><a href="/Members/Security.aspx">密码保护</a></li>
            <li><a href="/TabooUser.aspx">封号名单</a></li>
            <li><a href="/GetPassword.aspx">找回密码</a></li>
            <li><a href="/Members/SetPassword.aspx">修改密码</a></li>
            <li><a href="/Faq.aspx">帮助中心</a></li>
            <li><a href="/Guardian/">家长监护</a></li>
            <li><a href="/Match/BattleDefault.aspx">比赛专区</a></li>
        </ul>
        <p class="clear"></p>
    </div>
    <!-- 左侧排行榜，长乐官业务，按玩家所有乐豆排行 -->
    <div class="m_ranking">
        <table width="248" border="0" cellspacing="0" cellpadding="0" id="tbRanking">
            <tr>
                <td height="36" align="center"><strong>名次</strong></td>
                <td align="center"><strong>昵称</strong></td>
                <td align="center"><strong>乐豆</strong></td>
            </tr>
            <tr >
                <td height="33" align="center"> 1 </td>
                <td align="center"> 空间环境 </td>
                <td align="center"> 1462568172 </td>
            </tr>
            <tr >
                <td height="33" align="center"> 2 </td>
                <td align="center"> 小猴子 </td>
                <td align="center"> 1434454755 </td>
            </tr>
            <tr >
                <td height="33" align="center"> 3 </td>
                <td align="center"> 那家店 </td>
                <td align="center"> 1144007429 </td>
            </tr>
            <tr >
                <td height="33" align="center"> 4 </td>
                <td align="center"> 小星星 </td>
                <td align="center"> 1016712964 </td>
            </tr>
            <tr >
                <td height="33" align="center"> 5 </td>
                <td align="center"> QQ </td>
                <td align="center"> 1012062566 </td>
            </tr>
            <tr >
                <td height="33" align="center"> 6 </td>
                <td align="center"> 中国英航 </td>
                <td align="center"> 916027824 </td>
            </tr>
        </table>
        <script type="text/JavaScript">
$(function () {
$("#tbRanking").css("font-size", "12px");
$("#tbRanking tr:even").css("background-color", "#a3c0ab");
$("#tbRanking tr:odd").css("background-color", "#c0d4c4");
$("#tbRanking tr").eq(0).find("td").css("background-color", "#0C5F67");
if ($("#tbRanking tr").length>2) {
$("#tbRanking tr").eq(1).find("td").eq(0).html("<img src='images/icon1.jpg' width='16'
height='16' />").siblings().css("color", "#D52B2B");
    $("#tbRanking tr").eq(2).find("td").eq(0).html("<img src='images/icon2.jpg' width='16'
height='16' />").siblings().css("color", "#F57316");
    $("#tbRanking tr").eq(3).find("td").eq(0).html("<img src='images/icon3.jpg' width='16'
height='16' />").siblings().css("color", "#2B92D5");
    }
    })
```

```
        </script>
            </div>
            <div class="m_ad"><img src="images/lf_1.jpg" width="248" height="96" /></div>
            <div class="m_service">
              <dl>
                <dt> 游戏客服 </dt>
                <dd class="m_service_tel"> 客服电话：010-12345678<br />
                  例行维护：每周二 7:00-9:30 </dd>
                    <dd> <a href="http://wpa.qq.com/msgrd?v=3&uin=00000000000&site=qq&menu=yes"
target="_blank" class="m_service_online"> 在线咨询 </a> </dd>
              </dl>
            </div>
        </div>
        <script type="text/JavaScript">
    var index = 1;
    </script>
        <div class="m_rg">
          <!-- 代码 开始 -->
          <div id="zSlider">
            <div id="picshow">
              <div id="picshow_img">
                <ul>
                  <li><a href='' target='_blank'><img src='images/256.jpg' alt=' 紫金游欢迎您的体
验 ' /></a></li>
                        <li><a href='#' target='_blank'><img src='images/270.jpg' alt=' 大圣闹海之龙王
现世 ' /></a></li>
                        <li><a href='#' target='_blank'><img src='images/269.jpg' alt=' 李逵劈鱼 捕鱼 '
/></a></li>
                         <li><a href='#' target='_blank'><img src='images/272.jpg' alt=' 金鲨银鲨 '
/></a></li>
                        <li><a href='#' target='_blank'><img src='images/271.jpg' alt=' 安全性高、转化
率高、用户体验强 ' /></a></li>
                </ul>
              </div>
              <div id="picshow_tx">
                <ul>
                  <li>
                    <p> 紫金游欢迎您的体验 </p>
                  </li>
                  <li>
                    <p> 大圣闹海之龙王现世 </p>
                  </li>
                  <li>
                    <p> 李逵劈鱼，惊喜预售 </p>
                  </li>
                  <li>
                    <p> 金鲨银鲨  大奖开不停 </p>
                  </li>
                  <li>
                    <p> 安全性高、转化率高 </p>
                  </li>
                </ul>
              </div>
            </div>
            <div id="select_btn">
              <ul>
                <li><a href="JavaScript:void(0)"> 紫金游欢迎您的体验 </a></li>
                <li><a href="JavaScript:void(0)"> 大圣闹海之龙王现世 </a></li>
                <li><a href="JavaScript:void(0)"> 李逵劈鱼，惊喜预售 </a></li>
                <li><a href="JavaScript:void(0)"> 金鲨银鲨  大奖开不停 </a></li>
                <li><a href="JavaScript:void(0)"> 安全性高、转化率高 </a></li>
              </ul>
            </div>
```

```
            </div>
            <!-- 代码结束 -->
            <!-- news -->
            <DIV id="news_tags">
              <div id="tags">
                <UL>
                        <LI class=selectTag><A onClick="selectTag('tagContent0',this)"
href="JavaScript:void(0)"> 最新 </A></LI>
                        <LI><A onClick="selectTag('tagContent1',this)" href="JavaScript:void(0)"> 新闻
</A></LI>
                        <LI><A onClick="selectTag('tagContent2',this)" href="JavaScript:void(0)"> 公告
</A></LI>
                        <LI><A onClick="selectTag('tagContent3',this)" href="JavaScript:void(0)"> 活动
</A></LI>
                </UL>
                <div class="tags_more"><a href="/News/"> 更多 >></a></div>
                <p class="clear"></p>
              </div>
              <div id=tagContent>
                <div class="tagContent selectTag" id=tagContent0>
                  <dl>
                    <dt> <img src='images/267.jpg' width='155' height='80' /> </dt>
                    <dd>
                        <p><strong><a href='/News/ShowNews.aspx?params=1188' target='_blank'> 紫金
游全新版本正式发布 </a></strong></p>
                        <p> 紫金游团队致力于打造最专业的棋牌游戏平台，我们将根据产品现状及市场动态定期对版本进行
迭代升级。本次版本涉及更新内容如下：</p>
                    </dd>
                  </dl>
                  <p class="clear"></p>
                  <div class="news_list">
                    <ul class="news_list_lf">
                        <li> <strong>[ 最新 ]<a href="/News/ShowNews.aspx?params=1184" target="_
blank"> 每日免费充值卡赠送 </a></strong> <span>04-03</span> </li>
                        <li> <strong>[ 最新 ]<a href="/News/ShowNews.aspx?params=1183" target="_
blank"> 紫金游演示平台玩家 QQ 群 </a></strong> <span>03-01</span> </li>
                        <li> <strong>[ 最新 ]<a href="/News/ShowNews.aspx?params=1182" target="_
blank"> 游戏建议征集（大厅右上角）</a></strong> <span>02-07</span> </li>
                        <li> <strong>[ 最新 ]<a href="/News/ShowNews.aspx?params=1181" target="_
blank"> 新年行大运，紫金游上拜财神 </a></strong> <span>01-26</span> </li>
                    <ul class="news_list_rg">
                        <li> <strong>[ 最新 ]<a href="/News/ShowNews.aspx?params=1180" target="_
blank"> 金鲨银鲨火爆上线 </a></strong> <span>01-12</span> </li>
                        <li> <strong>[ 最新 ]<a href="/News/ShowNews.aspx?params=1179" target="_
blank"> 新增游戏 ATT 连环炮、大圣闹海 </a></strong> <span>01-12</span> </li>
                        <li> <strong>[ 最新 ]<a href="/News/ShowNews.aspx?params=1177" target="_
blank"> 头奖 500W！幸运扑克系统即将上线 </a></strong> <span>10-23</span> </li>
                        <li> <strong>[ 最新 ]<a href="/News/ShowNews.aspx?params=1176" target="_
blank"> 紫金游 1.5 版本更新至 1.6</a></strong> <span>10-23</span> </li>
                    </ul>
                    <p class="clear"></p>
                  </div>
                </div>
                <div class=tagContent id=tagContent1>
                  <dl>
                    <dt> <img src='images/268.jpg' width='155' height='80' /> </dt>
                    <dd>
                        <p><strong><a href='/News/ShowNews.aspx?params=1161' target='_blank'> 紫金
游平台 8 招打造最稳定棋牌投资项目 </a></strong></p>
                        <p> 紫金游的游戏平台，以稳定的运营性能、丰富的盈利点赢得了棋牌投资者的关注。与其他常见的
棋牌产品相比，紫金游这款专门为地方棋牌运营商打造的运营级产品拥有 8 大优势 </p>
                    </dd>
                  </dl>
```

```
                    <p class="clear"></p>
                    <div class="news_list">
                      <ul class="news_list_lf">
                          <li> <strong>[ 新闻 ]<a href="/News/ShowNews.aspx?params=1161" target="_
blank"> 紫金游平台 8 招打造最稳定棋牌投资项 ...</a></strong> <span>08-29</span> </li>
                          <li> <strong>[ 新闻 ]<a href="/News/ShowNews.aspx?params=1174" target="_
blank"> 像做团购一样推广棋牌游戏 </a></strong> <span>10-10</span> </li>
                          <li> <strong>[ 新闻 ]<a href="/News/ShowNews.aspx?params=1173" target="_
blank"> 游戏推广三大法宝：视频、新闻、病毒营 ...</a></strong> <span>10-10</span> </li>
                          <li> <strong>[ 新闻 ]<a href="/News/ShowNews.aspx?params=1172" target="_
blank">5 个小技巧让你的新游戏避免失败 </a></strong> <span>10-10</span> </li>
                      </ul>
                      <ul class="news_list_rg">
                          <li> <strong>[ 新闻 ]<a href="/News/ShowNews.aspx?params=1168" target="_
blank"> 游戏盈利的关键：如何促进虚拟游戏币的 ...</a></strong> <span>09-24</span> </li>
                          <li> <strong>[ 新闻 ]<a href="/News/ShowNews.aspx?params=1166" target="_
blank"> 网络游戏推广：得屌丝者得天下 </a></strong> <span>09-24</span> </li>
                          <li> <strong>[ 新闻 ]<a href="/News/ShowNews.aspx?params=1160" target="_
blank"> 在当前市场环境下，棋牌游戏运营还有机 ...</a></strong> <span>08-29</span> </li>
                          <li> <strong>[ 新闻 ]<a href="/News/ShowNews.aspx?params=1159" target="_
blank"> 一个棋牌创业者的自述 </a></strong> <span>08-29</span> </li>
                      </ul>
                      <p class="clear"></p>
                    </div>
                  </div>
                  <div class=tagContent id=tagContent2>
                      <dl>
                        <dt> <img src='images/267.jpg' width='155' height='80' /> </dt>
                        <dd>
                            <p><strong><a href='/News/ShowNews.aspx?params=1188' target='_blank'> 紫金
游全新版本正式发布 </a></strong></p>
                            <p> 紫金游团队致力于打造最专业的棋牌游戏平台，我们将根据产品现状及市场动态定期对版本进行
迭代升级。本次版本涉及更新内容如下： </p>
                        </dd>
                      </dl>
                      <p class="clear"></p>
                      <div class="news_list">
                        <ul class="news_list_lf">
                          <li> <strong>[ 公告 ]<a href="/News/ShowNews.aspx?params=1188" target="_
blank"> 紫金游全新版本正式发布 </a></strong> <span>07-02</span> </li>
                          <li> <strong>[ 公告 ]<a href="/News/ShowNews.aspx?params=1176" target="_
blank"> 紫金游 1.5 版本更新至 1.6</a></strong> <span>10-23</span> </li>
                          <li> <strong>[ 公告 ]<a href="/News/ShowNews.aspx?params=1175" target="_
blank"> 紫金游 1.4 版本更新至 1.5</a></strong> <span>10-14</span> </li>
                          <li> <strong>[ 公告 ]<a href="/News/ShowNews.aspx?params=1171" target="_
blank"> 紫金游演示平台免责公告 </a></strong> <span>10-04</span> </li>
                        </ul>
                        <ul class="news_list_rg">
                          <li> <strong>[ 公告 ]<a href="/News/ShowNews.aspx?params=1170" target="_
blank"> 紫金游 1.3 版本更新至 1.4</a></strong> <span>09-27</span> </li>
                          <li> <strong>[ 公告 ]<a href="/News/ShowNews.aspx?params=1165" target="_
blank"> 紫金游 1.2 版本更新至 1.3</a></strong> <span>09-17</span> </li>
                          <li> <strong>[ 公告 ]<a href="/News/ShowNews.aspx?params=1164" target="_
blank"> 棋牌游戏推广：掌握网民上网规律和时段 </a></strong> <span>09-13</span> </li>
                          <li> <strong>[ 公告 ]<a href="/News/ShowNews.aspx?params=1163" target="_
blank"> 最省钱的棋牌推广方法——SEO</a></strong> <span>09-13</span> </li>
                        </ul>
                        <p class="clear"></p>
                      </div>
                  </div>
                  <div class=tagContent id=tagContent3>
                      <dl>
                        <dt> <img src='images/266.jpg' width='155' height='80' /> </dt>
```

```
                    <dd>
                        <p><strong><a href='/News/ShowNews.aspx?params=1187' target='_blank'>紫金
游平台 8 招打造最稳定棋牌投资项目 </a></strong></p>
                        <p> 紫金游面世不久，便已名声大噪，紫金游的第二家运营商—"紫金阁 "首日上线就有千元充值。
快速的盈利能力可以让运营商看到希望，加快资金流转，帮助运营商走的更稳更远。</p>
                    </dd>
                </dl>
                <p class="clear"></p>
                <div class="news_list">
                    <ul class="news_list_lf">
                        <li> <strong>[ 活动 ]<a href="/News/ShowNews.aspx?params=1187" target="_
blank"> 紫金游平台 8 招打造最稳定棋牌投资项 ...</a></strong> <span>07-01</span> </li>
                        <li> <strong>[ 活动 ]<a href="/News/ShowNews.aspx?params=1184" target="_
blank"> 每日免费充值卡赠送 </a></strong> <span>04-03</span> </li>
                        <li> <strong>[ 活动 ]<a href="/News/ShowNews.aspx?params=1183" target="_
blank"> 紫金游演示平台玩家 QQ 群 </a></strong> <span>03-01</span> </li>
                        <li> <strong>[ 活动 ]<a href="/News/ShowNews.aspx?params=1182" target="_
blank"> 游戏建议征集（大厅右上角）</a></strong> <span>02-07</span> </li>
                    </ul>
                    <ul class="news_list_rg">
                        <li> <strong>[ 活动 ]<a href="/News/ShowNews.aspx?params=1181" target="_
blank"> 新年行大运，紫金游上拜财神 </a></strong> <span>01-26</span> </li>
                        <li> <strong>[ 活动 ]<a href="/News/ShowNews.aspx?params=1180" target="_
blank"> 金鲨银鲨火爆上线 </a></strong> <span>01-12</span> </li>
                        <li> <strong>[ 活动 ]<a href="/News/ShowNews.aspx?params=1179" target="_
blank"> 新增游戏 ATT 连环炮、大圣闹海 </a></strong> <span>01-12</span> </li>
                        <li> <strong>[ 活动 ]<a href="/News/ShowNews.aspx?params=1177" target="_
blank"> 头奖 500W！幸运扑克系统即将上线 </a></strong> <span>10-23</span> </li>
                    </ul>
                    <p class="clear"></p>
                </div>
            </div>
        </DIV>
    </DIV>
    <script type="text/JavaScript">
function selectTag(showContent, selfObj) {
// 操作标签
var tag = document.getElementById("tags").getElementsByTagName("li");
var taglength = tag.length;
for (i = 0; i < taglength; i++) {
tag[i].className = "";
}
selfObj.parentNode.className = "selectTag";
// 操作内容
for (i = 0; j = document.getElementById("tagContent" + i); i++) {
j.style.display = "none";
}
document.getElementById(showContent).style.display = "block";
}
</script>
        <!-- products -->
        <div class="product">
            <h2><span> 精品游戏推荐 </span></h2>
            <ul>
                <li> <a href="/Game/?params=10003300" title=" 斗地主 " target="_blank"> <img
src="images/260.png" width="212" height="116" alt=" 斗地主 "/> </a> </li>
                <li> <a href="/Game/?params=10900500" title=" 斗　牛 " target="_blank"> <img
src="images/136.png" width="212" height="116" alt=" 斗牛 "/> </a> </li>
                <li> <a href="/Game/?params=10306600" title=" 智勇三张 " target="_blank"> <img
src="images/258.png" width="212" height="116" alt=" 智勇三张 "/> </a> </li>
            </ul>
            <p class="clear"></p>
        </div>
        <!-- prize -->
```

```
         <div class="prize">
            <h2><span> 热门兑换奖品 </span></h2>
            <dl>
                <dt> <a href="#/ProductDetail.aspx?params=132" title=" 泰迪熊毛绒玩具 " target="_
blank"> <img src='images/PictureHandler.jpg' alt=" 泰迪熊毛绒玩具 " width="170" height="142" /> </
a> </dt>
                <dd> <a href="#/ProductDetail.aspx?params=132" title=" 泰迪熊毛绒玩具 "> 泰迪熊毛绒玩
具 </a> </dd>
            </dl>
            <dl>
                <dt> <a href="#/ProductDetail.aspx?params=129" title=" 泰迪熊毛绒玩具 " target="_
blank"> <img src='images/PictureHandler.jpg' alt=" 泰迪熊毛绒玩具 " width="170" height="142" /> </
a> </dt>
                <dd> <a href="#/ProductDetail.aspx?params=129" title=" 泰迪熊毛绒玩具 "> 泰迪熊毛绒玩
具 </a> </dd>
            </dl>
            <dl>
                <dt> <a href="#/ProductDetail.aspx?params=127" title=" 泰迪熊毛绒玩具 " target="_
blank"> <img src='images/PictureHandler.jpg' alt=" 泰迪熊毛绒玩具 " width="170" height="142" /> </
a> </dt>
                <dd> <a href="#/ProductDetail.aspx?params=127" title=" 泰迪熊毛绒玩具 "> 泰迪熊毛绒玩
具 </a> </dd>
            </dl>
            <dl>
                <dt> <a href="#/ProductDetail.aspx?params=126" title=" 泰迪熊毛绒玩具 " target="_
blank"> <img src='images/PictureHandler.jpg' alt=" 泰迪熊毛绒玩具 " width="170" height="142" /> </
a> </dt>
                <dd> <a href="#/ProductDetail.aspx?params=126" title=" 泰迪熊毛绒玩具 "> 泰迪熊毛绒玩
具 </a> </dd>
            </dl>
            <p class="clear"></p>
        </div>
      </div>
      <p class="clear"></p>
    </div>
    <!-- footer -->
    <!-- footer -->
    <div class="footer">
        <p> <a href="#">  网 站 地 图 </a>  |  <a href="#"> 公 司 介
绍 </a> |  <a href="#"> 联 系 我 们 </a> |  <a href="#"> 游 戏 协 议 </
a> | <a href="#">  免责公告 </a></p>
        <p> 抵制不良游戏 拒绝盗版游戏 注意自我保护 谨防受骗上当 适度 <a href="#"> 游戏 </a> 益脑 沉迷游戏伤
身 合理安排时间 享受健康生活 </p>
        <p>       北京科技好游戏有限公司  <br />
             Copyright 2018-2020</p>
        <p>  </p>
        <h1>  </h1>
    </div>
    <script type="text/JavaScript">
   var domialname = "pk";
   var pusername = "";
   </script>
    <!-- 快速注册 -->
    <script type="text/JavaScript" src="js/public.js"></script>
    <div id="qucikRegDiv" onclick="quickRgeOperate()"><img src="images/kszc.gif" width="39"
height="149" /></div>
        <div id="qucikRegDiv1">
         <div class="quickRegDiv">
            <div id="close" onclick="closeDiv('qucikRegDiv1')"> </div>
            <div class="ContentDiv">
              <ul>
                <li>
                 <div class="yczh"> 游戏账号: </div>
                 <div>
```

```
                        <input name="txtUserName" id="txtUserName" maxlength="12" type="text"
class="textStyle" onblur="IsEtis()" />
                    </div>
                    <div id="spanUserName"></div>
                </li>
                <li>
                    <div class="ncDiv"> 昵称: </div>
                    <div>
                            <input name="txtNickName" id="txtNickName" maxlength="10" type="text"
class="textStyle"/>
                    </div>
                    <div id="spanNickName"></div>
                </li>
                <li>
                    <div class="passwordDiv"> 登录密码: </div>
                    <div>
                        <input type="password" name="txtPassword" id="txtPassword" maxlength="16"
class="textStyle"/>
                    </div>
                    <div id="spanPassword"></div>
                </li>
                <li>
                    <div class="xbie"> 性别: </div>
                    <div>
                      <input type="radio" id="sex1" name="sex" value="1" checked="checked"/>
                      <label for="sex1">男</label>
                      <input type="radio" id="sex2" name="sex" value="0" />
                      <label for="sex2">女</label>
                    </div>
                    <span class="clear"></span> </li>
                <li>
                    <div class="yzmDiv"> 验证码: </div>
                    <div class="yzm">
                        <input type="text" maxlength="4" onkeypress="return KeyPressNum(this,event);"
class="textStyle" name="txtValidate" id="txtValidate" />
                          <img src="/Public/Validate.ashx" alt="验证码" title="单击刷新验证码
" border="0" id="imgValidate" onclick="this.src='/Public/Validate.ashx?x=' + Math.random();"
align="absmiddle" style="cursor:pointer;" /></div>
                        <div id="spanValidate"></div>
                            <!--<a href="JavaScript:void(0);" onclick="JavaScript:document.
getElementById('imgValidate').src='/Public/Validate.ashx?x=' + Math.random();">看不清, 换一张 </a> -->
                </li>
                <li>
                    <input type="text" name="txtPromoter" id="txtPromoter" style="display:none;" />
                    <input name="" type="checkbox" value="" id="cbxEnable" checked="checked" />
                    已阅读并同意 <a href="/Treaty.aspx" target="_blank">用户服务协议 </a> </li>
                <li class="errormsg"> <span id="errormsg"></span> </li>
                <li class="tegbttn">
                    <input type="button" id="btnSubmit" />
                    <a href="#"></a> </li>
            </ul>
        </div>
        <div class="clear"></div>
      </div>
    </div>
    <script type="text/JavaScript">
var domialname = "pk";
var pusername = "";
</script>
    <script type="text/JavaScript" src="js/HtmlValidateImg.js"></script>
    <script type="text/JavaScript" src="js/FastReg.js"></script>
  </div>
  <!-- warp end -->
</div>
```

```
</body>
</html>
```

运行本案例的主页文件 index.html，即可预览首页效果。如图 35-4 所示为首页的顶部模块，包括网页菜单、Banner 图片等；如图 35-5 为首页的中间模块，也是网站中的主要部门，包括游戏下载、用户注册、最新新闻、游戏推荐等模块；如图 35-6 为首页的底部模块，包括网站中的超链接以及一些说明信息。

图 35-4　首页顶部模块

图 35-5　首页中间模块

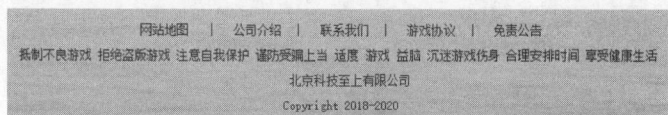

图 35-6　首页底部模块

35.2.2 设计注册验证信息

注册页面的验证信息需要使用 JavaScript 语言来实现，具体的实现代码如下：

```javascript
if (pusername != '') {
    $("#txtPromoter").val(pusername).attr("readonly", "readonly");
}
var id = function(o) { return document.getElementById(o) }
var scroll = function(o) {
    // var space=id(o).offsetTop;
    var space = 307;
    id(o).style.top = space + 'px';
    void function() {
        var goTo = 0;
        var roll = setInterval(function() {
            var height = document.documentElement.scrollTop + document.body.scrollTop + space;
            var top = parseInt(id(o).style.top);
            if (height != top) {
                goTo = height - parseInt((height - top) * 0.9);
                id(o).style.top = goTo + 'px';
            }
            //else{if(roll) clearInterval(roll);}
        }, 50);
    } ()
}
scroll('qucikRegDiv');
scroll('qucikRegDiv1');

var vali = new HtmlValidate("btnSubmit", OnSubmit);
vali.AddTextBoxRequired("txtUserName","spanUserName"," 游戏账号 ",12,6);
vali.AddTextBoxRegular("txtUserName", "spanUserName", " 游戏账号 ", "[0-9a-zA-Z]{6,12}");
vali.AddTextBoxRequired("txtNickName","spanNickName"," 昵称 ",10,2);
vali.AddTextBoxRequired("txtPassword", "spanPassword", " 登录密码 ", 16, 6);
vali.AddTextBoxRequired("txtValidate", "spanValidate", " 验证码 ", 4, 4);
vali.Run();

// 提交按钮事件
function OnSubmit() {
    $("#btnSubmit").css("display", "none");
    $("#btnSubmit").after("<li id='spanLoading'>" + LOADING_ICON + " 正在提交，请稍候..." + "</li>");

    $.post(
        "/Members/MembersHandler.ashx?action=reg&x=" + Math.random(),
        {
            username:      $("#txtUserName").val().Trim(),
            nickname:      $("#txtNickName").val().Trim(),
            password:      $("#txtPassword").val().Trim(),
            sex: $("input[name=sex]:checked").val().Trim(),
            truename: "",
            idc: "",
            validate:      $("#txtValidate").val().Trim(),
            domailname: domialname,
            // 以下为非必填项
            promoter:      $("#txtPromoter").val().Trim()
        },
        function(data) {
            if (data == "success") {
                alert(" 注册成功! ");
                location.href = "/Down.aspx";
            }
            else {
                $("#spanLoading").remove();
                $("#btnSubmit").css("display", "inline");
```

```
            //Msg("注册发生错误，错误信息: \r\n" + data, 300);
            document.getElementById("errormsg").innerHTML = data
            $("#imgValidate").attr("src", '/Public/Validate.ashx?x=' + Math.random());
        }
    }
  );
}
function IsEtis() {
    $.post(
        "/Members/MembersHandler.ashx?action=isusername&x=" + Math.random(),
        {
            username: $("#txtUserName").val().Trim(),
            type: "1"
        },
        function(data) {
            if (data == "success") {
                document.getElementById("spanUserName").innerHTML = "<img src='/Images/
System/dui.jpg' align='absmiddle' width='16' height='16' border='0' />";
            } else {
                document.getElementById("spanUserName").innerHTML = "<img src='/Images/System/
cha.jpg' align='absmiddle' width='16' height='16' border='0' />";
            }
        }
    );
}
```

在主页中单击"快速注册"按钮，即可进入注册页面，如图 35-7 所示。在注册页面中根据提示输入注册信息，如果输入的注册信息不符合规定，则会出现验证信息，如图 35-8 所示。

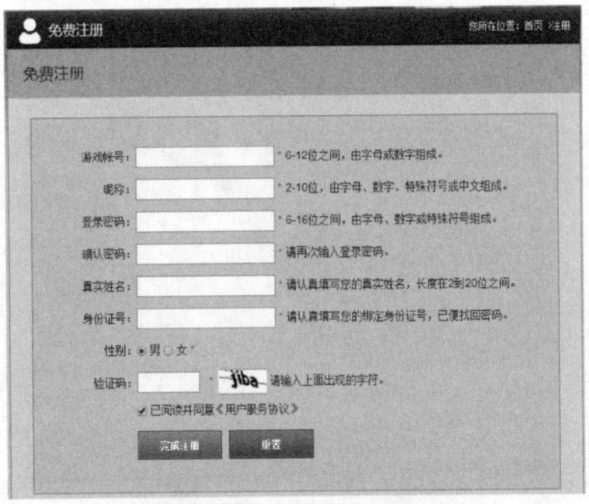

图 35-7　用户注册页面

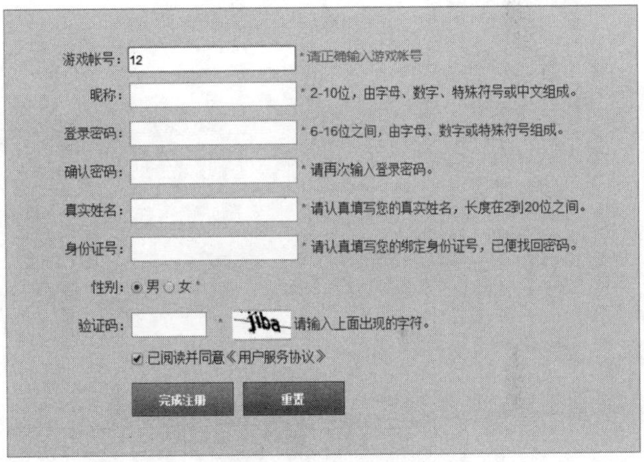

图 35-8　验证信息

35.2.3　设计"下载中心"页面

有些游戏需要下载并安装到本地计算机后，才能开始游戏，所以需要游戏下载页面，一般下载页面中提供有供用户下载的按钮，以及包括该游戏的简单说明信息，如游戏大小、运行环境等。下面给出"下载中心"页面的代码。

```
<!DOCTYPE html PUBLIC "-//W3C//DTD XHTML 1.0 Transitional//EN" "http://www.w3.org/TR/xhtml1/
DTD/xhtml1-transitional.dtd">
<html xmlns="http://www.w3.org/1999/xhtml">
<head>
<meta http-equiv="Content-Type" content="text/html; charset=utf-8" />
```

```
<!-- 样式 -->
<link href="Css/layout.css" type="text/css" rel="stylesheet" />
<script type="text/JavaScript" src="Js/jquery.js"></script>
<!--[if IE 6]>
<script src="js/DD_belatedPNG_0.0.8a.js" type="text/JavaScript" ></script>
<script type="text/JavaScript">
DD_belatedPNG.fix(' ');
</script>
<![endif]-->
<!-- banner -->
<style type="text/css">
.nav_bg .nav ul li .i_home{ color:#b5954d;}
</style>
<meta name="Keywords" />
<meta name="Description" />
<title> 紫金游 </title>
</head>
<body>
<!-- warp start -->
<div class="warp">
  <!-- top -->
  <!-- top -->
  <div class="top_bg" id="topLoginIn">
    <div class="top"> 您好，欢迎光临紫金游 <a href="#"> 请登录 </a> | <a href="Register.html"> 注册
</a></div>
  </div>
  <div class="top_bg" id="topLoginOut">
    <div class="top"> 欢迎您，<a href="#"> 个人中心 </a>  <a href="#"> 退出 </a></div>
  </div>
  <script type="text/JavaScript">
var nameuser = ''
if (nameuser == "") {
$("#topLoginOut").hide();
$("#topLoginIn").show();
} else {
$("#topLoginOut").show();
$("#topLoginIn").hide();
}
</script>
  <!-- nav -->
  <!-- nav -->
  <div class="nav_bg">
    <div class="nav">
      <ul>
        <li><a href="index.html"> 官网首页 </a><br />
          <span>HOME</span></li>
        <li><a href="Down.html" class="i_home"> 下载中心 </a><br />
          <span>DOWNLOAD</span></li>
        <li><a href="Pay.html"> 账号充值 </a><br />
          <span>ACCOUNT SERVICES</span></li>
        <li class="nav_logo"> 紫金游 </li>
        <li><a href="News.html" > 新闻动态 </a><br />
          <span>NEWS</span></li>
        <li><a href="Mall.html" > 道具商城 </a><br />
          <span>ITEM SHOP</span></li>
        <li><a href="Mall.html"> 奖品乐园 </a><br />
          <span>PRIZES PARADISE</span></li>
      </ul>
      <p class="clear"></p>
    </div>
    <div class="logo"><a href="/"><img src="images/logo.png" /></a></div>
  </div>
  <script type="text/JavaScript">
$(function () {
```

```
        if (index) {
        $(".nav ul a").removeClass().parent().eq(index - 1).find("a").addClass("i_home");
        }
        })
    </script>
      <!-- main -->
      <div class="main_bg">
        <div class="main">
          <div class="m_lf">
            <div class="m_download"> <a href="#"> <img src="images/down_load.jpg" width="248"
height="109" alt=" 游戏下载 " /> </a> </div>
            <div class="m_reg"> <a href="Register.html">快速注册 </a> </div>
            <div class="fast_track">
              <h2> 快速通道 </h2>
              <ul>
                <li><a href="#">个人中心 </a></li>
                <li><a href="/Popularize.aspx">推广赚金 </a></li>
                <li><a href="/Members/Security.aspx">密码保护 </a></li>
                <li><a href="/TabooUser.aspx">封号名单 </a></li>
                <li><a href="/GetPassword.aspx">找回密码 </a></li>
                <li><a href="/Members/SetPassword.aspx">修改密码 </a></li>
                <li><a href="/Faq.aspx">帮助中心 </a></li>
                <li><a href="/Guardian/">家长监护 </a></li>
                <li><a href="/Match/BattleDefault.aspx">比赛专区 </a></li>
              </ul>
              <p class="clear"></p>
            </div>
            <div class="m_ad"><img src="images/lf_1.jpg" width="248" height="96" /></div>
            <div class="m_service">
              <dl>
                <dt> 游戏客服 </dt>
                <dd class="m_service_tel"> 客服电话: 010-12345678<br />
                例行维护: 每周二 7:00-9:30 </dd>
                    <dd> <a href="http://wpa.qq.com/msgrd?v=3&uin=00000000000&site=qq&menu=yes"
target="_blank" class="m_service_online">在线咨询 </a> </dd>
              </dl>
            </div>
          </div>
          <script type="text/JavaScript">
    var index = 2;
    </script>
            <div class="cont">
              <div class="cont_tit"> <strong> <img src="images/down_icon.PNG" width="28"
height="29" />下载中心 </strong> <span>您所在位置: <a href="/">首页 </a> > 下载中心 </span> </div>
            <div class="con_bg">
              <div class="cont_down">
                <h3> 紫金游戏大厅 </h3>
                <div><img src="images/cont_down1.PNG" width="629" height="330" /></div>
              </div>
              <div class="cont_down_tit"> <span> 更新时间 :2018 年 2 月 1 日 </span> <span> 版本: 18.1 版
</span> <span> 应用平台: Win7/Win10</span> <span> 完整版大小: 30MB</span></div>
              <div class="cont_down_btn"> <a href="#" class="cont_down_btn1">下载大厅游戏 </a> <a
href="#" class="cont_down_btn2">下载完整版 </a> </div>
              <div class="cont_dwon_list">
                <h3> 游戏介绍 </h3>
                <ul>
                  <li> <a href="/Game/?params=10003300"> <img src="/Uploads/GameRulePicture/259.
png" alt=" 斗地主 " width="150" height="108" /> </a> <br />
                    <a href="/Game/?params=10003300">斗地主 </a> </li>
                  <li> <a href="/Game/?params=10003303"> <img src="/Uploads/GameRulePicture/157.
jpg" alt=" 斗地主比赛 " width="150" height="108" /> </a> <br />
                    <a href="/Game/?params=10003303">斗地主比赛 </a> </li>
                  <li> <a href="/Game/?params=10301800"> <img src="/Uploads/GameRulePicture/191.
jpg" alt=" 三十秒 " width="150" height="108" /> </a> <br />
```

```
                           <a href="/Game/?params=10301800">三十秒</a> </li>
                     <li> <a href="/Game/?params=10306600"> <img src="/Uploads/GameRulePicture/257.
png" alt="智勇三张" width="150" height="108" /> </a> <br />
                           <a href="/Game/?params=10306600">智勇三张</a> </li>
                     <li> <a href="/Game/?params=10400402"> <img src="/Uploads/GameRulePicture/149.
jpg" alt="二人梭哈" width="150" height="108" /> </a> <br />
                           <a href="/Game/?params=10400402">二人梭哈</a> </li>
                     <li> <a href="/Game/?params=10900500"> <img src="/Uploads/GameRulePicture/155.
jpg" alt="斗牛" width="150" height="108" /> </a> <br />
                           <a href="/Game/?params=10900500">斗牛</a> </li>
                     <li> <a href="/Game/?params=10901800"> <img src="/Uploads/GameRulePicture/156.
jpg" alt="百人牛牛" width="150" height="108" /> </a> <br />
                           <a href="/Game/?params=10901800">百人牛牛</a> </li>
                     <li> <a href="/Game/?params=11901800"> <img src="" alt="疯狂两张" width="150"
height="108" /> </a> <br />
                           <a href="/Game/?params=11901800">疯狂两张</a> </li>
                     <li> <a href="/Game/?params=70001000"> <img src="/Uploads/GameRulePicture/203.
jpg" alt="ATT" width="150" height="108" /> </a> <br />
                           <a href="/Game/?params=70001000">ATT</a> </li>
               </ul>
               <p class="clear"></p>
           </div>
         </div>
       </div>
       <p class="clear"></p>
     </div>
     <!-- footer -->
     <!-- footer -->
     <div class="footer">
         <p> <a href="#"> 网站地图</a>  |  <a href="#">公司介绍</
a> |  <a href="#">联系我们</a> |  <a href="#">游戏协议</a> | <a
href="#"> 免责公告</a></p>
         <p>抵制不良游戏 拒绝盗版游戏 注意自我保护 谨防受骗上当 适度<a href="#">游戏</a>益脑 沉迷游戏伤
身 合理安排时间 享受健康生活</p>
         <p>       北京科技好游戏有限公司  <br />
          Copyright 2018-2020</p>
         <p>  </p>
         <h1>  </h1>
     </div>
     <script type="text/JavaScript">
   var domialname = "pk";
   var pusername = "";
   </script>
     <!-- 快速注册 -->
     <script type="text/JavaScript" src="Js/public.js"></script>
      <div id="qucikRegDiv" onclick="quickRgeOperate()"><img src="images/kszc.gif" width="39"
height="149" /></div>
       <div id="qucikRegDiv1">
         <div class="quickRegDiv">
           <div id="close" onclick="closeDiv('qucikRegDiv1')"> </div>
           <div class="ContentDiv">
             <ul>
               <li>
                 <div class="yczh">游戏账号: </div>
                 <div>
                         <input name="txtUserName" id="txtUserName" maxlength="12" type="text"
class="textStyle" onblur="IsEtis()" />
                 </div>
                 <div id="spanUserName"></div>
               </li>
               <li>
                 <div class="ncDiv"> 昵称: </div>
                 <div>
```

```html
                    <input name="txtNickName" id="txtNickName" maxlength="10" type="text"
class="textStyle"/>
                </div>
                <div id="spanNickName"></div>
            </li>
            <li>
                <div class="passwordDiv"> 登录密码: </div>
                <div>
                    <input type="password" name="txtPassword" id="txtPassword" maxlength="16"
class="textStyle"/>
                </div>
                <div id="spanPassword"></div>
            </li>
            <li>
                <div class="xbie"> 性别: </div>
                <div>
                    <input type="radio" id="sex1" name="sex" value="1" checked="checked"/>
                    <label for="sex1">男 </label>
                    <input type="radio" id="sex2" name="sex" value="0" />
                    <label for="sex2">女 </label>
                </div>
                <span class="clear"></span> </li>
            <li>
                <div class="yzmDiv"> 验证码: </div>
                <div class="yzm">
                    <input type="text" maxlength="4" onkeypress="return KeyPressNum(this,event);"
class="textStyle" name="txtValidate" id="txtValidate" />
                      <img src="/Public/Validate.ashx" alt=" 验证码 " title=" 单击刷新验证码
" border="0" id="imgValidate" onclick="this.src='/Public/Validate.ashx?x=' + Math.random();"
align="absmiddle" style="cursor:pointer;" /></div>
                <div id="spanValidate"></div>
                    <!--<a href="JavaScript:void(0);" onclick="JavaScript:document.
getElementById('imgValidate').src='/Public/Validate.ashx?x=' + Math.random();">看不清, 换一张 </a>
-->
            </li>
            <li>
                <input type="text" name="txtPromoter" id="txtPromoter" style="display:none;" />
                <input name="" type="checkbox" value="" id="cbxEnable" checked="checked" />
                已阅读并同意 <a href="/Treaty.aspx" target="_blank">用户服务协议 </a> </li>
            <li class="errormsg"> <span id="errormsg"></span> </li>
            <li class="tegbttn">
                <input type="button" id="btnSubmit" />
                <a href="#"></a> </li>
        </ul>
    </div>
    <div class="clear"></div>
    </div>
    </div>
    <script type="text/JavaScript">
var domialname = "pk";
var pusername = "";
</script>
    <script type="text/JavaScript" src="Js/HtmlValidateImg.js"></script>
    <script type="text/JavaScript" src="Js/FastReg.js"></script>
  </div>
  <!-- warp end -->
</div>
</body>
</html>
```

在主页中单击 "下载中心" 按钮, 即可进入 "下载中心" 页面, 如图 35-9 所示。

图 35-9　"下载中心"页面

35.2.4　设计"账号充值"页面

在游戏当中，有时需要购买装备，这就需要给自己的游戏账号充值。下面给出设计"账号充值"页面的具体代码。

```
<!DOCTYPE html PUBLIC "-//W3C//DTD XHTML 1.0 Transitional//EN" "http://www.w3.org/TR/xhtml1/
DTD/xhtml1-transitional.dtd">
<html xmlns="http://www.w3.org/1999/xhtml">
<head>
<meta http-equiv="Content-Type" content="text/html; charset=utf-8" />
<!-- 样式 -->
<link href="Css/layout.css" type="text/css" rel="stylesheet" />
<script type="text/JavaScript" src="Js/jquery.js"></script>
<!--[if IE 6]>
<script src="Js/DD_belatedPNG_0.0.8a.js" type="text/JavaScript" ></script>
<script type="text/JavaScript">
DD_belatedPNG.fix(' ');
</script>
<![endif]-->
<!-- banner -->
<style type="text/css">
.nav_bg .nav ul li .i_home{ color:#b5954d;}
</style>
<meta name="Keywords" />
<meta name="Description" />
<title> 紫金游 </title>
</head>
<body>
<!-- warp start -->
<div class="warp">
  <!-- top -->
  <!-- top -->
```

```html
    <div class="top_bg" id="topLoginIn">
      <div class="top">您好，欢迎光临紫金游 <a href="#">请登录</a> | <a href="Register.html">注册
</a></div>
    </div>
    <div class="top_bg" id="topLoginOut">
      <div class="top">欢迎您，<a href="#">个人中心</a>　<a href="#">退出</a> </div>
    </div>
    <script type="text/JavaScript">
  var nameuser = ''
  if (nameuser == "") {
  $("#topLoginOut").hide();
  $("#topLoginIn").show();
  } else {
  $("#topLoginOut").show();
  $("#topLoginIn").hide();
  }
  </script>
    <!-- nav -->
    <!-- nav -->
    <div class="nav_bg">
      <div class="nav">
        <ul>
          <li><a href="index.html">官网首页</a><br />
            <span>HOME</span></li>
          <li><a href="Down.html">下载中心</a><br />
            <span>DOWNLOAD</span></li>
          <li><a href="Pay.html" class="i_home">账号充值</a><br />
            <span>ACCOUNT SERVICES</span></li>
          <li class="nav_logo">紫金游</li>
          <li><a href="News.html">新闻动态</a><br />
            <span>NEWS</span></li>
          <li><a href="Mall.html">道具商城</a><br />
            <span>ITEM SHOP</span></li>
          <li><a href="Mall.html">奖品乐园</a><br />
            <span>PRIZES PARADISE</span></li>
        </ul>
        <p class="clear"></p>
      </div>
      <div class="logo"><a href="/"><img src="images/logo.png" /></a></div>
    </div>
    <script type="text/JavaScript">
  $(function () {
  if (index) {
  $(".nav ul a").removeClass().parent().eq(index - 1).find("a").addClass("i_home");
  }
  })
  </script>
    <!-- main -->
    <div class="main_bg">
      <div class="main">
        <div class="m_lf">
          <div class="m_download"> <a href="#"> <img src="images/down_load.jpg" width="248"
height="109" alt="游戏下载" /> </a> </div>
          <div class="m_reg"> <a href="Register.html">快速注册</a> </div>
          <div class="con_pkmall_try">
            <h3 style="text-align:center;"><a href='/Login.aspx?reurl=http://pk.tzgame.com/
Pay/default.aspx'>登录后</a>获取</h3>
            <br />
            <table width="200" border="0" cellspacing="0" cellpadding="0" style="margin:0
auto;">
              <tr>
                <td width="42" height="30"><img src="images/mall_icon2.png" width="25" height="21"
/></td>
```

637

```
                     <td> 乐豆： <a href='/Login.aspx?reurl=http://pk.tzgame.com/Pay/default.aspx'> 登录
后 </a> 获取 </td>
                 </tr>
                 <tr>
                   <td height="30"><img src="images/mall_icon1.png" width="30" height="19" /></td>
                     <td> 元宝： <a href='/Login.aspx?reurl=http://pk.tzgame.com/Pay/default.aspx'> 登录后 </
a> 获取 </td>
                 </tr>
                 <tr>
                   <td height="30"><img src="images/mall_icon3.png" width="30" height="30" /></td>
                     <td> 奖券： <a href='/Login.aspx?reurl=http://pk.tzgame.com/Pay/default.aspx'>
登录后 </a> 获取 </td>
                 </tr>
               </table>
               <br />
               <div class="cont_recharge_record"><a href="/Members/LogCardUse.aspx"> 我的充值记录 </
a></div>
               <br />
           </div>
           <div class="cont_pay_mode">
             <h3> 充值方式 </h3>
             <ul>
                 <li style=" border-top:none;" class="pay_mode_btn"><a href="/Pay/PayDefault.
aspx"> 支付宝 </a></li>
                 <li class="pay_mode_btn1"><a href="/Pay/Yeepay.aspx"> 网银充值（易宝）</a></li>
                 <li class="pay_mode_btn2"><a href="/Pay/YeepayCard.aspx"> 游戏点卡充值 </a></li>
                 <li class="pay_mode_btn3"><a href="/Pay/Card.aspx"> 平台点卡充值 </a></li>
             </ul>
           </div>
           <div class="con_pkmall_try">
             <h3> 充值帮助 </h3>
             <ul style="padding-bottom:20px;">
             <li><a href="/Faq.aspx"> 如何进行充值前 </a></li>
             <li><a href="/Faq.aspx"> 哪种充值方式最优惠？ </a></span></li>
             </ul>
           </div>
         </div>
         <script type="text/JavaScript">
   var index = 3;
   </script>
         <div class="cont">
           <div class="cont_tit"> <strong><img src="images/pay_icon.PNG" width="26" height="34"
/> 账号充值 </strong> <span> 您所在位置： <a href="/"> 首页 </a> > 账号充值 </span></div>
           <div class="con_bg">
             <div class="cont_pay_process">
               <h3> 充值流程： </h3>
               <div class="pay_process_btn"></div>
                <div class="cont_pay_process_1"><span> 温馨提示： </span> 充值成功后，系统将在 10 分钟内
将元宝存入您的账户，请您登录游戏大厅或个人中心查看！ </div>
             </div>
             <div class="cont_pay_list">
               <dl>
                 <dt><img src="images/zfb.png" alt=" 支付宝 " width="125" height="125" /></dt>
                 <dd>
                   <table width="475" border="0" cellspacing="0" cellpadding="0">
                     <tr>
                       <td height="125"><p><strong> 支付宝充值 </strong> <img src="images/
cz_tuijian.png" width="58" height="17" /><br />
                   支付宝是国内领先的独立第三方支付平台，您可以使用支付宝中的
                   余额进行支付，同时还支持国内外 160 多家银行的在线支付。</p></td>
                     <td width="96"><a href="/Pay/PayDefault.aspx" class="pay_btn"> 立即充值 </a></td>
                   </tr>
                   </table>
                 </dd>
```

```
        </dl>
        <dl>
            <dt style="padding-top:28px"><img src="images/cz_yb.gif" alt="支 付 宝"
width="104" height="68" /></dt>
            <dd>
                <table width="475" border="0" cellspacing="0" cellpadding="0">
                    <tr>
                        <td height="125"><p> <strong>银行卡充值（易宝）</strong> <img
src="images/cz_tuijian.png" width="58" height="17" /><br />
                        支持工商银行、农业银行、招商银行、中国银行、建设银行、交通银行、兴业银行、光大银
行、华夏银行、中信银行、上海浦东发展银行等全国55家主流发卡银行的网上支付功能。 </p></td>
                        <td width="96"><a href="/Pay/Yeepay.aspx" class="pay_btn"> 立即充值 </a></
td>
                    </tr>
                </table>
            </dd>
        </dl>
        <dl>
            <dt><img src="images/pay2.png" width="114" height="125" /></dt>
            <dd>
                <table width="475" border="0" cellspacing="0" cellpadding="0">
                    <tr>
                        <td height="125"><p> <strong>游戏点卡充值 </strong><br />
                        支持大部分通用型点卡。如征途卡，骏网一卡通，盛大一卡通，联通充值卡，移动充值卡，Q
币卡等 </p></td>
                        <td width="96"><a href="/Pay/YeepayCard.aspx" class="pay_btn"> 立即充值 </
a></td>
                    </tr>
                </table>
            </dd>
        </dl>
        <dl style="margin-bottom:0;">
            <dt><img src="images/pay2.png" width="114" height="125" /></dt>
            <dd>
                <table width="475" border="0" cellspacing="0" cellpadding="0">
                    <tr>
                        <td height="125"><p> <strong>平台点卡充值 </strong><br />
                        本游戏平台点卡充值 </p></td>
                        <td width="96"><a href="/Pay/Card.aspx" class="pay_btn"> 立即充值 </a></td>
                    </tr>
                </table>
            </dd>
        </dl>
        </div>
        </div>
    </div>
    <p class="clear"></p>
    </div>
    <!-- footer -->
    <!-- footer -->
    <div class="footer">
        <p> <a href="#"> 网站地图 </a>  |  <a href="#"> 公司介绍 </a> 
|  <a href="#"> 联系我们 </a> |  <a href="#"> 游戏协议 </a> | <a
href="#">  免责公告 </a></p>
        <p> 抵制不良游戏 拒绝盗版游戏 注意自我保护 谨防受骗上当 适度 <a href="#"> 游戏 </a>益脑 沉迷游戏伤
身 合理安排时间 享受健康生活 </p>
        <p>      北京科技好游戏有限公司  <br />
         Copyright 2018-2020 </p>
        <p>  </p>
        <h1>  </h1>
    </div>
    <script type="text/JavaScript">
    var domialname = "pk";
    var pusername = "";
```

```
    </script>
      <!-- 快速注册 -->
      <script type="text/JavaScript" src="Js/public.js"></script>
      <div id="qucikRegDiv" onclick="quickRgeOperate()"><img src="images/kszc.gif" width="39"
height="149" /></div>
      <div id="qucikRegDiv1">
        <div class="quickRegDiv">
          <div id="close" onclick="closeDiv('qucikRegDiv1')"> </div>
          <div class="ContentDiv">
            <ul>
              <li>
                <div class="yczh">游戏账号: </div>
                <div>
                        <input name="txtUserName" id="txtUserName" maxlength="12" type="text"
class="textStyle" onblur="IsEtis()" />
                </div>
                <div id="spanUserName"></div>
              </li>
              <li>
                <div class="ncDiv">昵称: </div>
                <div>
                        <input name="txtNickName" id="txtNickName" maxlength="10" type="text"
class="textStyle"/>
                </div>
                <div id="spanNickName"></div>
              </li>
              <li>
                <div class="passwordDiv">登录密码: </div>
                <div>
                    <input type="password" name="txtPassword" id="txtPassword" maxlength="16"
class="textStyle"/>
                </div>
                <div id="spanPassword"></div>
              </li>
              <li>
                <div class="xbie">性别: </div>
                <div>
                  <input type="radio" id="sex1" name="sex" value="1" checked="checked"/>
                  <label for="sex1">男 </label>
                  <input type="radio" id="sex2" name="sex" value="0" />
                  <label for="sex2">女 </label>
                </div>
                <span class="clear"></span> </li>
              <li>
                <div class="yzmDiv">验证码: </div>
                <div class="yzm">
                  <input type="text" maxlength="4" onkeypress="return KeyPressNum(this,event);"
class="textStyle" name="txtValidate" id="txtValidate" />
                          <img src="/Public/Validate.ashx" alt="验证码" title="单击刷新验证码
" border="0" id="imgValidate" onclick="this.src='/Public/Validate.ashx?x=' + Math.random();"
align="absmiddle" style="cursor:pointer;" /></div>
                <div id="spanValidate"></div>
                        <!--<a href="JavaScript:void(0);" onclick="JavaScript:document.
getElementById('imgValidate').src='/Public/Validate.ashx?x=' + Math.random();">看不清, 换一张 </a>
-->
              </li>
              <li>
                <input type="text" name="txtPromoter" id="txtPromoter" style="display:none;" />
                <input name="" type="checkbox" value="" id="cbxEnable" checked="checked" />
                已阅读并同意 <a href="/Treaty.aspx" target="_blank">用户服务协议 </a> </li>
              <li class="errormsg"> <span id="errormsg"></span> </li>
              <li class="tegbttn">
                <input type="button" id="btnSubmit" />
                <a href="#"></a> </li>
```

```
            </ul>
          </div>
          <div class="clear"></div>
        </div>
      </div>
      <script type="text/JavaScript">
var domialname = "pk";
var pusername = "";
</script>
      <script type="text/JavaScript" src="Js/HtmlValidateImg.js"></script>
      <script type="text/JavaScript" src="Js/FastReg.js"></script>
    </div>
    <!-- warp end -->
  </div>
  </body>
  </html>
```

在主页中单击"账号充值"按钮，即可进入"账号充值"页面，在其中可以看到提供的几种账号充值方式，如图 35-10 所示。

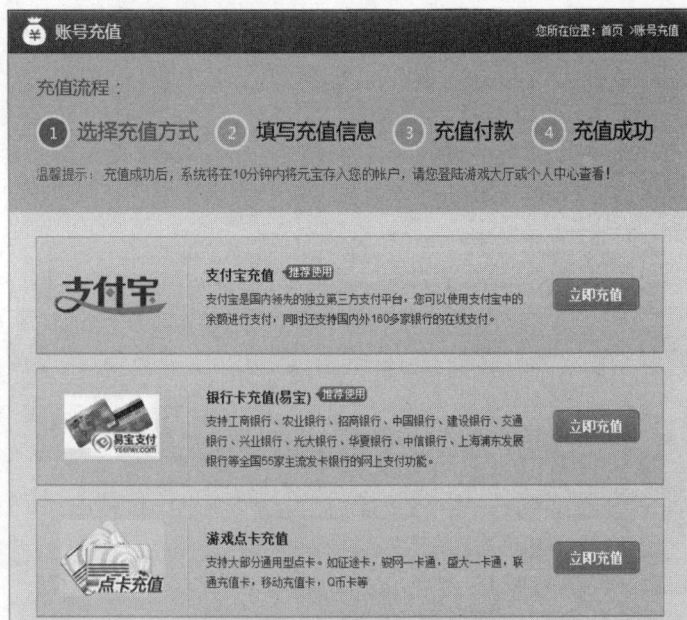

图 35-10　"账号充值"页面

35.2.5　设计"新闻动态"页面

游戏中的"新闻动态"页面一般以列表样式显示，具体代码如下：

```
<!DOCTYPE html PUBLIC "-//W3C//DTD XHTML 1.0 Transitional//EN" "http://www.w3.org/TR/xhtml1/
DTD/xhtml1-transitional.dtd">
<html xmlns="http://www.w3.org/1999/xhtml">
<head>
<meta http-equiv="Content-Type" content="text/html; charset=utf-8" />
<!-- 样式 -->
<link href="Css/layout.css" type="text/css" rel="stylesheet" />
<script type="text/JavaScript" src="Js/jquery.js"></script>
<!--[if IE 6]>
```

641

```
<script src="Js/DD_belatedPNG_0.0.8a.js" type="text/JavaScript" ></script>
<script type="text/JavaScript">
DD_belatedPNG.fix(' ');
</script>
<![endif]-->
<!-- banner -->
<style type="text/css">
.nav_bg .nav ul li .i_home{ color:#b5954d;}
</style>
<meta name="Keywords" />
<meta name="Description" />
<title> 第 1 页 - 紫金游 </title>
</head>
<body>
<!-- warp start -->
<div class="warp">
  <!-- top -->
  <!-- top -->
  <div class="top_bg" id="topLoginIn">
    <div class="top"> 您好，欢迎光临紫金游 <a href="#"> 请登录 </a> | <a href="Register.html">注册
</a></div>
  </div>
  <div class="top_bg" id="topLoginOut">
    <div class="top"> 欢迎您，<a href="#">个人中心 </a>  <a href="#">退出 </a>  </div>
  </div>
  <script type="text/JavaScript">
var nameuser = ''
if (nameuser == "") {
$("#topLoginOut").hide();
$("#topLoginIn").show();
} else {
$("#topLoginOut").show();
$("#topLoginIn").hide();
}
</script>
  <!-- nav -->
  <!-- nav -->
  <div class="nav_bg">
    <div class="nav">
      <ul>
        <li><a href="index.html">官网首页 </a><br />
          <span>HOME</span></li>
        <li><a href="Down.html" >下载中心 </a><br />
          <span>DOWNLOAD</span></li>
        <li><a href="Pay.html">账号充值 </a><br />
          <span>ACCOUNT SERVICES</span></li>
        <li class="nav_logo">紫金游 </li>
        <li><a href="News.html" class="i_home">新闻动态 </a><br />
          <span>NEWS</span></li>
        <li><a href="Mall.html" >道具商城 </a><br />
          <span>ITEM SHOP</span></li>
        <li><a href="Mall.html">奖品乐园 </a><br />
          <span>PRIZES PARADISE</span></li>
      </ul>
      <p class="clear"></p>
    </div>
    <div class="logo"><a href="/"><img src="images/logo.png" /></a></div>
  </div>
  <script type="text/JavaScript">
$(function () {
if (index) {
$(".nav ul a").removeClass().parent().eq(index - 1).find("a").addClass("i_home");
}
})
```

```
    </script>
    <!-- main -->
    <div class="main_bg">
      <div class="main">
        <div class="m_lf">
          <div class="m_download"> <a href="#"> <img src="images/down_load.jpg" width="248"
height="109" alt=" 游戏下载 " /> </a> </div>
          <div class="m_reg"> <a href="Register.html"> 快速注册 </a> </div>
          <div class="fast_track">
            <h2> 快速通道 </h2>
            <ul>
              <li><a href="#"> 个人中心 </a></li>
              <li><a href="/Popularize.aspx"> 推广赚金 </a></li>
              <li><a href="/Members/Security.aspx"> 密码保护 </a></li>
              <li><a href="/TabooUser.aspx"> 封号名单 </a></li>
              <li><a href="/GetPassword.aspx"> 找回密码 </a></li>
              <li><a href="/Members/SetPassword.aspx"> 修改密码 </a></li>
              <li><a href="/Faq.aspx"> 帮助中心 </a></li>
              <li><a href="/Guardian/"> 家长监护 </a></li>
              <li><a href="/Match/BattleDefault.aspx"> 比赛专区 </a></li>
            </ul>
            <p class="clear"></p>
          </div>
          <div class="m_ad"><img src="images/lf_1.jpg" width="248" height="96" /></div>
          <div class="m_service">
            <dl>
              <dt> 游戏客服 </dt>
              <dd class="m_service_tel"> 客服电话: 010-12345678<br />
                  例行维护: 每周二 7:00-9:30 </dd>
                <dd> <a href="http://wpa.qq.com/msgrd?v=3&uin=00000000000&site=qq&menu=yes"
target="_blank" class="m_service_online"> 在线咨询 </a> </dd>
            </dl>
          </div>
        </div>
        <script type="text/JavaScript">
    var index = 4;
    </script>
        <div class="cont">
          <div class="cont_tit"> <strong> <img src="images/news_icon.PNG" width="32"
height="31" /> 新闻动态 </strong> <span> 您所在位置: <a href="/"> 首页 </a> > 新闻动态 </span> </div>
          <div class="con_bg">
            <div class="con_news_menu">
              <ul>
                <li><a href="/News/" class='con_news_menu1'> 最新 </a></li>
                <li><a href="/News/Default.aspx?params=newscenter" > 新闻 </a></li>
                <li><a href="/News/Default.aspx?params=announce" > 公告 </a></li>
                <li><a href="/News/Default.aspx?params=activity" > 活动 </a></li>
              </ul>
            </div>
            <div class="con_news_list">
              <ul>
                <li class="con_news_iconbg"> <strong> 最新 <a href="ShowNews.html"> 紫金游全新版本
正式发布 </a> </strong> <span>2018-07-02</span> </li>
                <li class="con_news_iconbg"> <strong> 最新 <a href="ShowNews.html"> 紫金游平台 8
招打造最稳定棋牌投资项目 </a> </strong> <span>2018-07-01</span> </li>
                <li class="con_news_iconbg"> <strong> 最新 <a href="ShowNews.html"> 紫金游平台 8
招打造最稳定棋牌投资项目 </a> </strong> <span>2018-08-29</span> </li>
                <li class="con_news_iconbg"> <strong> 最新 <a href="ShowNews.html"> 每日免费充值卡
赠送 </a> </strong> <span>2018-04-03</span> </li>
                <li class="con_news_iconbg"> <strong> 最新 <a href="ShowNews.html"> 紫金游演示平台
玩家 QQ 群 </a> </strong> <span>2018-03-01</span> </li>
                <li class="con_news_iconbg"> <strong> 最新 <a href="ShowNews.html"> 游戏建议征集
( 大厅右上角 )</a> </strong> <span>2018-02-07</span> </li>
```

```
                <li class="con_news_iconbg"> <strong>最新 <a href="ShowNews.html">新年行大运，紫
金游上拜财神 </a> </strong> <span>2018-01-26</span> </li>
                <li class="con_news_iconbg"> <strong>最新 <a href="ShowNews.html">金鲨银鲨火爆上
线 </a> </strong> <span>2018-01-12</span> </li>
                <li class="con_news_iconbg"> <strong>最新 <a href="ShowNews.html">新增游戏ATT
连环炮、大圣闹海 </a> </strong> <span>2018-01-12</span> </li>
                <li class="con_news_iconbg"> <strong>最新 <a href="ShowNews.html">头奖 500W！幸
运扑克系统即将上线 </a> </strong> <span>2018-10-23</span> </li>
                <li class="con_news_iconbg"> <strong>最新 <a href="ShowNews.html">紫金游 1.5 版
本更新至 1.6</a> </strong> <span>2018-10-23</span> </li>
                <li class="con_news_iconbg"> <strong>最新 <a href="ShowNews.html">紫金游 1.4 版
本更新至 1.5</a> </strong> <span>2018-10-14</span> </li>
                <li class="con_news_iconbg"> <strong>最新 <a href="ShowNews.html">像做团购一样推
广棋牌游戏 </a> </strong> <span>2018-10-10</span> </li>
                <li class="con_news_iconbg"> <strong>最新 <a href="ShowNews.html">游戏推广三大法
宝：视频、新闻、病毒营销 </a> </strong> <span>2018-10-10</span> </li>
                <li class="con_news_iconbg"> <strong>最新 <a href="ShowNews.html">5 个小技巧让你
的新游戏避免失败 </a> </strong> <span>2018-10-10</span> </li>
            </ul>
                <div id="Content_anpPageIndex" class="extAspNetPager"> <a
disabled="disabled" style="margin-right:5px;">上 一 页 </a><span style="margin-right:5px;font-
weight:Bold;color:red;">1</span><a href="default.aspx?page=2" style="margin-right:5px;">2</
a><a href="default.aspx?page=3" style="margin-right:5px;">3</a><a href="default.aspx?page=2"
style="margin-right:5px;"> 下一页 </a> </div>
            </div>
          </div>
        </div>
        <p class="clear"></p>
      </div>
      <!-- footer -->
      <!-- footer -->
      <div class="footer">
        <p> <a href="#">  网站地图 </a>   |  <a href="#"> 公司介绍 </a> 
|  <a href="#"> 联系我们 </a>  |  <a href="#"> 游戏协议 </a>  | <a
href="#">  免责公告 </a></p>
        <p> 抵制不良游戏 拒绝盗版游戏 注意自我保护 谨防受骗上当 适度 <a href="#"> 游戏 </a>益脑 沉迷游戏伤
身 合理安排时间 享受健康生活 </p>
        <p>       北京科技好游戏有限公司  <br />
           Copyright 2018-2020 </p>
        <p>  </p>
        <h1>  </h1>
      </div>
      <script type="text/JavaScript">
    var domialname = "pk";
    var pusername = "";
    </script>
        <!-- 快速注册 -->
        <script type="text/JavaScript" src="Js/public.js"></script>
        <div id="qucikRegDiv" onclick="quickRgeOperate()"><img src="images/kszc.gif" width="39"
height="149" /></div>
        <div id="qucikRegDiv1">
          <div class="quickRegDiv">
            <div id="close" onclick="closeDiv('qucikRegDiv1')"> </div>
            <div class="ContentDiv">
              <ul>
                <li>
                  <div class="yczh">游戏账号: </div>
                  <div>
                        <input name="txtUserName" id="txtUserName" maxlength="12" type="text"
class="textStyle" onblur="IsEtis()" />
                  </div>
                  <div id="spanUserName"></div>
                </li>
                <li>
```

```
                    <div class="ncDiv"> 昵称: </div>
                    <div>
                            <input name="txtNickName" id="txtNickName" maxlength="10" type="text"
class="textStyle"/>
                    </div>
                    <div id="spanNickName"></div>
                </li>
                <li>
                    <div class="passwordDiv"> 登录密码: </div>
                    <div>
                            <input type="password" name="txtPassword" id="txtPassword" maxlength="16"
class="textStyle"/>
                    </div>
                    <div id="spanPassword"></div>
                </li>
                <li>
                    <div class="xbie"> 性别: </div>
                    <div>
                        <input type="radio" id="sex1" name="sex" value="1" checked="checked"/>
                        <label for="sex1"> 男 </label>
                        <input type="radio" id="sex2" name="sex" value="0" />
                        <label for="sex2"> 女 </label>
                    </div>
                    <span class="clear"></span> </li>
                <li>
                    <div class="yzmDiv"> 验证码: </div>
                    <div class="yzm">
                        <input type="text" maxlength="4" onkeypress="return KeyPressNum(this,event);"
class="textStyle" name="txtValidate" id="txtValidate" />
                          <img src="/Public/Validate.ashx" alt=" 验证码 " title=" 单击刷新验证码
" border="0" id="imgValidate" onclick="this.src='/Public/Validate.ashx?x=' + Math.random();"
align="absmiddle" style="cursor:pointer;" /></div>
                        <div id="spanValidate"></div>
                            <!--<a href="JavaScript:void(0);" onclick="JavaScript:document.
getElementById('imgValidate').src='/Public/Validate.ashx?x=' + Math.random();">看不清，换一张 </a> -->
                    </li>
                <li>
                    <input type="text" name="txtPromoter" id="txtPromoter" style="display:none;" />
                    <input name="" type="checkbox" value="" id="cbxEnable" checked="checked" />
                    已阅读并同意 <a href="/Treaty.aspx" target="_blank"> 用户服务协议 </a> </li>
                <li class="errormsg"> <span id="errormsg"></span> </li>
                <li class="tegbttn">
                    <input type="button" id="btnSubmit" />
                    <a href="#"></a> </li>
              </ul>
          </div>
          <div class="clear"></div>
        </div>
    </div>
    <script type="text/JavaScript">
var domialname = "pk";
var pusername = "";
</script>
    <script type="text/JavaScript" src="Js/HtmlValidateImg.js"></script>
    <script type="text/JavaScript" src="Js/FastReg.js"></script>
  </div>
  <!-- warp end -->
</div>
</body>
</html>
```

在主页中单击"新闻动态"按钮，即可进入"新闻动态"页面，在其中可以查看最新的新闻信息，如图
35-11 所示。

图 35-11 "新闻动态"页面

35.2.6 设计"道具商城"页面

游戏中的道具可以帮助游戏用户升级，因此需要为游戏者提供"道具商城"页面供用户购买道具，具体代码如下：

```
<!DOCTYPE html PUBLIC "-//W3C//DTD XHTML 1.0 Transitional//EN" "http://www.w3.org/TR/xhtml1/
DTD/xhtml1-transitional.dtd">
<html xmlns="http://www.w3.org/1999/xhtml">
<head>
<meta http-equiv="Content-Type" content="text/html; charset=utf-8" />
<!-- 样式 -->
<link href="Css/layout.css" type="text/css" rel="stylesheet" />
<script type="text/JavaScript" src="Js/jquery.js"></script>
<script type="text/JavaScript" src="Js/public.js"></script>
<!--[if IE 6]>
<script src="Js/DD_belatedPNG_0.0.8a.js" type="text/JavaScript" ></script>
<script type="text/JavaScript">
DD_belatedPNG.fix(' ');
</script>
<![endif]-->
<!-- banner -->
<style type="text/css">
.nav_bg .nav ul li .i_home{ color:#b5954d;}
</style>
<meta name="Keywords" />
<meta name="Description" />
<title>紫金游</title>
</head>
<body>
<!-- warp start -->
<div class="warp">
  <!-- top -->
  <!-- top -->
  <div class="top_bg" id="topLoginIn">
    <div class="top">您好, 欢迎光临紫金游 <a href="#">请登录</a> | <a href="Register.html">注册
</a></div>
  </div>
```

```html
    <div class="top_bg" id="topLoginOut">
      <div class="top"> 欢迎您，<a href="#"> 个人中心 </a>  <a href="#"> 退出 </a>  </div>
    </div>
    <script type="text/JavaScript">
var nameuser = ''
if (nameuser == "") {
$("#topLoginOut").hide();
$("#topLoginIn").show();
} else {
$("#topLoginOut").show();
$("#topLoginIn").hide();
}
</script>
    <!-- nav -->
    <!-- nav -->
    <div class="nav_bg">
      <div class="nav">
        <ul>
          <li><a href="index.html"> 官网首页 </a><br />
            <span>HOME</span></li>
          <li><a href="Down.html" > 下载中心 </a><br />
            <span>DOWNLOAD</span></li>
          <li><a href="Pay.html"> 账号充值 </a><br />
            <span>ACCOUNT SERVICES</span></li>
          <li class="nav_logo"> 紫金游 </li>
          <li><a href="News.html"> 新闻动态 </a><br />
            <span>NEWS</span></li>
          <li><a href="Mall.html" class="i_home"> 道具商城 </a><br />
            <span>ITEM SHOP</span></li>
          <li><a href="Mall.html"> 奖品乐园 </a><br />
            <span>PRIZES PARADISE</span></li>
        </ul>
        <p class="clear"></p>
      </div>
      <div class="logo"><a href="/"><img src="images/logo.png" /></a></div>
    </div>
    <script type="text/JavaScript">
$(function () {
if (index) {
$(".nav ul a").removeClass().parent().eq(index - 1).find("a").addClass("i_home");
}
})
</script>
    <!-- main -->
    <div class="main_bg">
      <div class="main">
        <div class="m_lf">
          <div class="m_download"> <a href="#"> <img src="images/down_load.jpg" width="248"
height="109" alt=" 游戏下载 " /> </a> </div>
          <div class="m_reg"> <a href="Register.html"> 快速注册 </a> </div>
          <div class="con_mall_try">
            <h3><a href='#'> 登录后 </a> 获取 </h3>
            <dl>
              <dt> <img id="imgPhotoBack" src="images//blank.gif" width="190" height="253" /> </dt>
              <dd> <img id="imgPhotoImg" src="images/1.png" width="190" height="253" /> </dd>
            </dl>
            <div class="con_mall_try_tit">
              <table width="200" border="0" cellspacing="0" cellpadding="0">
                <tr>
                  <td width="42" height="30"><img src="images/mall_icon2.png" width="25"
height="21" /></td>
                  <td> 乐豆: <span id="tb_jb"><a href='#'> 登录后 </a> 获取 </span></td>
                </tr>
                <tr>
```

```
                <td height="30"><img src="images/mall_icon1.png" width="30" height="19" /></td>
                <td> 元宝: <span id="tb_yb"><a href='#'> 登录后 </a> 获取 </span></td>
            </tr>
            <tr>
                <td height="30"><img src="images/mall_icon3.png" width="30" height="30" /></td>
                <td> 奖券: <span id="tb_lq"><a href='#'> 登录后 </a> 获取 </span></td>
            </tr>
        </table>
      </div>
    </div>
  </div>
  <script type="text/JavaScript">
var index = 5;
</script>
    <div class="cont">
        <div class="cont_tit"> <strong><img src="images/mall_icon.PNG" width="34"
height="32" /> 道具商城 </strong> <span> 您所在位置: <a href="/"> 首页 </a> > 道具商城 </span></div>
        <div class="con_bg">
        <div class="con_news_menu">
          <ul>
          <li><a href="/Mall/Default.aspx" class="con_news_menu1"> 全部 </a></li>
          <li><a href="/Mall/Default.aspx?params=3"> 形象 </a></li>
          <li><a href="/Mall/Default.aspx?params=4"> 背景 </a></li>
          <li><a href="/Mall/Default.aspx?params=2"> 道具 </a></li>
          </ul>
        </div>
        <div class="con_mall_list">
          <dl>
                <dt> <a href="ShowMall.html"> <img id="img35" src="images//0035.png"
width="132" height="132" alt=" 文艺青年 " /> </a> </dt>
                <dd>
                <p class="con_mall_tit"> 文艺青年 </p>
                <p> 价格: 100 乐豆 </p>
                <p> 文艺青年 </p>
                 <p class="con_mall_btn"> <a href="ShowMall.html" class="con_mall_btn1"> 购买
</a> <a href="JavaScript:void(0);" onclick="DressImage('img35',3)" class="con_mall_btn2"> 试穿 </
a> </p>
                </dd>
          </dl>
          <dl>
                <dt> <a href="ShowMall.html"> <img id="img50" src="images//0050.png"
width="132" height="132" alt=" 罗马街景 " /> </a> </dt>
                <dd>
                <p class="con_mall_tit"> 罗马街景 </p>
                <p> 价格: 1000 元宝 </p>
                <p> 罗马街景 </p>
                 <p class="con_mall_btn"> <a href="ShowMall.html" class="con_mall_btn1"> 购买
</a> <a href="JavaScript:void(0);" onclick="DressImage('img50',4)" class="con_mall_btn2"> 试穿 </
a> </p>
                </dd>
          </dl>
          <dl>
                <dt> <a href="ShowMall.html"> <img id="img49" src="images//0049.png"
width="132" height="132" alt=" 北欧雪景 " /> </a> </dt>
                <dd>
                <p class="con_mall_tit"> 北欧雪景 </p>
                <p> 价格: 500 元宝 </p>
                <p> 北欧雪景 </p>
                 <p class="con_mall_btn"> <a href="ShowMall.html" class="con_mall_btn1"> 购买
</a> <a href="JavaScript:void(0);" onclick="DressImage('img49',4)" class="con_mall_btn2"> 试穿 </
a> </p>
                </dd>
          </dl>
          <dl>
```

```
                    <dt> <a href="ShowMall.html"> <img id="img48" src="images//0048.png"
width="132" height="132" alt=" 夜色阑珊 " /> </a> </dt>
                 <dd>
                 <p class="con_mall_tit"> 夜色阑珊 </p>
                 <p> 价格: 100 元宝 </p>
                 <p> 夜色阑珊 </p>
                    <p class="con_mall_btn"> <a href="ShowMall.html" class="con_mall_btn1"> 购买
</a> <a href="JavaScript:void(0);" onclick="DressImage('img48',4)" class="con_mall_btn2"> 试穿 </
a> </p>
                 </dd>
            </dl>
            <dl>
                    <dt> <a href="ShowMall.html"> <img id="img16" src="images//0016.png"
width="132" height="132" alt=" 故宫天坛 " /> </a> </dt>
                 <dd>
                 <p class="con_mall_tit"> 故宫天坛 </p>
                 <p> 价格: 100 元宝 </p>
                 <p> 故宫天坛 </p>
                    <p class="con_mall_btn"> <a href="ShowMall.html" class="con_mall_btn1"> 购买
</a> <a href="JavaScript:void(0);" onclick="DressImage('img16',4)" class="con_mall_btn2"> 试穿 </
a> </p>
                 </dd>
            </dl>
            <dl>
                    <dt> <a href="ShowMall.html"> <img id="img4" src="images//004.png" width="132"
height="132" alt=" 梦幻小镇 " /> </a> </dt>
                 <dd>
                 <p class="con_mall_tit"> 梦幻小镇 </p>
                 <p> 价格: 5 元宝 </p>
                 <p> 梦幻小镇 </p>
                    <p class="con_mall_btn"> <a href="ShowMall.html" class="con_mall_btn1"> 购买
</a> <a href="JavaScript:void(0);" onclick="DressImage('img4',4)" class="con_mall_btn2"> 试穿 </a>
</p>
                 </dd>
            </dl>
            <dl>
                    <dt> <a href="ShowMall.html"> <img id="img3" src="images//003.png" width="132"
height="132" alt=" 休闲酒吧 " /> </a> </dt>
                 <dd>
                 <p class="con_mall_tit"> 休闲酒吧 </p>
                 <p> 价格: 1 元宝 </p>
                 <p> 休闲酒吧 </p>
                    <p class="con_mall_btn"> <a href="ShowMall.html" class="con_mall_btn1"> 购买
</a> <a href="JavaScript:void(0);" onclick="DressImage('img3',4)" class="con_mall_btn2"> 试穿 </a>
</p>
                 </dd>
            </dl>
            <dl>
                    <dt> <a href="ShowMall.html"> <img id="img15" src="images//0015.png"
width="132" height="132" alt=" 白领美女 " /> </a> </dt>
                 <dd>
                 <p class="con_mall_tit"> 白领美女 </p>
                 <p> 价格: 50000 乐豆 </p>
                 <p> 白领美女 </p>
                    <p class="con_mall_btn"> <a href="ShowMall.html" class="con_mall_btn1"> 购买
</a> <a href="JavaScript:void(0);" onclick="DressImage('img15',3)" class="con_mall_btn2"> 试穿 </
a> </p>
                 </dd>
            </dl>
            <p class="clear"></p>
         </div>
         <div class="cont_page" style="margin-top:10px;">
```

```
                        <div id="Content_anpPageIndex" class="extAspNetPager"> <a
disabled="disabled" style="margin-right:5px;">上 一 页 </a><span style="margin-right:5px;font-
weight:Bold;color:red;">1</span><a href="default.aspx?page=2" style="margin-right:5px;">2</
a><a href="default.aspx?page=3" style="margin-right:5px;">3</a><a href="default.aspx?page=4"
style="margin-right:5px;">4</a><a href="default.aspx?page=2" style="margin-right:5px;">下 一 页 </
a> </div>
            </div>
          </div>
        </div>
        <p class="clear"></p>
        <script type="text/JavaScript">
    $(function () {
    var typeindex = decodeURIComponent(GetRequest("params", "0"));
    if (typeindex == "0") {
    $(".con_news_menu ul li").eq(0).find("a").addClass("con_news_menu1").parent().siblings().
find("a").removeClass();
    }
    if (typeindex == "3") {
    $(".con_news_menu ul li").eq(1).find("a").addClass("con_news_menu1").parent().siblings().
find("a").removeClass();
    }
    if (typeindex == "4") {
    $(".con_news_menu ul li").eq(2).find("a").addClass("con_news_menu1").parent().siblings().
find("a").removeClass();
    }
    if (typeindex == "2") {
    $(".con_news_menu ul li").eq(3).find("a").addClass("con_news_menu1").parent().siblings().
find("a").removeClass();
    }
    })
    function DressImage(imgid, colid) {
    if (colid == 3) {
    $("#imgPhotoImg").attr("src", $("#" + imgid + "").attr("src"));
    }
    else if (colid == 4) {
    $("#imgPhotoBack").attr("src", $("#" + imgid + "").attr("src"));
    }
    else {
    alert("该道具不可试穿！");
    }
    }
    </script>
        </div>
        <!-- footer -->
        <!-- footer -->
        <div class="footer">
          <p> <a href="#">  网站地图 </a>  |  <a href="#"> 公司介绍 </a> |
  <a href="#"> 联 系 我 们 </a> |  <a href="#"> 游 戏 协 议 </a> | <a
href="#">  免责公告 </a></p>
          <p> 抵制不良游戏 拒绝盗版游戏 注意自我保护 谨防受骗上当 适度 <a href="#"> 游戏 </a> 益脑 沉迷游戏伤
身 合理安排时间 享受健康生活 </p>
          <p>       北京科技好游戏有限公司  <br />
             Copyright 2018-2020 </p>
          <p>  </p>
          <h1>  </h1>
        </div>
        <script type="text/JavaScript">
    var domialname = "pk";
    var pusername = "";
    </script>
        <!-- 快速注册 -->
        <script type="text/JavaScript" src="Js/public.js"></script>
        <div id="qucikRegDiv" onclick="quickRgeOperate()"><img src="images/kszc.gif" width="39"
height="149" /></div>
```

```html
    <div id="qucikRegDiv1">
      <div class="quickRegDiv">
        <div id="close" onclick="closeDiv('qucikRegDiv1')"> </div>
        <div class="ContentDiv">
          <ul>
            <li>
              <div class="yczh">游戏账号: </div>
              <div>
                    <input name="txtUserName" id="txtUserName" maxlength="12" type="text"
class="textStyle" onblur="IsEtis()" />
              </div>
              <div id="spanUserName"></div>
            </li>
            <li>
              <div class="ncDiv"> 昵称: </div>
              <div>
                    <input name="txtNickName" id="txtNickName" maxlength="10" type="text"
class="textStyle"/>
              </div>
              <div id="spanNickName"></div>
            </li>
            <li>
              <div class="passwordDiv"> 登录密码: </div>
              <div>
                  <input type="password" name="txtPassword" id="txtPassword" maxlength="16"
class="textStyle"/>
              </div>
              <div id="spanPassword"></div>
            </li>
            <li>
              <div class="xbie"> 性别: </div>
              <div>
                <input type="radio" id="sex1" name="sex" value="1" checked="checked"/>
                <label for="sex1">男 </label>
                <input type="radio" id="sex2" name="sex" value="0" />
                <label for="sex2">女 </label>
              </div>
              <span class="clear"></span> </li>
            <li>
              <div class="yzmDiv"> 验证码: </div>
              <div class="yzm">
                <input type="text" maxlength="4" onkeypress="return KeyPressNum(this,event);"
class="textStyle" name="txtValidate" id="txtValidate" />
                      <img src="/Public/Validate.ashx" alt="验证码" title="单击刷新验证码"
border="0" id="imgValidate" onclick="this.src='/Public/Validate.ashx?x=' + Math.random();"
align="absmiddle" style="cursor:pointer;" /></div>
                <div id="spanValidate"></div>
                    <!--<a href="JavaScript:void(0);" onclick="JavaScript:document.
getElementById('imgValidate').src='/Public/Validate.ashx?x=' + Math.random();">看不清, 换一张</a>
-->
            </li>
            <li>
              <input type="text" name="txtPromoter" id="txtPromoter" style="display:none;" />
              <input name="" type="checkbox" value="" id="cbxEnable" checked="checked" />
              已阅读并同意 <a href="/Treaty.aspx" target="_blank">用户服务协议 </a> </li>
            <li class="errormsg"> <span id="errormsg"></span> </li>
            <li class="tegbttn">
              <input type="button" id="btnSubmit" />
              <a href="#"></a> </li>
          </ul>
        </div>
        <div class="clear"></div>
      </div>
    </div>
```

```
    <script type="text/JavaScript">
var domialname = "pk";
var pusername = "";
</script>
    <script type="text/JavaScript" src="Js/HtmlValidateImg.js"></script>
    <script type="text/JavaScript" src="Js/FastReg.js"></script>
  </div>
  <!-- warp end -->
</div>
</body>
</html>
```

在主页中单击"道具商城"按钮，即可进入道具商城页面，在其中可以看到提供的几种道具，用户可以单击"购买"按钮来进行购买，还可以单击"试穿"按钮来试穿道具，如图 35-12 所示。

图 35-12 "道具商城"页面

35.3 项目总结

本实例模拟的是一个游戏类网站，此网站的色调以深蓝色为主，给人的感觉比较清新、明亮，在网站布局方面，以比较常见的上中下布局为主。